高 等 学 校 教 材

BASIC CHEMICAL EXPERIMENTS

基础化学实验

陕西省化学实验教学示范中心（西安科技大学） 编

李侃社 刘向荣 贺诗华 梁耀东 主编

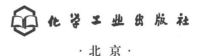
化学工业出版社

·北京·

本书共分 7 章，内容包括怎样做好化学实验，化学实验基本知识、基本操作和基本技术，试管实验与现象观察，化学基本量的测定，化学分析，仪器分析及基本操作，化合物的合成与制备。全书共涉及 92 个实验项目，各校可根据情况选做。

本书可作为高等院校化学化工及相关专业的教材，也可供其他化学学习者参考。

图书在版编目（CIP）数据

基础化学实验/李侃社等主编. —北京：化学工业出版社，2009.7（2023.8重印）
高等学校教材
ISBN 978-7-122-05555-2

Ⅰ. 基…　Ⅱ. 李…　Ⅲ. 化学实验-高等学校-教材
Ⅳ. O6-3

中国版本图书馆 CIP 数据核字（2009）第 074313 号

责任编辑：宋林青　　　　　　　　　文字编辑：朱　恺
责任校对：郑　捷　　　　　　　　　装帧设计：史利平

出版发行：化学工业出版社（北京市东城区青年湖南街 13 号　邮政编码 100011）
印　　装：北京七彩京通数码快印有限公司
787mm×1092mm　1/16　印张 21¾　彩插 1　字数 569 千字　2023 年 8 月北京第 1 版第 7 次印刷

购书咨询：010-64518888　　　　　　售后服务：010-64518899
网　　址：http://www.cip.com.cn
凡购买本书，如有缺损质量问题，本社销售中心负责调换。

定　　价：46.00 元

前　言

在我国高等教育进入大众化教育的背景下，在全面推进通识和素质教育的形势下，化学实验作为高等理工科院校化工、材料、环境、生物等工程类专业的主要基础课程，是培养学生实验技能和创新能力的重要手段。

本系列教材包括《基础化学实验》、《合成化学实验》和《综合化学实验》三册，是西安科技大学高等教育教学研究重点项目"高等工程教育化学教学内容体系的优化整合"（A544067）的核心成果，是陕西省省级"工科化学教学团队"集体智慧的结晶。也是陕西省化学实验教学示范中心教材。教材以先进的实验教学理念为先导，以培养学生的创新能力为目标，按照"求知、学艺、创新"的实验教学目的要求，"求证知识、培养能力、启迪智慧"的实验教学定位，实现了工科化学实验课程及教学内容体系的优化整合，体现了应用型创新型人才培养目标具有特色的"三平台/层次、五模块、三系列"工科化学实验课程及其教学内容体系；从强调加强基本技能训练和综合性、设计性实验理念出发，适应"一体化、多层次、分阶段、开放式"实验教学模式，科学选择和编排实验内容。

本系列教材突破了原四大化学实验分科设课的界限，通过优化整合使之融合为一体，按照化学实验技能培养和基本化学原理、化合物制备与合成、结构与性能表征的基本关系重新组织实验课教学。

《基础化学实验》——基本化学实验技能的训练、组合与集成。整合无机化学实验、分析化学实验、有机化学实验、物理化学实验的基本内容，实现基本技能训练（基本操作训练、综合技能训练）、求知技能与方法学习的有效整合，为创新打下坚实的学科技能基础。

《合成化学实验》——物质合成是化学科学的永恒目标与主题，合成化学实验是化学实验的核心。整合无机合成、有机合成和高分子合成内容，实现分子设计—合成—结构与性能表征—应用的综合训练模式。

《综合化学实验》——从研究型学习通向化学研究和化学产品开发的桥梁。通过综合训练培养学生从事科学研究和技术开发的基本能力。内容包括：复杂物（自然水、矿物、植物、动物样品）的分离、提纯与分析；分子的设计—合成—表征—应用（无机物、有机物、金属有机化合物、高分子化合物）；化学产品设计—制备—表征—应用；化学反应研究四个基本单元。

系列教材以内含基本原理、基本方法和基本技术的化学实验作为素质教育的媒体，通过实验教学过程达到以下目的：

以基本化学实验，合成化学实验，综合、设计与研究性实验三个层次的实验教学，模拟化学知识的产生和发展为化学理论的基本过程，培养学生以化学实验为工具获取新知识的能力。经过严格的实验训练后，使学生具有一定的分析和解决较复杂问题的实践能力，收集和处理化学信息的能力，文字表达实验结果的能力，培养学生的科学精神、创新意识和创新能力，以及团结协作精神。

《基础化学实验》教材包括七章：

第一章　怎样做好化学实验　由李侃社编写。系统论述科学实验、实验教学的重要性；化学实验教学的目标定位和做好化学实验的一般规律。

第二章　化学实验基本知识、基本操作和基本技术　由于春侠编写。系统介绍了化学试剂、基本化学仪器、基本技术的基本知识和基础化学实验基本操作要领。

第三章 试管实验与现象观察 由刘向荣、李侃社编写。以基本化学反应、元素化学为载体，通过 14 个综合性定性实验项目，训练学生观察能力和透过现象看本质的能力。

第四章 化学基本量的测定 由李天良、代爱萍编写。以基本化学量、化学反应规律的定量测定为媒体，通过 20 个实验项目，综合训练学生获取和处理化学信息的能力。

第五章 化学分析 由梁耀东编写 系统介绍化学分析的基本原理、基本方法和基本操作要领，通过 22 个实验项目，训练学生对简单样品进行系统、准确定量分析的能力。

第六章 仪器分析及基本操作 由康洁编写。简要介绍了分光光度法、电势分析法和气相色谱分析法的基本原理、基本仪器和操作要领，通过 13 个实验项目训练学生应用仪器获取基本信息对简单样品进行定量分析的能力。

第七章 化合物的合成与制备 由贺诗华编写。简要介绍了化合物制备的一般步骤、简单无机物、有机物的合成路线和技术路线设计及结构与物性表征方法与技术，通过 22 个实验项目训练学生设计合成简单化合物的综合技能。

全书由李侃社、刘向荣统稿、定稿。

使用本教材时建议第一章、第二章通过实验讲座与演示相结合的方式进行教学，并在实验项目训练中体会、内化和升华。随后各章按照定性观察、基本量测定、定量分析、化合物合成与表征等单元展开，由浅入深。每章从基本技能训练入手，逐步深入。实验项目安排包括单项基本训练、简单综合实验、综合设计实验三个层次。

本书实验项目选择既关注基础与经典实验，更重视新技术、新方法的发展。

建议课程的安排着力于培养具有宽广的基础知识和熟练的基本技能、能够适应未来发展需要的专门人才。教学内容应着眼于为学生今后的可持续发展奠定基础。实验教学不仅仅是传授知识和教会操作，更要传授获取知识的方法和思想，培养学生的创新意识和科学品质，使学生具有潜在的发展能力（继续学习的能力，表述和应用知识的能力，发展和创造知识的能力）和基础。

教材编写过程中得到了西安科技大学教务处、实验管理处和化学实验教学中心全体教师的支持与帮助，得到国家级教学名师、西北大学史启祯教授的鼓励和指导，在此表示衷心感谢。

限于水平，疏漏及不妥之处在所难免，敬请读者批评指正。

编者

2009 年 4 月 21 日

目　录

第一章　怎样做好化学实验

第一节　科学实验是社会实践的最高层次

毛主席教导我们："人的正确思想，只能从社会实践中来，只能从生产斗争、阶级斗争和科学实验这三项实践中来。"生产斗争、阶级斗争和科学实验是社会实践的三种基本形式，是人类认识活动的基础。生产斗争是最基本的社会实践，而科学实验是在生产实践的基础上逐步分化和发展起来的一项独立的社会实践，是自然科学认识活动的一种直接的、重要的基础。所以，我们认为：科学实验是社会实践活动的最高形式，是人在思想的支配下、现代科学理论的指导下探索自然、社会和思维的活动，具有综合性、可设计性、可预测性和可重复性特征。

一、对科学实验的一般认识

1. 科学实验的定义

《中国大百科全书·哲学》中是这样对科学实验进行总体定义的："科学实验（scientific experiment）：人们为实现预定目的，在人工控制条件下研究客体的一种科学方法。它是人类获得知识、检验知识的一种实践形式。科学实验萌芽于人类早期的生产活动中，后来逐渐分化出来。从 16 世纪开始成为独立的社会实践形式，并且成为近代自然科学的重要标志。"

2. 实验的基本要素和基本作用

科学实验包含三个要素：

① 作为认识主体的实验者（个人或集体）；

② 作为认识客体的实验对象；

③ 作为主客体中介的实验物质手段（仪器、设备等）。

在现代科学实验中，主体与客体之间的关系及其划分呈现出比较复杂的情况。科学实验不同于在自然条件下的科学观察，其特殊作用表现在如下几点。

① "纯化"作用。为了突出研究客体的某一属性或活动过程，可以排除不必要的因素以及外界的影响，以便使观察在纯粹条件下进行。

② "重组"作用。为了探求因果关系，在实验中可以选取适当的因素进行不同的组合，以便系统地观察各因素之间的对应关系。

③ "强化作用"。在实验室中可以把客体置于一些超常条件下，如超高温、超低温、超高压、高真空等，以便观察其性能及变化规律。

④ "模拟"作用。在科学实验中，可利用不同客体在结构、功能、属性和关系上的相似性，创造各种人工模型，去模拟一些复杂的、难以控制的，或者"时过境迁"、不易再现的研究对象，以探索其规律。

3. 实验与理论的关系

科学实验是检验科学假说、理论的重要手段。任一实验的结果都对与之相关的理论、假说提出某些肯定或否定的证据，而任一理论、假说都在与之相关的实验中经受着检验。特别是为了判明一个假说正确与否，可以专门设计一些实验，进行直接或间接验证，即所谓检验性实验。为研究将科学成果应用于生产或工程的可能性和条件进行的小型或中型试验，也是一种科学实验。这是使科学转化为直接生产力的一个重要环节。随着电子计算机和控制理论的发展，科学实验方法也日益为社会科学所采用，为了揭示某些社会现象的规律，同样可以运用模拟实验。

4. 实验的基本程序和具体原则

科学实验虽多种多样，但大体都有这样的程序：

① 选择实验原理；

② 设计实验方案；

③ 进行实验操作；

④ 处理实验数据；

⑤ 分析和解释实验结果。

为了保证实验结果的可靠性，必须遵循以下三项原则。

① 确定误差范围。任何实验都存在系统误差和偶然误差，这是认识的相对性在实验中的具体表现。在表述实验结果时，只有同时给出实验误差范围的估计，才能获得具有科学价值的结果。

② 要有可比性。为了对实验结果的解释具有确定性，必须排除其他各种可能的解释，这就需要进行对照实验（或比较实验），排除不相干因素的干扰。

③ 要有可重复性。客观规律具有在同样条件下必然会出现的性质，因此实验者要进行必要的重复实验，才能总结出可靠的规律性结论。

二、现代科学实验与实验教学

自然科学是生产斗争和科学实验知识的结晶。它把生产实践和科学实验所获得的材料和经验加以总结和概括，使之上升为理论，然后又反过来用科学理论指导和促进科学实验和生产实践。自然科学理论指导科学实验和生产实践，又为新的科学实验和生产实践所修正、丰富和发展，然后又在更高和更广泛的层次上指导和促进科学实验和生产实践，如此循环往复，以至无穷。

由此可见，一方面科学实验是发展科学理论的重要源泉和检验科学理论的重要标准，另一方面科学理论又反过来指导和促进科学实验。这就意味着现代科学实验不同于传统的经验探索和对自然现象的简单观察，它是建立在几千年人类生产斗争的经验积累和现代哲学与科学理论的基础上，在现代科学理论的指导下，综合利用设备、设施，在实验室实现探索未知、求证假说、发展技术的综合性实践活动。

实验课程是根据专业培养目标设置的实践性课程，是培养学生实践技能和创新能力的主要途径。实验教学是培养学生掌握科学的实验方法与技能，提高科学素质、动手能力与创新能力的有效途径和主要手段。

基于此，我们将实验教学目的归纳为"求知、学艺、创新"六字方针，将实验教育目标定位于"求证知识、娴熟技能、磨炼意志、发展能力"。

化学实验是科学实验的一个分支，是学生在化学基本理论的指导下学习、探索化学反应规律的综合性活动，是实现化学教学目标的有效途径。对科学（合成新分子）和生产（创新新工艺）有不可替代的作用。

三、化学实验教学内容体系的优化整合

19 世纪，经过对自然现象的观察分析，总结出了道尔顿原子论、门捷列夫元素周期律（表）等理论，使人类在原子水平上认识和研究化学，建立了实验科学的经典化学体系。20

世纪，宏观化学热力学、动力学理论体系不断完善，微观物质结构理论引入了量子力学的基本原理，建立了原子结构的现代理论，揭示了组成分子的化学键本质，建立和发展了化学键三大理论——Pauling 的价键理论（VO）、R. S. Mulliken 的分子轨道理论（MO）和 H. A. Bethe 的配位场理论（LFT），并结合对分子的强相互作用和弱相互作用的认识，从"结构决定性能，性能反映结构"上理解物质结构与性能之间的关系，使分子设计成为可能，以至于设计合成了 1200 多万种化合物，完全实现了在分子水平上认识和研究化学，建立了理论与实验并重的现代化学体系。同时，化学正在或已经摆脱了纯化学体系自身的发展，以自然科学之核心基础科学的形象与其他学科交叉和渗透，产生新的学科内容增长点，生命科学、材料科学、绿色化学、环境化学、能源化学、计算化学、纳米化学和药物化学等已成为化学研究的热点领域，并已成为这些学科的重要理论基础，使化学向着更深层次和更高水平发展，走出纯化学，进入大科学。

而传统的化学课程体系仍然以无机化学、分析化学、有机化学和物理化学设课。一方面，条块分割，内容交叉重叠，不利于提高课堂教学效率，同时内容重复陈旧，少有体现最新学科发展趋势和内容更新，难以满足大专业、宽口径、高素质对化学知识的要求。另一方面，从以上的分析不难看出，化学学科已进入了高速向其他相关领域扩展渗透的阶段，从经典的实验科学转变为理论与实验并重的现代科学，生命化学和高分子科学已成为现代化学必不可少的组成部分，四大化学已难以囊括现代化学的全部内容，各分支学科在继续发展的同时逐步趋向综合，相互的界限日益模糊。为此，必须对现行的化学课程教学内容体系进行优化整合，拆除四堵墙，形成一体化设计、分级教学新体系。

按照无机化学、分析化学、有机化学、物理化学和结构化学的层次开出的实验课程体系，已沿袭近百年，曾经很好地发挥了化学实验课的功能，但面向科学技术和教育走向现代化的 21 世纪，旧的化学实验教学体系与内容已不能胜任素质教育和创新教育的要求和任务。究其原因，一方面化学实验中常用的基本操作分散在各门实验课中，造成学生只注重某一实验结果，而疏忽操作技能的训练，缺乏综合应用知识的训练；另一方面部分所谓"经典"的实验内容从 20 世纪 60 年代沿用至今，且在各门实验课程中重复出现，例如玻璃管的切割和加工、分析天平称量练习等内容在第一学年的无机化学实验和第二学年的分析化学实验、有机化学实验中都出现，而折射率的测定、旋光度的测定等在有机化学实验和物理化学实验中都开设等，这种现象导致实验课时数偏多，学生负担过重，缺乏足够的时间独立思考、发挥个性。

基于以上分析，我们从科学研究与科学教育规律出发，将大学化学实验整合为真正独立的化学实验系列课程，从而在化学教育体系中形成理论和实验两大板块并重的格局，并充分体现实验在现代化学中的主导地位。按照大化学实验观，从一级学科平台，将原来分属无机化学、分析化学、有机化学、物理化学等课程中的实验完全剥离出来，重新组合成大化学实验，按照本科不同专业培养目标中对学生化学实验素质方面的要求进行整体设计、优化组合，重新构建实验课程的内容体系。如下所示：

课程平台	教学模块	课 程 体 系		
		非化类专业	大化工类专业	化学类专业
Ⅰ. 基础化学实验	①基本技能训练	普通化学实验	基础化学实验	基础化学实验
	②化学基本实验	工科化学实验		
Ⅱ. 综合化学实验	③化学合成实验		化学综合实验	化学合成实验
	④化学综合实验			化学综合实验
Ⅲ. 创新开放实验	⑤创新化学实验	选修	选修	选修

我们将实验分为三个平台和五个模块，三个平台即基础化学实验、化学综合实验和创新开放实验。针对基础实验和化学综合实验两个平台设立四个模块：基本技能训练实验、基本实验（经典实验、基本合成、试管实验与现象观察、化学基本量测定等）、合成实验（整合无机合成、有机合成）和综合实验（分子设计—制备—分离分析—物性测试，化学反应机理研究，天然产物分离—分析—表征，化学产品设计—制备—表征—应用），这样有利于学生根据自己的爱好与专业要求选择合适的模块，有利于推行学分制，也有利于学生总体培养上的加强基础和发展个性要求，即"下要保底，上不封顶"。

我们认为，既要强调实验的综合性，也要加强基本实验技能训练。化学实验不存在单项练习，综合性设计性实验教学是一种理念，实验项目的选择不在于复杂程度和难度，而在于教学模式、内容编排和设计。

我们从实验教学的综合性、设计性理念出发，站在巨人的肩膀上，改变实验验证理论的思维惯性和功利主义做法，重新设计教学体系。

首先，将原"无机化学实验、分析化学实验、有机化学实验、高分子化学实验"改革为综合性"基础化学实验"、"合成化学实验"和"综合化学实验"，将现象观察与定性实验的训练前移给"基础化学实验"，无机物、有机物和高分子物的性质实验与合成实验整合，使"合成—分离纯化—结构与性能表征—应用"形成完整的系统，实现综合训练。

《基础化学实验》——基本化学实验技能的训练、组合与集成。整合无机化学实验、分析化学实验、有机化学实验、物理化学实验的基本内容，实现基本技能训练（基本操作训练、综合技能训练）、求知技能与方法学习的有效整合，为创新打下坚实的学科技能基础。

《合成化学实验》——物质合成是化学科学的永恒目标与主题，合成化学实验是化学实验的核心。整合无机合成、有机合成和高分子合成内容，实现分子设计—合成—结构与性能表征—应用综合训练。

《综合化学实验》——从研究型学习通向化学研究和化学产品开发的桥梁。通过综合训练培养学生从事科学研究和技术开发的基本能力。内容包括复杂物（自然水、矿物、植物、动物样品）的分离、提纯与分析，分子的设计—合成—表征—应用（无机物、有机物、金属有机化合物、高分子物），化学产品设计—制备—表征—应用，化学反应研究四个基本单元。

其次，课程的设计服从"一体化、多层次、分阶段、开放式"的教学体系和模式。

"一体化"就是从"人的全面、协调、可持续自由和谐发展的科学发展观"出发，按照素质教育、创新教育和专业教育的要求，对所有实验课实行统一规划、统一管理、统筹安排，课程体系依据不同专业培养目标一体化设计，实验内容体现"重视基础、强调综合、因材施教"的原则。

"多层次"是指实验项目安排体现"基本技能训练、基本实验、综合实验及研究性实验"四个层次的训练；根据专业培养目标对化学实验内容需求的不同，多层次设置实验课程，多层次选择实验内容。

"分阶段"是指实验安排要符合认知规律和教育教学规律，循序渐进，分阶段实施。

"开放式"就是承认学生接受大学前教育的差异，智力、接受能力，特别是动手能力的差异，实验课实行课内外结合，开放式教学。每一门实验课都要提供一定数量的课内选做和课外选做的实验内容及相应的实验条件，对于对实验有浓厚兴趣及学有余力的学生提供更大的实验空间。

最后，实验教学突出对学生综合实验能力的培养，即不仅仅是动手能力，而是手脑协调并用并重的实验能力和科研素质的全面培养。

课程的安排着力于培养具有宽广的知识基础和熟练的基本技能、能够适应未来发展需要的专门人才。教学内容应着眼于为学生今后的和谐、可持续发展奠定基础。实验教学不仅仅是传授知识和教会操作，更要传授获取知识的方法和思想，培养学生的创新意识和科学品质，使学生具有潜在的发展能力（继续学习的能力，表述和应用知识的能力，发展和创造知识的能力）和基础。

第二节　化学实验教学的目的和要求

化学实验是化学理论的源泉。因此，在化学教学中，化学实验是对学生进行科学实验训练的必修课。其目的不仅是传授化学实验知识，同时还担负着对学生进行综合素质培养的责任。

一、化学实验教学的目的

化学实验教学的目的是"求知、学艺、创新"。

求知：就是研究、探索、证明知识。复习验证理论课堂学习的化学知识、加深对化学基本理论的理解和掌握，这一点在各级各类实验教科书中得到普遍推崇和强调，但绝对不是简单的实验验证，而是探索与发现"新现象"、进行研究型学习。对知识的内化，由感性认识上升为理性认识，间接知识上升为自己的体验或直接知识，进而将知识内化为个人品质的过程，也是学习和体验化学的有效途径。化学实验不仅能使理论知识具体化、形象化，而且能说明这些理论和规律在应用时的条件、范围和方法，较全面地反映化学研究的复杂性和多样性。

学艺：就是学习、训练和掌握化学实验技艺（化学研究的"手艺"）。包括学习化学实验方法（反应与合成、分离与纯化、测试与表征），训练基本操作技能，学会实验方法途径的和技术的继承、集成与综合。只有正确、规范的操作，才能保证获得准确的数据和结果，从而得出正确的结论。因此，化学实验中基本操作技能的训练具有极其重要的意义。

创新：就是站在巨人的肩膀上，发现新现象——抽象新概念，总结新规律——建立新理论，探索新方法（新反应、新试剂等）、发明新技术（搭建新装置、新设备、技术创新路线等）——形成工艺。就是通过模拟实验、仿真实验、综合实验和创新研究实验、实验方案的设计与实现，培养灵活运用化学理论知识和方法的能力，提高细致观察和分析实验现象、认真处理实验数据、善于概括归纳总结内在规律的研究素质，启迪、培养创新意识和创新精神，发展创新能力。

基础化学实验是按照大化学实验教学平台，优化整合原无机与分析化学实验、物理化学实验、有机化学实验的基本内容而成的一门新型实验课程，是教育教学改革的产物。

二、基础化学实验课程的任务

通过实验，使学生加深对无机化学、分析化学和有机化学基本概念和基本理论的理解；了解无机物、有机物的一般分离、提纯和制备方法以及物质组成含量的各种分析方法；学会正确使用常用仪器获取实验数据，正确处理数据和表达实验结果；掌握化学分析实验的基本操作和技能，培养独立思考、独立解决问题的能力和良好的实验素养，为学习后继课程、开展科学研究，为今后参加实际工作打下良好的基础。

根据本课程的特点，在实验内容的安排上强调相对独立性，不完全依附于理论教学，而是以基本无机合成及化学分析常用的技术、方法为主线进行安排。根据不同的实验内容，分别提出不同的要求，大致有以下五个方面。

（1）无机、有机制备实验　以无机物、有机物的制备、分离和提纯所需要的技术和方法为主线，要求能够掌握这些基本操作和技能，并能理解有关制备方法的原理及其应用。

（2）定量分析实验　要求在初步掌握分析天平使用的基础上系统地学习滴定分析和重量分析的方法，较好地掌握定量分析的规范化操作，学会数据处理方法，并能理解定量分析各种方法的基本原理及其应用。

（3）化学基本原理的求证及某些物理量的测定实验　要求能够应用所学的各种分析方法测定基本常数和物理量，同时加深对化学基本原理的理解。

（4）现象观察与试管操作实验　要求通过元素及化合物（无机物、有机物）的性质、分离与鉴定实验训练试管实验的基本操作、现象（颜色、物态、热冷等的变化）观察的基本技能，加深对重要元素和化合物性质的理解，掌握定性分析的原理和方法，并能对常见阴、阳离子进行系统分析和个别鉴定。

（5）综合性和设计性实验　要求学生初步了解从无机物、有机物的制备、提纯到组成含量分析的全过程。要求能够在查阅有关资料的基础上自行设计实验方案（合成路线、方法、技术的组合与集成），独立完成实验过程，并写出完整的实验报告。

第三节　怎样做好化学实验

一、明确实验目的

化学实验的教学目的和基本要求在第二节已做了论述。这里要强调的是，在不同的实验教学环节、不同的实验项目，其学习目标和教学要求各有侧重。对于基本技能训练实验，如天平称量、滴定操作、过滤、结晶、蒸馏及熔点、沸点、折射率测定等，其根本目的是学艺，即训练基本技能。这就要求学生不能简单地完成任务，而要充分利用时间，反复练习，在反复中体验，在体验中升华，真正做到熟能生巧。对于定量分析、基本量测定实验，不仅训练技能，而且学习方法，建立"量"的概念，重复测定次数取决于是否达到误差要求，而不能简单地理解为三次或两次。对于合成实验，其核心是学习合成方法，体会合成技术，掌握技术、路线的选择，实现高收率、低污染。对于试管实验，其核心目标是训练科学观察能力，不能简单地与理论教材的结论比较，要善于分析产生差异的原因（操作者的习惯和实验室环境）。总之，要正确理解和把握每次实验的目的和基本要求，做到目的明确。

二、掌握学习方法

要达到每次实验的目的，不仅要有端正的学习态度，而且要有正确的学习方法。

1. 认真预习和备战

预习：为了使实验达到预期的效果，使实验顺利进行，实验前必须预习。未预习的学生必须先预习，经老师同意后方可进行实验。预习的内容及步骤如下。

① 仔细阅读本书有关章节及教科书相关内容，查阅参考资料。

② 明确实验目的，了解实验原理，熟悉实验内容及主要操作步骤。

③ 提出注意事项，预习基本操作及有关仪器的使用方法。

④ 写出扼要的实验预习报告（简要的原理、步骤，设计一个原始数据和实验现象的记录表以及注明实验中应注意的问题）。

备战："不打无准备之仗"，"磨刀不误砍柴工"。认真细致的准备是实验获得最大收获的关键。包括下面几点。

① 思想准备。要认真思考，深刻领会实验的设计思想，了解实验技术要领。

② 设计实验路线。熟悉实验内容，设计实验步骤，合理安排实验时间。

③ 筹备。查阅资料，掌握原料、中间物和产品性能、反应原理、控制条件和条件控制途径等。

2. 做好实验

要用"心"实验；动手操作；反复训练；及时记录、总结。切忌"人在曹营心在汉"。按拟定的实验步骤、试剂用量进行操作，要做到以下几点。

① "看"。仔细观察实验现象，包括气体的产生、沉淀的生成、颜色的变化，以及温度、压力、流量等参数的变化。

② "想"。实验中力争自己解决问题，要善于思考。开动脑筋，仔细研究实验中产生的现象，分析、解决问题。对感性认识做出理性分析，找出正确的实验方法，逐步提高思维能力。

③ "做"。带着思考的结果动手进行实验，从而学会实验基本方法与操作技能，培养动手能力。遇到可疑的实验现象，应认真加以分析，通过做对照实验、空白实验或自行设计实验进行核对，必要时可实验多次，以得到有益的科学结论以及锻炼科学思维的方法。实验失败，要查找原因，经教师同意后可重做。

④ "记"。善于及时记录实验现象与数据，养成把数据正规、及时记录下来的良好实验习惯。实验记录要准确、整齐、清楚，不得用铅笔记录，不得随意涂改数据，如某个数据有误，可用笔轻轻画去，并简单注明理由，便于检查。

⑤ "论"。对实验中遇到的疑难问题可以通过查阅资料解决，亦可以与教师讨论，获得指导。善于对实验中产生的现象进行理性讨论，提倡与同学或老师进行讨论，提高实验的效率及认知的深度。

⑥ 实验过程中，要保持肃静。注意保持工作台的整洁，养成良好的卫生习惯。实验完毕，要及时清洗使用过的仪器，存放整齐，并打扫实验室卫生。注意水、电、气是否关闭，实验记录是否完整、准确。实验记录经指导老师检查签字后方可离开实验室。

3. 完成实验报告

实验报告是对实验的总结，把感性认识上升到理性认识，也是训练书面表达、逻辑推理、分析和综合能力，达到"既能意会、也能言传"之目的的有效途径。

所以，实验结束后，应及时分析实验现象，整理实验数据，独立认真撰写实验报告。实验报告要按一定的格式书写，叙述简明扼要，实验数据的记录与处理应尽量用表格形式，作图准确清楚，讨论有的放矢。

报告内容大致如下。

① 实验目的、扼要原理和简明步骤。

② 记录部分，包括实验现象、原始测定数据。

③ 结果与讨论，包括对实验现象的解释和分析、讨论，对原始数据的处理，误差分析，对实验内容和方法的改进意见等。

化学实验报告可以归纳为三种类型：现象观察与化学反应性质实验（Ⅰ）、物理量测定与定量分析实验（Ⅱ）、制备与合成实验（Ⅲ）。典型实验报告参考格式见下页。

4. 善于归纳和总结，不断提高实验技能和学术水平

伴随着实验过程和进程，反复阅读教材的内容，领悟其内涵，逐步形成良好的习惯。"在实践中领悟、在领悟中提高、在提高中快乐"。

"现象观察与化学反应性质" 实验报告

实验标题: _____

时间: _____ 地点: _____ 室温: _____ 大气压: _____

一、实验目的: 写出你自己理解的目的要求,不是实验教材内容的笔录或复述。

二、基本原理: 简要叙述实验内容的理论基础等。

三、实验过程与结果

实验内容与操作要领	观察所得	解释和说明

四、结果分析与讨论

- 化学反应规律总结
- 实验中异常现象的分析和说明
- 实验收获

"物理量测定与定量分析" 实验报告

实验标题: _____

时间: _____ 地点: _____ 室温: _____ 大气压: _____

一、目的要求: 写出你自己理解的目的要求,不是实验教材内容的笔录或复述。

二、实验原理

包括: ① 测定方法及其理论基础
　　　② 结果计算与数据处理的方法和理论基础
　　　③ 仪器选择的依据等

三、数据记录与数据处理

- 实验原始记录
- 结果计算
- 数据处理

四、结果讨论

- 实验结果的分析与评价
- 误差分析(系统误差、随机误差、操作失误等方面)
- 分析回答思考题
- 对测定方法的改进建议

"化合物合成" 实验报告

实验标题: _____

时间: _____ 地点: _____ 室温: _____ 大气压: _____

一、目的要求: 写出你自己理解的目的要求,不是实验教材内容的笔录或复述。

二、反应原理

包括: ① 主反应、副反应
　　　② 如何实现主反应的最大化、如何遏制副反应
　　　③ 如何实现反应混合物的分离和目标物的纯化

三、参与合成过程的各类物质的物性参数(查阅手册等)

四、试剂用量与规格要求: 准确计算、合理、节约。

五、合成装置或路线设计

六、实验过程的详细记录: 反映实验过程的观察和记录,要求准确、可靠、详尽。

七、实验成果

- 产品性状
- 产率或回收率
- 主要物性参数(液体——沸点和折射率;固体——熔点)
- 波谱分析结果(UV、IR、NMR 等)

八、结果讨论

- 分析实验中所观察到的各种现象产生的背景和原因,并用理论合理解释和说明,逻辑推理可能的结论
- 分析回答思考题
- 对实验的建议或改进

三、严格遵守实验规则

实验规则是人们在长期的实验室工作中归纳总结出来的，是防止意外事故、保持正常实验室环境和工作秩序、做好实验的前提，人人必须严格遵守。

① 基础化学实验课是必修课，是以过程训练为主的课程，不得无故缺席，因故未做的实验项目必须补做，不合格的实验项目必须重做。

② 实验前必须认真预习，做好实验准备工作。初次进入实验室要先清点仪器，如果发现有破损和缺少，应立即报告教师，按规定手续补领。

③ 实验时应保持安静，精神集中，认真操作，仔细观察现象，如实详细记录结果，积极思考问题。做规定以外的实验，应先经教师批准。

④ 实验时应保持实验室和实验台面清洁整齐。火柴梗、废纸屑、废液等应投入指定的装置，严禁投入或倒入水槽中，以防止水槽和下水管道的堵塞及腐蚀。

⑤ 实验时要爱护公物，小心使用仪器和实验设备，注意节约水、电、药品。不拿他人仪器，损失仪器应按章赔偿。

⑥ 使用精密仪器时，要严格按照操作规程进行，一定要谨慎细致。如果发现仪器出现故障，应立即停止使用，及时报告教师进行处理。

⑦ 药品要按用量取用，自药品瓶中取出的药品不应再倒回原瓶，以免带入杂质。瓶塞要随取随盖，不要搞乱，以免沾污试剂。

⑧ 实验结束后，应将个人的仪器洗涤后放回实验柜，公用仪器整理好后放回原处；清洁并整理好实验台；最后洗净双手。

⑨ 每次实验后由学生轮流值日，值日的学生应打扫好实验室的地面和水槽，在离开实验室前一定要检查电源是否断开、水龙头是否关闭、门窗是否关闭。实验室内的一切物品（仪器、药品和实验产品等）不得带出实验室。

⑩ 如果发生意外事故，应保持镇静，不要惊慌失措；遇有烧伤、烫伤、割伤应及时报告教师，进行急救和治疗。

第四节　参考资料简介

在学习和研究工作中，经常需要了解各种物质的物理性质和化学性质、制备或提纯方法、分离方案和分析标准等，或需要了解某个课题的历史、现状及发展趋势，这都需要查阅参考资料。为此，学会如何从已出版的期刊论文、科技报告、专利说明书、技术标准、百科全书、手册、教材等各种资料中找出所需的资料尤为重要，学会查阅资料也是培养分析问题和解决问题能力的重要手段。

一、图书目录简介

图书馆或科技情报机构的目录有多种多样，为读者服务的目录有期刊目录、图书目录、特藏目录等。

期刊目录有中外文之分，中文是按刊名的笔画顺序或汉语拼音字母的顺序排列，外文期刊以刊名的字母顺序排列。

图书目录中除分中外文外，每个文种的图书又分成下面三种。

（1）分类目录：按图书知识内容的学科组织。

（2）书名目录：按书名字母顺序组织。

（3）著者目录：按著者姓名的字母顺序组织。

一本图书可以有以上三种目录供读者检索。除了有卡片式目录外，现在大部分图书馆提供计算机检索，读者可根据自己掌握的材料选择其中一种目录进行检索。

二、参考书及手册

1. 百科全书及大型参考书

① 中国大百科全书. 北京：中国大百科全书出版社，1993.

② 科学技术百科全书. 北京：科学出版社，1981.

③ 中国国家标准汇编. 北京：中国标准出版社，1983.

该书从 1983 年开始分册出版，收集了公开发行的全部现行国家标准，并按照国家标准的顺序号编排，已出版了 40 多个分册。在化学分册中介绍了化合物各个等级的含量标准、杂质含量和分析方法。

2. 实验技术参考书

① 杭州大学化学系等合编. 分析化学手册. 北京：化学工业出版社，1979.

这是一本化学分析工具书，较为全面地收集了分析化学的常用数据，并详尽介绍了各种实验方法。共 5 个分册。

② 孙尔康等编. 化学实验基础. 南京：南京大学出版社，1991.

③《化学分析基本操作规范》编写组. 化学分析基本操作规范，北京：高等教育出版社，1984.

④ 梁树权等编. 定量分析基本操作. 北京：高等教育出版社，1982.

该书重点介绍了定量分析的基本操作，有一定权威性。

3. 化学物理数据手册

① 傅献彩主编. 实用化学便览. 南京：南京大学出版社，1989.

② 顾庆超等编. 新编化学用表. 南京：江苏科学技术出版社，1998.

③ David R Lide 主编. Handbook of Chemistry and Physics（化学和物理手册）. 78th ed. CRC Press，1997-1998.

④ 常文保等编. 简明分析化学手册. 北京：北京大学出版社，1981.

⑤ Dean J A. Lange's Handbook of Chemistry（兰格化学手册）. 13th ed. New York：McGraw-Hill，1985.

4. 合成化学参考书

① Brancer G. 无机制备化学手册. 上册. 何泽人译. 北京：科学出版社，1959.

② 美国化学会无机合成编辑委员会编. 无机合成. 第 1～20 卷. 申泮文等译. 北京：科学出版社，1959～1986.

③ 天津化工研究院编. 无机盐工业手册. 第 2 版. 上、下册. 北京：化学工业出版社，1979～1996.

④ 韩广旬等译. 有机制备化学手册. 北京：化学工业出版社，1980.

5. 主要教材和参考书

① 傅献彩主编. 大学化学. 上、下册. 北京：高等教育出版社. 1999.

② 武汉大学等校编. 无机化学. 上、下册. 第 3 版. 北京：高等教育出版社，1994.

③ 武汉大学主编. 分析化学. 第 4 版. 北京：高等教育出版社，2008.

④ 武汉大学主编. 分析化学实验. 第 2 版. 北京：高等教育出版社，2001.

⑤ 北京大学化学系普通化学教研室. 普通化学实验. 修订本. 北京：北京大学出版社，1991.

⑥ 浙江大学普通化学教研组编. 普通化学实验. 第 3 版. 北京：高等教育出版社，1996.

⑦ 南京大学大学化学实验编写组编. 大学化学实验. 北京：高等教育出版社，1999.

⑧ 吴泳主编. 大学化学新体系实验. 北京：科学出版社，1999.

⑨ 曹忠良等编. 无机化学反应方程式手册. 长沙：湖南科学技术出版社，1982.

⑩ 陈寿椿编. 重要无机化学反应. 第 2 版. 上海：上海科学技术出版社，1990.

三、期刊

期刊是即时定期连续出版物，是发表最新研究成果的园地。经常阅读期刊对了解和把握科学发展动态和科技前沿知识有重要意义。

化学及其相关学科的主要期刊如下。

（1）国际知名期刊

Nature

Science

Analytical Chemistry

Energy & Fuels

Environmental Science & Technology

Chemical Reviews

Chemistry of Materials

The Journal of Physical Chemistry B

Langmuir

Macromolecules

Organic Letters

Inorganic Chemistry

Journal of the American Chemical Society

The Journal of Organic Chemistry

The Journal of Physical Chemistry A

The Journal of Physical Chemistry

The Journal of Physical and Colloid Chemistry

Central European Journal of Chemistry

Canadian Journal of Chemistry

Advances in Materials Science

（2）国内知名期刊

科学通报

中国稀土学报

燃料化学学报

化学进展

催化学报

化学学报

分析化学

物理化学学报

分子科学学报

光谱学与光谱分析

高分子学报

无机化学学报

无机材料学报

高等学校化学学报

有机化学

化学通报

大学化学

结构化学

Journal of the Chinese Chemical Society

中国科学（B 辑　化学）

高分子材料科学与工程

高分子通报

功能材料

功能材料与器件学报

功能高分子学报

合成化学

【讨论与思考题】

1. 回忆你在中学做过的一个印象深刻的化学实验，结合本章论述，设计和构思一个化学实验。

2. 结合自己在中学化学实验过程中的得失，论述你如何学好基础化学实验课程。

第二章 化学实验基本知识、基本操作和基本技术

第一节 化学实验安全知识

一、实验室安全条例

为了贯彻"安全第一、预防为主、综合治理"的方针，建立安全的实验环境，减少实验过程中发生灾害的风险，确保师生的健康和安全，正常有序地开展教学科研工作，各学校均制定有实验室安全条例。对化学实验室，条例一般做如下规定。

① 在实验室工作的所有人员都应熟悉并遵守"实验室安全管理规程"，应掌握消防安全知识、化学危险品安全知识和化学实验的安全操作知识。

② 所有新进实验室的人员均须经过安全教育、培训和考核，合格者方能进行实验。

③ 实验课指导教师和研究生导师有责任进行实验前的安全教育和指导，要求学生遵守实验室的安全制度，并定期进行安全教育和安全检查。

④ 实验人员必须事先制定缜密的操作步骤并严格遵守操作规程进行实验（特别是具有危险性的新实验），应熟悉所用试剂及反应产物的性质和潜在的危险，对实验中可能出现的异常情况应有足够的防备措施（如防爆、防火、防溅等）。

⑤ 实验室人员应熟悉室内的煤气、水、电的总开关所在位置及使用方法。遇有事故或遇停水、停电、停气时，或用完水、电、气时，使用者必须及时关好相应的开关。电闸箱、气阀及水阀严禁遮挡。

⑥ 实验进行中操作者不得擅自离开实验室，离开时必须有人代管。

⑦ 非工作需要不得在实验室过夜。学生因工作需要进行过夜实验时，需安排二人以上值守，事前提出书面申请报告，由导师或实验室主任以及院办公室批准同意后方可进行，同时交门卫值班室备案。

⑧ 进行危险性实验（如剧毒、易燃、易爆的实验）时，房间内不应少于 2 人；进行危险性实验操作时必须佩戴防护器具；危害性很大的实验（如高压实验、放大试验以及能产生危险气体而危及本人或周围人员人身安全的实验）不可在化学楼内进行。

⑨ 严格按照有关规定领取、存放和保管化学药品，严禁过量囤积；贵重金属、贵重物品、贵重试剂及剧毒试剂应有专人负责保管。

⑩ 实验室产生的化学废液要分类收集存放、集中回收处理，严禁倒入下水道。为保证下水管通畅，严禁将废弃物品、杂物等丢入下水道。

⑪ 氢气瓶、乙炔瓶等危险钢瓶必须放在室外指定地点（钢瓶间或阳台），放在室内的钢瓶须进行固定，周围不得有热源，不得在阳光下曝晒。严格遵守使用钢瓶的操作规程，经常检查钢瓶是否漏气。

⑫ 注意用电安全，不得私拉电线、擅自改接电源线或使用老化、裸露的电线，不得超负荷使用电源和器件（配电箱、插座、插销板、电源线等）。

⑬ 检查电器设备性能，充分考虑使用设备的局限性，不得使用运行状态不正常的仪器设备。

⑭ 实验室应保持卫生整洁，严禁吸烟、饮食，保持室内空气流通，产生有害气体、严

重异味的实验应在通风橱中进行。

⑮ 进行实验的人员需穿全棉工作服，为安全起见着装尽量少裸露皮肤，长发束起。

⑯ 最后离开实验室的人员有责任检查水、电、气阀门，关闭门、窗、水、电、气后方可离开。

⑰ 熟悉紧急情况下的逃离路线和紧急疏散方法，清楚灭火器材（如灭火器、石棉布等）的存放位置及使用方法。灭火器使用后，使用者应及时报告以便更换，并不可放回原处。

⑱ 实验室发生安全事故时应立即按要求逐级报告，并尽快写出事故报告。视事故性质及损失情况，对事故责任者分别予以批评、通报、罚款、行政处分，直至依法追究责任。

二、危险品的分类

依据 GB 13690—2009《化学品分类和危险性公示 通则》，将化学品的危险性分为三类：理化危险、健康危险和环境危险。根据危险品的性质，实验室常用化学药品最危险的品种包括：理化危险化学品（易燃、易爆和腐蚀性）、健康危险化学品（有毒、有害等）。

1. 易燃化学药品

① 可燃气体有 NH_3、$CH_3CH_2NH_2$、Cl_2、CH_3CH_2Cl、C_2H_2、H_2、H_2S、CH_4、CH_3Cl、SO_2 和煤气等。

② 易燃液体可分为一级、二级、三级。一级易燃液体有丙酮、乙醚、汽油、环氧丙烷、环氧乙烷等；二级易燃液体有甲醇、乙醇、吡啶、甲苯、二甲苯、正丙醇、异丙醇、二氯乙烯、丙酸戊酯等；三级易燃液体有煤油、松节油等。

③ 易燃固体可分为无机物和有机物两大类，无机物类如红磷、硫黄、P_2S_3、镁粉和铝粉等，有机物类如硝化纤维、樟脑等。

④ 自燃物质有白磷。

⑤ 遇水燃烧的物品有 K、Na、CaC_2 等。

2. 易爆化学药品

H_2、C_2H_2、CS_2 和乙醚及汽油的蒸气与空气或 O_2 混合，皆可因火花导致爆炸。

单独可爆炸的有硝酸铵、雷酸铵、三硝基甲苯、硝化纤维、苦味酸等。

混合发生爆炸的有 C_2H_5OH 加浓 HNO_3、$KMnO_4$ 加甘油、$KMnO_4$ 加 S、HNO_3 加 Mg 和 HI、NH_4NO_3 加锌粉和水滴、硝酸盐加 $SnCl_2$、过氧化物加 Al 和 H_2O、S 加 HgO、Na 或 K 加 H_2O 等。

氧化剂与有机物接触极易引起爆炸，故在使用 HNO_3、$HClO_4$、H_2O_2 等时必须注意。

3. 有毒化学药品

① Br_2、Cl_2、F_2、HBr、HCl、HF、SO_2、H_2S、$COCl_2$、NH_3、NO_2、PH_3、HCN、CO、O_3 和 BF_3 等均为有毒气体，具有窒息性或刺激性。

② 强酸和强碱均会刺激皮肤，有腐蚀作用，会造成化学烧伤。强酸、强碱可烧伤眼角膜，强碱烧伤后 5min 可使角膜完全毁坏。HF、PCl_3、CCl_3COOH 等也有强腐蚀性。

③ 高毒性固体有无机氰化物、As_2O_3 等砷化物、$HgCl_2$ 等可溶性汞化合物、铊盐、Se 及其化合物和 V_2O_5 等。

④ 有毒有机物有苯、甲醇、CS_2 等有机溶剂，芳香硝基化合物、苯酚、硫酸二甲酯、苯胺及其衍生物等。

⑤ 已知的危险致癌物质有联苯胺及其衍生物、β-萘胺、二甲氨基偶氮苯、α-萘胺等芳胺及其衍生物，N-甲基-N-亚硝基苯胺、N-亚硝基二甲胺、N-甲基-N-亚硝基脲、N-亚硝基氢化吡啶等 N-亚硝基化合物，双（氯甲基）醚、氯甲基甲醚、碘甲烷、β-羟基丙酸丙酯等烷

基化试剂，硫代乙酰胺、硫脲等含硫化合物，石棉粉尘等。

⑥ 具有长期积累效应的毒物有苯；铅化合物，特别是有机铅化合物；汞、二价汞盐和液态的有机汞化合物等。

三、易燃、易爆和腐蚀性药品的使用规则

① 绝不允许把各种化学药品任意混合，以免发生意外事故。

② 使用氢气时，要严禁烟火。点燃氢气前，必须检查氢气的纯度。进行有大量氢气产生的实验时，应把废气通至室外，并需注意室内的通风。

③ 可燃性试剂均不能用明火加热，必须用水浴、油浴、沙浴或可调电压的电热套加热。使用和处理可燃性试剂时，必须在没有火源而通风的实验室中进行，试剂用毕要立即盖紧瓶塞。

④ 钾、钠和白磷等暴露在空气中易燃烧，所以钾、钠应保存在煤油中，白磷则可保存在水中。取用它们时要用镊子。

⑤ 取用酸、碱等腐蚀性试剂时，应特别小心，不要洒出。废酸应倒入废酸缸，但不要往废酸缸中倾倒碱液，以免因酸碱中和放出大量的热而发生危险。浓氨水具有强烈的刺激性，一旦吸入较多氨气，可能导致头晕或昏倒；若氨水溅入眼内，严重时可能造成失明。所以，在热天取用浓氨水时，最好先用冷水浸泡氨水瓶，使其降温后再开盖取用。

⑥ 对某些强氧化剂（如 $KClO_3$、KNO_3、$KMnO_4$ 等）或其混合物，不能研磨，否则将引起爆炸；银氨溶液不能留存，因其久置后会变成 Ag_3N 而容易发生爆炸。

四、有毒、有害药品的使用规则

① 有毒药品（如铅盐、砷的化合物、汞的化合物、氰化物和 $K_2Cr_2O_7$）不得进入口内或接触伤口，也不能随便倒入下水道。

② 金属汞易挥发，并通过呼吸道进入人体内，会逐渐积累而造成慢性中毒，所以取用时要特别小心，不得把汞洒落在桌上或地上。一旦洒落，必须尽可能收集起来，并用硫黄粉盖在洒落汞的地方，使汞转变成不挥发的 HgS，然后清除掉。

③ 制备和使用具有刺激性、恶臭和有害的气体（如 H_2S、Cl_2、$COCl_2$、CO、SO_2、Br_2 等）及加热蒸发浓 HCl、HNO_3、H_2SO_4 等时，应在通风橱内进行。

④ 对一些有机溶剂如苯、甲醇、硫酸二甲酯等，使用时应特别注意。因这些有机溶剂均为脂溶性液体，不仅对皮肤及黏膜有刺激作用，而且对神经系统也有损伤。生物碱大多具有强烈毒性，皮肤亦可吸收，少量即可导致中毒甚至死亡。因此，使用这些试剂时均需穿上工作服、戴手套和口罩。

⑤ 必须了解哪些化学药品具有致癌作用。在取用这些药品时应特别注意，以免侵入体内。

五、意外事故的预防和处理

1. 意外事故的预防

（1）防火

① 在操作易燃溶剂时，应远离火源，切勿将易燃溶剂放在敞口容器内用明火加热或放在密闭容器中加热。

② 在进行易燃物质试验时，应先将乙醇等易燃物质搬开。

③ 蒸馏易燃物质时，装置不能漏气，接受器支管应与橡皮管相连，使余气通往水槽或室外。

④ 回流或蒸馏液体时应放沸石，不要用火焰直接加热烧瓶，而应根据液体沸点高低使用石棉网、油浴、沙浴或水浴，冷凝水要保持畅通。

⑤ 切勿将易燃溶剂倒入废液缸中，更不能用敞口容器放易燃液体。倾倒易燃液体时应远离火源，最好在通风橱中进行。

⑥ 油浴加热时，应绝对避免水滴溅入热油中。

⑦ 酒精灯用毕应立即盖灭。避免使用灯颈已破损的酒精灯。切忌斜持一只酒精灯到另一只酒精灯上去接火。

（2）爆炸的预防

① 蒸馏装置必须安装正确。常压操作时，切勿造成密闭体系；减压蒸馏时，要用圆底烧瓶或吸滤瓶作接受器，不可用锥形瓶，否则可能会发生爆炸。

② 使用易燃易爆气体（如氢气、乙炔等）时，要保持室内空气畅通，严禁明火，并应防止一切火星的产生。有机溶剂（如乙醚和汽油等）的蒸气与空气相混时极为危险，可能会由一个热的表面或者一个火花、电花引起爆炸，应特别注意。

③ 使用乙醚时，必须检查有无过氧化物存在，如果发现有过氧化物，应立即用 $FeSO_4$ 除去过氧化物后才能使用。

④ 对于易爆炸的固体，或遇氧化剂会发生猛烈爆炸或燃烧的化合物，或可能生成有危险性的化合物的实验，都应事先了解其性质、特点及注意事项，操作时应特别小心。

⑤ 开启储有挥发性液体的试剂瓶时，应先充分冷却，开启时瓶口必须指向无人处，以免由于液体喷溅而导致伤害。当瓶塞不易开启时，必须注意瓶内储物的性质，切不可贸然用火加热或乱敲瓶塞等。

（3）中毒的预防

① 对有毒药品应小心操作，妥为保管，不许乱放。实验中所用的剧毒物质应有专人负责收发，并向使用者指出必须遵守的操作规程。对实验后的有毒残渣必须做妥善有效的处理，不准乱丢。

② 有些有毒物质会渗入皮肤，因此，使用这些有毒物质时必须穿上工作服，戴上手套，操作后立即洗手，切勿让有毒药品沾及五官或伤口。

③ 在反应过程中可能生成有毒或有腐蚀性气体的实验应在通风橱内进行，实验过程中不要把头探入橱内，使用后的器皿应及时清洗。

（4）触电的预防　使用电器时，应防止人体与电器导电部分直接接触，不能用湿的手或手握湿的物体接触电插头。装置和设备的金属外壳等都应连接地线。实验后应切断电源，再将电器连接总电源的插头拔下。

2. 意外事故的处理

（1）起火　起火时，要立即一边灭火一边防止火势蔓延（如采取切断电源、移去易燃药品等措施）。灭火要针对起因选用合适的方法：一般的小火可用湿布、石棉布或沙子覆盖燃烧物；火势大时可使用泡沫灭火器；电器失火时切勿用水泼救，以免触电；若衣服着火，切勿惊慌乱跑，应赶快脱下衣服，或用石棉布覆盖着火处，或立即就地卧倒打滚，或迅速以大量水扑灭。

（2）割伤　伤处不能用手抚摸，也不能用水洗涤。应先取出伤口中的玻璃碎片或固体物，用 $3\%H_2O_2$ 溶液洗后涂上碘酒，再用绷带扎住。大伤口则应先按紧主血管以防大量出血，急送医务室。

（3）烫伤　不要用水冲洗烫伤处。烫伤不重时，可涂抹甘油、万花油，或者用蘸有酒精的棉花包扎伤处；烫伤较重时，立即用蘸有饱和苦味酸溶液或饱和 $KMnO_4$ 溶液的棉花或纱布贴上，再送医务室处理。

（4）酸或碱灼伤　酸灼伤时，应立即用水冲洗，再用 $3\%NaHCO_3$ 溶液或肥皂水处理；

碱灼伤时，水洗后用 1%HAc 溶液或饱和 H_3BO_3 溶液洗。

（5）酸或碱溅入眼内　酸溅入眼内时，立即用大量自来水冲洗眼睛，再用 3%NaHCO_3 溶液洗眼；碱液溅入眼内时，先用自来水冲洗眼睛，再用 10%H_3BO_3 溶液洗眼。最后均用蒸馏水将余酸或余碱洗净。

（6）皮肤被溴或苯酚灼伤　应立即用大量有机溶剂（如酒精或汽油）洗去溴或苯酚，最后在受伤处涂抹甘油。

（7）吸入刺激性或有毒的气体　吸入 Cl_2 或 HCl 气体时，可吸入少量乙醇和乙醚的混合蒸气解毒；吸入 H_2S 或 CO 气体而感到不适时，应立即到室外呼吸新鲜空气。应注意，Cl_2 或 Br_2 中毒时不可进行人工呼吸，CO 中毒时不可使用兴奋剂。

（8）毒物进入口内　把 5～10mL 5% $CuSO_4$ 溶液加到一杯温水中，内服后，把手指伸入咽喉部，促使呕吐，吐出毒物，然后立即送医务室。

（9）触电　首先切断电源，必要时进行人工呼吸。

第二节　实验室的环境保护与三废处理

实验中不可避免地产生的某些有毒气体、液体和固体，都需要及时处理，特别是某些剧毒物质，如果直接排出可能污染周围的空气和水源，损害人体健康。因此，废液、废气和废渣必须经过一定的处理，才能排放。

对于产生少量有毒或有刺激性气体的实验，可在通风橱内进行，通过排风设备将少量有害气体排到室外，以免污染室内空气。对于产生毒气量较大的实验，必须备有吸收或处理装置，如二氧化氮、二氧化硫、氯气、硫化氢、氟化氢等可用碱液吸收，一氧化碳可直接点燃使其转变为二氧化碳，少量有毒的废渣可埋于地下（应有固定地点）。

一、实验废料的销毁

① 反应后残余的金属钠应该用乙醇销毁，切忌倒入废物箱或废液缸中。

② 废纸废物必须扔在废物箱内。带有余烬的火柴棍不得乱扔，应等余烬完全熄灭后再扔进废物箱内。

③ 废酸、废碱应慢慢倒入不同的废液缸中。

④ 玻璃管及用过的毛细管等带有锋利棱角的废料不得扔在实验桌面上，也不能用抹布去擦，否则易割伤手，应随时将其收集在专门的废物箱内。

⑤ 任何不溶于水的废弃化学物质或溶液，不得倒入水槽中。

⑥ 能放出有毒、可燃气体或可自燃的危险废料，磷、电石、碱金属等，既不能倒入废物箱，也不能倒入水槽或排水管道中，必须将它们在适当地方处理掉（最好在空旷地烧掉或埋掉），也可以用化学方法将其转化为无害物质后弃掉。

⑦ 在干燥状态下具有爆炸性的废料，应趁其处于液态或溶剂中及时销毁。

二、实验室废液的处理

① 实验中经常有废酸液。废液缸中的废液可先用塑料网纱或玻璃纤维过滤，滤液用碱中和，调至 pH 6～8 后就可排出，少量滤渣可埋于地下。

② 对化学实验使用后的废铬酸洗液，可用高锰酸钾氧化法使其再生后继续使用。方法是：先在 110～130℃下不断搅拌废铬酸洗液，使之加热浓缩，除去水分后，冷却至室温；缓缓加入高锰酸钾粉末（每 1000mL 中加入 10g 左右），边加边搅拌，直至溶液呈深褐色或微紫色（注意不要加过量）；然后直接加热至有三氧化硫出现，停止加热；稍冷，通过玻璃

砂芯漏斗过滤，除去沉淀，冷却后析出红色三氧化铬沉淀，再加适量硫酸使其溶解即可使用。对少量的废洗液，可加入废碱液或石灰使其生成氢氧化铬沉淀，将废渣埋于地下。

③ 氰化物是剧毒物质，含氰废液必须认真处理。对少量的含氰废液，可先加氢氧化钠调至 pH 值大于 10，再加入少量高锰酸钾使 CN^- 氧化分解。对大量的含氰废液，可用碱性氯化法处理。方法是：先用碱调废液 pH 值至大于 10，再加入漂白粉，使 CN^- 氧化成氰酸盐，并进一步分解为二氧化碳和氮气。含氰化物废液一定不能与酸混合，以免生成剧毒的 HCN 气体而造成中毒。

④ 对含汞盐废液，应先调 pH 值至 8~10，加适当过量的硫化钠，生成硫化汞沉淀；同时加入硫酸亚铁生成硫化亚铁沉淀，从而将硫化汞沉淀吸附下来；静置后分离，再离心过滤；待上清液中的汞含量降到 $0.02mg \cdot L^{-1}$ 以下后，可直接排放。少量残渣可埋于地下，大量残渣需要用焙烧法回收汞，但要注意一定要在通风橱内进行。对含重金属离子的废液，最有效和经济的处理方法是加碱或加硫化钠把重金属离子变成难溶性的氢氧化物或硫化物而沉积下来，从而过滤分离，再将少量残渣埋于地下。

⑤ 含重金属离子的废液，加碱或硫化钠使其生成氢氧化物或硫化物沉淀，分离除去。少量残渣埋于地下。

三、改进实验方法

尽量改进实验方法，少用或不用具有毒害作用的试剂进行实验。

四、加强环保教育

加强对学生进行环保知识和环保意识的教育，提高环境保护的自觉性。

第三节　化学试剂基本知识

一、化学实验用水

纯水是化学实验中最常用的纯净溶剂和洗涤剂，根据化学实验的任务和要求不同，对水的纯度要求也有所不同。一般的化学实验工作，采用蒸馏水或去离子水即可；超纯物质的分析，则需纯度较高的"超纯水"。

1. 纯水制备常用方法

（1）蒸馏法　蒸馏法设备简单、成本低，能除去水中的非挥发性杂质，但能耗高，产率低，不能除去易溶于水的气体。同是蒸馏得到的纯水，由于蒸馏器的材料不同，所带的杂质也不同。通常使用由玻璃、铜和石英等材料制成的蒸馏器。

（2）离子交换法　这是应用离子交换树脂分离水中杂质离子的方法，因此用此法制得的水通常称为"去离子水"。此法的优点是容易制得大量纯度高的水且成本较低，但不能除去非离子态杂质，而且有微量树脂溶于水中。

（3）电渗析法　这是在离子交换技术基础上发展起来的一种方法。它是在外电场的作用下，利用阴、阳离子交换膜对溶液中离子的选择性透过而使杂质离子自水中分离出来的方法。电渗析器的使用周期比离子交换柱长，再生处理比离子交换柱简单，但此法去除杂质效率低，水质质量较差，只适用于一些要求不高的实验。

纯水并不是绝对不含杂质，只是杂质的含量极微少而已。随制备方法和所用仪器材料的不同，其杂质的种类和含量也有所不同。用玻璃蒸馏器蒸馏所得的水含有较多的 Na^+、SiO_3^{2-} 等离子；用铜蒸馏器制得的水含有较多的 Cu^{2+}；用离子交换法或电渗析法制备的水则含有微生物和某些有机物等。

2. 纯水的质量检验

纯水的质量可以通过检验来了解。检验的项目很多,现仅结合一般分析实验室的要求简略介绍主要的检查项目。

(1) 电阻率 25℃时电阻率为 $(1.0\sim10.0)\times10^6\Omega\cdot cm$ 的水为纯水,大于 $10\times10^6\Omega\cdot cm$ 的水为超纯水。

(2) 酸碱度 要求 pH 值为 6~7。取 2 支试管,各加被检查的水 10mL。一管加甲基红指示剂 2 滴,不得显红色;另一管加 0.1% 溴百里酚蓝指示剂 5 滴,不得显蓝色。在空气中放置较久的纯水,因溶解有 CO_2,pH 值可降至 5.6 左右。

(3) 钙镁离子 取 10mL 被检查的水,加氨水-氯化铵缓冲溶液 (pH≈10),调节溶液 pH 值至 10 左右,加入铬黑 T 指示剂 1 滴。如呈现蓝色,则水质合格;如呈紫红色,说明水质不合格。

(4) 氯离子 取 10mL 被检查的水,用 HNO_3 酸化,加 1% $AgNO_3$ 溶液 2 滴,摇匀后不得有混浊现象。

(5) 硅酸盐 取 10mL 待测水于一小烧杯中,加入 5mL $4mol\cdot L^{-1}$ 的 HNO_3 和 5mL 质量分数为 5% 的钼酸铵溶液,室温下放置 5min 后,加入 5mL 质量分数为 10% 的 Na_2SO_3 溶液,观察是否出现蓝色,如出现蓝色则不合格。

分析用的纯水必须严格保持纯净,防止污染。聚乙烯容器是储存纯水的理想容器之一。

二、化学试剂的分类

化学试剂的规格是以其中所含杂质的多少来划分的。一般可分为四个等级,其规格和适用范围见表 2-1。

表 2-1 化学试剂规格和适用范围

等级	名称	英文名称	符号	适用范围	标签标志
一级品	优级纯(保证试剂)	guanrante reagent	G. R.	适用于精密分析和科学研究工作	绿色
二级品	分析纯(分析试剂)	analytical reagent	A. R.	适用于多数分析和科学研究工作	红色
三级品	化学纯	chemical pure	C. P.	适用于一般分析工作	蓝色
四级品	实验试剂	laboratorial reagent	L. R.	适用作实验辅助试剂	棕色或其他颜色
	生物试剂	biological reagent	B. R. 或 C. R.		黄色或其他颜色

此外,还有光谱纯试剂、基准试剂、色谱纯试剂等。

光谱纯试剂(符号 S. P.)的杂质含量用光谱分析法已测不出或其杂质的含量低于某一限度,这种试剂主要用作光谱分析中的标准物质。

基准试剂的纯度相当于或高于保证试剂。基准试剂用作滴定分析中的基准物质是非常方便的,也可用于直接配制标准溶液。

在实验教学或科学研究工作中,选用的试剂纯度要与所用方法相当,实验用水、操作器皿等要与试剂的等级相适应。若试剂都选用 G. R. 级的,则不宜使用普通的蒸馏水或去离子水,而应使用经两次蒸馏制得的重蒸馏水。此时所用器皿的质地也要求较高,使用过程中不应有物质溶解,以免影响测定的准确度。选用试剂时,要注意节约,不要盲目追求纯度高,应根据具体要求取用。

三、化学试剂的选择与取用

1. 试剂的选择

化学试剂的纯度对化学实验结果影响很大。不同的实验对试剂纯度的要求也不相同。例如在一般的合成实验或研究中三级试剂已能很好地满足需要，而在一般的分析工作中二级试剂才能达到要求。由于不同规格的同一种试剂价格相差很大，因此不要盲目追求高纯度试剂，以免造成浪费。在能满足实验要求的前提下，选用试剂的级别应就低不就高。试剂的选用应注意以下几方面。

① 物质制备实验，一般选用化学纯试剂即可。

② 滴定分析中常用的标准溶液，一般先用分析纯试剂粗略配制，再用工作基准试剂标定。在对分析结果要求不很高的实验中也可用优级纯或分析纯试剂替代基准试剂。滴定分析中所用的其他试剂一般为分析纯。仪器分析实验中一般使用优级纯、分析纯或专用试剂，测定痕量成分时则选用高纯试剂。

③ 很多试剂就主体含量而言，优级纯和分析纯相同或相近，只是杂质含量不同。如果实验对所用试剂的主体含量要求高，则应选用分析纯试剂；如果对试剂杂质含量要求严格，则应选用优级纯试剂。

④ 如果现有试剂纯度不能达到某种实验要求时，常常进行一次至多次提纯后再使用。常用的提纯方法有蒸馏法（液体试剂）和重结晶法（固体试剂）。

2. 试剂取用的注意事项

（1）液体试剂的取用

① 从试剂瓶中倒出液体试剂时，把瓶塞放在桌上，右手拿起试剂瓶，并注意使试剂瓶上的标签对着手心，左手拿住容器，缓慢地竖起试剂瓶，使液体试剂成细流流入容器内（图2-1）。倒出所需液体后，应该将试剂瓶口在玻璃棒或容器上靠一下，再将试剂瓶竖直，这样可以避免遗留在瓶口的试剂从瓶口流到试剂瓶外壁。同时必须注意，倒出试剂后，瓶塞要立刻盖在原来的试剂瓶上，并将试剂瓶放回原处，瓶上的标签朝外。易挥发嗅味的液体试剂（如浓盐酸），应在通风橱内移取。易燃烧、易挥发的物质（如乙醚等），应在周围无火种的地方移取。

② 从滴瓶中取少量试剂时，用拇指和食指先提起滴管，使管口离开液面，然后用手指紧捏滴管上部橡皮胶头，以赶出滴管中的空气，再将滴管伸入试剂瓶中，放开手指，吸入试剂。提起滴管，将试剂滴入试管或烧杯中。

使用滴管时必须注意下列各点。

a. 将试剂滴入试管中时，必须用无名指和中指夹住滴管，将它悬空地放在靠近试管口的上方，然后用大拇指和食指按捏橡皮胶头，使试剂滴入试管中。绝对禁止将滴管伸入试管中（图2-2），否则滴管的尖端将很容易碰到试管壁上而沾附试管内其他溶液，则滴管被污染。如果再将此滴管放回试剂瓶中，则试剂将被污染，不能再使用。

图 2-1 倾注法

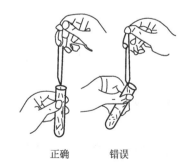

正确　　错误

图 2-2 滴加试剂

b. 滴瓶上的滴管只能专用，不能和其他滴瓶上的滴管混用。因此，使用后，应立刻将滴管插回原来的滴瓶中。

c.用滴管从滴瓶中取出试剂后，应保持橡皮胶头在上，不要平放或斜放滴管，以防滴管中的试液流入胶头，腐蚀胶头，沾污试剂。

（2）固体试剂的取用　固体试剂要用干净的药匙取用。药匙的两端分别为大小两个匙。取较多的试剂时用大匙，取少量试剂时用小匙（取用的试剂加入小试管时，应用小匙）。用过的药匙必须立即洗净擦干，以备取用其他试剂。不要超过指定用量取药，多取的药品不能倒回原瓶，可放在指定容器中供他人使用。往试管特别是湿试管中加入固体试剂时，可用药匙伸入试管约 2/3 处，或将药品放在一张对折的纸条上，再伸入试管中。块状固体则应沿管壁慢慢滑入。

四、试剂溶液的配制

1. 一般溶液的配制

一般溶液的浓度不需要十分精确，配制时固体试剂可用托盘天平称量，称量的器皿通常用表面皿、烧杯或称量纸。液体试剂及溶剂用量筒量取。有时，溶液的体积还可根据所用的烧杯、试剂瓶的容积来估计。

称出的固体试剂，于烧杯中先加适量水溶解，再稀释至所需的体积。试剂溶解时，若有放热现象或需加热溶解，应待冷却后，再转入试剂瓶中。配好的溶液，应马上贴好标签，注明溶液的名称、浓度和配制日期。

对于易水解的盐，配制溶液时，需加入适量的酸，再用水或稀酸稀释。有些易被氧化或还原的试剂，需使用前临时配制或采取适当措施，防止发生氧化或还原。

配制指示剂溶液时，需称取的指示剂量往往很少，这时可用分析天平称量，但只要读取两位有效数字即可。要根据指示剂的性质采用合适的溶剂，必要时还要加入适当的稳定剂，并注意其保存期。配好的指示剂一般储存于棕色瓶中。

经常并大量使用的溶液，可先配制成使用浓度 10 倍的储备液，需要时取储备液稀释到 1/10 即可。

2. 标准溶液的配制

标准溶液通常有两种配制方法。

（1）直接法　用分析天平准确称取一定量的基准试剂，溶于适量的水中，再完全转移到容量瓶中，用水稀释至刻度。根据称取试剂的质量和容量瓶的体积计算它的准确浓度。

（2）标定法　先配制成近似所需浓度的溶液，然后用基准试剂或另一种已知准确浓度的标准溶液来标定它的准确浓度。

储存备用的标准溶液，由于水分蒸发，水珠凝于瓶壁，使用前应将溶液摇匀。如果溶液浓度有了改变，使用前必须重新标定。对于不稳定的溶液应定期进行标定。

第四节　化学实验基本操作技术与规范

一、基本仪器

实验室常用基本仪器及应用范围见表 2-2。

二、常用玻璃仪器的洗涤和干燥

1. 仪器的洗涤

洗涤仪器的方法很多，应当根据实验的要求、污物的性质和沾污的程度来选择。一般有下列几种洗涤方法。

表 2-2 基本仪器及应用范围

仪器名称	规格	应用范围	注意事项
烧杯	以容积表示，如1000mL、600mL、400mL、250mL、100mL、50mL、25mL	用作反应容器，在反应物较多时使用，也可用于配制溶液、溶样等	1. 可以加热至高温,使用时应注意勿使温度变化过于剧烈 2. 加热时底部垫石棉网,使其受热均匀,一般不可以烧干
锥形瓶	以容积表示，如500mL、250mL、100mL、50mL	用作反应容器，适用于滴定操作	1. 可以加热,使用时应注意勿使温度变化过于剧烈 2. 加热时底部垫石棉网,使其受热均匀 3. 磨口锥形瓶加热时要打开瓶塞
试管 离心试管	分为硬质试管、软质试管、普通试管、离心试管 普通试管通常以管口外径(mm)×长度(mm)表示，离心试管以其容积(mL)表示	用作少量试液的反应容器，便于操作和观察 离心试管还可用于定性分析中的沉淀分离	1. 加热后不能骤冷,以防试管破裂 2. 盛装试液不超过试管的1/3~1/2; 3. 加热时用试管夹夹持,管口不要对人,且要求不断摇动试管使其受热均匀 4. 小试管一般用水浴加热
量筒 量杯	以所能量度的最大容积表示 量筒最大容积如250mL、100mL、50mL、25mL、10mL 量杯最大容积如100mL、50mL、20mL、10mL	用于液体体积度量	1. 不能加热 2. 沿内壁加入或倒出溶液
吸量管 移液管	以所能量度的最大容积表示 吸量管最大容积如10mL、5mL、2mL、1mL 移液管最大容积如50mL、25mL、10mL、5mL、2mL、1mL	用于精确量取一定体积的液体	不能加热

仪器名称	规格	应用范围	注意事项
酸式滴定管　碱式滴定管	滴定管分碱式和酸式，以容积表示，如 50mL、25mL	用于滴定操作或精确量取一定体积的溶液	1. 碱式滴定管盛装碱性溶液，酸式滴定管盛装酸性溶液，二者不能混用 2. 碱式滴定管不能盛装氧化剂 3. 酸式滴定管活塞用橡皮筋固定，防止滑出跌碎 4. 活塞要用原配套活塞，否则漏液不能使用
容量瓶	以容积表示，如 2000mL、1000mL、500mL、250mL、100mL 等	用于配制准确体积的标准溶液或被测溶液	1. 不能直接用火加热 2. 不能在其中溶解固体 3. 非标准的磨口塞要保持原配
长颈漏斗　普通漏斗	以口径和漏斗颈长短表示，如 6cm 长颈漏斗、4cm 短颈漏斗	长颈漏斗用于定量分析，过滤沉淀 短颈漏斗一般用于过滤	不能直接用火加热
热水漏斗	以口径(mm)表示	用于热过滤	不能未加水就加热，以免焊锡熔化损坏
布氏漏斗　吸滤瓶	布氏漏斗为瓷质，以直径(cm)表示；吸滤瓶以容积表示	两者配套使用，用于晶体或沉淀的减压过滤	1. 不能加热 2. 布氏漏斗大小应与过滤晶体或沉淀量相适合

仪器名称	规格	应用范围	注意事项
点滴板	材料为白色瓷板,规格按凹穴数目分十六、九穴、六穴等	用于点滴反应,不需分离的沉淀反应,尤其是显色反应	1. 不能加热 2. 不能用于含氢氟酸和浓碱溶液的反应
蒸发皿	瓷质,以上口径(cm)表示。也有石英、铂制品,有平底和圆底两种	用于蒸发、浓缩溶液和灼烧固体	在高温时不能骤冷
坩埚 泥三角	坩埚分瓷、石英、铁、银、镍、铂等。规格以容积表示,如 50mL、40mL、30mL 等 泥三角材料包括瓷管和铁丝,有大小之分	用于灼烧固体 泥三角用于承放加热的坩埚和小蒸发皿	1. 坩埚灼烧时放在泥三角上,直接用火加热,不需要石棉网 2. 选择泥三角时,要使放在上面的坩埚所露出的上部不超过本身高度的1/3 3. 取下的灼热坩埚和泥三角不能直接放在桌上,而要放在石棉网上 4. 灼热的坩埚和泥三角不能骤冷
干燥器	以直径(cm)表示,分普通干燥器和真空干燥器两种	1. 存放物品,以防物品吸潮,内放干燥剂,可保持样品干燥; 2. 定量分析时,将灼烧过的坩埚放在其中冷却	1. 防止盖子滑落打碎 2. 灼热过的物品,温度过高时不能放入干燥器 3. 干燥器内的干燥剂要按时更换
研钵	瓷质,以钵口直径(cm)表示,如 12cm、9cm。也有铁、玻璃、玛瑙制的	用于研磨固体和混合固体物质	1. 根据固体性质和硬度选用研钵 2. 不能代替反应容器用 3. 放入量不能超过容积的1/3 4. 易爆物质只能轻轻压碎,不能研磨
碘量瓶	以容积表示,如250mL、100mL、50mL 等	用于碘量法和其他生成挥发性物质的定量分析	1. 塞子和瓶口磨砂部分注意勿擦伤,以免漏气 2. 滴定时打开塞子,用蒸馏水将瓶口和塞子上的碘液洗入瓶中

（1）用水刷洗　此法既可洗去溶于水的物质，又可使附着在仪器上的尘土和不溶性物质脱落下来，但对油污效果并不好。洗刷时，要选用合适的刷子，若刷子顶端无毛则不宜使用，否则易损坏玻璃器皿。

（2）用去污粉或合成洗涤剂刷洗　去污粉中含有碳酸钠、白土和细沙，具有去油污和摩擦作用，适宜用于一般油污及不溶物黏附较牢的器皿的刷洗。合成洗涤剂则适用于油污较多的器皿刷洗。经去污粉或合成洗涤剂刷洗的器皿，必须要用自来水将残存的去污粉或合成洗涤剂冲洗干净才能使用。

（3）还原性洗涤液　这类洗涤液有盐酸、草酸、HCl-H_2O_2、亚硫酸钠、酸性硫酸亚铁等洗涤液。主要用于洗一些不溶性的固体氧化剂，如 MnO_2 等。

（4）浓硫酸-重铬酸钾洗涤液（又称铬酸洗涤液） 这种洗液具有很强的氧化性，对有机物和油污的去污能力特别强。适宜于一些对洁净程度要求较高的定量器皿（如滴定管、容量瓶、移液管等），以及一些形状特殊、不能用刷子刷洗的仪器。

具体配制方法：称取 10g 研细的重铬酸钾固体，加热溶于 20mL 水中，待冷后，边搅拌边缓慢地加入 180mL 浓硫酸（切勿将溶液加入浓硫酸），冷后，移入磨口瓶中保存。

使用洗液时注意如下几点。

① 使用洗液前，应先用水刷去外层污物，并用水冲内层污物。冲洗完毕后，应尽量将仪器内的残存水倒掉，避免水把洗液冲稀，降低其氧化能力。

② 用洗液时，首先将洗液倒入仪器中 1/5～1/4 的容积，然后慢慢地将仪器倾斜旋转，使仪器的内壁全部为洗液润湿，反复操作一两次；然后将洗液倒回储存瓶中，倒置一会儿，让残存的洗液流尽，再用水将附着在内壁的洗液冲洗干净；最后用少量蒸馏水或去离子水洗去残存在自来水中的 Ca^{2+}、Mg^{2+}、Cl^- 等离子，反复此操作三次。若仪器较脏，可将洗液充满整个仪器，浸泡一段时间，或用热洗液洗，去污能力更强。

③ 洗液可重复使用，直至洗液变绿色（重铬酸根被还原成 Cr^{3+} 之故），才失效报废。

④ 洗液变稀时，将会有重铬酸钾析出，氧化能力将有所降低，但仍可使用。也可将其蒸浓后再用。洗液具有很强的腐蚀性，会灼伤皮肤和破坏衣物。如不慎把洗液洒在衣物上，应立即用水冲洗；若洒在桌上，应立即用抹布揩去，抹布用水洗净。

⑤ $Cr(Ⅵ)$ 有毒，清洗残留在仪器上的洗液时，第一、二遍水不要倒入下水道，应倒入废液缸中统一处理，以免污染环境。

（5）氢氧化钠-高锰酸钾洗涤液 此类洗液适宜用于洗油腻及有机物较多的仪器。

此液的配制方法：称取 4g 高锰酸钾，溶于少量水中，缓慢地加入 100mL 10％氢氧化钠溶液即成。此类洗液腐蚀玻璃，不宜洗定量精密仪器，且洗后会有二氧化锰沉淀，可用浓盐酸或亚硫酸钠溶液洗去。

以上介绍了几种洗涤方法，可根据不同的要求进行选择。洗净的仪器应不挂水珠，将仪器倒置时水会顺着器壁流下，器壁上只留下一层既薄又均匀的水膜。注意，手上有汗或油脂，拿洗净的仪器应捏上口边缘，否则仪器外壁易挂水珠。外壁水珠用手或滤纸可抹去或移位，但内壁水珠不可抹去或移位。

2. 仪器的干燥

仪器的干燥一般有以下几种方法。

（1）晾干 不急等使用的、要求一般干燥的仪器洗净后倒置于干净的实验柜内或仪器架上，让其自然干燥。

（2）吹干 用吹风机或气流烘干器（图 2-3）将洗净的仪器吹干。有时为了加快吹干速度，先用少量酒精或丙酮与仪器内水互溶，倒出，然后用冷风吹干。

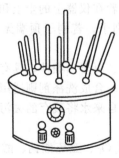

图 2-3 气流烘干器

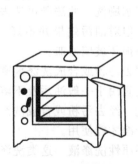

图 2-4 烘箱

（3）烘干　将洗净的仪器倒置或平放于搪瓷盘中，放入烘箱（图 2-4）中烘干。使用时注意以下几点。

① 烘箱内温度一般控制在 110~120℃，烘干 1h。

② 带有刻度的计量仪器不能用加热的方法进行干燥。

③ 烘干前要倒去积存的水。

④ 对厚壁的仪器和实心玻璃塞烘干时升温要慢。

⑤ 带有玻璃塞的仪器要拔出塞一同干燥，但木塞和橡胶塞不能放入烘箱，应在干燥器中干燥。

（4）烤干　将洗净的蒸发皿或烧杯之类大口器皿（耐热玻璃制作的）在石棉网上用小火加热烤干。试管可直接用小火来回移动烤干，使其受热均匀，但管口要比底略低呈倾斜状，防止回流水珠流入加热区而使试管破裂。

三、试纸的使用

1. 石蕊试纸和酚酞试纸

石蕊试纸有红色和蓝色两种。石蕊试纸、酚酞试纸用来定性检验溶液的酸碱性。使用时，用镊子取小块试纸放在表面皿边缘或点滴板上，用玻璃棒将待测溶液搅拌均匀，然后用玻璃棒末端沾少许溶液接触试纸，观察试纸颜色的变化，确定溶液的酸碱性。切勿将试纸浸入溶液中，以免污染溶液。

2. pH 试纸

pH 试纸包括广泛 pH 试纸和精密 pH 试纸两类，用来检验溶液的 pH 值。广泛 pH 试纸的变色范围是 pH=1~14，它只能粗略地估计溶液的 pH 值。精密 pH 试纸可以较精确地估计溶液的 pH 值，根据其变色范围可分为多种，如变色范围为 pH=3.8~5.4、pH=8.2~10 等。根据待测溶液的酸碱性，可选用某一变色范围的试纸。用法同石蕊试纸，待试纸变色后，与色阶板比较，确定 pH 值或 pH 值的范围。

3. 淀粉碘化钾试纸

用来定性检验氧化性气体，如 Cl_2、Br_2 等。原理是：
$$2I^- + Cl_2 === 2Cl^- + I_2$$
I_2 和淀粉作用成蓝色。如气体氧化性强，而且浓度大时，还可以进一步将 I_2 氧化成无色 IO_3^-，使蓝色褪去：
$$I_2 + 5Cl_2 + 6H_2O === 2HIO_3 + 10HCl$$
使用时必须仔细观察试纸颜色的变化，否则会得出错误的结论。使用时，将小块试纸用蒸馏水润湿后放在试管口，须注意不要使试纸直接接触溶液。

4. 醋酸铅试纸

用来定性检验硫化氢气体。当含有 S^{2-} 的溶液被酸化时，逸出的硫化氢气体遇到试纸后，即与纸上的醋酸铅反应，生成黑色的硫化铅沉淀，使试纸呈褐黑色，并有金属光泽。
$$PbAc_2 + H_2S === PbS\downarrow + 2HAc$$
当溶液中 S^{2-} 浓度较小时，则不易检出。用法同淀粉碘化钾试纸。

使用试纸时，要注意节约，把试纸剪成小块，用时不要多取。取用后，马上盖好瓶盖，以免试纸沾污。用后的试纸应丢弃在垃圾桶内，不能丢在水槽内。

四、称量仪器及其使用方法

称量所用的仪器是天平。常用的天平有托盘天平、分析天平和电子天平。各种天平都是根据杠杆原理设计的，如图 2-5 所示。

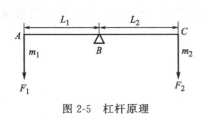

图 2-5　杠杆原理

杠杆 ABC 代表等臂的天平架。B 为支点，A、C 两端所受的力分别为 F_1（称量物质量 m_1）和 F_2（砝码质量 m_2），当达到平衡时，支点两边的力矩相等，即

$$F_1 L_1 = F_2 L_2$$

因为

$$F = mg\,(g\ 为重力加速度)$$

所以

$$m_1 g L_1 = m_2 g L_2$$

天平是等臂的

$$L_1 = L_2$$

故

$$m_1 = m_2$$

即天平达到平衡时，称量物的质量等于砝码的质量。

1. 托盘天平

托盘天平又叫台秤，如图 2-6 所示。它主要由台秤座和横梁两部分组成。横梁以一个支点架在台秤座上，左右各有一个托盘，中间有指针与刻度盘相对。根据指针在刻度盘前的摆动情况，可以看出台秤的平衡状态。台秤用于实验室粗略的称量，一般能称准至 0.1g。

使用台秤的步骤如下。

（1）调零　将游码移到标尺的零处，如指针

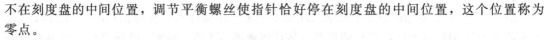
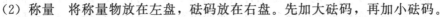

图 2-6　托盘天平

不在刻度盘的中间位置，调节平衡螺丝使指针恰好停在刻度盘的中间位置，这个位置称为零点。

（2）称量　将称量物放在左盘，砝码放在右盘。先加大砝码，再加小砝码。

标尺以内的质量（10g 或 5g）移动游码来添加，直至指针停在零点位置（允许偏差 1 小格）。此时砝码加游码的质量就是称量物的质量。

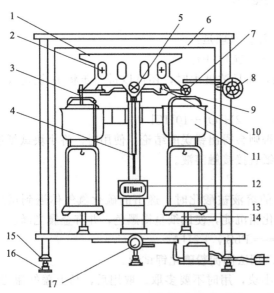

图 2-7　半自动电光分析天平的构造

1—横梁；2—平衡螺丝；3—吊耳；4—指针；5—支点刀；
6—框罩；7—圈码；8—指数盘；9—支柱；10—托叶；
11—阻尼器；12—投影屏；13—秤盘；14—托盘；
15—螺旋脚；16—垫脚；17—升降旋钮

（3）称量完毕　把砝码放回砝码盒内，游码退回标尺的零处，并把台秤清扫干净。如果长时间不用，应该把两个托盘放在一侧，以免台秤摆动。

2. 半自动电光分析天平

（1）半自动电光分析天平的构造　半自动电光分析天平的构造如图 2-7 所示。

① 横梁。由铝合金制成，是天平的主要部件。横梁上装有三个三棱形玛瑙刀，其中一个装在横梁中间，刀口向下，称为支点刀（图 2-7 中 5），它放在一个玛瑙平板的刀承上；另外两个刀等距离地分别安装在横梁的两端，刀口向上，称为承重刀。这三个刀口的棱边相互平行，而且处于同平面上。

横梁两边的承重刀上分别悬挂着吊耳（图 2-7 中 3），吊耳的上钩挂有秤盘（图 2-7 中 13），下钩挂空气阻尼器（图 2-7 中 11）。空气阻尼器由两个铝制的圆筒组成，

其外筒固定在天平柱上，直径稍小的内筒悬挂在吊耳上。内外筒间有均匀的空隙，无摩擦。当天平梁摆动时，内筒可随横梁的摆动上下移动，由于筒内空气的阻力，天平很快就停止摆动。

为了便于观察天平的倾斜程度，在天平横梁中间装有一根细长的金属指针（图2-7中4），它随天平的摆动而摆动。指针下端带有缩微标尺，因刻度精细无法用肉眼读数，所以配有光学读数系统，将缩微标尺的刻度放大，反射到投影屏（图2-7中12）上。投影屏上有一竖直黑线，根据平衡时缩微标尺与该黑线重合的刻度可确定读数。横梁的两端装有平衡调节螺丝（图2-7中2），以调整天平的零点。零点还可以通过投影屏下的零点调节杆来调节。

② 支柱。位于天平的正中，柱上方嵌有玛瑙平板刀承，用于支撑称量时的支点刀。支柱后方装有水平仪，可观察天平是否水平。

③ 升降旋钮。转动升降旋钮（图2-7中17），可以使天平上升或下降。当天平不使用或加减砝码、样品时，应将横梁托起，使刀口与刀承分开，以免磨损，此时光源也被切断，天平休止。

④ 天平箱。是装分析天平用的玻璃箱，用以保护天平，减少气流、灰尘、水蒸气等对天平的影响。它的左门在取放物品时打开，右门在取放砝码时打开。前门在称量过程中不准打开，是供安装、维修天平和清洁天平用的。天平的右方装有自动加码的指数盘（图2-7中8），转动它时可往天平梁上加 $10\sim990mg$ 的环码，外圈刻度为 $100\sim990mg$，内圈刻度为 $10\sim90mg$。

天平箱底部装有三个垫脚，后面一个固定不动，用前面两个垫脚上的螺旋脚（图2-7中15）可调节天平的水平。

⑤ 砝码。每台天平都有配套的一盒砝码。砝码的组合通常是5、2、2、1或5、2、1、1两种方式，并按固定顺序放在砝码盒里。由于所标值相同的砝码的质量仍存在微小差异，因而数值相同的砝码上均打有标记，以示区别。

砝码在使用日久后，其质量或多或少总有些改变，必须按使用的频繁程度定期予以校准或送计量部门检定。

（2）半自动电光分析天平的使用方法

① 称前检查。把天平罩取下叠好，放在天平上方，检查横梁、秤盘、吊耳和环码等位置是否正常，天平是否水平，砝码是否齐全，秤盘是否洁净等。

② 调节零点。接通电源，打开升降旋钮，此时在光屏上可以看到标尺的投影在移动。当标尺稳定后，如果屏幕中央的刻线与标尺上的"0.00"位置不重合，可拨动投影屏调节杆移动屏的位置，直到屏中刻线恰好与标尺中的"0"线重合，即为零点。如果屏的位置已移到尽头仍调不到零点，则需关闭天平，调节横梁上的平衡螺丝，再开启天平，继续拨动投影屏调节杆，直至调定零点。然后关闭天平，准备称量。

③ 称量。将欲称物体先在台秤上粗称，然后放在天平左盘中心。根据粗称的数据在天平右盘上加砝码至克位。半开天平，观察标尺移动方向或指针倾斜方向（若砝码加多了，则标尺的投影向右移，指针向左倾斜）以判断所加砝码是否合适及如何调整。克码调定后，再依次调整百毫克组和十毫克组环码，每次均从中间量（500mg或50mg）开始调节。调定环码至10mg位后，完全开启天平，准备读数。

加减砝码的顺序是：由大到小，依次调定。砝码未完全调定时不可完全开启天平，以免横梁过度倾斜，造成错位或吊耳脱落。

④ 读数。砝码调定后，关闭天平门，待标尺停稳后即可读数，被称物的质量等于砝码总量加标尺读数（均以克计）。

⑤ 复原。称量、记录完毕，随即关闭天平，取出被称物，将砝码夹回盒内，圈码指数盘退回到"000"位，关闭两侧门，填写实验仪器使用登记本，盖上防尘罩。

（3）分析天平灵敏度的测定　天平的灵敏度（E）通常是指在天平的一个盘上增加 1mg 质量所引起的指针偏转程度。指针偏转程度越大，天平的灵敏度越高。灵敏度的单位为分度·mg^{-1}。在实际工作中，常用灵敏度的倒数来表示天平的灵敏程度，即

$$S=1/E$$

式中，S 称为天平的分度值，也称感量，单位为 mg·分度$^{-1}$。因此，分度值是使天平的平衡位置产生一个分度变化时所需的质量（mg）。可见，分度值越小的天平，其灵敏度越高。

天平的灵敏度与下列因素有关：

① 天平横梁及指针的重量；

② 天平的臂长；

③ 天平横梁的支点与重心的距离。

由于同一天平的臂长和重量都是固定的，通常只能改变天平横梁支点与重心间的距离 d 来调整天平的灵敏度。天平的灵敏度太低，达不到称准至 $0.1\sim0.2mg$ 的目的。但并非越灵敏越好，因为过于灵敏，则较难达到平衡，不便于称量。这种情况下，适当升降重心螺丝调整 d 的大小，重心螺丝上移，d 减小，可提高灵敏度，下移可降低灵敏度。

天平的灵敏度在很大程度上还取决于三个玛瑙刀口的质量。若刀口锋利，天平摆动时刀口摩擦小，灵敏度也高；若刀口缺损，不论如何移动重心螺丝，也不能显著提高其灵敏度。因此，在使用天平时，应该特别注意保护天平的刀口，勿使其损伤。在加减物体和砝码时，必须利用升降旋钮把天平梁托起，使玛瑙刀口和刀承分开。

3. 电子分析天平

电子天平是最新一代的天平，它利用电子装置完成电磁力补偿的调节，使物体在重力场中实现力的平衡，或通过电磁力矩的调节使物体在重力场中实现力矩的平衡。电子天平一般均具有自动调零、自动校准、自动去皮和自动显示称量结果等功能。电子天平的平衡时间短，使称量更加快速。

下面以常见的 FA1104 型电子天平为例，简要说明电子天平的使用步骤。

① 按一下"ON"键，经过短暂自检后，显示屏应显示"0.0000g"。如果显示不是"0.0000g"，则要按一下"TAR"键。

② 将被称物轻轻放在秤盘上，这时可见显示屏上的数字在不断变化，待数字稳定后，即可读数，并记录称量结果。

③ 称量完毕，取下被称物。按一下"OFF"键关闭天平。注意：在做实验时，除了开关键和"TAR"键外，其余键均不得随意触动。

五、加热与冷却途径与方法

1. 煤气灯

煤气灯是化学实验中最常用的加热器具之一，加热快，温度高（可达 1000℃ 左右），使用方便。煤气由导管输送到实验台上，用橡皮管将煤气开关和煤气灯相连。煤气灯的构造如图 2-8 所示，灯管下部有几个圆孔，为空气入口，旋转灯管可完全关闭或不同程度地开启圆孔，借以调节空气流入量。灯座的侧面有煤气入口，另一侧面有螺旋形针阀，用来调节煤气的进入量。

点燃煤气灯后，如进入空气不足，燃烧不完全，由于析出的炭粒被灼热，生成光亮的黄色火焰，温度不高。逐渐加大空气的流量，使煤气燃烧完全，产生发光亮的无色火焰，温度高。煤气灯的正常火焰分为三层（图2-9）。

内层（焰芯），煤气与空气的混合气并未完全燃烧，温度较低；中层（还原焰），煤气不完全燃烧，分解为含碳的产物，这部分火焰只有还原性，所以称为"还原焰"；外层（氧化焰），煤气完全燃烧，火焰呈淡紫色，过量的空气使这部分火焰具有氧化性，称"氧化焰"，是三层中温度最高点（图2-9中4处），1070～1170K，实验时一般用氧化焰来加热。

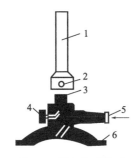 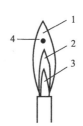

图2-8　煤气灯的构造
1—灯管；2—空气入口；3—煤气入口；
4—螺旋阀；5—煤气入口；6—灯座

图2-9　火焰的构成
1—氧化焰；2—还原焰；
3—焰芯；4—最高温度点

2. 酒精灯

酒精灯是实验室常用的加热仪器［图2-10（a）］，以工业酒精为燃料，最高温度可达800℃。灯身、灯帽由玻璃制成，灯芯管由瓷制成。市售产品现多改用塑料灯帽。其规格以酒精容量（mL）表示，常用的有100mL、150mL。

酒精易燃，使用时应注意如下几点。

① 往灯中添加酒精要使用漏斗［图2-10（b）］，注入酒精量以不超过灯身容积的4/5为好。在灯燃着时不可往灯里添加酒精［图2-10（c）］，这样做极易引起火灾，因为周围弥散着酒精蒸气，极易被点燃。

② 酒精灯只能用燃着的火柴或细木条点燃，绝不允许用另一只酒精灯去"对火"［图2-17（d）］，因为侧倾的酒精灯会溢出酒精而引起大面积着火。

③ 酒精灯内的酒精少于容积1/4时，就应灭火添加酒精。

(a)　　　　(b)　　　　(c)　　　　(d)

图2-10　酒精灯及其使用

④ 点灯前用镊子调整灯头上外露灯芯的长短，可改变火焰的大小。一则为了便于操作，二则可以节约酒精。为了减少灯焰摇摆和跳动，可以用铁窗纱卷一圆筒作防风罩，兼起拔火筒的作用，它能使火力集中并稍提高灯焰的热度。

⑤ 熄灭酒精灯时只允许用灯帽盖灭（与空气隔绝），绝不可用嘴去吹！用嘴吹不仅不易吹灭，还很可能使火焰缩入灯内，引起灯内酒精着火或爆炸！

灯帽如系磨口的，则将灯焰熄灭后，尚需将灯帽再提起一次，放走热酒精蒸气，同时进入一部分冷空气，再盖好盖子，以保持灯帽内外压力一致，下次再打开灯帽时就比较容易了。如果是塑料灯帽，则不必盖两次。

3. 酒精喷灯

酒精喷灯是酒精蒸气燃烧的加热仪器，一般火焰温度范围达 800～1200℃，适用于灼烧和玻璃加工。常用有挂式和座式（图 2-11）。

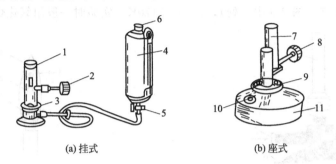

(a) 挂式   (b) 座式

图 2-11　酒精喷灯的类型和构造
1—灯管；2—空气调节器；3—预热盘；4—酒精储罐；5—开关；6—盖子；7—灯管；8—空气调节器；
9—预热盘；10—铜帽；11—酒精壶

（1）座式喷灯　其基本原理是，当使预热盘内酒精燃烧时，加热了灯芯所吸上的酒精，酒精气化后只能从喷口排出，并且有一定的压力，造成气流周围局部压力减小，因而从空气调节孔吸入空气，混有空气的酒精蒸气在灯管口处燃烧。喷灯火焰温度的高低在一定范围内与通入的空气量有关，而酒精蒸气的喷出量与压力大小和灯芯管受热程度及喷气孔大小有关。

座式喷灯的使用方法和注意事项如下。

① 打开酒精加入口，借漏斗往灯身中加入酒精，注入量在灯身容积的 1/4～3/4 之间为宜，过多则点火时容易喷出未气化的酒精使灯周围着火，过少则容易把灯芯线烧焦。灌好酒精后必须将盖子旋紧。

② 往预热盘内加酒精半满，点燃借以加热灯芯管（此时最好把进空气孔调到最小），待酒精气化并从喷气孔喷出时，自然地在灯管口燃烧起来（必要时也可以用火柴点燃），然后再调节空气进入量，使火焰达到所需的强度。

③ 不能让火焰在灯管内部发生，遇此情况应立即熄灭，再从口口处点燃。

④ 喷灯使用时间过长，灯身温度甚至达到酒精的沸点，此时灯身内压力过大，喷灯有崩裂的可能。如果崩裂，必然引起大面积着火，应予预防。可用冷水或冷毛巾给灯身降温，或暂停使用。

⑤ 绝不可在灯正燃时打开酒精添加口！也不得在灯刚熄灭而灯管正红热时往预热盘上或灯身内添加酒精，以免着火！灯身内酒精不得过少或耗干，否则灯芯线烧焦后喷灯就不好用了（灯芯线烧焦后吸不上酒精时，要重换灯芯线）。

⑥ 喷灯喷口有时被堵塞，可用探针小心扎通畅。座式喷灯用废木板平压灯口即熄灭。

（2）挂式喷灯　基本原理与座式喷灯一样。只是酒精储存在高位吊筒中，靠重力流下，经导管进入灯芯管。酒精流量靠灯上阀门控制。灯芯是充满管径的一束细铁丝，喷气孔在灯芯管顶端，喷孔周围是进空气孔，与上边的灯管相连。在使用时，先预热灯芯管，然后微微旋开灯上的酒精控制阀门，酒精通过灯芯的热铁丝束而气化，并从喷气孔喷出（如预热不够，将喷出酒精液体，致使周围着火！），在灯管上口点燃，然后调节进空气孔达到所需火馅。挂式喷灯的优点在于火焰大小可调。熄灭时只需关闭灯上控制阀门即可。喷灯在不用时吊桶下的阀门应关闭。

六、浓缩和结晶

为了使溶质从稀溶液中析出，常采用加热的方法浓缩溶液，然后冷却析出晶体。蒸发一般在蒸发皿中进行，因为它的表面积较大，有利于快速蒸发。

蒸发皿中所盛液体的量不得超过其容积的 2/3。若液体较多，蒸发皿一次盛不下，可随着水分的不断蒸发而逐渐添加。如果物质对热是稳定的，可以直接加热，否则用水浴间接加热。当物质的溶解度较大时，必须蒸发到溶液表面出现晶膜时才可停止加热。当物质的溶解度较小或高温溶解度较大而室温溶解度较小时，不必蒸发至液面出现晶膜就可以冷却。注意蒸发皿不可骤冷，以免炸裂。

析出晶体的颗粒大小与结晶条件有关。如果溶液的浓度较高，溶质在水中的溶解度随温度下降而显著减小时，冷却得越快，析出的晶体颗粒就越细小；反之，若溶液静置冷却，就得到较大颗粒的晶体。搅拌溶液有利于细小晶体的生成，静置溶液有利于大晶体的生成。若溶液易发生过饱和现象，可以用搅拌、摩擦器壁或投入几粒小晶体（晶种）等办法形成结晶中心，溶质便会结晶析出。

当第一次得到的晶体纯度不合要求时，可以重新加入尽可能少的蒸馏水溶解晶体，蒸发后再进行结晶、分离，这样第二次得到的晶体纯度就较高。这种操作过程称为重结晶。根据对物质纯度的要求，可进行多次重结晶。

七、光电仪器的使用

1. pH 计的使用

pH 计又称酸度计，是测定溶液 pH 值的常用仪器。其型号有多种，如 pHS-2 型、pHS-3C 型、pHS-3B 型等。仪器的原理、结构、使用和维护将在第六章第二节详细叙述。

2. 电导率仪的使用

（1）工作原理　电解质溶液中，带电离子在电场的作用下产生移动而传递电子，因此具有导电作用。导电能力的强弱可用电导 G 来衡量（电导的单位为西门子，以符号 S 表示）。溶液的电导在温度一定时，除与溶液本身的性质有关外，还与两个电极的截面积和距离有关。由于电导与电阻互为倒数关系，因此测量电导的方法可用两个电极插入溶液中，测出两极间的电阻 R。根据欧姆定律，温度一定时电阻与电极间的距离 L、溶液的电阻率 ρ 成正比，与电极的横截面积 A 成反比：

$$R = \rho \frac{L}{A}$$

对于一个给定电极而言，电极截面积 A 与距离 L 是固定不变的，则 $\frac{L}{A}$ 是个常数，称为电导池常数，以 J 表示，故上式可写成：

$$G = \frac{1}{R} = \frac{1}{\rho J}$$

式中，$\frac{1}{\rho}$ 称为电导率，以 κ 表示，其值是指电极截面积为 1m^2、距离为 1m 时溶液的电导，单位为 $\text{S} \cdot \text{m}^{-1}$（在实际使用中，由于 $\text{S} \cdot \text{m}^{-1}$ 这个单位太大，常用 $\text{mS} \cdot \text{cm}^{-1}$、$\mu\text{S} \cdot \text{cm}^{-1}$）。因此

$$G = \frac{\kappa}{J}$$

故有 $$\kappa = GJ$$

由此可知，电导率的测量实际上是通过测量浸入溶液的电极板之间的电阻来实现的。

（2）仪器的使用　图 2-12 所示为 DDS-11A 型数显电导率仪。仪器具有如下特点：

① 采用数字直读式，使用方便；

② 测量范围广，具有多挡基本量程；

③ 仪器采用了全晶体管或集成电路，整机耗电小；

④ 配上适当的组合单元（如 XWC-100 型 0～10mV 电子自动平衡记录仪或微机）便可实现自动记录。

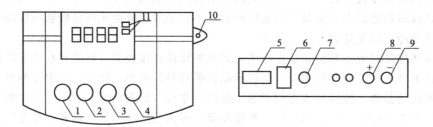

图 2-12　DDS-11A 型电导率仪

1—温度调节旋钮；2—选择开关；3—常数旋钮；4—量程开关；5—电源插座；6—电源开关；
7—保险丝座（0.1A），8—10mV 输出；9—电导池插座；10—电极杆孔；11—指示灯

DDS-11A 型电导率仪的使用方法如下。

① 打开电源开关，预热 10min。用温度计测出被测溶液的温度后，将"温度"旋钮置于被测溶液的实际温度相应位置上（当"温度"旋钮置于 25℃ 位置时，则无补偿作用）。

② 根据被测溶液的电导率，参考表 2-3 选择合适的电极。

③ 将电极插入电极插座，电极用被测溶液冲洗后浸入装有被测溶液的烧杯中。

④ 将"校正-测量"开关拨向"校正"，调节"常数"旋钮使显示数（不考虑小数点位置）与所使用电极的常数标准值一致。当使用常数为 10 的电极时，若其常数为 9.6，则调"常数"旋钮使显示 960；若常数为 10.7，则调"常数"旋钮使显示 1070。

⑤ 将"校正-测量"开关拨向测量，将"量程"开关调至合适的量程挡，待显示稳定后，仪器显示数值即为溶液在实际温度时的电导率。

如果显示屏首位为 1，后三位数字无显示，则表明被测值超出量程范围，可调到高一挡的量程来测量。如果读数很小，为提高测量精度，可调到低一挡的量程来测量（表 2-3）。特别需要注意的是，每切换量程一次后都必须校正一次电极常数，以免造成测量误差。

表 2-3　DDS-11A 型数显电导率仪测量范围

量程挡	测量范围	分辨率	频率	配套电极
$2\mu S \cdot cm^{-1}$	$0.001 \sim 2\mu S \cdot cm^{-1}(1000M\Omega \sim 500k\Omega)$	$0.001\mu S \cdot cm^{-1}$	低周	DJS-1C 型光亮电极
$20\mu S \cdot cm^{-1}$	$0.01 \sim 20\mu S \cdot cm^{-1}(100M\Omega \sim 50k\Omega)$	$0.01\mu S \cdot cm^{-1}$	低周	DJS-1C 型光亮电极
$200\mu S \cdot cm^{-1}$	$0.1 \sim 200\mu S \cdot cm^{-1}(10M\Omega \sim 5k\Omega)$	$0.1\mu S \cdot cm^{-1}$	高周	DJS-1C 型铂黑电极
$2mS \cdot cm^{-1}$	$0.001\mu S \cdot cm^{-1} \sim 2mS \cdot cm^{-1}(1M\Omega \sim 500\Omega)$	$1mS \cdot cm^{-1}$	高周	DJS-1C 型铂黑电极
$20mS \cdot cm^{-1}$	$0.01\mu S \cdot cm^{-1} \sim 20mS \cdot cm^{-1}(100k\Omega \sim 50\Omega)$	$0.01mS \cdot cm^{-1}$	高周	DJS-1C 型铂黑电极
$200mS \cdot cm^{-1}$	$0.1\mu S \cdot cm^{-1} \sim 200mS \cdot cm^{-1}(10k\Omega \sim 5\Omega)$	$0.1mS \cdot cm^{-1}$	高周	DJS-10 型光亮电极

⑥ 使用 DJS-10 电极时，量程扩大 10 倍（如 $20mS \cdot cm^{-1}$ 挡可测至 $200mS \cdot cm^{-1}$），所得测量结果应乘以 10。

⑦ 由于仪器设定的温度系数为 $2\% \cdot ℃^{-1}$，与此系数不符的溶液使用温度补偿器将会

产生较大误差，此时可把"温度"钮置于25℃，所得读数为被测溶液在测量温度时的电导率（无补偿）。

3. 电位差计的使用

该仪器主要用于电动势的精密测定。采用了内置的可代替标准电池的精度极高的参考电压集成块作比较电压，保证了对消法测量电动势仪器的原貌。仪器线路设计采用全集成器件，被测电动势与参考电压经过高精度的仪器比较输出，达至平衡时即可知被测电动势的大小。仪器还设置了外标输入，可接标准电池校正仪器的测量精度。仪器的数字显示采用6位及5位两组高亮度LED（发光二极管），具有字型美、亮度高的特点。

（1）结构与原理　仪器的前面板示意如图2-13所示，左上方为"电动势指示"6位数码管显示窗口，右上方为"平衡指示"5位数码管显示窗口。左下方为五个拨位开关及一个电位器，分别用于选定内部标准电动势的大小，分别对应×1000mV挡、×100mV挡、×10mV挡、×1mV挡、×0.1mV挡、×0.01mV挡。

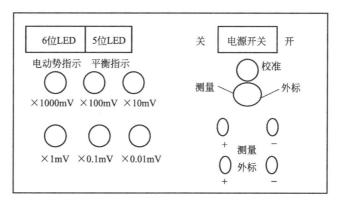

图2-13　数字式电位差计前面板示意

（2）型号和主要技术指标　见表2-4。

表2-4　数字式电位差计的型号及技术参数

型　号	EM-2B型（普通机箱）/EM-3C型（皮箱型机箱）
电源电压/V	$220\pm10\%$, 50Hz
环境温度/℃	$-20\sim40$
量程/mV	$0\sim1999.99$
分辨率/μV	10
精确度	0.00002

（3）使用方法

① 通电。插上电源插头，打开电源开关，两组LED显示即亮。预热5min。将右侧功能选择开关置于测量挡。

② 接线。将测量线与被测电动势按正负极接好。仪器提供3根通用测量线，一般黑线接负，黄线或红线接正。

③ 设定内部标准电动势值。左LED显示为由拨位开关和电位器设定的内部标准电动势值。以设定内部标准电动势值为1.01862为例，将×1000mV挡位开关拨到1，将×100mV挡位开关拨到0，将×10mV挡位开关拨到1，将×1mV挡位开关拨到8，将×0.1mV挡位开关拨到6，旋转×0.01mV挡电位器，使电动势指示LED的最后一位显示为2。

右LED显示为设定的内部标准电动势值和被测定电动势的差值。如显示为"OUT"，则指示被测电动势与设定的内部标准电动势值的差值过大。

④ 测量。将面板右侧的拨位开关拨至"测量"位置，观察右边 LED 显示值，调节左边拨位开关和电位器设定内部标准电动势值，直到右边 LED 显示值为"00000"附近，等待电动势指示数字显示稳定下来，此即为被测电动势值。须注意的是，"电动势指示"和"平衡指示"数值显示在小范围内摆动属正常，摆动数值在显示数码的最后一位有效数字的±1之间变化。

⑤ 校准。用外部标准电池校准。仪器出厂时均已调校好。为了保证测量精度，可以由用户校准。打开仪器上盖板后，接好标准电池，将面板右侧的拨位开关拨至"外标"位置，调节左边拨位开关和电位器，设定内部标准电动势值为标准电池的实际数值，观察右边平衡指示 LED 显示值，如果不在零值附近，按"校准"按钮，放开按钮后，平衡指示 LED 显示值应为零，校准完毕。

(4) 注意事项

① 仪器不要放置在有强电磁场干扰的区域内。

② 因仪器精度高，测量时应单独放置，不可将仪器叠放，也不要用手触摸仪器外壳。

③ 每次调节后，"电动势指示"处的数码显示须经过一段时间才可稳定下来。

④ 测试完毕后，需将被测电动势及时取下。

⑤ 仪器已校准好，不要随意校准。

⑥ 如仪器正常加电后无显示，请检查后面板上的保险丝（0.5A）。

⑦ 若波段开关旋钮松动或旋钮指示错位，可撬开旋钮盖，用备用专用工具对准旋钮内槽口拧紧即可。

第三章 试管实验与现象观察

物质的性质包括存在的状态和颜色、溶解性、酸碱性、配位性、热稳定性及氧化-还原性等，而这些性质常以化学反应表现出来。化学反应的发生与否通常以颜色的变化、气体的放出、沉淀的生成和冷热的变化等现象反映出来，而这些现象都要通过观察来判断。所以，观察是学习化学必不可少的手段，培养学生细致观察和记录实验现象的能力是培养和提高学生提出问题、分析问题和解决问题能力的基础。

化学反应产生现象的根本原因在于离子或分子之间发生了化学反应，因此，通过观察现象的变化可以判断生成物和反应物的种类和性质，从而加深对物质化学性质的理解和掌握。

观察也是一种技能，只有通过不断训练才能获得观察结果的准确性。实验便是一种训练途径和方法，它通过已知物之间反应现象的观察和判断理解和掌握物质之间的相互转化，同时通过推理了解未知物之间的化学反应本质，提高学生的观察力和判断力。

第一节 常见的化学反应现象

一、常见的化学反应现象

各种物质都有自己特有的物理状态和颜色。大自然的五彩缤纷就是很好的证明。

物质之间的化学反应常伴有冷、热变化，气体的放出，沉淀的生成，颜色变化，通过这些现象可以推断反应物和生成物之间的变化。

例1：氢气在氯气中燃烧，发出苍白色火焰，产生大量的热。上述现象发生的化学反应式是：

$$H_2 + Cl_2 \longrightarrow 2HCl$$

例2：金属钠纯净时应呈银白色，但在空气中燃烧时迅速变化，颜色加深。

发生这一现象的过程是：钠在空气中燃烧，先生成无色氧化物，随着温度升高生成黄色过氧化物。前者遇水蒸气转变为氢氧化物，呈无色透明溶液，但滴入无色的酚酞时呈红色；后者遇水时产生气泡，溶液中滴入酚酞时呈红色。它们的化学反应是：

$$Na + O_2 \begin{array}{c} \xrightarrow{\text{室温}} Na_2O(白色) \\ \xrightarrow{\text{约300℃}} Na_2O_2(黄色) \end{array} \xrightarrow{H_2O} \begin{array}{c} NaOH \\ NaOH + O_2 \end{array}$$

例3：$MnSO_4$ 溶液几乎无色，但加入 $NaBiO_3$ 固体和 HNO_3 时溶液变为红色，再加入 H_2O_2 溶液又变为无色。因为发生了下述反应：

$$2Mn^{2+}(几乎无色) + 14H^+ + 5BiO_3^- \longrightarrow 5Bi^{3+} + 2MnO_4^-(紫色) + 7H_2O$$

$$2MnO_4^-(紫色) + 5H_2O_2 + 6H^+ \longrightarrow 2Mn^{2+}(几乎无色) + 5O_2 + 8H_2O$$

例4：浅紫色的 Fe^{3+} 溶液加入 KF 变为无色，再加入 KSCN 又变为血红色，再加入 EDTA 溶液又变为无色。因为发生了下述反应：

$$Fe^{3+}(浅紫色) + 6F^- \longrightarrow [FeF_6]^{3-}(无色)$$

$$[FeF_6]^{3-}(无色) + 6SCN^- \longrightarrow [Fe(SCN)_6]^{3-}(血红色) + 6F^-$$

$$[Fe(SCN)_6]^{3-}(血红色) + EDTA \longrightarrow [FeEDTA]^-(无色) + 6SCN^-$$

例 5:

$$AgNO_3 \xrightarrow{NaCl \text{ 溶液}} AgCl \downarrow (白色) \xrightarrow{NH_3 \cdot H_2O} [Ag(NH_3)_2]^+ (无色溶液) \xrightarrow{KBr \text{ 溶液}}$$

$$AgBr \downarrow (浅黄色) \xrightarrow{1mol \cdot L^{-1} Na_2S_2O_3 \text{ 溶液}} [Ag(S_2O_3)_2]^- (无色溶液) \xrightarrow{KI \text{ 溶液}}$$

$$AgI \downarrow (黄色) \xrightarrow{饱和 Na_2S_2O_3 \text{ 溶液}} [Ag(S_2O_3)_2]^- (无色溶液)$$

例 6: ds 区金属离子的分离。

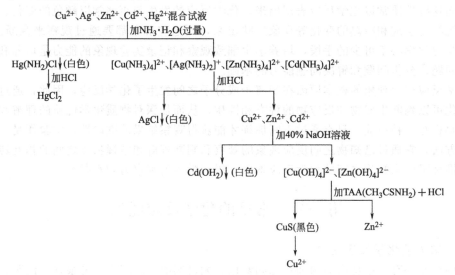

例 7: Cr^{3+}、Mn^{2+}、Fe^{3+}、Co^{2+}、Ni^{2+} 混合液的分离和鉴定。

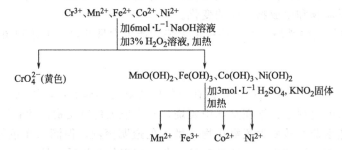

例 8: 铬的连串反应实验。

$$加入试剂 \xrightarrow[1mol \cdot L^{-1} NaOH \text{ 溶液 8mL 开始搅拌}]{① 40mL H_2O + 10mL 0.2mol \cdot L^{-1} Cr(NO_3)_3 \text{ 溶液(蓝紫色)}} Cr(OH)_3 (绿色沉淀)$$

$$\xrightarrow[15mL]{② 1mol \cdot L^{-1} NaOH \text{ 溶液}} [Cr(OH)_4]^- (绿色溶液) \xrightarrow{③ 50mL 3\% H_2O_2 \text{ 溶液}} CrO_4^{2-} (黄色溶液)$$

$$\xrightarrow[恰成酸性]{④ 6mol \cdot L^{-1} HNO_3 \text{ 溶液}} CrO(O_2)_2 (深蓝色溶液) \xrightarrow{⑤ 放置 5min} [Cr(H_2O)_6]^{3+} (蓝紫色溶液)$$

$$\xrightarrow[恰成碱性]{⑥ 1mol \cdot L^{-1} NaOH \text{ 溶液}} CrO_4^{2-} (黄色溶液) \xrightarrow[足量]{⑦ 0.1mol \cdot L^{-1} AgNO_3 \text{ 溶液}} Ag_2CrO_4 (红棕色沉淀)$$

$$\xrightarrow[足量]{⑧ 饱和 Ba(NO_3)_2 \text{ 溶液}} BaCrO_4 (柠檬黄色沉淀) \xrightarrow[足量]{⑨ 饱和 Pb(NO_3)_2 \text{ 溶液}} PbCrO_4 (黄色沉淀)$$

例 9: 铜的连串反应实验。

$$CuCl_2 \text{ 黄棕色溶液(少许)} \xrightarrow[6mol \cdot L^{-1} \text{盐酸酸化}]{① 20mL H_2O} [Cu(H_2O)_6]^{2+} (蓝色溶液) \xrightarrow[25mL]{② 3mol \cdot L^{-1} NaBr \text{ 溶液}}$$

$$[CuBr_4]^{2-} (翠绿色溶液) \xrightarrow[10mL]{③ 1mol \cdot L^{-1} Na_2CO_3 \text{ 溶液}} 畸变八面体型 Cu_2(OH)_2CO_3 (蓝绿色沉淀)$$

④ $\dfrac{5mol \cdot L^{-1} NH_3\ 溶液}{10mL}$ ⟶ 畸变四面体型 $[Cu(NH_3)_4]^{2+}$（深蓝色溶液）$\xrightarrow{\dfrac{⑤\ 6mol \cdot L^{-1}\ NaOH\ 溶液}{10mL}}$

$Cu(OH)_2$（蓝紫色溶液）

⑥ $\dfrac{6mol \cdot L^{-1}\ 盐酸}{10mL}$ ⟶ $[CuCl_4]^{2-}$（黄绿色溶液）$\xrightarrow{⑦\ K_4[Fe(CN)_6]}$ $Cu_2[Fe(CN)_6]$（红棕色沉淀）

⑧ $\dfrac{0.1mol \cdot L^{-1}\ NaCN\ 溶液}{适量}$ ⟶ $[Cu(CN)_3]^-$（无色溶液）

二、部分常见离子和化合物在自然光线下的颜色

1. 离子

(1) $[Cu(H_2O)_4]^{2+}$　$[CuCl_4]^{2-}$　$[CuCl_3]^{2-}$　$[CuI_2]^-$　$[Cu(NH_3)_4]^{2+}$
　　　蓝色　　　　　泥黄色　　　黄色　　　黄色　　　深蓝色

(2) $[Ti(H_2O)_6]^{2+}$　$[TiO(H_2O_2)_4]^{2+}$
　　　蓝紫色　　　　　橘黄色

(3) $[V(H_2O)_6]^{2+}$　$[V(H_2O)_6]^{3+}$　VO^{2+}　VO_2^+　$[VO_2(O_2)_2]^{3-}$　$[V(O_2)]^{3+}$
　　　蓝紫色　　　　　绿色　　　　蓝色　黄色　　　黄色　　　　　红棕色

(4) $[Cr(H_2O)_6]^{2+}$　$[Cr(H_2O)_6]^{3+}$　$[Cr(NH_3)_2(H_2O)_4]^{3+}$
　　　天蓝色　　　　　蓝紫色　　　　　紫红色

$[Cr(NH_3)_2(H_2O)_3]^{3+}$　$[Cr(NH_3)_4(H_2O)_2]^{3+}$　$[Cr(NH_3)_5(H_2O)]^{3+}$
　　浅红色　　　　　　　橙红色　　　　　　　橙黄色

$[Cr(NH_3)_6]^{3+}$　$[Cr(OH)_4]^-$　CrO_4^{2-}　$Cr_2O_7^{2-}$
　　黄色　　　　　绿色　　　　黄色　　　橙色

(5) $[Mn(H_2O)_6]^{2+}$　MnO_4^{2-}　MnO_4^-
　　　肉色　　　　　绿色　　紫红色

(6) $[Fe(H_2O)_6]^{2+}$　$[Fe(H_2O)_6]^{3+}$　$[Fe(CN)_6]^{4-}$　$[Fe(CN)_6]^{3-}$
　　　浅绿色　　　　　浅紫色　　　　黄色　　　　红棕色

$[Fe(SCN)_6]^{3-}$　$FeCl_6^{3-}$　$FeCl_6^{4-}$　$[Fe(C_2O_4)_3]^{3-}$
　　血红色　　　　黄色　　无色　　　黄色

(7) $[Co(H_2O)_6]^{2+}$　$[Co(NH_3)_6]^{2+}$　$[Co(NH_3)_6]^{3+}$　$[Co(SCN)_4]^{2-}$
　　　粉红色　　　　　黄色　　　　橙黄色　　　　蓝色

(8) $[Ni(H_2O)_6]^{2+}$　$[Ni(NH_3)_6]^{2+}$
　　　亮绿色　　　　　蓝色

(9) 　I_3^-
　　浅棕黄色

2. 化合物

(1) 氧化物　CuO　Cu_2O　Ag_2O　ZnO　Hg_2O　HgO　MnO_2
　　　　　　黑色　暗红色　褐色　白色　黑色　红色或黄色　棕色

　　　　　　CdO　PbO_2　VO　V_2O_3　VO_2　V_2O_5　Cr_2O_3
　　　　　棕灰色　棕褐色　黑色　黑色　深蓝色　红棕色　绿色

　　　　　　CrO_3　MoO_3　WO_3　FeO　Fe_2O_3　Fe_3O_4　CoO　Co_2O_3
　　　　　橙红色　紫色　棕红色　黑色　砖红色　黑色　灰绿色　黑色

　　　　　　NiO　Ni_2O_3　Pb_3O_4　PbO
　　　　　暗绿色　黑色　红色　黄色

(2) 氢氧化物　$Zn(OH)_2$　$Pb(OH)_2$　$Mg(OH)_2$　$Sn(OH)_2$　$Sn(OH)_4$
　　　　　　　白色　　　　白色　　　　白色　　　　白色　　　　白色

$Mn(OH)_2$ $Fe(OH)_2$ $Cd(OH)_2$ $Al(OH)_3$ $Bi(OH)_3$
白色　　　　白色　　　　白色　　　　白色　　　　白色

$Sb(OH)_3$ $Cu(OH)_2$ $CuOH$ $Ni(OH)_2$ $Ni(OH)_3$ $Co(OH)_2$
白色　　　　浅蓝色　　　黄色　　　浅绿色　　　黑色　　　粉红色

$Co(OH)_3$ $Fe(OH)_3$ $Cr(OH)_3$
褐棕色　　　红棕色　　　灰绿色

(3) 氯化物　$AgCl$ Hg_2Cl_2 $PbCl_2$ Cu_2Cl_2 $Hg(NH_2)Cl$ $CoCl_2$ $CoCl_2 \cdot H_2O$
白色　　白色　　白色　　白色　　白色　　　　蓝色　　蓝紫色

$CoCl_2 \cdot 2H_2O$ $CoCl_2 \cdot 6H_2O$ $FeCl_3 \cdot 6H_2O$ $TiCl_3 \cdot 6H_2O$
紫红色　　　　　粉红色　　　　　黄棕色　　　　紫色或绿色

$[Cr(H_2O)_4Cl_2]Cl \cdot 2H_2O$
暗绿色

(4) 溴化物　$AgBr$
淡黄

(5) 碘化物　AgI Hg_2I_2 HgI_2 PbI_2 Cu_2I_2 SbI_3 BiI_3
黄色　　黄色　　红色　　黄色　　白色　　黄色　　褐色

(6) 卤酸盐　$Ba(IO_3)_2$ $AgIO_3$ $KClO_4$ $AgBrO_3$
白色　　　　白色　　　白色　　　白色

(7) 硫化物　Ag_2S HgS PbS CuS Cu_2S FeS Fe_2S_3 CoS NiS
黑色　　红或黑色　黑色　黑色　黑色　黑色　黑色　　黑色　黑色

BiS_2 Bi_2S_3 SnS SnS_2 CdS Sb_2S_3 Sb_2S_5 MnS ZnS
黑色　黑褐色　棕色　黄色　黄色　橙色　橙红色　肉色　白色

As_2S_3
黄色

(8) 硫酸盐　Ag_2SO_4 Hg_2SO_4 $PbSO_4$ $CaSO_4$ $SrSO_4$ $BaSO_4$ $[Fe(NO)]SO_4$
白色　　　　白色　　　白色　　白色　　白色　　白色　　深棕色

$Cu_2(OH)_2SO_4$ $CoSO_4 \cdot 7H_2O$ $Cr_2(SO_4)_3 \cdot 6H_2O$ $Cr_2(SO_4)_3$
浅蓝色　　　　　红色　　　　　绿色　　　　　桃红色

$Cr_2(SO_4)_3 \cdot 18H_2O$
浅绿色

(9) 碳酸盐　Ag_2CO_3 $CaCO_3$ $SrCO_3$ $BaCO_3$ $MnCO_3$ $CdCO_3$ $Zn_2(OH)_2CO_3$
白色　　白色　　白色　　白色　　白色　　白色　　白色

$Bi(OH)CO_3$ $Hg_2(OH)_2CO_3$ $Co_2(OH)_2CO_3$ $Cu_2(OH)_2CO_3$
白色　　　　　　红褐色　　　　　　红色　　　　　　蓝色

$Ni_2(OH)_2CO_3$
浅绿色

(10) 磷酸盐　$Ca_3(PO_4)_2$ $CaHPO_4$ $Ba_3(PO_4)_2$ $FePO_4$ Ag_3PO_4 $MgNH_4PO_4$
白色　　　　　白色　　　　白色　　　浅黄色　　黄色　　　白色

(11) 铬酸盐　Ag_2CrO_4 $PbCrO_4$ $BaCrO_4$
砖红色　　　黄色　　　黄色

(12) 硅酸盐　$BaSiO_3$ $CuSiO_3$ $CoSiO_3$ $Fe_2(SiO_3)_3$ $MnSiO_3$ $NiSiO_3$ $ZnSiO_3$
白色　　　蓝色　　　紫色　　　棕红色　　　肉色　　翠绿色　　白色

(13) 草酸盐　CaC_2O_4 $Ag_2C_2O_4$
白色　　　白色

（14）类卤化合物　AgCN　　Ni(CN)$_2$　　Cu(CN)$_2$　　CuCN　　AgSCN　　Cu(SCN)$_2$
　　　　　　　　　白色　　浅绿色　　　黄色　　　白色　　白色　　　白色

（15）其他含氧酸盐　MgNH$_4$AsO$_4$　Ag$_3$AsO$_4$　Ag$_2$S$_2$O$_3$　BaSO$_3$　SrSO$_3$
　　　　　　　　　　白色　　　　红褐色　　白色　　　白色　　白色

（16）其他化合物　Fe$_3$[Fe(CN)$_6$]$_2$　　Fe$_4$[Fe(CN)$_6$]$_3$　　Cu$_2$[Fe(CN)$_6$]
　　　　　　　　　　藤氏蓝　　　　　　普鲁士蓝　　　　　红棕色

Ag$_3$[Fe(CN)$_6$]　Zn$_3$[Fe(CN)$_6$]$_2$　Ag$_4$[Fe(CN)$_6$]　Zn$_2$[Fe(CN)$_6$]
　橙色　　　　　黄褐色　　　　　白色　　　　　白色

K$_4$[Co(NO$_2$)$_6$]　K$_3$[Co(NO$_2$)$_6$]　K$_2$Na[Co(NO$_2$)$_6$]
　白色　　　　　黄色　　　　　　黄色

(NH$_4$)$_2$Na[Co(NO$_2$)$_6$]　KC$_4$H$_4$O$_6$H　Na[Sb(OH)$_6$]
　黄色　　　　　　　白色　　　　白色

Na$_2$[Fe(CN)$_5$NO]·2H$_2$O　NaAc·Zn(Ac)$_2$[UO$_2$(Ac)$_2$]·H$_2$O
　黄色　　　　　　　　　　黄色

$$\left[\begin{array}{c} O \diagdown \overset{Hg}{\underset{Hg}{\diagup}} \diagdown NH_2 \end{array}\right] I \qquad \left[\begin{array}{c} \overset{I-Hg}{\underset{I-Hg}{}} \diagup \diagdown NH_2 \end{array}\right] I$$

红棕色　　　　　　　深褐色或红棕色

第二节　试管实验操作

一、试管的振荡和搅拌

为使试管中的反应物（尤其都是液体和溶液时）充分接触，混合均匀，以便充分反应，常需将试管振荡。可用拇指和食指拿住试管的中上部，试管略微倾斜，手腕用力左右振荡或用中指轻轻敲击试管。这样试管中的液体就不会振荡出来。

如用五个指头握住试管，则不便于振荡；如将试管上下振荡或用力甩动，则极易将试管中的反应液振荡出来。如手指堵住管口上下摇动，则不仅手指会沾上反应液，而且反应液也会受污染。这些都是错误的操作。

为了加快试管反应的速度，尤其对于液-固反应或有沉淀生成的反应，常需搅拌试管中的反应物质。一手持试管，一手将玻璃棒插入反应液中，并用微力旋转，不要碰试管内壁，使反应液搅动。

要注意，手持玻璃棒的部位不要太高，也不要来回上下搅动，更不要用力过猛，否则容易将试管击破。

二、试管中液体的加热

试管中的液体一般可直接在火焰上加热。试管中所盛液体体积不能超过试管高度的1/3，加热时应用试管夹夹住试管的中上部（一般离管口1/4处）。试管应稍微倾斜，且管口朝上，管口不能对着别人或自己。加热时还要使各部分液体受热均匀，可先加热液体的中上部，再慢慢往下移动加热下部，并不时地移动或振荡。

在火焰上加热试管时，应注意以下几点。

① 不要用手直接拿试管加热（即使是短暂加热也不能用手拿）。否则，常会因烫手而使试管脱落摔碎。

② 注意试管夹夹持部位不要离管口太远，试管不要直立。否则，加热时离火焰太近，

会烧坏试管夹或烤痛手指。

③ 不要将试管口对着别人或自己，以免液体溅出时把人烫伤。特别是盛有强腐蚀性的浓酸、浓碱或其他试液时，更要注意这点。

④ 加热时不要集中加热某一部分。否则，会使液体局部受热，骤然产生蒸气，将液体冲出管外。

三、试管中固体的加热

加热试管中的固体时，所盛固体药品不能超过试管容量的 1/3，块状或粒状固体一般应先研细，并要将所盛固体药品在管内铺平。加热时管口必须稍微向下倾斜，先要来回使整个试管预热，然后用氧化焰集中加热。一般随着反应的进行，灯焰从固体药物的前部慢慢往后部移动。试管可用试管夹夹持加热，也可用铁夹固定在铁架台上加热。

如果将药物堆集于试管底部，则加热时外层药物容易形成硬壳而阻止内部药物反应。如果又生成气体，则气体容易将固体药物冲出管外。如果加热时管口向上，常因凝结在试管上的液珠流到灼热的底部，使试管炸破。

四、试管中液体的倾倒

进行试管实验，有时要将部分反应液取出，或将反应后的液体分做几次实验，就需将试管中的一部分液体倾倒在试管或烧杯中。倾倒时，试管口与试管口（或烧杯）要对齐，让液体沿管壁（或烧杯壁）流下。停倒时，应将上面试管往上提一下，并直立，免得管口液体流出壁外。

第三节　离子的分离与鉴定

一、离子的分离方法

1. 沉淀分离法

沉淀分离法是借助沉淀的形成、转化、溶解等过程将各组分分离的方法。一般是在试液中加入适量的沉淀剂，使被鉴定组分或干扰组分沉淀析出。常用的沉淀剂有 HCl、H_2SO_4、$NaOH$、$NH_3 \cdot H_2O$、$(NH_4)_2CO_3$ 及 $(NH_4)_2S$ 等。

2. 挥发和蒸馏分离法

挥发和蒸馏分离法是利用化合物的挥发性差异进行分离的方法。一般用于分离形成易挥发物质的离子，常见的有 NH_4^+、CO_3^{2-} 和 S^{2-} 等。在碱性溶液中，NH_4^+ 变成 $NH_3 \cdot H_2O$，$NH_3 \cdot H_2O$ 受热逸出气体 NH_3。在酸性溶液中，CO_3^{2-} 和 S^{2-} 形成 CO_2 和 H_2S 气体逸出。

3. 萃取分离法

萃取分离法是利用物质在互不相容的两种溶剂中的溶解度不同而分离的方法。例如卤素单质是非极性物质，它们易溶于非极性或弱极性有机物 CCl_4、$CHCl_3$ 或 C_6H_6 中，难溶于极性较小的水中，故加入有机溶剂后大部分从溶液中萃取到有机溶剂中。

4. 离子交换分离法

离子交换分离法是利用离子交换剂与溶液中的离子发生离子交换反应而实现分离的方法。离子交换剂种类很多，主要可分为无机离子交换剂和有机离子交换剂。后者又称为离子交换树脂，是具有可交换离子的有机高分子化合物，常分为阳离子型和阴离子型两类，分别能与阳离子和阴离子发生交换反应。

如：RSO_3H 可与阳离子交换 H^+，RNH_3OH 可与阴离子交换 OH^-。

$$RSO_3H + Na^+ \Longrightarrow RSO_3Na + H^+$$

$$RNH_3OH + Cl^- \Longrightarrow RNH_3Cl + OH^-$$

这种离子交换反应是可逆的，故可以"再生"利用。

二、离子的鉴定原则

1. 鉴定反应的选择

鉴定反应大多是在水溶液中进行的离子反应，为了便于观察，应选择那些反应迅速、变化明显的反应，同时还要考虑反应的灵敏性和选择性。

所谓反应的选择性是指与一种试剂作用的离子种类而言的，能与加入试剂作用的离子越少，则这一反应的选择性越高。若只对一种离子起作用，则这一反应的选择性最高，该反应为此离子的特效反应，该试剂也就是鉴定该种离子的特效试剂。

例如：在溶液中无 CN^- 时，强碱与 NH_4^+ 反应放出 $NH_3(g)$。

$$NH_4^+ + OH^- \Longrightarrow NH_3(g) + H_2O$$

是鉴定 NH_4^+ 的特效反应。

若有 CN^-，则上述反应不能用于鉴定 NH_4^+。

提高反应选择性的方法有：

① 加入遮蔽剂消除其他离子的干扰；

② 控制溶液酸度消除其他离子的干扰；

③ 分离干扰离子。

2. 鉴定反应的条件

(1) 适当的酸度　不同的离子在不同的酸度条件下，反应结果差异很大。

(2) 适当的温度和催化剂　如 $PbCl_2$ 不溶于冷水，而溶于热水。

常温无催化剂时 Mn^{2+} 与 $S_2O_8^{2-}$ 反应生成 $MnO(OH)_2\downarrow$，但在 $AgNO_3$ 催化下加热反应迅速进行，且生成紫色的 MnO_4^-。

$$2Mn^{2+} + 5S_2O_8^{2-} + 8H_2O \Longrightarrow 2MnO_4^- + 10SO_4^{2-} + 16H^+$$

(3) 离子的浓度　考虑"同离子效应"、"盐效应"、"浓度积规则"等。必要时浓缩溶液或加入有机溶剂等。

3. 鉴定技能

根据未知物的颜色、形态做初步判断，然后选择特效反应首先鉴别特征离子，再根据系统性原则分组检出应检的离子，一般先进行系统分析，再进行个别检出。为了正确判断分析的结论，通常要做空白试验和对照试验。

(1) 空白试验　用水代替试液，在同样条件下重复试验，称为空白试验。目的是检查试剂和蒸馏水中是否含有被鉴定的离子。

(2) 对照试验　用已知溶液代替试液，在同样的条件下重复试验，称为对照试验。目的在于检查试剂是否失效或反应条件是否控制合适。

三、阳离子的化学反应与系统分析

阳离子种类较多，共 28 种，又没有足够的特效鉴定反应可利用，所以当多种离子共存时，阳离子的定性分析多采用系统分析法，即首先利用它们的某些共性，按照一定顺序加入若干种试剂，将离子一组一组地分批沉淀出来，分成若干组，然后在各组内根据它们的差异性进一步分离和鉴定。

阳离子的系统分析方案应用比较广泛，比较成熟的是硫化氢系统分析法和两酸两碱系统分析法。

1. 硫化氢系统分析法

硫化氢系统分组方案依据的主要是各离子硫化物以及它们的氯化物、碳酸盐和氢氧化物的溶解度不同，采用不同的组试剂将阳离子分成五个组，然后在各组内根据它们的差异性进一步分离和鉴定。

硫化氢系统的优点是系统严谨，分离较完全，能较好地与离子特性及溶液中离子平衡等理论相结合，但不足之处是硫化氢会污染空气，污染环境。为了减轻污染，人们改用硫代乙酰胺（CH_3CSNH_2，简称 TAA）代替饱和 H_2S 水溶液。硫代乙酰胺的水溶液比较稳定，常温下释放出的 H_2S 很少，但加热以后又能达到饱和 H_2S 水溶液的反应效果。这样既能发挥硫化氢系统的的优点，同时又能减轻硫化氢气体对环境的污染。

第一组（又称盐酸组），组试剂是 $3mol \cdot L^{-1}$盐酸，加热，分离出：

$$AgCl \downarrow (白色), Hg_2Cl_2 \downarrow (白色)$$

第二组（又称硫化氢组），组试剂是 $0.2mol \cdot L^{-1}$盐酸、TAA，加热，分离出：

$$PbS \downarrow (黑色), Bi_2S_3 \downarrow (暗棕色), Cu_2S \downarrow (黑色), CdS \downarrow (亮黄色)$$

$$As_2S_3 \downarrow (黄色), Sb_2S_3 \downarrow (橙色), SnS \downarrow (褐色), SnS_2 \downarrow (黄色), HgS \downarrow (黑色)$$

第三组（又称硫化铵组），组试剂是 $NH_3 + NH_4Cl$、TAA，加热，分离出：

$$Al(OH)_3 \downarrow (白色), Cr(OH)_3 \downarrow (灰绿色), Fe_2S_3 \downarrow (黑色), FeS \downarrow (黑色)$$

$$MnS \downarrow (浅粉红色), ZnS \downarrow (白色), CoS \downarrow (黑色), NiS \downarrow (黑色)$$

第四组（又称碳酸铵组），组试剂是 $NH_3 + NH_4Cl$、$(NH_4)_2CO_3$，分离出：

$$BaCO_3 \downarrow (白色), SrCO_3 \downarrow (白色), CaCO_3 \downarrow (白色)$$

第五组（又称可溶组）：在溶液中有 K^+、Na^+、NH_4^+ 和 Mg^{2+}，进行分别鉴定。

（1）第一组离子的检验

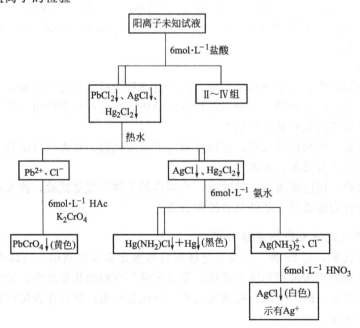

（2）第二组离子的检验

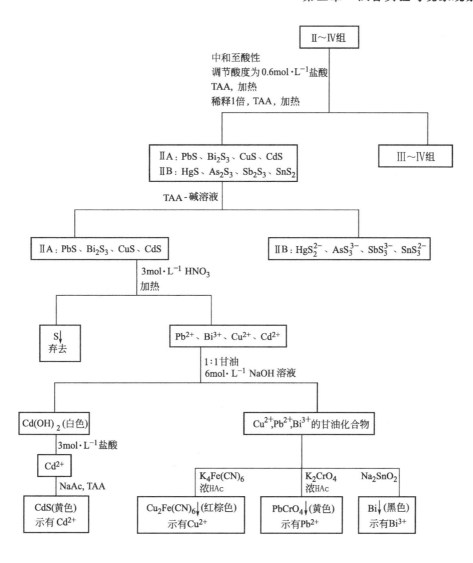

（3）第三组离子的检验

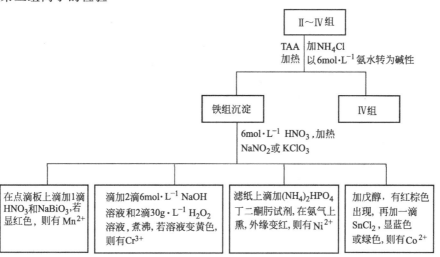

（4）第四组离子的测定

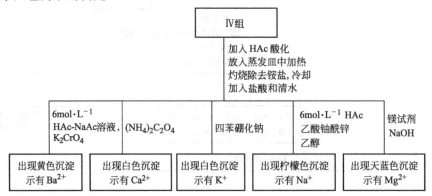

2. 两酸两碱系统分析法

两酸两碱系统是以最普通的两酸（盐酸、硫酸）、两碱（氨水、氢氧化钠）作组试剂，根据各离子氯化物、硫酸盐、氢氧化物的溶解度不同将阳离子分为五个组，然后在各组内根据它们的差异性进一步分离和鉴定。两酸两碱系统的优点是避免了有毒的硫化氢，应用的是最普通最常见的两酸两碱，但由于分离系统中用得较多的是氢氧化物沉淀，而氢氧化物沉淀不容易分离，并且由于两性及生成配合物的性质以及共沉淀等原因，使组与组的分离条件不容易控制。

（1）第一组（盐酸组） 是氯化物难溶于水的离子，包括 Ag^+、Hg_2^{2+}、Pb^{2+}。

（2）第二组（硫酸组） 分离第一组后，硫酸盐难溶于水的离子，包括 Ba^{2+}、Sr^{2+}、Ca^{2+} 以及剩余的 Pb^{2+}。

（3）第三组（氨组） 分离一、二组后，氢氧化物难溶于水，也难溶于 $NH_3 \cdot H_2O$ 的离子，包括 Al^{3+}、Cr^{3+}、Fe^{3+}、Fe^{2+}、Mn^{2+}、Bi^{3+}、Hg^{2+}、$Sb(III)$、$Sb(V)$、$Sn(II)$、$Sn(IV)$。

（4）第四组（碱组） 分离一至三组后，氢氧化物难溶于水，也难溶于过量 NaOH 溶液的离子，包括 Cu^{2+}、Cd^{2+}、Co^{2+}、Ni^{2+}、Mg^{2+}。

（5）第五组（可溶组） 分离一至四组后，未被沉淀的离子，包括 Zn^{2+}、K^+、Na^+、NH_4^+、$As(V)$。

3. 阳离子未知液的分析

（1）初步试验

① 外表现象。观察未知液的颜色，判断可能存在的离子。

② 水解试验。用玻璃棒蘸取试液点在表面皿中 pH 试纸上。若 $pH \leqslant 2$，则做水解试验。

取试液 2 滴于离心管中，加少量 NaAc 固体。未加热前如有结晶，加热后结晶溶解，可能是 AgAc；加热后出现红棕色沉淀，表示有 Fe^{3+}；白色沉淀表示可能有 Al^{3+}；黄色沉淀表示可能有 Hg^{2+}。

③ NaOH 试验。取 3～4 滴试液于离心管中，滴加 $1mol \cdot L^{-1}$ NaOH 溶液至恰为碱性（用石蕊试纸检验），观察有无沉淀生成及沉淀颜色。如有沉淀，加入过量的 $6mol \cdot L^{-1}$ NaOH 溶液 3～4 滴，搅拌，观察沉淀有无变化。

④ $NH_3 \cdot H_2O$ 试验。取 3～4 滴试液于离心管中，滴加 $1mol \cdot L^{-1}$ $NH_3 \cdot H_2O$ 至恰为碱性，观察有无沉淀生成及沉淀颜色。如有沉淀，加入过量的 $6mol \cdot L^{-1}$ $NH_3 \cdot H_2O$ 3～4 滴，搅拌，加热，观察沉淀有无变化。再加入固体 NH_4Cl，搅拌，加热，观察沉淀有无变化。

⑤ H_2SO_4 试验。取 3～4 滴试液于离心管中，滴加 3mol·L^{-1} H_2SO_4 酸化，加热，观察是否有沉淀生成。

⑥ $(NH_4)_2S$ 试验。取 3～4 滴试液于离心管中，滴加 1mol·L^{-1} NH_3·H_2O 至碱性，加入 2 滴 $(NH_4)_2S$ 溶液，加热并搅拌，观察是否产生沉淀。如产生沉淀，注意沉淀颜色。再加一些 $(NH_4)_2S$ 溶液，并加热搅拌，使沉淀完全。冷却后离心分离。然后在沉淀上加 5 滴 2mol·L^{-1} 盐酸，加热搅拌，观察沉淀是否溶解。如有不溶沉淀物，再离心分离，沉淀用水洗 1 次后，在沉淀上加 5 滴 6mol·L^{-1} HNO_3 和数颗 $NaNO_3$ 晶粒，加热，观察沉淀是否溶解。

（2）分析方案的设计 整理初步试验结果，判断哪些离子不存在、哪些离子可能存在。根据判断结果设计分析方案。分析方案包括：待检离子；鉴定顺序；选择鉴定反应（预计可能有干扰时，应设计排除干扰的方法）。

（3）结论 根据设计方案鉴定未知阳离子，并报告鉴定结果。

【总结讨论题】

1. 沉淀第一组阳离子为什么要在酸性溶液中进行？若在碱性条件下进行，将会发生什么后果？

2. 向未知溶液中加入第一组组试剂盐酸时，未生成沉淀，是否表示第一组阳离子都不存在？

3. 如果以 KI 代替盐酸作为第一组组试剂，将产生哪些后果？

4. 洗涤 AgCl、Hg_2Cl_2 沉淀时为什么要用热的 HCl 水溶液？

5. 沉淀本组硫化物时，在调节酸度上发生了偏高或偏低的现象，将会引起哪些后果？

4. 常见阳离子与一些试剂反应的产物

常见阳离子与一些试剂反应的产物见表 3-1。

表 3-1 常见阳离子与一些试剂反应的产物

试剂\阳离子	HCl	H_2SO_4	H_2S(在 0.3mol/L 盐酸中)	$(NH_4)_2S$	KI
NH_4^+					
Mg^{2+}					
Ba^{2+}		$BaSO_4$↓（白色）不溶于酸			
Al^{3+}				$Al(OH)_3$↓（白色），可溶于强酸和强碱	
Cr^{3+}				$Cr(OH)_3$↓（灰蓝色），可溶于强酸和强碱	
Mn^{2+}				MnS↓（肉色），可溶于稀盐酸	
Fe^{2+}				FeS↓（黑色），可溶于稀盐酸	
Fe^{3+}		(Fe_2S_3+FeS)↓（黑色），可溶于浓盐酸	(Fe_2S_3+FeS)↓（黑色），可溶于浓盐酸		氧化出 I_2↓ 或 I_3^-（棕色）
Co^{2+}			CoS↓（黑色），可溶于热浓盐酸		
Ni^{2+}			NiS↓（黑色），可溶于热浓盐酸		

续表

试剂 \ 阳离子	HCl	H₂SO₄	H₂S(在0.3mol/L盐酸中)	(NH₄)₂S	KI
Cu^{2+}			$CuS\downarrow$（黑色），可溶于浓HNO_3	$CuS\downarrow$（黑色），可溶于浓HNO_3	（$Cu_2I_2+I_2$）$\downarrow$（棕色）
Ag^+	$AgCl\downarrow$（白色），可溶于$NH_3\cdot H_2O$	$Ag_2SO_4\downarrow$（白色），可溶于热水	$Ag_2S\downarrow$（黑色），可溶于浓HNO_3	$Ag_2S\downarrow$（黑色），可溶于浓HNO_3	$AgI\downarrow$（黄色），不溶于HNO_3、$NH_3\cdot H_2O$
Zn^{2+}			$ZnS\downarrow$（白色），可溶于稀盐酸		
Cd^{2+}			$CdS\downarrow$（黄色）可溶于浓盐酸	$CdS\downarrow$（黄色）可溶于浓盐酸	$[CdI_4]^{2-}$（无色）
Hg^{2+}			$HgS\downarrow$（黑色），可溶于王水和Na_2S	$HgS\downarrow$（黑色），可溶于王水和Na_2S	$HgI_2\downarrow$（红色），可溶于过量KI
Hg_2^{2+}	$Hg_2Cl_2\downarrow$（白色），不溶于$NH_3\cdot H_2O$	$Hg_2SO_4\downarrow$（白色），可溶于HNO_3	（$HgS+Hg$）$\downarrow$（黑色），可溶于王水	（$HgS+Hg$）$\downarrow$（黑色），可溶于王水	$Hg_2I_2\downarrow$（绿色），在过量KI中歧化
Sn^{2+}			$SnS\downarrow$（褐色），可溶于浓盐酸	$SnS\downarrow$（褐色），可溶于浓盐酸	
Sn^{4+}			$SnS_2\downarrow$（黄色），可溶于浓盐酸和$(NH_4)_2S$	$SnS_2\downarrow$（黄色），可溶于浓盐酸和$(NH_4)_2S$	
Pb^{2+}	$PbCl_2\downarrow$（白色），可溶于沸水	$PbSO_4\downarrow$（白色），可溶于HAc	$PbS\downarrow$（黑色），可溶于HNO_3		$PbI_2\downarrow$黄色，可溶于过量KI
Sb^{3+}			$Sb_2S_3\downarrow$（橙色），可溶于浓盐酸和$(NH_4)_2S$	$Sb_2S_3\downarrow$（橙色），可溶于浓盐酸和$(NH_4)_2S$	
Bi^{3+}			$Bi_2S_3\downarrow$（暗棕色），可溶于浓HNO_3	$Bi_2S_3\downarrow$（暗棕色），可溶于浓HNO_3	

试剂 \ 阳离子	$NH_3\cdot H_2O$（适量）	$NH_3\cdot H_2O$（过量）	NaOH（适量）	NaOH（过量）	Na_2CO_3
NH_4^+			$NH_3\cdot H_2O$(无色)，受热成NH_3	$NH_3\cdot H_2O$(无色)，受热成NH_3	
Mg^{2+}	$Mg(OH)_2\downarrow$（白色），可溶于浓铵盐溶液	$Mg(OH)_2\downarrow$（白色），可溶于浓铵盐溶液	$Mg(OH)_2\downarrow$（白色），可溶于浓铵盐溶液	$Mg(OH)_2\downarrow$（白色），可溶于浓铵盐溶液	$Mg_2(OH)_2CO_3$（白色），可溶于强酸
Ba^{2+}					$BaCO_3\downarrow$（白色），可溶于强酸
Al^{3+}	$Al(OH)_3\downarrow$（白色），可溶于强酸和强碱	$Al(OH)_3\downarrow$（白色），可溶于强酸和强碱	$Al(OH)_3\downarrow$（白色），可溶于强酸和强碱	$[Al(OH)_4]^-$（无色）	$Al(OH)_3\downarrow$（白色），可溶于强酸和强碱
Cr^{3+}	$Cr(OH)_3\downarrow$（灰蓝色），可溶于强酸和强碱		$Cr(OH)_3\downarrow$（灰蓝色），可溶于强酸和强碱	$[Cr(OH)_4]^-$或CrO_2^-（绿色）	$Cr(OH)_3\downarrow$（灰蓝色），可溶于强酸和强碱
Mn^{2+}	$Mn(OH)_2\downarrow$（白色），易氧化成$MnO_2\downarrow$（棕色）	$Mn(OH)_2\downarrow$（白色），易氧化成$MnO_2\downarrow$（棕色）	$Mn(OH)_2\downarrow$（白色），易氧化成$MnO_2\downarrow$（棕色）	$Mn(OH)_2\downarrow$（白色），易氧化成$MnO_2\downarrow$（棕色）	$MnCO_3\downarrow$（白色），易氧化成$MnO_2\downarrow$（棕色）
Fe^{2+}	$Fe(OH)_2\downarrow$（白色），易氧化成$Fe(OH)_3\downarrow$（红棕色）	$Fe(OH)_2\downarrow$（白色），易氧化成$Fe(OH)_3\downarrow$（红棕色）	$Fe(OH)_2\downarrow$（白色），易氧化成$Fe(OH)_3\downarrow$（红棕色）	$Fe(OH)_2\downarrow$（白色），易氧化成$Fe(OH)_3\downarrow$（红棕色）	$Fe_2(OH)_2CO_3\downarrow$（暗绿色）
Fe^{3+}	$Fe(OH)_3\downarrow$（红棕色）	$Fe(OH)_3\downarrow$（红棕色）	$Fe(OH)_3\downarrow$（红棕色）	$Fe(OH)_3\downarrow$（红棕色）	$Fe(OH)_3\downarrow$（红棕色）

试剂 阳离子	$NH_3 \cdot H_2O$（适量）	$NH_3 \cdot H_2O$（过量）	NaOH（适量）	NaOH（过量）	Na_2CO_3
Co^{2+}	$Co(OH)X$（蓝色）	$[Co(NH_3)_6]^{2+}$（橙色），易氧化成$[Co(NH_3)_6]^{3+}$（红色）	$Co(OH)X\downarrow$（蓝色）	$Co(OH)_2\downarrow$（粉红色），可氧化成$Co(OH)_3\downarrow$（棕色）	$Co_2(OH)_2CO_3$（蓝色）
Ni^{2+}	$Ni(OH)X\downarrow$（浅蓝色）	$[Ni(NH_3)_6]^{2-}$（深蓝色）	$Ni(OH)X\downarrow$（浅蓝色）	$Ni(OH)_2\downarrow$（浅绿色）	$Ni_2(OH)_2CO_3\downarrow$（浅蓝色）
Cu^{2+}	$Cu(OH)X\downarrow$（浅蓝色）	$[Cu(NH_3)_4]^{2+}$（深蓝色）	$Cu(OH)_2$（浅蓝色）	$Cu[(OH)_4]^{2-}$（蓝色）	$Cu_2(OH)_2CO_3\downarrow$（浅蓝色）
Ag^+	$AgOH\downarrow$（白色），脱水成$Ag_2O\downarrow$（褐色）	$[Ag(NH_3)_2]^+$无色	$Ag_2O\downarrow$（褐色），可溶于$NH_3\cdot H_2O$	$Ag_2O\downarrow$（褐色），可溶于$NH_3\cdot H_2O$	$Ag_2CO_3\downarrow$（白色），可溶于$NH_3\cdot H_2O$
Zn^{2+}	$Zn(OH)_2\downarrow$（白色），可溶于强酸和强碱	$[Zn(NH_3)_4]^{2+}$无色	$Zn(OH)_2\downarrow$（白色），可溶于强酸和强碱	$[Zn(OH)_4]^{2-}$或ZnO_2^{2-}（无色）	$Zn_2(OH)_2CO_3\downarrow$（白色）
Cd^{2+}	$Cd(OH)_2\downarrow$（白色）	$[Cd(NH_3)_4]^{2+}$（无色）	$Cd(OH)_2$（白色）	$Cd(OH)_2$（白色）	$Cd_2(OH)_2CO_3\downarrow$（白色）
Hg^{2+}	$Hg(NH_2)X\downarrow$（白色）	$Hg(NH_2)X\downarrow$（白色）	$HgO\downarrow$（黄色）	$HgO\downarrow$（黄色）	$Hg_2(OH)_2CO_3\downarrow$（白色），可溶于HNO_3
Hg_2^{2+}	（$HgNH_2X+Hg$）$\downarrow$（灰色）	（$HgNH_2X+Hg$）$\downarrow$（灰色）	$Hg_2O\downarrow$（黑色）	$Hg_2O\downarrow$（黑色）	$Hg_2CO_3\downarrow$（白色），易分解成$HgO+Hg$
Sn^{2+}	$Sn(OH)_2\downarrow$（白色），可溶于强酸和强碱	$Sn(OH)_2\downarrow$（白色），可溶于强酸和强碱	$Sn(OH)_2\downarrow$（白色），可溶于强酸和强碱	$Sn[(OH)_4]^{2-}$（无色）	$Sn(OH)_2\downarrow$（白色）
Sn^{4+}	$Sn(OH)_4\downarrow$（白色），可溶于强酸和强碱	$Sn(OH)_4\downarrow$（白色），可溶于强酸和强碱	$Sn(OH)_4\downarrow$（白色），可溶于强酸和强碱	$Sn[(OH)_6]^{2-}$或SnO_3^{2-}（无色）	$Sn(OH)_4\downarrow$（白色）
Pb^{2+}	$Pb(OH)_2\downarrow$（白色），可溶于强酸和强碱	$Pb(OH)_2\downarrow$（白色），可溶于强酸和强碱	$Pb(OH)_2\downarrow$（白色），可溶于强酸和强碱	$[Pb(OH)_4]^{2-}$或PbO_2^{2-}（无色）	$Pb_2(OH)_2CO_3\downarrow$（白色）
Sb^{3+}	$Sb(OH)_3\downarrow$（白色），可溶于强酸和强碱	$Sb(OH)_3\downarrow$（白色），可溶于强酸和强碱	$Sb(OH)_3\downarrow$（白色），可溶于强酸和强碱	$Sn[(OH)_6]^{3-}$（无色）	$Sb(OH)_3\downarrow$（白色）
Bi^{3+}	$Bi(OH)_2X\downarrow$（白色）	$Bi(OH)_2X\downarrow$（白色）	$Bi(OH)_3$（白色）	$Bi(OH)_3$（白色）	（$BiO)_2CO_3\downarrow$（白色）

四、阴离子的化学反应与系统分析

常见阴离子有以下 13 种：SO_4^{2-}、SiO_3^{2-}、PO_4^{3-}、CO_3^{2-}、SO_3^{2-}、$S_2O_3^{2-}$、S^{2-}、Cl^-、Br^-、I^-、NO_3^-、NO_2^-、Ac^-。

在阴离子中，有的遇酸易分解，有的彼此氧化还原而不能共存。故阴离子的分析有以下两个特点。

① 阴离子在分析过程中容易起变化，不易进行手续繁多的系统分析。

② 阴离子彼此共存的机会很少，且可利用的特效反应较多，有可能进行分别分析。

阴离子的分析主要采用分别分析法，只有在鉴定时，在某些阴离子发生相互干扰的情况下，才适当采取分离手段。但采用分别分析方法并不是要针对所研究的全部离子逐一进行检验，而是先通过初步试验，用消去法排除肯定不存在的阴离子，然后对可能存在的阴离子逐个加以确定。

阴离子的初步试验如下。

1. 沉淀试验

(1) 与 $BaCl_2$ 的反应　在 13 支离心试管中分别滴加 SO_4^{2-}、SiO_3^{2-}、PO_4^{3-}、SO_3^{2-}、CO_3^{2-}、$S_2O_3^{2-}$、S^{2-}、Cl^-、Br^-、I^-、NO_3^-、NO_2^-、Ac^- 各 2 滴，然后滴加 1 滴 $0.5mol \cdot L^{-1}$ $BaCl_2$溶液。

反应方程式：

① $Ba^{2+} + SO_4^{2-} = BaSO_4 \downarrow$（白色）

　$BaSO_4 \downarrow + HCl = \times$

② $Ba^{2+} + SiO_3^{2-} = BaSiO_3 \downarrow$（白色）

　$BaSiO_3 + 2HCl = H_2SiO_3 \downarrow$（胶状）$+ BaCl_2$

③ $3Ba^{2+} + 2PO_4^{3-} = Ba_3(PO_4)_2 \downarrow$（白色）

　$Ba_3(PO_4)_2 + 3HCl = BaCl_2 + H_3PO_4$

④ $Ba^{2+} + CO_3^{2-} = BaCO_3 \downarrow$（白色）

　$BaCO_3 + 2HCl = BaCl_2 + H_2O + CO_2 \uparrow$

⑤ $Ba^{2+} + SO_3^{2-} = BaSO_3 \downarrow$（白色）

　$BaSO_3 + 2HCl = BaCl_2 + H_2O + SO_2 \uparrow$

⑥ $Ba^{2+} + S_2O_3^{2-} = BaS_2O_3 \downarrow$（白色）

　$BaS_2O_3 + 2HCl = BaCl_2 + H_2O + SO_2 \uparrow + S \downarrow$（黄色）

而 S^{2-}、Br^-、I^-、NO_3^-、NO_2^-、Ac^- 中加入 $BaCl_2$ 后无现象。

(2) 与 $AgNO_3$ 的反应

⑦ $2Ag^+ + SO_4^{2-} = Ag_2SO_4 \downarrow$（白色）

　$Ag_2SO_4 + HNO_3 = \times$

⑧ $2Ag^+ + SiO_3^{2-} = Ag_2SiO_3 \downarrow$（白色）

　$Ag_2SiO_3 + 2HNO_3 = H_2SiO_3 \downarrow$（胶状）$+ 2AgNO_3$

⑨ $3Ag^+ + PO_4^{3-} = Ag_3PO_4 \downarrow$（黄色）

　$Ag_3PO_4 + 3HNO_3 = AgNO_3 + H_3PO_4$

⑩ $2Ag^+ + CO_3^{2-} = Ag_2CO_3 \downarrow$（白色）

　$Ag_2CO_3 + 2HNO_3 = 2AgNO_3 + H_2O + CO_2 \uparrow$

⑪ $2Ag^+ + SO_3^{2-} = Ag_2SO_3 \downarrow$（黄色）

　$Ag_2SO_3 + 2HNO_3 = 2AgNO_3 + H_2O + SO_2 \uparrow$

⑫ $2Ag^+ + 2S^{2-} = Ag_2S \downarrow$（黑色）

⑬ $Ag^+ + Cl^- = AgCl \downarrow$（白色）

　$AgCl + HNO_3 = \times$

⑭ $Ag^+ + Br^- = AgBr \downarrow$（黄色）

　$AgBr + HNO_3 = \times$

⑮ $Ag^+ + I^- = AgI \downarrow$（黄色）

　$AgI + HNO_3 = \times$

其他离子如 NO_3^-、NO_2^-、Ac^- 无明显现象。

2. 挥发性试验

待检离子：SO_3^{2-}、CO_3^{2-}、$S_2O_3^{2-}$、S^{2-}、NO_2^-。

反应方程式：

⑯ $2H^+ + CO_3^{2-} = H_2O + CO_2 \uparrow$

⑰ $2H^+ + SO_3^{2-} = H_2O + SO_2\uparrow$

⑱ $2H^+ + S_2O_3^{2-} = H_2O + SO_2\uparrow + S\downarrow$（黄色）

⑲ $2H^+ + S^{2-} = H_2S\uparrow$

⑳ $2H^+ + NO_2^- = NO\uparrow + H_2O$

3. 氧化-还原性试验

（1）氧化性试验

㉑ $2I^- + 4H^+ + 2NO_2^- = 2NO\uparrow + 2H_2O + I_2$

其余离子无明显现象。

（2）还原性试验　$KMnO_4$ 试验：

㉒ $2MnO_4^- + 5SO_3^{2-} + 6H^+ = 2Mn^{2+} + 5SO_4^{2-} + 3H_2O$

㉓ $8MnO_4^- + 5S_2O_3^{2-} + 14H^+ = 10SO_4^{2-} + 8Mn^{2+} + 7H_2O$

㉔ $2MnO_4^- + 10Br^- + 16H^+ = 5Br_2 + 2Mn^{2+} + 8H_2O$

㉕ $2MnO_4^- + 10I^- + 16H^+ = 5I_2 + 2Mn^{2+} + 8H_2O$

㉖ $2MnO_4^- + 5NO_2^- + 6H^+ = 5NO_3^- + 2Mn^{2+} + 3H_2O$

㉗ $2MnO_4^- + 10Cl^- + 16H^+ = 5Cl_2 + 2Mn^{2+} + 8H_2O$

㉘ $2MnO_4^- + 5S^{2-} + 16H^+ = 5S\downarrow$（黄色）$+ 2Mn^{2+} + 8H_2O$

其余离子无明显现象。

I_2-淀粉试验：

㉙ $I_2 + S^{2-} = 2I^- + S\downarrow$

㉚ $I_2 + 2S_2O_3^{2-} = 2I^- + S_4O_6^{2-}$

㉛ $H_2O + I_2 + SO_3^{2-} = 2H^+ + 2I^- + SO_4^{2-}$

注意事项：

① 在观察 BaS_2O_3 沉淀时，如果没有沉淀析出，应用玻璃棒摩擦试管壁，加速沉淀生成；

② 注意观察 $Ag_2S_2O_3$ 在空气中氧化分解的颜色变化；

③ 在还原性试验时一定要注意，加的氧化剂 $KMnO_4$ 和 I_2-淀粉的量一定要少，因为阴离子的浓度很低，如果氧化剂的用量较大，氧化剂的颜色变化不容易看到。

4. 常见阴离子的鉴定方法

常见阴离子的鉴定方法见表 3-2。

表 3-2　常见离子的鉴定方法

离　子	鉴 定 操 作 及 现 象
Cl^-	$2mol\cdot L^{-1}$ HNO_3 + $0.1mol\cdot L^{-1}$ $AgNO_3$ $\longrightarrow$ 白色↓（可溶于 $6mol\cdot L^{-1}$ 氨水）
Br^-	$2mol\cdot L^{-1}$ H_2SO_4 + CCl_4 + Cl_2 水 $\longrightarrow$ CCl_4 层显棕色至黄色
I^-	+ CCl_4 + Cl_2 水 $\longrightarrow$ CCl_4 层显紫色（氯水过量，紫色褪去）
S^{2-}	+ $6mol\cdot L^{-1}$ 盐酸 $\longrightarrow$ 逸出的气体使紫红色的 $KMnO_4$ 酸性溶液褪色
SO_3^{2-}	+ $6mol\cdot L^{-1}$ 盐酸 $\longrightarrow$ 逸出的气体使紫红色的 $KMnO_4$ 酸性溶液褪色
SO_4^{2-}	+ $0.1mol\cdot L^{-1}$ $BaCl_2$ 溶液 $\longrightarrow$ 白色↓（不溶于酸）
$S_2O_3^{2-}$	+ $0.1mol\cdot L^{-1}$ $AgNO_3$ 溶液 $\longrightarrow$ 白色↓（后变成黄色→棕色→黑色）
NO_2^-	+ $2mol\cdot L^{-1}$ HAc + $FeSO_4$（晶体）$\longrightarrow$ 棕色溶液
NO_3^-	+ $FeSO_4$（晶体）+ 浓 H_2SO_4（沿试管壁）$\longrightarrow$ 交界面处出现棕色环

续表

离　子	鉴 定 操 作 及 现 象
PO_4^{3-}	＋浓 HNO_3＋$(NH_4)_2MoO_4$ 溶液 $\longrightarrow$ 黄色 ↓
NH_4^+	＋2mol·L^{-1} NaOH 溶液煮沸 $\longrightarrow$ 奈斯勒试剂滤纸出现红棕色
	＋2mol·L^{-1} NaOH 溶液煮沸 $\longrightarrow$ 气体可使湿红色石蕊试纸变蓝
Sn^{2+}	＋0.1mol·L^{-1} $HgCl_2$ 溶液 $\longrightarrow$ 黑色 ↓（$HgCl_2$ 过量，为白色 ↓）
Pb^{2+}	＋0.1mol·L^{-1} K_2CrO_4 溶液 $\longrightarrow$ 黄色 ↓
Sb^{3+}	试液滴到锡片上，锡片变黑
Bi^{3+}	＋Na_2SnO_2 $\longrightarrow$ 黑色
Cr^{3+}	＋6mol·L^{-1} NaOH 溶液＋3‰ H_2O_2 溶液(加热、冷却)＋乙醚＋6mol·L^{-1} HNO_3(振荡) $\longrightarrow$ 乙醚层出现深蓝色
Mn^{2+}	＋6mol·L^{-1} HNO_3＋$NaBiO_3$(固体、离心沉降) $\longrightarrow$ 清液呈现紫红色
Fe^{3+}	＋0.1mol·L^{-1} $K_4[Fe(CN)_6]$溶液 $\longrightarrow$ 深蓝色 ↓
	＋0.1mol·L^{-1} KSCN 溶液 $\longrightarrow$ 血红色
Fe^{2+}	＋0.1mol·L^{-1} $K_3[Fe(CN)_6]$溶液 $\longrightarrow$ 深蓝色 ↓
Co^{2+}	＋KSCN 固体＋丙酮 $\longrightarrow$ 丙酮层出现蓝色
Ni^{2+}	＋0.1mol·L^{-1} $NH_3·H_2O$＋1％丁二肟溶液 $\longrightarrow$ 鲜红色 ↓
Cu^{2+}	＋6mol·L^{-1} $NH_3·H_2O$ $\longrightarrow$ 深蓝色
Ag^+	＋2mol·L^{-1}盐酸 $\longrightarrow$ 白色 ↓（可溶于 6mol·L^{-1}氨水）
	＋0.1mol·L^{-1} KI 溶液 $\longrightarrow$ 黄色
Zn^{2+}	＋二苯疏基打萨宗 $\longrightarrow$ 粉红色
Cd^{2+}	＋H_2S $\longrightarrow$ 黄色 ↓
Hg^{2+}	＋0.1mol·L^{-1} $SnCl_2$ 溶液 $\longrightarrow$ 白色 ↓（$SnCl_2$ 过量，为黑色 ↓）

第四节　试管实验注意事项

① 关于试剂加入顺序问题。试剂的加入顺序对反应现象的观察影响很大，切不可等闲视之。如只能将浓硫酸倒入水中或其他密度小于硫酸的溶剂；在 Fe^{3+} 溶液中先加入 KSCN 溶液变为红色，再加入 EDTA 颜色消失，但若将顺序加反，将无现象出现。

② 关于试剂的加入量与现象观察。一般而言，少量试剂的反应有利于现象观察。

③ 应逐滴滴加试剂，否则会出现观察不到中间现象的问题。如 $CuSO_4$ 溶液中逐滴加入氨水，中间会有天蓝色的沉淀生成，后又溶解，呈深蓝色溶液。但若一次加入过量的氨水，只能看到溶液颜色加深。

④ 观察试管反应现象应从不同的角度、不同的光线下对照观察，以获得可靠结果。

⑤ 若出现异常现象，应认真思考，寻求原因，绝不能放过任何一个"发现"的机会，必要时可以通过空白试验、对照试验手段给予验证。

⑥ 记录实验现象必须实事求是，决不能通过书本主观臆断。因为书本上的现象往往是理想条件，与实验室的环境条件可能不一致，所以实验现象可能与书本上有微弱的差异。

⑦ 能通过实验现象推断反应产物，并能写出正确的化学方程式。

⑧ 试剂的取用和滴加应严格遵守以下原则。

a. 试剂只能保存在规定的试剂瓶中，并应保持清洁。

b. 取用试剂时，只能使用试剂瓶上原有的滴管，严禁使用其他滴管，以免污染试剂。

c. 滴加试剂时，滴管口必须离开管口 2~3mm，将试剂直接滴入试管，切不可使滴管口碰试管，以免污染滴管而"传染"给试剂。

d. 滴管只能放在原来的试剂瓶中，如连续使用，可拿在手中，切不可放在实验桌上，以免污染。

e. 放回滴管时，必须看清标签，以免放错沾污试剂。

⑨ 在使用电动离心机进行沉降分离时应注意以下两点。

a. 保持平衡。几个离心管要置于相互对称的套管中，并使各管的液体基本相等。若只有一个试液要离心分离，则应另取装有等量水的离心管与之对称。

b. 缓慢开转，逐渐加速。停止前，缓慢减速至原始位置，任其自动停止，再取出离心试管。

实验 1　氧化-还原反应与电化学

【实验目的】

1. 训练试管实验基本操作，化学实验现象的观察、分析与判断技能。

2. 了解氧化-还原反应的实质以及氧化剂、还原剂的相对性。

3. 了解氧化-还原反应与浓度、介质酸碱性的关系。

4. 通过测定原电池电动势观察浓度和介质酸度对电极电势的影响。

【实验原理】

$$Cr_2O_7^{2-} + 14H^+ + 6e \stackrel{}{=\!=\!=} 2Cr^{3+} + 7H_2O$$

氧化-还原反应就是氧化剂得到电子，还原剂失去电子的电子转移过程。氧化剂和还原剂的强弱，可用其氧化型与还原型所组成的电对的电极电势大小来衡量。一个电对的标准电极电势 $\varphi^{\ominus}$ 值越大，其氧化型的氧化能力就越强，而还原型的还原能力就越弱；若 $\varphi^{\ominus}$ 值越小，其氧化型的氧化能力越弱，而还原型的还原能力越强。根据标准电极电势值可以判断反应进行的方向。在标准状态下反应能够进行的条件是：

$$E^{\ominus} = \varphi^{\ominus}(+) - \varphi^{\ominus}(-) > 0$$

例如：

$$\varphi^{\ominus}(Fe^{3+}/Fe^{2+}) = 0.771V$$
$$\varphi^{\ominus}(I_2/I^-) = 0.535V$$
$$\varphi^{\ominus}(Br_2/Br^-) = 1.08V$$

则反应

$$2Fe^{3+} + 2I^- \stackrel{}{=\!=\!=} 2Fe^{2+} + I_2$$

在标准状态下能够正向进行，而反应

$$2Fe^{3+} + 2Br^- \stackrel{}{=\!=\!=} 2Fe^{2+} + Br_2$$

在标准状态下不能正向进行。

实际上，多数反应都是在非标准状态下进行的，这时浓度对电极电势的影响可用能斯特（Nernst）方程来表示：

$$\varphi = \varphi^{\ominus} + \frac{RT}{nF} \ln \frac{[\text{氧化型}]}{[\text{还原型}]}$$

例如，氧化型和还原型本身浓度变化对电极电势有影响，特别是有沉淀、配合物或弱电解质生成的反应和有 H^+ 参加的反应，都会大大改变氧化型或还原型的浓度，从而使电极电势值发生很大变化，甚至可能改变反应的方向。

利用氧化-还原反应产生电流的装置叫原电池。原电池的电动势：

$$E^{\ominus} = \varphi^{\ominus}(+) - \varphi^{\ominus}(-)$$

准确的电动势值是用对消法在电位差计上测量的。本实验是以 pH 计作毫伏计测量原电池的电动势。

【仪器与试剂】

仪器：酸度计、烧杯（100mL）、试管、饱和甘汞电极、铂电极、盐桥、移液管、洗瓶、酒精灯、量筒、滤纸片、砂纸、试管夹、锌片、铜片等。

试剂：$0.5mol \cdot L^{-1}$ KI，$3mol \cdot L^{-1}$ H_2SO_4，饱和 $KBrO_3$，$0.2mol \cdot L^{-1}$ K_2CrO_4，$6mol \cdot L^{-1}$ HNO_3，$1mol \cdot L^{-1}$ $CuSO_4$，$1mol \cdot L^{-1}$ $ZnSO_4$，$0.0010mol \cdot L^{-1}$ $KMnO_4$，$0.0010mol \cdot L^{-1}$ $MnSO_4$，$4mol \cdot L^{-1}$ H_2SO_4，$0.5mol \cdot L^{-1}$ $NaAsO_3$，$1mol \cdot L^{-1}$ I_2，$6mol \cdot L^{-1}$ NaOH，$NaSO_4$ 固体，$K_3[Fe(CN)_6]$，$FeCl_3$，$0.1mol \cdot L^{-1}$ KBr，CCl_4，KSCN，3% H_2O_2，$0.1mol \cdot L^{-1}$ $Pb(NO_3)_2$，Na_2S，KIO_3，$NaBiO_3$，$(NH_4)_2S_2O_8$，$0.1mol \cdot L^{-1}$ $NaNO_2$，$0.1mol \cdot L^{-1}$ HCl。

试液 I：取 410mL 30% H_2O_2 溶液，倒入大烧杯中，加水稀释至 1000mL，摇匀。储存于棕色瓶中。

试液 II：称取 42.8g KIO_3 置于烧杯中，加适量水，加热使其完全溶解。等冷却后，加入 40mL $2mol \cdot L^{-1}$ H_2SO_4，加水稀释至 1000mL，搅拌均匀，储存于棕色瓶中。

试液 III：称取 0.3g 可溶性淀粉，置于烧杯中，加少量水调成糊状，倒入盛有沸水的烧杯中，然后加入 3.4g 丙二酸 $CH_2(COOH)_2$ 不断搅拌使其完全溶解。冷却后，加水稀释至 1000mL，储存于棕色瓶中。

【实验内容】

1. 氧化剂、还原剂及氧化-还原反应

在 3 支试管中各加入 $0.5mol \cdot L^{-1}$ KI 溶液 10 滴、$3mol \cdot L^{-1}$ H_2SO_4 溶液 5 滴。编号后在 1 号试管中加入饱和 $KBrO_3$ 溶液 1 滴，在 2 号试管中加入 $0.2mol \cdot L^{-1}$ K_2CrO_4 溶液 1 滴，在 3 号试管中加入 $6mol \cdot L^{-1}$ HNO_3 溶液 10 滴。摇荡并观察反应前后发生的变化。写出离子反应的反应式，并指出氧化剂与还原剂。

2. 浓度和酸度对电极电势的影响

（1）浓度的影响

① 取两个 100mL 烧杯，其中一个加入 $1mol \cdot L^{-1}$ $CuSO_4$ 溶液 30mL，另一个加入 $1mol \cdot L^{-1}$ $ZnSO_4$ 溶液 30mL。然后在 $CuSO_4$ 溶液内放入一铜片，在 $ZnSO_4$ 溶液内放入一锌片，组成两个半电池。用盐桥将两者连接起来，通过导线将铜电极接入酸度计 mV 挡的正极，把锌电极通过"接线头"插入酸度计的负极插孔，测量其电动势。

② 取下盛有 $CuSO_4$ 溶液的烧杯，在其中滴加浓氨水，并不断搅拌，使生成的沉淀完全溶解，形成深蓝色的溶液后，测量电动势。观察其值有何变化，并解释。

③ 再在 $ZnSO_4$ 溶液中滴加浓氨水，使生成的沉淀完全溶解，测量电动势。观察其值又有什么变化，并解释。

（2）酸度的影响

① 取一个 100mL 的干燥、洁净的烧杯，分别用移液管量取 $0.0010mol \cdot L^{-1}$ $KMnO_4$ 溶液 10.00mL、$4.0mol \cdot L^{-1}$ H_2SO_4 5.00mL、$0.0010mol \cdot L^{-1}$ $MnSO_4$ 溶液 10.00mL 和蒸馏水 15.00mL，将 Pt 电极（+）和饱和甘汞电极（-）插入溶液中，用酸度计测量其电动势。

② 取一个 100mL 干燥、洁净的烧杯，分别用移液管量取 0.0010mol·L⁻¹ KMnO₄ 溶液 10.00mL、4.0mol·L⁻¹ H₂SO₄ 溶液 10.00mL、0.0010mol·L⁻¹ MnSO₄ 溶液 10.00mL 和蒸馏水 10.00mL，将在①使用的 Pt 电极（＋）和饱和甘汞电极（－）用蒸馏水冲洗，并用滤纸片吸干后再插入溶液中，用酸度计测量其电动势。

③ 用同样的方法取一个 100mL 干燥、洁净的烧杯，分别用移液管量取 0.0010mol·L⁻¹ KMnO₄ 溶液 10.00mL、4.0mol·L⁻¹ H₂SO₄ 溶液 20.00mL 和 0.0010mol·L⁻¹ MnSO₄ 溶液 10.00mL，将在②使用的 Pt 电极（＋）和饱和甘汞电极（－）用蒸馏水冲洗，并用滤纸片吸干后再插入溶液中，用酸度计测量其电动势。

分别计算出 $\varphi_{MnO_4^-/Mn^{2+}}$，说明酸度对电极电势的影响。

3. 浓度和酸碱度对氧化-还原反应产物的影响

（1）浓度的影响 在两支分别装有 3mL 3mol·L⁻¹ H₂SO₄ 和 3mL 浓 H₂SO₄ 的试管中各加入一片擦去表面氧化膜的铜片，稍微加热，观察所发生的现象。

在盛有浓 H₂SO₄ 的试管管口，用湿润的蓝色石蕊试纸检测。写出有关的反应方程式，并解释。

（2）酸碱度的影响

① 在试管中加入 0.5mol·L⁻¹ NaAsO₃ 溶液 5 滴和 1mol·L⁻¹ I₂ 溶液 10 滴，摇匀，观察变化。然后加入 3mol·L⁻¹ H₂SO₄ 10 滴，观察变化。写出反应方程式，并解释。

② 取 3 支试管，各加入 Na₂SO₃ 固体少许（约黄豆大小），编号。在第一支中加入 3mol·L⁻¹ H₂SO₄ 溶液 5 滴、0.1mol·L⁻¹ KMnO₄ 溶液 2 滴，在第二支中加入水 5 滴和 0.1mol·L⁻¹ KMnO₄ 溶液 2 滴，在第三支中加入 6mol·L⁻¹ NaOH 溶液 5 滴、0.1mol·L⁻¹ KMnO₄ 溶液 2 滴，分别观察变化。写出有关的离子反应方程式。

4. 重要无机物的氧化-还原性

（1）金属及其离子的氧化-还原性

① 向 CuSO₄ 溶液中加入锌粒，观察现象。

② 向 FeCl₃ 溶液中加入细铜丝，观察现象。再加入 K₄[Fe(CN)₆] 溶液，会有什么变化？

（2）卤素及其离子的氧化-还原性

① 向 FeCl₃ 溶液中加入 0.1mol·L⁻¹ KBr 溶液，再加入 K₃[Fe(CN)₆]，观察发生的实验现象。

② 向 FeCl₃ 溶液中加入 0.1mol·L⁻¹ KI 溶液，再加入 CCl₄ 振荡，再加入 K₃[Fe(CN)₆]，观察发生的实验现象。

③ 向 FeSO₄ 溶液中加入几滴溴水，再加入 K₃[Fe(CN)₆] 或 KSCN，观察发生的实验现象，并做空白试验和对照试验证明。

④ 向 KI 溶液中加入溴水，再加入 CCl₄ 并振荡，观察发生的实验现象。

（3）H₂O₂ 的氧化-还原性

① 向有 0.1mol·L⁻¹ Pb(NO₃)₂ 溶液的试管中滴加 Na₂S 溶液，再逐滴加入 3％ H₂O₂ 溶液，观察发生的实验现象。

② 在有 0.01mol·L⁻¹ KMnO₄ 溶液的试管中滴加 H₂SO₄ 酸化，再滴入 3％ H₂O₂ 溶液，观察发生的实验现象。

③ 在试管中滴加 10 滴 3％ H₂O₂ 溶液，加入 1 滴 0.1mol·L⁻¹ MnSO₄ 溶液，然后滴入 1 滴 3mol·L⁻¹ NaOH 溶液，最后加入 1mol·L⁻¹ H₂SO₄ 酸化，观察发生的实验现象。

④ H₂O₂ 与 KIO₃ 的反应：取 10mL 试液Ⅰ倒入 50mL 烧杯中，然后加入试液Ⅱ和试液

Ⅲ搅拌均匀，观察溶液颜色的反复变化。

(4) $KMnO_4$ 和 Mn^{2+} 的氧化-还原性　向有 $KMnO_4$ 溶液的试管中加入 H_2SO_4 酸化，然后加入 Na_2SO_3，再加入 HNO_3，最后向其中加入固体 $NaBiO_3$，加热，观察现象。

(5) $(NH_4)_2S_2O_8$ 的氧化性　向有 $MnSO_4$ 溶液的试管中加入 HNO_3，再加入 $(NH_4)_2S_2O_8$，并加热，观察现象。再滴加 2 滴 $0.1mol \cdot L^{-1}$ $AgNO_3$ 溶液，振摇，观察现象。

(6) $NaNO_2$ 的氧化-还原性　取 10 滴 $0.1mol \cdot L^{-1}$ $NaNO_2$ 溶液，加入 5 滴 $0.1mol \cdot L^{-1}$ KI 溶液，然后加入 5 滴 $0.1mol \cdot L^{-1}$ HCl 溶液酸化，观察现象。

用 $0.1mol \cdot L^{-1}$ $KMnO_4$ 溶液代替 KI，重复上述操作。

【总结讨论题】

1. 怎样判断氧化-还原反应的方向？

2. 比较 $S_2O_8^{2-}$、MnO_4^-、NO_2^-、Br_2 和 I_2 的氧化性强弱。

3. 为何 H_2O_2 既可作为氧化剂，又可作为还原剂？在何种情况下作为氧化剂？在何种情况下作为还原剂？

4. 通过实验现象的分析和判断归纳和总结氧化-还原反应规律。

实验 2　配合物的生成与性质

【实验目的】

1. 训练化学反应现象的观察、记录和推理。

2. 了解配离子与简单离子的区别。

3. 了解配位平衡与酸碱平衡、沉淀溶解平衡、氧化-还原平衡之间的关系。

【实验原理】

生成配合物的反应叫配位反应。一种金属离子形成配合物后，一系列性质都会发生变化，例如氧化性、还原性、颜色、溶解度等。

配合物一般由内界和外界两部分组成，中心离子和配位体组成配合物内界，其他离子为外界。如 $[Co(NH_3)_6]Cl_3$，Co^{3+} 和 NH_3 组成内界，3 个 Cl^- 处于外界。在水溶液中主要以 $[Co(NH_3)_6]^{3+}$ 和 Cl^- 两种离子存在，因配离子的形成，在一定程度上失去 Co^{3+} 和 NH_3 各自独立存在时的化学性质，因而用一般方法检查不出 Co^{3+} 和 NH_3，而复盐在水溶液中解离为简单离子。

每种配离子在溶液中同时存在着配离子的生成和离解过程，即存在着配位-离解平衡，如：

$$Ag^+ + 2NH_3 \rightleftharpoons [Ag(NH_3)_2]^+$$

$$K_{稳} = \frac{[Ag(NH_3)_2^+]}{[Ag^+][NH_3]^2}$$

此平衡常数称为配离子稳定常数，也叫配离子生成常数。它具有平衡常数的一般特点，利用它可判断配位反应的方向。一个体系中首先生成最稳定的配合物，稳定性小的配合物可转化为稳定性大的配合物。

在溶液中形成配合物时，常引起颜色、溶解度、电极电势及溶液 pH 值的变化。如难溶于水的 AgCl 可溶于氨水中：

$$AgCl(s) + 2NH_3 \rightleftharpoons [Ag(NH_3)_2]^+ + Cl^-$$

$$K = \frac{[Ag(NH_3)_2^+][Cl^-]}{[NH_3]^2}$$

实际上，上述溶液中存在两个平衡：

$$AgCl(s) \Longrightarrow Ag^+ + Cl^-$$

$$Ag^+ + 2NH_3 \Longrightarrow [Ag(NH_3)_2]^+$$

总：

$$AgCl(s) + 2NH_3 \Longrightarrow [Ag(NH_3)_2]^+ + Cl^-$$

即

$$K = \frac{[Ag(NH_3)_2^+][Cl^-]}{[NH_3]^2} = \frac{[Ag(NH_3)_2^+][Cl^-][Ag^+]}{[NH_3]^2[Ag^+]}$$

$$= \frac{[Ag(NH_3)_2^+]}{[NH_3]^2[Ag^+]} \times [Cl^-][Ag^+] = K_稳 \times K_{sp}$$

所以，在有配合物生成时，相应的 $K_稳$ 越大、K_{sp} 越大，就越不易生成沉淀，反之亦然。

浅绿色的 $Fe(H_2O)_2^{2+}$ 与邻菲罗啉在微酸性条件下反应，生成橘红色离子，由此可检出溶液中的 Fe^{2+}。在含有 Hg^{2+} 的溶液中加入 CN^-，由于形成 $Hg(CN)_4^{2-}$ 而减少了 Hg^{2+} 浓度，$\varphi^\ominus$ 下降。

$$Hg^{2+} + 2e \Longrightarrow Hg \qquad \varphi^\ominus = 0.85V$$

$$Hg(CN)_4^{2-} + 2e \Longrightarrow Hg + 4CN^- \qquad \varphi^\ominus = 0.37V$$

同理

$$Co^{3+} + e \Longrightarrow Co^{2+} \qquad \varphi^\ominus = 1.042V$$

$$Co(NH_3)_6^{3+} + e \Longrightarrow [Co(NH_3)_6]^{2+} \qquad \varphi^\ominus = 0.1V$$

【仪器与试剂】

仪器：试管，白瓷板，滴管，离心机，试纸。

试剂：$0.2mol \cdot L^{-1}$ $K_3Fe(CN)_6$，$0.2mol \cdot L^{-1}$ $NH_4Fe(SO_4)_2$，$0.2mol \cdot L^{-1}$ $FeCl_3$，$0.5mol \cdot L^{-1}$ NH_4SCN，$0.5mol \cdot L^{-1}$ $CuSO_4$，$6mol \cdot L^{-1}$ $NH_3 \cdot H_2O$，$2mol \cdot L^{-1}$ $NH_3 \cdot H_2O$，$0.2mol \cdot L^{-1}$ $NiSO_4$，1%丁二酮肟的乙醇溶液，$0.2mol \cdot L^{-1}$ $FeCl_2$，$0.1mol \cdot L^{-1}$ $AgNO_3$，$0.5mol \cdot L^{-1}$ $FeCl_3$，$2mol \cdot L^{-1}$ NH_4F，饱和（NH_4）$_2C_2O_4$，$1mol \cdot L^{-1}$ H_2SO_4，$2mol \cdot L^{-1}$ $NaOH$，$0.5mol \cdot L^{-1}$ $Na_3[Co(NO_2)_6]$，$0.1mol \cdot L^{-1}$ $NaCl$，$0.1mol \cdot L^{-1}$ KBr，$0.5mol \cdot L^{-1}$ $Na_2S_2O_3$，CCl_4，$0.1mol \cdot L^{-1}$ $HgCl_2$，$0.1mol \cdot L^{-1}$ $SnCl_2$，$0.1mol \cdot L^{-1}$ KI，邻菲罗啉，饱和 NH_4SCN，饱和 NH_4F，$0.2mol \cdot L^{-1}$ $K_4[Fe(CN)_6]$ 乙醇溶液等。

【实验内容】

1. 配离子与简单离子、复盐的区别

分别将 $0.2mol \cdot L^{-1}$ $K_3Fe(CN)_6$ 溶液、$0.2mol \cdot L^{-1}$ $NH_4Fe(SO_4)_2$ 溶液以及 $0.2mol \cdot L^{-1}$ $FeCl_3$ 溶液各 1mL 加入到 3 支试管中，再分别滴加 $0.5mol \cdot L^{-1}$ NH_4SCN 溶液。比较实验结果，并讨论。

2. 配离子的生成与离解

(1) 简单配合物的生成　在试管中加 $0.5mol \cdot L^{-1}$ $CuSO_4$ 溶液 0.5mL，逐滴加入 $6mol \cdot L^{-1}$ 氨水至生成的沉淀消失，然后向溶液中加少量 95%乙醇，摇匀，静置。倾斜除去上层溶液，晶体用 95%乙醇洗涤。

(2) 螯合物的生成　往试管中加入几滴 $0.2mol \cdot L^{-1}$ $NiSO_4$ 溶液和 2 倍体积的 $2mol \cdot L^{-1}$ 氨水，混合均匀后再滴加几滴丁二酮肟乙醇溶液，观察生成的沉淀。此反应可以用来鉴定 Ni^{2+}。

3. 配合物的稳定性

(1) 中心离子的影响　分别试验 $0.2mol \cdot L^{-1}$ $FeCl_3$ 溶液、$0.1mol \cdot L^{-1}$ $AgNO_3$ 溶液

（先将其转化为 AgCl）与 $6mol \cdot L^{-1}$ 氨水的作用。比较结果有何不同。

（2）配位体的影响　在含有 0.3mL $0.5mol \cdot L^{-1}$ $FeCl_3$ 溶液中，依次加入 $0.5mol \cdot L^{-1}$ NH_4SCN 溶液、$2mol \cdot L^{-1}$ NH_4F 溶液和饱和 $(NH_4)_2C_2O_4$ 溶液，观察试验现象。比较这 3 种 Fe(Ⅲ) 配离子的稳定性，说明这些配离子间的转化关系。

4. 配位平衡移动

（1）配合物之间转化

① 配位体过量。小试管中加入 2 滴 $0.2mol \cdot L^{-1}$ $FeCl_3$ 溶液和 15 滴 $0.2mol \cdot L^{-1}$ $(NH_4)_2C_2O_4$ 溶液，检查溶液中是否有 Fe^{3+} 存在（如何检查？）。在检查液中加入 $6mol \cdot L^{-1}$ HCl溶液，观察有何现象。解释之。

② 中心离子过量。小试管中加入 3 滴 $0.2mol \cdot L^{-1}$ $FeCl_3$ 溶液和 3 滴 $0.2mol \cdot L^{-1}$ $(NH_4)_2C_2O_4$ 溶液，检验溶液中有无 $C_2O_4^{2-}$ 存在（如何检验？）。在检查液中逐滴加入 10% EDTA 溶液，观察有何现象。解释并写出有关方程式。

（2）酸碱平衡与配位平衡

① 在装有 0.5mL $0.2mol \cdot L^{-1}$ $CuSO_4$ 溶液的试管中逐滴加入 $2mol \cdot L^{-1}$ 氨水，振荡试管，直到沉淀全部溶解为止，观察现象，写出反应式。逐滴加入 $1mol \cdot L^{-1}$ H_2SO_4，有什么变化？继续滴加 $1mol \cdot L^{-1}$ H_2SO_4 至溶液显酸性，观察有何变化？写出反应方程式。

② 在试管中加入 1mL $0.5mol \cdot L^{-1}$ $FeCl_3$ 溶液，逐滴加入 10% NH_4F 溶液至溶液无色。将此溶液分为两份，分别滴加 $2mol \cdot L^{-1}$ NaOH 溶液和 $6mol \cdot L^{-1}$ H_2SO_4，观察现象。写出有关反应式并解释之。

③ 利用 $0.5mol \cdot L^{-1}$ $Na_3[Co(NO_2)_6]$ 溶液和 $6mol \cdot L^{-1}$ NaOH 溶液设计试验，观察碱对 $Na_3[Co(NO_2)_6]$ 稳定性的影响。

由上述实验，综合说明酸碱平衡对配位平衡的影响。

（3）沉淀平衡与配位平衡　在试管中加入 0.5mL $0.1mol \cdot L^{-1}$ $AgNO_3$ 溶液和 0.5mL $0.1mol \cdot L^{-1}$ NaCl 溶液，离心分离，弃去上清液，用蒸馏水洗涤沉淀两次后，加入 $2mol \cdot L^{-1}$ $NH_3 \cdot H_2O$ 使沉淀刚好溶解，在上述溶液中加 1 滴 $0.1mol \cdot L^{-1}$ NaCl 溶液，观察是否有沉淀生成。再加 1 滴 $0.1mol \cdot L^{-1}$ KBr 溶液，有何现象？继续滴加 KBr 至不再产生沉淀为止，离心分离，洗涤，再加 $0.5mol \cdot L^{-1}$ $Na_2S_2O_3$ 溶液使沉淀刚好溶解为止。在上述溶液中加 1 滴 KBr 溶液，有无沉淀？再滴加 1 滴 $0.1mol \cdot L^{-1}$ KI 溶液，有无沉淀？

根据实验现象写出离子方程式，并讨论沉淀平衡和配位平衡间的相互影响。

（4）氧化-还原平衡与配位平衡

① 往 5 滴 $0.1mol \cdot L^{-1}$ KI溶液中加入 5 滴 $0.1mol \cdot L^{-1}$ $FeCl_3$ 溶液和 0.5mL CCl_4 溶液，振荡试管，观察 CCl_4 层及溶液的颜色变化。然后再往溶液中逐滴加入饱和 $(NH_4)_2C_2O_4$ 溶液，振荡，观察 CCl_4 层和溶液中又有何变化。分别写出反应方程式。

② 当 Hg^{2+} 转变为 $[HgI_4]^{2-}$ 时，其电极电势 $E_{Hg^{2+}/Hg}$ 有何变化？设计实验证实之。给定试剂：$0.1mol \cdot L^{-1}$ $HgCl_2$、$0.1mol \cdot L^{-1}$ $SnCl_2$、$0.1mol \cdot L^{-1}$ KI（HgI_4^{2-} 自己制备）。

详细写出反应步骤，记录现象。

提示：$$2HgCl_2 + SnCl_2 \longrightarrow Hg_2Cl_2 \downarrow (白色) + SnCl_4$$
$$Hg_2Cl_2 + SnCl_2 \longrightarrow 2Hg \downarrow (黑色) + SnCl_4$$

根据上述实验，讨论配位平衡对氧化-还原平衡的影响。

5. 配合物在分析中的应用

（1）利用形成有色配合物鉴定金属离子

① 试验 Fe^{2+} 与 0.25% 邻菲罗啉溶液的作用。

② 在点滴板上，用 $2mol \cdot L^{-1}$ HAc 酸化后，试验 $K_4Fe(CN)_6$ 与 Cu^{2+} 溶液的作用。

（2）利用配合物掩蔽干扰离子　取 Fe^{3+} 和 Co^{2+} 的混合液 $1\sim2$ 滴，依次加入过量的饱和 NH_4SCN 溶液，观察现象。再加饱和 NH_4F 溶液、正丁醇 $5\sim6$ 滴，观察现象。说明 F^- 的作用。

【总结讨论题】

1. KSCN 溶液检查不出 $K_3Fe(CN)_6$ 溶液中的 Fe^{3+}，是否表明溶液中无游离的 Fe^{3+} 存在？为什么 Na_2S 溶液不能使 $K_4Fe(CN)_6$ 溶液产生 FeS 沉淀，但饱和 H_2S 溶液就能使 $Cu(NH_3)_4SO_4$ 溶液产生 CuS 沉淀？

2. 氧化剂（还原剂）生成配离子时，氧化-还原性如何改变？

3. 总结实验中的现象，说明哪些因素影响配位平衡。

实验 3　水溶液中的离子平衡

【实验目的】

1. 了解同离子效应对解离平衡的影响。

2. 学习缓冲溶液的配制并了解其缓冲原理及应用。

3. 了解盐的水解及其影响因素。

4. 理解沉淀的生成及溶解的条件。

【实验原理】

1. 同离子效应

弱酸在水溶液中存在着解离平衡，当加入与弱酸解离相同的离子时，解离平衡将移动。如在乙酸溶液中加入一定量的乙酸钠，由于乙酸钠为强电解质，它的解离将增加溶液中乙酸根离子的浓度，一定数目的乙酸根离子同溶液中的氢离子结合，生成乙酸分子，使乙酸解离平衡向生成乙酸分子的方向移动，导致乙酸的解离度减小：

$$HAc \Longleftrightarrow H^+ + Ac^-$$

$$K_a = \frac{[H^+][Ac^-]}{[HAc]}$$

同离子效应能使弱电解质的解离度降低，从而改变弱电解质溶液的 pH 值。pH 值的变化可借助指示剂变色来确定。

2. 缓冲溶液

能抵抗外加少量强酸、强碱或水的稀释而保持溶液 pH 值基本不变。

$$pH = pK_{a,HAc} - lg\frac{c_{HAc}}{c_{Ac^-}} = pK_{a,HAc} - lg\frac{c_{酸}}{c_{盐}}$$

3. 盐的水解

$$Ac^- + H_2O \Longleftrightarrow HAc + OH^-$$

$$NH_4^+ + H_2O \Longleftrightarrow NH_3 \cdot H_2O + H^+$$

盐类水解程度的大小主要由盐类的本性决定，此外还受温度、盐的浓度和酸度等因素影响。

根据同离子效应，向溶液中加入 H^+ 或 OH^- 就可以防止它们的水解。另外，由于水解反应是吸热反应，加热可促使盐类水解。

4. 沉淀-溶解平衡

$$AB(s) \Longleftrightarrow A^+(aq) + B^-(aq)$$

利用沉淀的生成可以将有关离子从溶液中除去，但不可能完全除去。

在沉淀平衡中同样存在同离子效应，若增加 A^+ 或 B^- 的浓度，平衡向生成沉淀的方向移动。

根据溶度积规则可判断沉淀的生成或溶解：

当 $Q_i = c_{A^+} c_{B^-} > K_{sp}$ 时，有沉淀析出；

当 $Q_i = c_{A^+} c_{B^-} = K_{sp}$ 时，溶液达到饱和，但仍无沉淀析出；

当 $Q_i = c_{A^+} c_{B^-} < K_{sp}$ 时，溶液未饱和，沉淀继续溶解，没有沉淀析出。

如果在溶液中有两种或两种以上的离子都可以与同一种沉淀剂反应生成难溶盐，沉淀的先后次序则根据所需沉淀剂离子浓度的大小而定。所需沉淀剂离子浓度小的先沉淀出来，所需沉淀剂离子浓度大的后沉淀出来，这种先后沉淀的现象称为分步沉淀。

使一种难溶电解质转化为另一种难溶电解质的过程称为沉淀的转化。一般来说，溶解度大的难溶电解质容易转化为溶解度小的难溶电解质。

【仪器与试剂】

仪器：试管，离心试管，滴管，移液管，量筒，烧杯，玻璃棒，离心机，pH 计。

试剂：$0.1mol \cdot L^{-1}$ HAc，溴甲酚绿-甲基橙，NH_4Ac，$0.1mol \cdot L^{-1}$ $NH_3 \cdot H_2O$，酚酞，$1mol \cdot L^{-1}$ $NH_3 \cdot H_2O$，$0.1mol \cdot L^{-1}$ NH_4Cl，$0.1mol \cdot L^{-1}$ HCl，$0.1mol \cdot L^{-1}$ NaOH，$0.5mol \cdot L^{-1}$ NaAc，$Bi(NO_3)_3$，$6mol \cdot L^{-1}$ HCl，$0.1mol \cdot L^{-1}$ $Al_2(SO_4)_3$，$0.5mol \cdot L^{-1}$ $NaHCO_3$，$0.01mol \cdot L^{-1}$ $Pb(NO_3)_2$，$0.001mol \cdot L^{-1}$ KI，$0.1mol \cdot L^{-1}$ KI，$0.1mol \cdot L^{-1}$ K_2CrO_4，$0.1mol \cdot L^{-1}$ $AgNO_3$，$0.1mol \cdot L^{-1}$ KCl，$0.5mol \cdot L^{-1}$ K_2CrO_4，$0.5mol \cdot L^{-1}$ NaCl。

【实验内容】

1. 同离子效应

(1) 在试管中加入 5 滴 $0.1mol \cdot L^{-1}$ HAc 溶液和 1 滴溴甲酚绿-甲基橙混合指示剂，摇匀，观察溶液颜色。再加入少许固体 NH_4Ac，振摇使之溶解，观察溶液颜色的变化。解释之。

(2) 在试管中加入 5 滴 $0.1mol \cdot L^{-1}$ $NH_3 \cdot H_2O$ 溶液和 1 滴酚酞指示剂，摇匀，观察溶液颜色。再加入少许固体 NH_4Ac，振摇使之溶解，溶液颜色有何变化？解释发生的现象。

2. 缓冲溶液

(1) 缓冲溶液的配制及其 pH 值的测定　用移液管吸取 $1mol \cdot L^{-1}$ $NH_3 \cdot H_2O$ 溶液和 $0.1mol \cdot L^{-1}$ NH_4Cl 溶液各 25.00mL，置于 100mL 干燥洁净的小烧杯中，混合搅拌均匀后，用精密 pH 试纸或 pH 计测定该缓冲溶液的 pH 值，并与计算值比较。

(2) 缓冲溶液的缓冲作用　在上面配制的缓冲溶液中，用量筒量取 1mL $0.1mol \cdot L^{-1}$ HCl 溶液加入摇匀，用精密 pH 试纸测定 pH 值；再加入 2mL $0.1mol \cdot L^{-1}$ NaOH 溶液并摇匀，测定 pH 值。

(3) 缓冲溶液的应用　用 $1mol \cdot L^{-1}$ $NH_3 \cdot H_2O$ 和 $0.1mol \cdot L^{-1}$ NH_4Cl 溶液配制成 pH=9 的缓冲溶液 10mL（思考：应分别取 $1mol \cdot L^{-1}$ $NH_3 \cdot H_2O$ 和 $0.1mol \cdot L^{-1}$ NH_4Cl 溶液多少体积？），然后一分为二，在 1 支试管中加入 10 滴 $0.1mol \cdot L^{-1}$ $MgCl_2$ 溶液，另 1 支试管中加入 10 滴 $0.1mol \cdot L^{-1}$ $FeCl_3$ 溶液，观察现象。试说明能否用此缓冲溶液分离 Mg^{2+} 和 Fe^{3+}。

3. 盐类的水解及其影响因素

(1) 温度对水解平衡的影响　在两支试管中分别加入 1mL $0.5mol \cdot L^{-1}$ NaAc 溶液，先将其中一支试管加热，然后同时向两支试管中加入 1 滴酚酞指示剂，观察溶液颜色的变化，并解释。

（2）溶液酸度对水解平衡的影响 在试管中加米粒大 $Bi(NO_3)_3$ 固体，再加少量水，摇匀后观察现象。然后往试管中滴加 $6mol \cdot L^{-1}$ HCl 溶液至沉淀完全溶解为止。再用水稀释又有何变化？解释有关现象。

（3）在试管中加入 1mL $0.1mol \cdot L^{-1}$ $Al_2(SO_4)_3$ 溶液，然后再加入 1mL $0.5mol \cdot L^{-1}$ $NaHCO_3$ 溶液，有何现象发生？用水解平衡观点解释。写出反应方程式，并说明该反应的实际应用。

4. 沉淀的生成和溶解

（1）取 2 支试管，各加入 $0.01mol \cdot L^{-1}$ $Pb(NO_3)_2$ 溶液 4 滴，在第一支试管中加入 5 滴 $0.01mol \cdot L^{-1}$ KI 溶液，在第二支试管中加入 5 滴 $0.1mol \cdot L^{-1}$ KI 溶液，观察现象并解释。

（2）取一支试管，加入 2 滴 $0.1mol \cdot L^{-1}$ KCl 溶液和 2 滴 $0.1mol \cdot L^{-1}$ K_2CrO_4 溶液，混匀后，一边振荡试管一边沿器壁逐滴滴加 $0.1mol \cdot L^{-1}$ $AgNO_3$ 溶液，观察现象并解释。

（3）取一支试管，加入 2 滴 $0.1mol \cdot L^{-1}$ KCl 溶液和 2 滴 $0.1mol \cdot L^{-1}$ $AgNO_3$ 溶液，振荡试管，观察反应产物的状态和颜色。然后再加数滴 $1mol \cdot L^{-1}$ $NH_3 \cdot H_2O$ 溶液，观察现象并解释。

5. 沉淀的转化和分步沉淀

（1）取两只离心管，分别加入几滴 $0.5mol \cdot L^{-1}$ K_2CrO_4、NaCl 溶液，各加入 2 滴 $0.1mol \cdot L^{-1}$ $AgNO_3$ 溶液，观察 Ag_2CrO_4 和 AgCl 沉淀的生成和颜色。离心，弃去上清液，往 Ag_2CrO_4 沉淀中加入 $0.5mol \cdot L^{-1}$ NaCl 溶液，往 AgCl 沉淀中加入 $0.5mol \cdot L^{-1}$ K_2CrO_4 溶液，充分搅拌，比较 Ag_2CrO_4、AgCl 溶解度的大小。

（2）往试管中加 2 滴 $0.5mol \cdot L^{-1}$ NaCl 和 K_2CrO_4 溶液，混合均匀后，逐滴加入 $0.1mol \cdot L^{-1}$ $AgNO_3$ 溶液，并随即振荡试管，观察沉淀的出现和颜色变化。最后得到外观为砖红色的沉淀中有无 AgCl？用实验证实你的想法（提示：可往沉淀中加 $6mol \cdot L^{-1}$ HNO_3，使其中的 Ag_2CrO_4 溶解后观察之）。

【总结思考题】

1. 总结酸碱反应规律（酸碱强弱，酸碱平衡移动等方面）。

2. 总结沉淀溶解有哪些途径？

3. 分布沉淀如何实现？有何应用？

实验 4 主族元素及其化合物的性质

主族元素的价层电子构型为 $ns^{1\sim2}np^{1\sim6}$。由于最后一个电子填入的是最外层，因此同周期主族元素从左到右的金属性递减显著。s 区金属单质易失去电子，还原性较强；非金属单质易得到电子，氧化性较强；但有些非金属单质有时也能表现出还原性。

本实验通过单质与氧、水、酸、碱的作用，了解单质氧化、还原性的一般规律，并了解氢氧化物等的溶解性。

（一）碱金属、碱土金属

【实验目的】

1. 了解碱金属、碱土金属的还原性及其递变规律。

2. 了解碱土金属氢氧化物的溶解性。

【实验原理】

碱金属具有很强的还原性，能与氧、酸和水发生氧化-还原反应。例如，钠在常温下可以被空气中的氧迅速氧化，在空气中燃烧可以生成过氧化钠，与水激烈反应生成氢氧化钠和氢气。

碱土金属氢氧化物的溶解性很小，从铍到钡随周期数增大，溶解度递增。

【仪器与试剂】

仪器：试管，试管夹，玻璃漏斗，烧杯，滴管，砂纸，坩埚，泥三角，坩埚夹，镊子，药匙，小刀，玻璃棒。

试剂：$6mol \cdot L^{-1}$ HCl，$2mol \cdot L^{-1}$ NaOH，$0.01mol \cdot L^{-1}$ KMnO$_4$，$2mol \cdot L^{-1}$ H$_2$SO$_4$，$0.5mol \cdot L^{-1}$ MgCl$_2$，$0.5mol \cdot L^{-1}$ CaCl$_2$，$0.5mol \cdot L^{-1}$ BaCl$_2$，酚酞，镁条，钠，饱和 NH$_4$Cl，滤纸，pH 试纸。

【实验内容】

1. 金属与氧的作用

① 先取一小段镁条，用砂纸除去表面的氧化膜；同样用镊子取一小块金属钠，迅速用滤纸吸干表面的煤油。观察现象，写出反应方程式。

② 把上面的镁条放在坩埚中加热，点燃。观察现象，写出反应方程式。

③ 用镊子取一小块金属钠，迅速用滤纸吸干表面的煤油，立即放到干燥的坩埚内加热，到钠开始燃烧时停止加热，观察现象。待到冷却后，取少许到试管内，先加入 1mL 去离子水，并用 pH 试纸检测其酸碱性，然后再加入几滴 $2mol \cdot L^{-1}$ H$_2$SO$_4$ 酸化，最后加入 1 滴 $0.01mol \cdot L^{-1}$ KMnO$_4$ 溶液，观察现象。写出反应方程式。

2. 金属与水的作用

① 先在小烧杯中加半杯去离子水，滴加 2 滴酚酞，然后用镊子取一小块金属钠，迅速用滤纸吸干表面的煤油，放入烧杯中，立即用玻璃漏斗罩在烧杯上。观察现象，写出反应方程式。

② 取 2 只试管，各加入 4mL 水、1 滴酚酞和除去氧化膜的镁条，观察现象。并加热其中 1 支试管，观察现象，写出反应方程式。

3. 碱土金属氢氧化物的溶解性

① 取 3 支试管，各加入 1mL MgCl$_2$ 溶液和氨水至出现氢氧化镁沉淀为止。然后分别加入几滴 $6mol \cdot L^{-1}$ HCl 溶液、$2mol \cdot L^{-1}$ NaOH 溶液和饱和 NH$_4$Cl 溶液。观察现象，写出反应方程式。

② 取 3 支试管，各加入 1mL $2mol \cdot L^{-1}$ NaOH 溶液，再分别加入 1mL MgCl$_2$、CaCl$_2$ 和 BaCl$_2$ 溶液，观察现象。

【总结讨论题】

1. 比较碱金属与碱土金属单质还原性的强弱，并解释之。

2. 为什么同周期的碱土金属的氢氧化物比碱金属的氢氧化物难溶？

3. 如何配置不含 CO$_3^{2-}$ 的 NaOH 溶液？

(二) 卤素及其化合物的性质

【实验目的】

1. 掌握卤素单质的氧化性及其离子的还原性顺序。

2. 了解卤素、卤化物和氯酸钾的性质。

3. 掌握卤素的主要化合物的性质。

【实验原理】

卤素属元素周期表中ⅦA族元素，是典型的非金属元素。卤素单质都较难溶于水。在碘化钾或其他可溶性碘化物共存的溶液中，I$_2$ 与 I$^-$ 形成 I$_3^-$，使 I$_2$ 的溶解度明显增大。溴与

碘可溶于 CS_2 和 CCl_4 等有机溶剂，并产生特征颜色，溴在 CS_2 和 CCl_4 溶剂中随浓度增加溶液由黄色到棕红色，碘则呈紫色。卤素单质的溶解度性质和在有机溶剂中的特征颜色可用于卤素离子的分离和鉴别。

卤素原子具有获得一个电子成为卤素离子的强烈倾向，所以卤素单质都具有氧化性，并按氟、氯、溴、碘顺序依次减小。卤素单质在碱性介质中都可以发生歧化，歧化反应的产物与温度有关。

在室温或低温时，Cl_2 歧化得到 ClO^-：

$$Cl_2 + 2OH^- \Longrightarrow ClO^- + Cl^- + H_2O$$

在 75℃ 左右 Cl_2 的歧化产物是 ClO_3^-：

$$3Cl_2 + 6OH^- \Longrightarrow ClO_3^- + 5Cl^- + 3H_2O$$

在室温下，I_2 在 pH≥10 的碱溶液中易发生歧化，歧化产物为 IO_3^- 与 I^-。

卤素离子的还原性按氯、溴、碘顺序依次增强。NaCl 与浓 H_2SO_4 反应生成 HCl 和 $NaHSO_4$：

$$NaCl + H_2SO_4（浓） \Longrightarrow NaHSO_4 + HCl \uparrow$$

NaBr、NaI 与浓 H_2SO_4 反应，生成的卤化氢进一步被浓 H_2SO_4 氧化：

$$NaBr + H_2SO_4（浓） \Longrightarrow NaHSO_4 + HBr$$

$$2HBr + H_2SO_4（浓） \Longrightarrow Br_2 + SO_2 \uparrow + 2H_2O$$

$$NaI + H_2SO_4（浓） \Longrightarrow NaHSO_4 + HI \uparrow$$

$$8HI + H_2SO_4（浓） \Longrightarrow 4I_2 + H_2S + 4H_2O$$

在酸性介质中，卤素的各种含氧酸及其盐都有较强的氧化性。在碱性或中性介质中，其氧化性明显下降，如氯酸钾只有在酸性介质中才显强氧化性。

在酸性介质或碱性介质中，次卤酸盐的氧化性按 NaClO、NaBrO、NaIO 顺序递减。卤酸盐在酸性介质中是强氧化剂，它们的氧化能力按溴酸盐、氯酸盐、碘酸盐的顺序递减。所以，在酸性介质中，I^- 可被 ClO_3^- 氧化，随着 ClO_3^- 浓度逐步提高，I^- 被氧化产生 I_2，I_2 继续被氧化成 IO_3^-，使溶液颜色由无色(I^-)→褐色(I_2)→棕色(I_3^-)→无色(IO_3^-)。

【仪器与试剂】

仪器：试管，滴管，玻璃棒，淀粉-KI 试纸，$Pb(Ac)_2$ 试纸。

试剂：固体 KCl，固体 KBr，固体 KI，3.0mol·L^{-1} H_2SO_4，0.1mol·L^{-1} $KClO_3$，H_2S 水溶液，0.1mol·L^{-1} $Na_2S_2O_3$，Br_2，0.1mol·L^{-1} KBr，饱和氯水，CCl_4，0.1mol·L^{-1} KI。

【实验内容】

1. 卤素氧化性的比较

(1) 向试管中加入 1 滴 0.1mol·L^{-1} KI 溶液和 10 滴 CCl_4 溶液，然后滴加饱和氯水，边滴边摇，观察 CCl_4 层颜色的变化。

(2) 向试管中加入 1 滴 0.1mol·L^{-1} KBr 溶液和 10 滴 CCl_4 溶液，然后滴加饱和氯水，边滴边摇，观察 CCl_4 层颜色的变化。

(3) 往 0.1mol·L^{-1} KI 溶液中滴加 Br_2 与 5 滴 CCl_4 溶液，观察 CCl_4 层颜色的变化。

(4) 氯水对溴、碘离子混合溶液的作用：往试管中加入 1mL 0.1mol·L^{-1} KBr 溶液、1 滴 0.1mol·L^{-1} KI 溶液和 1mL CCl_4，逐滴滴加氯水，同时振荡试管，观察 CCl_4 层先后出现的不同颜色。

(5) 碘的氧化性：取两支试管，各加入碘水数滴，再分别滴加 0.1mol·L^{-1} $Na_2S_2O_3$

溶液和 H_2S 水溶液，观察试管发生的现象。写出反应式。

以上实验结果说明了什么？

2. 卤素离子还原性的比较

取 3 支试管，分别在其中加入少量固体 KCl、KBr 和 KI，再加数滴浓 H_2SO_4 微热，观察各个试管颜色的变化。并用玻璃棒蘸一些浓氨水移近管口，用 $Pb(Ac)_2$ 试纸、淀粉-KI 试纸检测各试管中产生的气体，并写出反应式。

以上实验结果说明了什么？

3. 氯酸钾的氧化性

向试管中加入 1mL $0.1mol \cdot L^{-1}$ $KClO_3$ 溶液及数滴 $0.1mol \cdot L^{-1}$ KI 溶液，加热，观察现象。趁热再加入几滴 $3.0mol \cdot L^{-1}$ H_2SO_4，观察发生的现象。写出反应方程式。

【总结讨论题】

1. 卤素的氧化性和卤素离子的还原性的变化规律如何？在实验中怎样验证？

2. 在水溶液中氯酸盐的氧化性与介质有何关系？你如何解释？

3. 能否用浓硫酸分别与 KBr 和固体 KI 反应制备 HBr、HI？为什么？

（三）硫的化合物的生成与性质

【实验目的】

1. 掌握过氧化氢的氧化-还原性。

2. 掌握硫化氢、硫代硫酸盐、二氧化硫及过二硫酸盐的性质。

3. 了解重金属硫化物的溶解性。

4. 掌握 S^{2-}、$S_2O_3^{2-}$ 的鉴定。

【实验原理】

氧、硫属周期系 ⅥA 族元素，价电子构型为 ns^2np^4。氧能形成两种氢化物 H_2O 和 H_2O_2。H_2O_2 远不如 H_2O 稳定，加热、光照或有催化剂时都会促使其分解。H_2O_2 在水中呈弱酸性，其中氧呈 -1 氧化态，故 H_2O_2 既有氧化性又有还原性，分别生成 H_2O 和 O_2。

H_2S 中硫的氧化数为 -2，它是强还原剂。H_2S 可与多种金属离子生成不同颜色的金属硫化物沉淀，这些金属硫化物在水、稀酸、浓酸、氧化性酸中的溶解情况不同，根据它们的溶解度和颜色的不同可以分离和鉴定金属离子。硫能形成种类繁多的含氧酸及其盐。亚硫酸盐中硫的氧化数为 $+4$，故既有氧化性又有还原性，但以还原性为主。硫代硫酸盐中硫的平均氧化数为 $+2$，是一种中等强度的还原剂，与碘反应时被氧化为连四硫酸钠，与氯、溴等反应时被氧化为硫酸盐。过二硫酸盐中硫的平均氧化数为 $+6$，具有强氧化性，还原产物多为硫酸盐。

【仪器与试剂】

仪器：试管，滴管，离心机，pH 试纸。

试剂：过二硫酸钾固体，$0.002mol \cdot L^{-1}$ $MnSO_4$，$1mol \cdot L^{-1}$ H_2SO_4，$0.1mol \cdot L^{-1}$ $AgNO_3$，碘水，$0.1mol \cdot L^{-1}$ $Na_2S_2O_3$，品红，SO_2 溶液，$Pb(Ac)_2$ 试纸，$6mol \cdot L^{-1}$ HCl，$0.1mol \cdot L^{-1}$ Na_2S，浓 HNO_3，$2mol \cdot L^{-1}$ $NH_3 \cdot H_2O$，$1mol \cdot L^{-1}$ HCl，H_2S 水溶液，$0.2mol \cdot L^{-1}$ $ZnSO_4$，$0.2mol \cdot L^{-1}$ $CuSO_4$，$0.2mol \cdot L^{-1}$ $CdSO_4$，$0.2mol \cdot L^{-1}$ $Hg(NO_3)_2$，$K_2Cr_2O_7$，稀 H_2SO_4，$0.01mol \cdot L^{-1}$ $KMnO_4$，3% H_2O_2，$0.1mol \cdot L^{-1}$ Na_2S，$0.1mol \cdot L^{-1}$ $Pb(NO_3)_2$。

【实验内容】

1. 过氧化氢的氧化-还原性

（1）过氧化氢的氧化性　在试管中加入 $0.1mol \cdot L^{-1}$ $Pb(NO_3)_2$ 溶液和 $0.1mol \cdot L^{-1}$

Na_2S 溶液各 2 滴，观察现象。然后再加入几滴 3％ H_2O_2 溶液，振荡试管，观察沉淀有何变化，写出反应方程式。

（2）过氧化氢的还原性　在试管中加入约 1mL 0.01mol·L^{-1} $KMnO_4$ 溶液，用几滴稀 H_2SO_4 溶液酸化，然后再滴加 3％ H_2O_2 溶液，观察现象，并写出反应方程式。

2. 硫化氢和硫化物

（1）硫化氢的性质

① 用 pH 试纸测试 H_2S 水溶液的酸碱性。

② 在两支试管中，分别加入约 1mL 0.01mol·L^{-1} $KMnO_4$ 和 $K_2Cr_2O_7$ 溶液，用稀硫酸酸化，再各加几滴 H_2S 水溶液，观察现象，并写出反应方程式。

（2）难溶硫化物的生成和性质

① 在 4 支分别盛有 1mL 0.2mol·L^{-1} $ZnSO_4$、0.2mol·L^{-1} $CuSO_4$、0.2mol·L^{-1} $CdSO_4$ 和 0.2mol·L^{-1} $Hg(NO_3)_2$ 溶液的离心管中各加入等量的 H_2S 水溶液，观察产物的颜色和状态。将沉淀离心分离，弃去上清液。

a. 往 ZnS 沉淀中加入 1mL 1mol·L^{-1} HCl，观察沉淀是否溶解。再加入 1mL 2mol·L^{-1} NH_3·H_2O 以中和盐酸，又有什么变化？写出反应方程式。

b. 往 CdS 沉淀中加入 1mol·L^{-1} HCl，沉淀是否溶解？离心分离，弃去溶液。再往沉淀中加入 6mol·L^{-1} HCl，并在水浴中加热，又有什么变化？写出反应方程式。

c. 往 CuS 沉淀中加入 6mol·L^{-1} HCl，沉淀是否溶解？离心分离，弃去溶液。再往沉淀中加入浓 HNO_3，并在水浴中加热，又有什么变化？写出反应方程式。

d. 用蒸馏水把 HgS 沉淀洗净，加入 1mL 浓 HNO_3，沉淀是否溶解？再加入 3mL 浓 HCl，并搅拌之，观察有何变化。写出反应方程式。

② S^{2-} 的鉴定。在试管中加入 5 滴 0.1mol·L^{-1} Na_2S 溶液，再加入 5 滴 6mol·L^{-1} HCl 溶液，在试管口上盖 $Pb(Ac)_2$ 试纸，微热，观察有何变化。写出反应方程式。

3. 二氧化硫的氧化还原性

（1）二氧化硫的氧化性　在试管中加入 1mL H_2S 溶液，然后滴加 SO_2 溶液。观察发生的实验现象，写出反应方程式。

（2）二氧化硫的还原性　在试管中加入 1mL $KMnO_4$ 溶液，并加入几滴稀 H_2SO_4 酸化，然后滴加 SO_2 溶液。观察现象，写出反应方程式。

（3）二氧化硫的漂白作用　在试管中加入 1 滴品红溶液，然后加入约 2mL SO_2 溶液，观察现象。

4. 硫代硫酸钠的性质

（1）硫代硫酸钠的还原性　在试管中加入 0.1mol·L^{-1} $Na_2S_2O_3$ 溶液，然后滴加碘水，观察现象。

（2）硫代硫酸钠的分解　在试管中加入 1mL 0.1mol·L^{-1} $Na_2S_2O_3$ 溶液，然后加入 1mol·L^{-1} HCl 溶液，观察现象。

（3）$S_2O_3^{2-}$ 的鉴定　在点滴板上滴 2 滴 0.1mol·L^{-1} $Na_2S_2O_3$ 溶液，滴加 0.1mol·L^{-1} $AgNO_3$ 溶液产生白色沉淀，观察沉淀颜色的变化。

5. 过二硫酸钾的氧化性

（1）把 5mL 1mol·L^{-1} H_2SO_4、5mL 蒸馏水、2 滴稀 HNO_3 和 3～4 滴 0.002mol·L^{-1} $MnSO_4$ 溶液混合均匀，分成两份。

① 向其中一份中加入 1 滴 0.1mol·L^{-1} $AgNO_3$ 溶液和一些过二硫酸钾固体，微热之。观察溶液的颜色有何变化，写出反应方程式。

② 向另一份中只加一些过二硫酸钾固体，微热之。观察溶液的颜色有何变化，写出反应方程式。

（2）在盛有 $0.5mL$ $0.1mol \cdot L^{-1}$ KI 溶液和 $0.5mL$ $2mol \cdot L^{-1}$ H_2SO_4 的试管中加入过二硫酸钾固体，观察反应产物的颜色和状态。稍微加热，观察产物有什么变化。写出反应方程式。

【总结讨论题】

1. 举例说明 H_2O_2 的氧化-还原性。

2. 比较 4 种金属硫化物 ZnS、HgS、CdS、CuS 与酸作用的情况，可得到什么结论？

3. H_2O_2 能否将 Br^- 氧化为 Br_2？H_2O_2 能否将 Br_2 还原为 Br^-？

（四）氮族及其化合物的性质

【实验目的】

1. 了解氮及其化合物的化学性质。

2. 掌握氮族化合物之间的相互转化。

3. 掌握氮族化合物的鉴别方法。

【实验原理】

氮的价电子构型为 $2s^2 2p^3$，电负性较氧、氟等元素低，所以易与氢反应生成氧化数为负的氢化物、易与氧反应生成氧化数为正的化合物，如 NH_3、N_2H_4（联氨、肼）、NH_2OH（羟胺）、N_2O、NO、N_2O_3、NO_2、HNO_3。

（1）铵盐　铵盐与碱金属的盐相似，这是由于 NH_4^+ 的半径（143pm）与 K^+ 的半径（133pm）相近。铵盐一般为无色晶体，皆溶于水，但在一定程度上可以水解。溶液中 NH_4^+ 的鉴定方法如下。

① Nessler 试剂（$K_2[HgI_4]$ 的 KOH 溶液）法

$$NH_4^+ + 2[HgI_4]^{2-} + 4OH^- \longrightarrow [Hg_2ONH_2]I(s)(红棕色) + 7I^- + 3H_2O$$

② 气室法

$$NH_4^+ + OH^- \longrightarrow NH_3(g) + H_2O$$

固体铵盐受热易分解，分解情况因组成铵盐的酸性质不同而异。

① 酸是挥发性的且无氧化性时，酸和氨一起挥发：

$$NH_4Cl \Longequal NH_3(g) + HCl(g)$$

② 酸是不挥发性的且无氧化性时，只有氨挥发掉，酸或酸式盐留在容器中：

$$(NH_4)_2SO_4 \Longequal NH_3(g) + H_2SO_4$$

③ 酸是有氧化性的，分解出的氨被酸氧化生成 N_2 或 N_2O：

$$(NH_4)_2Cr_2O_7 \Longequal N_2(g) + Cr_2O_3 + 4H_2O$$

（2）亚硝酸及其盐　亚硝酸盐的冷溶液中加入强酸，可生成亚硝酸：

$$H_2SO_4 + NaNO_2 \longrightarrow NaHSO_4 + HNO_2$$

亚硝酸极不稳定，只能存在于很稀的冷溶液中，溶液浓缩或加热时就分解。亚硝酸是一种弱酸，酸性稍强于醋酸。

亚硝酸盐大多是无色的，除淡黄色的 $AgNO_2$ 外。一般易溶于水。碱金属、碱土金属的亚硝酸盐有很高的热稳定性。所有的亚硝酸盐都剧毒，还是致癌的物质。

亚硝酸盐在酸性介质中具有氧化性，其还原产物一般为 NO：

$$2I^- + 4H^+ + 2NO_2^- \Longequal 2NO + I_2 + 2H_2O$$

而在与强氧化剂作用时，其又有一定的还原性：

$$2MnO_4^- + 6H^+ + 5NO_2^- \Longequal 2Mn^{2+} + 5NO_3^- + 3H_2O$$

亚硝酸根还具有一定的配位能力，可与许多金属离子形成配合物，如 $[Co(NO_2)_6]^{3-}$。

（3）硝酸及其盐 硝酸是一种强酸，在水溶液中完全解离。硝酸具有强氧化性，可以把许多非金属氧化为相应的氧化物或含氧酸，如：

$$3I_2 + 10HNO_3 === 6HIO_3 + 10NO + 2H_2O$$

金属与硝酸作用后生成可溶性硝酸盐，硝酸作为氧化剂可被还原为下列物质：

$$NO_2 \rightarrow HNO_2 \rightarrow NO \rightarrow N_2O \rightarrow N_2 \rightarrow NH_3$$

通常产物是上述某些物质的混合物，只是以某种还原产物为主而已。究竟是哪一种，则取决于硝酸的浓度与金属的活泼性。浓硝酸主要被还原为 NO_2，稀硝酸通常被还原为 NO，较稀硝酸与较活泼金属反应可得到 N_2O，当硝酸很稀时则可被还原为 NH_4^+：

$$4Zn + 10HNO_3 === 4Zn(NO_3)_2 + N_2O + 5H_2O$$
$$4Zn + 10HNO_3 === 4Zn(NO_3)_2 + NH_4NO_3 + 3H_2O$$

几乎所有硝酸盐都易溶于水，其固体或水溶液在常温下稳定。固体硝酸盐受热分解，其产物因金属离子性质不同而分成三类：

① 在金属活动顺序中比 Mg 活泼的金属，分解为亚硝酸盐和氧：

$$2NaNO_2 === 2NaNO_3 + O_2$$

② 活泼性位于 Mg 和 Cu 之间的金属，分解为氧气、二氧化氮和金属氧化物：

$$2Pb(NO_3)_2 === 2PbO + 4NO_2 + O_2$$

③ 比 Cu 不活泼的金属，则分解为氧气、二氧化氮和金属单质：

$$2AgNO_3 === 2Ag + 2NO_2 + O_2$$

（4）磷酸及其盐 磷酸是磷的最高氧化态化合物，但却没有氧化性。正磷酸可形成三种类型的盐：磷酸二氢盐、磷酸一氢盐和正盐。磷酸正盐比较稳定，一般不易分解。酸式盐受热容易脱水成为焦磷酸盐或偏磷酸盐。大多数磷酸二氢盐易溶于水，而磷酸一氢盐和正盐（除钠、钾等少数盐外）都难溶于水。由于 PO_4^{3-} 的水解作用而使 Na_3PO_4 溶液呈碱性。HPO_4^{2-} 的水解程度比其解离度大，故 Na_2HPO_4 也呈碱性。而 $H_2PO_4^-$ 水解程度不如其解离度大，故 $NaH_2PO_4^-$ 也呈弱酸性。

【仪器与试剂】

仪器：试管，滴管，酒精灯，试纸，铁架台，铁圈，坩埚，水浴锅。

试剂：$0.002mol \cdot L^{-1}$ $MnSO_4$、$0.2mol \cdot L^{-1}$ $SbCl_5$，$0.1mol \cdot L^{-1}$ $AgNO_3$，$2mol \cdot L^{-1}$ 氨水，CCl_4，$0.2mol \cdot L^{-1}$ Na_3AsO_4，浓盐酸，$0.1mol \cdot L^{-1}$ KI，碘酒，$AsCl_3$，Na_3AsO_3，$0.1mol \cdot L^{-1}$ $SbCl_3$，$0.1mol \cdot L^{-1}$ $BiCl_3$，$2mol \cdot L^{-1}$ $AsCl_3$，$2mol \cdot L^{-1}$ NaOH，NH_4NaHPO_4 固体，$0.2mol \cdot L^{-1}$ Na_2HPO_4，$0.2mol \cdot L^{-1}$ $Na_4P_2O_7$，P_2O_5，Na_2HPO_4，$0.1mol \cdot L^{-1}$ KI，$0.1mol \cdot L^{-1}$ $KMnO_4$，$0.5mol \cdot L^{-1}$ $NaNO_2$，5%硫酸羟胺溶液，$(NH_4)_2SO_4$ 固体，NH_4NO_3 固体。

【实验内容】

1. 铵盐的热分解

① 在干燥的大试管内放入少量 NH_4Cl 固体，加热试管底部，用潮湿的石蕊试纸检验逸出的气体，观察试纸颜色的变化。继续加强热，试纸的颜色又呈何色？此时在试管上部冷的壁上观察到什么现象？

② 取少量 NH_4NO_3 固体放在干燥的大试管内，加热，观察现象。

③ 用少量 $(NH_4)_2SO_4$ 固体进行实验。

由实验结果总结铵盐分解的类型。

2. 羟基的还原性

滴加 5% 硫酸羟胺溶液到酸化的 $0.1mol \cdot L^{-1}$ $KMnO_4$ 溶液中，观察现象。

3. 亚硝酸及其盐

(1) 亚硝酸盐的氧化-还原性　分别试验 $0.5mol \cdot L^{-1}$ $NaNO_2$ 溶液与酸化的 $0.1mol \cdot L^{-1}$ $KMnO_4$、$0.1mol \cdot L^{-1}$ KI 溶液的反应。

(2) 亚硝酸盐的分解　在 $NaNO_2$ 溶液中滴加稀硫酸，边振荡边观察现象。由实验结果总结亚硝酸及其盐的性质。

4. 硝酸的氧化性

(1) 浓硝酸与非金属反应　在少许硫粉中加浓硝酸，水浴加热。反应一段时间后用滴管取出几滴清液，检验有无 SO_4^{2-}。

(2) 硝酸与锌、铜的反应　在通风橱中进行下列反应。

① 浓硝酸和锌、铜。

② 稀硝酸和锌、铜。如反应慢可加热。0.5h 后，鉴定锌与稀硝酸的反应液中是否存在 NH_4^+。

5. 磷酸的制备与磷酸根离子的鉴定

① 取少量 P_2O_5 溶于 1mL 蒸馏水中。

② 取少量 P_2O_5 溶于 2mL 蒸馏水中，加 2~3 滴稀硝酸，水浴加热 15~20min。

检验两份溶液中磷酸根的存在形式。若现象不明显，分别在 5min、10min 后，取②的溶液进行调节，否则鉴定实验失败。

根据实验结果，说明硝酸的作用。

6. 各种磷酸盐之间的转化

① 在坩埚内放少许研细的 Na_2HPO_4，小火加热，待水分完全逸出后，大火灼烧 15min，冷却。检验产物中磷酸根的存在形式。

提示：用 Ag^+ 鉴定产物时，加 HAc 溶液可消除少量 PO_4^- 对鉴定的干扰。

② 灼烧少量 NH_4NaHPO_4 固体，冷却，观察产物状态。加 12mL 水，加热溶解后取少量溶液检验产物。

7. 砷、锑、铋

(1) 三价氢氧化物酸碱性的比较

① 用 $2mol \cdot L^{-1}$ $AsCl_3$、$2mol \cdot L^{-1}$ NaOH 溶液制取 H_3AsO_3，并试验其在 $2mol \cdot L^{-1}$ HCl、$2mol \cdot L^{-1}$ NaOH 溶液中的溶解性。保留两份溶液。

② 用 $0.1mol \cdot L^{-1}$ $SbCl_3$、$0.1mol \cdot L^{-1}$ $BiCl_3$ 溶液代替 $AsCl_3$ 进行实验。保留 H_3SbO_3 溶液。

由实验结果说明砷、锑、铋三价氢氧化物的酸碱性，并作比较。

(2) 氧化-还原性

① 在保留的 $AsCl_3$、Na_3AsO_3 溶液（Na_3AsO_3 溶液需调至中性）内，各加入碘酒少许，比较实验结果。

② 在试管中加入 3 滴 $0.1mol \cdot L^{-1}$ KI 溶液，然后加浓盐酸和 $0.2mol \cdot L^{-1}$ Na_3AsO_4 溶液少许，观察现象。若现象不明显，可加入少量 CCl_4。

③ 在试管中加入 3 滴 $0.1mol \cdot L^{-1}$ $AgNO_3$ 溶液，滴加 $2mol \cdot L^{-1}$ 氨水至生成的沉淀溶解。加入自制的 Na_3SbO_3 溶液，略加振荡，微热，观察现象。

④ 在试管中加入 $0.2mol \cdot L^{-1}$ $SbCl_3$ 溶液和浓盐酸各 3 滴，加 $0.1mol \cdot L^{-1}$ KI 溶液少许，振荡观察现象。

⑤ 在用稀硝酸酸化的 $0.002mol \cdot L^{-1}$ $MnSO_4$ 溶液中加入少量 $NaBiO_3$ 固体，水浴加

热，观察现象。

这是鉴定 Mn^{2+} 的方法。

（3）硫化物与硫代酸盐

① 制取 As_2S_3 沉淀，做以下实验。

a. 沉淀与 $0.5mol \cdot L^{-1}$ Na_2S 液的作用，再加稀盐酸酸化。

b. 沉淀与 Na_2S_x 溶液（自制）的作用，再加稀盐酸酸化。

观察现象，比较结果。

② 制取 Bi_2S_3，进行上述实验。

根据实验结果，比较 As_2S_3、Sb_2S_3、Bi_2S_3 的颜色、性质，说明硫代酸盐的稳定性。

【总结讨论题】

1. 在含有 S^{2-}、SO_3^{2-} 和 $S_2O_3^{2-}$ 的混合溶液中，用什么方法可以鉴定出 SO_3^{2-} 的存在？

2. 在水溶液中 $AgNO_3$ 与 $Na_2S_2O_3$ 的反应，有些同学的实验结果生成了黑色沉淀，有些同学的实验结果却无沉淀产生，这两种实验现象都正确吗？它们各在什么情况下出现？

3. 有三瓶无标签的纯试剂：Na_3PO_4、Na_2HPO_4 与 NaH_2PO_4。你能否用简便的方法将它们一一鉴别出来？

（五）碳族元素及其化合物的性质

【实验目的】

1. 碳族元素的性质及其递变规律。

2. 碳和硅的化合物性质、用途。

3. 掌握碳族化合物的检验方法。

【实验原理】

碳族包括碳（C）、硅（Si）、锗（Ge）、锡（Sn）、铅（Pb）等五种元素，位于周期表的第ⅣA族，其原子最外层上均有 4 个电子。通过比较碳族元素原子结构的异同点，推测碳族元素的性质。

相同点：最外层电子数相同（均为 4 个）。

不同点：核电荷数不同；电子层数不同；原子半径不同。

碳族元素介于典型金属（ⅠA）和典型非金属（ⅦA）的中间，其最外层电子数为 4。通常，较难通过得到或失去电子达到 8 电子的相对稳定结构，一般以共价键形成相对稳定结构，故碳族元素通常易形成共价化合物，不易形成简单离子。其主要化合价有＋4 和＋2。C、Si、Ge、Sn 的＋4 价化合物较稳定，而 Pb 的＋2 价化合物较稳定。从上到下元素的非金属性逐渐减弱，金属性逐渐增强。

在碳族元素的单质中，碳是非金属；硅虽外貌像金属，但在化学反应中多显示非金属性，通常被认为是非金属；锗的金属性比非金属性强；锡和铅都是典型金属。可见，金属和非金属之间并无绝对严格的界限。如石墨虽属非金属，却具有金属光泽，且有导电、导热等金属性质；硅、锗则是良好的半导体材料等。

硅酸是一种几乎不溶于水的二元弱酸，由于硅酸易发生缩合作用，所以硅酸从水溶液中析出时一般呈凝胶状，烘干、脱水后得到干燥剂——硅胶。

【仪器与试剂】

仪器：气体生成装置，蒸发皿，试管，滴管。

试剂：$2mol \cdot L^{-1}$ NaOH，浓甲酸，浓 H_2SO_4，$Ag(NH_3)_2^+$，镁条，$0.2mol \cdot L^{-1}$ $FeCl_3$，$0.1mol \cdot L^{-1}$ $MgCl_2$，$0.1mol \cdot L^{-1}$ $Pb(NO_3)_2$，$0.1mol \cdot L^{-1}$ Na_2CO_3，$MgCO_3$，$Cu_2(OH)_2CO_3$，Na_2CO_3，$NaHCO_3$，$0.1mol \cdot L^{-1}$ Na_2CO_3，$0.1mol \cdot L^{-1}$ $NaHCO_3$，

20％ Na_2SiO_3，$CaCl_2$，$CuSO_4$，$Co(NO_3)_2$，$NiSO_4$，$MnSO_4$，$ZnSO_4$，$FeSO_4$，$FeCl_3$，$0.1mol \cdot L^{-1} SnCl_2$，$2mol \cdot L^{-1} NaOH$，$0.1mol \cdot L^{-1} SnCl_4$，$2mol \cdot L^{-1}$ 氨水，锡，$0.1mol \cdot L^{-1} HgCl_2$，$0.1mol \cdot L^{-1} Bi(NO_3)_3$，$PbO_2$ 固体，$6mol \cdot L^{-1} HCl$，$0.2mol \cdot L^{-1}$ $MnSO_4$。

【实验内容】

1. 一氧化碳的制备和性质（在通风橱中进行）

（1）制备　在洗气瓶内装 $2mol \cdot L^{-1} NaOH$ 溶液，烧瓶中注入 4mL 浓甲酸，由分液漏斗向烧瓶内滴入 5mL 浓 H_2SO_4，加热，则有气体产生。

（2）性质

① 还原性：制备 $Ag(NH_3)_2^+$ 溶液，将 CO 气体通入 $Ag(NH_3)_2^+$ 溶液中，观察产物的颜色和状态。

② 可燃性：将导气管从 $Ag(NH_3)_2^+$ 溶液中取出，点燃气体，观察火焰颜色。

2. 二氧化碳的性质

制取三瓶干燥的 CO_2（CO_2 要充满全瓶）。

① 点燃镁条，迅速放到充满 CO_2 的瓶里。

② 把点燃的红磷放到充满 CO_2 的瓶里。

③ 把少量汽油放在蒸发皿里，点燃，从瓶里放 CO_2 到燃烧的汽油上。

由实验结果说明 CO_2 的性质。

3. 一些金属离子与碳酸盐、酸式碳酸盐的反应

① 实验 $0.2mol \cdot L^{-1}$ $FeCl_3$、$0.1mol \cdot L^{-1}$ $MgCl_2$ 和 $0.1mol \cdot L^{-1}$ $Pb(NO_3)_2$ 与 $1mol \cdot L^{-1} Na_2CO_3$ 溶液的作用。

② 用 $NaHCO_3$ 溶液代替 Na_2CO_3 进行实验。

比较实验结果，写出反应式。

4. 碳酸盐的热稳定性

在大试管中放入 1g $MgCO_3$ 固体，安装导气管，用铁夹将试管固定在铁架台上，并将导气管插入石灰水中。加热固体，观察现象。

继续试验 $Cu_2(OH)_2CO_3$、Na_2CO_3 和 $NaHCO_3$ 的热稳定性，说明哪些固体易分解。

5. 硅酸及其盐

（1）硅酸盐的水解　取一些 20％Na_2SiO_3 溶液，试验其酸碱性。在 Na_2SiO_3 溶液中滴加饱和 NH_4Cl 溶液，加热，观察现象，检验气体产物。

（2）硅酸的酸性　在 Na_2SiO_3 溶液中通入 CO_2，并不断搅拌，观察现象。

比较 H_2SiO_3、H_2CO_3 和 NH_4Cl 的酸性。

（3）微溶性硅酸盐的生成——"水中花园"　在烧杯中注入 2/3 体积的 20％ 水玻璃，分别取一粒 $CaCl_2$、$CuSO_4$、$Co(NO_3)_2$、$NiSO_4$、$MnSO_4$、$ZnSO_4$、$FeSO_4$、$FeCl_3$ 晶体投入杯中，记住它们的位置，0.5h 后，观察现象。

实验完毕，立即洗净烧杯。

6. 锡、铅的化合物

（1）二价锡、铅的氢氧化物的性质　可用 $0.1mol \cdot L^{-1}$ $SnCl_2$、$0.1mol \cdot L^{-1}$ $Pb(NO_3)_2$、$2mol \cdot L^{-1} NaOH$ 溶液制备 $Sn(OH)_2$、$Pb(OH)_2$，分别试验其酸碱性。保留 $NaSnO_2$ 溶液。

（2）锡（Ⅳ）酸的制备与性质

① 用 $0.1mol \cdot L^{-1} SnCl_4$ 溶液、$2mol \cdot L^{-1}$ 氨水制备 α-锡酸，并分别试验其与浓 HCl

溶液、过量 $2mol \cdot L^{-1}NaOH$ 溶液的作用。

② 用一小片锡、浓 HNO_3 制备 β-锡酸，试验其与酸、碱的作用。

根据实验结果说明两种锡酸的性质。

（3）氧化-还原性

① $Sn(II)$ 盐的还原性。

a. 在 $0.1mol \cdot L^{-1}HgCl_2$ 溶液中，滴加 $0.1mol \cdot L^{-1}SnCl_2$ 溶液，观察现象。继续滴加过量 $SnCl_2$ 溶液，不断搅拌，放置 2～3min 后，观察产物的颜色和状态。

这一反应可用于 Sn^{2+}、Hg^{2+} 的鉴定。

b. 在自制的 $NaSnO_2$ 溶液中，滴加 $0.1mol \cdot L^{-1}Bi(NO_3)_3$ 溶液，观察现象。

② $Pb(IV)$ 的氧化性。

a. 在水浴加热的条件下，试验 PbO_2 固体与 $6mol \cdot L^{-1}HCl$ 溶液的反应，观察现象并检验气体产物。

b. 在少量 PbO_2 中，加入 1mL 稀 H_2SO_4、1 滴 $0.2mol \cdot L^{-1}MnSO_4$ 溶液，加热，观察现象。

（六）硼和铝及其化合物的性质

【实验目的】

1. 了解硼和铝及其化合物的性质。

2. 掌握硼砂珠实验。

【实验原理】

硼族元素属ⅢA族，包括 B、Al、Ga、In、Tl 五种元素。硼族元素原子的价层电子构型为 ns^2np^1。它们的最高氧化值为 +3。硼、铝一般只形成氧化值为 +3 的化合物。从镓至铊，由于 ns^2 惰性电子对效应，氧化值为 +3 的化合物的稳定性降低，而氧化值为 +1 的化合物的稳定性增加，故 $Tl(III)$ 具有强氧化性。

硼族元素价电子层有 4 个轨道（1 个 s 轨道和 3 个 p 轨道），但价电子只有 3 个。这种价电子数少于价轨道数的原子称缺电子原子。当它与其他原子形成共价键时，价电子层中还留下空轨道，这种化合物称缺电子化合物。由于空轨道的存在，有很强的接受电子对的能力，故它们具有如下特性。

（1）易形成配合物　如：

$$F_3B + :NH_3 \Longrightarrow F_3B \leftarrow NH_3$$

$$BF_3 + F^- \Longrightarrow [BF_4]^-$$

（2）易形成聚合分子　气态的卤化铝（除离子型化合物 AlF_3 外）易形成双聚分子 Al_2X_6，如：

在 Al_2Cl_6 分子中，每个 Al 原子以 sp^3 杂化轨道与四个 Cl 原子成键，呈四面体结构。中间两个 Cl 原子形成桥式结构，它除与一个 Al 原子形成正常共价键外，还与另一个 Al 原子形成配位键。这种结构也是由 $AlCl_3$ 的缺电子性造成的。

【仪器与试剂】

仪器：铁坩埚，试管，滴管，铁棒，烧杯，蒸发皿。

试剂：镁粉，稀 HCl，饱和 $Na_2B_4O_7 \cdot 10H_2O$，浓硫酸，乙醇，甲基橙，甘油，$6mol \cdot L^{-1}$ HCl，镍铬丝，钴盐，铜盐，铁盐，锰盐，铬盐，镍盐，$2mol \cdot L^{-1}$ HCl，$2mol \cdot L^{-1}$ NaOH，

浓 HNO_3，0.5mol·L^{-1} $NaNO_3$，40%NaOH，0.5mol·L^{-1} $Al_2(SO_4)_3$，6mol·L^{-1}氨水，铝粉，硫粉，0.5mol·L^{-1} $Al_2(SO_4)_3$，1mol·L^{-1}NaF。

【实验内容】

1. 无定形硼的制取和性质（在通风橱中进行）

（1）制取　在铁坩埚中加入 1.8g H_3BO_3，先小火加热，后大火灼烧。搅拌，拿出铁棒，观察棒上灼烧产物的状态，冷却产物。加入 2g 镁粉（屑），使灼烧产物与镁粉的质量比为1:2，加热，搅拌，观察反应发生时的现象。冷却产物，将产物转移到烧杯中，用稀 HCl 溶液处理并加热，过滤、洗涤、干燥。观察产物的颜色和状态。

（2）性质　把研细的硼放在蒸发皿中，加浓 HNO_3，水浴加热并蒸发（如有不溶物，分离后蒸发），直到有晶体出现。

2. 硼酸的制备和性质

（1）硼酸的制备　制取 1mL 热的饱和 $Na_2B_4O_7·10H_2O$ 溶液，加入 0.5mL 浓硫酸。冷水冷却，观察晶体的析出，离心分离，保留晶体。

（2）硼酸酯的生成与性质　取自制的 H_3BO_3 晶体放在蒸发皿中，加几滴浓硫酸、2mL 乙醇，混匀后点燃，观察火焰的颜色。说明硫酸的作用。

这一反应可以用来鉴定 H_3BO_3、$Na_2B_4O_7·10H_2O$ 等含硼化合物。

（3）硼酸的性质　取少量 H_3BO_3 固体溶于 2mL 蒸馏水中，测定 pH 值。在溶液中加入 1 滴甲基橙，混匀后分成两份，一份留作比较。在另一份中加几滴甘油，振荡，观察颜色的变化。解释实验结果。

3. 硼砂溶液的缓冲作用

测定硼砂溶液的 pH 值，试验其溶液是否具有缓冲作用。解释实验结果。

4. 硼砂珠实验

用 6mol·L^{-1}HCl 溶液把顶端弯成小圈的镍铬丝处理干净。用镍铬丝蘸上一些研细的硼砂固体，在氧化焰上小火烧，熔成透明的圆珠。

用烧红的硼砂珠蘸上钴盐少许，熔融，冷却后观察硼砂珠的颜色。同法试验铜、铁、锰、铬、镍盐的硼砂珠颜色。

提示：金属盐固体需研细，硼砂珠只能蘸取少量的金属盐，否则硼砂珠颜色太深而影响观察。如把熔融的硼砂珠震落在蒸发皿内，形成小圆球进行观察，效果较好。

清除镍铬丝上色珠的方法：烧熔后震脱，再用 HCl 溶液清洁镍铬丝。

5. 铝及其化合物

（1）金属铝的性质　分别试验铝片与下列物质的作用。

① 2mol·L^{-1}HCl 溶液。

② H_2O。

③ 2mol·L^{-1}NaOH 溶液。

④ 冷、热的浓 HNO_3。

⑤ 0.5mL 0.5mol·L^{-1}NaNO$_3$ 溶液、0.5mL 40%NaOH 溶液，检验放出的气体。

（2）氢氧化铝的制备与性质　用 0.5mol·L^{-1} $Al_2(SO_4)_3$ 溶液、6mol·L^{-1}氨水制备 $Al(OH)_3$，分别试验其与过量氨水、过量 NaOH 溶液、HCl 溶液的作用。

（3）硫化铝的制备与性质

① 制备：混合 0.25g 铝粉、1g 硫粉。把化合物放在坩埚中，在上面覆盖 0.25g 铝粉，盖上盖子。加热使其反应，直到坩埚炽热为止。由于反应剧烈，并放出大量热，在反应过程中不要打开坩埚盖去直视反应，以免伤害眼睛。冷却，打开盖子，观察反应物的颜色和

状态。

② 水解：取少量产物放在水中，观察现象，检验气体。

（4）铝的配合物　在 1～2 滴 0.5mol·L^{-1} Al$_2$(SO$_4$)$_3$ 溶液中滴加 1mol·L^{-1} NaF，观察现象。继续滴加 NaF，有何变化？

实验 5　过渡元素及其化合物的性质

（一）钛、钒

【实验目的】

1. 了解钛、钒的性质及其化合物结构对性质的影响。

2. 掌握钛、钒某些化合物的性质。

【实验原理】

① 钛酰离子在热水中按下式进行水解：

$$TiO^{2+} + H_2O == TiO_2 + 2H^+$$

钛（Ⅲ）可用锌将钛酰离子还原而制得：

$$2TiO^{2+} + Zn + 4H^+ == 2Ti^{3+} + Zn^{2+} + 2H_2O$$

Ti(H$_2$O)$_6^{3+}$ 显紫色。

Ti^{3+} 具有较强的还原性，例如 Ti^{3+} 能将 Cu^{2+} 还原：

$$Ti^{3+} + Cu^{2+} + Cl^- + H_2O == CuCl\downarrow + TiO^{2+} + 2H^+$$

② 钒能生成许多低氧化值的化合物。例如,氯化钒酰(VO$_2$Cl)在酸性溶液中可以逐步还原锌而使溶液颜色由蓝色变为紫色：

$$VO_3^- + 2H^+ == VO_2^+ + H_2O$$
$$2VO_2Cl + 4HCl + Zn == 2VOCl_2(蓝色) + ZnCl_2 + 2H_2O$$
$$2VOCl_2 + 4HCl + Zn == 2VCl_3(暗绿色) + ZnCl_2 + 2H_2O$$
$$2VCl_3 + Zn == 2VCl_2(紫色) + ZnCl_2$$

【仪器与试剂】

仪器：试管，滴管，烧杯，量筒，蒸发皿。

试剂：TiCl$_4$，1mol·L^{-1} H$_2$SO$_4$，1mol·L^{-1} H$_2$SO$_4$，6mol·L^{-1} NaOH，3％ H$_2$O$_2$，TiO$_2$，40％ NaOH，稀 H$_2$SO$_4$，TiOSO$_4$，0.1mol·L^{-1} KMnO$_4$，(NH$_4$)$_2$S，NH$_4$VO$_3$ 固体，6mol·L^{-1} HCl，2mol·L^{-1} HCl。

【实验内容】

1. Ti（Ⅳ）的鉴定与过氧钛酸的生成

按 TiCl$_4$：1mol·L^{-1} H$_2$SO$_4$＝1∶10（体积比）配制 TiOSO$_4$ 溶液。

（1）Ti（Ⅳ）的鉴定　在 2 滴 TiOSO$_4$ 溶液中，加入 2 滴 3％ H$_2$O$_2$，观察现象。在微酸性溶液中，H$_2$O$_2$ 与钛盐的反应可用来鉴定 Ti（Ⅳ）。

（2）过氧钛酸的生成　在（1）的溶液里，边振荡边滴加 6mol·L^{-1} 氨水，直至沉淀出现，观察沉淀的颜色。

2. 钛酸的制备和性质

取 5 滴 TiOSO$_4$ 溶液，逐滴加入 6mol·L^{-1} 氨水，振荡，直到有大量白色凝胶状沉淀生成，离心分离。取少量沉淀分别进行下列试验：

① 加 1mol·L^{-1} H$_2$SO$_4$ 溶液。

② 加 6mol·L^{-1} NaOH 溶液。

③ 加蒸馏水，煮沸 5min，离心分离，试验沉淀与 1mol·L^{-1} H$_2$SO$_4$、6mol·L^{-1}

NaOH 溶液的作用。

提示：如无法判断沉淀是否溶解，可离心分离后，在离心液中检验 Ti（Ⅳ）存在否。注意 Ti（Ⅳ）的鉴定条件，在强碱性溶液中，需用酸调到微酸性后鉴定。

3. 二氧化钛的性质

（1）与浓硫酸的反应（在通风橱中进行） 在蒸发皿中放少量 TiO_2 固体，加入 2mL 浓 H_2SO_4，加热 10min 以上（注意控制温度，防止浓 H_2SO_4 溅出与分解），冷却。取出少量混浊液，放入 1～2mL 水中，混匀，离心分离。检验清液中是否有 Ti（Ⅳ）存在。

（2）与氢氧化钠的反应 在蒸发皿中放少量 TiO_2 固体，然后加入 2mL 40％ NaOH 溶液，加热。冷却后取少量混浊液放入 1～2mL 水中，离心分离。检验离心液中是否有 Ti（Ⅳ）存在（注意反应介质）。

根据实验结果，总结 TiO_2 的酸碱性。

4. 钛（Ⅲ）的生成与性质

在 1mL 稀 H_2SO_4 中，滴加 1 滴 $TiOSO_4$ 溶液和 2～3 颗锌粒，加热后放置，观察现象。取 1 滴 $0.1mol \cdot L^{-1} KMnO_4$ 溶液，酸化后滴加还原后的钛液，观察现象。

5. 五氧化二钒的生成与性质

取少量 NH_4VO_3 固体放在坩埚中，用小火加热，并不断搅拌，当固体颜色呈暗红色时停止加热，冷却，观察产物颜色的变化。

取四份产物（少量），分别进行下列试验：

① 加入少量蒸馏水，水浴加热，冷却后测定 pH 值。

② 加入浓 H_2SO_4，观察固体溶解情况，稀释所得溶液（如何稀释），观察发生的现象。

③ 加 $6mol \cdot L^{-1} NaOH$ 溶液，加热，观察现象。保留溶液。

④ 加浓 HCl 溶液，加热，观察颜色变化。当溶液呈暗绿色时用水稀释，又有什么变化？

6. 硫代酸盐的形成与稳定性

在 5.③所得的溶液中，加过量的 $(NH_4)_2S$ 溶液，观察溶液颜色的变化。用 $6mol \cdot L^{-1} HCl$ 溶液酸化，观察现象。

7. 钒（Ⅴ）的氧化性

配制 VO_2Cl 溶液：在 0.2～0.3g NH_4VO_3 固体中，加入 5mL $6mol \cdot L^{-1} HCl$ 溶液酸化，加入 3mL 蒸馏水。

取少量 VO_2Cl 溶液，分别进行下列试验：

① 加 2～3 颗锌粒，放置，观察反应过程中的变化。

② 加一小匙 $SnCl_2$ 固体，水浴加热。

③ 加饱和 $(NH_4)_2Fe(SO_4)_2$ 溶液。加数滴 $1mol \cdot L^{-1} NaF$ 溶液掩蔽产物 Fe^{3+}，以免干扰观察反应结果。

根据溶液颜色的变化，判断钒（Ⅴ）被还原到何种氧化态，比较还原剂的强弱。

8. 钒酸根的聚合

取 5mL VO_2Cl 溶液，测定 pH 值。滴加 $6mol \cdot L^{-1} NaOH$ 溶液，观察变化。当 pH＝2 时，有何现象？继续滴加 NaOH 溶液，又有何变化？当 pH＝9～10 时，微热，观察变化。

提示：由于聚合反应进行得很慢，NaOH 溶液需慢慢滴加。

9. 钒（Ⅴ）的鉴定

配制 0.5mL 饱和 NH_4VO_3 溶液，加几滴 3％ H_2O_2 溶液，观察现象。用 $2mol \cdot L^{-1}$ HCl 溶液酸化，有何变化？

在酸性溶液中，钒酸盐与 H_2O_2 反应，可用于钒的鉴定。

【总结讨论题】

1. 钛和钒各有几种氧化态？指出它们在水溶液中的状态和颜色。

2. 总结出钒酸盐缩合反应的一般规律。

（二）铬、锰

【实验目的】

1. 掌握铬、锰化合物的氧化-还原性。

2. 掌握铬、锰离子配合物的生成。

3. 了解铬、锰离子的水解性。

【实验原理】

铬为ⅥB族元素，铬的氧化数有＋2、＋3、＋6。其中＋2 的化合物不稳定，可用还原剂（如锌）在强酸性介质中将＋3 或＋6 化合物还原制得。＋3 铬的氢氧化物呈两性。在碱性介质中，Cr(Ⅲ) 可被氧化剂（如 H_2O_2）氧化为黄色的铬酸根：

$$2CrO_2^- + 3H_2O_2 + 2OH^- \rightleftharpoons 2CrO_4^{2-} + 4H_2O$$

铬酸根和重铬酸根在水溶液中存在着下列平衡：

$$2CrO_4^{2-}（黄色）+ 2H^+ \rightleftharpoons Cr_2O_7^{2-}（橙红色）+ H_2O$$

重铬酸钾是强氧化剂，可与浓盐酸或亚硫酸钠溶液等发生氧化-还原反应，自身被还原为＋3 价铬。Cr^{3+} 在水溶液中呈绿色或蓝色。在酸性溶液中，有乙醚存在时，$Cr_2O_7^{2-}$ 与过氧化氢作用，生成蓝色的过氧化铬，该反应常用来鉴定 $Cr_2O_7^{2-}$ 或 Cr^{3+}。

$$Cr_2O_7^{2-} + 4H_2O_2 + 2H^+ \rightleftharpoons 2CrO_5 + 5H_2O$$

锰是ⅦB族元素，主要氧化数有＋2、＋3、＋4、＋5、＋6 和＋7。其中氧化数为＋3 和＋5 的化合物不稳定。

【仪器与试剂】

仪器：试管，滴管，酒精灯，铁架台，石棉网，淀粉-碘化钾试纸。

试剂：$0.1mol \cdot L^{-1}$ $CrCl_3$，$2mol \cdot L^{-1}$ NaOH，锌粒，$0.1mol \cdot L^{-1}$ Na_2SO_3，$0.01mol \cdot L^{-1}$ Na_2SO_3，$6mol \cdot L^{-1}$ HNO_3，$2mol \cdot L^{-1}$ HCl，$0.1mol \cdot L^{-1}$ $MnSO_4$，$3mol \cdot L^{-1}$ H_2SO_4，$0.1mol \cdot L^{-1}$ $AgNO_3$，$0.1mol \cdot L^{-1}$ $BaCl_2$，$0.1mol \cdot L^{-1}$ $Pb(NO_3)_2$，$0.1mol \cdot L^{-1}$ $K_2Cr_2O_7$，3% H_2O_2，$6mol \cdot L^{-1}$ HCl，$2mol \cdot L^{-1}$ NaOH，$0.01mol \cdot L^{-1}$ $KMnO_4$。

【实验内容】

1. 铬

① 氢氧化铬(Ⅲ)的生成和性质。用 $0.1mol \cdot L^{-1}$ $CrCl_3$ 溶液和 $2mol \cdot L^{-1}$ NaOH 溶液制备 $Cr(OH)_3$，并试验其两性，制得的含 $Cr(OH)_4^-$ 溶液留用。

② 取 $0.1mol \cdot L^{-1}$ $CrCl_3$ 溶液 10～12 滴于一试管中，向其中加入 $6mol \cdot L^{-1}$ HCl 溶液 10～12 滴和 2 粒锌粒，微热之，观察溶液颜色的变化。用滴管取出该溶液 1 滴管于另一试管中，向其中逐滴加入 3% H_2O_2 溶液并加热之，颜色又有何变化？解释现象，写出反应方程式。

③ 将实验①所得含 $Cr(OH)_4^-$ 溶液滴加 3% H_2O_2 溶液并加热之。观察颜色变化，写出反应方程式。另取一试管，加入少量 $CrCl_3$ 溶液并滴入 3% H_2O_2 溶液，观察现象。

④ 在 10 滴 $0.1mol \cdot L^{-1}$ $K_2Cr_2O_7$ 溶液中加 2 滴浓盐酸并加热，观察现象。用淀粉碘化钾试纸检验放出的气体。写出反应方程式。

⑤ 往盛有 7 滴 $0.1mol \cdot L^{-1} K_2Cr_2O_7$ 溶液的试管中逐滴加入稀碱使呈碱性，观察溶液颜色有何变化。再用稀酸酸化之，又有何变化？写出反应方程式。

⑥ 在 3 支各盛 5 滴 $0.1mol \cdot L^{-1} K_2Cr_2O_7$ 溶液的试管中分别加入 $0.1mol \cdot L^{-1} AgNO_3$、$0.1mol \cdot L^{-1} BaCl_2$、$0.1mol \cdot L^{-1} Pb(NO_3)_2$ 溶液，观察它们的颜色和状态，写出反应方程式。

⑦ 取 $0.1mol \cdot L^{-1} K_2Cr_2O_7$ 溶液 1 滴管，用 $3mol \cdot L^{-1} H_2SO_4$ 酸化并加入乙醚 1 滴管，振荡试管，然后沿试管壁逐滴加入 $3\% H_2O_2$ 溶液，观察乙醚蓝色的生成。写出反应方程式。

2. 锰

① $Mn(OH)_2$ 的生成和性质　取 3 支试管，各加 5 滴 $0.1mol \cdot L^{-1} MnSO_4$ 溶液，然后沿试管壁滴加数滴（切勿振荡）$2mol \cdot L^{-1} NaOH$ 溶液，观察产物的颜色和状态。写出反应方程式。将第一支试管充分振荡，使沉淀与空气接触，观察有何变化。向第二支试管内滴加 $2mol \cdot L^{-1} HCl$ 溶液，观察沉淀是否溶解。在第三支试管中加入过量的 $2mol \cdot L^{-1} NaOH$ 溶液，观察有何变化。写出各反应方程式。

② MnS 的生成　在盛有 10 滴 $0.1mol \cdot L^{-1} MnSO_4$ 溶液的试管中滴加数滴饱和 H_2S 水溶液，观察有无沉淀生成。再滴加 2 滴 $2mol \cdot L^{-1} NaOH$ 溶液，观察有何现象发生。写出反应方程式并解释之。

③ Mn^{2+} 的氧化　在滴加 2 滴管 $6mol \cdot L^{-1} HNO_3$ 溶液的试管中加入 1 滴 $0.1mol \cdot L^{-1} MnSO_4$ 溶液，再加入少量 $NaBiO_3$ 固体并微热之，观察溶液的颜色有何变化，写出反应方程式（此反应可用于 Mn^{2+} 的鉴定）。

④ MnO_2 与浓盐酸的反应　在试管中加入少许 MnO_2 固体，然后加入 2 滴管浓盐酸，观察溶液的颜色有何变化。将此溶液加热（在通风橱中进行），观察现象，写出反应方程式。

⑤ $KMnO_4$ 在不同介质中的氧化性

a. 往盛有 5 滴 $0.01mol \cdot L^{-1} KMnO_4$ 溶液的试管中加入 1 滴管 $6mol \cdot L^{-1} H_2SO_4$ 溶液，再逐滴滴入 $0.1mol \cdot L^{-1} Na_2SO_3$ 溶液，观察溶液颜色有何变化，写出反应方程式。

b. 用等量的蒸馏水代替 $6mol \cdot L^{-1} H_2SO_4$ 溶液进行同样的实验，观察现象，写出反应方程式。

c. 用等量的 $6mol \cdot L^{-1} NaOH$ 溶液代替 $6mol \cdot L^{-1} H_2SO_4$ 溶液进行同样的实验，观察现象，写出反应方程式。

比较上述 3 个实验结果有何不同并解释之。

【总结讨论题】

1. 总结铬不同氧化态的转化规律。

2. 在 $K_2Cr_2O_7$、$KMnO_4$ 溶液反应中，改变介质条件，其产物如何变化？

（三）铁、钴、镍

【实验目的】

1. 掌握金属离子不同价态的氧化-还原性。

2. 了解铁、钴、镍化合物的性质。

3. 了解铁、钴、镍配合物的生成情况。

【实验原理】

铁、钴、镍为Ⅷ族元素的第一个三元素组。原子最外层电子数都是 2 个，次外层未满，故显示可变氧化态，彼此性质相似。

$Fe(OH)_2$ 为白色，在空气中容易被氧化，氧化后生成红棕色的 $Fe(OH)_3$。$Co(OH)_2$

为粉红色，在空气中也可缓慢被氧化，生成褐色的 $Co(OH)_3$。而 $Ni(OH)_2$ 为果绿色，在空气中可稳定存在，但氯水（或溴水）可将其氧化成黑色 $Ni(OH)_3$。

在酸性介质中，Fe^{2+} 具有还原性，Fe^{3+} 具有氧化性。Co^{3+} 和 Ni^{3+} 在酸性水溶液中则不能存在（氧化能力很强）。

铁、钴、镍都能生成配合物。其中 Co（Ⅱ）与氨的配合物在水溶液中不稳定，易被氧化为 Co（Ⅲ）的配合物。

【仪器与试剂】

仪器：试管，滴管，酒精灯，铁架台，石棉网，试纸，离心机。

试剂：NH_4Cl，$FeSO_4$，$0.1mol \cdot L^{-1} NaF$，$0.1mol \cdot L^{-1} KSCN$，$0.1mol \cdot L^{-1} KI$，$0.1mol \cdot L^{-1} FeCl_3$，$0.1mol \cdot L^{-1} NiSO_4$，$0.1mol \cdot L^{-1} CoCl_2$，$6mol \cdot L^{-1} NaOH$，$(NH_4)_2Fe(SO_4)_2$，$2mol \cdot L^{-1} H_2SO_4$。

【实验内容】

1. 二价铁的还原性

自配约 $0.1mol \cdot L^{-1} FeSO_4$ 溶液 4mL 并以 $2mol \cdot L^{-1} H_2SO_4$ 溶液酸化，将此溶液分成两份，一份中加几滴溴水，观察现象，检验 Fe^{3+} 的生成。并与另一份比较，写出反应方程式。

2. $Fe(OH)_2$ 的生成与性质

在一支试管中放入 1mL 蒸馏水和一些稀 H_2SO_4，煮沸以赶尽其中的空气，冷却后加入少量 $(NH_4)_2Fe(SO_4)_2$ 晶体。在另一试管中加入 2mL $6mol \cdot L^{-1} NaOH$ 溶液，煮沸，冷却后用滴管吸取 0.5mL，将其插入 $(NH_4)_2Fe(SO_4)_2$ 溶液底部慢慢放出（整个过程切勿带入空气），观察产物的颜色和状态。然后充分振荡试管并放置一段时间，观察有何变化。写出反应方程式。沉淀留待下面实验用。

3. Co（Ⅱ）、Ni（Ⅱ）的还原性

① 在分别盛有 5 滴 $0.1mol \cdot L^{-1} CoCl_2$ 和 $0.1mol \cdot L^{-1} NiSO_4$ 溶液的试管中滴入溴水，观察有何变化，解释之。

② 在 2 支盛有 7~8 滴 $0.1mol \cdot L^{-1} CoCl_2$ 溶液的试管中滴加 $2mol \cdot L^{-1} NaOH$ 溶液，得到 $Co(OH)_2$ 后，一份放置一段时间，另一份中滴加溴水，观察有何变化，写出反应方程式。其中第二份留下面实验用。

③ 用 $0.1mol \cdot L^{-1} NiSO_4$ 代替 $0.1mol \cdot L^{-1} CoCl_2$ 溶液做同样的实验，观察二者有何不同。第二份留下面实验用。

4. 三价铁、钴、镍的氧化性

① 将上面保留下来的 $Fe(OH)_3$、$Co(OH)_3$ 和 $Ni(OH)_3$ 体系离心，在洗涤后的沉淀上滴加浓盐酸并振荡试管，观察现象，检验 $Co(OH)_3$ 和 $Ni(OH)_3$ 与浓盐酸作用后放出的气体。写出反应方程式并解释之。

② 往盛有 5 滴 $0.1mol \cdot L^{-1} FeCl_3$ 和 6~8 滴苯混合溶液的试管中，逐滴加入 $0.1mol \cdot L^{-1} KI$ 溶液，振荡试管，观察现象并写出反应方程式。

综合实验 1~4，总结二价铁钴镍的还原性和三价铁钴镍的氧化性变化规律。

5. 铁、钴、镍的配合物

① 试验 $K_4[Fe(CN)_6]$ 与 $FeCl_3$、$K_3[Fe(CN)_6]$ 与 $FeSO_4$ 在水溶液中的作用，观察现象，写出反应方程式。

② 在盛有 5 滴 $0.1mol \cdot L^{-1} FeCl_3$ 溶液的试管中，加入 1 滴 $0.1mol \cdot L^{-1} KSCN$ 溶液，有何现象发生？再向其中滴入 $0.1mol \cdot L^{-1} NaF$ 溶液，又有什么变化？写出反应方程式并

解释。

③ 在试管中加入 3 滴管浓氨水，再加入少许 NH_4Cl 晶体。然后用洁净的滴管吸取 $0.1mol \cdot L^{-1}CoCl_2$ 溶液插入试管底部慢慢放出（防止空气进入），再用自制滴管取浓氨水同法插入试管底部放出，使沉淀刚好溶解为止。将所得的底部溶液取出少量放入另一试管中振荡，与剩余部分比较，颜色是否相同？观察并记录整个实验过程的现象，写出反应方程式。

④ 在盛有 8 滴 $0.1mol \cdot L^{-1}NiSO_4$ 溶液的试管中滴加浓氨水至生成的沉淀刚好溶解，观察现象。将此溶液分成两份，一份加 $2mol \cdot L^{-1}NaOH$ 溶液，另一份加热，观察有何现象发生。写出反应方程式并解释之。

【总结讨论题】

1. 比较＋3 氧化态的铁、钴、镍盐的氧化性的大小。

2. 总结＋2 氧化态的铁、钴、镍化合物的还原性和＋3 氧化态铁、钴、镍化合物的氧化性的变化规律。

（四）铜、锌分族

【实验目的】

1. 掌握铜、锌氢氧化物的酸碱性。

2. 掌握铜、锌配合物的生成。

3. 掌握铜、锌离子的分离和鉴别。

【实验原理】

铜、锌的价层电子构型为 $(n-1)d^{10}ns^{1\sim2}$。其中铜为周期系中ⅠB族元素，锌为周期系中ⅡB族元素。

$Cu(OH)_2$ 具有两性偏碱性质，既可溶于酸，也可溶于过量的浓碱溶液中。$Zn(OH)_2$ 具有两性性质，既可溶于酸，也可溶于碱溶液中。

$$Cu(OH)_2 + 2Na(OH) = Na_2[Cu(OH)_4]$$

因为铜、银、锌、汞为过渡元素，所以极易与简单配体结合形成配合物。

可根据待鉴定离子与某一试剂生成具有显著特征的产物的性质鉴定待鉴定离子。例如，可根据 Cu^{2+} 与 $K_4[Fe(CN)_6]$ 作用生成棕红色 $Cu_2[Fe(CN)_6]$ 沉淀的性质鉴定 Cu^{2+}。

可根据 Zn^{2+} 与二苯硫腙作用生成粉红色螯合物的性质鉴定 Zn^{2+}。

【仪器与试剂】

仪器：试管，试管夹，点滴板，酒精灯。

试剂：$2mol \cdot L^{-1} H_2SO_4$，$2mol \cdot L^{-1} NaOH$，$6mol \cdot L^{-1} NaOH$，$2mol \cdot L^{-1}$ 氨水，$0.1mol \cdot L^{-1} CuSO_4$，$0.1mol \cdot L^{-1} ZnSO_4$，$0.1mol \cdot L^{-1} AgNO_3$，$2mol \cdot L^{-1} KI$，$0.1mol \cdot L^{-1} Hg(NO_3)_2$，$0.1mol \cdot L^{-1}K_4[Fe(CN)_6]$，二苯硫腙溶液（1～2mg 二苯硫腙溶液于 100mL CCl_4 中），$CuCl_2$-NaCl 溶液。

【实验内容】

1. 铜、锌氢氧化物的酸碱性

（1）氢氧化铜的酸碱性　取 3 份 $0.1mol \cdot L^{-1}CuSO_4$ 溶液，各加入 $2mol \cdot L^{-1}NaOH$ 溶液，观察 $Cu(OH)_2$ 的颜色和状态。然后留一份作对比，其余两份分别加入 $2mol \cdot L^{-1} H_2SO_4$ 溶液和适量的 $6mol \cdot L^{-1}NaOH$ 溶液，观察各试管中的变化，写出反应方程式。

（2）氢氧化锌的酸碱性　取 3 份 $0.1mol \cdot L^{-1}ZnSO_4$ 溶液，分别加入 $2mol \cdot L^{-1}NaOH$ 溶液，观察 $Zn(OH)_2$ 的颜色和状态。然后留一份作对比，其余两份分别加入 $2mol \cdot L^{-1} H_2SO_4$ 溶液和 $2mol \cdot L^{-1}NaOH$ 溶液，观察各试管中的变化，写出反应方程式。

2. 铜、锌的配位化合物的生成

铜、锌氨配合物的生成：取 $0.1mol \cdot L^{-1}CuSO_4$ 溶液 2mL，逐滴加入 $2mol \cdot L^{-1}$ 氨水，观察沉淀的生成和颜色。继续加入 $2mol \cdot L^{-1}$ 氨水，直到沉淀完全溶解，观察溶液的颜色。写出反应方程式。

用 $0.1mol \cdot L^{-1}ZnSO_4$ 溶液重复上述方法，自己制备锌氨配合物。观察现象，写出反应方程式。

3. Cu^{2+} 和 Zn^{2+} 的鉴定

(1) Cu^{2+} 的鉴定　滴 1 滴 $CuSO_4$ 溶液在点滴板凹槽上，再加入 2 滴 $K_4[Fe(CN)_6]$ 溶液，若生成红棕色沉淀，则表示有 Cu^{2+} 存在。

(2) Zn^{2+} 的鉴定　取 1 滴 $0.1mol \cdot L^{-1}ZnSO_4$ 溶液，加入 2 滴 $6mol \cdot L^{-1}NaOH$ 溶液，再加入 6 滴二苯硫腙溶液。振荡试管，然后将试管放入水浴中加热。若 CCl_4 层由绿色变为棕色，水溶液呈粉红色，则表示有 Zn^{2+} 存在。

4. Cu（Ⅱ）与 Cu（Ⅰ）的转化

向 $CuCl_2$-NaCl 溶液中加入少量铜屑，盖上表面皿加热直到溶液变化为黄棕色。取出几滴溶液，加到 10mL H_2O 中（加几滴 $2mol \cdot L^{-1}$ HCl），如有白色沉淀，则迅速把全部溶液倾入 100mL H_2O 中（加 10 滴 $2mol \cdot L^{-1}$ HCl）中，等大部分沉淀析出后，倾出清液，用 20mL H_2O 洗涤沉淀。将沉淀保留在 H_2O 中，用滴管取沉淀进行下列实验：

① 将少量沉淀暴露于空气中；

② 将沉淀加到浓 HCl 中（滴管插入 HCl 底部）；

③ 将沉淀加到浓 $NH_3 \cdot H_2O$ 中（滴管插入 $NH_3 \cdot H_2O$ 底部）观察现象，解释原因。

【总结讨论题】

1. Cu（Ⅰ）和 Cu（Ⅱ）稳定存在和转换条件是什么？

2. 如何制备氢氧化铜晶体？

实验6　阳离子混合液分析练习

1. Al^{3+}、Fe^{3+}、Zn^{2+}、Mn^{2+}、Zn^{2+}、Mn^{2+} 混合液的分析

(1) 写出分析简表

(2) 分析步骤　取 Fe^{3+}、Mn^{2+} 试液各 1 滴，Al^{3+}、Zn^{2+} 试液各 4 滴，摇匀组成混合试液。

① Mn^{2+} 的鉴定：取试液 1 滴，加 5 滴水稀释，鉴定 Mn^{2+}。

② Fe^{3+} 的鉴定：用 NH_4SCN 溶液鉴定 Fe^{3+}。

③ Fe^{3+}、Mn^{2+}、Al^{3+}、Zn^{2+} 分离：取 0.5～1mL 试液，加入 2 滴 $3mol \cdot L^{-1}NH_4Cl$ 溶液，加 $6mol \cdot L^{-1}$ 氨水至生成沉淀后，再多加 3 滴，搅动，加热。冷却后离心分离，用 $0.3mol \cdot L^{-1}NH_4Cl$ 溶液洗沉淀 1～2 次，洗涤液与离心液合并。

④ Fe^{3+}、Mn^{2+} 与 Al^{3+} 的分离：在步骤③的沉淀中，加 3 滴水、6 滴 $6mol \cdot L^{-1}NaOH$ 溶液，搅动，加热，离心分离。沉淀不再鉴定。

⑤ Al 的鉴定：在步骤④的离心液中，加 $6mol \cdot L^{-1}$ HAc 中和至溶液刚呈酸性，加 2 滴 $3mol \cdot L^{-1}NH_4Ac$ 溶液，加 $6mol \cdot L^{-1}$ 氨水至石蕊试纸显碱性反应，加热约 20min，白色絮状沉淀为 $Al(OH)_3$。

⑥ Al^{3+} 的证实：在步骤⑤的沉淀中滴加 $6mol \cdot L^{-1}$ HCl 溶液至沉淀刚溶解，加 2 滴 $3mol \cdot L^{-1}NH_4Ac$ 溶液和 2 滴铝试剂，微热，生成红色絮状沉淀。加 $6mol \cdot L^{-1}$ 氨水至碱性，红色絮状沉淀不消失，证实有 Al^{3+}。

⑦ Zn^{2+} 和 Mn^{2+} 的分离：在步骤③的离心液中，加入 5 滴 $6mol \cdot L^{-1} NaOH$ 溶液后，加 6 滴水，加 2 滴 3% H_2O_2 溶液，混合均匀，水浴加热分解剩余的 H_2O_2。如有沉淀生成，离心分离，弃去沉淀。

⑧ Zn^{2+} 的鉴定：取步骤⑦的离心液，用 $6mol \cdot L^{-1} HCl$ 溶液调节溶液的 $pH=10$，加 4 滴 TAA，加热，生成白色沉淀，表示有 Zn^{2+}。

2. $Sn(Ⅳ)$、Cu^{2+}、Cr^{3+}、Ni^{2+}、Ca^{2+}、NH_4^+ 混合液的分析

(1) 写出分析简表

(2) 分析步骤　取 $Sn(Ⅳ)$、Ca^{2+} 试液各 2 滴，Cu^{2+}、Cr^{3+}、Ni^{2+}、NH_4^+ 试液各 3 滴，混合均匀组成试液。

① NH_4^+ 的鉴定：取 1 滴试液于白色点滴板上，加奈斯勒试剂 1~2 滴，若生成血红色沉淀，表示有 NH_4^+。

② Cu^{2+}、$Sn(Ⅳ)$ 与其他离子的分离：取 0.5~1mL 试液，先用 $6mol \cdot L^{-1}$、后用 $2mol \cdot L^{-1}$ 氨水将试液调至碱性，再用 $2mol \cdot L^{-1} HCl$ 溶液使试液恰变酸性，加入溶液体积 1/5 的 $2mol \cdot L^{-1} HCl$ 溶液，此时溶液的酸度为 0.3~0.6mol · L^{-1}。加入 5 滴 TAA，搅匀。沸水加热 5min，离心沉降，再加入 2 滴 TAA，加热，直至沉淀完全。离心分离，用 $2mol \cdot L^{-1} HCl$ 洗涤沉淀，弃去洗液，溶液按步骤⑥处理。

③ CuS 和 SnS_2 的分离：在步骤②的沉淀中，加 4 滴 $6mol \cdot L^{-1} HCl$ 溶液，搅动，加热，离心分离。

④ Cu^{2+} 的鉴定：取步骤③的沉淀，用水洗 2 次后，加 6 滴 $6mol \cdot L^{-1} HNO_3$，水浴加热，从溶液的颜色初步判断，并做 Cu^{2+} 的证实实验。

⑤ $Sn(Ⅳ)$ 的鉴定：用步骤③的溶液鉴定 $Sn(Ⅳ)$。

⑥ Cr^{3+}、Ni^{2+}、Ca^{2+} 的分离：在步骤②的离心液中，加 $6mol \cdot L^{-1}$ 氨水至碱性后再多加 2 滴，加 2 滴 $3mol \cdot L^{-1} NH_4Cl$ 溶液，加 5 滴 TAA，水浴加热 5min，离心沉降。在离心液中再加 2 滴 TAA，加热，直至沉淀完全。离心分离，沉淀用 $0.3mol \cdot L^{-1} NH_4Cl$ 溶液洗涤 1~2 次，洗涤液并入离心液中，溶液按步骤⑩处理。

⑦ Ni^{2+} 与 Cr^{3+} 的分离：在步骤⑥的沉淀中加入 6 滴水，6 滴 $6mol \cdot L^{-1} NaOH$ 溶液，搅拌后加入 3% H_2O_2 溶液，搅拌并水浴加热，直至多余的 H_2O_2 分解，冷却后离心分离。

⑧ Ni^{2+} 的鉴定：在步骤⑦的沉淀中，加 2 滴 $6mol \cdot L^{-1} HNO_3$，加热溶解，离心分离，弃去沉淀。离心液中有 Ni^{2+}。

⑨ Cr^{3+} 的鉴定：步骤⑦的溶液为黄色，表示有 CrO_4^{2-}。鉴定 CrO_4^{2-}，证实 Cr^{3+} 的存在。

⑩ Ca^{2+} 的沉淀：将步骤⑥的溶液转移到蒸发皿中，加 $6mol \cdot L^{-1} HAc$ 酸化，水浴加热，蒸发至原有体积的 1/2，如有硫析出，离心分离，弃去沉淀硫。将离心液蒸干，灼烧除去大部分铵盐，冷却后用 5 滴 $2mol \cdot L^{-1} HCl$ 溶液溶解残渣（如有不溶物，离心分离），加入 $6mol \cdot L^{-1}$ 氨水使呈碱性，加热，加入 $2mol \cdot L^{-1}$ $(NH_4)_2CO_3$ 溶液至沉淀完全，离心分离。

⑪ Ca^{2+} 的鉴定：热水洗沉淀 1 次，加 2 滴 $6mol \cdot L^{-1} HAc$ 溶解，鉴定 Ca^{2+}。

3. Ag^+、Cu^{2+}、Hg^{2+}、Al^{3+}、Fe^{3+}、Ba^{2+}、K^+ 混合液的分析

(1) 写出分析简表

(2) 分析步骤　取 Ag^+、Cu^{2+}、Hg^{2+}、Fe^{3+} 各 2 滴，Al^{3+}、Ba^{2+}、K^+ 各 4 滴，混合均匀组成试液。

① Fe^{3+} 的鉴定。

② Ag^+ 的分离：取 $0.5\sim1mL$ 混合试液，加入 $2mol\cdot L^{-1}$ HCl 溶液，水浴微热，沉淀完全后离心分离。用 $0.2mol\cdot L^{-1}$ HCl 溶液洗涤沉淀，洗涤液并入离心液中。

③ Ag^+ 的鉴定：取步骤②的沉淀，鉴定 Ag^+。

④ Cu^{2+}、Hg^{2+} 与其他离子的分离：取步骤②的溶液，小心调节 $[H^+]=0.3\sim0.6mol\cdot L^{-1}$，加入 4 滴 TAA。加热 5min，离心沉降，检查沉淀是否完全。沉淀完全后，离心分离。用 10 滴热水（加 10 滴水，加热）洗沉淀，洗涤液与离心液合并。再用 10 滴热水洗涤，弃去第二次的洗涤液。

⑤ CuS 和 HgS 的分离：取步骤④的沉淀，加 6 滴 $6mol\cdot L^{-1}$ HNO_3，加热 3min，离心分离。

⑥ Cu^{2+} 的鉴定：取步骤⑤的溶液，根据溶液颜色做初步判断，并做 Cu^{2+} 的证实实验。

⑦ Hg^{2+} 的鉴定：取步骤⑤的沉淀，用水洗 2 次后，进行 Hg^{2+} 的鉴定。

⑧ Al^{3+}、Fe^{3+} 与 Ba^{2+}、K^+ 的分离：取步骤④的溶液，加 $6mol\cdot L^{-1}$ 氨水至碱性后再多加 2 滴，加 2 滴 $3mol\cdot L^{-1}$ NH_4Cl 溶液，加 4 滴 TAA，加热，直至沉淀完全。离心分离，沉淀用 $0.3mol\cdot L^{-1}$ NH_4Cl 溶液洗涤 $1\sim2$ 次，洗涤液并入离心液。

⑨ Al^{3+} 与 Fe^{3+} 的分离：取步骤⑧的沉淀，加入 4 滴 $6mol\cdot L^{-1}$ NaOH 溶液、2 滴 3% H_2O_2 溶液，煮沸，离心分离，弃去沉淀。

⑩ Al^{3+} 的鉴定：取步骤⑨的溶液鉴定，证实有 Al^{3+}。

⑪ Ba^{2+} 与 K^+ 的分离：取步骤⑧的溶液，按 Sn（Ⅳ）、Cu^{2+}、Cr^{3+}、Ni^{2+}、Ca^{2+}、NH_4^+ 混合液的分析中 Ca^{2+} 的沉淀操作分离 Ba^{2+} 和 K^+。

⑫ Ba^{2+} 的鉴定：取步骤⑪的沉淀，鉴定 Ba^{2+}。

⑬ K^+ 的鉴定：将步骤⑪的剩余溶液转移到蒸发皿中，加 10 滴 $6mol\cdot L^{-1}$ NaOH 溶液，水浴加热，使溶液浓缩为原体积的 1/2。检查 NH_4^+ 是否除去。如未除尽，则按上述操作进行，至 NH_4^+ 完全除尽。取 4 滴除尽 NH_4^+ 后的溶液，加浓 HAc 酸化，鉴定 K^+。

实验 7 阳离子混合液分析

Sn（Ⅳ）、Cu^{2+}、Cr^{3+}、Ni^{2+}、Ca^{2+}、NH_4^+ Al^{3+}、Fe^{3+}、Mn^{2+}、Zn^{2+}、Ag^+、Ba^{2+}、K^+ 阳离子混合液的分析。

1. 已知阳离子混合液的分析

从以下几组混合离子中任选 $2\sim3$ 组，先拟好分析方案，再进行实验。

① Ag^+、Hg^{2+}、Zn^{2+}、NH_4^+。

② Sn（Ⅳ）、Cu^{2+}、Ba^{2+}、Ni^{2+}。

③ Cu^{2+}、Mn^{2+}、Cr^{3+}、K^+。

④ Mn^{2+}、Al^{3+}、Ba^{2+}、Ca^{2+}。

⑤ Fe^{3+}、Cr^{3+}、Ba^{2+}、K^+。

2. 未知阳离子混合液的分析

(1) 由 13 种阳离子 [Sn(Ⅳ)、Cu^{2+}、Cr^{3+}、Ni^{2+}、Ca^{2+}、NH_4^+、Al^{3+}、Fe^{3+}、Mn^{2+}、Zn^{2+}、Ag^+、Ba^{2+}、K^+] 中的 $3\sim4$ 种组成一组未知阳离子混合溶液，自拟分析方案。

(2) 将任意 4 个离子混合组成混合溶液，进行分析练习。

(3) 向教师领取一组混合试样，进行分析。实验完成后，将实验现象（包括对照实验）展示给教师，并告知结论。

提示：

① 注意未知液的颜色，借以初步判断可能存在的离子。

② 提供 Sn（Ⅳ）的试剂是 $SnCl_4$，如混合液中有 Sn（Ⅳ）存在，则哪个阳离子不可能存在？

③ 每次取 0.5～1mL 未知液做实验。

④ 未知液分组后，为避免搞错，可在试管上贴标签。

⑤ 未知液中有 Al^{3+} 时，一定要控制好沉淀条件，使沉淀完全。否则遗留到 Ni^{2+} 组，则在 pH＝10 时会有 $Al(OH)_3$ 沉淀，误认为是 ZnS。

⑥ 分离到后面几组时，如体积过大，可在蒸发皿中蒸发，浓缩后再做。

实验 8 阴离子混合液的分析

领取未知溶液一份，其中可能含有 CO_3^{2-}、NO_2^-、NO_3^-、PO_4^{3-}、S^{2-}、SO_3^{2-}、SO_4^{2-}、$S_2O_3^{2-}$、Cl^-、Br^-、I^-，按以下步骤检出未知液中的阴离子。

初步实验：

（1）溶液的酸碱性实验 如为酸性，则混合液不可能含有被酸分解的阴离子，如 $S_2O_3^{2-}$、S^{2-}、NO_2^-、CO_3^{2-}、SO_3^{2-}。

如溶液为碱性，取几滴混合液，加稀 H_2SO_4 酸化，轻敲管底，观察是否有气泡产生，如现象不明显，可稍微加热。如有气泡产生，可能有 S^{2-}、$S_2O_3^{2-}$、NO_2^-、CO_3^{2-}、SO_3^{2-}。

（2）氧化性离子的实验 取 2 滴混合液，加入 8 滴饱和 $MnCl_2$ 的浓 HCl 溶液，在沸水浴中加热 2min，溶液变为深褐色或黑色，示有氧化性较强的离子，如 NO_2^-、NO_3^-。

另取 3 滴混合溶液，加稀 H_2SO_4 酸化，加几滴 CCl_4、1～2 滴 $1mol \cdot L^{-1}$ KI 溶液，振荡试管，如 CCl_4 层显紫色，示有 NO_2^-。

（3）还原性离子的实验 取 5 滴混合液，加数滴 $6mol \cdot L^{-1}$ HNO_3 酸化，加 2 滴 $0.01mol \cdot L^{-1}$ $KMnO_4$ 溶液，若紫色褪去，示有 Cl^-。

（4）$AgNO_3$ 检验法 取 2 滴混合液，加 $6mol \cdot L^{-1}$ HNO_3 使呈酸性，再多加 2 滴，加数滴 $0.1mol \cdot L^{-1}$ $AgNO_3$ 溶液，搅动，黑色沉淀示有 S^{2-} 或 $S_2O_3^{2-}$，黄色沉淀示有 I^- 或 Br^-，白色沉淀示有 Cl^-。需注意，黑色可能掩盖其他颜色的沉淀。

（5）$BaCl_2$ 检验法 取 2 滴混合液，加入数滴 $0.5mol \cdot L^{-1}$ $BaCl_2$ 溶液，若生成白色沉淀，示有 SO_4^{2-}、$S_2O_3^{2-}$、SO_3^{2-}、PO_4^{3-}、CO_3^{2-}。加 $2mol \cdot L^{-1}$ HCl 溶液于沉淀中，沉淀不溶，示有 SO_4^{2-}。需注意如有 $S_2O_3^{2-}$ 时出现的现象。

（6）阴离子的检出 经过以上的初步检验，判断哪些离子可能存在，然后进行分离、鉴定，最后确定未知液中存在的离子。

实验 9 简单物分析

1. 初步实验

（1）外表现象 领取试样，观察样品的颜色、溶解性、结晶形状等。

（2）溶解性实验 取火柴头大小试样，依次用下列溶剂处理：蒸馏水、$2mol \cdot L^{-1}$ HCl、浓 HCl、$2mol \cdot L^{-1}$ HNO_3、浓 HNO_3、王水（包括不加热和水浴加热两种情况）。

在用蒸馏水实验时，如看不见它有显著的溶解，可取出上层清液放在蒸发皿中，小火蒸干，若蒸发皿中无明显的残渣，可判断不溶。

观察试样是否完全溶或部分溶于某种试剂，溶解时是否产生气泡，有何气味。如溶于水，则应检查溶液的酸碱性。

2. 阳离子试液的制备和分析

（1）溶液的制备　根据溶解度实验，对全溶于水的试样，取 50mg 试样溶于 2.5mL 水中，所得溶液作阳离子分析用。

对不溶于水的试样，选择能全溶的酸作溶剂，并尽量利用稀酸。如 HCl 溶液和 HNO_3 均不能使其全溶，才用王水。例如，选 HNO_3 作溶剂，可在蒸发皿中，用 2.5mL $6mol \cdot L^{-1}$ HNO_3 溶液处理 50mg 试样，将溶液放在水浴中蒸至 2～3 滴，冷却后加 4.5mL 水，搅拌，并使析出的盐类全部溶解，将此溶液移入试管中，待分析。

（2）分析　取约 1mL 制备的溶液，自拟分析步骤进行分析。

3. 阴离子溶液的制备和分析

（1）溶液的制备

① 可溶于水的物质的溶解。取 100mg 固体试样，加 1 滴 $6mol \cdot L^{-1}$ NaOH 溶液、1mL 水，搅拌 5min，离心分离。在残渣中加入 1mL 水、1 滴 $6mol \cdot L^{-1}$ NaOH 溶液，再搅拌 5min，离心分离。合并两次离心液，加入 $1.5mol \cdot L^{-1}$ Na_2CO_3 溶液。如有沉淀生成，则继续加 Na_2CO_3，直至沉淀完全为止，离心分离。溶液供阴离子分析用。

② 不溶于水的物质的溶解。取 100mg 试样，加 0.5mL $1.5mol \cdot L^{-1}$ Na_2CO_3 溶液，剧烈搅拌 5min 离心分离，在残渣中再加 0.5mL Na_2CO_3 溶液，重复上面的处理共两次，合并 3 次离心液，供阴离子分析用。

（2）阴离子分析　根据阳离子的分析以及阴离子的初步试验，可知道某些阴离子可以存在、某些阴离子不可以存在、某些阴离子需要证实后再做结论。

4. 判断

根据阴、阳离子的分析，结合初步试验，判断固体试样中有哪些成分。

实验 10　卤代烷烃的性质与亲核取代反应

【实验目的】

1. 掌握卤代烷烃的化学性质及其应用。

2. 了解亲核取代反应历程，掌握不同历程 RX 的活性。

【实验原理】

1. 消除反应

卤代烷与强碱的醇溶液共热，分子中的 C—X 键和 β-C—H 键发生断裂，脱去一分子卤化氢而生成烯烃。这种从有机物分子中相邻的两个碳上脱去 HX（或 X_2、H_2、NH_3、H_2O）等小分子，形成不饱和化合物的反应，称为消除反应。

$$CH_3CH_2\overset{\beta}{C}H\overset{\alpha}{C}H_2 \xrightarrow[\triangle]{KOH/C_2H_5OH} CH_3CH_2CH{=}CH_2 + KX + H_2O$$
$$\boxed{H}\ \boxed{X}$$

反应活性：叔卤代烃＞仲卤代烃＞伯卤代烃。

卤原子主要是与含氢较少的 β-碳原子上的氢脱去卤化氢。或者说，主要生成双键碳原子上取代基较多的烯烃为主。这一经验规律称为查依采夫（Saytzeff）规律。但是，对于不饱和的卤代烃发生消除反应时，若能生成共轭烯烃，则共轭烯烃是主要产物。

$$CH_3\overset{\beta'}{-}CH\overset{\alpha}{-}CH\overset{\beta}{-}CH_2 \xrightarrow[\triangle]{KOH/C_2H_5OH}$$
$$\boxed{H}\ \boxed{Br}\ \boxed{H}$$
$$\longrightarrow CH_3CH_2CH{=}CH_2 \quad 1\text{-}丁烯\ 19\%$$
$$\longrightarrow CH_3CH{=}CHCH_3 \quad 2\text{-}丁烯\ 81\%$$

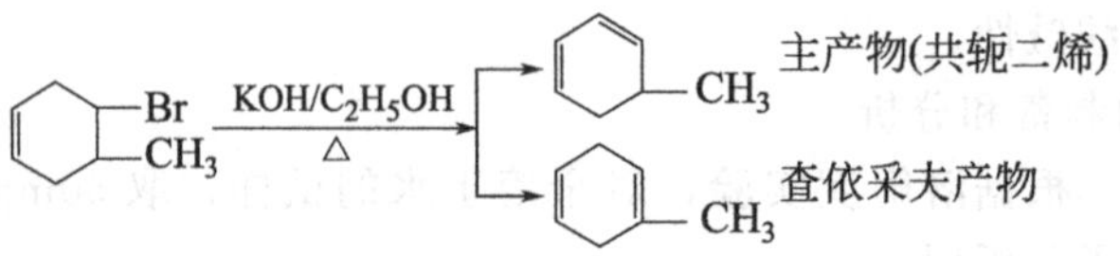

主产物(共轭二烯)

查依采夫产物

2. 与金属镁反应

卤代烷在绝对乙醚（无水、无醇的乙醚，又称无水乙醚或干醚）中与金属镁作用，生成有机镁化合物——烷基卤化镁，称为格利雅（Grignard）试剂，简称格氏试剂，可用通式 RMgX 表示。

$$CH_3CH_2CH_2CH_2Br + Mg \xrightarrow{绝对乙醚} CH_3CH_2CH_2CH_2MgBr \quad 正丁基溴化镁94\%$$

$$CH_3CH_2\underset{Br}{CH}CH_3 + Mg \xrightarrow{绝对乙醚} CH_3CH_2\underset{CH_3}{CH}MgBr \quad 仲丁基溴化镁78\%$$

一般伯卤代烷产率高，仲卤代烷次之，叔卤代烷最差。当烷基相同时，各种卤代烷的活性顺序为：$RI>RBr>RCl$。

RMgX 的性质：

格氏试剂与含活泼氢的化合物（如水、醇、氨等）作用生成相应烷烃的反应是定量的。

在有机分析中，常用甲基碘化镁与含活泼氢的物质作用，通过测定生成甲烷的体积计算被测化合物中所含活泼氢原子的数目。

在有机合成中，常用格氏试剂与醛、酮反应制备醇等。

3. 亲核取代反应机理

负离子或带有未共用电子对的分子具有亲核的性质，称为亲核试剂，常用 Nu^- 表示。由亲核试剂首先进攻引起的取代反应称为亲核取代（nucleophilic substitution）反应，用 S_N 表示。极性反应介质有利于碳-卤键的极化、解离。

（1）单分子亲核取代反应机理（S_N1）：不破不立。

2-溴-2-甲基丙烷在碱性溶液中的水解速率只与卤代烷的浓度成正比，而与亲核试剂（HO^-）的浓度无关。

$$反应速率 = k[(CH_3)_3CBr]$$

以反应式表示其过程如下。

第一步：碳-卤键解离　$(CH_3)_3C-Br \xrightarrow{慢} (CH_3)_3C^+ + Br^-$

第二步：阴阳离子结合　$(CH_3)_3C^+ + OH^- \xrightarrow{快} CH_3-\underset{CH_3}{\overset{CH_3}{C}}-OH$

S_N1 反应的特点是：反应分两步进行。第一步决定整个反应速率，并有活性中间体——碳正离子生成，因此影响 S_N1 反应活性的主要因素是碳正离子的稳定性。不同结构的卤代烷按 S_N1 反应时的活性顺序为：

叔卤代烷＞仲卤代烷＞伯卤代烷＞CH_3X

（2）双分子亲核取代反应机理（S_N2）：边破边立。

溴甲烷的碱性水解速率，不仅与卤代烷的浓度成正比，也与碱的浓度成正比。经研究发现，反应是一步完成的，C—X 键的断裂与 C—O 键的形成是同时进行的。由于反应速率决定于过渡态的形成，而过渡态的形成需要 RX 和 HO^- 两种反应物，所以称为双分子亲核取代反应，常用 S_N2 表示。

S_N2 反应的特点是：反应一步完成。旧键断裂与新键形成是协同进行的，整个反应的速率取决于过渡态形成的快慢，因此影响 S_N2 反应活性的主要因素是空间位阻和电子效应。不同结构的卤代烷按 S_N2 反应时的活性顺序为：

CH_3X＞伯卤代烷＞仲卤代烷＞叔卤代烷

本实验为 S_N1 反应，卤代烃与 $AgNO_3$ 反应得到卤化银沉淀和烷基硝酸酯，卤代烃的活泼性取决于烷基的结构，基反应活性次序为：苄基≈烯丙基≈叔卤代烃＞仲卤代烃＞伯卤代烃＞乙烯基卤代烃≈卤代芳烃。所以滴入 $AgNO_3$ 的乙醇溶液若立即产生沉淀，则试样可能是苄基卤、烯丙基卤或叔卤代烃；80℃加热后出现沉淀且并不溶于 $1mol \cdot L^{-1}$ 硝酸，试样可能为仲卤代烃或伯卤代烃；若加热后形成的沉淀溶于 $1mol \cdot L^{-1}$ 硝酸或加热后仍能生成沉淀，则试样可能是乙烯基卤代烃。

【仪器与试剂】

仪器：试管，三脚架，酒精灯，水浴锅。

试剂：5％ NaOH 溶液，5％ $AgNO_3$ 水溶液，20％ C_6H_5Cl 的 C_2H_5OH 溶液，20％ $CH_3CH_2CH_2Cl$ 的乙醇溶液，20％ $CH_2=CHCH_2Cl$ 的 C_2H_5OH 溶液，饱和 $AgNO_3$ 的乙醇溶液，1-溴丁烷，2-溴丁烷，2-溴-2-甲基丁烷，溴苯。

【实验内容】

1. 与 $AgNO_3$ 的乙醇溶液的反应

取 3 支试管，干燥后各加入 2 滴 20％ C_6H_5Cl 的乙醇溶液、2 滴 20％ $CH_3CH_2CH_2Cl$ 的乙醇溶液、2 滴 20％ $CH_2=CHCH_2Cl$ 的乙醇溶液，再各加入 2～4 滴饱和 $AgNO_3$ 的乙醇溶液，充分摇匀，观察有无沉淀生成。将无沉淀生成的试管置于水溶液中加热 5min，再观察是否有沉淀生成。

归纳不同卤代烃仲卤原子的活泼次序。

2. 卤代烃的水解

取 4 支试管，分别加入 10～15 滴 1-溴丁烷、2-溴丁烷、2-溴-2-甲基丁烷、溴苯，再各加入 1～2mL 5％ NaOH 溶液，振摇，静置后小心取水层数滴，加入 5％硝酸酸化，然后加入 1～2 滴 $AgNO_3$ 溶液，观察现象。如无沉淀生成，将试管放在水浴中小心加热后，再观察现象。

【总结讨论题】

实验中的反应机理是什么？依据实验结果分析总结影响亲核取代反应的因素。

实验 11　醇、酚、醚的性质

【实验目的】

1. 加深对醇、酚、醚化学性质的理解。

2. 掌握醇、酚、醚的基本反应。

【实验原理】

一元醇是中性化合物，与碱不起反应，但醇羟基上的氢能被金属钠置换，放出氢气，生成醇钠。

在强氧化剂重铬酸钾作用下，伯醇可被氧化成醛，或在较高温度下进一步氧化成羧酸。仲醇可氧化成酮。

醇与氢卤酸反应生成卤代烷，其反应速度与氢卤酸的性质和醇的结构有关。通常用卢卡斯试剂（氯化锌的浓盐酸溶液）来鉴别含有 6 个以下碳原子的伯醇、仲醇、叔醇。

具有两个相邻羟基的多元醇与新配制的氢氧化铜反应，使氢氧化铜沉淀消失，形成深蓝色的溶液。因此可用此反应鉴别含有相邻羟基的多元醇。

酚羟基上的氢能部分电离，故酚类具有弱酸性，能溶于 NaOH 溶液中，生成酚盐，同时酚羟基是直接与苯环相连接的，可增加邻、对位氢原子的活泼性而容易发生亲电取代反应。

酚类或含有酚羟基的化合物，能与三氯化铁发生各种特有的颜色反应，产生颜色的原因主要是生成复杂的配合物，具有烯醇结构（ —C=CH— ）的化合物都有这个反应。
　　　　　　　　　　　　　　　　　　　　　　　　　　 |
　　　　　　　　　　　　　　　　　　　　　　　　　　OH

醚是两个烃基通过氧原子连接起来的化合物。醚中氧原子没有连接氢原子，所以醚分子间不能以氢键缔合，因此其沸点和密度都比相应的醇低。醚中存在碳氧极性键，可与亲核试剂作用发生取代反应而使醚键断裂。此外，脂肪族醚与空气接触会转化为不稳定的过氧化物。

醚的性质十分稳定，其稳定性仅次于烷烃。醚键对强碱、强氧化剂和还原剂等都不起反应。醚只能溶于浓硫酸等强酸中，生成锌盐。锌盐能溶于浓硫酸，烷烃不能溶于浓硫酸。用此反应可以区别醚和烷烃。例如，乙醚和正戊烷具有相同的沸点，但只有乙醚能溶于浓硫酸，正戊烷则不溶。当正戊烷与浓硫酸混合则得到两个明显的液层。

【仪器与试剂】

仪器：试管，滴管，点滴板，烧杯，试管夹。

试剂：无水乙醇，正丁醇，钠，酚酞，叔丁醇，1%重铬酸钾，10%硫酸，正丁醇，仲丁醇，1.5%高锰酸钾，苯酚，5%氢氧化钠，饱和溴水，5%碳酸钠，浓硫酸，乙醚，2%硫酸亚铁铵，1%硫氰酸钾，甲醇，正丙醇，异丙醇，卢卡斯试剂，2,4-二硝基苯肼。

【实验内容】

1. 醇钠的生成及水解

在 2 支干燥试管中，分别加入 0.5mL 无水乙醇和 0.5mL 正丁醇。然后，在两支试管中各加入 1 粒米粒大小的表面新鲜的金属钠（用镊子取）。观察现象，有什么气体放出？反应速度有何差异？用拇指按住试管口，待气体平稳放出并增多时将试管口靠近灯焰，放开大拇指，有何现象发生？待金属钠反应完毕后，取几滴反应液滴在点滴板上，使多余的乙醇挥发掉，观察固体的颜色。滴 5 滴水在固体上面，再加入 1 滴酚酞指示剂，有何现象发生？

2. 醇的氧经反应

取 3 支干净试管，各加入 0.5mL 乙醇、异丙醇和叔丁醇，然后各加入 1mL 1%重铬酸钾溶液和 10 滴 10%硫酸溶液，摇匀后，静置 5min，观察试管内颜色的变化，并比较它们的反应速度。

3. 卢卡斯反应

取 3 支干净试管，分别加入 1mL 正丁醇、仲丁醇、叔丁醇，然后各加入 3mL 卢卡斯试剂，用软木塞塞住瓶口，充分振荡后静置（最好放在 55℃ 水浴中温热）。观察现象，注意最初 5min 及 1h 后化合物的变化。记下混合液混浊和出现分层的时间。比较反应速度的快慢。

4. 脱水反应

取 1 支带支管的大试管，加入 5mL 乙醇和 1mL 浓 H_2SO_4，混匀后，试管口用橡皮塞塞住，通过支管连一导管，导入另一装有 2mL 1.5% 高锰酸钾溶液的试管中。将大试管在酒精灯上加热，观察高锰酸钾溶液颜色的变化。

5. 酚的性质

（1）酚的酸性和水溶性　取 0.3g 苯酚（5～7 滴）于试管中，加入 4mL 水，振荡使其混合均匀，观察苯酚是否全溶。若苯酚不溶，则将试管加热到沸腾，观察苯酚是否溶解。冷却后，又有何变化？然后，用 pH 试纸检测苯酚水溶液的 pH 值（饱和溶液备用）。

另取 1 支试管，加入 0.3g 苯酚、1mL 水，振荡试管，再加入 5% 氢氧化钠溶液，边加边振荡到苯酚全部溶解为止（解释溶液变清的理由），再将此溶液用 10% 硫酸酸化，观察有何现象发生。

（2）苯酚与溴水的反应　在 1 支试管中加入上述自制的苯酚饱和溶液两滴，并用 1mL 水稀释，再加入 2 滴饱和溴水，不断振荡，观察有何变化。

用 1% 苯酚溶液重复上述实验，并比较两次实验结果。

（3）苯酚与三氯化铁的反应　在 1 支试管中，加入上述苯酚饱和水溶液 1mL，滴入 1～2 滴 1% 三氯化铁溶液，观察现象。

用 1% 苯酚溶液重复上述实验，并比较两者的实验结果。

（4）苯酚的氧化反应　取上述自制的苯酚饱和溶液 1mL，再加入 5% 碳酸钠溶液 1mL（调节 pH 值到中性或弱碱性），混匀后，再加入 0.5% 高锰酸钾溶液 1～2 滴，摇匀，观察颜色变化。

6. 醚的性质

（1）𨦜盐的形成　在试管中加入 10 滴样品，再加入 3～5 滴浓硫酸，用力振荡，观察试管中发生的现象。

（2）过氧化物的检验　在试管中加入 1mL 新配制的 2% 硫酸亚铁铵溶液，加入几滴 1% 硫氰酸钾溶液，然后加入 1mL 乙醚，用力振荡，观察有什么现象发生。

【总结讨论题】

1. 做乙醇与钠反应实验必须用无水乙醇，而做醇的氧化用 95% 的就行了，为什么？

2. 鉴别伯、仲、叔醇可用什么试剂？

实验 12　醛和酮的性质

【实验目的】

1. 掌握醛和酮的性质。

2. 掌握醛和酮的测定方法。

【实验原理】

醛和酮都含有羰基，因此它们具有许多相似的化学性质，例如都能与 2,4-二硝基苯肼反应而析出晶体。但由于在醛基上连有一个氢原子，故醛的化学性质较酮活泼，易被弱氧化剂氧化，如醛能与托伦试剂和斐林试剂反应，能与品红亚硫酸试剂发生颜色反应，而酮不发生这些反应。

具有 $CH_3—CO—R$（H）结构的醛、酮或 $CH_3—CH(OH)—R$（H）结构的醇都能发生在碱性溶液中与碘作用生成碘仿的反应，碘仿为黄色固体，有特臭、易识别，称此反应为碘仿反应。

丙酮在碱性溶液中能与亚硝酰铁氰化钠作用显红色，此反应用于检验丙酮的存在。

【仪器与试剂】

仪器：试管，滴管，酒精灯，铁架台，石棉网。

试剂：乙醛，丙酮，苯甲醛，2,4-二硝基苯肼，饱和亚硫酸氢钠，甲醛，乙醇，正丙醇，异丙醇，碘-碘化钾，5%氢氧化钠，斐林甲，斐林乙，2%硝酸银，2%氨水，品红醛试剂。

【实验内容】

1. 与 2,4-二硝基苯肼的反应

取 3 支试管，分别滴加乙醛、丙酮、苯甲醛各 5 滴，再各加入 1mL 2,4-二硝基苯肼溶液，振荡，观察有无结晶生成。若没有，静置几分钟后再观察。

2. 与亚硫酸氢钠的反应

取 2 支干燥试管，各加入 2mL 新配制的饱和亚硫酸氢钠溶液，分别加入 1mL 乙醛、丙酮，边加边用力振荡试管，将试管置于水浴中冷却，观察现象。滤出乙醛与亚硫酸氢钠的加成物，加入 2～3mL 稀盐酸，有什么现象发生？

3. 碘仿反应

取 6 支试管，分别加入 1mL 甲醛、乙醛、丙酮、乙醇、正丙醇、异丙醇，然后再各加入 2mL 碘-碘化钾溶液，一边滴加 5%氢氧化钠溶液一边振荡试管，直至红棕色消失，观察有无沉淀生成，是否能嗅到碘仿的气味。若没有生成沉淀，则将反应液微热至 60℃ 左右，静置观察。

4. 与斐林试剂反应

取 4 支试管，各加入 1mL 斐林甲和 1mL 斐林乙，混匀后即得斐林试剂，再分别加入 10 滴甲醛、乙醛、苯甲醛和丙酮，边加边振荡试管，使混合均匀，然后将 4 支试管置于沸水浴中加热 5min，注意观察颜色的变化以及是否有红色沉淀生成。

5. 与托伦试剂的反应

取 1 支洁净的试管，加入 2mL 2%硝酸银溶液和 2 滴 5%氢氧化钠溶液，试管里立即有棕黑色沉淀出现，振荡试管使反应完全。然后滴加 2%氨水，边加边振荡试管，直到棕黑色沉淀全部溶解为止，得到的澄清溶液即为托伦试剂。再取 3 支洁净的试管，把托伦试剂分为 4 等份，再往 4 支试管中分别加入 10 滴甲醛、乙醛、丙酮和苯甲醛，并混合均匀，静置几分钟后观察有无变化。如无变化，把试管放在水浴中温热到 50～60℃，再观察有无银镜生成。

6. 与品红醛试剂的反应

在 3 支试管中，各加入 1mL 品红醛试剂，然后分别加入 2 滴甲醛、乙醛和丙酮，振荡后，静置数分钟，观察有什么现象发生。然后各滴入 3 滴浓硫酸，观察颜色的变化。

【总结讨论题】

1. 醛、酮与亚硫酸氢钠加成反应中，为什么一定要使用饱和亚硫酸氢钠溶液，而且必须新配制？

2. 怎样用化学方法区别醛和酮、芳香醛与脂肪醛？

3. 什么结构的化合物能发生碘仿反应？为什么没有溴仿和氯仿反应？

实验 13 羧酸及其衍生物的性质

【实验目的】

1. 掌握羧酸、羧酸衍生物的主要化学性质。

2. 加深对这些化合物性质的理解。

【实验原理】

羧酸具有酸性，因此能够与碱作用生成水溶性的盐。羧酸衍生物都含有羰基，所以都能与某些亲核试剂发生加成-消去反应，由于离去基团不同，所以羧酸衍生物的活性不同，其活性从大到小依次为：

酰氯＞酸酐＞酯＞酰胺

乙酰乙酸乙酯存在着烯醇式-酮式互变异构现象。

【仪器与试剂】

仪器：试管架，试管，酒精灯，石棉网，铁架台，烧杯，玻璃棒，温度计。

试剂：甲酸，冰醋酸，草酸，10％硫酸，0.5％高锰酸钾，乳酸，碘液，10％氢氧化钠，乙酰乙酸乙酯，2,4-二硝基苯肼，5％三氯化铁，饱和溴水，乙酰氯，乙酸酐，2％硝酸银，乙醇，20％碳酸钠，苯胺，乙酰胺，尿素，5％硫酸铜，氢氧化钡溶液。

刚果红试纸：用2g刚果红与1L蒸馏水制成的溶液浸渍滤纸，取出滤纸后晾干，裁成纸条即可。它的变色范围是pH＝5（红色）到pH＝3（蓝色）。它与弱酸作用显蓝黑色，与强酸作用呈稳定的蓝色。

白布条，红色石蕊试纸。

【实验内容】

1. 羧酸、取代酸的性质

（1）酸性实验　取3支试管，分别加入2滴甲酸、2滴乙酸和0.1g草酸，各加入1mL蒸馏水，摇匀。然后分别用干净的玻璃棒蘸取酸溶液在刚果红试纸上划线，根据各条线的颜色和深浅程度比较它们的酸性强弱。

（2）氧化反应　分别向上述实验（1）中所配制的甲酸、乙酸和草酸溶液中加入5滴10％硫酸和2滴0.5％高锰酸钾溶液，摇匀，在水浴上微热片刻，观察现象。

（3）乳酸的碘仿反应　取一支试管，加入1mL 10％乳酸溶液、1mL碘液，然后加10％氢氧化钠溶液至碘色刚好褪去。将试管在热水浴中加热片刻，观察现象。

2. 酰氯和酸酐的性质

（1）水解作用　在试管中加入1mL蒸馏水，再加入3滴乙酰氯，略微摇动，观察现象。让试管冷却，加入1～2滴2％硝酸银溶液，观察有什么变化。

（2）醇解作用　在一干燥的试管中加入1mL乙醇，在冷水冷却下一边振荡一边慢慢加入1mL乙酰氯，反应结束后先加入1mL水，然后小心地用20％碳酸钠溶液中和反应液使之呈中性，同时轻微振荡，静置后，放出试管中液体（是否分层，上下层各有什么）。如果没有酯层浮起，在溶液中加入粉末状氯化钠使溶液饱和，观察现象。

（3）氨解作用　在一干燥的小试管中放入新蒸馏过的淡黄色苯胺5滴，然后慢慢加入乙酰氯8滴，待反应结束后再加入5mL水，并用玻璃棒搅匀，观察现象。

用乙酸酐代替乙酰氯重复做上述3个实验，注意比较二者的相对活性。乙酸酐较乙酰氯难以进行上述实验，需要在热水浴中加热较长时间才能完成上述反应。

3. 乙酰乙酸乙酯的反应

（1）烯醇式反应　取1支试管，加1mL 1％乙酰乙酸乙酯水溶液和2滴5％三氯化铁溶液，振荡试管，观察现象。

（2）酮式反应　取1支试管，加入2mL 2,4-二硝基苯肼试剂和10滴1％乙酰乙酸乙酯水溶液，振荡试管，观察变化。

（3）烯醇式与酮式互变异构　取1支试管，加2mL 1％乙酰乙酸乙酯水溶液和数滴5％

三氯化铁溶液，反应液呈什么颜色？再加入数滴饱和溴水，有什么变化？放置片刻，有什么变化？前后的颜色变化说明什么问题？

4. 酰胺的性质

（1）乙酰胺的水解　取 1 支试管，加入少量乙酰胺和 2mL 10％氢氧化钠溶液，混合后加热至沸。在试管口放一条湿的红色石蕊试纸，观察煮沸过程中石蕊试纸颜色有何变化，放出的气体有何气味。

（2）尿素的水解　取 1 支试管，加入少量尿素和 1mL 水，振荡使其溶解，再加入 2mL 氢氧化钡溶液，加热，在试管口放一条湿的红色石蕊试纸，观察加热时溶液的变化和石蕊试纸颜色的变化。

（3）二缩脲反应　取 1 支干燥的试管，加入少量尿素，加热熔化，再继续加热使其凝固。冷却后加入 2mL 水、2mL 10％氢氧化钠溶液，再加 1 滴 5％硫酸铜溶液，摇匀后观察现象。

【总结讨论题】

依据上述实验结果分析总结羧酸衍生物水解、醇解、氨解反应规律。

实验 14　氨基酸、蛋白质的性质

【实验目的】

1. 掌握氨基酸和蛋白质的化学性质。

2. 掌握氨基酸和蛋白质的鉴别方法。

【实验原理】

氨基酸是一类既含有氨基又含有羟基的两性化合物。不同来源的蛋白质在酸、碱或酶的催化下可完全水解，而得到不同的 α-氨基酸的混合物，即 α-氨基酸是组成蛋白质的基本单位。氨基酸分子是偶极离子，具有内盐的性质，一般以晶体形态存在。熔点较高，一般在 200℃以上。作为两性化合物，氨基酸易溶于强酸、强碱等极性溶剂，但大多数难溶于有机溶剂。氨基酸与水合茚三酮溶液共热，经一系列的反应，最终可生成被称为罗曼氏紫的蓝紫色化合物，此反应为 α-氨基酸所共有，灵敏度非常高。但含亚氨基的脯氨酸例外，它与水合茚三酮反应呈黄色。氨基酸中含有伯氨酸（脯氨酸除外），可以与亚硝酸反应生成 α-羟基酸并放出氮气。

蛋白质由 20 余种 α-氨基酸构成。它常见的显色反应有水合茚三酮反应和缩二脲反应，可用于蛋白质的定性和定量测定。另外，若蛋白质中含有带苯环的氨基酸如色氨酸残基，当它与硝基反应时，苯环被硝化而显黄色。

一些物理因素和化学因素能改变蛋白质在水中的溶解度，产生沉淀。可以利用这些物理因素和化学因素来分离、提纯蛋白质。

某些物理因素和化学因素可破坏蛋白质的特定结构，进而改变蛋白质的性质，这种显色称为蛋白质的变性。变性后的蛋白质溶解度降低，产生沉淀。

【仪器与试剂】

仪器：试管，滴管，水浴锅，玻璃棒，药匙。

试剂：$2g \cdot L^{-1}$ 丙氨酸，茚三酮，$100g \cdot L^{-1}$ 盐酸，$50g \cdot L^{-1}$ 亚硝酸钠，浓硝酸，$50g \cdot L^{-1}$ 氢氧化钠，$30g \cdot L^{-1}$ 硫酸铜，$10g \cdot L^{-1}$ 盐酸，硫酸铵，95％乙醇，$100g \cdot L^{-1}$ 三氯乙酸，苦味酸，$30g \cdot L^{-1}$ 醋酸铅，$30g \cdot L^{-1}$ 氯化汞，$30g \cdot L^{-1}$ 硝酸银。

【实验内容】

1. 氨基酸的性质

（1）氨基酸的水合茚三酮鉴别反应 在 1 支试管中加入配制好的 $2g \cdot L^{-1}$ 丙氨酸溶液 10 滴，然后加入 $5g \cdot L^{-1}$ 水合茚三酮溶液 3 滴，在沸水浴中加热 $5\sim10min$，观察发生的现象。

（2）氨基酸的亚硝酸实验 在 1 支试管中加入 0.1g 丙氨酸和 $100g \cdot L^{-1}$ 盐酸 5mL，小心地加入 $50g \cdot L^{-1}$ 亚硝酸钠溶液 15mL 至试管中，充分摇匀，并观察气体的放出及放出速度。

2. 蛋白质的性质

（1）蛋白质的显色反应

① 茚三酮反应。在 1 支试管中，加入配置好的清蛋白溶液 10 滴，然后加入 $5g \cdot L^{-1}$ 茚三酮溶液 3 滴，在沸水浴中加热 $5\sim10min$，观察并解释现象。

② 蛋白黄色反应。在 1 支试管中，加入配置好的清蛋白溶液 5 滴，然后加入浓硝酸 2 滴，注意在蛋白质溶液中会产生白色沉淀，将试管放在沸水浴中加热，观察发生的现象并解释之。

③ 蛋白质的缩二脲反应。在 1 支试管中，加入清蛋白溶液 5 滴和 $50g \cdot L^{-1}$ 氢氧化钠溶液 5 滴，再加入 $30g \cdot L^{-1}$ 硫酸铜溶液 2 滴共热，会有什么现象发生，并解释之。

④ 蛋白质的两性反应。在 2 支试管中，各加入蛋白质溶液 2mL，其中 1 支作对照。在另 1 支试管中逐滴加入 $10g \cdot L^{-1}$ 盐酸，每加一滴轻轻摇动试管，观察沉淀或混浊的发生。当沉淀出现后，继续滴加 $10g \cdot L^{-1}$ 盐酸，产生什么现象？改用氢氧化钠溶液，即在同一试管中逐滴加入 $10g \cdot L^{-1}$ 氢氧化钠溶液，每加一滴轻轻摇动试管，观察沉淀或混浊的发生。当沉淀出现后，继续滴加 $10g \cdot L^{-1}$ 氢氧化钠溶液，又产生什么现象？

（2）蛋白质的盐析 取 1 支试管，加入蛋白质溶液和饱和硫酸铵溶液各 2mL，混合后静置 10min，球蛋白即沉淀析出。将其离心，离心后的上层清液用吸管小心地吸出，移至另一离心管，慢慢加入硫酸铵粉末，每加一次均用玻璃棒充分搅拌，直到粉末不再溶解为止，静置 10min 后，可见清蛋白沉淀析出，离心并吸去上层清液。

将上述两支离心试管的沉淀各加入蒸馏水 2mL，用玻璃棒搅拌，看沉淀是否复溶。

（3）蛋白质的沉淀反应

① 用乙醇沉淀蛋白质。取 1 支试管，加入蛋白质溶液 5 滴，沿试管壁加入 95%乙醇 10 滴，摇匀，静置几分钟后，观察现象。

② 用有机酸沉淀蛋白质。取 2 支试管，各加入蛋白质溶液 5 滴，然后各加 1 滴 $100g \cdot L^{-1}$ 盐酸将其酸化，分别加入 $100g \cdot L^{-1}$ 三氯乙酸、苦味酸各 2 滴，观察是否有沉淀生成（如果没有，再加相应的酸）。

③ 用金属盐沉淀蛋白质。取 4 支试管，各加入蛋白质溶液 5 滴，然后分别滴加 $30g \cdot L^{-1}$ 醋酸铅溶液、$30g \cdot L^{-1}$ 氯化汞溶液、$30g \cdot L^{-1}$ 硝酸银溶液、$30g \cdot L^{-1}$ 硫酸铜溶液各 3 滴，观察沉淀的生成。

④ 加热沉淀蛋白质。取 1 支试管，加入蛋白质溶液 2mL，将试管置于沸水浴中加热 5min，观察加热后的凝固现象。

【总结讨论题】

1. 蛋白质的盐析与沉淀有什么区别？

2. 如果皮肤上面溅有硝酸时，即会产生黄色斑迹，为什么？

第四章　化学基本量的测定

第一节　化学常用量的测定

　　测量就是借助仪器用某一计量单位把待测量的大小表示出来。根据获得测量结果方法的不同，测量可分为直接测量和间接测量。由仪器或量具可以直接读出测量值的测量称为直接测量，如用米尺测量长度、用天平称质量、用温度计测温度、用移液管量取液体的体积等；另一类需依据待测量和某几个直接测量值的函数关系通过数学运算获得测量结果，这种测量称为间接测量，如凝固点降低法测萘的摩尔质量、燃烧热的测定、化学反应焓变的测定等，能直接测定的是温度和反应物质量，待测量通过函数式计算结果。大多数物理化学量的测定是间接测量，但直接测量是一切测量的基础。

　　化学的常用量及常数测定包括：

①　相对原子质量、相对分子质量的测定；

②　物质的化学式测定；

③　物质的物理化学参数（蒸气压、熔点、沸点、密度、折射率、表面张力等）测定；

④　热力学常数（标准反应热、标准吉布斯函数变、熵变等）测定；

⑤　化学动力学参数（化学反应速率、化学反应速率常数、活化能、反应级数等）测定；

⑥　化学反应平衡常数（酸碱解离常数、溶度积常数、配合物稳定常数等）的测定；

⑦　电极电势测定及其应用；

……

第二节　测量中的误差及其处理方法

　　一个被测物理化学量，除了用数值和单位来表征它外，还有一个很重要的表征它的参数，这便是对测量结果可靠性的定量估计。这个重要参数却往往容易为人们所忽视。设想如果得到一个测量结果的可靠性几乎为零，那么这种测量结果还有什么价值呢？因此，从表征被测量这个意义上来说，对测量结果可靠性的定量估计与其数值和单位至少具有同等的重要意义，三者是缺一不可的。

　　实验结果是否可靠是一个很重要的问题，不准确的结果往往会导致错误的结论，甚至产生严重的后果，因此对实验结果的准确度通常有一定的要求。但在测定过程中绝对准确是没有的，实验结果与客观存在的真实值都有一定的差异，即存在误差。即使是技术非常熟练的人，用同一方法对同一试样进行多次测定，也不可能得到完全一致的结果。这就是说，分析过程中的误差是客观存在的。因此在实验中除要选用合适的仪器和正确的操作方法外，还应根据实际情况正确测定、记录并处理实验数据，以使实验结果与理论值尽可能接近，减少误差，获得正确的结果。所以树立正确的误差及有效数字的概念，掌握分析和处理实验数据的科学方法十分必要。

一、误差的分类、性质和减免方法

误差按其性质和来源的不同可分为系统误差、偶然误差、过失误差三种。

1. 系统误差

系统误差又称可测误差，是由某些经常的、固定的原因所造成的误差。主要包括：① 方法误差，由测定方法本身引起的误差；② 仪器误差，由于仪器本身不够精确引起的误差；③ 试剂误差，由于试剂不纯或蒸馏水含有杂质引起的误差；④ 操作误差，正常操作情况下由操作者本身的原因造成的误差，如滴定管读数偏高或偏低、颜色分辨能力不够敏锐等。

系统误差的性质是：① 在多次测定中会重复出现；② 所有的测定或者都偏高，或者都偏低；③ 由于误差来源于同一个固定的原因，因此数值基本是恒定不变的。

减小或消除系统误差的方法，可以依照其原因采用相应的方法，如改进实验方法、完善实验条件、校正仪器、提高试剂纯度、做对照实验和空白实验、纠正操作者的主观因素等。

2. 偶然误差

偶然误差亦称随机误差或不可测误差，是由一些不易预测的偶然因素所引起的误差。例如，测定时环境的温度、湿度，气压的微小波动，仪器性能的微小变化，操作人员对各份试样处理时的微小差别等。

由于偶然误差来源于随机因素，因此误差数值不定，且方向也不固定，有时为正误差，有时为负误差。这种误差在实验中无法避免。从表面看，这类误差也无规律，但若用统计的方法去研究，可以从多次测量的数据统计中找到其规律性。

实践和理论都已证明，随机误差服从一定的统计规律（正态分布），其特点表现在如下几点。

① 单峰性。绝对值小的误差出现的概率比绝对值大的误差出现的概率大。

② 对称性。绝对值相等的正负误差出现的概率相同。

③ 有界性。绝对值很大的误差出现的概率趋于零。

④ 抵偿性。误差的算术平均值随着测量次数的增加而趋于零。

因此，在实际工作中要减小偶然误差，应在尽量保持各种测定环境、条件、操作的一致性（即减免了系统误差）的条件下多次测量，取算术平均值。一般要求平行测定 3～4 次。

3. 过失误差

过失误差是由于实验操作者粗枝大叶、不按操作规程办事、过度疲劳或情绪不好等原因造成的，如操作不正确、读错数据、加错药品、计算错误等。这类误差纯粹是人为造成的，有时无法找到原因，但只要严格按操作规程进行，加强责任心，是完全可以避免的。

二、测定结果的准确度和精密度

1. 准确度与误差

准确度是指测量值与真实值之间相接近的程度，表示测定的可靠性，常用误差来表示。两者愈接近，则误差愈小，测定的准确度愈高。误差分为绝对误差和相对误差两种。

（1）绝对误差　在一定条件下，某一物理量所具有的客观大小称为真值。测量的目的就是力图得到真值。但由于受测量方法、测量仪器、测量条件以及观测者水平等多种因素的限制，测量结果与真值之间总有一定的差异，即总存在测量误差。设测量值为 X，相应的真值为 X_T，测量值与真值之差为 ΔX：

$$\Delta X = X - X_T$$

称为测量误差，又称为绝对误差，简称误差。

误差存在于一切测量之中，测量与误差形影不离。分析测量过程中产生的误差，将影响降低到最低程度，并对测量结果中未能消除的误差做出估计，是实验测量中不可缺少的一项重要工作。

（2）相对误差　绝对误差与真值之比叫做相对误差。用 E 表示：

$$E = \frac{\Delta X}{X_T} \times 100\%$$

测量结果的准确度一般用相对误差表示。由于真值 X_T 无法知道，所以计算相对误差时常用 X 代替。在这种情况下，X 可能是公认值，或高一级精密仪器的测量值，或测量值的平均值。

2. 精密度与偏差

在实际工作中，真实值往往是无法知道的，因此难以用准确度表示结果的可靠程度，测定结果的评价常用精密度。精密度是指多次平行测量结果之间相互接近的程度，表示测量结果的再现性，用偏差来表示。各次测量结果之间愈接近，偏差就愈小，实验结果的精密度就愈好。

偏差有以下几种表示力法。

为了衡量分析结果的精密度，对单次测定的一组结果 x_1、x_2、$\cdots$、x_n，除求出算术平均值 $\overline{x}$ 外还应求出相对偏差、平均偏差、标准偏差、相对平均偏差、相对标准偏差。

算术平均值：
$$\overline{x} = \frac{x_1 + x_2 + \cdots + x_n}{n} = \frac{\sum x_i}{n}$$

相对偏差：
$$d_r = \frac{x_i - \overline{x}}{\overline{x}} \times 100\%$$

平均偏差：
$$\overline{d} = \frac{|x_1 - \overline{x}| + |x_2 - \overline{x}| + \cdots + |x_n - \overline{x}|}{n} = \frac{\sum |x_i - \overline{x}|}{n}$$

标准偏差：
$$\sigma = \sqrt{\frac{\sum (x_i - \overline{x})^2}{n-1}}$$

相对平均偏差：
$$\overline{d}_r = \frac{\overline{d}}{\overline{x}} \times 100\%$$

相对标准偏差：
$$\frac{\sigma}{\overline{x}} \times 100\%$$

用标准偏差表示精密度更为科学，它能更好地反映多次测量结果的离散程度，特别是更能体现出偏差大的数据的影响。

准确度和精密度是两个不同的概念，它们是实验结果好坏的主要标志。分析测定工作的最终要求是测定准确。但要做到准确，首先要做到精密度好，没有一定的精密度，也就谈不上准确，一个人重复做了多次测量，结果测量值很分散，即精密度很差，尽管其平均值可能很接近真实值，其结果仍是不可靠的，毫无准确性可言。但是精密度高也不一定就准确，这是由于可能存在系统误差。控制了偶然误差，就可以提高精密度，只有同时校正了系统误差，才能得到既精密又准确的实验分析结果。在实验工作中，往往控制偶然误差比系统误差更困难，同时由于真实值在一般情况下是不知道的，往往都是以公认的手册上的数据作为真实值，或进行许多次平行实验取其平均值，把偏差作为误差。因此，从某种意义上说，精密度比准确度更重要。

第三节　有效数字及其计算规则

一、有效数字

在化学实验中，经常需要对某些物理量进行测量并根据测得的数据进行计算。但是测定物理量时，应采用几位数字，在数据处理时又应保留几位数字？为了合理地取值并能正确运算，需要了解有效数字的概念。

有效数字是实际能够测量到的数字，由准确数字与一位可疑数字组成。它除了最后一位数字是不准确的外，其他各数都是确定的。有效数字的有效位数反映了测量的精度。有效位数是从有效数字最左边第 1 个不为零的数字起到最后一个数字止的数字个数。到底要采取几位有效数字，这要根据测定仪器和观察的精确程度来决定。例如，在用最小刻度为 1mL 的量筒测量液体体积时，测得体积为 17.5mL，其中 17mL 是直接由量筒的刻度读出的，而 0.5mL 是估计的，所以该液体在量筒中的准确读数可表示为（17.5±0.1）mL，它的有效数字是 3 位。如果该液体用最小刻度为 0.1mL 的滴定管测量，测得体积为 17.56mL，其中 17.5mL 是直接从滴定管的刻度读出的，而 0.06mL 是估计的，所以该液体的体积可以表示为（17.56±0.01）mL，它的有效数字是 4 位。因此，正确地读取并记录实验过程中的数据是十分重要的。

从上面的例子可以看出，有效数字与仪器的精确程度有关。在记录测量数据时，任何超过或低于仪器精确程度的有效位数的数字都是不恰当的。

例如，用普通分析天平称量时，由于分析天平性能的限制，称量数据只能读到小数点后第 4 位，称量的误差为 ±0.0001g。设称出的质量为 12.1238g，此数的前 5 位数字都是确定的，最后 1 位数字则是不确定数字，因此共有 6 位有效数字，此时称量的相对误差为 $\dfrac{0.0001}{12.1238}\times100\%=8.25\times10^{-4}\%$。如果改用感量为 ±0.01g 的普通台秤，小数点后第 2 位数字已是不确定的，因此只能读取到小数点后第 2 位。称得质量为 12.12g，则为 4 位有效数字，此时称量的相对误差为 $\dfrac{0.01}{12.12}\times100\%=8.25\times10^{-2}\%$

数字"0"在数据中具有双重意义。它可能是有效数字，也可能不是有效数字。如果"0"作为普通数字使用，就是有效数字；如果"0"只是起到定位作用，就不是有效数字。例如，滴定管读数可读准至 ±0.01mL，在读数 20.05mL 和 20.00mL 中，所有的"0"都是有效数字，这两个数据都具有 4 位有效数字，最后一位可能有 ±1 的允许误差。如果将单位改成 L，则分别为 0.02005L 和 0.02000L，前面的两个"0"不能算作有效数字，这两个数据依然是 4 位有效数字。又如 10.6L 为 3 位有效数字，当改单位为 mL 时，应采用指数形式，写成 1.06×10^{4}mL，这样仍为 3 位有效数字；若写成 10600mL，最后两个"0"就很难确定是不是有效数字。所以，在记录实验数据时，应该注意不要将数据末尾属于有效数字的"0"漏计，例如将 10.10mL 写成 10.1mL，0.1200g 写成 0.12g 等。因为按照惯例，会将最后 1 位数字看成是不确定的数字，从而使数据不确定程度扩大，造成计算混乱。

二、有效数字的运算规则

1. 有效数字的修约

在运算过程中，应合理保留有效数字的位数，后面多余的数字应舍弃。通常采用"四舍六入五成双"的规则对数字进行修约。若有效数字后面的数小于 5，就应舍去；若大于 5，就应进位；若等于 5，则看保留下来的数字的末位数是奇数还是偶数，是奇数就入，是偶数则舍。例如，将下列数据修约为 3 位有效数字时，其结果为：

6.146	6.15
6.144	6.14
6.135	6.14
6.145	6.14

修约数字时，只允许对原数字一次修约到所需要的位数，不能分次修约。

2. 有效数字的计算

① 加法和减法。在计算几个数字相加或相减时，所得和或差的有效数字位数应以小数点后位数最少的数字为准，即以其绝对误差最大者为准。

例如：
$$1.0513+31.22+0.651=?$$

在上三个数中，31.22 是小数点后位数最少者，其绝对误差最大，故应以 31.22 为准，其他两个数字也应保留到小数点后第 2 位，则上述三个数字之和为：
$$1.05+31.22+0.65=32.92$$

② 乘法和除法。在乘除运算中，计算结果的相对不确定性应该与原数据中相对不确定性最大的那个相适应，即计算结果的有效数字位数应该与有效数字位数最少的那个数据相同。

例如：
$$0.0186\times16.46\times8.94832=?$$

选择有效位数最少的 0.0186 为准，其他数字也取三位有效数字，则上述三个数字之积为：
$$0.0186\times16.5\times8.95=2.75$$

③ 乘方、开方运算规则。有效数字在乘方或开方时，若乘方或开方的次数不太高，其结果的有效数字位数与原底数的有效数字位数相同。

④ 对数运算规则。有效数字在取对数时，其有效数字的位数与真数的有效数字位数相同或多取 1 位。

⑤ 在所有计算式中，常数 π、e 的值及某些因子 $\sqrt{2}$、1/2 的有效数字的位数，可认为是无限制的，在计算中需要几位就可以写几位。一些国际定义值，如摄氏温标的零度值为热力学温标的 273.15K，气体摩尔常数 $R=8.314J \cdot K^{-1} \cdot mol^{-1}$，及各元素的相对原子质量等被认为是严密准确的数值，视具体情况取适宜的位数。

⑥ 误差一般只取 1 位有效数字，最多取 2 位有效数字。

总而言之，数据记录、计算结果（不论经过多少步计算）的数字最多只能留一位可疑数字。

第四节　实验结果的表达与数据处理

化学实验中测量一系列数据的目的是要找出一个合理的实验值，通过实验数据找出某种变化规律来，这就需要对实验数据进行归纳和处理。数据的表达与处理方法一般有列表法、作图法和数学方程式法三种。

一、列表法

列表法是表达实验数据最常用的方法，把实验数据列入简明合理的表格中，使得全部数据一目了然，便于数据的处理、运算与检查。一张完整的表格应包含表格的顺序号、名称、项目、说明及数据来源等内容。因此，制作表格时应注意以下几点。

① 制表时应将表的序号、名称写在表的上方，名称要简明完整。

② 表格的横排称为"行"，竖排称为"列"。每个变量占表中一行，一般先列自变量，后列因变量，最后列数据统计数字（如平均值、误差、偏差等）。每行的第 1 列应写明变量的名称和量纲，表示为"名称/单位"，如"试样质量/g"、"消耗滴定剂体积/mL"等。

③ 每一行所记数据，应注意其有效数字位数。同一列数据的小数点要对齐。若为函数

表、数据应按自变量递增或递减的顺序排列，以明确显示出变化规律。如果用指数表示数据时，为简便起见，可将指数放在行名旁。

④ 实验测得的数据（原始数据）与处理后的数据列在同一个表内时，应把处理方法、计算公式及某些特别需要说明的事项在表下方注明。

二、作图法

作图法是表达实验数据的常用方法。通常在直角坐标系中具有某种规律性的实验数据，可用作图法来表示实验结果。

作图法的优点：①可更直观地显示出数据间的关系；②显示数据的特点和变化规律；③可以利用图形做进一步处理，如求直线斜率、截距、内插值、外推值等，求曲线的极大值、极小值、所包围曲面积，作切线求微商等；④根据图形的变化规律，可以剔除一些偏差较大的实验数据。因此，作图好坏与实验结果有着直接的关系，正确掌握作图技术及从图形中得到有关处理结果是十分重要的。

作图的基本要求：能够反映测量的准确度；能表示出全部有效数字，易直接从图上读数；图要简洁、美观、完整。

作图的步骤简略介绍如下。

1. 准备材料

作图需要使用坐标纸、铅笔（以 1H 的硬铅为好）、透明直角三角尺、曲线尺等。

2. 选取合适的坐标纸和坐标轴

最常用直角坐标纸，有的根据变量的函数关系也用对数坐标纸或半对数坐标纸。习惯上以横坐标作为自变量，纵坐标作为因变量。

坐标轴比例尺的选择一般应遵循以下原则。

① 要尽可能地使图上读出的各种量的准确度和测量得到的准确度一致，即坐标轴上的最小分度与仪器的最小分度一致，要能表示出全部有效数字。通常采取读数的绝对误差在图纸上相当于 0.5～1 小格（最小分度），即 0.5～1mm。

② 要尽可能地使图形充满图纸，这就要先算出横、纵坐标的取值范围。取值不一定从"0"开始（除外推法外），但始点应略小于测量数据的最小值，末点应略大于测量数据的最大值。

③ 要尽量使坐标轴的表达便于作图、读数和计算。例如用 1cm（即一大格）表示 1、2、5 这样的数比较好，而表示 3、7 等数字则不好。在坐标轴旁标上变量的名称及单位，两者之间用斜线隔开，如温度坐标表示为"T/K"，并在轴旁每间隔一定的格数均匀地写上变量的相应数值，但不得写上实验测得值。

④ 坐标纸的大小要合适。在图形充满坐标纸的情况下，一般取 10cm×10cm 左右的坐标纸。如果为了达到某些准确度，可适当加大，但也不宜大于 20cm×20cm。直线图不宜绘成长方条，应尽量使直线与横坐标成 45°左右的夹角。

3. 正确画好代表点

把所测得的数值画到图上，就是代表点，这些点要能表示正确的数值。代表点应用小型符号（如○、△、□、×等），符号的重心所在即表示读数值，大小应能粗略地显示出测量误差的范围。若在同一幅图纸上画几条直（曲）线，则每条线的代表点需用不同的符号表示。

4. 正确画出图线

在图纸上画好代表点后，根据代表点的分布情况，作出直线或曲线。这些直线或曲线描述代表点的变化情况，不必要求它们通过全部代表点，但应通过尽可能多的点，不通过线的点应均等地分布在线的两侧附近，这些点与线的距离应尽可能小，测点和线间的距离总和应与另一侧相近。

对于个别远离线的点，如不能判断被测物理量在此区域会发生什么突变，就要分析一下测量过程是否有偶然性的过失误差，如果属过失误差所致，描线时可不考虑这一点，但最好能重测该点数据加以验证。如重复实验仍有此点，说明曲线在此区间有新的变化规律。

线要作得平滑均匀，细而清晰。曲线的具体画法是：先用笔轻轻地按代表点的变化趋势手描一条曲线，然后再用曲线板逐段平滑地吻合整条曲线，作出光滑的曲线。

在同一图纸上画几条不同的线时，也可以用不同的线（虚线、实线、点线，粗线、细线，不同颜色的线等）来表示，并在图上标明。

下面举一些实例，说明图解法的应用。

① 求极值或转折点。函数的极大值、极小值和转折点，在图形上表现得很直观。因此，在实验数据处理中需要求极值或转折点时，常常采用图解法。例如，用电导法滴定聚己内酰胺的氨基和羧基的滴定曲线（图 4-1），从图中的转折点 A 可知 HCl 滴定氨基的终点，从极大值点 B 可得出过量 HCl 的量，从极小值点 C 可得出中和过量 HCl 所消耗的 KOH 量。

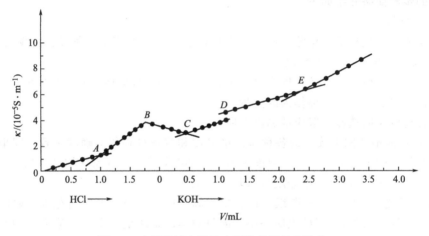

图 4-1　电导法滴定聚己内酰胺的氨基和羧基

② 求外推值。当需要的数据不能或不易直接测定时，在适当的条件下，常可用作图外推的方法求得。所谓外推法，就是根据变量间的函数关系，将按实验数据描绘的图像延伸至测量范围以外，求出测量范围以外的函数值。但是必须指出，外推不可以任意进行，只有在下列条件得到满足时方可应用：a. 在外推的那段范围及其邻近，被测量的变量间的函数关系是线性的或可以认为是线性的；b. 外推的那个区间离实际测量的那个区间不太远；c. 外推所得结果与已有的正确经验没有抵触。

在测定化合物分子量时，常常使用外推法。例如，在用热力学方法通过测定稀溶液依数性（蒸气压下降、沸点升高、冰点降低等）数据来求溶质的分子量时，是依据稀溶液的沸点升高 ΔT_b、冰点下降 ΔT_f、渗透压 Π 与溶质相对分子质量 M、溶液浓度 c 等有下列关系来进行的：

$$\lim_{c \to 0} \frac{\Delta T_b}{c} = K_b \frac{1}{M}$$

$$\lim_{c \to 0} \frac{\Delta T_f}{c} = K_f \frac{1}{M}$$

$$\lim_{c \to 0} \frac{\Pi}{c} = \frac{RT}{M}$$

式中，K_b、K_f 分别为溶剂的摩尔沸点升高、冰点下降常数。但是，因为无限稀释时的 $\frac{\Delta T_b}{c}$、$\frac{\Delta T_f}{c}$ 和 $\frac{\Pi}{c}$ 都不能直接测得，所以必须在不同浓度下测定 ΔT_b、ΔT_f 和 Π，将 $\frac{\Delta T_b}{c}$、$\frac{\Delta T_f}{c}$ 和 $\frac{\Pi}{c}$ 对 c 作图，然后用外推法得到无限稀释时的值来计算相对分子质量。

③ 求函数的微商（图解微分法）。作图法不仅能表示出测量数据间的定量函数关系，而且可从图上求出各点的函数微商，而不必先求出函数关系的解析表达式，这就是所谓图解微分法。具体做法是在所得曲线上选定若干点，作出切线，计算出各点切线的斜率，即得各点的函数微商值。通常按下式计算切线的斜率：

$$\frac{\mathrm{d}y}{\mathrm{d}x} = \frac{y_2 - y_1}{x_2 - x_1}$$

式中，(x_1, y_1)，(x_2, y_2) 是切线上的两个点，这两个点应尽量选得相距远一些。作切线主要凭经验，所以图解微分的精度一般是很差的。例如，在用沉降天平法测定碳酸钙粉末的粒子分布曲线时，通常先以平盘下降距离 h_i 为纵坐标、时间 t 为横坐标作出沉降曲线，再在沉降曲线上过适当的点作切线交于纵轴，求得各个 Δh_i，同时求得各沉降速度 u_i 和粒子半径 r_i，并从沉降曲线上求得 h_∞，然后以 $\bar{r}$ 对 $\Delta h_i / h_\infty \Delta r_i$ 作图，画出粒子分布曲线。

④ 求导数函数的积分值（图解积分法）。设因变量与自变量之间的关联函数为导数函数，则利用图形，在不知道该导数函数解析表达式的情况下也能求出定积分值，称为图解积分。通常，求曲线所包围的面积时常用图解积分法。

⑤ 求测量数据间函数关系的解析表达式。如果能找出测量数据间函数关系的解析表达式，则不仅表明对客观事物的认识深入了一步，而且应用起来也比较方便。通常寻找这种解析表达式的途径也是从作图入手。即先作出实验数据对的散点图，根据图形选择关联函数，作变数变换，使图形线性化，即得新函数 Y 和新自变量 X 之间的线性关系 $Y = a + bX$，求出此直线的斜率 b 和截距 a 后，再换回原来的函数和自变量，便得原函数的解析表达式。例如，反应速度常数 k 与活化能 E 的关系式（阿仑尼乌斯方程）为指数函数关系：

$$k = A\mathrm{e}^{-E/RT}$$

可通过两边均取对数使其线性化，作 $\ln k$-$\frac{1}{T}$ 图，由直线斜率和截距可分别求出活化能 E 和碰撞频率 A 的数值，代回到阿仑尼乌斯公式中，便可得到解析表达式。

三、计算机在化学实验数据处理中的应用

1. Microsoft Excel

Excel 是目前最佳的电子表格系统之一，它使电子表格软件的功能、操作的简易性都进入了一个新的境界。系统具有人工智能的特性，可以在某些方面判断用户下一步的操作，使操作大为简化。

Excel 具有强大的数据计算与分析功能，可以把数据用各种统计图的形式形象地表示出来，取代了过去需要多个系统才能完成的工作，在工作中起到越来越大的作用。其主要有以下七个方面的功能：①表格制作；②强大的计算功能；③丰富的图表；④数据库管理；⑤分析与决策；⑥数据共享与 Intenet；⑦开发工具 Visual Basic。

在化学数据处理中，常用 Excel 将实验数据制成表格，对实验数据进行处理及计算。

例如 $Ca_3(PO_4)_2$ 在 pH 值分别为 7.0、8.0、9.0 时的溶解度是多少？已知该化合物的

$K_{sp}=1.0\times10^{-26}$。表 4-1 为计算工作表。

表 4-1 计算工作表

序号	A	B	C	D	E	F	G
1	k_3	k_2	k_1		K_1^H	K_2^H	K_3^H
2	4.4E−13	6.3E−08	7.6E−03		2.3E+12	1.6E+07	1.3E+02
3	$K_{sp}=$	1.0E−26					
4	pH	[H$^+$]	α_0				
5	7.0	1.0E−07	1.7E−06		溶解度 $s=$	5.0E−04	
6	8.0	1.0E−08	3.8E−05			1.5E−04	
7	9.0	1.0E−09	4.3E−04			5.5E−05	

2. Matlab

Matlab 是当今国际上公认的在科技领域方面最为优秀的应用软件和开发环境。Matlab 有可靠的数值和符号计算能力、强大的图形和可视化功能、简单易学的程序语言、为数众多的应用工具包，大大降低了对使用者的数学基础和计算机语言知识的要求。Matlab 程序主要由主程序和各种工具包组成，其中主程序包含数百个内部核心函数，工具包则包括复杂系统仿真、信号处理工具包、系统识别工具包、优化工具包、神经网络工具包、控制系统工具包、符号数学工具包、图像工具包、统计工具包等，所以它的确是一个高效的科研助手。

例如：用邻二氮杂菲吸光光度法测定溶液中铁的含量，用空白溶液（铁离子浓度为 0）作参比，测得各浓度下吸光度（表 4-2）。

表 4-2 Fe^{2+} 浓度与吸光度的关系

Fe^{2+} 浓度 $c/(\mu g \cdot mL^{-1})$	0.4	0.6	0.8	1.0	1.2
吸光度 A	0.079	0.119	0.160	0.200	0.239

邻二氮杂菲与 Fe^{2+} 反应生成稳定的橙红色配合物，其吸光度（A）随 Fe^{2+} 浓度（c）的变化关系符合比耳定律 $A=Kc$，A 与 c 成线性关系。利用 Matlab 语言编写程序，如下：

```
clc
clear
x=0.4:0.2:1.2; %生成样本点x
y=[0.079 0.119 0.160 0.200 0.239]; %生成样本点y
p=polyfit(x, y, 1); %拟合出多项式(1阶)
y1=polyval(p, x); %求多项式的值
%加标注
title('铁含量标准曲线'), xlabel('铁含量(μg/mL)'), ylabel('吸光度')
plot(x,y,'+',x,y1,'-r'); %绘制多项式曲线, 以验证结果
grid on
```

运行程序后，显示结果如下：

p=
0.20050000000000-0.00100000000000

拟合曲线为：

$$A=0.2005c-0.001$$

绘制 Fe^{2+} 溶液浓度与吸光度关系图，如图 4-2 所示。

3. Origin

Origin 是由美国一家公司开发的具有较强功能的实验数据处理软件，自从推出 Origin1.0 版本以来，目前已推出 Origin 6.1 版本。目前常见的基本上都是英文版本。此软件属于专用软件一类，对于化学化工类专业的实验数据处理十分有用。其主要有以下功能。

① 将实验数据自动生成在二维坐标中的图形，有利于对实验趋势的判断。

② 在同一幅图中可以画上多条实验曲线，有利于对不同的实验数据进行比较研究。

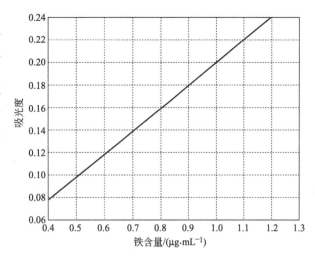

图 4-2 铁含量标准曲线

③ 不同的实验曲线可以选择不同的线型，并且可以将实验点用不同的符号表示。

④ 可对坐标轴名称进行命名，并可进行字体大小及型号的选择。

⑤ 可将实验数据进行各种不同的回归计算，自动打印出回归方程及各种偏差。

⑥ 可将生成的图形以多种形式保存，以便在其他文件中应用。

⑦ 可使用多个坐标轴，并可对坐标轴位置、大小进行自由选择。

总之，Origin 是一个功能十分齐全的软件，对绘制实验曲线非常有用。

例如：苯（A. R.）的饱和蒸气压的测定，采用静态法测定其饱和蒸气压。液体的饱和蒸气压与温度的关系可用克拉贝龙（Clapryro）方程式来表示：

$$\frac{\mathrm{d}p}{\mathrm{d}t} = \frac{-\Delta_{\mathrm{vap}}H_{\mathrm{m}}}{T\Delta V_{\mathrm{m}}^{\mathrm{g}}}$$

设蒸气为理想气体，在实验温度范围内摩尔气化热 $\Delta_{\mathrm{vap}}H_{\mathrm{m}}$ 为常数，并略去液体的体积，可将上式积分得克-克（Clausius-Clapeyron）方程：

$$\lg p = \frac{-\Delta_{\mathrm{vap}}H_{\mathrm{m}}}{2.303RT} + C$$

式中，p 为液体在温度 T（K）时的蒸气压；C 为积分常数。

实验测得各温度下的饱和蒸气压后，以 $\ln p$ 对 $1/T$ 作图，得一直线，直线的斜率（m）为：

$$m = \frac{-\Delta_{\mathrm{vap}}H_{\mathrm{m}}}{R}$$

由此即可求得实验温度范围内液体的平均摩尔气化热 $\Delta_{\mathrm{vap}}H_{\mathrm{m}}$。

将实验数据（T，p）输入 Origin 工作表，经过几个步骤后绘制 $\ln p$-$1/T$ 曲线图（图 4-3）。

从直线斜率算出苯的平均摩尔气化热为 32.04kJ·mol^{-1}·K^{-1}，由直线求得苯的正常沸点为 79.72℃，文献值为 80.95℃，相对误差为 0.0046。

四、实验结果的数据处理

从实验所得的一系列数据最终是要得出一个物理量的实验值，或者由此找出某种规律来，这就是数据处理的任务。一般来说前者是数据的计算处理，后者是数据的作图处理。

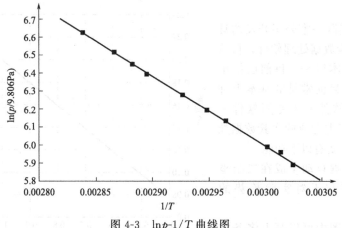

图 4-3 ln$p$-1/T 曲线图

在定量实验中，最终的计算结果应表明结果的准确范围，即应算出结果中包含的偶然误差。

对要求不太高的定量实验，一般只要重复测定 2～3 次，如果取得的值较为平行，数据平均一下，用平均值作为结果，不一定非要注意误差范围。如果表明结果的系统误差可根据所用仪器的精度进行估算，对于要求较高的实验，往往要多次重复测定，所获得的数据要经过较为严格的处理。其具体做法如下。

① 整理数据。

② 算平均值。

③ 算出各数据对平均值的偏差。

④ 算出平均绝对偏差。

⑤ 对可疑数字进行判断和剔除。实验次数 $n \geqslant 15$，凡是落在 $\overline{X} \pm \overline{d}$ 之外的数据应剔除；$5 \leqslant n \leqslant 15$ 时，凡是落在 $\overline{X} \pm 2\overline{d}$ 之外的数据应剔除。

⑥ 求出剔除坏值后所剩数据的平均值、平均偏差，计算标准偏差 s。

⑦ 真值可近似地表示为：

$$X_T = \overline{X} \pm \frac{ts}{\sqrt{n}}$$

t 值为在选定某一置信度下的概率系数，可由有关手册查得：

置信度	t 值							
	$n=2$	$n=3$	$n=4$	$n=5$	$n=8$	$n=10$	$n=21$	$n=\infty$
95%	12.706	4.303	3.182	2.776	2.365	2.262	2.086	1.960
99%	63.657	9.925	5.841	4.604	3.500	3.250	2.845	2.576
99.5%	127.32	14.089	7.453	5.598	4.029	3.690	3.153	2.807

实验 15　分析天平的使用

【实验目的】

1. 称量操作基本技能训练。

2. 了解各种称量仪器的构造和使用方法。

3. 学习准确称取物体质量的方法。

【电光分析天平的构造、使用方法和规则】

参见第二章第四节"称量仪器及其使用方法"。

【实验内容】

1. 熟悉台秤、电光分析天平和电子天平的构造和使用方法；了解感量、灵敏度等参数的测试。对照天平，认识天平的主要部件、操作要领和读数方法。掌握天平的使用规则。

2. 用电光分析天平准确称取表面皿的质量。

3. 硫酸铜晶体的准确称量

① 准确计算配制 200mL 或 250mL 0.2000mol·L^{-1}CuSO$_4$ 溶液所需 CuSO$_4$·5H$_2$O 晶体的质量。

② 分别用递减称量法、固定质量称样法准确称出所需硫酸铜晶体的质量于蜡光纸上，然后用纸将已称好的样品包好，写上班级、姓名和所称质量，交老师保存，供下次实验使用。

4. 在实验时间内，称量自己的手表或纸、笔或头发的质量，训练称量操作基本技能。

【总结讨论题】

1. 为什么要测天平的零点？天平的零点和停点有何区别？它们是怎样测定的？

2. 为了保护刀口，操作时应注意什么？下面的操作是否正确？为什么？

① 在砝码和称量物的质量悬殊很大的情况下，完全打开升降枢纽。

② 急速地关、开升降枢纽。

③ 未关闭升降枢纽就加减砝码或取下称量物。

3. 下列操作是否影响准确称量？

① 用手拿砝码。

② 不关闭天平门。

③ 被称物品吸水性很强而又未放在密闭容器内。

4. 在加减砝码过程中，标尺往哪个方向移动需要加砝码或环码？

5. 电光天平若以克为单位可称到小数点后几位？若在电光天平上称出的数值恰巧为 3.2000g，为什么不可写成 3.2g？

实验 16　化学反应焓变的测定

【实验目的】

1. 了解化学反应焓变的测定原理，学会焓变的测定方法。

2. 熟练掌握移液管和精密温度计的正确使用。

3. 学习训练作图法处理实验数据。

【实验原理】

化学反应通常是在等压条件下进行的，此时化学反应的热效应叫做等压热效应。在化学热力学中，则是用反应体系焓 H 的变化量 ΔH 来表示，简称为焓变。为了有一个统一标准，通常规定 100kPa 为标准压力，记为 $p^{\ominus}$。把体系中各固体、液体物质处于 $p^{\ominus}$ 下的纯物质、在 $p^{\ominus}$ 下表现出理想气体性质的纯气体状态称为热力学标准态。在标准态下化学反应的焓变称为化学反应的标准焓变，用 $\Delta_r H^{\ominus}$ 表示，下标"r"表示化学反应，上标"$\ominus$"表示标准状态。在实际工作中，许多重要的数据都是在 298.15K 下测定的，通常将 298.15K 下的化学反应的焓变记为 $\Delta_r H^{\ominus}$（298.15K）。

标出了热效应的化学方程式叫热化学方程式，对于放热反应，$\Delta_r H^{\ominus}$（298.15K）为"$-$"值；对于吸热反应，$\Delta_r H^{\ominus}$（298.15K）为"$+$"值。

本实验是测定固体物质锌粉和硫酸铜溶液中的铜离子发生置换反应的化学反应焓变：

$$Zn(s)+CuSO_4(aq)\!=\!=\!=\!ZnSO_4(aq)+Cu(s) \quad \Delta_r H_m^{\ominus}(298.15K)=-217kJ\cdot mol^{-1}$$

这个热化学方程式表示：在标准状态、298.15K 时，发生了一个单位的反应，即 1mol 化学反应，所以其单位为 kJ·mol^{-1}。此时的化学反应的焓变 $\Delta_r H_m^{\ominus}(298.15K)$ 称为 298.15K 时的标准摩尔焓变。

本实验中，小系统是化学反应，小环境是反应体系（包括反应溶液、反应器、搅拌器等），小系统与小环境共同构成大系统，大系统与外环境是近似绝热体系。小系统释放的能量全部被小环境所吸收。

在实验中，若已知溶液的比热容，溶液的密度、浓度，实验中所取溶液的体积和反应过程中（反应前和反应后）溶液温度的变化，便可求得上述化学反应的摩尔焓变。

溶液所吸收的热量为：
$$Q_p=mc\Delta T$$

反应焓变：
$$\Delta_r H_m^{\ominus}=-\frac{Q_p}{n_r}=-\frac{mc\Delta T}{c_{Cu^{2+}}V} \tag{1}$$

式中，m 为溶液的质量，$m=\rho V$；c 为溶液的比热容，J·K^{-1}·g^{-1}；$c_{Cu^{2+}}$ 为硫酸铜溶液的浓度，mol·L^{-1}；V 为溶液的体积，L；ΔT 为反应前后温度的变化，通过绝热校正求得。

【仪器与试剂】

仪器：天平 1 台，量热器 1 台，精密温度计（$-5\sim+50℃$，0.1℃刻度）1 支，移液管（50mL）1 支，洗耳球 1 只，移液管架 1 只。

试剂：Zn 粉（分析纯试剂），CuSO$_4$ 溶液（0.2000mol·L^{-1}）。

其他：称量纸。

CuSO$_4$（0.2000mol·L^{-1}）溶液的配制如下。

① 取比所需量稍多的分析纯级 CuSO$_4$·5H$_2$O 晶体于一干净的研钵中研细后，倒入称量瓶或蒸发皿中，再放入电热恒温干燥箱中，在低于 60℃ 的温度下烘 1~2h，取出，冷至室温，放入干燥器中备用。

② 在电光天平上准确称取研细烘干的 CuSO$_4$·5H$_2$O 晶体 9.9872g 于 1 只 250mL 的烧杯中，加入约 150mL 去离子水，用玻棒搅动使其完全溶解，再将该溶液倾入 200mL 容量瓶中，用去离子水将玻棒及烧杯洗 2~3 次，洗涤液全部注入容量瓶中，最后用去离子水稀释到刻度，摇匀。

【实验内容】

1. 本实验所用的量热器是用市售的家用小保温瓶加以改制而成的。用前先用自来水、蒸馏水依次冲洗干净后，倒置保温瓶，将瓶内水倒净。

2. 用台式天平称取 Zn 粉 3.5g。

3. 用 50mL 移液管准确移取 100.00mL CuSO$_4$（0.2000mol·L^{-1}）溶液，注入已经洗净的量热器中，盖紧盖子，并在盖中央插入 1 支 0.1℃刻度的精密温度计。

4. 双手扶正、握稳量热器的外壳，不断地摇动，每隔 0.5min 记录一次温度数值，直至量热器内 CuSO$_4$ 溶液与量热器温度达到平衡而温度计指示的数值保持恒定不变时为止（一般 3~5min）。

5. 启开量热器的盖子，迅速向 CuSO$_4$ 溶液中加入预先称量好的 Zn 粉 3.5g，立即盖紧量热器盖，平稳地摇动量热器，同时每隔 0.5min 记录一次温度计的指示数值，这样记录到温度上升至最高位置，仍连续进行测定记录，直到温度下降或不变后，再测定记录 3min，测定方可终止。

【实验数据记录与处理】

1. 反应时间与温度的变化（每 0.5min 记录一次）。

硫酸铜溶液的浓度（$mol \cdot L^{-1}$）、密度（$g \cdot cm^{-3}$），实验时室温（℃）。

反应进行的时间 t（min），温度计指示值 t（℃），温度 $T[(273.15+t)K]$。

2. 以反应时间 t（min）为横轴、温度 T 为纵轴，用坐标纸作图，并按该图所示的方法——外推法求出反应前后温度的变化 ΔT 值。

3. 从图中找出反应前后温度的变化 ΔT 值，再根据反应焓变公式（1）计算出该化学反应的摩尔焓变值。这里：$CuSO_4$ 溶液的比热容 $c = 4.18 J \cdot g^{-1} \cdot K^{-1}$，$CuSO_4$ 溶液的密度 $\rho = 1.0 g \cdot mL^{-1}$，量热器的热容忽略不计。

4. 实验误差的计算及误差产生原因的分析。

【总结讨论题】

1. 为什么本实验所用的 $CuSO_4$ 溶液的浓度和体积必须准确，而实验中所用的 Zn 粉则用台式天平称量？

2. 在计算化学反应焓变时，温度变化 ΔT 的数值为什么不采用反应前（$CuSO_4$ 溶液与 Zn 粉混合前）的平衡温度值与反应后（$CuSO_4$ 溶液与 Zn 粉混合后）的最高温度值之差，而必须采用 t-T 曲线上由外推法得到的 ΔT 值？

3. 本实验中对所用的量热器、温度计有什么要求？是否允许有残留的洗液或水在反应器内？为什么？

实验 17　凝固点降低法测定萘的摩尔质量

【实验目的】

1. 加深对稀溶液依数性的理解。

2. 掌握溶液凝固点的测量技术。

【实验原理】

固体溶剂与溶液成平衡的温度称为溶液的凝固点。含非挥发性溶质的双组分稀溶液的凝固点低于纯溶剂的凝固点。凝固点降低是稀溶液依数性质的一种表现。当确定了溶剂的种类和数量后，溶剂凝固点降低值仅取决于所含溶质分子的数目。对于理想溶液，根据相平衡条件，稀溶液的凝固点降低与溶液成分关系由范特霍夫（van't Hoff）凝固点降低公式给出：

$$\Delta T_f = \frac{R(T_f^*)^2}{\Delta_f H_m(A)} \times \frac{n_B}{n_A + n_B} \tag{1}$$

式中，ΔT_f 为凝固点降低值；T_f^* 为纯溶剂的凝固点；$\Delta_f H_m(A)$ 为摩尔凝固热；n_A 和 n_B 分别为溶剂和溶质的物质的量。当溶液浓度很稀时，$n_B \leqslant n_A$，则

$$\Delta T_f = \frac{R(T_f^*)^2}{\Delta_f H_m(A)} \times \frac{n_B}{n_A + n_B} = \frac{R(T_f^*)^2}{\Delta_f H_m(A)} \times M_A b_B = K_f b_B \tag{2}$$

式中，M_A 为溶剂的摩尔质量；b_B 为溶质的质量摩尔浓度；K_f 称为摩尔凝固点降低常数。

如果已知溶剂的凝固点降低常数 K_f，并测得此溶液的凝固点降低值 ΔT_f，以及溶剂和溶质的质量 m_A、m_B，则溶质的摩尔质量由下式求得：

$$M_B = K_f \frac{m_B}{\Delta T_f m_A} \tag{3}$$

应该注意，如果溶质在溶液中有解离、缔合、溶剂化和配合物形成等情况时，不能简单地运用公式（3）计算溶质的摩尔质量。显然，溶液凝固点降低法可用于溶液热力学性质的研

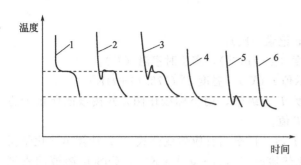

图 4-4　冷却曲线

究，例如电解质的电离度、溶质的缔合度、溶剂的渗透系数和活度系数等。

纯溶剂的凝固点是其液相和固相共存时的平衡温度。若将纯溶剂逐步冷却，理论上其冷却曲线（或称步冷曲线）应如图 4-4 曲线 1 所示。但实际过程中往往发生过冷现象，即在过冷而开始析出固体时，放出的凝固热才使体系的温度回升到平衡温度，待液体全部凝固后，温度再逐渐下降，其步冷曲线呈图 4-4 曲线 2 的形状。过冷太甚，会出现如图 4-4 曲线 3 的形状。

溶液凝固点的精确测量，难度较大。当将溶液逐步冷却时，其步冷曲线与纯溶剂不同，见图 4-4 曲线 4～6。由于溶液冷却时有部分溶剂凝固而析出，使剩余溶液的浓度逐渐增大，因而剩余溶液与溶剂固相的平衡温度也逐渐下降，出现如图 4-4 曲线 4 的形状。通常发生稍有过冷现象，则出现如图 4-4 曲线 5 的形状，此时可将温度回升的最高值近似地作为溶液的凝固点。若过冷太甚，凝固的溶剂过多，溶液的浓度变化过大，则出现图 4-4 曲线 6 的形状，测得的凝固点将偏低，影响溶质摩尔质量的测定结果。因此在测量过程中应该设法控制适当的过冷程度，一般可通过控制寒剂的温度、搅拌速度等方法来达到。

严格来说，纯溶剂和溶液的冷却曲线均应通过外推法求得凝固点 T_f^* 和 T_f。图 4-4 曲线 3 曲线应以平台段温度为准。图 4-4 曲线 6 则可以将凝固后固相的冷却曲线向上外推至与液相段相交，并以此交点温度作为凝固点。

【仪器与试剂】

仪器：凝固点测定仪 1 套，数字式贝克曼温度计 1 支，酒精温度计 1 支，移液管（25mL）1 支，1000mL 保温桶 1 只，电子天平。

试剂：环己烷（A.R.），萘（A.R.），碎冰。

【实验内容】

1. 仪器安装

按图 4-5 将凝固点测定仪安装好。凝固点管、数字式贝克曼温度计探头及搅棒均须清洁、干燥，防止搅拌时搅棒与管壁或温度计相摩擦。温度计探头顶端与凝固点管底部保持 1～1.5cm。

2. 调节寒剂的温度

调节冰、水的量，使其温度为 3.5℃左右（寒剂的温度以不低于所测溶液凝固点 3℃为宜）。实验时寒剂应经常搅拌并间断地补充少量的碎冰，使寒剂温度在测量期间基本保持不变。

3. 溶剂凝固点测定

（1）用移液管准确吸取 25mL 环己烷，加入凝固点管中，注意不要将环己烷溅在管壁上。塞紧软塞，以避免环己烷挥发。记下溶剂温度。

（2）将盛有环己烷的凝固点管直接插入寒剂中，上下移动搅拌棒，使溶剂逐步冷却，当有固体析出时，从寒剂中取出凝固点管，将管外冰水擦干，插入空气套管中，缓慢而均匀地搅拌（约每秒 1 次）。观察贝克曼温度计读数，直至温度稳定，此为环己烷的近似凝固点。

（3）取出凝固点管，用手温热之，使管中的固体完全熔化。再将凝固点管直接插入寒剂中缓慢搅拌，使溶剂较快地冷却。当溶剂温度降至高于近似凝固点 0.5℃ 时迅速取出凝固点管，擦干后插入空气套管中，并缓慢搅拌（每秒 1 次），使环己烷温度均匀地逐渐降低。当温度低于近似凝固点 0.2～0.3℃ 时应急速搅拌或加入 1 小滴环己烷晶种（防止过冷超过 0.5℃），促使固体析出。当固体析出时，温度开始上升，立即改为缓慢搅拌，连续记录温度回升后贝克曼温度计的读数，直至稳定，此即为环己烷的凝固点。重复测定 3 次，取平均值。

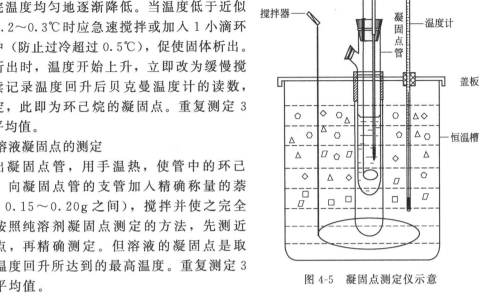

图 4-5　凝固点测定仪示意

4. 溶液凝固点的测定

取出凝固点管，用手温热，使管中的环己烷熔化。向凝固点管的支管加入精确称量的萘（质量在 0.15～0.20g 之间），搅拌并使之完全溶解。按照纯溶剂凝固点测定的方法，先测近似凝固点，再精确测定。但溶液的凝固点是取过冷后温度回升所达到的最高温度。重复测定 3 次，取平均值。

5. 实验过程中每 30s 记录 1 次温度。

【数据处理】

1. 用 $\rho_t/\text{g·mL}^{-1} = 0.7971 - 0.8879 \times 10^{-3} t/℃$ 计算室温 t 时环己烷的密度，然后算出所取体积的环己烷质量 m_A。

2. 由测定的纯溶剂及溶液凝固点 T_f^*、T_f，计算萘的摩尔质量。

3. 实验结果与文献值比较，求实验相对误差。

【教学讨论】

1. "凝固点降低法测定摩尔质量"是有近百年历史的经典实验，它不仅是一种比较简便和准确的测量溶质摩尔质量的方法，而且在溶液热力学研究和实际应用上都有重要的意义，因此迄今为止几乎所有重要的物理化学实验教科书中都有这个实验。

2. 严格而论，由于测量仪器的精密度限制，被测溶液的浓度并非符合假定的要求，此时所测得的溶质摩尔质量将随溶液浓度的不同而变化。为了获得比较准确的摩尔质量数据，常用外推法，即以所测的摩尔质量为纵坐标，以溶液浓度为横坐标，外推至溶液浓度为零时，从而得到比较准确的摩尔质量数值。

3. 本实验测量的成败关键是控制过冷程度和搅拌速度。理论上，在恒压条件下，纯溶剂体系只要两相平衡共存就可达到平衡温度。但实际上，只有固相充分分散到液相中，也就是固、液两相的接触面相当大时，平衡才能达到。如凝固点管置于空气套管中，温度不断降低，达到凝固点后，由于固相是逐渐析出的，此时若凝固热放出速率小于冷却用寒剂所吸收的热量，则体系温度将继续降低，产生过冷现象。这时应控制过冷程度，采取突然搅拌的方式，使骤然析出的大量微小结晶得以保证两相的充分接触，从而测得固、液两相共存的平衡温度。

【总结讨论题】

1. 什么叫过冷现象？为什么会产生过冷现象？

2. 当溶质在溶液中有解离、缔合、溶剂化和形成配合物时，测定的结果有何意义？

3. 估算实验测量结果的误差，说明影响测量结果的主要因素。

实验 18　纯液体饱和蒸气压的测量

【实验目的】

1. 掌握纯液体饱和蒸气压的定义和气-液两相平衡的概念。

2. 测定无水乙醇在不同温度下的饱和蒸气压，初步掌握低真空实验技术。

3. 学会用图解法求被测液体在实验温度范围内的平均摩尔气化热。

【实验原理】

在一定温度下与纯液体处于平衡状态时的蒸气压力称为该温度下的饱和蒸气压。这里的平衡状态是指动态平衡。在某一温度下，被测液体处于密闭真空容器中，液体分子从表面逃逸成蒸气，同时蒸气分子因碰撞而凝结成液相，当两者的速率相同时，就达到了动态平衡，此时气相中的蒸气密度不再改变，因而具有一定的饱和蒸气压。

液体的饱和蒸气压与温度的关系可用克拉贝龙（Clapeyron）方程式来表示：

$$\frac{\mathrm{d}p}{\mathrm{d}T}=\frac{\Delta_{\mathrm{vap}}H_{\mathrm{m}}}{T\Delta S_{\mathrm{m}}} \tag{1}$$

设蒸气为理想气体，在实验温度范围内摩尔气化热 $\Delta_{\mathrm{vap}}H_{\mathrm{m}}$ 为常数，并略去液体的体积，可将上式积分得克-克方程的不定积分形式：

$$\lg p=\frac{-\Delta_{\mathrm{vap}}H_{\mathrm{m}}}{2.303RT}+C \tag{2}$$

式中，p 为液体在温度 T 时的蒸气压；C 为积分常数。

实验测得各温度下的饱和蒸气压后，以 $\lg p$ 对 $1/T$ 作图，得一直线，直线的斜率（m）为

$$m=\frac{-\Delta_{\mathrm{vap}}H_{\mathrm{m}}}{2.303R} \tag{3}$$

由此即可求得摩尔气化热 $\Delta_{\mathrm{vap}}H_{\mathrm{m}}$。

测定液体饱和蒸气压的方法有以下三种。

① 静态法。在某一温度下直接测量饱和蒸气压。

② 动态法。在不同外界压力下测定其沸点。

③ 饱和气流法。使干燥的惰性气流通过被测物质，并使其为被测物质所饱和，然后测定所通过的气体中被测物质蒸气的含量，就可根据分压定律算出此被测物质的饱和蒸气压。

本实验采用静态法以等压计在不同温度下测定无水乙醇的饱和蒸气压，见图 4-6。平衡管由三根相连通的玻璃管 a、b 和 c 组成，a 管中储存被测液体，b 和 c 中也有相同液体在底部相连。当 a、c 管的上部纯粹是待测液体的蒸气，而 b 与 c 管中的液面在同一水平时，则表示在 c 管液面上的蒸气压与加在 b 管液面上的外压相等。此时液体的温度即为体系的气-液平衡温度，亦即沸点。在一定温度下，若小球液面上方仅有被测物质的蒸气，那么在等压管 U 形管右支液面上所受到的压力就是其蒸气压。当这个压力与等压管 U 形管左支液面上的空气的压力相平衡，等压管 U 形管两臂液面齐平时，就可从与等压管相接的压力计测出此温度下液体的饱和蒸气压。

【仪器与试剂】

仪器：蒸气压测定装置 1 套，真空泵 1 台，数字式真空计 1 台，冷却循环系统 1 套，加热磁力搅拌器 1 台。

试剂：无水乙醇（A.R.）。

【实验内容】

1. 按图 4-6 所示连接仪器，检查气密性以确保所有接口必须严密封闭。

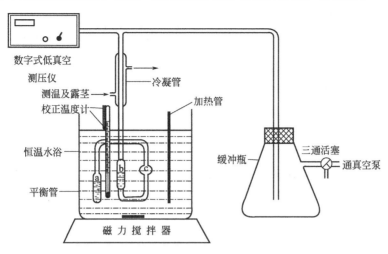

图 4-6 纯液体饱和蒸气压测定装置示意

平衡管中的液体装入：先将平衡管取下洗净，烘干，然后烤烘（可用煤气灯）a 管，赶走管内空气，速将液体自 b 管的管口灌入，冷却 a 管，液体即被吸入。反复 2～3 次，使液体灌至 a 管体积的 2/3 为宜，然后接在装置上。

2. 系统检漏。缓慢旋转三通活塞，使系统通大气。开启冷却水，接通电源，使真空泵正常运转 4～5min 后，调节活塞使系统减压（注意！旋转活塞必须用力均匀、缓慢，同时注视真空计），至余压大约为 $1 \times 10^4 Pa$ 后关闭活塞，此时系统处于真空状态。如果在数分钟内真空计示值基本不变，表明系统不漏气。若系统漏气，则应分段检查，直至不漏气才可进行下一步实验。

3. 测定不同温度下液体的饱和蒸气压。开动真空泵，控制抽气速度，使平衡管中液体温和沸腾 3～4min，使管内空气排净。然后停止抽气，通过毛细管缓缓放气入内，至等压 U 形管两侧液面等高为止，读取此时恒温槽温度及数字压力计读数。

4. 缓慢加热，连续测定 30℃、35℃、40℃、45℃时乙醇的蒸气压。在升温过程中，应经常开启旋塞，缓缓放入空气，使等压 U 形管两臂液面接近相等，当温度达到设定测量值附近时，应稳定 3min 后如实记录数据。如果在实验过程中放入空气过多时应重做。

5. 实验完后，缓缓放空气入内，至与大气压平衡为止。

【数据处理】

1. 将测得数据及计算结果列表。

2. 根据实验数据作出 $\lg p$-$1/T$ 图。

3. 计算无水乙醇在实验温度范围内的平均摩尔气化热。

【教学讨论】

1. 如果从 45℃开始实验，先进行抽气操作，就可有效地除去低沸点物质，使试样纯化，同时也可赶走吸附或溶解的空气，但降温操作不太方便。

2. 为避免抽气过程试样的损失，必须安装回流冷凝器。

【总结讨论题】

1. 克-克方程式在什么条件下才适用？

2. 在开启旋塞放空气入系统内时，放得过多应如何办？实验过程中为什么要防止空气倒灌？

    3. 在系统中安置缓冲瓶和应用毛细管放气的目的是什么？

    4. 气化热与温度有无关系？

    5. 等压管 U 形管中的液体起什么作用？冷凝器起什么作用？为什么可用液体本身作等压管 U 形管封闭液？

实验 19　双液系的气-液平衡相图

【实验目的】

1. 了解相图和相律的基本概念，绘制在 $p^\ominus$ 下环己烷-乙醇双液系的气-液平衡相图。

2. 掌握测定双组分液体的沸点及正常沸点的方法。

3. 掌握用折射率确定二元液体组成的方法。

【实验原理】

1. 气-液相图

两种液态物质混合而成的二组分体系称为双液系。两个组分若能按任意比例互相溶解，称为完全互溶双液系。液体的沸点是指液体的蒸气压与外界压力相等时的温度。在一定的外压下，纯液体的沸点有其确定值。但双液系的沸点不仅与外压有关，而且还与两种液体的相对含量有关。根据相律：自由度＝组分数－相数＋2。因此，一个气-液共存的二组分体系，其自由度为 2。只要任意再确定一个变量，整个体系的存在状态就可以用二维图形来描述。例如，在一定温度下，可以画出体系的压力 p 和组分 x 的关系图；如体系的压力确定，则可作温度 T 对 x 的关系图。这些关系图就是相图。在 T-x 相图上，还有温度、液相组成和气相组成三个变量，但只有一个自由度，一旦设定某个变量，则其他两个变量必有相应的确定值。

绝大多数实际体系与拉乌尔（Raoult）定律有一定偏差。偏差不大时，溶液的沸点仍介于两纯物质的沸点之间。但是，有些体系的偏差很大，以致其相图将出现极值。正偏差很大的体系在 T-x 图上呈现极小值，负偏差很大时则会有极大值。这样的极值称为恒沸点，其气、液两相的组成相同。

通常，测定一系列不同配比溶液的沸点及气、液两相的组成，就可绘制气-液体系的相图。压力不同时，双液系相图将略有差异。本实验要求将外压校正到 1 个标准压力（100kPa）。

2. 沸点测定仪

各种沸点测定仪的具体构造虽各有特点，但其设计思想都集中于如何正确测定沸点、便于取样分析、防止过热及避免分馏等方面。本实验所用沸点仪如图 4-7 所示。这是一只带回流冷凝管的长颈圆底烧瓶。冷凝管底部有一半球形小室，用以收集冷凝下来的气相样品。电流经变压器和粗导线通过浸于溶液中的电热丝，这样既可减少溶液沸腾时的过热现象，还能防止暴沸。小玻璃管有利于降低周围环境对温度计读数可能造成的波动。

3. 组成分析

本实验选用的环己烷和乙醇，两者折射率相差较大，而折射率测定又只需要少量样品，所以可用折射率-组成工作曲线来测得平衡体系的两相组成。

【仪器与试剂】

仪器：沸点测定仪 1 只，水银温度计（50～100℃，分度值 0.1℃）1 支，玻璃漏斗（直径 5cm）1 只，玻璃温度计（0～100℃，分度值 0.1℃）1 支，量瓶（高型）10 只，调压变压器（0.5kV·A）1 只，长滴管 10 支，数字式 Abbe 折光仪（棱镜恒温）1 台，带玻璃磨口试管（5mL）4 支，超级恒温水浴 1 台，烧杯（50mL，250mL）各 1 个。

试剂：环己烷（A.R.），丙酮（A.R.），重蒸馏水，无水乙醇（A.R.），冰。

【实验内容】

1. 工作曲线绘制

① 配制环己烷摩尔分数为 0.10、0.20、0.30、0.40、0.50、060、0.70、0.80 和 0.90 的环己烷-乙醇溶液各 10mL。计算所需环己烷和乙醇的质量，并用分析天平准确称取。为避免样品挥发带来的误差，称量应尽可能迅速。各个溶液的确切组成可按实际称样结果精确计算。

② 调节超级恒温水浴温度，使阿贝折光仪上的温度计读数保持在某一定值。分别测定上述 9 个溶液以及乙醇和环己烷的折射率。为适应季节的变化，可选择若干个温度进行测定，通常可为 25℃、35℃等。

③ 用较大的坐标纸绘制若干条不同温度下的折射率-组成工作曲线。

2. 安装沸点仪

根据图 4-7 所示，将已洗净、干燥的沸点仪安装

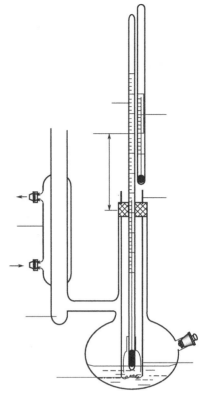

图 4-7　沸点测定仪示意

好。检查带有温度计的软木塞是否塞紧。电热丝要靠近烧瓶底部的中心。温度计水银球的位置应处在支管之下，但至少要高于电热丝 2cm。

3. 测定无水乙醇的沸点

借助玻璃漏斗由支管加入无水乙醇使液面达到温度计水银球的中部。注意电热丝应完全浸没于溶液中。打开冷却水，接通电源。用调压变压器由零开始逐渐加大电压，使溶液缓慢加热。液体沸腾后，再调节电压和冷却水流量，使蒸气在冷凝管中回流的高度保持在 1.5cm 左右。测温温度计的读数稳定后应再维持 3～5min，以使体系达到平衡。在这过程中，不时将小球中凝聚的液体倾入烧瓶。记下温度计的读数和环境温度，并记录大气压力。

4. 取样并测定

切断电源，停止加热。用盛有冰水的 250mL 烧杯套在沸点仪底部使体系冷却。用干燥滴管自冷凝管口伸入小球，吸取其中全部冷凝液。用另一支干燥滴管由支管吸取圆底烧瓶内的溶液约 1mL。上述两者即可认为是体系平衡时气、液两相的样品。样品可以分别储存在带磨口塞的试管中。试管应放在盛有冰水的小烧杯内，以防样品挥发。样品的转移要迅速，并应尽早测定其折射率。操作熟练后，也可将样品直接滴在折光仪毛玻璃上进行测定。最后，将溶液倒入指定的储液瓶。

5. 环己烷-乙醇系列溶液以及环己烷的测定

按上述所述步骤逐一分别测定各溶液的沸点及两相样品的折射率。如操作正确，系列溶液可回收供其他同学使用；测定后沸点仪也不必干燥。

测定环己烷前，必须将沸点仪洗净并充分干燥。

6. 用所测实验原始数据绘制沸点-组成图

与文献值比较后决定是否有必要重新测定某些数据。

【数据处理】

1. 沸点温度校正

(1) 正常沸点。

在外压 101.325kPa 下测得的沸点称为正常沸点。通常外界压力并不恰好等于 101.325kPa，因此应对实验测得值作压力校正。校正公式系从特鲁顿（Trouton）规则及克劳修斯-克拉贝龙（Clausius-Clapeyron）方程推导而得。

$$\Delta t_{压}/℃ = \frac{(273.15 + t_A/℃)}{10} \times \frac{(101325 - p/Pa)}{101325} \tag{1}$$

(2) 温度露茎校正。

在作精密的温度测量时，需对温度计读数作校正。除了温度计的零点和刻度误差等因素外，还应作露茎校正，这是由于玻璃水银温度计未能完全置于被测体系而引起的。根据玻璃与水银膨胀系数的差异，校正值计算式为：

$$\Delta t_{露} = 1.6 \times 10^{-4} h(t_A - t_B) \tag{2}$$

式中，t_B 为露茎部位的温度值；h 为露出在体系外的水银柱长度，即图 4-7 中温度计的观测值与沸点仪软木塞处温度计读数之差，并以温度差值作为长度单位。

(3) 经校正后的体系正常沸点应为

$$t_{沸} = t_A + \Delta t_{压} + \Delta t_{露} \tag{3}$$

(4) 根据乙醇和环己烷的沸点判断是否需对温度计零点和刻度作校正。

2. 未知溶液的组成

根据折光仪的工作温度，从对应的折射率-组成工作曲线中查得。将乙醇、环己烷以及系列溶液的沸点和气、液两相组成列表，并绘制环己烷-乙醇的温度-组成相图。从图上可以确定最低恒沸点和恒沸物的组成。

3. 文献值

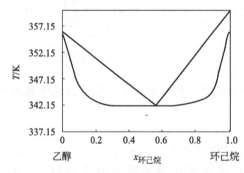

图 4-8 环己烷-乙醇体系的温度-组成相图

(1) 环己烷-乙醇体系的温度-组成相图（图 4-8）。

(2) 101.325kPa 压力下的恒沸点数据（表 4-3）。

表 4-3 标准压力下环己烷-乙醇体系的相图的恒沸点数据

沸点/℃	乙醇质量分数/%	$x_{环己烷}$	沸点/℃	乙醇质量分数/%	$x_{环己烷}$
64.9	40	—	64.8	31.4	0.545
64.8	29.2	0.570	64.9	30.5	0.555

(3) 环己烷-乙醇体系的折射率-组成关系（表 4-4、图 4-9）。

表 4-4 25℃环己烷-乙醇体系的折射率-组成关系

$x_{乙醇}$	$x_{环己烷}$	n_D^{25}	$x_{乙醇}$	$x_{环己烷}$	n_D^{25}
1.00	0.0	1.35935	0.4016	0.5984	1.40342
0.8992	0.1008	1.36867	0.2987	0.7013	1.40890
0.7948	0.2052	1.37766	0.2050	0.7950	1.41356
0.7089	0.2911	1.38412	0.1030	0.8970	1.41855
0.5941	0.4059	1.39216	0.00	1.00	1.42338
0.4983	0.5017	1.39836			

【教学讨论】

1. 沸点测定仪

仪器的设计必须便于沸点和气、液两相组成的测定。蒸气冷凝部分的设计是关键之一。若收集冷凝液的凹形半球容积过大，在客观上即造成溶液的分馏；过小则会因取样太少而给测定带来一定困难。连接冷凝管和圆底烧瓶之间的管过短或者位置过低，沸腾的液体就有可能溅入小球内；反之则易导致沸点较高的组分先被冷凝下来，结果使气相样品组成有偏差。在化工实验中，可用罗斯（Rose）平衡釜测得平衡时的温度及气、液相组成数据，效果较好。

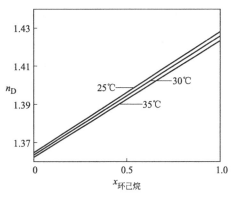

图 4-9 环己烷-乙醇体系的折射率-组成
工作曲线

2. 组成测定

可以用相对密度或其他方法进行测定，但折射率的测定方法快速、简单，特别是所需样品较少，对本实验特别合适。不过，如操作不当，误差比较大。通常需重复测定三次。应该指出，在环己烷含量较高的部分，折射率随组成的变化率极小，实验误差将略大。

3. 气-液相图的实用意义

只有掌握了气-液相图，才有可能利用蒸馏方法来使液体混合物有效分离。在石油工业和溶剂、试剂的生产过程中，常利用气-液相图来指导并控制分馏、精馏的操作条件。在一定压力下的恒沸物组成恒定。利用恒沸点盐酸可以配制容量分析用的标准酸溶液。

【总结讨论题】

1. 在测定恒沸点时，溶液过热或出现分馏现象，将使给出的相图图形发生什么变化？如何防止？

2. 如何判断气-液已达到平衡状态？

3. 为什么工业上常生产95％酒精？只用精馏含水酒精的方法是否可能获得无水酒精？

实验 20 测绘锡-铋二组分合金相图

【实验目的】

用热分析法测绘锡-铋合金相图。

【实验原理】

金属的熔点组成图是根据不同组成的合金的冷却曲线求得的。将一种合金或金属熔融后，使之逐渐冷却，每隔一定时间记录一次温度，表示温度与时间的关系曲线称为冷却曲线或步冷曲线（如图 4-10）。当熔融系统在均匀冷却过程中没有相的变化，其将连续均匀下降，得到一条平滑的冷却曲线；如在冷却过程中发生了相变，则因放出相变热，使热损失有所抵偿，冷却曲线就会出现转折或水平线段，转折点所对应的温度即为该组成合金的相变温度。

热分析法是相图绘制工作中常用的一种实验方法。按一定比例配成均匀的液相体系，让它缓慢冷却，以体系温度对时间

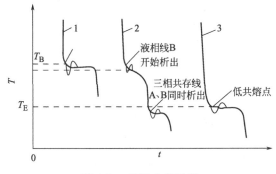

图 4-10 步冷曲线示意

作图，则为步冷曲线。曲线的转折点表征了某一温度下发生相变的信息。由体系的组成和相变点的温度作为 T-x 图上的一个点，众多实验点的合理连接就成了相图上的一些相线，并构成若干相区。这就是用热分析法绘制固-液相图的概要。

图 4-10 标示了三个组成相应的步冷曲线。曲线 1 表示，将纯 B 液体冷却至 T_B 时，体系温度将保持恒定，直到样品完全凝固。曲线上出现一个水平段后再继续下降。在一定压力下，单组分的两相平衡体系自由度为零，T_B 是定值。曲线 3 具有低共熔物的成分。该液体冷却时，情况与纯 B 体系相似。与曲线 1 相比，其组分数由 1 变为 2，但析出的固相数也由 1 变为 2。所以，T_E 也是定值。

曲线 2 代表了上述两组成之间的情况。设把一个组成为 x_1 的液相冷却至 T_1，即有 B 的固相析出。与前两种情况不同，这时体系还有一个自由度，温度将可继续下降。不过，由于 B 的凝固所释放的热效应将使该曲线的斜率明显变小，在 T_1 处出现一个转折。

用热分析法测绘相图时，被测系统必须时时处于或接近相平衡状态，因此系统的冷却速度必须足够慢才能得到较好的结果。Sn-Bi 合金相图还不属简单低共熔类型，当含 Sn 85％ 以上即出现固熔体。因此用本实验的方法还不能作出完整的相图。

【仪器与试剂】

仪器：WCY-SJ 程序升降温控制仪 1 台，KWL-08 升降温电炉 1 台，不锈钢试样管 5 支。

试剂：纯锡（A. R.），纯铋（A. R.）

【实验内容】

1. 配制样品：用精度为 0.1g 的台秤分别配制含 Bi 量为 100％、30％、58％、80％、0 的 Sn-Bi 混合物各 100g，混合均匀后分别放入 5 个试管中。

2. 组装仪器并仔细阅读仪器说明书，对照仪器进行试操作，熟悉仪器的性能及注意事项。

3. 将装入样品的试样管放入 KWL-08 升降温炉中加热，并调整 WCY-SJ 程序升降温度控制仪的温度设定。

4. 温度设定在 95～105℃ 范围（因为 KWL-08 升降温电炉的功率比较大，热冲大，如果温度设定过高，结果就会造成降温速度慢，增加了实验时间或造成仪器超过测量极限，损坏仪器）。余热会使试样管加热到 320～350℃。

5. 当温度降到 300℃ 时，设定记录间隔时间 30s，记录到 115℃ 为止。

【数据处理】

1. 以实验数据温度-时间作冷却曲线图。

2. 以横坐标表示组成、纵坐标表示温度，作出 Sn-Bi 二组分合金相图。

【教学讨论】

1. 从合金相图可以看出各成分合金的结晶过程，它在各个温度下所处的状态，以及冷却后所得到的结构。根据状态图还可对合金的性质进行分析。

2. 本实验的关键是要控制好冷却速度。每次熔化后要将合金搅拌均匀。要防止合金氧化变质。

【总结讨论题】

1. 金属熔融体冷却时冷却曲线上为什么会出现转折点？纯金属、低共熔金属及其合金等的转折点各有几个？曲线形状为何不同？

2. 热电偶测量温度的原理是什么？为什么要保持冷端温度恒定？如何保持恒定？

3. 如果合金组成进入固熔体区（相图中 Sn 含 85％ 以上），步冷却曲线是什么形状？

<h2>实验 21　萘燃烧热的测定</h2>

【实验目的】

1. 掌握燃烧热的定义，了解恒压燃烧热与恒容燃烧热的差别及相互关系。

2. 熟悉热量计主要部件的原理和作用，掌握氧弹热量计的实验技术。

3. 用氧弹热量计测定萘的摩尔燃烧热。

4. 学会雷诺图解法，校正温度改变值。

【实验原理】

在适当的条件下，许多有机物都能迅速完全地进行氧化反应，这就为准确测定它们的燃烧热创造了有利条件。根据热化学的定义，1mol 物质完全氧化时的反应热称作燃烧热。

量热法是热力学的一种基本实验方法。在恒容或恒压条件下可以分别测得恒容燃烧热 Q_V 和恒压燃烧热 Q_p。由热力学第一定律可知，Q_V 等于其内能变化 ΔU，Q_p 等于其焓变 ΔH。若把参加反应的气体和反应生成的气体都作为理想气体处理，则它们之间存在以下关系：

$$\Delta H = \Delta U + \Delta(pV) \tag{1}$$
$$Q_p = Q_V + \Delta nRT \tag{2}$$

式中，Δn 为反应前后反应物和生成物中气体的物质的量之差；R 为摩尔气体常数；T 为反应时的热力学温度。

为了使被测物质能迅速而完全地燃烧，需要有强有力的氧化剂。在实验中经常使用压力为 $2.5 \sim 3$MPa 的氧气作为氧化剂。本实验所用的氧弹热量计是一种环境恒温式的热量计（图 4-11），氧弹（图 4-12）放置在装有一定量水的铜水桶中，水桶外是空气隔热层，再外面是温度恒定的水夹套。样品在体积固定的氧弹中燃烧放出的热、引火丝燃烧放出的热和由氧气中微量的氮气氧化成硝酸的生成热，大部分被水桶中的水吸收，另一部分则被氧弹、水桶、搅拌器及温度计等吸收。

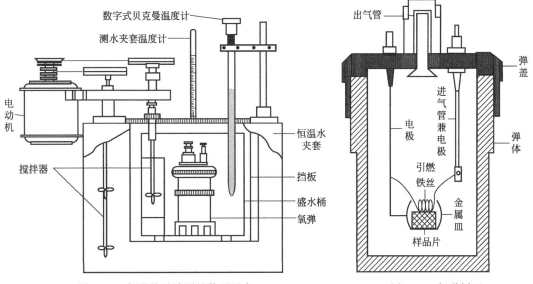

图 4-11　氧弹热量计测量装置示意　　　　　图 4-12　氧弹剖面

在量热计与环境没有热交换的情况下，可写出如下的热量平衡式：

$$-Q_V a - qb + 5.98c = Wh \Delta t + c_{总} \Delta t \tag{3}$$

式中，Q_V 为被测物质的定容热值，$J \cdot g^{-1}$；a 为被测物质的质量，g；q 为引火丝的热值，$J \cdot g^{-1}$（铁丝为$-6694 J \cdot g^{-1}$）；b为烧掉了的引火丝的质量，g；5.98为硝酸生成热为$-5983 J \cdot mol^{-1}$，c为消耗$0.0100 mol \cdot L^{-1}$ NaOH溶液的毫升数；W为水桶中水的质量，g；h为水的比热容，$J \cdot g^{-1} \cdot K^{-1}$；$c_{总}$为氧弹、水桶等的总比热容，$J \cdot K^{-1}$；$\Delta t$为与环境无热交换时的真实温差。

如在实验时保持水桶中水量一定，把式(3)右端常数合并，得到下式：

$$-Q_v a - qb + 5.98c = K\Delta t \tag{4}$$

式中，K称为量热计常数，$J \cdot K^{-1}$。

实际上，氧弹式量热计不是严格的绝热系统，加之由于传热速度的限制，燃烧后由最低温度达到最高温度需一定的时间，在这段时间里系统与环境难免发生热交换，因而从温度计上读得的温差就不是真实的温差Δt。为此，必须对读得的温差进行校正。

当热量计与周围环境存在热交换时，对温差的校正可用雷诺（Renolds）温度校正图校正。具体方法为：称取适量待测物质，估计其燃烧后可使水温上升$1.5 \sim 2.0 ℃$。预先调节

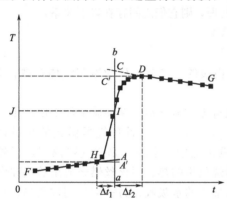

图4-13 水温-时间曲线

水温使其低于室温$1.0 ℃$左右。按操作步骤进行测定，将燃烧前后观察所得的一系列水温和时间关系作图。可得如图4-13所示的曲线。图中H点意味着燃烧开始，热量传入介质；D点为观察到的最高温度值；从相当于室温的J点作水平线，交曲线于I，过I点作垂线ab，再将FH线和GD线分别延长并交ab线于A、C两点，其间的温度差值即为经过校正的ΔT。图中AA'为开始燃烧到体系温度上升至室温这一段时间Δt_1内由环境辐射和搅拌引进的能量所造成的升温，故应予以扣除。CC'是由室温升高到最高点D这一段时间Δt_2内量热计因环境的热漏造成的温度降低，计算时必须考虑在内。故可认为，AC两点的差值较客观地表示了样品燃烧引起的升温数值。

【仪器与试剂】

仪器：GR-3500型氧弹量热计1台，电子天平1台，压片机2台，数字精密温度测量仪1台，氧气钢瓶1只，引火丝，棉纱，药物天平。

试剂：苯甲酸（标准物），萘（A. R.）。

【实验内容】

1. 量热计常数的测定

① 用洁净布擦净压片机模具，在台式天平上称约1g苯甲酸，加入已准确称量的棉线进行压片（为了容易点燃，也可取一段已称好质量的棉纱压在样片中。棉纱热值为$-17.5 J \cdot g^{-1}$，需扣除）。样片若被污染，可用小刀刮净，然后在干净的玻璃板上敲击$2 \sim 3$次，再在分析天平上准确称量。

② 拧开氧弹盖，将盖放在专用架上，装好专用的不锈钢烧杯。

③ 将已准确称重的引火丝（长10cm左右）穿过棉线圈，然后将两端缠在引火电极上，使药片悬在坩埚上方。

用万用表检查两电极是否通路，若通，盖好氧弹盖并拧紧，关好出气口，拧下进气管上的螺钉，换接上导气管的螺钉，导气管的另一端与氧气钢瓶上的氧气减压阀连接。打开钢瓶上的阀门及减压阀缓缓进气。当气压达$2.0 \sim 2.5 MPa$，充气不少于2min后，关闭减压阀门，拧下氧弹上导气管的螺钉，把原来的螺钉装上，再用万用表检查氧弹上导电的两极是否

通路，若不通，则需放出氧气，打开氧弹盖进行检查。

④ 给量热计外水夹套中装入自来水。用容量瓶准确量 3L 自来水装入干净的不锈钢水桶中，水温应较夹套水温低 0.5℃左右。用手扳动搅拌器，检查桨叶是否与器壁相碰。在两极上接上点火导线，盖好盖子，开动搅拌器。

⑤ 搅拌下待温度变化基本稳定后，开始读点火前最初阶段的温度，每隔半分钟读 1 次，共 10 个间隔。读数完毕，立即按电钮点火（此时温度上升较快；若温度基本不变，说明点火失败，停止实验，排出氧气，检查点火丝缠绕得是否牢固），继续每半分钟读 1 次温度，至温度升到最高点开始下降后，再读取最后阶段的 10 次读数，便可停止实验。

⑥ 关闭搅拌器，先打开量热计盖，再取下电极，取出氧弹并擦干，打开放气阀门缓缓放气。放完气后，打开氧弹盖检查燃烧是否完全。若弹内有炭黑或未燃烧的试样时，则应认为实验失败；若燃烧完全，则将燃烧后剩下的引火丝在分析天平上称量。对非精密测定，可不考虑氧气中所含氮气的燃烧值。

2. 萘（或其他样品）燃烧热的测定。

在台秤上称取 1.0～1.1g 萘进行压片，其余操作与上相同。

【数据处理】

1. 苯甲酸的燃烧热值为 $-3226.9 \text{kJ} \cdot \text{mol}^{-1}$，引燃铁丝的燃烧热值为 $-6.7 \text{kJ} \cdot \text{g}^{-1}$，助燃棉线的燃烧热值为 $-17.5 \text{kJ} \cdot \text{g}^{-1}$。

2. 作苯甲酸和萘燃烧的雷诺温度校正图，由 ΔT 计算水当量和萘的恒容燃烧热 Q_v，并计算其恒压燃烧热 Q_p。

3. 文献值（表 4-5）

表 4-5　文献值

物　　质	恒压燃烧焓			测定条件
	/(kcal · mol⁻¹)	/(kJ · mol⁻¹)	/(J · g⁻¹)	
苯甲酸	−771.24	−3226.9	−26460	$p^{\ominus}$,20℃
蔗糖	−1348.7	−5643	−16486	$p^{\ominus}$,25℃
萘	−1231.8	−5153.8	−40205	$p^{\ominus}$,25℃

【教学讨论】

1. 固体可燃物（如煤、蔗糖、淀粉等）也可作为实验的试样。高沸点液体可直接放在坩埚中测定；低沸点液体可密封于玻泡中，再将玻泡置于小片苯甲酸上，使其烧裂后引燃。有的液体也可装于药用胶囊中引燃，计算试样热值时，胶囊放出的热扣除（胶囊热值需单独测定）。

2. 为减少硝酸生成量，可用一定量的氧气置换出氧弹中的空气，再按规定充氧。

【总结讨论题】

1. 使用氧气钢瓶及氧气减压阀时，应注意哪些规则？

2. 写出样品燃烧过程的反应方程式。如何根据实验测得的 Q_V 求出 $\Delta_c H_m^{\ominus}$？

3. 为什么要测定真实温差？如何测定真实温差？还有哪些误差来源会影响测量结果？

实验 22　原电池电动势的测定及其应用

【实验目的】

1. 测定 Zn-Cu 电池的电动势和 Cu、Zn 电极的电极电势。

2. 学会一些电极的制备和处理方法。

3. 掌握直流电位差计的测量原理和正确使用方法。

【实验原理】

原电池由正、负两极和电解质组成。电池在放电过程中，正极上发生还原反应，负极上发生氧化反应，电池反应是电池中所有反应的总和。

电池除可用作电源外，还可用它来研究构成此电池的化学反应的热力学性质。从化学热力学得知，在恒温、恒压、可逆条件下，电池反应有以下关系：

$$\Delta_r G_m = -nFE \tag{1}$$

式中，$\Delta_r G_m$ 是电池反应的吉布斯自由能增量；n 为电极反应中电子得失数；F 为法拉第常数；E 为电池的电动势。

从式中可知，测得电池的电动势 E 后，便可求得 $\Delta_r G_m$，进而又可求得其他热力学参数。但须注意，首先要求被测电池反应本身是可逆的，即要求电池的电极反应是可逆的，并且不存在不可逆的液接界。同时要求电池必须在可逆情况下工作，即放电和充电过程都必须在准平衡状态下进行，此时只允许有无限小的电流通过电池。因此，在用电化学方法研究化学反应的热力学性质时，所设计的电池应尽量避免出现液接界，在精确度要求不高的测量中常用"盐桥"来减小液接界电势。

为了使电池在接近热力学可逆条件下进行，一般均采用电位差计测量电池的电动势。原电池电动势主要是两个电极的电极电势的代数和，如能分别测定出两个电极的电势，就可计算得到由它们组成的电池电动势。由式(1) 可推导出电池电动势以及电极电势的表达式。下面以锌-铜电池为例进行分析。

电池表示式为：$Zn \mid ZnSO_4(b_1) \parallel CuSO_4(b_2) \mid Cu$

符号"$\mid$"代表固相（Zn 或 Cu）和液相（$ZnSO_4$ 或 $CuSO_4$）两相界面；"$\parallel$"代表连通两个液相的"盐桥"；b_1 和 b_2 分别为 $ZnSO_4$ 和 $CuSO_4$ 的质量摩尔浓度。

当电池放电时：

负极起氧化反应 $\qquad Zn \longrightarrow Zn^{2+}[a(Zn^{2+})] + 2e$

正极起还原反应 $\qquad Cu^{2+}[a(Cu^{2+})] + 2e \longrightarrow Cu$

电池总反应为 $\qquad Zn + Cu^{2+}[a(Cu^{2+})] \longrightarrow Zn^{2+}[a(Zn^{2+})] + Cu$

电池反应的吉布斯自由能变化值为

$$\Delta_r G = \Delta_r G_m^\ominus + RT\ln\frac{a(Zn^{2+})a(Cu)}{a(Zn)a(Cu^{2+})} \tag{2}$$

式中，$\Delta_r G_m^\ominus$ 为标准态时自由能的变化值；a 为物质的活度，纯固体物质的活度为1，则有

$$a(Zn) = a(Cu) = 1 \tag{3}$$

在标准态时，$a(Zn^{2+}) = a(Cu^{2+}) = 1$，则有

$$\Delta_r G = \Delta_r G_m^\ominus = -nFE^\ominus \tag{4}$$

式中，$E^\ominus$ 为电池的标准电动势。

由式(1)~式(4) 可解得

$$E = E^\ominus + \frac{RT}{nF}\ln\frac{a(Zn^{2+})}{a(Cu^{2+})} \tag{5}$$

对于任一电池，其电动势等于两个电极电势之差，其计算式为

$$E = \varphi_+(右,还原电势) - \varphi_-(左,还原电势) \tag{6}$$

对锌-铜电池而言：

$$\varphi_+ = \varphi_{Cu^{2+}/Cu}^\ominus - \frac{RT}{2F}\ln\frac{1}{a(Cu^{2+})} \tag{7}$$

$$\varphi_- = \varphi_{Zn^{2+}/Zn}^\ominus - \frac{RT}{2F}\ln\frac{1}{a(Zn^{2+})} \tag{8}$$

式中，$\varphi_+ = \varphi_{Cu^{2+}/Cu}^{\ominus}$ 和 $\varphi_- = \varphi_{Zn^{2+}/Zn}^{\ominus}$ 是当 $a(Zn^{2+}) = a(Cu^{2+}) = 1$ 时铜电极和锌电极的标准电极电势。

对于单个离子，其活度是无法测定的，但强电解质的活度与物质的平均质量摩尔浓度和平均活度系数之间有以下关系：

$$a(Zn^{2+}) = \gamma_{\pm} b_1 \qquad\qquad (9)$$
$$a(Cu^{2+}) = \gamma_{\pm} b_2 \qquad\qquad (10)$$

式中，$\gamma_{\pm}$ 是离子的平均离子活度系数。其数值大小与物质浓度、离子的种类、实验温度等因素有关。

在电化学中，电极电势的绝对值至今无法测定。在实际测量中是以某一电极的电极电势作为零标准，然后将其他的电极（被研究电极）与它组成电池，测量其间的电动势，则该电动势即为该被测电极的电动势。被测电极在电池中的正、负极性，可由它与零标准电极两者的还原电势比较而确定。通常将氢电极在氢气压力为 101325Pa、溶液中氢离子活度为 1 时的电极电势规定为零伏，称为标准氢电极，然后与其他被测电极进行比较。

由于使用标准氢电极不方便，在实际测定时往往采用第二级的标准电极。甘汞电极（SCE）是其中最常用的一种。这些电极与标准氢电极比较而得到的电势已精确测出。

以上所讨论的电池是在电池总反应中发生了化学变化，因而被称为化学电池。还有一类电池叫做浓差电池，这种电池在净作用过程中仅仅是一种物质从高浓度（或高压力）状态向低浓度（或低压力）状态转移，从而产生电动势，而这种电池的标准电动势 $E^{\ominus}$ 等于 0V。

例如电池 $Cu|CuSO_4(0.01 mol \cdot L^{-1}) \| CuSO_4(0.1 mol \cdot L^{-1})|Cu$ 就是浓差电池的一种。

电池电动势的测量工作必须在电池处于可逆条件下进行，因此根据对消法原理（在外电路上加一个方向相反而电动势几乎相等的电池）设计了一种电位差计，以满足测量工作的要求。必须指出，电极电势的大小不仅与电极种类、溶液浓度有关，而且与温度有关。本实验是在实验温度下测得的电极电势 φ_T，由式(7) 和式(8) 计算 $\varphi_T^{\ominus}$。为了方便起见，可采用下式求出 298K 时的标准电极电势 $\varphi_{298}^{\ominus}$：

$$\varphi_T^{\ominus} = \varphi_{298}^{\ominus} + \alpha(T - 298) + 1/2\beta(T - 298)^2$$

式中，α、β 为电池电极的温度系数。对 Zn-Cu 电池来说：

铜电极（Cu^{2+}/Cu），$\alpha = -0.000016 V \cdot K^{-1}$，$\beta = 0$

锌电极 [$Zn^{2+}/Zn(Hg)$]，$\alpha = 0.0001 V \cdot K^{-1}$，$\beta = 0.62 \times 10^{-6} V \cdot K^{-2}$

【仪器与试剂】

仪器 UJ-25 型电位差计，数字式电位差计，标准电池，针筒，检流计，毫安表，电池（3V），电极架，电镀装置。

试剂：饱和甘汞电极，镀铜溶液，饱和硝酸亚汞，电极管，硫酸锌（A.R.）铜、锌、银、铂电极，硫酸铜（A.R.），氯化钾（A.R.），$0.1 mol \cdot L^{-1}$ HCl。

【实验内容】

1. 电极制备

(1) 银/氯化银电极　取一段直径为 1mm 的纯银丝，先用丙酮洗去表面的油污，在 $3 mol \cdot L^{-1}$ HNO_3 溶液中浸蚀一下，再用蒸馏水洗净其表面，然后放入含有 $0.1 mol \cdot L^{-1}$ HCl 溶液的 50mL 烧杯中（银丝浸入溶液约 3cm，进行恒电流阳极氧化，装置如图 4-14 所示，须注意电源的极性），用铂丝作阴极，所用阳极电流密度约为 $0.4 mA \cdot cm^{-2}$，时间为 30min。氧化后的 Ag/AgCl 丝呈紫褐色，用蒸馏水洗净电极表面后放入盛有饱和 KCl 与饱和 AgCl 溶液的玻璃电极管中，然后将电极浸泡在饱和 KCl 溶液中备用。

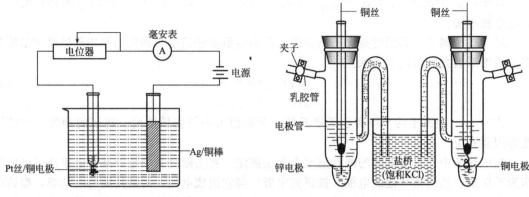

图 4-14　制备电极的镀银/铜装置　　　　　　图 4-15　电池装置示意

（2）锌电极　用 $6mol \cdot L^{-1}$ 硫酸浸洗锌电极以除去表面上的氧化层，取出后用水洗涤，再用蒸馏水淋洗，然后放入含有饱和硝酸亚汞溶液和棉花的烧杯中，在棉花上摩擦 $3 \sim 5s$，使锌电极表面上形成一层均匀的锌汞齐，再用蒸馏水淋洗。把处理好的锌电极插入清洁的电极管内并塞紧，将电极管的虹吸管管口插入盛有 $0.1mol \cdot L^{-1}$ $ZnSO_4$。溶液的小烧杯内，用针管或吸气球自支管抽气，将溶液吸入电极管至高出电极约 $1cm$，停止抽气，旋紧夹子。电极的虹吸管内（包括管口）不可有气泡，也不能有漏液现象。

（3）铜电极　将铜电极在 $6mol \cdot L^{-1}$ 硝酸溶液内浸洗，除去氧化层和杂物，然后用水淋洗。将铜电极置于电镀烧杯中作阴极，另取一个经清洁处理的铜棒作阳极，进行电镀，电流密度控制在 $10mA \cdot cm^{-2}$ 为宜。其电镀装置如图 4-14 所示，电镀 $1h$。由于铜表面极易氧化，故须在测量前进行电镀，且尽量使铜电极在空气中暴露的时间少一些。装配铜电极的方法与锌电极相同。

2. 电池组合

按图 4-15 所示，将饱和 KCl 溶液注入 $50mL$ 小烧杯内作为盐桥，将上面制备的锌电极的虹吸管置于小烧杯内并与 KCl 溶液接触，再放入饱和甘汞电极，即成下列电池：

$Zn | ZnSO_4(0.1000mol \cdot L^{-1}) \| KCl(饱和) | Hg_2Cl_2 | Ag$

同法分别组成下列电池进行测量：

$Zn | ZnSO_4(0.1000mol \cdot L^{-1}) \| KCl(饱和) | AgCl | Ag$

$Hg | Hg_2Cl_2 | KCl(饱和) \| CuSO_4(0.1000mol \cdot L^{-1}) | Cu$

$Ag | AgCl | KCl(饱和) \| CuSO_4(0.1000mol \cdot L^{-1}) | Cu$

$Zn | ZnSO_4(0.1000mol \cdot L^{-1}) \| CuSO_4(0.1000mol \cdot L^{-1}) | Cu$

$Cu | CuSO_4(0.0100mol \cdot L^{-1}) \| CuSO_4(0.1000mol \cdot L^{-1}) | Cu$

3. 电动势测定

（1）按照电位差计电路图，接好电动势测量线路。

（2）根据标准电池的温度系数，计算实验温度下的标准电池电动势。以此对电位差计进行标定。

（3）用电位差计测定以上 6 个电池的电动势。

【数据处理】

1. 根据饱和甘汞电极的电极电势温度校正公式，计算实验温度下的电极电势：

$$\varphi_{SCE}/V = 0.2415 - 7.61 \times 10^{-4}(T/K - 298) \tag{1}$$

2. 根据测定的各电池的电动势，分别计算铜、锌电极的 φ_T、$\varphi_T^{\ominus}$、$\varphi_{298}^{\ominus}$。

3. 根据有关公式计算 Zn-Cu 电池的理论电动势 $E_{理}$，并与实验值 $E_{实}$ 进行比较。

4. 有关文献数据（表 4-6）。

表 4-6 Zn、Cu 电极的温度系数及标准电极电势

电极	电极反应	$\alpha \times 10^3/\text{V} \cdot \text{K}^{-1}$	$\beta \times 10^3/\text{V} \cdot \text{K}^{-1}$	$\varphi_{298}^{\ominus}/\text{V}$
Cu^{2+}/Cu	$Cu^{2+}+2e \longrightarrow Cu$	-0.016	—	0.3419
$Zn^{2+}/Zn(Hg)$	$(Hg)Zn^{2+}+2e^- \longrightarrow Zn(Hg)$	0.100	0.62	-0.7627

【教学讨论】

1. 电动势的测量方法在物理化学研究工作中具有重要的实际意义，通过电池电动势的测量可以获得氧化-还原体系的许多热力学数据，如平衡常数、电解质活度及活度系数、离解常数、溶解度、配合物稳定常数、酸碱度以及某些热力学函数改变量等。

2. 电动势的测量方法属于平衡测量，在测量过程中尽可能做到在可逆条件下进行。为此应注意以下几点。

① 测量前可根据电化学基本知识初步估算一下被测电池的电动势大小，以便在测量时能迅速找到平衡点，这样可避免电极极化。

② 要选择最佳实验条件，使电极处于平衡状态。制备锌电极要锌汞齐化，成为 Zn(Hg)，而不直接用锌棒。因为锌棒中不可避免地会含有其他金属杂质，在溶液中本身会成为微电池，锌电极电势较低（$-0.7627V$），在溶液中氢离子会在锌的杂质（金属）上放电，且锌是较活泼的金属，易被氧化。如果直接用锌棒做电极，将严重影响测量结果的准确度。锌汞齐化能使锌溶解于汞中，或者说锌原子扩散在惰性金属汞中，处于饱和的平衡状态，此时锌的活度仍等于1，氢在汞上的超电势较大，在该实验条件下不会释放出氢气。所以汞齐化后，锌电极易建立平衡。制备铜电极也应注意：电镀前，铜电极基材表面要求平整清洁；电镀时，电流密度不宜过大，一般控制在 $20mA \cdot cm^{-2}$ 左右，以保证镀层紧密；电镀后，电极不宜在空气中暴露时间过长，否则会使镀层氧化，应尽快洗净，置于电极管中，用溶液浸没，并超出 1cm 左右，同时尽快进行测量。

③ 为了判断所测量的电动势是否为平衡电势，一般应在 15min 左右的时间内，等间隔地测量 7~8 个数据。若这些数据是在平均值附近摆动，偏差小于 $\pm 0.5mV$，则可认为已达平衡，并取最后 3 个数据的平均值作为该电池的电动势。

④ 前面已讲到必须要求电池可逆，并且要求电池在可逆的情况下工作。但严格说来，本实验测定的并不是可逆电池。因为当电池工作时，除了在负极进行氧化和在正极上进行还原反应以外，在 $ZnSO_4$ 和 $CuSO_4$ 溶液交界处还要发生 Zn^{2+} 向 $CuSO_4$ 溶液中扩散过程。而且当有外电流反向流入电池中时，电极反应虽然可以逆向进行，但是在两溶液交界处离子的扩散与原来不同，是 Cu^{2+} 向 $ZnSO_4$ 溶液中迁移。因此整个电池反应实际上是不可逆的。但是由于在组装电池时溶液之间插入了"盐桥"，则可近似地当作可逆电池来处理。

【总结讨论题】

1. 在用电位差计测量电动势时，若检流计的指针总是向一个方向偏转，可能是什么原因？

2. 用 Zn(Hg) 与 Cu 组成电池时，有人认为锌表面有汞，因而铜应为负极，汞为正极。请分析此结论是否正确。

3. 选择"盐桥"液应注意什么问题？

实验 23 阳极极化曲线的测定

【实验目的】

1. 测定碳钢在碳酸氢铵溶液中的恒电位阳极极化曲线及钝化电势。

2. 掌握用恒电势（控制电势）法测定极化曲线的方法。

【实验原理】

以金属作为阳极在电解池中通过电流时，通常要发生阳极的电化学溶解过程，即

$$M \longrightarrow M^{n+} + ne$$

在金属的阳极溶解过程中，其电极电势必须正于其热力学电势（即平衡电势），电极过程才能发生，这种电极电势偏离其热力学电位的现象称为极化。当阳极极化不大时，阳极过程的溶解速度随着电势变正而逐渐增大，这是金属阳极正常的溶解。但在某些化学介质中，当电极电势正到某一数值时，阳极溶解速度随着电势变正反而大幅度降低，这种现象叫作金属的钝化。处在钝化状态的金属，其溶解速度很小，这对于防止金属腐蚀和在电解质中保护不溶性阳极是很重要的。这种利用阳极钝化，使金属表面生成一层耐腐蚀的钝化膜来防止金属腐蚀的方法，叫作阳极保护。在另外一些情况下，金属的钝化却非常有害，如在化学电源、电冶金以及电镀中的可溶性阳极等，则应尽量防止阳极钝化现象。

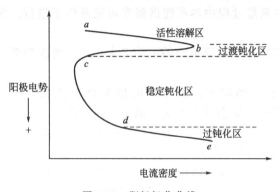

图 4-16　阳极极化曲线

研究金属阳极溶解及钝化行为有恒电势法和恒电流法。恒电势法能测得完整的阳极极化曲线，因此在金属钝化现象的研究中使用较多。对大多数金属而言，用恒电势法测得的阳极极化曲线如图 4-16 所示。以 Fe 的极化曲线为例，可分为四个区域。

（1）ab 段为铁的活性溶解区。在此区域极化曲线较平坦，表示阳极溶解过程很少受阻，发生金属铁的离子化过程，即 $Fe \longrightarrow Fe^{2+} + 2e$。随着电极电势变正，电流密度逐渐增大，直到等于临界电流密度。

（2）bc 段为过渡钝化区。随着电极电势变正，达到 b 点之后，金属发生钝化。随着电位的正移，金属溶解的速度不断降低，并过渡到钝化状态。b 点的电势称为临界钝化电势（或致钝电势），用 $\varphi_{钝化}$ 表示，b 点的电流密度称为致钝电流密度 $I_{致钝}$，表示导致铁阳极发生钝化的电势与电流密度。在此区域内，铁进一步氧化，在其表面上部分形成的疏松盐膜转化为较致密的 Fe_3O_4 薄膜，使阳极溶解过程受阻，因此电流密度显著下降。

（3）cd 段为稳定钝化区。随着阳极电势的正移，覆盖在铁阳极表面上的 Fe_3O_4 进一步氧化而部分或全部生成 Fe_2O_3。Fe_2O_3 膜很稳定，保护性能好，膜电阻大，故此时阳极电流密度达到最小值，且不随电势的变化而变化，此时 cd 段的电流密度称为维钝电流密度，c 点对应的电势称为维钝电势。在此区域的钝化反应可表示为：

$$2Fe + 3H_2O \longrightarrow Fe_2O_3 + 6H^+ + 6e$$

（4）de 段为过钝化区。过了 d 点后，阳极极化曲线重新变得倾斜，电流开始增加，表明阳极发生了某种新的阳极反应或原来的钝化膜进一步氧化后变成不耐腐蚀。若阳极铁处于碱性介质中，将发生 OH^- 在阳极上放电而逸出氧气的反应，即：

$$4OH^- \longrightarrow O_2 + 2H_2O + 4e$$

d 点的电势等于上述析氧反应的平衡电势。随着反应的进行，使阳极电流密度增大。

若在碱性介质中，Fe_2O_3 继续氧化成无保护作用的高价可溶性铁化合物（$HFeO_2^-$ 或 FeO_2^{2-}），此时膜电阻明显下降，电流密度迅速增加，铁进一步发生腐蚀，当达到氧析出电势时，氧大量析出。

本实验是采用控制电势法测量阳极极化曲线。用控制电势法测量极化曲线时，是将研究电极的电势恒定地维持在所需要的数值，然后测量与之对应的电流密度。由于电极表面状态在未建立稳定状态之前，电流密度会随时间而改变，故一般测出的曲线为"暂态"极化曲线。在实际测量中常采用的恒电势法有下列两种。

静态法：将电极电势较长时间地维持在某一恒定值，测量电流密度随时间的变化，直到电流基本上达到某一稳定值，如此逐点测量在各个电极电势下的稳定电流密度值，以获得完整的极化曲线。

动态法：控制电极电势以较慢的速率连续扫描，并测量对应电势下的瞬时电流密度，并以瞬时电流密度值与对应的电势作图而获得整个极化曲线。所采用的扫描速率需要根据研究体系的性质选定。一般来说，电极表面建立稳态的速度越慢，则扫描也应越慢，这样才能使所测得的极化曲线与采用静态法测得的结果接近。

这两种方法均已获得广泛应用。从测量结果的比较来看，静态法测量的结果虽然比较接近稳定值，但测量时间太长，所以在实际工作中常采用动态法。本实验就是采用动态法。

【仪器与试剂】

仪器：ZF-3 恒电势仪 1 台，三颈瓶 1 个，碳钢电极 1 支，饱和甘汞电极（参比电极）1 支，铂电极（辅助电极）1 支。

试剂：$NH_3 \cdot H_2O-NH_4HCO_3$（5％氨水被碳酸氢铵饱和的溶液）。

【实验内容】

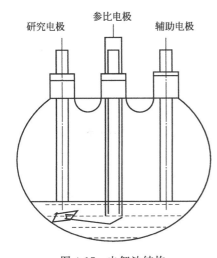

图 4-17 电解池结构

1. 先将碳钢电极用金相砂纸打磨至镜面光亮，用石蜡涂封多余的面积后待用。然后用丙酮清洗除油后在 1：2 的稀盐酸中活化几分钟。

2. 洗净电解池，注入 $NH_3 \cdot H_2O-NH_4HCO_3$ 溶液于电解池，将恒电势仪的黑色接线连接到研究电极，红色线接辅助电极（铂电极），黄色线接参比电极（图 4-17）。

3. 打开恒电势仪的电源开关，预热 5～10min，将恒电位仪调整好（恒电势仪的使用方法见仪器说明书）。

4. 连续改变阳极极化电势，直至氧在碳钢电极表面大量析出为止。同时记录电极电势（每隔 0.05V 一次）及相应的电流值。每一电位应稳定 3～5min 后再测其电流值。

实验完毕，断开电源，取出碳钢电极和辅助电极。

【数据处理】

1. 将实验数据列表记录如下。

室温　　　　　研究电极　　　　介质条件　　　　开路电位

φ/mV	
$I/\mu A$	
$i/(A \cdot m^{-2})(i=I/S)$	
$\lg i$	

2. 作出碳钢在 $NH_3 \cdot H_2O-NH_4HCO_3$ 溶液中的阳极极化曲线，即以 φ 为纵坐标、以 I 及 $\lg i$ 为横坐标作图。

3. 从阳极极化曲线上找出 $\varphi_{钝化}$（致钝电位）和 $I_{钝化}$（致钝电流）的值。

4. 根据法拉第定律，计算在钝化条件下铁在碱性介质中的腐蚀速度 K（以 $mm \cdot a^{-1}$ 表示）。

$$K = \frac{I_m t M_{\frac{1}{3}Fe} \times 10^3}{26.8\rho}$$

式中，K 为腐蚀速度，$mm \cdot a^{-1}$；I_m 为维钝电流密度，$A \cdot m^{-2}$；t 为时间，$h \cdot a^{-1}$；$M_{\frac{1}{3}Fe}$ 为 $\frac{1}{3}$ Fe 的摩尔质量，$kg \cdot mol^{-1}$；ρ 为铁的密度，$\rho = 7.8 \times 10^3 kg \cdot m^{-3}$；26.8 为相当于每小时析出 $\frac{1}{3}$ mol Fe 时所需的电量。

5. 讨论所得实验结果及曲线的意义

【教学讨论】

1. 金属表面钝化后其整体物性并无变化，只是表面覆盖着一层极薄的、附着力极强的、稳定的钝化膜，对金属起到保护作用。因化学反应的钝化叫化学钝化，如不锈钢在硝酸中钝化。由于电流作用而产生的钝化叫电化学钝化，如碳钢在硫酸中的阳极保护。

2. 影响金属钝化的重要因素有溶液组成和金属性质两个方面。中性溶液较酸、碱性溶液易钝化，含氧化性阴离子介质易钝化，含卤素离子破坏钝化。铬较铁、镍易钝化，不锈钢易钝化。

【总结讨论题】

1. 阳极保护的基本原理是什么？什么样的介质才适于阳极保护？

2. 测定阳极极化曲线为什么要用恒电势仪？

3. 在测量电路中，参比电极和辅助电极各起什么作用？

实验 24　B-Z 振荡反应

【实验目的】

1. 了解 Belousov-Zhabotinsky（B-Z）反应的基本原理。

2. 初步理解自然界中普遍存在的非平衡非线性的问题。

3. 掌握研究化学振荡反应的一般方法。

【实验原理】

非平衡非线性问题是自然科学领域中普遍存在的问题。目前，这一新兴的研究领域已受到足够重视，大量的研究工作正在进行。该领域研究的主要问题是：在远离平衡态下，体系由于本身的非线性动力学机制而产生宏观时空有序结构，比利时的普里戈金（I. Prigogine）等称其为耗散结构（dissipative structure）。B-Z 体系是最典型的时空有序结构（耗散结构），服从非线性的微分方程。B-Z 振荡反应是由前苏联科学家 B. P. Belousov 发现，后经 A. M. Zhabotinsky 研究而得出的。所谓 B-Z 体系是指由溴酸盐、有机物在酸性介质中，在有（或无）金属离子催化剂催化下构成的体系。

1972 年，R. J. Fied、E. Koros、R. Noyes 等通过实验对 B-Z 振荡反应做出了解释。其主要思想是：体系中存在着两个受溴离子浓度控制的过程（A 和 B），当 $[Br^-]$ 浓度高于临界浓度，$[Br^-]$ 起着开关作用，它控制着从 A 过程到 B 过程，再由 B 过程到 A 过程的转变。在 A 过程，由化学反应 $[Br^-]$ 增加，当 $[Br^-]$ 达到 $[Br^-]_{crit}$，A 发生。这样，体系就在 A 过程、B 过程间往复振荡。下面用 $BrO_3^- - Ce^{4+} - MA - H_2SO_4$ 体系为例加以说明。

$$BrO_3^- + Br^- + 2H^+ \xrightarrow{k_1} HBrO_2 + HOBr \tag{1}$$

$$HBrO_2 + Br^- + H^+ \xrightarrow{k_2} 2HOBr \tag{2}$$

其中反应式(1) 是速率控制步，当达到准定态时，有：

$$[HBrO_2] = \frac{k_1}{k_2}[BrO_3^-][H^+]$$

当 $[Br^-]$ 低时，发生下列过程，Ce^{3+} 被氧化：

$$BrO_3^- + HBrO_2 + H^+ \xrightarrow{k_3} 2BrO_2 + H_2O \tag{3}$$

$$BrO_2 + Ce^{3+} + H^+ \xrightarrow{k_4} 2HOBr \tag{4}$$

$$2HBrO_2 \xrightarrow{k_5} BrO_3^- + HOBr + H^+ \tag{5}$$

反应式(3) 是速率控制步，经反应式(3)、反应式(4)将自催化产生 $HBrO_2$，当达到准定态时，有

$$[HBrO_2] \approx \frac{k_3}{2k_5}[BrO_3^-][H^+]$$

由反应式(2) 和式(3) 可以看出：Br^- 和 BrO_3^- 是竞争 $HBrO_2$ 的。当 $k_2[Br^-] > k_3[BrO_3^-]$ 时，自催化反应式(3)不可能发生。自催化是 B-Z 振荡反应中必不可少的步骤，否则该振荡不能发生。Br^- 的临界浓度为：

$$[Br^-]_{crit} = \frac{k_3}{k_2}[BrO_3^-] = 5 \times 10^{-6}[BrO_3^-]$$

Br^- 的再生可通过下列过程实现：

$$4Ce^{4+} + BrCH(COOH)_2 + H_2O + HOBr \xrightarrow{k_6} 2Br^- + 4Ce^{3+} + 3CO_2 + 6H^+ \tag{6}$$

该体系的总反应为：

$$3H^+ + 3BrO_3^- + 5CH_2(COOH)_2 \longrightarrow 3BrCH(COOH)_2 + 2HCOOH + 4CO_2 + 5H_2O \tag{7}$$

振荡的控制物种是 Br^-。

【仪器与试剂】

仪器：反应器 100mL 1 只，超级恒温槽 1 台，磁力搅拌器 1 台，B-Z 振荡反应数据采集接口装置，计算机 1 台，217 型甘汞电极（用 $1mol \cdot L^{-1}$ H_2SO_4 溶液作液接）。

试剂：丙二酸（A.R.），溴酸钾（G.R.），硫酸铈铵（A.R.），硫酸（A.R.）。

【实验内容】

1. 按图 4-18 所示 B-Z 振荡反应实验装置图连接好仪器，打开数据采集系统电源。启动计算机，打开 "B-Z 振荡反应数据采集系统" 界面，点击参数设置，将温度设定在 25.0℃，打开超级恒温槽。

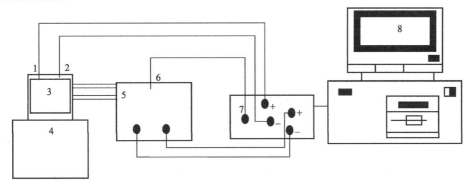

图 4-18　B-Z 振荡反应实验装置

1—硫酸液接甘汞电极；2—铂电极；3—反应器；4—磁力搅拌器；
5—超级恒温槽；6—温度传感器；7—数据采集装置；8—计算机

2. 配制 0.45mol·L⁻¹ 丙二酸 250mL，0.25mol·L⁻¹ 溴酸钾溶液 250mL，3.00mol·L⁻¹ H_2SO_4 250mL，4×10⁻³mol·L⁻¹ 硫酸铈铵溶液 250mL。

3. 测量诱导期（$t_{诱}$）和周期（T_1）随温度的变化。温度达到设置温度后，在反应器中依次加入已配好的丙二酸、硫酸、溴酸钾溶液各 15mL，恒温 5min 后加入硫酸铈铵溶液 15mL，同时点击计算机画面上的"开始实验"，观察溶液的颜色变化。

系统在"开始实验"后便不断监视 B-Z 振荡信号，一旦确认起波后系统将自动开始描绘 B-Z 反应的电势振荡波形（图 4-19），并记录起波时间及波形极值。确认起波后，右下角的计时器颜色将变为红色，记满 10 个波形或时间到达横坐标极值后，系统将自动停止记录，并把所得数据进行保存。

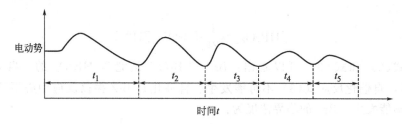

图 4-19 B-Z 反应的电势振荡波形

另外，当对波形不满意时，可用"参数设置"中的各项功能对绘图区坐标进行调节，当发现起波时间识别不正确时，可以相应地调节"起波阈值"（在 1～20mV 范围内）。

4. 设置反应温度为 30℃、35℃、40℃、45℃和 50℃，重复实验。

【数据处理】

1. 按照表 4-7 记录实验数据。

2. 根据 $t_{诱}$ 与温度数据作 $\ln(1/t_{诱})$-$1/t$ 图，求出表观活化能。

3. 比较波峰与波谷电势随温度的变化。

4. 分析周期 t_1 随温度的变化。

表 4-7 实验数据记录表

温度 T	$t_{诱}/s$	曲线部位	电动势 E			平均	颜色变化	周期 t_1/s
			1	2	3			
		波峰						
		波谷						
		波峰						
		波谷						
		波峰						
		波谷						
		波峰						
		波谷						
		波峰						
		波谷						
		波峰						
		波谷						

【教学讨论】

1. 实验中溴酸钾试剂纯度要求高。

2. 217 型甘汞电极用 $1mol \cdot L^{-1}$ H_2SO_4 作液接。

3. 配制 $0.004mol \cdot L^{-1}$ 硫酸铈铵溶液时，一定要在 $0.20mol \cdot L^{-1}$ 硫酸介质中配制，以防止发生水解呈混浊。

4. 实验中所使用的反应容器一定要冲洗干净，转子位置及速度都必须加以控制。

5. 影响振荡周期的因素主要是温度。除此之外，还可能与各反应物的浓度及纯度有关。

【总结讨论题】

1. 影响诱导期的主要因素有哪些？

2. 本实验记录的电动势主要代表什么意思？与 Nernst 方程求得的电势有何不同？

实验 25 旋光法测定蔗糖转化反应的速率常数

【实验目的】

1. 了解旋光仪的基本原理，掌握旋光仪的正确使用方法。

2. 了解反应物浓度与旋光度之间的关系。

3. 测定蔗糖转化反应的速率常数和半衰期。

【实验原理】

蔗糖在水中转化成葡萄糖与果糖，其反应为：

$$C_{12}H_{22}O_{11}（蔗糖）+H_2O \longrightarrow C_6H_{12}O_6（葡萄糖）+C_6H_{12}O_6（果糖）$$

它是一个二级反应，在纯水中此反应的速率极慢，通常需要在 H^+ 催化作用下进行。由于反应时水是大量存在的，尽管有部分水分子参加了反应，仍可近似地认为整个反应过程中水的浓度是恒定的；而且 H^+ 是催化剂，其浓度也保持不变。因此蔗糖转化反应可看作为一级反应。

一级反应的速率方程可由下式表示：

$$-\frac{dc}{dt}=kc \tag{1}$$

式中，c 为时间 t 时的反应物浓度，k 为反应速率常数。上式积分可得：

$$\ln c=\ln c_0-kt \tag{2}$$

c_0 为反应开始时的反应物浓度。

当 $c=\frac{1}{2}c_0$ 时，时间 t 可用 $t_{1/2}$ 表示，即为反应半期：

$$t_{1/2}=\frac{\ln 2}{k}=\frac{0.693}{k} \tag{3}$$

从式(2)可看出，在不同时间测定反应物的相应浓度，并以 $\ln c$ 对 t 作图，可得一直线，由直线斜率即可求得反应速率常数 k。然而反应是在不断进行的，要快速分析出反应物的浓度是困难的。但蔗糖及其转化产物都具有旋光性，而且它们的旋光能力不同，故可以利用体系反应进程中旋光度的变化来度量反应的进程。

测量物质旋光度所用的仪器称为旋光仪。溶液的旋光度与溶液中所含旋光物质的旋光能力、溶剂性质、溶液浓度、样品管长度及温度等均有关系。当其他条件均固定时，旋光度 α 与反应物浓度 c 呈线性关系，即：

$$\alpha=\beta c \tag{4}$$

式中，比例常数 β 与物质的旋光能力、溶剂性质、溶液浓度、样品管长度及温度等有关。

物质的旋光能力用比旋光度来度量，比旋光度用下式表示：

$$[\alpha]_D^{20}=\frac{100\alpha}{lc_A} \tag{5}$$

式中，$[\alpha]_D^{20}$ 右上角的"20"表示实验时温度为20℃，D是指旋光仪所采用的钠灯光源D线的波长（即589nm）；α 为测得的旋光度，°；l 为样品管长度，dm；c_A 为浓度，$g \cdot 100mL^{-1}$。

作为反应物的蔗糖是右旋性物质，其比旋光度 $[\alpha]_D^{20}=66.6°$。生成物中葡萄糖也是右旋性物质，其比旋光度 $[\alpha]_D^{20}=52.5°$；但果糖是左旋性物质，其比旋光度 $[\alpha]_D^{20}=-91.9°$。由于生成物中果糖的左旋性比葡萄糖的右旋性大，所以生成物呈现左旋性质。因此随着反应的进行体系的右旋角不断减小，反应至某一瞬间，体系的旋光度可恰好等于零，而后就变成左旋，直至蔗糖完全转化，这时左旋角达到最大值 α_∞。

设体系最初的旋光度为：

$$\alpha_0=\beta_{反} \, c_0 \quad (t=0,\text{蔗糖尚未转化}) \tag{6}$$

体系最终的旋光度为：

$$\alpha_\infty=\beta_{生} \, c_0 \quad (t=\infty,\text{蔗糖已完全转化}) \tag{7}$$

式(6)和式(7)中的 $\beta_{反}$ 和 $\beta_{生}$ 分别为反应物与生成物的比例常数。

当时间为 t 时，蔗糖浓度为 c，此时旋光度为 α_t，即：

$$\alpha_t=\beta_{反} \, c+\beta_{生}(c_0-c) \tag{8}$$

由式(6)、式(7)和式(8)联立可解得：

$$c_0=\frac{\alpha_0-\alpha_\infty}{\beta_{反}-\beta_{生}}=\beta'(\alpha_0-\alpha_\infty) \tag{9}$$

$$c=\frac{\alpha_t-\alpha_\infty}{\beta_{反}-\beta_{生}}=\beta'(\alpha_t-\alpha_\infty) \tag{10}$$

将式(9)和式(10)代入式(2)可得：

$$\ln(\alpha_t-\alpha_\infty)=-kt+\ln(\alpha_0-\alpha_\infty) \tag{11}$$

显然，如以 $\ln(\alpha_t-d_\infty)$ 对 t 作图可得一直线，从直线斜率即可求得反应速率常数 k。

【仪器与试剂】

仪器：旋光仪，移液管（25mL）2支，恒温箱，恒温槽，具塞大试管（50mL）4支，锥形瓶（150mL）。

试剂：蔗糖（A.R.），葡萄糖（A.R.），HCl溶液（$4mol \cdot L^{-1}$）。

【实验内容】

1. 仪器装置

仔细阅读仪器"旋光仪使用说明书"，了解旋光仪的构造和原理，掌握使用方法。

2. 旋光仪的零点校正

蒸馏水为非旋光物质，可以用来校正旋光仪的零点（即 $\alpha=0$ 时仪器对应的刻度）。校正时，先洗净样品管，将管的一端加上盖子，并由另一端向管内灌满蒸馏水，在上面形成一凸面，然后盖上玻璃片和套盖，玻璃片紧贴于旋光管，此时管内不应有气泡存在。必须注意，旋紧套盖时，一只手握住管上的金属鼓轮，另一只手旋套盖，不能用力太猛，以免压碎玻璃片。然后用吸滤纸将管外的水擦干，再用擦镜纸将样品管两端的玻璃片擦净，放入旋光仪的光路中。打开光源，调节目镜聚焦，使视野清晰，再旋转检偏镜至能观察到三分视野暗度相等为止，记下检偏镜的旋光度 α。重复测量数次，取其平均值。此平均值即为零点，用来校正仪器系统误差。

3. 反应过程的旋光度测定

洗净、烘干 4 支具塞大试管备用。

将恒温水浴和恒温箱都调节到所需的反应温度（如 25℃、30℃或 35℃）。在锥形瓶内，称取 20g 蔗糖，加入 100mL 蒸馏水，使蔗糖完全溶解，若溶液混浊，则需要过滤。用移液管吸取蔗糖溶液 25mL，注入预先已清洁干燥的 50mL 试管内并加盖；同法，用另一支移液管吸取 25mL 4mol·L^{-1} HCl 溶液，置于另一支 50mL 试管内并加盖。将这两支试管一起置于恒温水浴内恒温 10min 以上。然后将两试管取出，擦干试管外壁的水珠，将 HCl 溶液倒入蔗糖溶液中，同时记下时间，来回倒 3～4 次，使之均匀后，立即用少量反应液荡洗旋光管两次，然后将反应液装满旋光管，旋上套盖，放进已预先恒温的旋光仪内，测量各时间的旋光度（注意：荡洗和装样只能用去一半左右的反应液）。要求在反应开始后 2～3min 内测定第一个数据（约在 5°）。在以后的 15min 内，每间隔 1min 测量 1 次。随后由于反应物浓度降低而使反应速率变慢，此时可将每次测量的时间间隔适当放宽，一直测量到反应时间为 50min 为止。在此期间，将剩余的另一半反应液置于 50～60℃的水浴内温热待用。

4. α_∞ 的测量

将已在水浴内温热 40min 的反应液取出，冷至实验温度下测定旋光度。在 10～15min 内，读取 5～7 个数据，如在测量误差范围内，则取其平均值，即为 α_∞ 值。

5. 将恒温水浴和恒温箱的温度调高 5℃，按上述步骤 3、4 再测量一套数据。

【数据处理】

1. 分别将在两个不同温度下反应过程中所测得的旋光度 α_t 与对应时间 t 列表，作出 α_t-t 曲线图。

2. 分别从两条 α_t-t 曲线上 10～40min 的区间内，等间隔取 8 个 α_t-t 数组，并通过计算，以 $\ln(\alpha_t-\alpha_\infty)$ 对 t 作图，由直线斜率求反应速率常数 k，并计算反应半衰期 $t_{1/2}$。

3. 根据实验测得的 $k(t_1)$ 和 $k(t_2)$，利用阿仑尼乌斯（Arrhenius）公式计算反应的平均活化能。

4. 文献值（表 4-8）。

表 4-8　温度与盐酸浓度对蔗糖水解速率常数的影响

c_{HCl}/(mol·L^{-1})	$k\times10^3$/min^{-1}		
	298.2K	308.2K	318.2K
0.0502	0.4169	1.738	6.213
0.2512	2.255	9.355	35.86
0.4137	4.043	17.00	60.62
0.9000	11.16	46.76	148.8
1.214	17.455	75.97	—
$E=108$kJ·mol^{-1}			

【教学讨论】

1. 蔗糖在纯水中水解速率很慢，但在催化剂作用下会迅速加快，此时反应速率大小不仅与催化剂种类有关，而且与催化剂的浓度有关。

本实验用 HCl 溶液作催化剂（浓度保持不变）。如果改变 HCl 浓度，其蔗糖转化速率也随着变化。反应所用蔗糖溶液初始浓度为 20%。

2. 温度对反应速率常数影响很大，所以严格控制反应温度是做好本实验的关键。

反应进行到后阶段，为了加快反应进程，采用 50～60℃恒温，促使反应进行完全。但温度不能高于 60℃，否则会产生副反应，此时溶液变黄。

3. 采用测定两个温度下的反应速率常数来计算反应活化能。如果时间许可，最好测定 5～7个温度下的速率常数，用作图法求算反应活化能 E，则更合理可靠。

根据阿仑尼乌斯方程的不定积分形式：

$$\ln(k \cdot \min) = -\frac{E}{RT} + 常数$$

测定不同温度下的 k 值，对 $1/T$ 作图，可得一直线，从直线斜率求算反应活化能 E。上式对数中乘上时间（min）因子使得对数后数值的量纲为 1。

【总结讨论题】

1. 实验中用蒸馏水来校正旋光仪的零点，试问在蔗糖转化反应过程中所测定的旋光度 α_t 是否必须要进行零点校正？

2. 配制蔗糖溶液和盐酸溶液时，是将盐酸加到蔗糖溶液里去，可否将蔗糖溶液加到盐酸溶液中去？为什么？

3. 如果实验所用的蔗糖不纯，对实验有什么影响？

实验 26　电导法测定乙酸乙酯皂化反应的速率常数

【实验目的】

1. 掌握电导率仪的使用方法。

2. 用电导法测定乙酸乙酯皂化反应的速率常数。

3. 掌握图解法求取速率常数，并计算反应的活化能。

【实验原理】

乙酸乙酯皂化反应方程式为：

$$CH_3COOC_2H_5 + NaOH \longrightarrow CH_3COONa + C_2H_5OH$$

为了测定不同时刻 t 的反应物浓度 c，得到反应速率，本实验选用电导率仪测定溶液电导率 k 的变化来获得反应物浓度随反应时间的变化率。其依据如下。

① 随着皂化反应的进行，溶液中导电能力强的 OH^- 逐渐被导电能力弱的 CH_3COO^- 取代，而 $CH_3COOC_2H_5$ 与 C_2H_5OH 的导电能力都很小，可忽略不计。因此，随着反应的进行，溶液的电导率将逐渐降低。

② 在稀溶液中，强电解质的电导率 κ 与其浓度成正比，且溶液的总电导率等于组成溶液的各电解质的电导率之和。

设 NaOH 的初始浓度为 c_0，且与 $CH_3COOC_2H_5$ 的浓度相等，当时间 $t=0$ 时，有：

$$\kappa_0 = \kappa_{NaOH} c_0 \tag{1}$$

当 $t = \infty$ 时，OH^- 完全被 CH_3COO^- 取代：

$$\kappa_\infty = \kappa_{NaOH} c_0 \tag{2}$$

任意 t 时刻：

$$\kappa_t = \kappa_{NaOH} c + \kappa_{CH_3COONa}(c_0 - c) \tag{3}$$

则任意 t 时刻 NaOH 的浓度为：

$$c = \frac{\kappa_t - \kappa_\infty}{\kappa_0 - \kappa_\infty} \times c_0 \tag{4}$$

以上各式中 κ 是与温度、溶剂、电解质性质有关的常数。

本实验采用作图法确定皂化反应级数。将 $\ln c$-t 及 $1/c$-t 作图，若前者具有线性关系则表明该反应为一级反应，若后者具有线性关系则表明该反应是二级反应。由直线的斜率可算出在该温度下的速率常数 k。

改变温度，重复一次实验，可得到两个不同温度下的速率常数，由 Arrhenius 方程计算出该反应的活化能 E_a。

【仪器与试剂】

仪器：DDS-11A 型电导率仪 1 台，恒温槽 1 套，双管皂化池，容量瓶，小滴管，秒表。

试剂：乙酸乙酯（A. R.），NaOH(A. R.)。

【实验内容】

① 按说明书了解和熟悉 DDS-11A 型电导率仪的构造和使用注意事项。

② 按乙酸乙酯在室温的密度及该物质的摩尔质量计算配制 0.02mol·L⁻¹ 乙酸乙酯 100mL 需要乙酸乙酯的体积。先于 100mL 容量瓶中装满 2/3 容积的蒸馏水，然后用 1mL 刻度移液管移取所需的乙酸乙酯入容量瓶中，加水至刻度，混合均匀。

③ κ_0 的测定。调节恒温槽至 25℃，将上述 0.02mol·L⁻¹ NaOH 溶液用容量瓶准确稀释 1 倍，一部分倒入大试管（近一半高度）中，铂黑电极经余下的溶液淋洗后插入大试管，放入恒温槽，恒温约 10min。调节电导率仪并开始测量。使用电导率仪时，注意先将开关 k_2 拨在校正位置上，然后再打开电源，预热数分钟，将开关 k_3 拨向高周，将常数旋钮指向相应的电导池常数（此步已调好，一般不必再动），将量程开关拨到 $\times 10^3$ 挡红点处，电极插头要插入插孔。仪表稳定后，旋动调整旋钮使指针满刻度，然后将开关 k_2 拨至测量挡。读取表盘红字读数。请注意，在测 κ_1 时，电导率仪不必再重新调整。

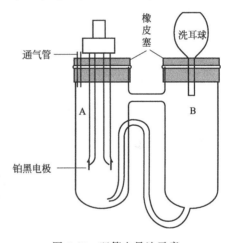

图 4-20　双管电导池示意

④ κ_t 的测定。将干燥、洁净的双管皂化池（图 4-20）放在恒温槽中并夹好，用移液管取 10mL 乙酸乙酯溶液放入 B 管，塞好塞子，以防挥发。将铂黑电极经蒸馏水洗涤后，用滤纸小心吸干电极上的水（千万不要碰到电极上的铂黑），然后将电极插入 A 管。恒温约 10min，打开 B 管塞子，用洗耳球通过 B 管上口将乙酸乙酯溶液迅速压入 A 管（此时 A 管不要塞紧，不要用力过猛，以免使溶液溅出）与 NaOH 溶液混合，当乙酸乙酯压入一半时开始记时。反复压几次即可混合均匀。开始每隔 2min 读一次数据，以后时间间隔可逐渐增加，共需测定 1h。

⑤ κ_∞ 的测定。实验测定中，不可能等到时间无限长，且反应也并不完全不可逆，故通常以 0.0100mol·L⁻¹ CH₃COONa 溶液的电导值作为 κ_∞，测量方法与测 κ_0 相同。

⑥ 将皂化池洗净烘干。按步骤③、④测定 30℃、40℃的 κ_0、κ_1 值。

实验完毕后，将电极用蒸馏水洗净，并插入装有蒸馏水的大试管中。

【数据处理】

1. 用 $\ln c_t$-t 及 $1/c_t$-t 分别作图，判断反应的级数。

2. 对图形是直线的求其直线斜率，得到在该温度下的速率常数 k。

3. 由速率常数计算反应活化能 E_a。

4. 文献值（表 4-9）。

表 4-9 文献值

$c(CH_3COOC_2H_5)$ /(mol·L^{-1})	$c(OH^-)$ /(mol·L^{-1})	t /℃	k /(L·mol^{-1}·s^{-1})	k /(L·mol^{-1}·min^{-1})	E /(kcal·mol^{-1})
0.01	0.02	0	$8.65×10^{-3}$	0.519	14.6
		10	$2.35×10^{-2}$	1.41	
		19	$5.03×10^{-2}$	3.02	
0.021	0.023	25		6.85	
$\lg(k/L^{-1}·mol·min) = -1780/(T/K) + 0.007454T/K + 4.53$					

【教学讨论】

1. 本实验中所使用的蒸馏水需要事先煮沸，待冷却后使用，以免溶有 CO_2 致使 NaOH 溶液浓度发生变化。

2. 每次实验前乙酸乙酯溶液均需要临时配制。因该稀溶液在放置过程中会发生缓慢水解（$CH_3COOC_2H_5 + H_2O \longrightarrow CH_3COOH + C_2H_5OH$）而影响 $CH_3COOC_2H_5$ 的浓度，且水解产物（CH_3COOH）又会部分消耗 NaOH。在配制该溶液时动作要迅速，以防 $CH_3COOC_2H_5$ 挥发。

3. 不可用纸擦拭铂黑电极上的铂黑。

4. 乙酸乙酯皂化反应是吸热反应，混合后系统温度会降低，所以在混合后的起始几分钟内所测溶液的电导率偏低。因此，最好在反应 4~6min 后开始，否则作图将不是一条直线，而是抛物线。

【总结讨论题】

1. 配制乙酸乙酯溶液时，为什么在容量瓶中要事先加入适量新蒸的蒸馏水？

2. 如果乙酸乙酯与 NaOH 的起始浓度不等，应如何计算速率常数 k 值？

3. 你还能设计出哪些方案测定乙酸乙酯皂化反应的速率常数 k？

实验 27 乙酸解离度和解离常数的测定

【实验目的】

1. 学习用 pH 计法测定乙酸解离度和解离常数的原理和方法。

2. 加深对弱电解质解离平衡的理解。

3. 学会 pH 计的使用方法。

4. 掌握缓冲溶液的性质及配制方法。

【实验原理】

乙酸是弱电解质，在水溶液中部分解离，存在下列平衡：

$$HAc(aq) \rightleftharpoons H^+(aq) + Ac^-(aq)$$

$$K_a^{\ominus}(HAc) = \frac{[c(H^+)/c^{\ominus}][c(Ac^-)/c^{\ominus}]}{c(HAc)/c^{\ominus}}$$

式中，$c(H^+)$、$c(Ac^-)$、$c(HAc)$ 分别为 H^+、Ac^-、HAc 的平衡浓度，mol·L^{-1}；$c^{\ominus}$ 为标准浓度（即 1mol·L^{-1}）。

若以 c_0 代表乙酸的起始浓度，则 $c(HAc) = c_0 - c(H^+)$，而 $c(H^+) = c(Ac^-)$。将此代入上式即得：

$$K_a^{\ominus}(HAc) = \frac{[c(H^+)/c^{\ominus}]^2}{[c_0 - c(H^+)]/c^{\ominus}}$$

乙酸的解离度 α：

$$\alpha = \frac{c(H^+)/c^{\ominus}}{c_0/c^{\ominus}}$$

本实验用 pH 计测定已知浓度的 pH 值,利用以上公式可求得 $K_a^\ominus$ 和 α。

配制缓冲溶液,首先是选择合适的缓冲对。

$$pH = pK_a^\ominus - \lg \frac{c(a)/c^\ominus}{c(b)/c^\ominus} = pK_a^\ominus - \lg \frac{[c_0(a)/c^\ominus][V(a)/V]}{[c_0(b)/c^\ominus][V(b)/V]}$$

式中,$c(a)$、$c(b)$ 分别为酸 a 和共轭碱 b 混合后的浓度,$mol \cdot L^{-1}$;$c_0(a)$ 为酸 a 的原始浓度,$mol \cdot L^{-1}$;$V(a)$ 为酸 a 的原始体积,mL;$c_0(b)$ 为共轭碱 b 的原始浓度,$mol \cdot L^{-1}$;$V(b)$ 为共轭碱的原始体积,mL;V 为缓冲溶液的总体积,mL。

根据所需配制缓冲溶液的 pH 值和总体积选择合适的 $pK_a^\ominus$ 的缓冲对,由提供的共轭酸、碱的浓度,即可分别求得 $V(a)$ 和 $V(b)$。

【仪器与试剂】

仪器:pHS-25 型酸度计,精密 pH 试纸,移液管 (25mL),刻度移液管 (10mL、5mL),50mL 烧杯 (需干燥)。

试剂:HAc (0.1mol·L^{-1},浓度已标定),HAc (0.5mol·L^{-1}),NaAc (0.5mol·L^{-1}),NaOH (0.2mol·L^{-1}),HCl (0.2mol·L^{-1})。

【实验内容】

1. 不同浓度乙酸溶液的配制

用酸式滴定管分别取 36.00mL、24.00mL、12.00mL、6.00mL 已经标定的乙酸溶液于 4 个洁净的 50mL 容量瓶中,再用蒸馏水稀释至刻度,摇匀,并计算每份乙酸溶液的浓度。

2. 乙酸溶液 pH 值的测定

用 5 只洁净干燥的 50mL 烧杯,分别取 20mL 左右上述 4 种浓度的乙酸溶液及一份未稀释的乙酸标准溶液 (若烧杯不干燥,可用所盛乙酸溶液淋洗 2～3 次,然后再倒入该溶液),按由稀到浓的顺序在 pH 计上分别测定它们的 pH 值,记录各溶液的 pH 值和实验温度,并将 pH 值换算成 $c(H^+)$。

3. 缓冲溶液的配制和性质

欲配制 pH＝4.1 的缓冲溶液 100mL,实验室现有 0.5mol·L^{-1} HAc 和 0.5mol·L^{-1} NaAc 溶液,计算各需多少毫升乙酸和 NaAc 溶液。配制好所需缓冲溶液后,分别用精密 pH 试纸和 pH 计测定其 pH 值。

各取 30mL 上述配制好的缓冲溶液,分别置于两只洁净的 50mL 烧杯中,一份加入 1mL 0.2mol·L^{-1} NaOH 溶液,另一份加入 1mL 0.2mol·L^{-1} HCl 溶液。分别用精密 pH 试纸和 pH 计测定其 pH 值。

将剩余的配制好的缓冲溶液加入 40mL 蒸馏水稀释,再用精密 pH 试纸和 pH 计测定其 pH 值。

【数据记录与处理】

将实验数据及处理结果记入下表。

大气压:＿＿＿＿＿＿＿＿＿ 温度:＿＿＿＿＿＿＿＿＿℃

乙酸溶液编号	$c_0/(mol \cdot L^{-1})$ (乙酸的起始浓度)	pH 值	$c(H^+)/(mol \cdot L^{-1})$	α	$K_a^\ominus(HAc)$	
					测定值	平均值

【总结讨论题】

1. 若改变所测乙酸溶液的浓度，乙酸的解离度和解离常数有无变化？

2. 测定一系列同种溶液的 pH 值时，测定顺序由稀到浓和由浓到稀，其结果可能有何不同？

3. 如何确定 pH 计已校正好？

4. 将 10mL 0.2mol·L^{-1} HAc 溶液和 10mL 0.1mol·L^{-1} NaOH 溶液混合后，所得溶液是否具有缓冲能力？

实验 28　化学反应速率、反应级数和活化能的测定

【实验目的】

1. 了解浓度、温度和催化剂对反应速率的影响。

2. 测定过二硫酸铵与碘化钾反应的平均反应速率、反应级数、速率常数和活化能。

【实验原理】

在水溶液中，过二硫酸铵与碘化钾发生如下反应：

$$(NH_4)_2S_2O_8 + 3KI =\!=\!= (NH_4)_2SO_4 + K_2SO_4 + KI_3$$

反应的离子方程式为：

$$S_2O_8^{2-} + 3I^- =\!=\!= 2SO_4^{2-} + I_3^- \tag{1}$$

该反应的平均反应速率与反应物浓度的关系可用下式表示：

$$v = \frac{-\Delta[S_2O_8^{2-}]}{\Delta t} \approx k[S_2O_8^{2-}]^m[I^-]^n$$

式中，$\Delta[S_2O_8^{2-}]$ 为 $S_2O_8^{2-}$ 在 Δt 时间内物质的量浓度的改变值，$[S_2O_8^{2-}]$、$[I^-]$ 分别为两种离子初始浓度（mol·dm^{-3}），k 为反应速率常数，m 和 n 为反应级数。

为了能够测定 $\Delta[S_2O_8^{2-}]$，在混合 $(NH_4)_2S_2O_8$ 和 KI 溶液时，同时加入一定体积的已知浓度的 $Na_2S_2O_3$ 溶液和作为指示剂的淀粉溶液，这样在反应（1）进行的同时也进行着如下的反应：

$$2S_2O_3^{2-} + I_3^- =\!=\!= S_4O_6^{2-} + 3I^- \tag{2}$$

反应（2）进行得非常快，几乎瞬间完成，而反应（1）却慢得多，由反应（1）生成的 I_3^- 立刻与 $S_2O_3^{2-}$ 作用生成无色的 $S_4O_6^{2-}$ 和 I^-。因此，在反应开始阶段，看不到碘与淀粉作用而显示出来的特有蓝色。但是一旦 $Na_2S_2O_3$ 耗尽，反应（1）继续生成的微量 I_3^- 立即使淀粉溶液显蓝色。所以蓝色的出现就标志着反应（2）的完成。

从反应方程式(1)和式(2)的计量关系可以看出，$S_2O_8^{2-}$ 浓度减少的量等于 $S_2O_3^{2-}$ 减少量的一半，即：

$$\Delta[S_2O_8^{2-}] = \frac{\Delta[S_2O_3^{2-}]}{2}$$

由于 $S_2O_3^{2-}$ 在溶液显示蓝色时已全部耗尽，所以 $\Delta[S_2O_3^{2-}]$ 实际上就是反应开始时 $Na_2S_2O_3$ 的初始浓度。因此，只要记下从反应开始到溶液出现蓝色所需要的时间 Δt，就可求算反应（1）的平均反应速率 $-\dfrac{\Delta[S_2O_8^{2-}]}{\Delta t}$。

在固定 $\Delta[S_2O_3^{2-}]$，改变 $\Delta[S_2O_8^{2-}]$、$[I^-]$ 的条件下进行一系列实验，测得不同条件下的反应速率，就能根据 $v = k[S_2O_3^{2-}]^m[I^-]^n$ 的关系推出反应级数。

再由下式可进一步求出反应速率常数 k：

$$k = \frac{v}{[S_2O_8^{2-}]^m[I^-]^n}$$

根据阿伦尼乌斯公式，反应速率常数 k 与反应温度有如下关系：

$$\lg k = \frac{-E_a}{2.303RT} + \lg A$$

式中，E_a 为反应的活化能；R 为气体常数；T 为绝对温度。

因此，只要测得不同温度时的 k 值，以 $\lg k$ 对 $1/T$ 作图可得一直线，由直线的斜率可求得反应的活化能 E_a：

$$斜率 = \frac{-E_a}{2.303R}$$

【仪器与试剂】

仪器：秒表，温度计（237～373K）。

药品：KI（0.20mol·L^{-1}），0.2%（质量分数）淀粉溶液，Na$_2$S$_2$O$_3$（0.010mol·L^{-1}），KNO$_3$（0.20mol·L^{-1}），(NH$_4$)$_2$SO$_4$（0.20mol·L^{-1}），(NH$_4$)$_2$S$_2$O$_8$（0.20mol·L^{-1}），Cu(NO$_3$)$_2$（0.020mol·L^{-1}）。

【实验内容】

1. 浓度对反应速度的影响

室温下按表 4-10 编号 1 的用量分别量取 KI、淀粉、Na$_2$S$_2$O$_3$ 溶液于 150mL 烧杯中，用玻棒搅拌均匀。再量取 (NH$_4$)$_2$S$_2$O$_8$ 溶液，迅速加到烧杯中，同时按动秒表，立刻用玻棒将溶液搅拌均匀。观察溶液，刚一出现蓝色，立即停止计时。记录反应时间。

表 4-10 反应速度测定的溶液配比

	实验编号	1	2	3	4	5
试剂用量/mL	0.20mol·L^{-1} KI	20	20	20	10	5.0
	0.2%（质量分数）淀粉溶液	4.0	4.0	4.0	4.0	4.0
	0.010mol·L^{-1} Na$_2$S$_2$O$_3$	8.0	8.0	8.0	8.0	8.0
	0.20mol·L^{-1} KNO$_3$	—	—	—	10	15
	0.20mol·L^{-1} (NH$_4$)$_2$SO$_4$	—	10	15	—	—
	0.20mol·L^{-1} (NH$_4$)$_2$S$_2$O$_8$	20	10	5.0	20	20

用同样方法进行编号实验 2～5。为了使溶液的离子强度和总体保持不变，在实验编号 2～5 中所减少的 KI 或 (NH$_4$)$_2$S$_2$O$_8$ 的量分别用 KNO$_3$ 和 (NH$_4$)$_2$SO$_4$ 溶液补充。

2. 温度对反应速率的影响

按表 4-10 实验编号 4 的用量分别加入 KI、淀粉、Na$_2$S$_2$O$_3$ 和 KNO$_3$ 溶液于 150mL 烧杯中，搅拌均匀。在一个大试管中加入 (NH$_4$)$_2$S$_2$O$_8$ 溶液，将烧杯和试管中的溶液控制温度在 283K 左右，把试管中的 (NH$_4$)$_2$S$_2$O$_8$ 迅速倒入烧杯中，搅拌，记录反应时间和温度。

分别在 293K、303K 和 313K 的条件下重复上述实验，记录反应时间和温度。

3. 催化剂对反应速率的影响

按表 4-10 实验编号 4 的用量分别加入 KI、淀粉、Na$_2$S$_2$O$_3$ 溶液于 150mL 烧杯中，再加入 2 滴 0.020mol·L^{-1} Cu(NO$_3$)$_2$ 溶液，搅拌均匀，迅速加入 (NH$_4$)$_2$S$_2$O$_8$ 溶液，搅拌，记录反应时间。

【数据记录与处理】

1. 列表记录实验数据。

2. 分别计算编号 1～5 各个实验的平均反应速率，然后求反应级数和速率常数 k。

3. 分别计算四个不同温度实验平均反应速率以及速率常数 k，然后以 $\lg k$ 为纵坐标、

$1/T$为横坐标作图，求活化能。

4. 根据实验结果讨论浓度、温度、催化剂对反应速率及速率常数的影响。

【总结讨论题】

1. 在向 KI、淀粉和 $Na_2S_2O_3$ 混合溶液中加入 $(NH_4)_2S_2O_8$ 时，为什么必须越快越好？

2. 在加入 $(NH_4)_2S_2O_8$ 时，先计时后搅拌或者先搅拌后计时对实验结果各有何影响？

实验 29 甲基红的酸离解平衡常数的测定

【实验目的】

1. 测定甲基红的酸离解平衡常数。

2. 掌握 723 型分光光度计和 PHS-2 型 pH 计的使用方法。

【实验原理】

甲基红（对二甲氨基邻羧基偶氮苯）的结构式为：

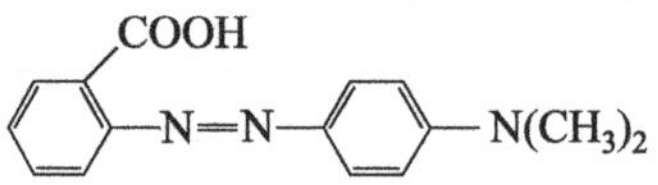

甲基红属一种弱酸型的染料指示剂，具有酸（HMR）和碱（MR）两种形式。它在溶液中部分电离，在碱性溶液中呈黄色，在酸性溶液中呈红色。在酸性溶液中它以两种离子形式存在：

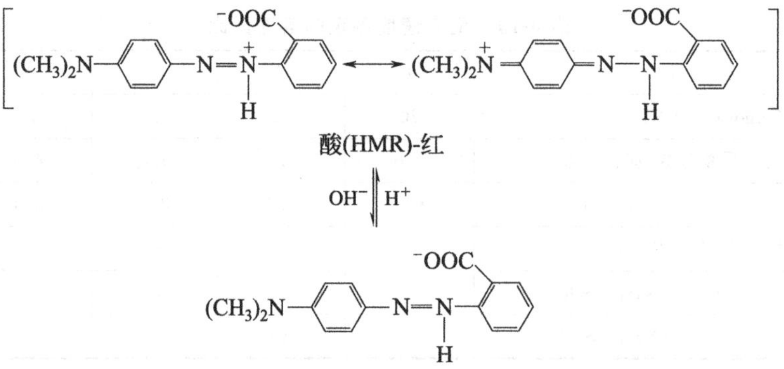

酸(HMR)-红

碱(MR⁻)-黄

简单地写为：

$$HMR \rightleftharpoons H^+ + MR^-$$

其离解平衡常数：

$$k_a = \frac{[H^+][MR^-]}{[HMR]} \tag{1}$$

$$pK = pH - \lg \frac{[MR^-]}{[HMR]} \tag{2}$$

由于 HMR 和 MR 两者在可见光谱范围内具有强的吸收峰，溶液离子强度的变化对它的酸离解平衡常数没有显著的影响，而且在简单 CH_3COOH-CH_3COONa 缓冲体系中就很容易使颜色在 pH＝4～6 范围内改变，因此比值 $[MR]/[HMR]$ 可用分光光度法测定而求得。

对一化学反应平衡体系，分光光度计测得的吸光度包括各物质的贡献，由朗伯-比尔定律：

$$A = -\lg \frac{I}{I_0} = \varepsilon c l \tag{3}$$

当 c 单位为 $mol \cdot L^{-1}$、l 的单位为 cm 时，α 为摩尔吸光系数。由此可推知甲基红溶液中总的吸光度为：

$$A_A = \varepsilon_{A,HMR}[HMR]t + \varepsilon_{A,MR^-}[MR^-]t \tag{4}$$

$$A_B = \varepsilon_{B,HMR}[HMR]t + \varepsilon_{B,MR^-}[MR^-]t \tag{5}$$

式中，A_A、A_B 为在 HMR 和 MR 的最大吸收波长处所测得的总的吸光度，$\varepsilon_{A,HMR}$、ε_{A,MR^-} 和 $\varepsilon_{B,HMR}$、ε_{B,MR^-}，分别为在波长 λ_A 和 λ_B 下的摩尔吸光系数。

各物质的摩尔吸光系数值可由作图法求得。例如首先配制出 pH≈2 的具有各种浓度的甲基红酸性溶液，在波长 λ_A 分别测定各溶液的吸光度 A，作 A-c 图，得到一条通过原点的直线，由直线斜率可求得 $\varepsilon_{A,HMR}$ 值。其余摩尔吸光系数求法类同，从而求出 [MR$^-$] 与 [HMR] 的相对量。再测得溶液 pH 值，最后按式(1) 求 k_a 值。

【仪器与试剂】

仪器：723 型分光光度计 1 台（带有自制恒温夹套），pHS-2 型 pH 计 1 台，100mL 容量瓶 6 个，10mL 移液管 3 支，0～100℃温度计 1 支。

试剂：

甲基红储备液 0.5g 晶体甲基红溶于 300mL 95％乙醇中，用蒸馏水稀释至 500mL。

标准甲基红溶液 取 8mL 储备液，加 50mL 乙醇，稀释至 100mL。

pH 值为 6.84 的标准缓冲溶液。

0.04mol·L^{-1} 和 0.01mol·L^{-1} 的乙酸钠溶液，0.02mol·L^{-1} 和 0.01mol·L^{-1} 的乙酸溶液，0.1mol·L^{-1} 和 0.01mol·L^{-1} 的盐酸。

【实验内容】

1. 测定甲基红酸式（HMR）和碱式（MR$^-$）的最大吸收波长

测定下述两种甲基红总浓度相等的溶液的光密度随波长的变化，即可找出最大吸收波长。

第 1 份溶液（A）：取 10mL 标准甲基红溶液，加 10mL 0.1mol·L^{-1} HCl 溶液，稀释至 100mL。此溶液的 pH 值大约为 2，因此此时的甲基红以 HMR 存在。

第 2 份溶液（B）：取 10mL 标准甲基红溶液和 25mL 0.04mol·L^{-1} CH$_3$COONa 溶液，稀释至 100mL，此溶液的 pH 值大约为 8，因此甲基红完全以 MR$^-$ 存在。

取部分 A 液和 B 液，分别放在 1cm 的比色皿内，在 350～600nm 之间每隔 10nm 测定它们相对于水的光密度。找出最大吸收波长。

2. 检验 HMR 和 MR$^-$ 是否符合比尔定律，并测定它们在 λ_A、λ_B 下的摩尔吸光系数

取部分 A 液和 B 液，分别各用 0.01mol·L^{-1} 的 HCl 和 CH$_3$COONa 溶液稀释至原溶液的 0.75 倍、0.5 倍、0.25 倍及原溶液，为一系列待测液，在 λ_A、λ_B 下测定这些溶液相对于水的光密度。由光密度对溶液浓度作图，并计算两波长下甲基红 HMR 和 MR$^-$ 的 $\varepsilon_{A,HMR}$、ε_{A,MR^-}、$\varepsilon_{B,HMR}$、ε_{B,MR^-}。

3. 求不同 pH 值下 HMR 和 MR$^-$ 的相对量

在 4 个 100mL 容量瓶中分别加入 10mL 标准甲基红溶液和 25mL0.04mol·L^{-1} CH$_3$COONa 溶液，并分别加入 50mL、25mL、10mL、5mL 0.02mol·L^{-1} CH$_3$COOH，然后用蒸馏水定容。测定两波长下各溶液的吸光度 A_A、A_B，用 pH 计测定溶液的 pH 值。

由于光密度是 HMR 和 MR$^-$ 之和，所以溶液中 HMR 和 MR$^-$ 的相对量用式(3) 和式(4) 方程组求得。再代入式(2)，可计算出甲基红的酸离解平衡常数 pK_a。

【数据记录与处理】

将实验数据和处理结果填于下表。

大气压：＿＿＿＿＿＿＿ 温度：＿＿＿＿＿＿℃

序号	$[MR^-]/[HMR]$	$\lg\{[MR^-]/[HMR]\}$	pH	pK_a
1				
2				
3				
4				

【总结讨论题】

1. 在本实验中，温度对实验有何影响？采取什么措施可以减小这种影响？

2. 甲基红酸式吸收曲线与碱式吸收曲线的交点称为"等色点"，讨论此点处吸光度与甲基红浓度的关系。

3. 为什么要用相对浓度？为什么可以用相对浓度？

4. 在吸光度度测定中，应该怎样选择比色皿？

实验 30 铁（Ⅲ）与磺基水杨酸配合物的组成和稳定常数的测定

【实验目的】

1. 了解用比色法测定配合物组成和配离子稳定常数的原理和方法。

2. 学习分光光度计的使用。

【实验原理】

根据朗伯-比尔定律：

$$A = \varepsilon cl$$

如果溶液的液层厚度 l 不变，吸光度仅与物质的浓度成正比。

在给定条件下，某中心离子 M 与配位体 L 反应，生成配离子（或配合物）ML_n：

$$M(aq) + nL(aq) = ML_n$$

若 M 与 L 都是无色的，而只有 ML_n 有色，则根据朗伯-比尔定律可知溶液的吸光度 A 与配离子或配合物的浓度 c 成正比。本实验采用浓比递变法测定系列溶液的吸光度，从而求出该配离子（或配合物）的组成和稳定常数。

配制一系列含有中心离子 M 与配位体 L 的溶液，使 M 与 L 的总浓度（$mol \cdot L^{-1}$）保持一定，而 M 与 L 的摩尔分数系列改变。例如，使溶液中 L 的摩尔分数依次为 0、0.1、0.2、0.3、……、0.9、1.0，而 M 的摩尔分数依次作相应递减。在一定波长的单色光中分别测定该系列溶液的吸光度。有色配位离子（或配合物）的浓度越大，溶液颜色越深，其吸光度越大。当 M 和 L 恰好全部形成配离子时（不考虑配离子的离解），ML_n 的浓度最大，吸光度也最大。若以 ML_n 溶液的吸光度 A 为纵坐标、溶液中配位体的摩尔分数为横坐标作图，所得曲线出现一个高峰，如图 4-21 中所示点 B，它所对应的吸光度为 B_1。如果延长曲线两侧的直线线段部分，相交于点 A，点 A 所对应的吸光度为 A_1，为吸光度的极大值。B 或 A 所对应的配位体的摩尔分数即为 ML_n 的组成。若点 B 或 A 所对应的配位体的摩尔分数为 0.5，则中心离子的摩尔分数为 $1.0-0.5=0.5$。则有

$$\frac{配位体的物质的量}{中心离子的物质的量} = \frac{0.5}{0.5} = 1$$

由此可知，该配离子（或配合物）的组成为 ML 型。

由于配离子（或配合物）有一部分离解，则其浓度比未离解时的要稍小，点 B 处实际测得的最大吸光度 B_1 也必小于由曲线两侧延长所得点 A 处即组成全部为 ML 配合物的吸光

度 A_1。因而配离子（或配合物）ML 的离解度 α 为

$$\alpha = (A_1 - B_1)/A_1$$

配离子（或配合物）ML 的稳定常数 K_f 与离解度 α 的关系如下：

$$ML \Longrightarrow M(aq) + L(aq)$$

平衡时浓度/（mol·L^{-1}）　　$c_0 - c_0\alpha$　　$c_0\alpha$　　$c_0\alpha$

$$K_f = \frac{[M][L]}{[ML]} = \frac{c_0\alpha^2}{1-\alpha} \tag{1}$$

式中，c_0 表示点 A 所对应的配离子（或配合物）的起始浓度。

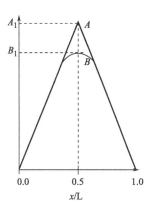

图 4-21　等摩尔系列法

Fe^{3+} 与磺基水杨酸离子 $(C_7H_5O_6S)^-$ 能形成稳定的螯合物，螯合物的组成随 pH 值不同而有差异。磺基水杨酸溶液是无色的，Fe^{3+} 的浓度很稀时也可认为是无色的，它们在 pH 值为 2～3 时生成紫红色的螯合物（有一个配位体），反应可表示如下：

$$Fe^{3+}(aq) + H_2ssa^-(aq) = [Fe(ssa)] + 2H^+(aq)$$

pH 值为 4～9 时，生成红色螯合物（有 2 个配位体）；pH 值为 9～11.5 时，生成黄色螯合物（有 3 个配位体）；pH＞12 时，有色螯合物被破坏而生成 $Fe(OH)_3$ 沉淀。

本实验是在 pH 值为 2～3 的条件下（用高氯酸 $HClO_4$ 来控制溶液的 pH 值，其优点主要是 $HClO_4$ 不易与金属离子配合），测定上述配合物的组成和稳定常数。

【仪器与试剂】

仪器：烧杯（50mL，11 只；600mL），容量瓶（100mL，2 只），移液管（10mL，3 支），吸量管（10mL，2 支），洗耳球，玻璃棒，吸水纸（或滤纸片），分光光度计。

试剂：高氯酸 $HClO_4$（0.01mol·L^{-1}），磺基水杨酸 $C_7H_6O_6S$（0.0100mol·L^{-1}），硫酸高铁铵 $(NH_4)Fe(SO_4)_2$（0.0100mol·L^{-1}）。

【实验内容】

1. 溶液的配制

① 配制 0.00100mol·L^{-1} Fe^{3+} 溶液。用移液管量取 10.00mL 0.0100mol·L^{-1} $(NH_4)Fe(SO_4)_2$ 溶液，注入 100mL 容量瓶中，用 0.01mol·L^{-1} $HClO_4$ 溶液稀释至刻度，摇匀，备用。

② 配制 0.00100mol·L^{-1} 磺基水杨酸溶液。

用移液管量取 10.00mL 0.0100mol·L^{-1} 磺基水杨酸溶液，注入 100mL 容量瓶中，用 0.01mol·L^{-1} $HClO_4$ 溶液稀释到刻度，摇匀，备用。

2. 系列配离子（或配合物）溶液吸光度的测定

① 用移液管或吸量管按数据记录和处理表量取各溶液，分别注入已编号的干燥小烧杯中，搅拌均匀。

② 接通分光光度计电源，并调整好仪器，选定波长为 500nm 的光源。

③ 取 4 只厚度为 2cm 的比色皿，往其中 1 只中加入 0.01mol·L^{-1} $HClO_4$ 溶液至约4/5容积处（用作空白溶液），放在比色皿框中的第一格内；其余 3 只中分别加入各编号的待测溶液。分别测定各待测溶液的吸光度，并记录。每次测定必须核对，记录稳定的数值。

3. 配离子（或配合物）的组成和稳定常数的求得

① 以配合物吸光度为纵坐标、磺基水杨酸的摩尔分数为横坐标作图，根据曲线两侧直

线部分延长线的交点所对应的溶液组成求配合物的组成。

② A_1 为点 A 所对应的吸光度，B_1 为点 B 所对应的吸光度，求出配合物的离解度 α。

③ 利用 α 值，求出配合物的表观稳定常数 K'。

【数据记录与处理】

实验数据记入下表。

溶液编号	$0.01mol \cdot L^{-1}$ HClO$_4$/mL	$0.00100mol \cdot L^{-1}$ Fe^{3+}/mL	$0.00100mol \cdot L^{-1}$ C$_7$H$_6$O$_6$S/mL	C$_7$H$_6$O$_6$S 摩尔分数	吸光度 A
1	10	10	0		
2	10	9	1		
3	10	8	2		
4	10	7	3		
5	10	6	4		
6	10	5	5		
7	10	4	6		
8	10	3	7		
9	10	2	8		
10	10	1	9		
11	10	0	10		

【总结讨论题】

1. 本实验测定配合物的组成和稳定常数的原理是什么？如何用作图法来求得配离子（或配合物）的组成及其稳定常数？

2. 本实验为什么用 HClO$_4$ 溶液作空白溶液？为什么选用 500nm 波长的光源来测定溶液的吸光度？

3. 1∶1 磺基水杨酸铁配离子的 $\lg K_f = 14.64$，将测定值与文献值作对比，根据实验结果分析误差产生的原因。

附注：

由于磺基水杨酸 C$_7$H$_6$O$_6$S 是弱酸，在溶液中也存在着离解平衡，此时实验中测得的稳定常数为表观值，还应作如下校正：

$$\lg K_f = \lg K_f^1 + \lg \alpha_H$$

α_H 是配合物的酸效应系数，是表征配位体由于酸效应而引起的副反应的程度。在 pH 值为 2 时，$\lg \alpha_H = 10.3$。

实验 31 最大气泡法测定正丁醇溶液的表面张力

【实验目的】

1. 掌握用最大气泡法测定表面张力的原理和技术。

2. 测定不同浓度正丁醇水溶液的表面张力。

【实验原理】

从热力学观点看，液体表面缩小是一个自发过程，这是使体系总的吉布斯函数减小的过程。如欲使液体产生新的表面 ΔA，则需要对其做功。功的大小应与 ΔA 成正比：

$$-W = \sigma \Delta A \tag{1}$$

式中，σ 为液体的吉布斯函数，亦称表面张力，J·m^{-2}。它表示液体表面自动缩小趋势的大小，其量值与**液体的成分、溶质的浓度、温度及表面气氛**等因素有关。

测定表面张力的方法很多。本实验用最大泡压法测定丁醇水溶液的表面张力，实验装置如图 4-22 所示。

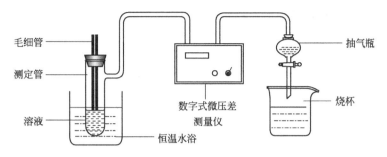

图 4-22　测定表面张力实验装置

当毛细管下端端面与被测液体液面相切时，液体沿毛细管上升。打开抽气瓶（滴液漏斗）的活塞缓缓放水抽气，此时测定管中的压力就逐渐减小，毛细管中的大气压力 p_0 就会将管中液面压至管口，并形成气泡。其曲率半径恰好等于毛细管半径 r 时，根据拉普拉斯（Laplace）公式，此时能承受的压力差最大：

$$\Delta p_{max} = p_0 - p_r = \frac{2\sigma}{r} \tag{2}$$

随着放水抽气，大气压力将把该气泡压出管口。曲率半径再次增大，此时气泡表面膜所能承受的压力差必然减少，而测定管中的压力差却在进一步加大，故立即导致气泡的破裂。最大压力差可通过数字式微压差测量仪得到。

用同一根毛细管分别测定具有不同表面张力（σ_1 和 σ_2，其中一种液体的表面张力为已知值）的溶液时，可得下列关系：

$$\sigma_1 = \frac{r}{2}\Delta p_1; \quad \sigma_2 = \frac{r}{2}\Delta p_2; \quad \frac{\sigma_1}{\sigma_2} = \frac{\Delta p_1}{\Delta p_2}$$

$$\sigma_1 = \sigma_2 \frac{\Delta p_1}{\Delta p_2} = K'\Delta p_1 \tag{3}$$

式中，K' 称为毛细管常数，可用已知表面张力的物质来确定。

【仪器与试剂】

仪器：表面张力测定装置，恒温水浴，毛细管。

试剂：正丁醇（A.R.）。

【实验内容】

1. 配制溶液

配制 $0.50 mol \cdot L^{-1}$ 正丁醇溶液 250mL，为此先按正丁醇的摩尔质量和室温下的密度计算需用正丁醇的体积。将该浓度的溶液置于碱式滴定管，配制下列浓度的稀溶液各 50mL：$0.02 mol \cdot L^{-1}$、$0.04 mol \cdot L^{-1}$、$0.06 mol \cdot L^{-1}$、$0.08 mol \cdot L^{-1}$、$0.10 mol \cdot L^{-1}$、$0.12 mol \cdot L^{-1}$、$0.16 mol \cdot L^{-1}$、$0.20 mol \cdot L^{-1}$。

2. 调节恒温水浴至 25℃或室温。

3. 测定毛细管常数

将玻璃器皿认真洗涤干净，在测定管中注入蒸馏水，使管内液面刚好与毛细管口相接触，置于恒温水浴内恒温 10min。毛细管须保持垂直并注意液面位置，然后按图 4-21 接好测量系统。慢慢打开抽气瓶活塞，注意气泡形成的速率应保持稳定，通常控制在每分钟

8～12个气泡为宜，即数字式微压差测量仪的读数（瞬间最大压差）。读数 10 次，取平均值。

4. 测定正丁醇溶液的表面张力

按实验内容 3 分别测量不同浓度的正丁醇溶液。从稀到浓依次进行。每次测量前必须用少量被测液洗涤测定管，尤其是毛细管部分，确保毛细管内外溶液的浓度一致。

【数据处理】

1. 以纯水的测量结果按方程计算 K' 值。

2. 分别计算各种浓度溶液的 σ 值。

3. 作 σ-c 图，求正丁酸的 σ 值。

【教学讨论】

做好本实验的关键在于玻璃器皿必须洗涤清洁；毛细管应保持垂直，其端部应平整；溶液恒温后，体积略有改变，应注意毛细管平面与液面接触处要相切。

【总结讨论题】

1. 在测量中，如果抽气速率过快，对测量结果有何影响？

2. 如果将毛细管末端插入到溶液内部进行测量行吗？为什么？

3. 本实验中为什么要读取最大压力差？

4. 表面张力仪（玻璃器皿）的清洁与否和温度的不恒定对测量数据有何影响？

实验 32 电渗、电泳

【实验目的】

1. 掌握电渗法和电泳法测定 ζ 电势的原理与技术。

2. 加深理解电渗、电泳是胶体中液相和固相在外电场作用下相对移动而产生的电性现象。

【实验原理】

胶体溶液是一个多相体系，分散相胶粒和分散介质带有数量相等而符号相反的电荷，因此在相界面上建立了双电层结构。当胶体相对静止时，整个溶液呈电中性。但在外电场作用下，胶体中的胶粒和分散介质反向相对移动，就会产生电位差，此电位差称为 ζ 电势。ζ 电势是表征胶粒特性的重要物理量之一，在研究胶体性质及实际应用中有着重要的作用。ζ 电势和胶体的稳定性有密切关系。$|\zeta|$ 值越大，表明胶粒荷电越多，胶粒之间的斥力越大，胶体越稳定；反之，则不稳定。当 ζ 电势等于零时，胶体的稳定性最差，此时可观察到聚沉现象。因此，无论制备或破坏胶体，均需要了解所研究胶体的 ζ 电势。

在外加电场作用下，若分散介质对静态的分散相胶粒发生相对移动，称为电渗；若分散相胶粒对分散相介质发生相对移动，则称为电泳。实质上两者都是荷电粒子在电场作用下的定向运动，所不同的是，电渗研究液体介质的运动，而电泳则研究固体粒子的运动。

ζ 电势可通过电渗实验测定：

$$\zeta = \frac{4\pi\eta\kappa\upsilon}{\varepsilon I} \tag{1}$$

若已知液体介质的黏度 η、介电常数 ε、电导率 κ，只要测定在电场作用下的电流 I，以及单位时间内液体由于受电场作用流过毛细管的流量 ν，就可以从式(1) 算出 ζ 电势。

ζ 电势可通过电泳实验测定：

$$\zeta = \frac{4\pi\eta u}{\varepsilon w} \tag{2}$$

同样，若已知介电常数 ε、液体介质的黏度 η，则通过测量胶粒运动速率 u 和两电极间

的电位梯度 w，代入式(2)，也可算出 ζ 电势。

【仪器与试剂】

仪器：电渗仪，电泳仪，恒温水浴装置，电导仪，直流电源（200～1000V），直流电源（30～50V），停表。

试剂：$FeCl_3$（A.R.），SiO_2 粉末（80～100 目），KCl 辅助溶液 0.1mol·L^{-1}，胶棉液。

【实验内容】

1. 用电渗法测定 SiO_2 对水的 ζ 电势

① 电渗仪的安装，电渗仪如图 4-23 所示。刻度毛细管两端通过连通管分别与铂丝电极相连；A 管的两端装有多孔薄瓷板，A 管内装二氧化硅粉；在刻度毛细管的一端接有另一根尖嘴形的毛细管 G 管，通过它可以将一个测量流速用的气泡压入刻度毛细管。

洗净电渗仪。揭去磨口瓶塞，将 80～100 目的二氧化硅粉与蒸馏水拌和而成的糊状物注入 A 管中，盖上瓶塞。分别拔去铂丝电极，从电极管口注入蒸馏水，直至能浸没电极为止，插好铂丝电极。用洗耳球从 G 管压入一小气泡至刻度毛细管的一端。将整个电渗仪浸入恒温水浴中，恒温 10min 以待测定。

② 测电渗时液体的流量 v 和电流强度 I。在电渗仪的两铂丝电极间接上直流电源，测量回路中串联一个毫安表、耐高压的电源开关和换向开关。调节电源电压，使电渗时毛细管中气泡从一端刻度至另一端刻度行程时间约 20s。然后准确测定此时间。利用换向开

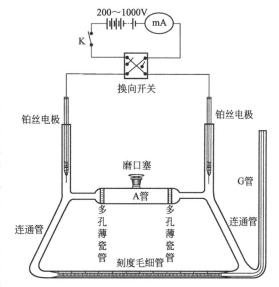

图 4-23　电渗仪结构及测量线路图

关，可使两电极的极性变换，而使电渗方向倒向。由于电源电压较高，换向操作时应先切断电源开关，换向开关转换后，再接通耐高压的电源开关。反复测量正、反向电渗时流量 v 值各 5 次，同时读下电流值 I。

改变电源电压，使毛细管中气泡的行程时间分别改为 15s、25s，按上述方法分别测量相应的 v 和 I 值。

最后拆去电渗仪电源，用电导仪测定电渗仪中蒸馏水的电导率 κ。

2. 用电泳法测定 $Fe(OH)_3$ 溶胶的电泳速度

① 渗析半透膜的制备。在预先洗净并烘干的 150mL 锥形瓶中加入约 10mL 胶棉液（溶剂为 1:3 乙醇-乙醚液），小心转动锥形瓶，使胶棉液在瓶内壁形成一均匀薄膜，倾出多余的胶棉液。将锥形瓶倒置于铁圈上，使乙醚挥发完。此时如用手指轻轻触及胶膜，应无黏着感。然后将蒸馏水注入胶膜与瓶壁之间，小心取出胶膜，将其置于蒸馏水中浸泡待用，同时检查是否有漏洞。

② $Fe(OH)_3$ 溶胶的制备。将 0.5g 无水 $FeCl_3$ 溶于 20mL 蒸馏水中，在不断搅拌下将该溶液滴入 200mL 沸水中（控制在 4～5min 内滴完），再煮沸 1～2min，即制得红色$Fe(OH)_3$。

③ 溶胶的钝化。将冷至约 50℃的 $Fe(OH)_3$ 溶液转移到渗析半透膜，用约 50℃的蒸馏

水渗析，约 10min 换水 1 次，渗析 5 次。

④ 将渗析好的 $Fe(OH)_3$ 溶胶冷却至室温，测其电导率，用 $0.1mol \cdot L^{-1}$ KCl 溶液和蒸馏水配制与溶胶电导率相同的辅助液。

⑤ 测定电泳速度 u 和电位梯度。电泳仪如图 4-24 所示。电泳仪应事先洗涤干净并烘干，活塞上涂一薄层凡士林，塞好活塞。

将待测的 $Fe(OH)_3$ 溶胶通过小漏斗注入电泳仪的 U 形管底部至适当部位。再用两支滴管，将电导率与胶体溶液相同的稀 KCl 溶液沿 U 形管左右两臂的管壁等量地缓缓加入至约 10cm 高度，保持两液相间的界面清晰。轻轻将铂电极插入 KCl 液层中。切勿扰动液面，铂电极应保持垂直，并使两极浸入液面下的深度相等，记下胶体液面的高度位置。将两极接于 30~50V 直流电源上，按下电键，同时停钟开始计时至 30~45min，记下胶体液面上升的距离和电压的读数。沿 U 形管中线量出两极间的距离。此数值须测量多次，并取其平均值。实验结束后，洗净 U 形管和电极，并在 U 形管中放满蒸馏水浸泡铂电极。

【数据处理】

1. SiO_2 对水的 ζ 电势

计算各次电渗测定的 v/I 值，并取平均值，将所测的电渗仪中蒸馏水的电导率 κ 和 v/I 平均值代入式(1)，可求得 SiO_2 对水的 ζ 电势。

2. $Fe(OH)_3$ 对水的 ζ 电势

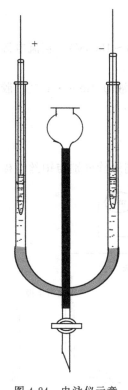
图 4-24　电泳仪示意

由 U 形管的两边在时间 t 内界面移动的距离 d 值计算电泳的速率 $(u=d/t)$，再由测得的电压 U 和两电极间的距离 l 计算得电位梯度 $(w=U/l)$，然后将 u 和 w 代入式(2)，计算出 $Fe(OH)_3$ 对水的 ζ 电势。此时式(2) 中的 η、ε 用水的数值代入，不同温度时水的介电常数按 $\varepsilon=80-0.4(T/K-293)$ 式计算。

【教学讨论】

1. 根据扩散双电层模型，胶粒上的表面紧密层电荷相对固定不动，而液相中的反离子则受到静电吸引和热运动扩散两种力的作用，故而形成一个扩散层。ζ 电势是紧密层与扩散层之间的电势差。ζ 电势也就是胶粒所带电荷的电动电势，是胶粒稳定的主要因素。不过有关 ζ 电势的确切物理意义尚不清楚。

2. 在制备渗析半透膜袋时加水的时间应适中。如加水过早，因胶膜中的溶剂尚未完全挥发掉，胶膜呈乳白色，强度差而不能使用；如加水过迟，则胶膜变干、脆，不易取出且易破裂。

3. 溶胶的制备条件和纯化效果均影响电泳速率。比如纯化不好，会使界面不清。因此，在制备溶胶过程中应很好地控制浓度、温度、搅拌和滴加速度；渗析时应控制水温，常搅动渗析液，勤换渗析液。这样制备得到的 $Fe(OH)_3$ 溶胶胶粒大小均匀，胶粒周围带相反电荷的离子分布趋于合理，基本形成热力学稳定态，所得的 ζ 电势准确，重复性好。

4. 在进行电泳测量时，要使胶体溶液和辅助溶液的电导率基本相同，否则必须对式(2) 进行修正。

【总结讨论题】

1. 如果电泳仪事先没有洗净，管壁上残留有微量的电解质，对结果将有什么影响？

2. 电泳速率的快慢与哪些因素有关？

3. 电渗测量时，连续通电使溶液发热，会造成什么后果？

4. 电泳中辅助液的选择应根据那些条件？

5. 你能推导出（1）式和（2）式吗？试试看。

实验 33　黏度法聚乙烯醇分子量的测定

【实验目的】

1. 了解高聚物黏均分子量的测定方法及原理。

2. 掌握毛细管黏度计的使用方法，测定聚乙烯醇的黏均分子量。

【实验原理】

黏度是液体流动时内摩擦力大小的反映。纯溶剂黏度反映了溶剂分子间的内摩擦力效应，聚合物溶液的黏度则是体系中溶剂分子间、溶质分子间及它们相互间内摩擦效应之总合。溶液黏度的命名见表 4-11。

表 4-11　溶液黏度的命名

名　称	符号和定义
黏度（系数）	η
相对黏度	$\eta_r = \eta/\eta_0$（η_0 为溶剂的黏度）
增比黏度	$\eta_{sp} = \eta_r - 1 = (\eta - \eta_0)/\eta_0$
比浓黏度	η_{sp}/c
比浓对数黏度	$(\ln\eta_r)/c$
特性黏度	$[\eta] = (\eta_{sp}/c)_{c=0}$

通常聚合物溶液的黏度 η 大于纯溶剂黏度 η_0。增比黏度 η_{sp} 定义为：

$$\eta_{sp} = \frac{\eta - \eta_0}{\eta_0} = \eta_r - 1 \tag{1}$$

式中，η_r 为相对黏度。

比浓黏度 η_{sp}/c 和比浓对数黏度 $\dfrac{\ln\eta_r}{c}$ 与高分子溶液浓度 c 的关系为：

$$\frac{\eta_{sp}}{c} = [\eta] + k'[\eta]^2 c \tag{2}$$

$$\frac{\ln\eta_r}{c} = [\eta] + k''[\eta]^2 c \tag{3}$$

式中，$[\eta]$ 为特征黏度。$[\eta]$ 反映了在无限稀溶液中溶剂分子与高分子间的内摩擦效应，它决定于溶剂的性质和聚合物分子的形态及大小。

对同一聚合物，两直线方程外推所得截距 $[\eta]$ 交于一点（如图 4-25 所示）；$k' - k'' = 0.5$；$[\eta]$ 值随聚合物的分子量有规律地变化。

特征黏度 $[\eta]$ 与聚合物相对分子质量的关系为：

$$[\eta] = K \overline{M_\beta^a} \tag{4}$$

式中，$\overline{M_\eta}$ 为黏均分子量；K 和 α 是与温度、聚合物及溶剂性质有关的常数。测量常见高聚物的 $[\eta]$ 时，高聚物溶液 K 和 α 的经验常数值见表 4-12。

表 4-12　高聚物 K 和 α 的经验常数值

高聚物	溶剂	温度/℃	$K \times 10^4$	α
聚苯乙烯	苯	20	1.23	0.72
聚苯乙烯	苯	30	1.06	0.74
聚苯乙烯	甲苯	25	3.70	0.62
聚乙烯醇	水	25	2.0	0.76
聚乙烯醇	水	30	6.66	0.64
聚甲基丙烯酸甲酯	苯	25	0.38	0.79

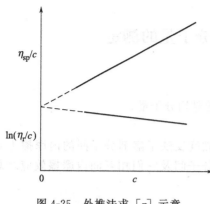

图 4-25　外推法求〔η〕示意

液体黏度的测定方法有落球法、转筒法和毛细管法。前两者适于高、中黏度的测定，后者适用于较低黏度的测定。本实验采用毛细管法。当液体在重力作用下流经毛细管黏度计时，遵守 Poiseuille 公式：

$$\frac{\eta}{\rho} = \frac{\pi h g r^4 t}{8LV} - m\frac{V}{8\pi Lt} \tag{5}$$

式中，η 为液体黏度；ρ 为液体密度；L 为毛细管长度；r 为毛细管半径；t 为体积 V 的液体流经毛细管的时间；h 为流过毛细管液体的平均液柱高度；g 为重力加速度；m 为动能校正系数（当 $\frac{V}{r} \ll 1$ 时，$m=1$。）

对某一给定毛细管黏度计，式(5) 可改写为：

$$\frac{\eta}{\rho} = At - \frac{B}{t} \tag{6}$$

式中，当 $B<1$、$t>100$s 时，第二项可忽略。通常测定在稀溶液中进行（$c<1$g·100mL^{-1}），溶剂与溶液密度近似相等，则有：

$$\eta_r = \frac{\eta}{\eta_0} = \frac{t}{t_0} \tag{7}$$

式中，t 和 t_0 分别为溶液和纯溶剂的流出时间。实验中，测出不同浓度下聚合物对应的相对黏度，则可求出 η_{sp}、η_{sp}/c、$(\ln\eta_r)/c$。以 η_{sp}/c 或 $(\ln\eta_r)/c$ 对 c 作图，用外推法可求〔η〕。在已知 K、α 值条件下，可由式(4) 计算聚合物黏均分子量。

【仪器与试剂】

仪器：恒温槽，乌（贝洛德）氏黏度计，10mL 吸量管 2 支，3号砂芯漏斗 2 只，100mL 容量瓶 2 个，秒表。

试剂：

正丁醇（A.R.）。

0.500g·100mL^{-1} 聚乙烯醇水溶液：准确称取聚乙烯醇 0.500g 于烧杯中，加 60mL 蒸馏水，稍加热使之溶解，冷至室温，倾入 100mL 容量瓶中，滴加 10 滴正丁醇（消泡剂）。在 25℃恒温下，加水稀释至 100mL。用砂芯漏斗（3 号）过滤溶液。

【实验内容】

1. 乌氏黏度计的清洗

将两根橡胶管分别接于乌氏黏度计（图 4-26）的 B 和 C 上，用蒸馏水抽洗黏度计 3 次，将黏度计垂直置于 25.0℃±0.1℃恒温水浴中，使水浴浸至 G 球以上。

2. 测量纯溶剂的流出时间 t_0

移取 10mL 已恒温的蒸馏水，由 A 管注入黏度计内，再恒温5min。用橡胶管封闭 C 管，用洗耳球从 B 管吸溶剂使溶剂上升至 G 球 2/3。然后同时松开 C 管和 B 管，使 B 管溶剂在重力作用下流经毛细管，记录液面通过 a 标线到 b 标线所用时间 t_0，重复 3 次。任意两次时间相差小于 0.3s。

3. 测量溶液的流出时间 t

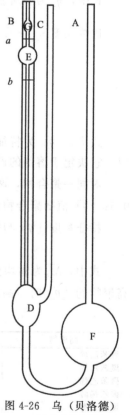

图 4-26　乌（贝洛德）
氏黏度计示意

移取浓度为 c_1 且已恒温的溶液 10mL，用上述方法重复测 3 次，任意两次时间相差小于 0.3s，求出平均值 t_1。然后从 A 管加入 5mL 蒸馏水，浓度为 c_2，用洗耳球吹 A 管几次，使稀释均匀。测定溶液流经毛细管的时间 t_2。同理分别依次加入 5mL、5mL、10mL、10mL 蒸馏水，稀释，形成系列浓度，分别测流过的时间。

【数据处理】

1. 将溶剂、聚乙烯醇溶液浓度 c（g·100mL^{-1}）和测量出的流经时间列表表示，并计算不同浓度的 η_r、$\ln\eta_r$、η_{sp}、η_{sp}/c、$(\ln\eta_r/c)$。

2. 分别以 η_{sp}/c 和 $(\ln\eta_r)/c$ 对 c 作图，得两条直线，外推至 $c\to0$，求出 $[\eta]$ 值。

3. 由式(4)及所用溶剂和温度条件下的 K 和 α 值，求出聚乙烯醇的黏均分子量。

【教学讨论】

1. 乌氏黏度计中的支管 C 有什么作用？除去支管 C 是否仍可以做黏度测定？

2. 评价黏度法测定高聚物分子量的优缺点，指出影响准确测定结果的因素。

【总结讨论题】

1. 对于浓度相同的溶液，为什么每个人测的流过毛细管的时间不同？

2. 如何保证测定过程中浓度的准确性？

实验 34　电导法测定水溶性表面活性剂的临界胶束浓度

【实验目的】

1. 了解表面活性剂的特性及临界胶束浓度的测定原理。

2. 掌握用电导法测定十二烷基硫酸钠的临界胶束浓度。

【实验原理】

由具有明显"两亲"性质的分子组成的物质称为表面活性剂。这一类分子既含有亲油的足够长的（大于 10 个碳原子）烃基，又含有亲水的极性基团（离子化的），如肥皂和各种合成洗涤剂等。表面活性剂分子都是由极性和非极性两部分组成的，若按离子的类型分类，可分为三大类。

① 阴离子型表面活性剂。如羧酸盐（肥皂，$C_{17}H_{35}COONa$），烷基硫酸盐［十二烷基硫酸钠，$CH_3(CH_2)_{11}SO_4Na$］，烷基磺酸盐［十二烷基苯磺酸钠，$CH_3(CH_2)_{11}C_6H_5SO_3Na$］等。

② 阳离子型表面活性剂。主要是铵盐，如十二烷基二甲基氯化铵［$RN(CH_3)_2HCl$］。

③ 非离子型表面活性剂。如聚氧乙烯类［$RO(CH_2CH_2O)_nH$］。

表面活性剂溶入水中后，在低浓度时呈分子状态，并且三三两两互相把亲油基团聚拢而分散在水中。当溶液浓度增加到一定程度时，许多表面活性物质的分子立刻结合成很大的基团，形成"胶束"。以胶束形式存在于水中的表面活性物质是比较稳定的。表面活性物质在水中形成胶束所需的最低浓度称为临界胶束浓度，以 CMC（critical micelle concentration）表示。在 CMC 点上，由于溶液的结构改变导致其物理性质及化学性质（如表面张力、电导、渗透压、浊度、光学性质等）与浓度的关系曲线出现明显转折，如图 4-27 所示。这个现象是测定

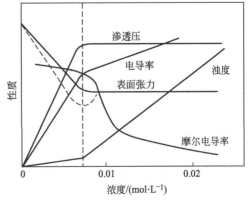

图 4-27　25℃时十二烷基硫酸钠水溶液的物理性质和浓度关系

CMC 的实验依据，也是表面活性剂的一个重要特征。

这种特征行为可用生成分子聚集体或胶束来说明，如图 4-28 所示，

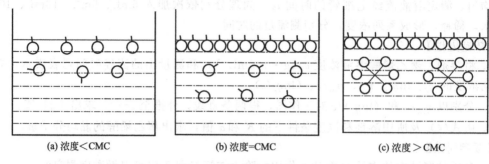

(a) 浓度＜CMC　　　　(b) 浓度=CMC　　　　(c) 浓度＞CMC

图 4-28　胶束形成过程示意

当表面活性剂溶于水中后，不但定向地吸附在水溶液表面，而且达到一定浓度时还会在溶液中发生定向排列而形成胶束。表面活性剂为了使自己成为溶液中的稳定分子，有可能采取两种途径：一是把亲水基留在水中，亲油基伸向油相或空气；二是让表面活性剂的亲油基团相互靠在一起，以减少亲油基与水的接触面积。前者就是表面活性剂分子吸附在界面上，其结果是降低界面张力，形成定向排列的单分子膜；后者就形成了胶束。由于胶束的亲水基方向朝外，与水分子相互吸引，使表面活性剂能稳定地溶于水中。

随着表面活性剂在溶液中浓度的增长，球形胶束还可能转变成棒形胶束，以至层状胶束。如图 4-29 所示。后者可用来制作液晶，它具有各向异性的性质。

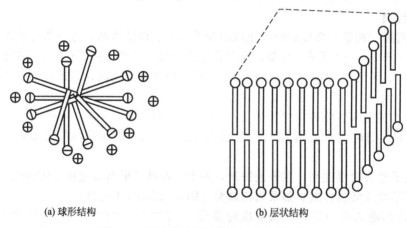

(a) 球形结构　　　　　　　　(b) 层状结构

图 4-29　胶束的球形结构和层状结构示意

利用 DDS-308 型电导率仪测定不同浓度的十二烷基硫酸钠水溶液的电导率（或摩尔电导率），并作电导率（或摩尔电导率）与浓度的关系图，从图中的转折点即可求得临界胶束浓度。

【仪器与试剂】

仪器：DDS-308 型电导率仪，容量瓶（100mL），DJS-1A 型铂黑电极，容量瓶（50mL），恒温水浴装置，移液管。

试剂：氯化钾（A. R.），十二烷基硫酸钠（A. R.）。

【实验内容】

① 用电导水或重蒸馏水准确配置 $0.01 \text{mol} \cdot \text{L}^{-1}$ KCl 标准溶液。

② 取十二烷基硫酸钠，在 80℃烘干 3h，用电导水准确配制 $0.020 \text{mol} \cdot \text{L}^{-1}$ 十二烷基硫

酸钠溶液 100mL。用电导水稀释 0.020mol·L^{-1}十二烷基硫酸钠溶液为 0.001mol·L^{-1}、0.002mol·L^{-1}、0.004mol·L^{-1}、0.008mol·L^{-1}、0.010mol·L^{-1}、0.020mol·L^{-1} 各 50mL。

③ 开通电导率仪和恒温水浴的电源预热 20min。调节恒温水浴温度至 25℃或其他合适的温度。

④ 用蒸馏水洗净试管和电极。在恒定温度下用 0.01mol·L^{-1} KCl 标准溶液标定电极的电导池常数。

⑤ 用电导率仪从稀到浓分别测定上述各溶液的电导率。用后一个溶液荡洗存放过前一个溶液的电导电极和容器 3 次以上，各溶液测定前必须恒温 10min，每个溶液的电导率读数 3 次，取平均值。

⑥ 列表记录各溶液对应的电导率或摩尔电导率。

⑦ 实验结束后用蒸馏水洗净试管和电极，并且测量所用水的电导率。

【数据处理】

作出电导率（或摩尔电导率）与浓度的关系图，从图中转折点处找出临界胶束浓度。

文献值：40℃，$C_{12}H_{25}SO_4Na$ 的 CMC 为 $8.7×10^{-3}$mol·L^{-1}。

【教学讨论】

测定 CMC 的方法很多，常用的有表面张力法、电导法、染料法、增溶作用法和光散射法等。这些方法原则上都是从溶液的物理化学性质随浓度变化关系出发求得。其中表面张力法和电导法比较简便准确。表面张力法除了可求得 CMC 之外，还可以求出表面吸附等温线。此法还有一优点，就是无论对于高表面活性还是低表面活性的表面活性剂，其 CMC 的测定都具有相似的灵敏度，且此法不受无机盐的干扰，也适合于非离子型表面活性剂的测定。电导法是一个经典方法，简便可靠，但只限于离子型表面活性剂。此法对于有较高活性的表面活性剂准确性较高，但过量无机盐存在会降低测定灵敏度，因此配制溶液应用电导水。

【总结讨论题】

1. 若要知道所测得的临界胶束浓度是否准确，可用什么实验方法验证？

2. 非离子型表面活性剂能否用本实验方法测定临界胶束浓度？为什么？

第五章 化 学 分 析

第一节 滴定分析的基本原理

滴定分析是用滴定管将已知浓度 c_s 的某已知物溶液（标准溶液）滴加到已知容积 V_0 的待测组分 x 的试液中，直至已知物与待测组分达到按化学计量比完成反应时为止，然后由标准溶液滴加的体积 V_s 和浓度 c_s 以及待测物的容积 V_0，按照下式计算出待测组分试液的浓度 c_x：

$$(c_x V_0)_{未知} = (c_s V)_{已知}$$

这种分析待测组分含量的方法，称为滴定分析。

一、研究滴定分析法理论上必须解决的三个问题

1. 滴定分析法对化学反应的要求。

① 滴定反应必须定量完成，即按一定的化学反应方程式进行，无副反应，而且反应完全程度达到 99.9% 以上。

② 滴定反应必须迅速完成。对于速率慢的反应，应采取适当措施来提高反应速率，如加热、加催化剂等。

2. 如何判断滴定终点的到达。这要求熟悉指示剂的变色原理和选择指示剂的原则。

3. 由于指示剂的变色点与化学计量点不一致而引起终点误差。终点误差如何计算？

二、滴定分析必须解决的三个实际问题

1. 如何实现滴定反应？对于理论上满足滴定分析要求的反应，如何控制实验条件，使之按照所预期的方式进行？可控制的条件包括副反应的抑制、干扰组分的排除和滴定方式的选择等。

2. 合理选择指示剂，并熟悉该指示剂变色的快慢、用量、加入方式等因素对滴定终点的影响。

3. 如何减小终点误差？滴定分析中的误差来源主要有两方面：一是滴定剂的浓度误差，二是滴定剂的容积误差。容积误差包括量器误差、读数误差、管壁滞留误差、指示剂本身消耗滴定剂误差、滴定终点和化学计量点不一致的终点误差等。在这些误差中，终点误差是最主要的。

三、滴定分析法的分类

滴定分析的方法按滴定反应来分类。如果滴定反应分别为酸碱反应、配位反应、沉淀反应和氧化-还原反应，则分别称为酸碱滴定法、配位滴定法、沉淀滴定法和氧化-还原滴定法。由于酸碱滴定法、配位滴定法和沉淀滴定法不涉及电子的转移过程，因此，又被称为非氧化-还原滴定法。

四、滴定方式的选择

1. 直接滴定法

选择合适的指示剂，利用已知标准溶液直接滴定待测物质的方法称为直接滴定法。这种

方法具有简便、迅速的优点，可能引入误差的机会也较少。一般情况下，应当尽可能地采用这种方法。

2. 间接滴定法

间接滴定法是指不直接滴定被测物质，而是滴定与被测物质有一定计量关系的另一种物质，通过计算该物质的含量来间接求得被测物质含量的方法。例如 PO_4^{3-} 可沉淀为 $MgNH_4PO_4 \cdot 6H_2O$，沉淀经洗涤后溶于盐酸溶液，加入过量的乙二胺四乙酸二钠盐标准溶液，将溶液调至碱性，用 Mg^{2+} 标准溶液返滴定过量的 EDTA。这样通过测定 Mg^{2+} 可以间接求得 PO_4^{3-} 的含量。

3. 返滴定法

有些滴定反应由于速率太慢不符合直接滴定的要求，这种情况下可以加入过量的滴定剂后放置一段时间，待反应完成后再用另一种标准溶液来滴定过量的滴定剂，这种方法称为返滴定法。例如，在有机物的分析中，测定乙酸乙酯时，加入过量的 NaOH 标准溶液，待水解反应结束后，再用 HCl 标准溶液滴定过量的 NaOH。根据 NaOH 和 HCl 标准溶液的浓度、NaOH 标准溶液的加入量及滴定中 HCl 标准溶液的消耗量确定乙酸乙酯的含量。水解反应如下：

$$CH_3COOC_2H_5 + NaOH(过量) \rightleftharpoons CH_3COONa + C_2H_5OH$$

4. 置换滴定法

有些滴定反应找不到合适的指示剂来指示反应的终点，常采用置换滴定法。例如 Ba^{2+}、Sr^{2+} 等金属离子与 EDTA 的滴定反应，要找到一种合适的指示剂相当困难，这时可在其溶液中加入 Mg-EDTA 配合物，发生如下置换反应：

$$Ba^{2+} + Mg\text{-}EDTA \rightleftharpoons Ba\text{-}EDTA + Mg^{2+}$$

这时可以选择铬黑 T 作为指示剂，用 EDTA 标准溶液滴定 Mg^{2+}。

五、分析测试条件的选择和控制

1. 改变待测物的形式，实现直接滴定

例如，硼酸的解离常数太小（$K_a = 10^{-9.24}$），不能用标准碱溶液直接滴定。用硼酸与乙二胺作用，生成较强的配位酸（HR），然后用 NaOH 标准溶液滴定 HR。由此，就使滴定硼酸变为滴定配位酸 HR。反应如下：

配位反应
$$B(OH)_3 + 2\ \begin{array}{c} H_2C-OH \\ | \\ H_2C-OH \end{array} \rightleftharpoons H\left[\begin{array}{c} H_2C-O \\ | \\ H_2C-O \end{array} B \begin{array}{c} O-CH_2 \\ | \\ O-CH_2 \end{array}\right] + 3H_2O$$
$$(HR)$$

滴定反应
$$OH^- + HR \rightleftharpoons R^- + H_2O$$

2. 设法降低干扰副反应系数

例如，当 Bi^{3+} 与 Pb^{2+} 共存时，用 EDTA 测定 Pb^{2+}、Bi^{3+} 有干扰。但 $\lg K_{BiY^-} - \lg K_{PbY^{2-}} = 9.9 > 5$，表明控制酸度实现分步滴定 Pb^{2+} 和 Bi^{3+} 是可能的。为实现这种可能性，常控制滴定时的酸度在 pH=1 测定 Bi^{3+}，Pb^{2+} 不干扰；待反应结束后调节 pH=5 测定 Pb^{2+}，Bi^{3+} 不干扰。

3. 设法除去干扰性离子的影响

在滴定分析中，常采用掩蔽法消除干扰性离子的影响。掩蔽法就是将干扰性离子隐藏起来，使之不干扰滴定反应。最常用的掩蔽法有配位掩蔽法、氧化-还原掩蔽法和沉淀掩蔽法。配位掩蔽法是加入只与干扰性离子作用而不与待测组分反应的配位剂。如测定 Zn^{2+} 时，Al^{3+} 有干扰，加入 NH_4F，使 Al^{3+} 生成 AlF_6^{3-}，可消除 Al^{3+} 的干扰。氧化-还原掩蔽法是通过改变干扰组分的氧化态，避免其对测定的影响。如用 EDTA 滴定 Bi^{3+}、Zr^{4+}、Th^{4+} 时，溶液中的 Fe^{3+} 对测定有干扰，此时可加入抗坏血酸或羟胺，将 Fe^{3+} 还原成 Fe^{2+}，就可避免 Fe^{3+} 的干扰。沉淀掩蔽法是加入沉淀剂使干扰性离子生成沉淀。如测定 Ca^{2+} 时 Mg^{2+} 有干扰，加入 NaOH 使溶液 pH>12，则 Mg^{2+} 生成 $Mg(OH)_2$ 沉淀。

第二节　滴定分析技术

一、滴定管的组装和校正

滴定管是滴定时准确测量溶液体积的量出式量器，它是具有精确刻度、内径均匀的细长玻璃管。滴定管有常量与微量之分。常量滴定管又分为酸式和碱式两种。酸式滴定管下端有玻璃旋塞开关，它用来盛酸性溶液或氧化性（如 $KMnO_4$）溶液，不宜盛碱性溶液，因为碱性溶液腐蚀玻璃 [图 5-1(a)]。碱式滴定管下端连接橡皮管，管内有玻璃珠以控制溶液流出，橡皮管下端再连尖嘴玻璃 [图 5-1(b)(c)]。凡能与橡皮管起反应的氧化性溶液，如 $KMnO_4$、I_2 等，都不能盛在碱式滴定管中。

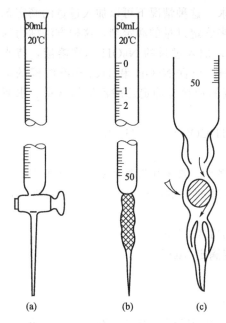

图 5-1　滴定管

常量滴定管的容积有 20mL、25mL、50mL、100mL 四种规格，最小刻度为 0.1mL，读数可估读 0.01mL。微量滴定管分为一般微量滴定管与自动微量滴定管，容积有 1mL、2mL、3mL、5mL、10mL 五种规格，刻度一般可准确至 0.005mL 以下。常量滴定管要求它的出口及其活塞孔度在完全旋开时，50mL 的液体在 50~70s 时间内流完。

（1）滴定管的洗涤　滴定管在使用之前，应仔细洗涤。方法是：用自来水冲洗干净后，用少量铬酸洗液洗涤。装入洗液后，两手横持滴定管均匀转动，使管内壁都均匀地被洗液清洗。倒出洗液后，用自来水冲净残余洗液，再用蒸馏水冲洗三次，以内壁不挂水珠为洗净的标准。

（2）旋塞涂凡士林　将洗净的酸式滴定管平放于台面上，取出旋塞。用滤纸将旋塞及旋塞槽内的水擦干，用手指蘸少许凡士林在旋塞的两侧涂上薄薄一层。在旋塞孔的两旁少涂一些，以免凡士林堵住塞孔。涂好凡士林的旋塞插入活塞槽内，并向同一方向转动活塞，直到活塞中油膜均匀透明。如发现转动不灵活或旋塞上出现纹路，表示凡士林涂得不够；若有凡士林从旋塞内挤出或旋塞孔被堵，表示凡士林涂得太多。遇到这些情况，都必须把旋塞和旋塞槽擦干净后，重新涂上凡士林。涂好凡士林后，用乳胶圈套在活塞的末端，以防活塞脱落破损（图 5-2）。

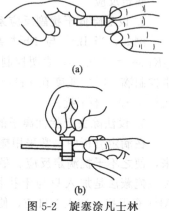

图 5-2　旋塞涂凡士林

涂好凡士林的滴定管要检查活塞是否漏水。方法是先将旋塞关闭，在滴定管内充满水，然后将滴定管垂直夹在滴定管架上，放置 1~2min，观察管口及旋塞两端是否有水渗出。将旋塞旋转 180°，再放置 2min，观察是否有水渗出。若前后两次均无水渗出，旋塞转动也灵活，即可洗净使用。

碱式滴定管应选择合适的尖嘴、玻璃珠和乳胶管（长约 6cm），组装后检查滴定管是否漏水、液滴是否能够灵活控制。如不符合要求，则需重新装配。

（3）装入操作溶液　在装入操作溶液时，应由储液瓶直接灌入，不得借用任何其他器皿，以免操作溶液的浓度改变或造成污染。为除去滴定管内残留的水膜，确保操作溶液的浓度不变，应用该溶液润洗滴定管 2～3 次，每次用量 10mL。润洗滴定管时，先关好旋塞，倒入溶液，两手平端滴定管，即右手拿住滴定管上端无刻度部位，左手拿住旋塞无刻度部位，边转边向管口倾斜，使溶液流遍全管，然后打开滴定管的旋塞，使润洗液由下端流出。

润洗之后，随即装入溶液。用左手拇指、中指和食指自然后垂直地拿住滴定管无刻度部位，右手拿储液瓶，将溶液直接加入滴定管至最高标线以上。装满溶液的滴定管应检查滴定管尖嘴内有无气泡，如有气泡，必须排出。对于酸式滴定管，可用右手拿住滴定管无刻度部位使其倾斜 30°，左手迅速打开旋塞，使溶液快速冲出，使气泡带走；对于碱式滴定管，可把乳胶管向上弯曲，出口上斜，挤捏玻璃珠右上方，使溶液从尖嘴快速冲出，即可排除气泡（图 5-3）。

图 5-3　碱式滴定管排气泡

（4）滴定管的校正　目前，我国生产的容量器皿的准确度可以满足一般分析工作者的要求，无需校准。但是，在要求较高的分析工作中则必须对所用的量器进行校准。对于滴定管，常采用称量法校准。称量法是在称量容量仪器某一刻度内所容纳或放出的纯水质量的同时记录水温，由此时的温度查得水的密度，并将称得的水重换算成该容器在 20℃ 时的容积。

由质量换算成容积时，必须考虑三方面因素的影响：

① 水的密度随温度的变化；

② 空气浮力对称量纯水质量的影响；

③ 温度对玻璃量器胀缩的影响。

综合上述因素，得到总的校正公式为：

$$m_t = -\dfrac{d_t}{1+\dfrac{0.0012}{d_t}-\dfrac{0.0012}{8.4}} + 0.000025 \times (t-20)d_t$$

式中，m_t 为 t℃ 时在空气中用黄铜砝码称量 1mL 水（在玻璃容器中）的质量；g；d_t 为水的密度（在真空中的质量），可查表得到；t 为校正时的温度；0.0012 为空气的密度；8.4 为黄铜砝码的密度。

为了使用方便，现将不同温度时的 d_t 和计算获得的 m_t 列于表 5-1。

根据表 5-1 可以计算任一温度下一定质量的纯水所占的实际容积与量器所测量容积的差值，即为校正值。

滴定管的校正方法如下。

① 在洗净的滴定管中装入蒸馏水，调整液面至 0.00 刻度。按正确操作，以不超过 10mL·min⁻¹ 的流速，将水放入一只干净、干燥和已知质量的 50mL 磨口锥形瓶中，盖紧磨口塞，称重（准确至 mg 位）。重复称重一次，两次称量相差小于 0.02g。求平均值，记录放出纯水的体积。

② 按一定体积间隔放出纯水，称量。

③ 根据称量水的质量以表 5-1 中所示的 m_t 值，就得实际体积，最后求校正值 ΔV。

表 5-1 不同温度时的 d_t 和 m_t

温度/℃	1L 水在真空中的质量 1000×m_t/g	1L 水在空气中的质量 1000×m_t/g	温度/℃	1L 水在真空中的质量 1000×m_t/g	1L 水在空气中的质量 1000×m_t/g
10	999.70	998.39	23	997.56	996.60
11	999.60	998.31	24	997.32	996.38
12	999.49	998.23	25	997.07	996.17
13	999.38	998.14	26	996.81	995.93
14	999.26	998.04	27	996.54	995.69
15	999.13	997.93	28	996.26	995.44
16	998.97	997.80	29	995.97	995.18
17	998.80	997.65	30	995.67	994.91
18	998.62	997.51	31	995.37	994.64
19	998.43	997.34	32	995.05	994.34
20	998.23	997.18	33	994.73	994.06
21	998.02	997.00	34	994.40	993.75
22	997.80	996.80	35	994.06	993.45

例如，在 21℃时由滴定管中放出 10.03mL 水，其质量为 10.04g。查表 5-1 知在 21℃时每 1mL 水的质量为 0.9970g。由此，可算出 21℃时实际容积为 10.04/0.9970＝10.07mL。故此滴定管容积之误差也就是校正值 ΔV（ΔV＝10.07－10.04＝0.03mL）。

碱式滴定管的校正方法与酸式滴定管相同。现将温度为 25℃时校正滴定管的一组实验数据列于表 5-2 中。

表 5-2 50mL 滴定管校正实例

T＝25℃查表 W_t＝0.99617g·cm^{-3}

滴定管体积/mL	瓶和水质量/g	水的质量/g	实际体积/mL	校正值 ΔV＝$V-V_0$/mL
0.00	29.20	—	—	—
10.10	39.24	10.08	10.12	＋0.02
20.07	49.19	19.99	20.06	－0.01
30.14	59.27	30.07	30.18	＋0.04
40.17	69.24	40.04	40.19	＋0.02
49.96	79.07	49.87	50.06	＋0.10

二、容量瓶的相对校正和使用

容量瓶是一种细颈梨形的平底瓶，带有磨口塞，瓶颈上刻有环形标线，表示在指定温度下（一般为 20℃）液体充满至标线时的容积。容量瓶主要是用来把精密称量的物质配成准确浓度的溶液或是将准确容积及浓度的浓溶液稀释成准确浓度及容积的稀溶液。常用的容量瓶有 25mL、50mL、100mL、250mL、500mL、1000mL 等各种规格，如图 5-4 所示。

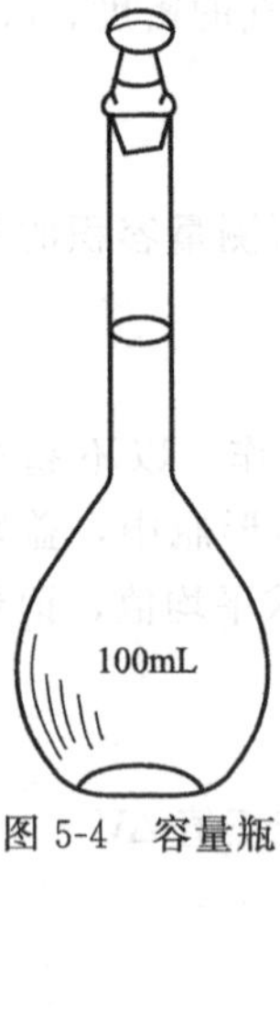

（1）容量瓶的使用

① 容量瓶使用前应检查是否漏水。检查的方法如下：注入自来水至刻度附近，盖好瓶塞，右手托住瓶底，将其倒立 2min，观察瓶塞周围是否渗水。如果不漏水，再把塞子旋转 180°，塞紧、倒置，如仍不漏水，则可使用。使用前必须把容量瓶按容量器皿洗涤要求洗涤干净。

②配制溶液的操作方法。将准确称量的试剂放在小烧杯中，加入少量水，搅拌使其溶解，沿玻璃棒把溶液转入容量瓶中，如图 5-5 所示。烧杯中的溶液倒尽后，烧杯不要直接离开玻璃棒，而应在烧杯扶正的同时使杯嘴

图 5-4 容量瓶

100mL

沿玻棒上提 1～2cm，随后烧杯即离开玻棒，这样可避免杯嘴之间的 1 滴溶液流到烧杯外面。然后用少量水涮洗杯壁 3～4 次，涮洗液按上述方法全部转入容量瓶中，再加水稀释。稀释到容量瓶容积的 2/3 时，直立旋转容量瓶，使溶液初步混合（此时切勿加塞倒立容量瓶），再继续加水至接近刻度时，改用滴管逐滴加入至弯月面恰好与标线相切。盖上瓶塞，用食指压住瓶塞，另一只手托住容量瓶的底部，倒转容量瓶，使瓶内气泡上升到顶部，边倒转边摇动，如此反复倒转摇动多次，使瓶内溶液充分混合，如图 5-5(c) 所示。

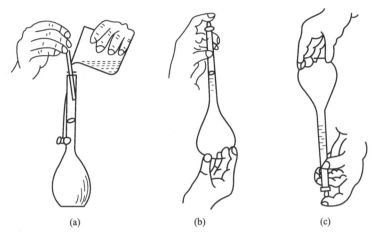

图 5-5 容量瓶的使用

（2）容量瓶和移液管的相对校正　由于移液管和容量瓶经常配合使用，因此，它们容积之间的相对校正很重要。例如，25mL 移液管，其容积应等于 100mL 容量瓶的 1/4。

校正的方法是：将容量瓶洗净，倒挂在漏斗架上，使其干燥（不得烘烤）。若是 100mL 容量瓶，用 25mL 移液管吸取蒸馏水 4 次放入干燥的容量瓶中；如为 250mL 容量瓶，则吸取蒸馏水 10 次。若液面与瓶上刻度不相吻合，则用黑色纸或透明胶布作一与弯月面相切的记号。

必须注意，在放入水时不要沾湿瓶颈。

三、移液管、吸量管的使用

移液管是中间有一膨大部分（称球部）的玻璃管，球部上和下均为较细的管颈，上端刻有一条标线，如图 5-6（a）所示。常用的移液管有 5mL、10mL、25mL、50mL 等规格。

吸量管是具有刻度的玻璃管，如图 5-6(b) 所示。常用的吸量管有 1mL、2mL、5mL、10mL 等规格。

移取溶液的操作：移取溶液前，必须用滤纸将尖端内外的水吸去，然后用欲移取的溶液洗涤 2～3 次，以确保所移取溶液的浓度不变。吸取溶液时，用右手的大拇指和中指拿住管颈上方，下部的尖端插入溶液中 1～2cm，左手拿吸耳球，先把球中空气排除，然后将球的尖端接在移液管中，慢慢松开左手使溶液吸入管内。当液面升高到刻度以上时，移去吸耳球，立即用右手的食指按住

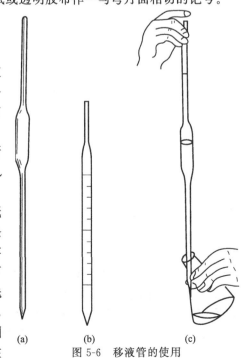

图 5-6 移液管的使用

管口，将移液管的下口提出液面，但管的末端仍靠在盛溶液器皿的内壁上，略微放松食指，用拇指和中指轻轻捻转管身，使液面平稳下降，直到溶液的弯液面与标线相切时，立即用食指压紧管口，使溶液不再流出。取出移液管，以干净滤纸片擦去移液管末端外部溶液，但不得接触下口，然后插入承接溶液的器皿中，管的末端仍靠在器皿内壁。此时移液管应垂直，承接的器皿倾斜，松开右手指，让管内溶液自然地全部沿管壁流下，如图 5-6(c) 所示。等待 10～15s 后，拿出移液管。如移液管未标"吹"字，残留在移液管末端的溶液不可用力使其流出，因移液管的容积不包括末端残留的溶液。有一种 0.1mL 的吸量管，管上标有"吹"字，使用时，末端残留的溶液必须吹出，不允许保留。

四、溶液的配制和标定

（1）试剂溶液的配制　分析化学中所用的试剂溶液应以蒸馏水配制。试剂溶液的表示方法列于表 5-3。

表 5-3　化学分析中溶液浓度的一般表示方法

量名称和符号	定义	常用单位	应用实例	备注
物质 B 的物质的量浓度 c_B	物质 B 的物质的量除以混合物的体积 $c_B = \dfrac{n_B}{V}$	$mol \cdot L^{-1}$	$c(H_2SO_4) = 0.1003 mol \cdot L^{-1}$ $c(\frac{1}{2}H_2SO_4) = 0.2006 mol \cdot L^{-1}$	一般用于标准滴定液、基准溶液
物质 B 的质量浓度 ρ_B	物质 B 的质量除以混合物的体积 $\rho_B = \dfrac{m_B}{V}$	$g \cdot L^{-1}$ $mg \cdot mL^{-1}$ $\mu g \cdot mL^{-1}$ $ng \cdot mL^{-1}$	$\rho(NaCl) = 20g \cdot L^{-1}$ $\rho(Cu) = 2mg \cdot mL^{-1}$ $\rho(V_2O_5) = 2\mu g \cdot mL^{-1}$ $\rho(Au) = 2ng \cdot mL^{-1}$	一般用于元素标准溶液及基准溶液，亦可用于一般溶液
物质 B 的质量摩尔浓度 b_B	物质 B 的物质的量除以溶剂 A 的质量 $b_B = \dfrac{n_B}{m_A}$	$mol \cdot kg^{-1}$	$b(NaCl) = 0.020 mol \cdot kg^{-1}$，表示 1kg 水中含 0.020molNaCl	常用于一般溶液
滴定度 $T_{B/A}$	单位体积的标准溶液 A 相当于被测物质 B 的质量	$g \cdot L^{-1}$ $mg \cdot mL^{-1}$	$T(Ca/EDTA) = 3mg \cdot mL^{-1}$，表示 1mLEDTA 标准溶液可定量滴定 3mgCa	滴定分析中的专用表示法
物质 B 的质量分数 w_B	物质 B 的质量与混合物的质量比 $w_B = \dfrac{m_B}{m}$	无量纲	$w(KNO_3) = 10\%$，表示 100g 该 KNO_3 溶液中含 10gKNO_3	常用于一般溶液
物质 B 的体积分数 φ_B	$\varphi_B = \dfrac{x_B V_{m,B}}{\sum x_A V_{m,A}}$ 式中，$V_{m,A}$是纯物质 A 在相同压力下的摩尔体积，对于液体来说则为物质 B 的体积除以混合液体的体积	无量纲	$\varphi(C_2H_5OH) = 5\%$，表示 100mL 该溶液中含有乙醇 5mL	常用于溶质为液体的一般溶液
体积比浓度 $V_1 + V_2$	两种溶液分别以 V_1 体积与 V_2 体积相混，或 V_1 体积的特定溶液与 V_2 体积的水相混	无量纲	HCl(1+2)，表示 1 体积浓盐酸与 2 体积的水相混；$HCl + HNO_3$，表示 1 体积浓盐酸与 1 体积浓硝酸相混	常用于溶质为液体的一般溶液，或两种一般溶液相混时的浓度表示

（2）配制溶液的操作要点

① 在台秤上称出固体试剂，放入烧杯中，加入少量水使其溶解，然后用水冲稀至所需体积。摇匀后，转移到试剂瓶中。在试剂瓶上贴上标签，注明试剂的名称、浓度和日期。

② 试剂为液体时，如在稀释时有放热现象，用量器（量筒或量杯）取出后，应在烧杯中稀释冷却后再转入试剂瓶中；如在稀释时无放热现象，可取一定体积的试剂，直接放入试剂瓶中，用水冲稀至所需体积，摇匀。在试剂瓶上贴上标签，注明试剂的名称、浓度和日期。

（3）标准溶液的配制和标定

① 直接法。准确称取一定量的基准物质，溶解后配成一定体积的标准溶液。根据物质质量和溶液的体积，即可计算出标准溶液的准确浓度。

② 标定法。有许多物质不能直接用来配制准确浓度的标准溶液，可将其先配制成近似于所需浓度的溶液，然后用基准物质（或另一种物质的标准溶液）来标定它的准确浓度。

（4）基准物质必须具备的条件

① 试剂的组成与其化学式完全相符。

② 试剂的纯度应足够高，一般要求纯度在 99.9％以上，杂质的含量应少到不至于影响分析的准确度。

③ 试剂在一般情况下应该稳定。

④ 试剂参加反应时，应按反应式定量进行，没有副反应。

⑤ 试剂的分子量大。

第三节 固体样品或基准试剂的干燥处理

定量分析中所用的固体试剂和基准试剂常含有一定的吸附水，只有干燥处理后才能供实验室使用。

一、固体样品吸湿水的干燥处理

研磨很细的样品具有很大的比表面积，容易吸附空气中的水分。所吸附水分的数量取决于样品的种类、粒度和放置时间等条件。因此，如果对样品不进行烘干处理，所测样品中某组分的含量就不能正确代表样品的组成。

样品的烘干处理一般在电热干燥箱中进行，烘干温度在 105～110℃。干燥过程中既要赶走吸附的水分，又应防止样品中组成水及一些其他挥发物质的损失。对于受热易分解的物质，应在真空干燥箱中，在较低温度下干燥。干燥的时间可由样品的数量和性质而定，一般为 2～4h，烘干好的样品应达到恒重。

干燥好的样品应盖紧瓶塞，放置于干燥器中备用。

二、常用基准试剂的干燥处理

标准试剂是用于衡量其他（预测）物质化学量的标准物质。我国习惯于将容量分析用的标准试剂称为基准试剂。基准试剂的特点是主体含量高而且准确可靠，其产品一般由大型试剂厂生产，并严格按国家标准进行检验。我国现已颁布了三十余种基准试剂的国家标准。标准试剂的纯度相当于或高于优级纯，主要用作滴定分析中的基准物质，也可用于直接配制标准溶液。常用基准试剂的干燥处理条件见表 5-4。

表 5-4 基准试剂及其干燥条件

基准物质	干燥条件	用 途
Na_2CO_3	270～300℃干燥至恒重	标定标准酸溶液
$KHC_6H_4(COO)_2$	105～110℃干燥至恒重	标定标准碱溶液
$Na_2B_4O_7 \cdot H_2O$	相对湿度 60％(NaCl-蔗糖饱和溶液)的恒湿器中	标定标准酸溶液
$Na_2C_2O_4$	105～110℃干燥至恒重	标定 $KMnO_4$ 溶液
$K_2Cr_2O_7$	约 120℃干燥至恒重	标定还原剂标准溶液
KIO_3	105～110℃干燥至恒重	标定还原剂标准溶液
$KBrO_3$	180℃干燥 1～2h	标定还原剂标准溶液
$AgNO_3$	120℃干燥 2h	标定 NaCl 溶液或直接配制标准溶液
$CaCO_3$	105～110℃干燥至恒重	标定 EDTA 溶液
NaCl	500～600℃灼烧至恒重	标定 $AgNO_3$ 溶液
ZnO	800℃灼烧至恒重	标定 EDTA 溶液

实验 35 容量器皿的使用和校准练习

【实验目的】

1. 学习掌握滴定管、容量瓶、移液管的使用方法。

2. 学习容量器皿的校准方法。

3. 进一步熟悉分析天平的称量操作。

【实验原理】

容量仪器的实际容积与它的标示值往往不完全相符。因此，在准确性要求较高的分析工作中，使用前必须进行容量的校准。

在实际工作中，容量瓶和移液管常常配合使用。因此，只要求两者容积有一定的比例关系。这时，可采用相对校准的方法。

滴定管、容量瓶、移液管的实际容积，可采用称量法校准。其原理是：先称量容器中所放出或所容纳的水的质量，再根据该温度下的水的密度计算出该量器在 20℃时的容积。

在由水质量转换成水容积时必须考虑以下三个因素：

① 温度对水密度的影响；

② 空气浮力对称量水重的影响；

③ 温度对容积的影响。

为了方便起见，把上述三个因素综合校准后而得到的值列于表 5-2。这样，根据表中的数值，便可以方便地计算出某一温度下一定质量的纯水相当于 20℃时的实际容积。

【仪器】

分析天平，50mL 酸式滴定管，250mL 容量瓶，25mL 移液管，50mL 带磨口塞锥形瓶等。

【实验内容】

1. 滴定管的使用

（1）滴定管的操作 使用酸式滴定管，应用左手控制滴定管旋塞，大拇指在前，食指和中指在后，手指略微弯曲，轻轻向内扣住旋塞，手心空握，以免碰旋塞使其松动，甚至可能顶出旋塞。右手握住锥形瓶，边滴边摇，向同一方向作圆周旋转，而不能前后振动，否则会溅出溶液（图 5-7）。

使用碱式滴定管时，应左手拇指在前，食指在后，捏住橡皮管中玻璃球所在的部位稍上处，向手心捏橡皮管，使其与玻璃球之间形成一条缝隙，溶液即可流出。应注意，不能捏挤下方的橡皮管，否则易进入空气形成气泡。为防止橡皮管来回摆动，可用中指和无名指夹住尖嘴的上部（图 5-8）。

图 5-7 酸式滴定管的操作   图 5-8 碱式滴定管的操作

　　无论使用酸式还是碱式滴定管，都应能够熟练自如地掌握滴定管中溶液的流速。通常需掌握以下三种滴定速度的控制方法：①使溶液逐滴流下，即一般的滴定速度；②只加 1 滴溶液，做到需加 1 滴就能只加 1 滴的熟练操作；③使液滴悬而不落，即只加半滴甚至不到半滴的方法。

图 5-9　在烧杯中滴定

　　（2）滴定操作　滴定时可以站着滴定，要求面对滴定管站好。有时为了操作方便也可坐着滴定。

　　滴定操作一般在锥形瓶中进行，也可以在烧杯中进行。下面垫一块白瓷板作背景。在烧杯中滴定时，可将烧杯放在滴定台上，调节滴定管的高度，使其下端伸入烧杯内约 1cm 处。滴定管下端应在烧杯中心的左方处。左手滴加溶液，右手持玻璃棒搅拌溶液，如图 5-9 所示。玻璃棒应作圆周搅动，不要碰到烧杯壁和底部。当滴定至接近终点时，用玻璃棒下端承接此悬挂的半滴溶液于烧杯中，但要注意，玻璃棒只能接触液滴，不能接触管尖，其他操作同前所述。

　　进行滴定操作时，应注意如下几点。

　　① 滴定时最好每次都从 0.00mL 开始，这样可以减小滴定误差。读数必须准确至 0.01mL。

　　② 滴定时左手不能离开旋塞任溶液自行流下。

　　③ 滴定时，要注意观察滴落点周围颜色的变化，不要去看滴定管上的刻度变化，而不顾滴定反应的进行。

　　④ 一般在滴定开始时，滴定速度可稍快，但不能滴成"水线"，滴定速度每秒 3~4 滴；当滴落点周围出现暂时性的颜色变化时，应改为逐滴加入；近终点时，颜色扩散到整个溶液，摇动 1~2 次颜色才消失，此时应加 1 滴，摇几下，最后加入半滴溶液，并用蒸馏水冲洗瓶壁，直至溶液出现明显的颜色变化为止。一般 30s 内不再变化即到达滴定终点。

　　⑤ 加入半滴溶液的操作必须熟练掌握。用酸式滴定管加半滴溶液时，可轻轻转动旋塞，使溶液悬挂在出口管嘴上，形成半滴，用锥形瓶内壁将其沾落，再用洗瓶以少量蒸馏水吹洗瓶壁。用碱式滴定管加半滴溶液时，应先松开拇指与食指，将悬挂的半滴溶液沾在锥形瓶内壁上，再放开无名指和小指，这样可避免出口管尖出现气泡。

　　（3）滴定管的读数　滴定前后都要记取读数，终读数和初读数两者之差就是溶液的体积。由于附着力和内聚力的作用，滴定管内的液体呈弯月液形。无色水溶液弯月面比较清晰，而有色溶液的弯月面清晰程度较差。因此，两种情况的读数方法稍有不同。为了正确读数，应遵守以下原则。

　　① 装满或放出溶液后，必须等 1~2min，使附在内壁的溶液流下来后，再读数。读数要求估计到 0.01mL。

　　② 读数时应将滴定管从滴定管架上取下，用右手大拇指和食指捏住滴定管上部无刻度处，其他手指从旁辅助，使滴定管保持自然竖立，然后再读数。

　　③ 无色溶液或浅色溶液，应读弯月面下缘实线的最低点。读数时，视线应与弯月面下缘实线的最低点保持在同一平面上[图 5-10（a）]。有色溶液，如 $KMnO_4$、I_2 溶液，其弯月面不够清晰，读数时，视线

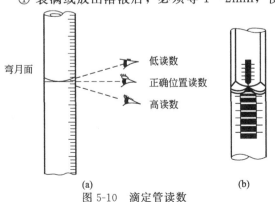

图 5-10　滴定管读数

应与液面两侧的最高点相切。注意初读数和终读数应采用同一标准。

④ 对于乳白板蓝线滴定管，无色溶液的读数应以两个弯月面相交的最尖部分为准，如图 5-10（b）所示。深色溶液也是读取液面两侧的最高点。

⑤ 在读取终读数时，如果出口管尖悬有溶液，则此次读数不能使用，数据无效。

测定结束后，滴定管内剩余的溶液应弃去，不得倒回原试剂瓶中。随即洗净滴定管，倒置在滴定管架上。

2. 滴定管校准（称量法）

在洗涤后的滴定管中装入蒸馏水，调节至 0.00mL 刻度。按正确的操作，以不超过 10mL·min^{-1} 流速，将水放入已称过质量的 50mL 磨口锥形瓶中，每放出 10mL 水，盖紧瓶塞并称量（称准至 mg 位），直至放出 50mL 水。每前后两次质量之差，即为放出水的质量。最后根据在实验温度下 1mL 水的质量，计算它们的实际体积。从滴定管所示的容积和实际容积之差，求出其校准值。

重复校准一次，两次校准值之差应小于 0.02mL，求出校准值的平均值。

【总结讨论题】

1. 在本实验中，从滴定管放出蒸馏水的操作中应注意些什么？

2. 为什么在校准滴定管的称量只要求到 mg 位？

3. 滴定管每次放出的溶液是否一定要整数？

实验 36　酸碱标准溶液的配制与标定

【实验目的】

1. 学习酸碱标准溶液的配制和标定方法。

2. 学习并训练滴定操作基本技能。

3. 熟悉甲基橙和酚酞指示剂的性质及其终点的变化规律，初步掌握酸碱指示剂的选择原理。

【实验原理】

酸碱滴定中常用的标准溶液是 0.10mol·L^{-1} NaOH 溶液和 0.10mol·L^{-1} HCl 溶液，有时也用 H$_2$SO$_4$ 溶液和 HNO$_3$ 溶液。NaOH 容易吸收空气中的水分和 CO$_2$，HCl 容易挥发，因此不能直接配成准确浓度的标准溶液，只能先配成近似浓度的溶液，然后用基准物质标定。

酸碱指示剂都具有一定的变色范围。NaOH 和 HCl 溶液滴定的突跃范围为 pH=4～10，应选用在此范围内变色的指示剂如酚酞和甲基橙。

常用来标定 NaOH 溶液的基准物质有邻苯二甲酸氢钾和草酸等。本实验选用邻苯二甲酸氢钾作为基准物质，它的优点是：①易获得纯品；②易于干燥，不吸潮；③摩尔质量较大（204.2g·mol^{-1}），可相对降低称量误差。标定时的反应为：

$$KHC_8H_4O_4 + NaOH \mathrel{=\!=} KNaC_8H_4O_4 + H_2O$$

由于滴定产物邻苯二甲酸钾钠（KNaC$_8$H$_4$O$_4$）呈碱性，宜采用酚酞作指示剂。

实验室常用无水碳酸钠来标定 HCl 溶液的浓度。无水碳酸钠作为基准物质的优点是易得纯品，价格便宜。缺点是吸潮性很强，因此使用前必须在 270～300℃加热烘干 1h，然后存放于干燥器中备用。标定时以甲基橙为指示剂。

NaOH 溶液和 HCl 溶液一般只需标定其中一种，另一种则通过 NaOH 溶液和 HCl 溶液的体积比算出。标定 NaOH 溶液还是标定 HCl 溶液，原则上应考虑采用标准溶液测定何种试样而定。本实验选用无水碳酸钠为基准物质来标定 HCl 溶液的浓度。

【仪器与试剂】

仪器：250mL 锥形瓶，100mL 烧杯，200mL 容量瓶，玻璃棒，500mL 细口试剂瓶，25mL 移液管，酸式滴定管，碱式滴定管，洗瓶，台秤 10mL 量筒。

试剂：氢氧化钠（固体，A.R.）；碳酸钠（固体，基准试剂）；邻苯二甲酸氢钾（固体，基准试剂）；浓盐酸（A.R.）；0.1% 甲基橙溶液；酚酞：1% 的乙醇溶液。

【实验内容】

1. 0.10mol·L^{-1} HCl 溶液配制

用量筒量取浓盐酸 4.5mL，倾入细口试剂瓶，用水稀释至 500mL，塞好瓶盖，摇匀。

2. 0.1000mol·L^{-1}（$\frac{1}{2}$Na$_2$CO$_3$）标准溶液的配制

称取在 270～300℃烘干至恒重的无水 Na$_2$CO$_3$ 1.0600g，准确至 0.0002g，用无 CO$_2$ 的水溶解，定量转入 200mL 容量瓶中，加水至刻度，摇匀。

3. HCl 溶液的标定

准确吸取 Na$_2$CO$_3$ 标准溶液 25mL，置于锥形瓶中，加 2～3 滴甲基橙指示剂。把新配的 HCl 溶液装入滴定管中，对 Na$_2$CO$_3$ 标准溶液进行滴定，溶液由黄色变为橙红色即为终点。记录 HCl 溶液的消耗体积。至少平行测定 3 次，计算 HCl 溶液的准确浓度。

4. 0.1mol·L^{-1} NaOH 溶液的配制

在台秤上称取 NaOH 固体 2g，加水溶解，移入 500mL 试剂瓶中，用水稀释至 500mL，摇匀。

5. NaOH 溶液的标定

用差减法准确称取经干燥处理的邻苯二甲酸氢钾 3 份，每份质量在 0.45～0.51g，分别放入 250mL 锥形瓶中，加约 30mL 蒸馏水溶解完全，滴加酚酞指示剂 2～3 滴，然后分别用未知准确浓度的 NaOH 溶液滴定至溶液由无色变为浅红色，且 30s 不褪色，即为终点，由邻苯二甲酸氢钾的质量及实际消耗 NaOH 溶液的体积计算 NaOH 溶液的准确浓度。

3 次平行测定结果的平均偏差不超过 0.2%。否则进行第四次、第五次……滴定，直到达到要求。

6. NaOH 溶液和 HCl 溶液的比较

准确吸取 HCl 标准溶液 25mL 于锥形瓶中，加入 2～3 滴酚酞指示剂。把配好的 NaOH 溶液装入碱式滴定管中，对 HCl 溶液进行滴定，滴至溶液呈稳定的粉红色即为终点。记录 HCl 溶液在滴定中所消耗的体积。平行测定 3 次，分别以步骤 3 所得 HCl 溶液的浓度计算 NaOH 的浓度，以步骤 5 所得 NaOH 溶液的浓度计算 HCl 溶液的浓度，计算取平均值。比较说明标定酸、碱标准溶液其中之一，然后依此为标准溶液确定另一溶液的浓度是否可行。

【总结讨论题】

1. 为什么不能用直接法配制 NaOH 标准溶液？

2. 用 HCl 溶液滴定 NaOH 溶液时是否可用酚酞作指示剂？

3. 若用 NaOH 溶液滴定 HAc 溶液，如何选择指示剂？

实验 37　混合碱的组成及其含量测定

【实验目的】

1. 进一步熟练滴定操作和滴定终点的判断。

2. 了解强碱弱酸盐在滴定过程中 pH 值的变化过程。

3. 学习掌握混合碱分析测定的原理、方法和计算。

【实验原理】

混合碱是指 Na_2CO_3 与 NaOH 或 Na_2CO_3 与 $NaHCO_3$ 的混合物,可采用双指示剂法进行分析,一次测定两组分的含量。

在混合碱试液中加入酚酞作指示剂,用 HCl 标准溶液滴定溶液由微红变为无色,终点 pH 值约为 8.4,此时溶液中发生如下反应:

$$OH^- + H^+ == H_2O \qquad (化学计量点\ pH=7.00)$$
$$CO_3^{2-} + H^+ == HCO_3^- \qquad (化学计量点\ pH=8.30)$$

再在上述混合碱试液中加入甲基橙指示剂,继续用 HCl 标准溶液滴定至溶液由黄色变为橙红色,终点 pH 值约为 4.3,此时溶液中发生如下反应:

$$HCO_3^- + H^+ == H_2O + CO_2 \uparrow$$

根据酚酞、甲基橙指示剂确定的两次终点所消耗 HCl 标准溶液的体积 V_1、V_2,可以判断出混合碱的可能组成,可分别计算出 OH^-、CO_3^{2-} 和 HCO_3^- 的含量。

当 $V_1 > V_2$ 时,试液为 NaOH 和 Na_2CO_3 的混合物。设混合碱液的体积为 V,则 NaOH 和 Na_2CO_3 的含量(以质量浓度 $g \cdot L^{-1}$ 表示)可由下式计算:

$$\rho(NaOH) = \frac{(V_1 - V_2) \cdot c(HCl) \cdot M(NaOH)}{V}$$

$$\rho(Na_2CO_3) = \frac{2c(HCl) \cdot V_2 \cdot M(Na_2CO_3)}{V}$$

当 $V_1 < V_2$ 时,试液为 Na_2CO_3 和 $NaHCO_3$ 的混合物,Na_2CO_3 和 $NaHCO_3$ 的含量(以质量浓度 $g \cdot L^{-1}$ 表示)可由下式计算:

$$\rho(Na_2CO_3) = \frac{2c(HCl) \cdot V_1 \cdot M(Na_2CO_3)}{V}$$

$$\rho(NaHCO_3) = \frac{(V_2 - V_1) \cdot c(HCl) \cdot M(NaHCO_3)}{V}$$

当 $V_1 = V_2 > 0$ 时,试液只可能为 Na_2CO_3。

当 $V_1 = 0$、$V_2 > 0$ 时,试液只可能是 $NaHCO_3$。

当 $V_2 = 0$、$V_1 > 0$ 时,试液只可能是 NaOH。

需要说明,以酚酞为指示剂,终点时溶液颜色由微红变为无色,变化不敏锐。若希望终点变化明显,可改用甲基红和百里酚蓝混合指示剂,其变色点为 pH=8.3,终点时溶液颜色由紫色变为樱红色。

【仪器与试剂】

仪器:250mL 锥形瓶,50mL 酸式滴定管,50mL 移液管,洗瓶,洗耳球。

试剂:0.1mol·L^{-1} HCl 标准溶液,0.1% 甲基橙溶液,0.1% 酚酞溶液(乙醇溶液)。

【实验内容】

用移液管移取 50mL 试样于锥形瓶中,加酚酞溶液 2~3 滴,溶液呈红色,用 HCl 标准溶液滴定至无色。记下消耗 HCl 标准溶液的体积,以 V_1 表示。再加甲基橙溶液 2~3 滴,继续滴定至溶液由黄色变为橙红色。记下消耗 HCl 标准溶液的体积,以 V_2 表示。平行测定 3 次,根据 V_1、V_2 的大小判断混合物的组成,并计算出各组成的含量。

【总结讨论题】

1. 若试样的 pH<8.1,该试样中含不含碱性物质?为什么?

2. 滴定管和移液管使用前均需用操作液洗涤,而滴定用的锥形瓶为什么不能用待测液洗涤?

3. 如何判断混合碱试液的组成?

4. 混合酸是否能够参照混合碱的方法测定？若可以，举例说明并设计实验方案。

5. 试选择测定碱灰（即工业纯碱）总碱度的方法，并设计实验方案。

实验38 食醋中总酸量的测定

【实验目的】

1. 了解基准物质邻苯二甲酸氢钾的性质及其应用。

2. 掌握 NaOH 标准溶液的配制、标定及保存方法。

3. 掌握强碱滴定弱酸的滴定方法、突跃范围及指示剂的选择原理。

【实验原理】

乙酸为一元有机弱酸（$K_a^{\ominus}=1.8\times10^{-5}$），与 NaOH 反应式为：

$$HAc+NaOH \rightleftharpoons NaAc+H_2O$$

反应产物为弱酸强碱盐，滴定突跃在碱性范围内，可选用酚酞等在碱性范围变色的指示剂。食醋中乙酸含量在 $30\sim50mg\cdot mL^{-1}$ 之间。

【仪器与试剂】

仪器：250mL 锥形瓶，250mL 烧杯，25mL、50mL 移液管，250mL 容量瓶，碱式滴定管，洗瓶，玻璃棒。

试剂：固体 NaOH；$2g\cdot L^{-1}$ 酚酞溶液（乙醇溶液）；邻苯二甲酸氢钾（$KHC_8H_4O_4$）基准物质，在 $100\sim125℃$ 干燥 1h 后，置于干燥器中备用。

【实验内容】

1. $0.1mol\cdot L^{-1}$ NaOH 溶液的配制

用烧杯在台秤上称取 4g 固体 NaOH，加入煮沸除去 CO_2 的蒸馏水，溶解完后，转入到带橡皮塞的试剂瓶中，加水稀释至 1L，充分摇匀。

2. $0.1mol\cdot L^{-1}$ NaOH 标准溶液的标定

准确称取邻苯二甲酸氢钾 3 份，每份 $0.4\sim0.6g$，分别倒入 250mL 锥形瓶中，加入 $40\sim50mL$ 蒸馏水，待邻苯二甲酸氢钾完全溶解后，加入 $2\sim3$ 滴酚酞指示剂，用待标定的 NaOH 溶液滴定至呈浅红色并保持半分钟不褪色即为终点，记录消耗 NaOH 溶液的体积。平行测定 3 次，计算 NaOH 溶液的浓度。

3. 食醋中总酸量的测定

准确移取食醋 25.00mL 置于 250mL 容量瓶中，用蒸馏水稀释至刻度，摇匀。用 50mL 移液管取 3 份上述溶液，分别置于 250mL 锥形瓶中，加入 $2\sim3$ 滴酚酞指示剂，用 NaOH 标准溶液滴定至呈浅红色并保持半分钟不褪色即为终点，记录消耗 NaOH 标准溶液的体积。平行测定 3 次，计算每 100mL 食醋中乙酸的质量。

【总结讨论题】

1. 标定 NaOH 的基准物质有哪些？各有何特点？

2. 测定食醋中乙酸含量时，为什么选择酚酞为指示剂？

3. 酚酞指示剂由无色变为微红时，溶液的 pH 值多少？

实验39 铵盐中氮的测定

【实验目的】

1. 了解弱酸强化的基本原理。

2. 掌握甲醛法测定铵态氮的原理及操作方法。

3. 熟练掌握酸碱指示剂的选择原理。

【实验原理】

硫酸铵是常用的氮肥之一。氮在自然界的存在形式比较复杂，测定物质中氮含量时，可以用总氮、铵态氮、硝酸态氮和酰胺态氮等表示方法。由于铵盐中 NH_4^+ 的酸性太弱，不能用 NaOH 标准溶液直接滴定，故要采用蒸馏法或甲醛法进行测定。

甲醛与 NH_4^+ 作用生成质子化的六亚甲基四铵和 H^+，用 NaOH 标准溶液滴定。反应式为：

$$4NH_4^+ + 6HCHO \Longrightarrow (CH_2)_6N_4H^+ + 3H^+ + 6H_2O$$
$$(CH_2)_6N_4H^+ + 3H^+ + 4OH^- \Longrightarrow (CH_2)_6N_4 + 4H_2O$$

由于生成的 $(CH_2)_6N_4H^+$ 的 K_a 为 7.1×10^{-6}，也可以被 NaOH 准确滴定，因而甲醛与 NH_4^+ 的反应称为弱酸的强化。$4mol\ NH_4^+$ 在反应中生成了 4mol 可被准确滴定的酸，因此，氮与 NaOH 的化学计量比为 1:1。

若试样中含有游离酸，加甲醛之前应事先以甲基红为指示剂，用 NaOH 溶液预中和至甲基红变为红色（pH≈6），再加入甲醛，以酚酞为指示剂，用 NaOH 标准溶液滴定强化后的产物。

甲醛法的优点是简单快速，在生产上应用较多。但钙、镁和其他重金属离子对测定有干扰，因此，甲醛法主要适用于单纯含 NH_4^+ 样品中氮含量的测定。

【仪器与试剂】

仪器：150mL 烧杯，250mL 锥形瓶，洗瓶，碱式滴定管，25mL、50mL 移液管，玻璃棒，洗耳球等。

试剂：$0.1mol \cdot L^{-1}$ NaOH 标准溶液，$2g \cdot L^{-1}$ 甲基红指示剂（60%乙醇溶液或其钠盐的水溶液），$2g \cdot L^{-1}$ 酚酞溶液（乙醇溶液），$KHC_8H_4O_4$ 基准试剂，18%甲醛试剂（即 1+1）。

【实验内容】

1. 标准 NaOH 溶液的配制与标定（同实验 36）。

2. 甲醛溶液的处理

甲醛中常含有微量酸，应事先中和。其方法是：取原装瓶甲醛上层清液于烧杯中，加水稀释 1 倍，加入 2～3 滴酚酞指示剂，用标准碱溶液滴定甲醛溶液至呈现微红色。

3. 硫酸铵试样中氮含量的测定

准确称取硫酸铵试样 2～3g 于小烧杯中，加入少量蒸馏水溶解，然后把溶液定量转移至 250mL 锥形瓶中，加入 1 滴甲基红指示剂，用 $0.1mol \cdot L^{-1}$ NaOH 标准溶液中和至呈黄色，加入 10mL 甲醛（1+1）溶液，再加 1～2 滴酚酞指示剂，充分摇匀，放置 1min，用 $0.1mol \cdot L^{-1}$ NaOH 标准溶液滴定至溶液呈微橙红色，并持续 30s 不褪色即为终点。

【总结讨论题】

1. NH_4^+ 为 NH_3 的共轭酸，为什么不能直接用 NaOH 溶液滴定？

2. NH_4NO_3、NH_4Cl 或 NH_4HCO_3 中的氮含量能否用甲醛法测定？

3. 为什么中和甲醛中的游离酸使用酚酞指示剂，而中和硫酸铵试样中的游离酸却使用甲基红指示剂？

实验 40　EDTA 标准溶液的配制和标定

【实验目的】

1. 学习配位滴定的反应原理和操作特点。

2. 掌握 EDTA 标准溶液的配制和标定方法。

3. 学习配位滴定终点判断的方法。

4. 了解配位滴定条件的控制与缓冲溶液的作用。

【实验原理】

目前，在配位滴定分析中最重要和应用最广的滴定剂是六齿配位体乙二胺四乙酸二钠盐。乙二胺四乙酸为四元弱酸，常用 H_4Y 表示，其二钠盐用 Na_2H_2Y 表示，简称 EDTA。EDTA 水溶液的 pH 值约为 4.8，为了防止 EDTA 以酸析出，常用 NaOH 调溶液的 pH$\geqslant$5。由于 EDTA 纯化困难，因此实验中先把 EDTA 配成所需的大概浓度，然后再用基准物质标定。

标定 EDTA 的基准物质很多，如 Zn、Cu、$CaCO_3$、ZnO 和 $MgSO_4 \cdot 7H_2O$ 等。如若可能，应首选含有待测元素的基准试剂，这样可消除系统误差。标定条件应尽可能与测定条件一致，以免引起系统误差。

EDTA 标准溶液储存于聚乙烯容器中，可保障其浓度基本不变。若长期存放于玻璃容器中，EDTA 将缓慢溶解玻璃中的 Ca^{2+} 而生成 CaY^{2-}，导致 EDTA 浓度下降，因此，放置在玻璃瓶中的 EDTA 在使用一段时间后，应作一次检验性的标定。

用作水中硬度测定的 EDTA 标准溶液应首选 $CaCO_3$ 作基准试剂，但由于常加入 Mg^{2+} 以提高指示剂铬黑 T 的灵敏度，故本实验选择氧化锌作基准物质标定 EDTA，标定条件应与硬度测定一致，即 pH=10，氨性缓冲溶液，铬黑 T 作指示剂。在氨性缓冲溶液中，Zn^{2+} 存在配位效应，具体的反应如下：

$$\begin{array}{ccc} Zn^{2+} & + & Y^{4-} = ZnY^{2-} \quad \text{(主反应)}\\ + & & +\\ nNH_3 & & H^+\\ \updownarrow & & \updownarrow\\ [Zn(NH_3)n]^{2+} & & HY^{3-} \quad \text{(副反应)} \end{array}$$

在终点时溶液由酒红色变为纯蓝色，具体的反应如下：

$$ZnIn^- \text{（酒红色）} + HY^{3-} = ZnY^{2-} + HIn^{2-} \text{（纯蓝色）}$$

【仪器与试剂】

仪器：250mL 锥形瓶，酸式滴定管，200mL 容量瓶，25mL 移液管，10mL、50mL 量筒，150mL 烧杯，玻璃棒，500mL 试剂瓶。

试剂：EDTA 固体（A.R.）；氧化锌基准试剂；0.5%铬黑 T 溶液；6mol·L^{-1}盐酸溶液；7mol·L^{-1}氨水溶液；NH_3-NH_4Cl（pH=10）缓冲溶液：称取 20g 氯化铵溶于少量蒸馏水中，加入 100mL 浓氨水，用水稀释至 1L。

【实验内容】

1.0.01mol·L^{-1} EDTA 溶液的配制

称取 1.9g 乙二胺四乙酸二钠盐（$C_{10}H_{14}N_2O_8Na_2 \cdot 2H_2O$，相对分子质量 372.24）溶于少量蒸馏水中，必要时可加热加快溶解，稀释至 500mL。

2.0.01mol·L^{-1} Zn^{2+} 标准溶液的配制

准确称取已干燥的 ZnO 基准试剂 0.1627g，置于烧杯中，加入 5mL 6mol·L^{-1}盐酸，完全溶解后定量转移至 200mL 容量瓶中，用蒸馏水稀释至刻度，摇匀。

3.EDTA 溶液的标定

用 25mL 移液管吸取 Zn^{2+} 标准溶液置于锥形瓶中，逐滴加入 7mol·L^{-1}氨水溶液，不断摇动直至开始出现白色沉淀，再加 5mL NH_3-NH_4Cl（pH=10）缓冲溶液和 3 滴铬黑 T，用 EDTA 标准溶液滴定至溶液由酒红色变为纯蓝色即为终点。记下消耗 EDTA 溶液的体积。至少重复标定 3 次，计算 EDTA 的浓度。

【总结讨论题】

1. 在配位滴定中，指示剂的选择应满足哪些条件？

2. 本实验用什么方法控制 pH 值？

3. 若调节溶液 pH 值的操作中加入了很多氨水但未出现白色沉淀，产生这种现象的原因可能是什么？实验中如何避免？

4. 你能通过计算证明上述实验操作条件（pH＝10 的氨性缓冲溶液）是可行的吗？

实验 41　水硬度的测定

【实验目的】

1. 掌握配位滴定法测定硬度的方法和原理。

2. 掌握铬黑 T、钙指示剂的使用条件。

3. 了解水质分析中硬度的表示方法。

【实验原理】

一般将含有钙盐和镁盐的水叫硬水。硬度分为暂时硬度和永久硬度。暂时硬度是指水中的钙、镁以酸式碳酸盐的形式存在，遇热分解生成碳酸盐沉淀而失去硬度；永久硬度是指水中的钙、镁以硫酸盐、硝酸盐和氯化物的形式存在，加热不分解。水的总硬度是水中 Ca^{2+} 和 Mg^{2+} 含量的总和。

水的硬度常用"度"表示，"度"的标准随各国习惯而有所不同。1 德国"度"等于 1L 水中含 10mg CaO，而 1 法国"度"等于 1L 水中含 10mg $CaCO_3$，我国选用 1"度"等于 10mg CaO。

测定水的总硬度，一般采用 EDTA 配位滴定法。在 pH＝10 的氨性缓冲溶液中，以铬黑 T 为指示剂，用三乙醇胺掩蔽 Fe^{3+}、Al^{3+}、Fe^{2+} 等共存离子，用 EDTA 标准溶液直接滴定水中的 Ca^{2+} 和 Mg^{2+} 含量。

利用沉淀掩蔽法排除 Mg^{2+} 对 Ca^{2+} 测定的影响。加入 NaOH 溶液，调水样的 pH≥12，再加入钙指示剂，用 EDTA 测定钙硬。镁硬可以通过差减法求出。钙指示剂在 pH≥12 的溶液中呈蓝色，它与 Ca^{2+} 的配合物呈酒红色，故终点由红色变为蓝色。

【仪器与试剂】

仪器：250mL 锥形瓶，酸式滴定管，50mL 移液管，洗瓶，吸耳球。

试剂：0.01mol·L^{-1}EDTA 标准溶液；NH_4Cl-NH_3 缓冲溶液（pH＝10），2mol·L^{-1}NaOH 溶液，0.5％铬黑 T 溶液，0.5％钙指示剂溶液，6mol·$L^{-1}NH_3$·H_2O，30％三乙醇胺溶液。

【实验内容】

1. 总硬度的测定

准确吸取 50mL 水样于 250mL 锥形瓶中，加入三乙醇胺溶液 5mL、氨性缓冲溶液 5mL 和 3 滴铬黑 T 指示剂，用 EDTA 标准溶液滴定，当溶液由紫红色变为纯蓝色即为终点，记下所用体积 V_1，平行测定 3 次。

2. 钙硬度的测定

准确吸取 50mL 水样于 250mL 锥形瓶中，先加入 5mL 三乙醇胺，再加入 2mol·L^{-1} NaOH 溶液 2mL 和 3～4 滴钙指示剂，用 EDTA 标准溶液滴定至溶液由酒红色变为蓝色即为终点，记下所消耗的 EDTA 体积 V_2，平行测定 3 次。

3. 利用 V_1、V_2 和 V_1-V_2 的数据计算总硬度、钙硬和镁硬

总硬度以 $CaCO_3$ 的浓度（$mg \cdot L^{-1}$）表示，并换算为我国的"度"。钙硬和镁硬用 $mol \cdot L^{-1}$ 表示。

【总结讨论题】

1. 如果只有铬黑 T 指示剂，能否测定 Ca^{2+} 的含量？如何测定？

2. 测定的水样中若含有 Fe^{3+}、Al^{3+}、Fe^{2+} 等离子时，对测定终点有何影响？本实验是如何消除其影响的？

3. 你能计算出测定 Mg^{2+}、Ca^{2+} 的 pH 条件吗？

4. 你如何评价你所测结果的可靠性？

实验 42　高锰酸钾标准溶液的配制和标定

【实验目的】

1. 学习了解氧化-还原滴定反应原理和操作要点。

2. 学习高锰酸钾标准溶液的配制和标定方法。

3. 掌握高锰酸钾滴定法的原理和特点。

【实验原理】

高锰酸钾的氧化能力随介质的酸性减弱而减弱，其还原产物也因介质的酸碱性不同而发生变化。在强酸性介质中，$KMnO_4$ 被还原为 Mn^{2+}：
$$MnO_4^- + 5e^- + 8H^+ = Mn^{2+} + 4H_2O \quad \varphi^\ominus = 1.507V$$
在中性或碱性溶液中，被还原为 MnO_2：
$$MnO_4^- + 3e^- + 2H_2O = MnO_2 + 4OH^- \quad \varphi^\ominus = 0.595V$$

因此，高锰酸钾法既可在酸性条件下使用，也可在中性或碱性条件下使用。一般都在强酸性条件下使用。在酸性介质中，高锰酸钾会缓慢地分解而析出 MnO_2：
$$4MnO_4^- + 4H^+ \longrightarrow 4MnO_2 \downarrow + 3O_2 \uparrow + 2H_2O$$

光对此分解反应具有催化作用，因此，高锰酸钾溶液必须保存在棕色瓶中。由于高锰酸钾难以提纯，且不稳定，不能用直接法配制其标准溶液。

标定 $KMnO_4$ 溶液的基准物有 $H_2C_2O_4 \cdot 2H_2O$、$Na_2C_2O_4$、$FeSO_4 \cdot (NH_4)_2SO_4 \cdot 6H_2O$、Fe 及 As_2O_3，其中最常用的是 $H_2C_2O_4 \cdot 2H_2O$ 和 $Na_2C_2O_4$。

由于 $\varphi^\ominus(MnO_4^-/Mn^{2+}) > \varphi^\ominus(Cl_2/Cl^-)$，所以标定 $KMnO_4$ 常在 H_2SO_4 介质中进行。用 $H_2C_2O_4$ 标定 $KMnO_4$ 的反应式为：
$$2MnO_4^- + 5C_2O_4^{2-} + 16H^+ = 2Mn^{2+} + 10CO_2 \uparrow + 8H_2O$$

为了保证反应能按方程式定量而迅速地进行，应注意如下问题。

① 反应温度应控制在 $75\sim85℃$ 范围内。在室温条件下，MnO_4^- 与 $C_2O_4^{2-}$ 之间的反应速率缓慢，需要加热提高反应速率。但温度不能太高，超过 85℃ 会导致草酸分解，反应式如下：
$$H_2C_2O_4 = CO_2 \uparrow + CO \uparrow + H_2O$$

② 反应介质中 H^+ 浓度应控制在 $0.5\sim1mol \cdot L^{-1}$ 之间。酸度太低会生成 MnO_2 沉淀；酸度太高会促使草酸分解。

③ 注意滴定速度。MnO_4^- 与 $C_2O_4^{2-}$ 之间的反应是自催化反应，开始反应时速率缓慢，待 Mn^{2+} 生成后，反应速率加快。在滴定开始时，滴定速度宜慢，待溶液中有 Mn^{2+} 产生后，再按照正常的滴定速度，但不能太快，否则部分加入的 $KMnO_4$ 来不及与 $H_2C_2O_4$ 反应就发生自分解：

$$4MnO_4^- + 12H^+ === 4Mn^{2+} + 5O_2 + 6H_2O$$

由于 MnO_4^- 本身具有特殊的紫红色，可自身指示终点的到达，不需要再加入指示剂。该终点不稳定，这是由于空气中的还原性气体或尘埃等落入溶液中与高锰酸钾反应，使其颜色消失，所以，经过半分钟粉红色不褪去即可认为终点到达。

【仪器与试剂】

仪器：150mL 烧杯，200mL 容量瓶，250mL 锥形瓶，500mL 棕色试剂瓶，洗瓶，玻璃棒，电炉，台秤，10mL 量筒，25mL 移液管，吸耳球。

试剂：高锰酸钾（固体，A.R.），草酸 $H_2C_2O_4 \cdot 2H_2O$（固体，基准试剂），$3mol \cdot L^{-1} H_2SO_4$ 溶液。

【实验内容】

1. $0.1mol \cdot L^{-1} \frac{1}{5}KMnO_4$ 溶液的配制

在台秤上称取 1.6g $KMnO_4$，加入适量蒸馏水使其溶解后，倒入洁净的棕色试剂瓶中，用水稀释至约 500mL，摇匀，静置 7 天后，其上层的溶液用玻璃砂芯漏斗过滤，残余溶液和沉淀倒掉。把试剂瓶洗净，将滤液倒回瓶内，摇匀，待标定。

2. $0.1000mol \cdot L^{-1} \frac{1}{2}H_2C_2O_4 \cdot 2H_2O$ 标准溶液的配制

准确称取 1.2608g $H_2C_2O_4 \cdot 2H_2O$，溶于少量蒸馏水中，定量转入 200mL 容量瓶中，稀释至刻度。

3. $KMnO_4$ 溶液的标定

准确吸取 25.00mL 草酸标准溶液于 250mL 锥形瓶中，加入 $3mol \cdot L^{-1} H_2SO_4$ 溶液 5mL，慢慢加热到有蒸气冒出（75～85℃），趁热用待标定的 $KMnO_4$ 溶液进行标定。开始滴定时，速度宜慢。在第一滴 $KMnO_4$ 溶液滴入后，不断摇动溶液，当紫色褪去后再滴入第二滴 $KMnO_4$ 溶液。当溶液中有 Mn^{2+} 产生后，反应速度加快，滴定速度可以适当加快，但决不能使 $KMnO_4$ 溶液连续流下。接近终点时，紫红色褪去很慢，应减慢滴定速度，同时充分摇动溶液，防止过量。在半分钟内溶液仍保持微红色即为终点。记下终点读数。至少平行测定 3 次，取平均值计算 $KMnO_4$ 溶液的准确浓度。

【总结讨论题】

1. $KMnO_4$ 在中性、弱碱性或强碱性溶液中进行反应时，它的氧化数变化有何不同？

2. 标定 $KMnO_4$ 时，为什么第一滴 $KMnO_4$ 的颜色褪得很慢，以后反而逐渐加快？

3. 用 $KMnO_4$ 滴定草酸溶液过程中加酸、加热和控制滴定速度的目的是什么？能否用盐酸或硝酸调整酸度？

4. 总结氧化-还原反应的特点和影响因素，分析氧化-还原滴定条件控制和操作要点。

实验 43　补钙制剂中钙含量的测定

（高锰酸钾间接滴定法）

【实验目的】

1. 了解沉淀分离的基本要求及操作。

2. 掌握氧化-还原法间接测定钙含量的原理及方法。

【实验原理】

利用某些金属离子（如碱土金属、Pb^{2+}、Cd^{2+} 等）与草酸根能形成难溶的草酸盐沉淀的反应，可以用高锰酸钾间接测定它们的含量。反应如下：

$$Ca^{2+} + C_2O_4^{2-} \rightleftharpoons CaC_2O_4 \downarrow$$
$$CaC_2O_4 + H_2SO_4 \rightleftharpoons CaSO_4 + H_2C_2O_4$$
$$5H_2C_2O_4 + 2MnO_4^- + 6H^+ \rightleftharpoons 2Mn^{2+} + 10CO_2 \uparrow + 8H_2O$$

该法测定某些补钙制剂（如葡萄糖酸钙、钙立得、钙天力等）中的钙含量，分析结果与标示量吻合。

【仪器与试剂】

仪器：250mL 锥形瓶，酸式滴定管，50mL 移液管，漏斗，电炉，电热板，洗瓶，吸耳球。

试剂：$0.1mol \cdot L^{-1} \frac{1}{5}KMnO_4$ 标准溶液，$5g \cdot L^{-1}(NH_4)_2C_2O_4$ 溶液，10%氨水溶液，HCl（1+1）和浓 HCl 溶液，$1mol \cdot L^{-1} H_2SO_4$ 溶液，$2g \cdot L^{-1}$ 甲基橙溶液，$0.1 mol \cdot L^{-1}$ 硝酸银溶液。

【实验内容】

准确称取补钙制剂两份（每份含钙约 0.05g），分别置于 250mL 烧杯中，加入适量蒸馏水及盐酸溶液，加热使其溶解。于溶液中加入 2～3 滴甲基橙溶液，以氨水中和溶液由红色转变为黄色，趁热逐滴加入约 50mL $(NH_4)_2C_2O_4$ 溶液，在低温电热板（或水浴）上陈化 30min。冷却后过滤（先将上层清液倾入漏斗中），将烧杯中的沉淀洗涤数次后转入漏斗，继续洗涤沉淀至无 Cl^-（承接洗涤液在硝酸介质中，用硝酸银检查），将带有沉淀的滤纸铺在原烧杯的内壁，用 50mL $1mol \cdot L^{-1}$ 硫酸把沉淀由滤纸上洗入烧杯中，再用洗瓶洗 2 次，加入蒸馏水使总体积约 100mL，加热至 70～80℃，用高锰酸钾标准溶液滴定至淡红色，再将滤纸搅入溶液中，若溶液褪色，则继续滴定，直至出现红色，30s 内红色不消失即为终点。

【总结讨论题】

1. 以 $(NH_4)_2C_2O_4$ 为沉淀剂，pH 值控制为多少？为什么选择这个 pH 值？
2. 加入 $(NH_4)_2C_2O_4$ 时，为什么要在加热溶液中逐滴加入？
3. 洗涤 CaC_2O_4 沉淀时，为什么要洗至无 Cl^-？
4. 试比较高锰酸钾法测定 Ca^{2+} 和配位滴定法测 Ca^{2+} 的优缺点。

实验44　化学耗氧量（COD）的测定

【实验目的】

1. 了解什么是化学耗氧量。
2. 了解测定化学耗氧量的目的和意义。
3. 进一步掌握高锰酸钾法的原理和特点。

【实验原理】

化学耗氧量（COD）是指示水体被有机物污染程度的指标。它是指在一定条件下易受强氧化剂氧化的有机物所消耗的氧化剂的量换算成氧的含量（以 $mg \cdot L^{-1}$ 计）。若水样中含有大量易氧化的无机物如硫化物、亚铁盐等，实验中还需考虑对实验结果进行校正。测定化学耗氧量的方法主要有重铬酸钾法和高锰酸钾法。重铬酸钾法对有机物的氧化比较完全，适用于污染程度严重的水样，测定范围为 40～600mg $\cdot L^{-1}$，但该法费时、操作烦琐。与重铬酸钾相比，高锰酸钾法对有机物的氧化能力较差，但测定简便、快速，且所测定的结果基本上可以说明水体受有机物污染的程度。因此，高锰酸钾法是目前普遍采用的方法，适用于污染较轻的水样。

按照测定试液的酸度，高锰酸钾法又可分为酸性高锰酸钾法和碱性高锰酸钾法。当水样中氯离子含量不超过 300mg $\cdot L^{-1}$ 时，采用酸性高锰酸钾法；当水样中氯离子含量超过 300mg $\cdot L^{-1}$ 时，则应采用碱性高锰酸钾法。

本实验为氯离子含量不超过 $300mg \cdot L^{-1}$ 的水样中 COD 测定的标准方法。测定范围为 $0.4 \sim 4.0mg \cdot L^{-1}$。

测定时，在水样中加入硫酸和过量的高锰酸钾溶液，置于水浴中加热以加快反应速度。再加入过量的草酸钠溶液还原剩余的高锰酸钾，最后用高锰酸钾溶液滴定过剩的草酸钠。根据高锰酸钾溶液和草酸钠溶液的消耗量计算水样中的化学耗氧量，以 O_2 的 $mg \cdot L^{-1}$ 表示。方法的反应式为：

$$MnO_4^- + 8H^+ + 5e \longrightarrow Mn^{2+} + 4H_2O$$

$$2MnO_4^- + 5C_2O_4^{2-} + 16H^+ == 2Mn^{2+} + 10CO_2 \uparrow + 8H_2O$$

【仪器与试剂】

仪器：200mL 容量瓶，250mL 锥形瓶，5mL、10mL、100mL 移液管，洗瓶，酸式滴定管，电炉，水浴，150mL 烧杯，玻璃棒，棕色试剂瓶。

试剂：硫酸，(1+3) 溶液；$0.01mol \cdot L^{-1} \frac{1}{5}KMnO_4$ 标准溶液（配制及标定见实验43）；$0.0100mol \cdot L^{-1} \frac{1}{2}Na_2C_2O_4$ 标准溶液，将草酸钠（$Na_2C_2O_4$）于 $100 \sim 105℃$ 干燥 2h，在干燥器中冷却至室温，准确称取 0.6700g 草酸钠，用少量蒸馏水溶解后，移至 1000mL 容量瓶中，稀释至刻度，摇匀。

【实验内容】

1. 用移液管吸取 100mL 现场水样于锥形瓶中，加 50mL 蒸馏水、5mL $3mol \cdot L^{-1}$ 硫酸和 10.00mL 高锰酸钾标准溶液，摇匀。

2. 将锥形瓶置电炉上煮沸后，立即放入沸水浴中加热 30min（沸水液面要高于锥形瓶内试液的液面）。如在加热过程中高锰酸钾的紫红色褪去，则须少取水样，经适当稀释后重新测定。

3. 取出锥形瓶，冷却至 $60 \sim 80℃$，用移液管加入 10.00mL 草酸钠标准溶液，摇匀，溶液应呈红色，再加 10.00mL 草酸钠标准溶液。用高锰酸钾标准溶液滴定至粉红色出现即为终点。

4. 另取 100mL 蒸馏水代替水样，按照水样的测定步骤测出空白值。计算化学耗氧量时将空白值减去。

【总结讨论题】

1. 测定化学耗氧量的理论依据是什么？如何计算化学耗氧量？

2. 测定时应注意哪些因素？为什么？

3. 高锰酸钾法与重铬酸钾法相比，具有哪些优点？

实验 45 褐铁矿中铁的测定

【实验目的】

1. 学习用酸分解矿样的方法。

2. 掌握重铬酸钾法测铁的方法和原理。

【实验原理】

用重铬酸钾法测定合金、矿石、金属及硅酸盐等试样中铁的含量，是一般工矿、企事业单位化验室常用的标准方法，具有很大的使用价值。

褐铁矿的主要成分是 $Fe_2O_3 \cdot xH_2O$。褐铁矿样品一般用盐酸溶解，样品中的铁转变为 $[FeCl_4]^-$、$[FeCl_6]^{3-}$ 等配离子。再用还原剂如 $SnCl_2$ 将 Fe^{3+} 转化为 Fe^{2+}，过量的 $SnCl_2$ 用 $HgCl_2$ 除去，此时溶液中有白色丝状 Hg_2Cl_2 沉淀生成。然后，在 $H_2SO_4-H_3PO_4$ 混酸介质中，以二苯胺磺酸钠为指示剂，用重铬酸钾标准溶液滴定至溶液呈现紫色为终点。

主要的反应如下：

$$2FeCl_4^- + SnCl_4^{2-} + 2Cl^- \Longrightarrow 2FeCl_4^{2-} + SnCl_6^{2-}$$

$$SnCl_4^{2-} + 2HgCl_2 \Longrightarrow Hg_2Cl_2 \downarrow + SnCl_6^{2-}$$

$$6Fe^{2+} + Cr_2O_7^{2-} + 14H^+ \Longrightarrow 2Cr^{3+} + 7H_2O + 6Fe^{3+}$$

这是经典的方法。但由于汞盐有剧毒，本实验采用无汞测铁法。它的原理是：用 $SnCl_2$ 将大部分 Fe^{3+} 还原为 Fe^{2+}，剩下少量的 Fe^{3+} 用 $TiCl_3$（$\varphi^\ominus = 0.04V$）还原。稍过量的 $TiCl_3$，可事先加入 Na_2WO_4（$\varphi^\ominus = 0.26V$），根据溶液颜色的变化进行判断。主要的反应如下：

$$Sn^{2+} + 2Fe^{3+} \Longrightarrow 2Fe^{2+} + Sn^{4+}$$

$$Ti^{3+} + Fe^{3+} \Longrightarrow Ti^{4+} + Fe^{2+}$$

$$3Ti^{3+}（无色） + WO_4^{2-} + 6H^+ \Longrightarrow 3Ti^{4+}（蓝色） + WO^+ + 3H_2O$$

由于 WO^+ 能与 $K_2Cr_2O_7$ 反应，因此对本实验有干扰，必须将其再转变为它的氧化态 WO_4^{2-}。具体的方法是准确加入一定量 $K_2Cr_2O_7$ 溶液，使 WO^+ 氧化为 WO_4^{2-}，相应溶液的颜色由蓝色再转变为无色，由于氧化 WO^+ 而消耗的 $K_2Cr_2O_7$ 的体积从它的总体积中扣除。

在上述溶液中迅速加入二苯胺磺酸钠指示剂和混酸，用 $K_2Cr_2O_7$ 滴定至溶液呈紫色即为终点。

磷酸一方面使 Fe^{3+} 转变为无色配离子 $Fe(HPO_4)_2^-$，便于终点观察；另一方面使 $\varphi^\ominus$（Fe^{3+}/Fe^{2+}）由 0.68V 降至 0.51V，使滴定突跃范围由 0.86～0.98V 变为 0.69～0.98V，避免指示剂二苯胺磺酸钠提前变色，减小了终点误差。

【仪器与试剂】

仪器：称量瓶，250mL 锥形瓶，10mL 量筒，酒精灯，铁三脚架，石棉网，牛角勺，250mL 容量瓶，酸式滴定管，250mL 烧杯。

试剂：6% $SnCl_2$ 溶液　称取 6g $SnCl_2 \cdot 2H_2O$，溶于 20mL 热浓盐酸中，用水稀释至 100mL。

H_2SO_4-H_3PO_4 混酸　将 150mL 浓硫酸缓缓加入 700mL 水中，冷却后加入 150mL 磷酸，摇匀。

二苯胺磺酸钠溶液　0.2%水溶液。

25%钨酸钠溶液　称取 25g 钨酸钠（Na_2WO_4），溶于适量水中（若混浊，需过滤），再加入 5mL 浓磷酸，用水稀释至 100mL。

$TiCl_3$（1+19）溶液　取 15%～25% $TiCl_3$ 溶液，用 HCl 溶液（1+9）稀释 20 倍，加一层液体石蜡加以保存。

$0.05000mol \cdot L^{-1}$（$\frac{1}{6}K_2Cr_2O_7$）标准溶液　准确称取 0.6129g 经 150～180℃下烘干 2h 的 $K_2Cr_2O_7$ 于烧杯中，溶解后定量转入 250mL 容量瓶中，用水稀释至刻度。

【实验内容】

1. 准确称取 0.2g 试样 3 份，分别置于 3 个锥形瓶中，用少量水润湿，再加入浓盐酸 10mL，用小火加热至残渣变为白色时。待试样溶解完全时，溶液为橙黄色。再用少量水冲洗烧杯壁，加热近沸。

2. 趁热用滴管小心滴加 $SnCl_2$ 溶液，边加边摇，直至溶液呈微黄色后，多加 1～2 滴。

3. 调整溶液体积约为 150mL，加 15 滴 Na_2WO_4 溶液，用 $TiCl_3$ 溶液滴至溶液呈蓝色。

4. 用 $K_2Cr_2O_7$ 标准溶液滴至溶液无色（不记读数），立即加入 5mL H_2SO_4-H_3PO_4 混

酸和 5 滴二苯胺磺酸钠溶液，用 $K_2Cr_2O_7$ 标准溶液滴定至溶液呈稳定的紫色即为终点。

5. 根据滴定的结果计算褐铁矿中铁的含量，计算结果分别用 $Fe_2O_3\%$ 和 $Fe\%$ 表示。

【总结讨论题】

1. 重铬酸钾法测铁的方法和原理是什么？

2. 加入磷酸的目的是什么？

3. 先后用 $SnCl_2$ 和 $TiCl_3$ 作还原剂的目的何在？若不慎加入了过量的 $SnCl_2$ 或 $TiCl_3$，应怎么办？

4. 比较高锰酸钾法与重铬酸钾法的特点。

实验 46　碘和硫代硫酸钠标准溶液的配制和标定

【实验目的】

1. 了解碘量法的原理和特点。

2. 掌握碘和硫代硫酸钠标准溶液的配制和标定方法、原理。

【实验原理】

碘量法是利用 I_2 的氧化性和 I^- 的还原性进行滴定的分析方法。碘量法分为直接碘量法和间接碘量法。由于固体 I_2 在水中的溶解度很小（$0.00133\ mol \cdot L^{-1}$），实际应用时将 I_2 溶解在 KI 溶液中，此时 I_2 在溶液中以 I_3^- 形式存在：

$$I_2 + I^- \rightleftharpoons I_3^-$$

半反应为：

$$I_3^- + 2e^- \rightleftharpoons 3I^- \qquad \varphi^{\ominus}(I_2/I^-) = 0.536V$$

但为了方便起见，一般仍将 I_3^- 简写为 I_2。

由 I_2/I^- 的标准电极电势可见，I_2 是一种较弱的氧化剂。凡是电极电势小于 $\varphi^{\ominus}(I_2/I^-)$ 的物质，如 Sn^{2+}、As_2O_3、S^{2-}、SO_3^{2-}，都能被 I_2 氧化，都有可能用 I_2 标准溶液进行滴定。这种方法称为直接碘量法。

另一方面，I^- 为中等强度的还原剂，能被一般的氧化性物质如 $K_2Cr_2O_7$、$KMnO_4$、H_2O_2、KIO_3、Cu^{2+} 等定量氧化而析出 I_2，析出的 I_2 可用 $Na_2S_2O_3$ 标准溶液滴定。滴定反应为：

$$I_3^- + 2S_2O_3^{2-} = S_4O_6^{2-} + 3I^-$$

或

$$I_2 + 2S_2O_3^{2-} = S_4O_6^{2-} + 2I^-$$

利用上述反应可间接地测定氧化性物质，这种方法称为间接碘量法。

碘量法的指示剂是淀粉，它与 I_2 生成蓝色配合物，根据蓝色的产生或消失确定终点的到达。

碘量法的误差主要来源于 I_2 的挥发和溶液中的溶解 O_2 对 I^- 的氧化，因此滴定中应轻摇、避光，最好在碘量瓶中进行。

碘量法使用 $Na_2S_2O_3$ 和 I_2 两种标准溶液。$Na_2S_2O_3$ 标准溶液的配制一般采用间接法。由于 $Na_2S_2O_3$ 见光，遇酸及微生物等易分解，故用无菌、无 CO_2、无 O_2 水配制，并加入少量 Na_2CO_3 固体使溶液呈碱性。$Na_2S_2O_3$ 溶液应保存在棕色试剂瓶中，且放置于阴暗处。常用来标定 $Na_2S_2O_3$ 溶液的基准物质有 $K_2Cr_2O_7$、KIO_3、$KBrO_3$、$K_3[Fe(CN)_6]$ 等。本实验以 $K_2Cr_2O_7$ 为基准物质。具体的标定过程如下。

首先，在 $0.8 \sim 1.0\ mol \cdot L^{-1}$ HCl 溶液介质中，定量的 $K_2Cr_2O_7$ 与过量的 KI 反应：

$$Cr_2O_7^{2-} + 9I^- + 14H^+ = 3I_3^- + 2Cr^{3+} + 7H_2O$$

然后，加入适量水使 Cr^{3+} 浓度降低，绿色变浅，易于终点观察；同时，稀释还可以降低酸度，降低溶液中过量的 I^- 被空气氧化的速度，避免引起系统误差。最后，用 $Na_2S_2O_3$

标准溶液滴定，当溶液呈黄色时加入淀粉指示剂，继续滴定至蓝色消失即为终点。根据 $Na_2S_2O_3$ 标准溶液的消耗量 V（mL），用下式计算出 $Na_2S_2O_3$ 溶液的准确浓度：

$$n\left(\frac{1}{6}K_2Cr_2O_7\right)=c(Na_2S_2O_3)\times\frac{V}{1000}$$

I_2 标准溶液可采用直接法和间接法配制。直接法是将纯碘溶于 KI 溶液配制而成。间接法是用 $Na_2S_2O_3$ 标准溶液标定其浓度。

【仪器与试剂】

仪器：台秤，150mL 烧杯，100mL 容量瓶，500mL 棕色试剂瓶，碱式滴定管，25mL 移液管，50mL 量筒，250mL 锥形瓶，洗瓶。

试剂：重铬酸钾 $K_2Cr_2O_7$（固体，基准试剂），$6mol \cdot L^{-1}$ HCl 溶液，碘化钾 KI（固体，A.R.），硫代硫酸钠 $Na_2S_2O_3 \cdot 5H_2O$（固体，A.R.），碘 I_2（固体，A.R.），碳酸钠 Na_2CO_3（固体，A.R.），0.5％淀粉溶液。

【实验内容】

1. $0.10mol \cdot L^{-1}\frac{1}{2}I_2$ 溶液和 $0.1mol \cdot L^{-1}Na_2S_2O_3$ 溶液的配制

用台秤称取 $Na_2S_2O_3 \cdot 5H_2O$ 约 12.4g，置于烧杯中，用刚煮沸并已冷却的水溶解，再加入 0.1g Na_2CO_3，用水稀释至 500mL，倒入棕色试剂瓶，放置 1~2 周后标定。

在台秤上称取预先磨细的 I_2 约 1.6g，置于烧杯中，加入 6g KI，再加入少量水，搅拌，待 I_2 全部溶解后，加水稀释至 100mL，摇匀。储存在棕色试剂瓶中，放置于暗处。

2. $Na_2S_2O_3$ 溶液的标定

将 $K_2Cr_2O_7$ 在 120~150℃ 干燥 2h，置于干燥器中冷却至室温。称取 3 份 $K_2Cr_2O_7$ 基准物质 0.15g（准确至 0.0002g），置于锥形瓶中，加入 20mL 水使其溶解后，再加入 2gKI 及 5mL $6mol \cdot L^{-1}$ HCl 溶液，摇匀，在暗处放置 5min。再加入 50mL 水，用 $Na_2S_2O_3$ 溶液滴定，当溶液变为浅黄色时，加入淀粉指示剂 2mL，继续滴定至溶液由蓝色变为亮绿色即为终点。根据滴定中消耗 $Na_2S_2O_3$ 溶液的体积，计算出它的准确浓度。

3. I_2 和 $Na_2S_2O_3$ 溶液的比较

用移液管准确吸取 25.00mL I_2 溶液于锥形瓶中，加入 50mL 水，用 $Na_2S_2O_3$ 标准溶液滴定至浅黄色，加入 2mL 淀粉指示剂，继续用 $Na_2S_2O_3$ 标准溶液滴定至溶液的蓝色恰好消失即为终点。平行测定 3 次，计算出 I_2 溶液的准确浓度。

【总结讨论题】

1. 配制 I_2 溶液为何要加入 KI？

2. 为何不能用直接法配制硫代硫酸钠标准溶液？

3. 淀粉指示剂为什么不能过早加入？

4. 试分析碘量法的主要误差来源。

实验 47　胆矾中铜的测定

【实验目的】

1. 掌握碘量法测定铜的原理和方法。

2. 了解碘量法测定铜时各个环节应具备的反应条件。

3. 掌握测定矿石中铜含量时干扰元素的消除方法。

【实验原理】

在酸性介质中，正二价铜离子与过量的碘离子反应，生成 CuI 沉淀，同时析出 I_2，析出

的 I_2 再用 $Na_2S_2O_3$ 标准溶液滴定，由此计算出样品中铜的含量。反应式如下：

$$2Cu^{2+}+4I^- \rightleftharpoons 2CuI\downarrow+I_2$$

$$I_2+2S_2O_3^{2-} \rightleftharpoons 2I^-+S_4O_6^{2-}$$

为了使上述反应完全，必须加入过量的 KI，但是 KI 的浓度过大会妨碍终点观察。同时由于 CuI 沉淀强烈地吸附 I_2，使测定结果偏低。如果加入 KSCN，使 CuI 沉淀转化为溶解度更小的 CuSCN 沉淀：

$$CuI+SCN^- \rightleftharpoons CuSCN\downarrow+I^-$$

这样不但可以释放出被吸附的 I_2，而且反应时再生的 I^- 与未反应的 Cu^{2+} 发生作用。在这种情况下，可以用较少的 KI 就能使反应进行得更加完全。不过，KSCN 只能在接近终点时加入，否则 SCN^- 可能直接还原 Cu^{2+}，使结果偏低，并产生有毒气体 HSCN：

$$6Cu^{2+}+7SCN^-+4H_2O \rightleftharpoons 6CuSCN\downarrow+SO_4^{2-}+HCN+7H^+$$

测定中为了防止铜盐水解，反应必须在弱酸性溶液中进行（一般控制 pH 值为 3～4）。酸度过低，Cu^{2+} 氧化 I^- 不完全，而且反应速度慢，使测定结果偏低；酸度过高，则 I^- 被空气氧化为 I_2 的反应被 Cu^{2+} 催化而加快，使测定结果偏高。由于 Cu^{2+} 易于与 Cl^- 形成配合物，使 I^- 不能从配合物中将 Cu^{2+} 定量地还原，因此，实验中选用硫酸而不用盐酸控制酸度。

碘量法也可用于矿石、合金、炉渣或电镀液中铜的测定。用适当的溶剂将矿石等固体试样溶解后，再用上述方法测定。但要注意防止其他共存离子的干扰。防止的方法有加入掩蔽剂或在测定前把干扰组份分离除去。

【仪器与试剂】

仪器：250mL 锥形瓶，10mL 和 50mL 量筒，酸式滴定管，洗瓶。

试剂：$0.1mol \cdot L^{-1} Na_2S_2O_3$ 标准溶液，$1mol \cdot L^{-1} H_2SO_4$，10％硫氰酸钾（KSCN）溶液，10％ KI 溶液，0.5％淀粉溶液。

【实验内容】

称取胆矾试样 0.2～0.4g（准确至 0.0002g）于锥形瓶中，加入 $1mol \cdot L^{-1} H_2SO_4$ 溶液 3mL 和蒸馏水 30mL，待试样溶解后，加入 10％ KI 溶液 8mL，立即用 $Na_2S_2O_3$ 标准溶液滴定至溶液由褐色变为浅褐色。加入 2mL 淀粉溶液，继续滴定，当溶液呈浅蓝色时，加入 5mL KSCN 溶液，摇匀，溶液的蓝色变深，再继续滴定至蓝色恰好消失，此时溶液为米色 CuSCN 悬浮液。由实验结果计算试样中铜的含量。

【总结讨论题】

1. 胆矾易溶于水，为什么溶解时要加入硫酸？

2. 测定反应为什么必须在弱酸性溶液中进行？酸度过低或过高对实验结果有何影响？

3. 当测定接近终点时，为什么要加入 KSCN 溶液？如果在酸化后立即加入 KSCN 溶液，会产生什么影响？

4. 碘量法还可用于分析，试举例说明条件差异？

实验 48 溶解氧的测定——碘量法

【实验目的】

1. 初步了解水样的采集和保存方法。

2. 掌握碘量法测定水中溶解氧的基本原理及操作过程。

【实验原理】

水中溶解氧的含量是反映水体受污染程度的一项重要指标。由于水中溶解氧的含量与大气压、空气中氧的分压、水温及水的矿化度等因素有关，测量溶解氧的水样应按规定专门取样。测量方法通常采用碘量法。有条件时，最好用测氧仪在现场进行测定。本实验为地下水中溶解氧测定的标准方法。

测定时，在水样中加入硫酸锰（或氯化锰）及一定量的氢氧化钠溶液，产生不稳定的白色胶状沉淀 $Mn(OH)_2$。水样中的溶解氧定量地将 $Mn(OH)_2$ 氧化为棕色的 $MnO(OH)_2$（水合二氧化锰）。再加入硫酸和碘化钾溶液，棕色沉淀溶解并同时析出 I_2。用硫代硫酸钠标准溶液滴定析出的 I_2。根据硫代硫酸钠标准溶液的消耗量，计算出水样中溶解氧的含量。方法的反应式为：

$$MnSO_4 + 2NaOH \longrightarrow Mn(OH)_2 \downarrow （白色沉淀） + Na_2SO_4$$
$$2Mn(OH)_2 + O_2 \longrightarrow 2MnO(OH)_2 \downarrow （棕色沉淀）$$
$$MnO(OH)_2 + 2KI + 2H_2SO_4 \longrightarrow I_2 + MnSO_4 + K_2SO_4 + 3H_2O$$
$$I_2 + 2Na_2S_2O_3 \longrightarrow Na_2S_4O_6 + 2NaI$$

水样中亚硝酸盐含量大于 $0.1mg \cdot L^{-1}$、亚铁含量大于 $1mg \cdot L^{-1}$ 时，对测定有干扰，会使测定结果偏高。在碱性碘化钾溶液中加入叠氮化钠，即可除去干扰。

【仪器与试剂】

仪器：250mL 溶解氧瓶或具磨口塞的细口试剂瓶，250mL 锥形瓶，洗瓶，1mL、2mL、100mL 移液管，25mL 酸式滴定管，150mL 烧杯，玻璃棒，200mL 容量瓶，500mL 试剂瓶。

试剂：$3mol \cdot L^{-1}$ 硫酸溶液，碘化钾固体。

浓硫酸（A.R.），密度 $1.83 \sim 1.84g \cdot mL^{-1}$。

饱和硫酸锰溶液 称取 480g $MnSO_4 \cdot 4H_2O$、400g $MnSO_4 \cdot 2H_2O$ 或 350g $MnCl_2 \cdot 4H_2O$，溶于蒸馏水，稀释至 1L。

碱性碘化钾溶液 称取 500g 氢氧化钠溶于 400mL 蒸馏水中，再称取 150g 碘化钾溶于 200mL 蒸馏水中，将上述溶液混合并将混合液稀释至 1L，静置 24h，使碳酸钠下沉，倒出上层澄清液备用。

0.5% 淀粉溶液 称取 0.5g 可溶性淀粉溶于少量蒸馏水中，用玻璃棒调成糊状，然后倾入 100mL 沸水中，搅拌使溶液透明。现用现配。

$0.01mol \cdot L^{-1}$ $Na_2S_2O_3$ 标准溶液 称取 2.5g 硫代硫酸钠（$Na_2S_2O_3 \cdot 5H_2O$），溶于新煮沸且冷却的蒸馏水中，加入 0.2g 无水碳酸钠，待全部溶解后用蒸馏水定容至 1000mL。储存于棕色瓶中。其准确浓度用重铬酸钾标准溶液标定。

$c(\frac{1}{6}K_2Cr_2O_7) = 0.01000mol \cdot L^{-1}$ 重铬酸钾标准溶液 准确称取在 110℃ 烘 2h 的重铬酸钾 0.4903g，在小烧杯中加水溶解，定量转移到 1000mL 容量瓶中，加水稀释至刻度，摇匀。

【实验内容】

1. 测定溶解氧水样的采取

取水样时应注意所采取的水样绝对不能与空气接触。如从自来水管取样时需用一根橡皮管或玻璃管，一端与水管相连，另一端通入水样瓶的底部，将水注满，并继续从瓶口溢流几分钟，然后盖上玻璃塞。瓶口不能留有空气泡，否则另行取样。取样瓶容积一般为 200 ~ 300mL，带有严密的瓶塞。

2. 溶解氧的固定

① 在所取的水样中先用移液管加入 1mL 饱和硫酸锰溶液，再加入 1mL 碱性碘化钾溶液。注意将移液管插入瓶底后再放出溶液。由于试剂沉入水底，此时从瓶口能排出少量

的水。

② 迅速塞好瓶盖（不留空间），将瓶子上下摇动，使试剂与水样充分混合。静置溶液，当生成的沉淀降到玻璃瓶一半深度时，再次摇动瓶子，使溶液混合均匀。

3. 溶解氧的测定

① 待沉淀又降到取样瓶一半深度时，用移液管加入 1.5mL 浓硫酸。塞好瓶塞，摇匀，此时沉淀溶解，并有游离碘析出，溶液呈深黄色。

② 用移液管吸取水样 100mL 于锥形瓶中，用 $Na_2S_2O_3$ 标准溶液滴定至溶液呈浅黄色，加入 1mL 淀粉溶液，溶液呈蓝色。继续用 $Na_2S_2O_3$ 标准溶液滴定至蓝色恰好消失，记录 $Na_2S_2O_3$ 标准溶液的用量。

4. 计算

水中溶解氧的含量按滴定反应的计量关系计算，计算结果以 O_2（$mg \cdot L^{-1}$）表示。

【总结讨论题】

1. 用 $Na_2S_2O_3$ 标准溶液时为什么淀粉指示剂应在接近终点时才加入？

2. 试述碘量法测定溶解氧的基本原理。

3. 取水样时应注意哪些因素？

实验 49 苯酚含量的测定

【实验目的】

1. 掌握 $KBrO_3$-KBr 标准溶液的配制方法。

2. 了解溴酸钾法测定苯酚的原理和方法。

【实验原理】

溴酸钾是一种强氧化剂，在酸性溶液中与还原性物质作用被还原为 Br^-，半反应如下：

$$BrO_3^- + 6H^+ + 6e^- \Longleftrightarrow Br^- + 3H_2O \quad E^\ominus = 1.44V$$

苯酚是煤焦油的主要成分之一，广泛应用于消毒、杀菌，并作为高分子材料、染料、医药、农药合成的原料，由于苯酚的生产和应用造成了环境污染，因此它也是常规环境的主要项目之一。

溴酸钾法测定苯酚是基于 $KBrO_3$ 与 KBr 在酸性介质中反应，定量地生成 Br_2，Br_2 与苯酚发生取代反应生成三溴苯酚，剩余的 Br_2 用过量 KI 还原，析出的 I_2 用 $Na_2S_2O_3$ 标准溶液滴定，反应式如下：

$$BrO_3^- + 5Br^- + 6H^+ \Longleftrightarrow 3Br_2 + 3H_2O$$

$$Br_2 + 2I^- \Longleftrightarrow I_2 + 2Br^-$$

$$I_2 + 2S_2O_3^{2-} \Longleftrightarrow 2I^- + S_4O_6^{2-}$$

计量关系为：

$$C_6H_5OH - BrO_3^- - 3Br_2 - 3I_2 - 6S_2O_3^{2-}$$

计算苯酚含量的公式为：

$$w_{C_6H_5OH} = \frac{[(cV)_{BrO_3^-} - \frac{1}{6}(cV)_{S_2O_3^{2-}}]M_{C_6H_5OH}}{m_s}$$

Na$_2$S$_2$O$_3$ 的标定，通常是用 K$_2$Cr$_2$O$_7$ 或纯铜作为基准物质，该实验为了与测定苯酚的条件一致，采用 KBrO$_3$-KBr 法，标定过程与上述测定过程相同，只是以水代替苯酚试样进行操作。

【仪器与试剂】

仪器：250mL 烧杯，250mL 容量瓶，25mL 移液管，250mL 碘量瓶，酸式滴定管。

试剂：0.05mol·L^{-1} Na$_2$S$_2$O$_3$ 溶液；5g·L^{-1} 淀粉溶液，100g·L^{-1} KI 溶液，HCl 溶液（1+1）；100g·L^{-1} NaOH 溶液，苯酚试样。

【实验内容】

1. 0.016mol·L^{-1} KBrO$_3$-KBr 标准溶液的配制

准确称取 0.7g 已干燥过的 KBrO$_3$，置于 100mL 小烧杯中，加 2.5g KBr，以少量水溶解后，定量转移到 250mL 容量瓶中，用水稀释至刻度，摇匀，根据 KBrO$_3$ 实际质量计算其准确浓度。

2. Na$_2$S$_2$O$_3$ 溶液的标定

准确移取 25.00mL KBrO$_3$-KBr 标准溶液于 250mL 碘量瓶中，加入 25mL 蒸馏水、10mL HCl 溶液，摇匀，盖上表面皿，放置 5~8min，然后加入 120mL KI 溶液，再放置 5~8min，用 Na$_2$S$_2$O$_3$ 溶液滴定至浅黄色，加入 2mL 淀粉溶液，继续滴定至蓝色消失为终点。平行测定 3 次。

3. 苯酚含量的测定

① 准确称取苯酚试样 0.2~0.3g（称准至 0.0001g），放于盛有 5mL 100g·L^{-1} NaOH 溶液的 250mL 烧杯中，加入少量蒸馏水溶解。仔细将溶液转入 250mL 容量瓶中，用少量水洗涤烧杯数次，定量转入容量瓶中，以水稀释至刻度，充分混匀。

② 吸取 25.00mL 待测苯酚溶液两份，分别放入碘量瓶中，再用另一吸管加入 25.00mL KBrO$_3$-KBr 混合液，加 10mL HCl 溶液（1+1）酸化，迅速将瓶塞塞紧，充分摇匀，放置 5~10min 后，充分摇荡 1~2min，再加入 15mL 10% KI 溶液，迅速塞紧瓶塞，放置 5min，小心吹洗瓶塞和瓶壁，立即用 Na$_2$S$_2$O$_3$ 标准溶液滴定至溶液呈淡黄色，加 2mL 5g·L^{-1} 淀粉溶液，然后继续滴定至蓝色消失。滴定用去 Na$_2$S$_2$O$_3$ 溶液的体积为 V_1。

③ 另取两份 25.00mL 蒸馏水代替苯酚试样，分别置于 250mL 碘量瓶中进行空白测定（略去在加 KI 之前摇荡 1~2min 的步骤），消耗 Na$_2$S$_2$O$_3$ 溶液的体积为 V_2，计算苯酚的含量。

【总结讨论题】

1. 标定 Na$_2$S$_2$O$_3$ 及测定苯酚时，能否用 Na$_2$S$_2$O$_3$ 直接滴定 Br$_2$？为什么？

2. 试分析操作流程中主要的误差来源有哪些。

3. 苯酚试样中加入 KBrO$_3$-KBr 溶液后，要用力摇动碘量瓶，其目的是什么？

实验50 维生素 C 含量的测定

【实验目的】

1. 掌握碘标准溶液的配制及标定方法。

2. 了解直接碘量法测定维生素 C 的原理及操作过程。

【实验原理】

维生素 C 又称抗坏血酸，为水溶性维生素，存在于新鲜的蔬菜和某些水果中，分子式为 C$_6$H$_8$O$_6$。由于分子中的烯二醇具有还原性，能被氧化成二酮基：

$$C\substack{O\\ \|\\ \|\\ O}-C\substack{O\\ \|\\ \|\\ OH}-C\substack{H\\ |\\ \|\\ OH}-C\substack{OH\\ |\\ \|\\ H}-C\substack{H\\ |\\ \|\\ OH}-CH+I_2 \rightleftharpoons C\substack{O\\ \|\\ \|\\ O}-C\substack{O\\ \|\\ \|\\ O}-C\substack{O\\ \|\\ \|\\ H}-C\substack{H\\ |\\ \|\\ OH}-C\substack{OH\\ |\\ \|\\ H}-CH+2HI$$

维生素 C 的半反应式为：

$$C_6H_8O_6 \rightleftharpoons C_6H_6O_6 + 2H^+ + 2e^- \qquad \varphi^{\ominus} \approx +0.18V$$

由于维生素 C 与 I_2 定量反应，因此该反应可用于药片、注射液、水果和蔬菜中维生素 C 含量的测定。

由于维生素 C 的还原性很强，在空气中极易氧化，在碱性介质中更易氧化，在实验中加入醋酸使溶液呈弱酸性，减少维生素 C 的副反应。

【仪器与试剂】

仪器：台秤，150mL 烧杯，100mL 容量瓶（棕），碱式滴定管，25mL 移液管，250mL 锥形瓶，500mL 洗瓶，洗耳球。

试剂：$0.10mol \cdot L^{-1} \frac{1}{2}I_2$ 溶液，$0.1mol \cdot L^{-1}$ $Na_2S_2O_3$ 标准溶液，$5g \cdot L^{-1}$ 淀粉溶液，$2mol \cdot L^{-1}$ 乙酸溶液；$0.01mol \cdot L^{-1}$ NaOH 溶液，$NaHCO_3$ 固体。

【实验内容】

1. $0.10mol \cdot L^{-1} \frac{1}{2}I_2$ 溶液的配制

在台秤上称取已磨细的 I_2 固体约 1.6g，置于烧杯中，加入 6g KI 固体，再加入少量水，搅拌，待 I_2 全部溶解后，加水稀释至 100mL。储藏在棕色试剂瓶中，放置于暗处。

2. I_2 溶液的标定

吸取 25mL $Na_2S_2O_3$ 标准溶液 3 份，分别置于 250mL 锥形瓶中，加 50mL 水、2mL 淀粉溶液，用 I_2 溶液滴定至稳定的蓝色，半分钟内不褪色即为终点。计算 I_2 溶液的浓度。

3. 药片中维生素 C 含量的测定

准确称取 2 片试样，将其置于 250mL 锥形瓶中，加入约 50mL 蒸馏水（新煮沸又冷却过）、10mL $2mol \cdot L^{-1}$ 乙酸溶液。当药片化开时，维生素 C 溶解，药片中除维生素 C 之外的结合剂将作为细小的固体物留在溶液中。为加速溶解过程，可用玻璃棒小心碾碎药片。当药片完全化开后，加 2mL 淀粉溶液，用 I_2 标准溶液滴定至稳定的蓝色。计算药片中维生素 C 片的含量。

4. 水果中维生素 C 含量的测定

用 100mL 小烧杯准确称取新捣碎的果浆（橙、橘等）30 ~ 50g，立即加入 10mL $2mol \cdot L^{-1}$ 乙酸溶液，定量转入 250mL 锥形瓶中，加 2mL 淀粉溶液，用 I_2 标准溶液滴定至稳定的蓝色。计算果浆中维生素 C 的含量。

【总结讨论题】

1. 溶解维生素 C 药片时，为何要用新煮沸又冷却的蒸馏水？

2. 说明维生素 C 含量测定的原理，写出有关的反应方程式。

3. 本实验中淀粉指示剂在何时加入？终点颜色变化与以前实验有何不同？

实验 51 $AgNO_3$ 和 NH_4SCN 标准溶液的配制和标定

【实验目的】

1. 学习沉淀滴定的反应原理和操作要点。

2. 学习 $AgNO_3$ 和 NH_4SCN 标准溶液的配制和标定方法。

【实验原理】

$AgNO_3$ 标准溶液可以用经过预先处理的基准试剂直接配制。但非基准试剂 $AgNO_3$ 含有杂质，如金属银、氧化银、游离硝酸、亚硝酸等，因此常采用间接法配制，先配成近似浓度的溶液，再用基准物质 NaCl 标定。在中性或弱碱性溶液中，用 $AgNO_3$ 溶液滴定 Cl^-，以 $K_2Cr_2O_7$ 作指示剂，反应式为：

$$Ag^+ + Cl^- \rightleftharpoons AgCl \downarrow (白色, K_{sp}^{\ominus} = 1.8 \times 10^{-10})$$
$$2Ag^+ + CrO_4^{2-} \rightleftharpoons Ag_2CrO_4 \downarrow (砖红色, K_{sp}^{\ominus} = 2 \times 10^{-12})$$

达到化学计量点时，微过量的 Ag^+ 与 CrO_4^{2-} 反应析出砖红色 Ag_2CrO_4 沉淀，指示滴定终点。该法称为莫尔法。

配制 $AgNO_3$ 溶液用的蒸馏水不应含 Cl^-，配好的溶液应贮存于棕色玻璃瓶中，并置于暗处，用黑色纸包好，以免遇光分解。

$$2AgNO_3 \xrightarrow{光} 2Ag \downarrow + 2NO_2 \uparrow + O_2 \uparrow$$

滴定时使用棕色酸式滴定管。$AgNO_3$ 具有腐蚀性，注意不要接触衣服和皮肤。

NH_4SCN 试剂一般含有杂质，如硫酸盐、氯化物等，纯度仅在 98% 以上。NH_4SCN 标准溶液也只能用间接法配制，先配成近似浓度的溶液，再用 $AgNO_3$ 标准溶液"比较"。

在 $0.1 \sim 3 mol \cdot L^{-1}$ 硝酸介质中，以铁铵矾为指示剂，用待标定的 NH_4SCN 溶液滴定一定体积的 $AgNO_3$ 标准溶液。开始时，随着 NH_4SCN 溶液的加入，溶液中不断生成白色的 AgSCN 沉淀：

$$Ag^+ + SCN^- \rightleftharpoons AgSCN \downarrow (白色)$$

在化学计量点附近，Ag^+ 的浓度迅速降低，而 SCN^- 浓度迅速增加，生成红色的 $[Fe(SCN)]^{2+}$，从而指示终点的到达：

$$Fe^{3+} + SCN^- \rightleftharpoons [Fe(SCN)]^{2+} (红色)$$

该法称为佛尔哈德法。

由于 AgSCN 沉淀易吸附溶液中的 Ag^+，使终点提前到达，所以在滴定时必须剧烈摇动，使吸附的 Ag^+ 释放出来。

根据 $AgNO_3$ 标准溶液的浓度和体积以及滴定消耗 NH_4SCN 溶液的体积计算 NH_4SCN 溶液的浓度。

【仪器与试剂】

仪器：150mL 烧杯，250mL 锥形瓶，玻璃棒，25mL 移液管，酸式滴定管，洗耳球，200mL 容量瓶，500mL 棕色试剂瓶，台秤。

试剂：$AgNO_3$ 固体，氯化钠固体（基准试剂，G.R.），5% 铬酸钾溶液，NH_4SCN 固体，40% 硫酸铁铵（亦称铁铵矾）溶液。

【实验内容】

1. $0.1000 mol \cdot L^{-1}$ NaCl 标准溶液的配制

准确称取已烘干的 NaCl 基准试剂 1.1689g，置于烧杯中，用蒸馏水溶解后定量转入 200mL 容量瓶中，稀释至刻度。

2. $0.1 mol \cdot L^{-1}$ $AgNO_3$ 溶液的配制

在台秤上称取 6.8g $AgNO_3$ 固体溶解于 400mL 蒸馏水中，将溶液转入棕色细口试剂瓶中，置暗处保存，以防见光分解。

3. 0.1mol·L^{-1} AgNO$_3$ 溶液的标定

用移液管取 0.1000mol·L^{-1} NaCl 标准溶液 25.00mL，注入锥形瓶中，加 25mL 蒸馏水和 1mL 5‰铬酸钾溶液，在不断摇动下，用 AgNO$_3$ 溶液滴定至砖红色，即为终点。同时做空白实验。根据 NaCl 标准溶液的浓度和滴定中消耗 AgNO$_3$ 溶液的体积计算 AgNO$_3$ 溶液的准确浓度，标定 3 次。

4. 0.1mol·L^{-1} NH$_4$SCN 溶液的配制和标定

在台秤上称取 3.8g NH$_4$SCN，溶于少量水中并稀释至 500mL，储于玻璃细口瓶中。用移液管移取 25mL AgNO$_3$ 标准溶液于 250mL 锥形瓶中，加入 5mL 新煮沸并冷却的 6mol·L^{-1} HNO$_3$ 溶液和 1.0mL 铁铵矾指示剂，然后用 NH$_4$SCN 溶液滴定。滴定时，用力振荡溶液，当溶液颜色为淡红色轻轻摇动也不消失即为终点。

【总结讨论题】

1. 在莫尔法中，为什么溶液的 pH 值需控制在 6.5～10.5？

2. 用佛尔哈德法标定 NH$_4$SCN 溶液的原理是什么？

实验 52　生理盐水中氯含量的测定

【实验目的】

1. 学习沉淀滴定法测定氯化物的原理和方法。

2. 掌握莫尔法的实际应用。

【实验原理】

可溶性氯化物中氯含量的测定常采用莫尔法，以 K$_2$CrO$_4$ 为指示剂，用 AgNO$_3$ 标准溶液进行滴定。由于 AgCl 沉淀的溶解度比 Ag$_2$CrO$_4$ 小，因此，溶液中首先析出 AgCl 白色沉淀。当 AgCl 定量沉淀后，过量的 AgNO$_3$ 与 CrO$_4^{2-}$ 反应生成砖红色的 AgCrO$_4$ 沉淀，颜色判断很容易。主要的反应如下：

$$Ag^+ + Cl^- \longrightarrow AgCl \downarrow（白色）\qquad K_{sp}^{\ominus} = 1.8 \times 10^{-10} \tag{1}$$

$$Ag^+ + CrO_4^{2-} \longrightarrow Ag_2CrO_4 \downarrow（砖红色）\qquad K_{sp}^{\ominus} = 2 \times 10^{-12} \tag{2}$$

在反应（1）进行到化学计量点时，$[Ag^+] = \sqrt{K_{sp}^{\ominus}} = 1.34 \times 10^{-5} mol·L^{-1}$。

反应（2）要进行时，$[CrO_4^{2-}] \geqslant \dfrac{K_{sp}^{\ominus}}{[Ag^+]} = \dfrac{2.0 \times 10^{-12}}{(1.34 \times 10^{-5})^2} = 1.1 \times 10^{-2} mol·L^{-1}$，即滴定到计量点附近时，$c(K_2CrO_4) \geqslant 1.1 \times 10^{-2} mol·L^{-1}$。由于 K$_2CrO_4$ 浓度太大时溶液呈黄色，影响终点判断，在实验中常采用的 K$_2$CrO$_4$ 浓度为 $5 \times 10^{-3} mol·L^{-1}$，由此引起的滴定误差可以通过空白实验校正。

莫尔法只能在中性或弱碱性条件下进行，最适宜的 pH 值范围为 6.5～10.5。若样品溶液中含有 NH$_4^+$，pH 值应控制在 6.5～7.2 之间。若样品溶液为酸性介质时，Ag$_2$CrO$_4$ 沉淀出现过迟，甚至不会沉淀；如果样品溶液碱性太强，则析出 Ag$_2$O 沉淀。因此，当样品的 pH＜6.5 时，需用碱中和水样；当样品的 pH＞10.5 时，需用不含氯化物的硝酸或硫酸中和水样。

凡是能与 Ag$^+$ 生成沉淀的阴离子如 PO$_4^{3-}$、CO$_3^{2-}$、S^{2-}、C$_2$O$_4^{2-}$ 等，凡是能与 CrO$_4^{2-}$ 生成沉淀的阳离子如 Ba^{2+}、Pb^{2+} 等，都干扰测定，应注意排除。

【仪器与试剂】

仪器：150mL 烧杯，250mL 锥形瓶，玻璃棒，25mL、50mL 移液管，酸式滴定管，洗耳球，200mL 容量瓶，50mL 量筒，500mL 棕色试剂瓶。

试剂：

硝酸银固体（A.R.），氯化钠固体（G.R.），5％铬酸钾溶液，pH试纸。

【实验内容】

1. 0.1000mol·L^{-1} NaCl标准溶液的配制（同实验51）

2. 0.1mol·L^{-1} AgNO$_3$溶液的配制（同实验51）

3. 0.1mol·L^{-1} AgNO$_3$溶液的标定（同实验51）

4. 生理盐水中NaCl含量的测定

准确移取一定量生理盐水（由学生自行计算）于250mL锥形瓶中，加入25mL蒸馏水和1mL 5％铬酸钾溶液，在不断摇动下，用AgNO$_3$溶液滴定，至白色沉淀中呈现砖红色即为终点。

【总结讨论题】

1. 铬酸钾指示剂浓度对氯含量的测定有何影响？

2. 样品溶液的酸度应控制在什么范围为宜？为什么？若有NH$_4^+$存在时，对溶液的酸度范围的要求有什么不同？

3. 如果用莫尔法测定酸性溶液中氯离子含量，事先应采取什么措施？

实验53　碘化钾含量的测定

【实验目的】

1. 掌握法扬司法测定碘化钾含量的基本原理、方法和计算。

2. 掌握吸附指示剂的作用原理。

3. 学会以曙红为指示剂判断滴定终点的方法。

【实验原理】

在乙酸溶液中，用AgNO$_3$标准溶液滴定碘离子，以曙红为指示剂。反应式为：

$$Ag^+ + I^- \rlap{=\!=\!=} \quad AgI\downarrow（黄色）$$

达到化学计量点后，微过量的Ag$^+$离子吸附到AgI沉淀的表面使沉淀表面带正电荷，进一步吸附指示剂阴离子使沉淀由黄色变为玫瑰红即为终点。该法称为法扬司法。

【仪器与试剂】

仪器：150mL烧杯，250mL锥形瓶，玻璃棒，酸式滴定管，洗耳球，10mL量筒。

试剂：0.1mol·L^{-1} AgNO$_3$标准溶液，1mol·L^{-1}乙酸溶液，2g·L^{-1}曙红溶液（或70％乙醇曙红溶液）。

【实验内容】

准确称取KI试样0.2g，放于锥形瓶中，加50mL蒸馏水溶解，再加1mol·L^{-1}乙酸溶液10mL、曙红指示剂2～3滴，用0.1mol·L^{-1} AgNO$_3$标准溶液滴定至溶液由黄色变为玫瑰红即为终点。平行测定3次。记录消耗AgNO$_3$标准溶液的体积。计算KI试样中碘的含量。

【总结讨论题】

1. 举例说明吸附指示剂的变色原理。

2. 说明在法扬司法中选择吸附指示剂的原则。

第四节　重量分析基本原理

重量分析法是根据生成物的质量变化来确定被测组分含量的方法。重量分析法可直接通过称量而得到分析结果，不用基准物质或标准试样进行比较，其准确度较高，相对误差一般为 $0.1\%\sim0.2\%$，但耗时多、周期长，不适合微量和痕量组分的测定，目前已逐渐被其他方法代替。根据被测组分与其他组分分离方法的不同，重量分析法一般分为沉淀法、气化法和电解法。

一、沉淀法

重量分析法的一般步骤为：称样；试样溶解，配成稀溶液；加入适当的沉淀剂，使被测组分沉淀析出；沉淀过滤、洗涤；在适当的温度下烘干或灼烧，转化为称量形式；根据称量形式的化学式和质量计算被测组分的含量。其分析步骤如下：

$$试样 \xrightarrow[\text{(适宜条件)}]{\text{分解}} \xrightarrow[\text{洗涤}]{\text{+沉淀剂 \quad 过滤}} 沉淀形式 \xrightarrow{\text{烘干或灼烧}} 称量形式 \longrightarrow 计算含量$$

重量分析法中沉淀有两种形式：沉淀形式和称量形式。被测物质组分与沉淀剂反应后，以适当形式析出，该沉淀的化学式为沉淀形式。称量形式是指沉淀经过滤、烘干或灼烧成最后可以称量的形式。为了保证测定结果有足够的准确度，重量分析对沉淀形式的基本要求是：沉淀溶解度必须很小；沉淀易于过滤和洗涤；沉淀力求纯净，尽量避免其他杂质的沾污；沉淀应易于转化为称量形式。作为称量形式还必须满足以下三项要求：称量形式必须有确定的化学组成，否则无法计算出结果；称量形式必须十分稳定，不受空气中水分、二氧化碳和氧气等的影响；称量形式的分子量要大，这样由少量的被测元素可以得到较大量的称量物质，减少称量误差，可提高测定的灵敏度。

重量分析法中，沉淀剂的选择除考虑上述要求外，还要考虑沉淀剂自身的特点：首先，要选的沉淀剂应具有良好的选择性，即沉淀剂最好只能与被测组分生成沉淀，而与样品中的其他成分不起作用；其次，沉淀剂最好是易挥发的物质，这样在干燥或灼烧过程中便可将其除去。

沉淀剂分为无机沉淀剂和有机沉淀剂。无机沉淀剂选择性较差，产生的沉淀的溶解度较大。与之相比，有机沉淀剂选择性好，称量形式的分子量大，过量的沉淀剂易于除去，因此，在分析化学中获得了广泛的应用。

利用同离子效应，可使某种离子沉淀得更完全。在进行沉淀反应时，为确保沉淀完全，可加入适当过量的沉淀剂。但若使用沉淀剂过多，反而由于盐效应、酸效应或生成配合物等而使沉淀的溶解度增大。一般挥发性沉淀剂以过量 $50\%\sim100\%$ 为宜，对非挥发性沉淀剂以 $20\%\sim30\%$ 为宜。

二、气化法

如果被测组分是以气体形态和试样中其他组分分离，这样的重量分析法就是气体重量分析法。使试样中的被测组分成为气体形态产物的途径主要有两个：加热气化和燃烧气化。如果被测组分在加热条件下产生气体而挥发，则使用加热气化法；如果被测组分在空气或氧气中燃烧后能形成气态化合物而与其他组分分离，则可用燃烧气化法。根据气化前后质量的变化（即失重），可以计算出待测组分的含量。

三、电解法

利用电解原理，使金属离子在电极上析出，然后称重，求得其含量。

第五节 重量分析技术

重量分析的基本操作包括坩埚恒重、样品溶解、沉淀、过滤、洗涤、烘干和灼烧等步骤。任何过程的操作正确与否都会影响最后的分析结果，故每一步操作都需认真、正确。

一、沉淀操作

1. 样品的溶解

根据被测试样的性质选用不同的溶解试剂，以确保待测组分全部溶解，且不使待测组分发生氧化-还原反应造成损失，加入的试剂应不影响测定。所用的玻璃仪器内壁（与溶液接触面）不能有划痕。玻璃棒长度高于烧杯 5～7cm，两头应烧圆，以防黏附沉淀物。溶解试样操作时注意下面几点。

① 试样溶解时不产生气体的溶解方法。称取样品放入烧杯中，盖上表面皿，溶解时，取下表面皿，凸面向上放置，试剂沿下端紧靠着烧杯内壁的玻璃棒慢慢加入，加完后将表面皿盖在烧杯上。

② 试样溶解时产生气体的溶解方法。称取样品放入烧杯中，先用少量水将样品润湿，表面皿凹面向上盖在烧杯上，用滴管滴加，或沿玻璃棒将试剂自烧杯嘴与表面皿之间的孔隙缓慢加入，以防猛烈产生气体，加完试剂后用水吹洗表面皿的凸面，流下来的水应沿烧杯内壁流入烧杯中，用洗瓶吹洗烧杯内壁。

③ 试样溶解需加热时，应在水浴锅内进行，加热时应盖好表面皿。停止加热后，应用洗瓶吹洗表面皿和烧杯内壁。必须加热蒸发的样品，可在杯口放上玻璃三角，然后放上表面皿。溶解时需用玻璃棒搅拌的，此玻璃棒再不能作为它用。

2. 试样的沉淀

重量分析时对被测组分的洗涤应是完全和纯净的。要达到此目的，对晶形沉淀的沉淀条件应做到"五字原则"，即稀、搅、慢、热、陈。

稀：沉淀的溶液配制要适当稀。

搅：沉淀时要用玻璃棒不断搅拌。

慢：沉淀剂的加入速度要缓慢。

热：沉淀时应将溶液加热。

陈：沉淀完全后，要静止一段时间陈化。

为达到上述要求，沉淀操作时，应一手拿滴管缓慢滴加沉淀剂，另一手持玻璃棒不断搅拌溶液，搅拌时玻璃棒不要碰到烧杯内壁和烧杯底部，速度不宜快，以免溶液溅出。加热时应在水浴中或电热板上进行，不得使溶液沸腾，否则会引起水溅或产生泡沫飞散，造成被测物的损失。

沉淀完后，应检查沉淀是否完全。方法是将沉淀溶液静止一段时间，让沉淀下沉，上层溶液澄清后，滴加 1 滴沉淀剂，观察交接面是否混浊。如混浊，表明沉淀未完全，还需加入沉淀剂；反之，如清亮，则沉淀完全。

对于晶形沉淀，在沉淀完全后，盖上表面皿，放置一段时间或在水浴上保温静置 1h 左右，让沉淀的小晶体生成大晶体，不完整的晶体转为完整的晶体。

对非晶形沉淀，在沉淀过程中宜用较浓的沉淀剂溶液，加沉淀剂和搅拌速度都可快一些，沉淀后要用热蒸馏水稀释，不必放置陈化。

二、沉淀的过滤和洗涤

过滤和洗涤的目的在于将沉淀从母液中分离出来，使其与过量的沉淀剂及其他杂质组分分开，并通过洗涤将沉淀转化成一纯净的单组分。

欲使沉淀与母液分离，一般采用过滤技术。在重量分析中常采用的滤器有滤纸和微孔玻璃过滤器。对于需要灼烧的沉淀采用滤纸过滤；而对于只需烘干即可进行称量的沉淀，则可采用微孔玻璃漏斗或微孔玻璃坩埚过滤。

1. 用滤纸过滤

（1）滤纸的选择　滤纸分为定性滤纸和定量滤纸两大类，重量分析中使用的是定量滤纸。定量滤纸经灼烧后，灰分小于 0.0001g 者称"无灰滤纸"，其质量可忽略不计；若灰分质量大于 0.0002g，则需从沉淀物中扣除其质量。一般市售定量滤纸都已注明每张滤纸的灰分质量，可供参考。定量滤纸一般为圆形，按直径大小分为 11cm、9cm、7cm、4cm 等规格，按滤速可分为快速、中速、慢速 3 种。定量滤纸的选择应根据沉淀物的性质来定，滤纸大小的选择应注意沉淀物完全转入滤纸中后沉淀物的高度一般不超过滤纸圆锥高度的 1/3处。滤纸的型号、性质和适用范围见表 5-5。

表 5-5　滤纸的型号、性质和适用范围

	分类与标志	型号	灰分/(mg/张)	孔径/μm	过滤物晶形	适应过滤的沉淀	相对应的沙芯玻璃坩埚号
定量	快速：黑色或白色纸带	201	<0.10	80~120	胶状沉淀物	$Fe(OH)_3$ $Al(OH)_3$ H_2SiO_3	G_1、G_2 抽滤稀胶体
	中速：蓝色纸带	202	<0.10	30~50	一般结晶形沉淀	SiO_2 $MgNH_4PO_4$ $ZnCO_3$	G_3 抽滤粗晶形沉淀
	慢速：红色或橙色纸带	203	0.10	1~3	较细结晶形沉淀	$BaSO_4$ CaC_2O_4 $PbSO_4$	G_4、G_5 抽滤细晶形沉淀
定性	快速：黑色或白色纸带 中速：蓝色纸带 慢速：红色或橙色纸带	101 102 103		>80 >50 >3	无机物沉淀的过滤分离及有机物重结晶的过滤		—

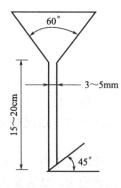

图 5-11　长颈漏斗

（2）漏斗　用于重量分析的漏斗应该是长颈。漏斗锥体角为 60°。颈的内径要小一些，一般应为 3~5mm。出口处磨成 45°（图 5-11）。

（3）滤纸的折叠　折叠滤纸的方法有多种。一般用四折法，要点是先把滤纸对折，然后再对折。打开锥体可以看出滤纸锥体一个半边为三层，另一个半边为一层。为了使滤纸能紧密贴住漏斗的内壁，常在三层厚的外层滤纸折角处撕下一角（图 5-12）。放入漏斗中，使滤纸与漏斗贴紧，然后用水润湿滤纸，赶走气泡。装好滤纸后的漏斗，其颈内应保留水柱。

（4）过滤　对于需要灼烧的沉淀，常在玻璃漏斗中用无灰滤纸进行过滤（若滤纸的灰分过重，则需进行空白校正）和洗涤。对只需烘干即可称重的沉淀，则可采用微孔玻璃坩埚过滤和洗涤。

过滤分三步进行。第一步采用倾析法，尽可能地过滤上层清液，如图 5-13 所示。采用倾析法是为了避免沉淀过早堵塞滤纸上的空隙，影响过滤速度。带沉淀的烧杯放置方法如图

(a) 对折

(b) 折成合适角度并撕开一小缝

(c) 展开成锥形

(d) 放进漏斗

图 5-12　滤纸的折叠

图 5-13 倾析法过滤

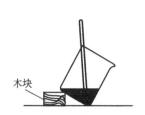

图 5-14 过滤时带沉淀和溶液的烧杯放置方法

5-14 所示，烧杯下放一木块，使烧杯倾斜，以利于沉淀和清液分开。待烧杯中沉淀澄清后，继续倾注，重复倾析法操作，直至上层清液倾完为止。开始过滤后，要检查滤液是否透明，如混浊，应另换一个洁净烧杯，将滤液重新过滤。第二步转移沉淀到漏斗上。第三步清洗烧杯和漏斗上的沉淀。此三步操作一定要一次完成，不能间断，尤其是过滤胶状沉淀时更应如此。

　　用倾析法将清液完全过滤后，应对沉淀作初步洗涤。选用什么洗涤液，应根据沉淀的类型和实验内容而定。洗涤时，沿烧杯壁旋转着加入约 10mL 洗涤液（或蒸馏水）吹洗烧杯四周内壁，使粘附着的沉淀集中在烧杯底部，待沉淀下沉后，按前述方法倾出过滤清液，如此重复 3～4 次，然后加入少量洗涤液于烧杯中，搅动沉淀使之均匀，立即将沉淀和洗涤液一起通过玻璃棒转移至漏斗上，再加入少量洗涤液于杯中，搅拌均匀，转移至漏斗上，重复几次，使大部分沉淀都转移到滤纸上，然后将玻璃棒横架在烧杯口上，下端应在烧杯嘴上且超出杯嘴 2～3cm，用左手食指压住玻璃棒上端，大拇指在前，其余手指在后，将烧杯倾斜放在漏斗上方，杯嘴向着漏斗，玻璃棒下端指向滤纸的三边层，用洗瓶或滴管吹洗烧杯内壁，沉淀连同溶液流入漏斗中（如图 5-15 所示）。如有少许沉淀牢牢粘附在烧杯壁上而吹洗不下来，可用前面折叠滤纸时撕下的纸角，以水湿润后，先擦玻璃棒上的沉淀，再用玻璃棒按住纸块，沿杯壁自上而下旋转着把沉淀擦"活"，然后用玻璃棒将它拨出，放入该漏斗中心的滤纸上，与主要沉淀合并，用洗瓶吹洗烧杯，把擦"活"的沉淀微粒涮洗入漏斗中。在明亮处仔细检查烧杯内壁、玻璃棒、表面皿是否干净、不粘附沉淀，若仍有一点痕迹，再行擦拭、转移，直到完全为止。有时也可用沉淀帚（见图 5-16）在烧杯内壁自上而下、从左向右擦洗烧杯上的沉淀，然后洗净沉淀帚。沉淀帚一般可自制：剪一段乳胶管，一端套在玻璃棒上，另一端用橡胶胶水黏合，用夹子夹扁，晾干即成。

图 5-15 转移沉淀的操作

图 5-16 沉淀帚

（5）沉淀定量转移和洗涤　沉淀全部转移至滤纸上后，接着要进行洗涤，目的是除去吸附在沉淀表面的杂质及残留液。洗涤方法如图 5-17 所示，用洗瓶在水槽上洗吹出洗涤剂，使洗涤剂充满洗瓶的导出管后，再将洗瓶拿在漏斗上方，吹出洗瓶的水流从滤纸的多重边缘开始，螺旋形地往下移动，最后到多重部分停止，此操作称为"从缝到缝"，这样可使沉淀洗得干净，且可将沉淀集中到滤纸的底部。为了提高洗涤效率，应掌握洗涤方法的要领。洗涤沉淀时要少量多次，即每次螺旋形往下洗涤时所用洗涤剂的量要少，以便于尽快沥干，沥干后再行洗涤。如此反复多次，直至沉淀洗净为止。这通常称为"少量多次"原则。

过滤和洗涤沉淀的操作，必须不间断地一次完成。若时间间隔过久，沉淀会干涸，粘成一团，就几乎无法洗涤干净了。无论是盛着沉淀还是盛着滤液的烧杯，都应该经常用表面皿盖好。每次过滤完液体后，即应将漏斗盖好，以防落入尘埃。

图 5-17　在滤纸上洗涤沉淀

(a) 微孔玻璃坩埚　　(b) 微孔玻璃漏斗

图 5-18　微孔玻璃滤器

2. 用微孔玻璃漏斗或玻璃坩埚过滤

不需称量的沉淀或烘干后即可称量或热稳定性差的沉淀，均应在微孔玻璃漏斗（坩埚）内进行过滤。微孔玻璃滤器如图 5-18 所示，这种滤器的滤板是用玻璃粉末在高温下熔结而成的，因此又常称为玻璃钢砂芯漏斗（坩埚）。此类滤器均不能过滤强碱性溶液，以免强碱腐蚀玻璃微孔。按微孔的孔径大小由大到小可分为六级，即 $G_1 \sim G_6$（或称 1 号～6 号）。其规格和用途见表 5-6。

表 5-6　微孔玻璃漏斗（坩埚）的规格和用途

滤板编号	孔径/μm	用途	滤板编号	孔径/μm	用途
G_1	20～30	滤除大沉淀物及胶状沉淀物	G_4	3～4	滤除液体中的细沉淀物或极细沉淀物
G_2	10～15	滤除大沉淀物及气体洗涤	G_5	1.5～2.5	滤除较大杆菌及酵母
G_3	4.5～9	滤除细沉淀及水银过滤	G_6	1.5 以下	滤除 1.4～0.6μm 的病菌

微孔玻璃漏斗（坩埚）使用方法介绍如下。

砂芯玻璃滤器的洗涤：新的滤器使用前应以热浓盐酸或铬酸洗液边抽滤边清洗，再用蒸馏水洗净。使用后的砂芯玻璃滤器，针对不同沉淀物采用适当的洗涤剂洗涤。首先用洗涤剂、水反复抽洗或浸泡玻璃滤器，再用蒸馏水冲洗干净，在 110℃下烘干，保存在无尘的柜或有盖的容器中备用。表 5-7 列出了洗涤砂芯玻璃滤器的洗涤液，可供选用。

表 5-7　洗涤砂芯玻璃滤器的常用洗涤剂

沉淀物	洗　涤　液
AgCl	1+1 氨水或 10% $Na_2S_2O_3$ 溶液
$BaSO_4$	100℃浓硫酸或 EDTA-NH_3 溶液(3% EDTA 二钠盐 500mL 与浓氨水 100mL 混合)，加热洗涤
氧化铜	热 $KClO_4$ 或 HCl 混合液
有机物	铬酸洗液

过滤：玻璃漏斗（坩埚）必须在抽滤的条件下采用倾泻法过滤，其过滤、洗涤、转移沉淀等操作均与滤纸过滤法相同。

三、坩埚的恒重

1. 瓷坩埚

灼烧沉淀常用瓷坩埚，使用前应洗净，晾干或烘干。用蓝黑墨水或铁盐在坩埚和盖子上编号，晾干后，将坩埚放入高温炉中，在灼烧沉淀的温度下灼烧 0.5h，取出，稍冷却，移入干燥器中冷却至室温，称重。再灼烧 15～20min，同样在干燥器中冷却至室温，再称重。如此反复，直至前后两次称重之差小于 0.2mg，即达到恒重。

2. 坩埚钳的使用

坩埚的灼烧、称重的过程中不能用手直接拿取坩埚，必须使用坩埚钳。在使用坩埚钳时，要检查钳尖是否洁净，如有沾污必须处理干净后才能使用。使用坩埚钳的过程中，坩埚钳放在操作台上时钳尖向上，以免沾污。

四、沉淀的包裹、烘干、灰化和灼烧

过滤所得沉淀经加热处理，即获得组成恒定的与化学式表示组成完全一致的沉淀。

1. 沉淀的烘干

烘干一般是在 250℃ 以下进行。凡是用微孔玻璃滤器过滤的沉淀，可用烘干方法处理。其方法为将微孔玻璃滤器连同沉淀放在表面皿上，置于烘箱中，选择合适的温度。第一次烘干时间可稍长（如 2h），第二次烘干时间可缩短为 40min。沉淀烘干后，置于干燥器中冷至室温后称重。如此反复操作几次，直至恒重为止。注意每次操作条件要保持一致。

2. 沉淀的包裹

对于胶状沉淀，因体积大，可用扁头玻璃棒将滤纸的三层部分挑起，向中间折叠，将沉淀全部盖住，如图 5-19 所示，再用玻璃棒轻轻转动滤纸包，以便擦净漏斗内壁可能粘有的沉淀。

然后将滤纸包转移至已恒重的坩埚中。包晶形沉淀可按照图 5-20 中的（a）法或（b）法卷成小包。将沉淀包好后，用滤纸原来不接触沉淀的那部分将漏斗内壁轻轻擦一下，擦下可能粘在漏斗上部的沉淀微粒。把滤纸包的三层部分向上放入已恒重的坩埚中，这样可使滤纸较易灰化。

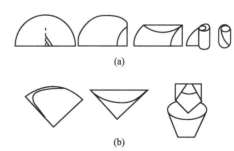

图 5-19 胶状沉淀的包裹　　　　　　图 5-20 过滤后滤纸的折叠

3. 沉淀的干燥和灼烧

将放有沉淀包的坩埚倾斜置于泥三角上，使多层滤纸部分朝上，以利烘烤，如图 5-21（a）所示。

沉淀烘干这一步不能太快，尤其对含有大量水分的胶状沉淀，很难一下烘干，若加热太猛，沉淀内部水分迅速汽化，会挟带沉淀溅出坩埚，造成实验失败。当滤纸包烘干后，滤纸层变黑而炭化，此时应控制火焰大小，使滤纸只冒烟而不着火，因为着火后火焰卷起的气流

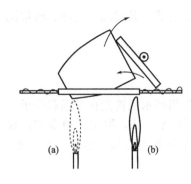

图 5-21　沉淀的干燥和灼烧
(a) 沉淀的干燥和滤纸的炭化；
(b) 滤纸的灰化和沉淀的灼烧

会将沉淀微粒吹走。如果滤纸着火，应立即停止加热，用坩埚钳夹住坩埚盖将坩埚盖住，让火焰自行熄灭，切勿用嘴吹熄。

滤纸全部炭化后，把煤气灯置于坩埚底部，逐渐加大火焰，并使氧化焰完全包住坩埚，烧至红热，把炭完全烧成灰，这种将炭燃烧成二氧化碳除去的过程叫灰化 [图5-21(b)]。

沉淀和滤纸灰化后，将坩埚移入高温炉中（根据沉淀性质调节适当温度），盖上坩埚盖，但留有空隙。在与灼热空坩埚相同的温度下灼烧 40~45min，与空坩埚灼烧操作相同。取出，冷至室温，称重。然后进行第二次、第三次灼烧，直至坩埚和沉淀恒重为止。一般第二次以后只需灼烧 20min 即可。所谓恒重，是指相邻两次灼烧后的称量差值不大于 0.2mg。每次灼烧完毕从炉内取出后，都应在空气中稍冷后，再移入干燥器中，冷却至室温后称重。然后再灼烧、冷却、称量，直至恒重。要注意每次灼烧、称重和放置的时间都要保持一致。

五、高温炉的使用

常用的高温炉体是由角钢、薄板构成，炉膛是由碳化硅制成的长方体，电炉丝盘绕在炉膛壁，炉膛与炉壳之间由保温砖等绝热材料砌成。

高温电炉应与温度控制器及热电偶配合使用，通过温度控制器可以指示、调节、自动控制温度。实验室中常用的温度控制器的测温范围在 0~1100℃ 之间。表 5-8 中列举了几种物质的灼烧温度和灼烧时间。

表 5-8　沉淀灼烧所需的温度

灼烧前的物质	灼烧后的物质	灼烧温度	灼烧时间
$BaSO_4$	$BaSO_4$	800~900℃	10~20min
CaC_2O_4	CaO	600℃	灼烧至恒重
$Fe(OH)_3$	Fe_2O_3	800~1000℃	10~15min
$MgNH_4PO_4$	$Mg_2P_2O_7$	1000~1100℃	20~25min
$SiO_2 \cdot xH_2O$	SiO_2	1000~1200℃	20~30min

使用高温炉时应注意下列事项。

① 为保证安全操作，通电前应检查导线及接地是否良好。

② 检查炉膛是否洁净和有无破损。

③ 欲进行灼烧的物质需用坩埚钳送入（或取出），灼烧物应尽量放在炉膛中间位置，切勿触及热电偶。

④ 含有酸性、碱性、挥发性物质或强氧化剂的物质，应预先处理，待其中的挥发物除尽后，才能置入炉内加热。

⑤ 旋转温度控制器的旋钮使指针指向所需温度。

⑥ 快速合上电闸，检查配电盘上指示灯是否闪亮，电炉与电闸编号是否一致。

⑦ 打开温度控制器的开关，温度控制器的红灯亮，表示高温电炉处在升温状态。当温度升到预定温度时，红灯、绿灯交替变换，表示电炉处于保温阶段。

⑧ 在加热过程中，切勿打开炉门；电炉在使用中不许超过最高温度，以免破坏电炉丝。

⑨ 灼烧完毕，切断电源，待温度降到200℃以下时打开炉门，取出灼烧物，冷却至60℃，放入干燥器内冷却至室温后称重。

⑩ 长期放置未使用的高温炉，在使用前进行烘干处理：从室温升到200℃，4h；400~

600℃，4h。

六、干燥器的使用

干燥器（图 5-22）是一种具有磨口盖子的厚质玻璃器皿，在磨口上涂凡士林，使其更好地密合。在干燥器的底部放入适当的干燥剂，其上架有洁净带孔的瓷板，以便放置坩埚或称量瓶等。

在使用干燥器前要用干的抹布将干燥器的内壁和瓷板擦干净，一般不用水洗，以便很快干燥。放入干燥剂时要按照图 5-23 所示方法进行。干燥剂不要放得太满，干燥剂所占体积最好不要大于干燥器下室的一半。

干燥剂的种类很多，在重量分析中最常用的干燥剂是无水氯化钙和变色硅胶。当无水氯化钙吸潮，蓝色硅胶变为红色时，应更换无水氯化钙，或将硅胶重新烘干处理。

开启干燥器时，应左手按住干燥器的下部，右手握住干燥器盖的圆顶，向前小心推开盖子（方法如图 5-24 所示），盖子必须仰放在桌子上，防止滚落在地。

图 5-22　干燥器　　　　　　图 5-23　装干燥剂　　　　　　图 5-24　启盖方法

不可将太热的物体放入干燥器中。刚灼烧后的物品应先在空气中冷却 30～60s，再放入干燥器中。为防止干燥器中空气受热膨胀会把盖子顶起打翻，应当用手按住，不时把盖子稍微推开，以放出热空气，直至不再有热空气逸出时才可盖严盖子。灼烧或烘干后的坩埚和沉淀在干燥器内也不宜放置过久，否则会因吸收一些水分而使质量略有增加。

实验 54　煤的工业分析

煤的工业分析又叫技术分析，是评价煤质的基本依据。它包括测定水分、灰分、挥发分和固定碳等四个项目的测定。通常，水分、灰分、挥发分都是直接测定；固定碳不作直接测定，而是用差减法进行计算。

所有测定项目都用 2 份试样进行平行测定，分析结果应取两个在允许重复性要求范围内的平均值。所得测定结果如超过平行测定重复性要求需进行第三次测定。如第三次测定结果与前两次结果相比均在允许重复性要求范围内，则取三次测定结果的算术平均值。

一、煤中水分的测定

【实验目的】

1. 了解煤中水分存在的形态，掌握煤样水分的测定方法。

2. 训练重量分析基本操作技能。

【实验原理】

煤中水的存在形态可以分为游离水和化合水两种。游离水是煤的内部毛细管吸附或表面附着的水；化合水是和煤中矿物成分呈化合形态存在的水，也叫结晶水，如 $CaSO_4 \cdot 2H_2O$ 和 $Al_2O_3 \cdot$

$2SiO_2 \cdot 2H_2O$ 等。游离水以它存在于煤的不同结构状态，又可分为外在水分和内在水分。外在水分是附着在煤的表面和被煤的表面大毛细管吸附的水。把煤放在空气中干燥时，煤中的外在水分很容易蒸发。失去外在水分的煤叫空气干燥煤，当这种煤制成粒度为分析用的试样时，就叫分析煤样或空气干燥基煤样。内在水分是煤的内部小毛细管吸附的水，在常温下这部分水分不能失去，只能加热到一定温度时才能失去。煤的内表面积愈大，小毛细管愈多，则内在水分也愈高。

游离水在温度稍高于 100℃ 下经足够时间的加热即可全部除去，而化合水则要温度在 200℃ 以上才能分解出来。水分测定最常用的方法是间接法，即将已知一定量的煤在一定温度下干燥恒重，煤样减轻的质量占煤样原质量的百分数就是分析试样的水分。

本实验测定空气干燥基煤样的水分。它是指粒度小于 0.2mm 的空气干燥煤样在温度 105～110℃ 干燥至恒重所失去的质量占原煤样质量的百分数。

【仪器与试剂】

仪器：干燥箱，干燥器，玻璃称量瓶，分析天平。

试剂：空气干燥基煤样。

【实验内容】

称取小于 0.2mm 的空气干燥基煤样 （1±0.1）g （精确至 0.0002g），放在已知质量的称量瓶中，轻轻摇动使煤样均匀摊开。打开称量瓶盖，把称量瓶放入预先鼓风并加热至 105～110℃ 的干燥器中，鼓风干燥 1～1.5h。取出称量瓶，并加盖，在空气中冷却 2～3min 后，放入干燥器中，冷却至室温 （约 20min），称重。

接着进行检查性干燥实验，每次进行 30min，直到试样的质量变化小于 0.001g 或到质量增加为止。后一种情况要采用增重前一次的质量为计算依据。水分在 2% 以下可不进行检查性干燥实验。

测定结果按下式计算：

$$M_{ad} = \frac{m_0 - m_1}{m_0} \times 100$$

式中，m_0 为空气干燥煤样的质量；m_1 为干燥煤样的质量；M_{ad} 为空气干燥煤样水分，%。

【总结讨论题】

1. 为什么不同变质的煤使用不同的测定条件？

2. 实验测得的水分与煤样的真实水分有什么不同？

二、煤中灰分的测定

【实验目的】

了解煤的灰分来源、煤的矿物质在煤的灰分测定过程中的变化，掌握灰分测定方法。

【实验原理】

煤的灰分是指煤中所有可燃物完全燃烧，煤中矿物质在一定温度下产生一系列分解、化合等复杂反应后剩下的残渣。煤的灰分来自矿物质，但它的组成和质量与煤的矿物质不完全相同，它是一定条件下的产物，确切地说灰分是煤的"灰分产率"。煤中矿物质的真实含量很难测定，可以利用煤中矿物质含量和灰分产率之间往往存在着一定的比例关系，借助一定的数学关系式，大致估计煤中矿物质的含量。

灰分测定分缓慢灰化法和快速灰化法。使用快速灰化法必须先对某一煤样用缓慢灰化法反复校对，证明其误差不大时方可应用。用快速灰化法测定灰分，有时结果不稳定，故不能作仲裁分析用。

本实验采用慢速灰化法。慢速灰化法的测定过程是将一定量的煤样放在马弗炉中，逐步加热到（850±10)℃，使煤样慢慢灰化，最后灼烧至恒重并冷却到室温后称量，以残留物质质量占煤样质量的百分数作为灰分。

测定结果按下式计算：

$$A_{ad} = \frac{m_1}{m} \times 100$$

式中，m_1 为煤灰质量，g；m 为煤样质量，g；A_{ad} 为空气干燥煤样灰分。

【仪器与试剂】

仪器：马弗炉，干燥器，瓷灰皿，分析天平，石棉板或耐热瓷板。

试剂：空气干燥基煤样。

【实验内容】

称取粒度小于 0.2mm 的空气干燥煤样（1±0.1)g（精确到 0.0002g），放在预先灼烧至质量恒定的灰皿中。煤样均匀地摊平在灰皿中，煤样厚度小于 0.15g·cm⁻²。将装有煤样的灰皿送入温度不超过 100℃ 的马弗炉中，在自然通风（炉门留有 15cm 左右缝隙）的条件下，用 30min 缓慢升温到 500℃，在此温度下保持 30min 后，再升温至（850±10)℃，关闭炉门并在此温度下灼烧 1h。取出灰皿，放在石棉板上冷却 5min，然后放入干燥器中，冷却至室温（约 20℃)，称重。

接着进行检查性灼烧，每次 20min，直到质量变化小于 0.001g 为止，采用最后一次测定质量作为计算依据。灰分小于 15% 时不进行检查性灼烧。

三、煤中挥发分产率的测定

【实验目的】

了解煤的挥发分产率与煤化程度的关系，并掌握测定煤中挥发分产率的方法。

【实验原理】

把煤在隔绝空气下加热到 900℃ 左右，煤中的有机物和一部分矿物就会分解成气体逸出。气体产物的百分率减去煤中所含水分的百分率称为煤的挥发分产率。残留下来的不挥发固体称为焦渣。由于挥发分不是煤样中固有的物质，而是在特定条件下煤中有机物受热分解的产物，因此，该指标不应称为煤的挥发分含量。

煤的挥发分产率是规范性很强的一项测定，测定结果完全取决于所规定的试验条件，其中以加热温度和加热时间最为重要。

【仪器与试剂】

仪器：挥发分坩埚，坩埚架，马弗炉，坩埚夹，干燥器，分析天平，石棉板或耐热瓷板。

试剂：空气干燥基煤样。

【实验内容】

1. 实验操作

称取粒度为 0.2mm 以下的空气干燥煤样（1±0.1)g（精确到 0.0002g），放入预先在 900℃ 灼烧至恒重的专用坩埚中，轻击坩埚使煤样铺平后加盖，并放在坩埚架上。迅速将摆好坩埚的坩埚架送入预先加热到 920℃ 的马弗炉内的恒温区，关好炉门，加热 7min。当煤样送入炉内时，炉温会有所下降，要求 3min 内炉温恢复到（900±10)℃，并继续保持此温度到试验结束，否则此实验应重做。

加热 7min 后，迅速将坩埚架从炉中取出，先在空气中冷却 5min，再将坩埚放入干燥器中（20~30min）冷却到室温，取出称重。

褐煤和长焰煤应预先压饼（用测发热量的压饼机），并切成 30mm 的小块，再称取试样放入挥发分坩埚中测定。

2. 计算公式

$$V_{ad} = \frac{m_1}{m} \times 100 - M_{ad}$$

当空气干燥煤样中碳酸盐二氧化碳 $(CO_2)_{ad}$ 含量为 $2\% \sim 12\%$ 时，则

$$V_{ad} = \frac{m_1}{m} \times 100 - M_{ad} - (CO_2)_{ad}$$

【总结讨论题】

1. 煤的挥发分产率为什么不能叫挥发分含量？

2. 挥发分都包括哪些内容？为什么实验要求要隔绝空气？

3. 煤在隔绝空气条件下加热时，煤中的矿物质会发生变化吗？

四、固定碳的计算

$$(FC)_{ad} = 100 - (A_{ad} + V_{ad} + M_{ad})$$

式中，$(FC)_{ad}$ 为空气干燥基煤样的固定碳，%。

实验 55　煤中全硫的测定

（重量法）

【实验目的】

1. 了解晶体沉淀的沉淀条件、原理和沉淀方法。

2. 学习沉淀的过滤、洗涤等操作技术。

3. 学习测定煤中全硫含量的方法、计算。

【实验原理】

煤中的硫是一种有害元素，尤其在作为燃料时，对硫的含量更有严格的要求。动力用煤中的硫变成废气，污染环境，所以煤中硫的含量是评价煤质的重要指标之一。

艾氏卡法测煤中硫含量是国际上公认的标准方法。本法具有设备简单、准确度高、重现性好等优点，因此，在国家标准中把它作为煤中全硫测定的仲裁方法。本法的主要缺点是操作烦琐、费时较多。

煤样与艾氏卡试剂均匀混合，缓慢燃烧，使煤中的硫转变成硫的氧化物，进一步与碳酸钠及氧化镁作用生成可溶性的硫酸钠和硫酸镁，再与氯化钡反应生成难溶的硫酸钡沉淀，根据硫酸钡的质量即可计算出煤中硫含量。主要反应如下。

① 煤样的氧化反应：

$$煤 \xrightarrow[\triangle]{O_2} CO_2 \uparrow + N_2 \uparrow + SO_2 \uparrow + SO_3 \uparrow$$

② 二氧化硫的固定反应：

$$2Na_2CO_3 + 2SO_2 + O_2 \xrightarrow{\triangle} 2Na_2SO_4 + 2CO_2 \uparrow$$

$$Na_2CO_3 + SO_3 \xrightarrow{\triangle} Na_2SO_4 + CO_2 \uparrow$$

$$2MgO + 2SO_2 + O_2 \xrightarrow{\triangle} 2MgSO_4$$

③ 硫酸盐的转化反应：

$$CaSO_4 + Na_2CO_3 \xrightarrow{\triangle} Na_2SO_4 + CaCO_3$$

④ 硫酸盐的沉淀反应：

$$MgSO_4 + Na_2SO_4 + 2BaCl_2 \longrightarrow 2BaSO_4 \downarrow + 2NaCl + MgCl_2$$

【仪器与试剂】

仪器：箱式电炉（能升温到 900℃，可调节温度及通风），30mL 瓷坩埚，400mL 烧杯，

洗瓶，定性和定量滤纸。

试剂：艾氏卡试剂，将 2 份质量的化学纯轻质氧化镁和 1 份质量的粒度小于 0.2mm 的无水碳酸钠（C.P.）混合均匀后，保存在密闭容器内；HCl（1+1）；10% $BaCl_2$；1% $AgNO_3$；0.2%甲基橙指示剂。

【实验内容】

① 于 30mL 瓷坩埚中称取粒度小于 0.2mm 的空气干燥煤样 1g，若煤样中全硫含量大于 8%则称取 0.5g（准确到 0.0002g），加入艾氏卡试剂 2g，仔细混合均匀，再用 1g 艾氏卡试剂覆盖（艾氏卡试剂准确至 0.1g）。

② 将装有煤样的坩埚放入通风良好的箱式电炉中加热，必须在 1~2h 内将电炉从室温升温到 800~850℃，并在此温度下加热 1~2h。

③ 将坩埚从电炉中取出，冷却到室温，用玻璃棒将坩埚中的灼烧物搅松捣碎（若发现有未燃尽的黑色颗粒，应继续灼烧半小时），然后放入 400mL 烧杯中，用蒸馏水洗涤坩埚内壁，将冲洗液加入到烧杯中，再加入 100~150mL 刚煮沸过的蒸馏水，充分搅拌，如此时发现尚未燃尽的煤粒，则本实验作废重做。

④ 用中速定性滤纸以倾泻法过滤，用热蒸馏水仔细冲洗，不少于 10 次，洗液总体积为 250~300mL。

⑤ 向滤液中加 2~3 滴甲基橙指示剂，然后加入盐酸（1+1）至中性，再过量加入 2mL 盐酸，使溶液呈微酸性。将溶液加热至沸腾，用玻璃棒不断搅拌。再滴加 10%氯化钡溶液 10mL，使硫酸钡沉淀析出，加热溶液，并使溶液微沸 2h。

⑥ 用致密无灰定量滤纸过滤，用热蒸馏水洗至无氯离子为止（用硝酸银检验）。

⑦ 将沉淀连同滤纸移入已知质量的瓷坩埚中，先在低温下灰化滤纸，然后在 800~850℃的箱式电炉中灼烧 20~40min。取出坩埚，先在空气中稍加冷却，然后放入干燥器中冷却到室温（25~30min），称重。

⑧ 每配制一批艾氏卡试剂或使用其他任一试剂，应进行空白实验。进行空白实验时，除不加煤样外，其他操作同上。应做两次以上的空白实验。硫酸钡质量的最高值与最低值之差不大于 0.0010g，取算术平均值为空白值。

⑨ 计算全硫含量 $S_{ad,t}$。

【总结讨论题】

1. 灰化硫酸钡时，不能着火，灼烧温度不能超过 850℃，为什么？
2. 洗涤至无氯离子的目的和检验氯离子的方法是什么？
3. 用倾泻法过滤有什么优点？
4. 试分析影响全硫分析准确度的因素。

实验 56 钢铁中镍含量的测定

（丁二酮肟有机试剂沉淀重量法）

【实验目的】

了解丁二酮肟镍重量法测定镍的原理和方法，掌握用玻璃坩埚过滤等重量分析法基本操作。

【实验原理】

丁二酮肟是二元弱酸（以 H_2D 表示），解离平衡为：

$$H_2D \xrightleftharpoons[+H^+]{-H^+} HD^+ \xrightarrow[+H^+]{-H^+} D^{2+}$$

其分子式为 $C_4H_8O_2N_2$，摩尔质量为 116.2g·mol^{-1}。研究表明，只有 HD^- 状态才能

在氨性溶液中与 Ni^{2+} 发生沉淀反应：

经过滤、洗涤，在 120℃ 下烘干至恒重，称得丁二酮肟镍的质量 $m_{Ni(OH)_2}$，以下式计算 Ni 的质量分数：

$$w_{Ni} = \frac{m_{Ni(HO)_2} \times \frac{M_{Ni}}{M_{Ni(HO)_2}}}{m_S}$$

本法沉淀介质为 pH＝8～9 的氨性溶液。酸度大，生成 H_2D，使沉淀溶解度增加；酸度小，由于生成 D^{2-}，同样将增加沉淀的溶解度。氨浓度太高，会生成 Ni^{2+} 的配合物。

丁二酮肟是一种高选择性的有机沉淀剂，它只与 Ni^{2+}、Pb^{2+}、Fe^{2+} 生成沉淀。Co^{2+}、Cu^{2+} 与其生成水溶性配合物，不仅会消耗 H_2D，且会引起共沉淀现象。若 Co^{2+}、Cu^{2+} 含量高时，最好进行二次沉淀或预先分离。

由于 Fe^{3+}、Al^{3+}、Cr^{3+}、Ti^{4+} 等离子在氨性溶液中生成氢氧化物沉淀，干扰测定，故在溶液加氨水前，需加入柠檬酸或酒石酸等有机配位剂，使之生成水溶性的配合物。

【仪器与试剂】

仪器：G_4 微孔玻璃坩埚，鼓风干燥箱。

试剂：混合酸，$HCl＋HNO_3＋H_2O$（3＋1＋2）；$500g \cdot L^{-1}$ 柠檬酸或酒石酸溶液；$10g \cdot L^{-1}$ 丁二酮肟乙醇溶液；氨水（1＋1）；盐酸（1＋1）；$2mol \cdot L^{-1}$ 硝酸；$0.1mol \cdot L^{-1}$ $AgNO_3$；氨-氯化铵洗涤液，每 100mL 水中加 1mL 氨水和 1g 氯化铵；钢铁试样。

【实验内容】

准确称取试样（含镍 30～80mg）两份，分别置于 500mL 烧杯中，加入 20～40mL 混合酸，盖上表面皿，低温加热溶解后，煮沸除去氧化物，加入 5～10mL 酒石酸溶液（每克试样加入 10mL），然后在不断搅拌下滴加氨水（1＋1）至溶液 pH 值为 8～9，此时溶液转为蓝绿色。如有不溶物，应将沉淀过滤，并用热的氨-氯化铵洗涤液洗涤沉淀数次（洗涤液与滤液合并）。滤液用盐酸（1＋1）酸化，用热水稀释至 300mL，加热至 70～80℃，在不断搅拌下加入 $10g \cdot L^{-1}$ 丁二酮肟乙醇溶液（每毫克 Ni^{2+} 约需 1mL $10g \cdot L^{-1}$ 丁二酮肟溶液），最后再多加 20～30mL。但所加试剂的总量不要超过试液体积的 1/3，以免增加沉淀的溶解度。然后在不断搅拌下滴加氨水（1＋1），使溶液的 pH 值为 8～9。在 60～70℃ 下保温 30～40min。取下，稍冷后，用已恒重的 G_4 微孔玻璃坩埚进行减压过滤，用微碱性的 $20g \cdot L^{-1}$ 酒石酸溶液洗涤烧杯和沉淀 8～10 次，再用温水洗涤沉淀至无 Cl^- 为止（检查 Cl^- 时，可将滤液以硝酸酸化，用硝酸银检查）。将带有沉淀的 G_4 微孔玻璃坩埚置于 130～150℃ 烘箱中烘 1h，冷却，称量，再烘干，称量，直至恒重为止。根据丁二酮肟镍的质量，计算试样中镍的含量。

实验完毕，微孔玻璃坩埚以盐酸洗涤干净。

【总结讨论题】

1. 溶解试样时硝酸的作用是什么？

2. 为了得到纯净的丁二酮肟镍沉淀，应选择和控制好哪些实验条件？

第六章　仪器分析及基本操作

第一节　分光光度法

分光光度法是从比色分析法发展起来的仪器分析方法。

比色法（colorimetry）是以可见光作光源，比较溶液颜色深浅度以测定所含有色物质浓度的方法。

比色法以生成有色化合物的显色反应为基础，通过比较或测量有色物质溶液颜色深度来确定待测组分含量。比色法作为一种定量分析的方法，开始于19世纪30～40年代。选择适当的显色反应和控制好适宜的反应条件，是比色分析的关键。

常用的比色法有两种：目视比色法和光电比色法。两种方法都是以朗伯-比尔定律（$A = \varepsilon b c$）为基础。常用的目视比色法是标准系列法，即用不同量的待测物标准溶液在完全相同的一组比色管中，先按分析步骤显色，配成颜色逐渐递变的标准色阶。试样溶液也在完全相同条件下显色，与标准色阶作比较，目视找出色泽最相近的那一份标准，由其中所含标准溶液的量计算确定试样中待测组分的含量。

光电比色法是在光电比色计上测量一系列标准溶液的吸光度，将吸光度对浓度作图，绘制工作曲线，然后根据待测组分溶液的吸光度在工作曲线上查得其浓度或含量。与目视比色法相比，光电比色法消除了主观误差，提高了测量准确度，而且可以通过选择滤光片来消除干扰，从而提高了选择性。但光电比色计采用钨灯光源和滤光片，只适用于可见光谱区，且只能得到一定波长范围的复合光，而不是单色光束，还有其他一些局限，使它无论在测量的准确度、灵敏度和应用范围上都不如紫外-可见分光光度计。20世纪30～60年代是比色法发展的旺盛时期，此后就逐渐被分光光度法所代替。

分光光度法是利用物质分子的吸收光谱〔在分光光度计中，将不同波长的光连续地照射到一定浓度的样品溶液时，便可得到与波长相对应的吸收强度。如以波长（λ）为横坐标、吸收强度（A）为纵坐标，就可绘出该物质的吸收光谱〕，对物质进行定性分析（依据特征吸收波长）、定量分析（依据朗伯-比尔定律）及结构分析（吸收光谱特征）的方法。按所吸收光的波长区域不同，分为紫外分光光度法（60～400nm）、可见分光光度法（400～750nm）和红外分光光度法。可见及紫外分光光度法是目前测定微量组分使用最普遍的方法之一；红外光谱法主要用于有机化合物的结构分析。

一、分光光度法基本原理

溶液中的物质在可见光的照射激发下产生对光吸收的效应，这种吸收是具有选择性的。各种不同的物质都有各自的吸收光谱，因此当某单色光通过溶液时，其能量就会被吸收而减弱，光能量减弱的程度同物质的浓度有一定的比例关系，即符合朗伯-比尔定律，见图6-1。

$$T = \frac{I}{I_0} \qquad -\lg \frac{I}{I_0} = \varepsilon b c \qquad A = \varepsilon b c$$

式中，T 为透射率；c 为溶液的浓度；I 为透射光

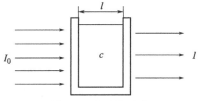

图6-1　光吸收示意

强度；I_0 为入射光强度；ε 为吸收系数；A 为吸光度；b 为溶液的光程长。

从以上公式可以看出，当入射光、吸收系数和溶液的光程长不变时，透过光强度是根据溶液的浓度而变化的，可见分光光度计的基本原理是根据上述物理光学现象而设计的。

二、分光光度计的结构

可见分光光度计的种类和型号甚多。基础化学实验中常用的有 72 型和 722 型可见分光光度计，现分别简要介绍如下。

1. 72 型分光光度计的结构

72 型分光光度计由磁饱和稳压器、单色光器和检流计三大部分组成。使用时，应先把这三部分用导线按图 6-2 接好。

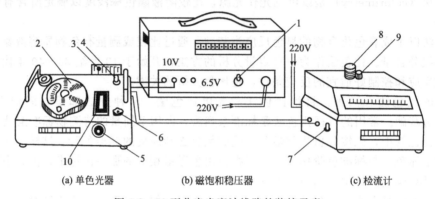

图 6-2 72 型分光光度计线路的装接示意

1—稳压器电源开关；2—波长调节器；3—光路闸门；4—单色器电源开关；5—比色皿定位装置；
6—光量调节器；7—检流计电源开关；8—零点粗调节器；9—零点细调节器；10—比色皿架

将单色光器与稳压器的输出接线柱 5.5V 或 10V 连接，再按照导电片上套管的颜色把单色光器与检流计相连接，红色套管的导电片接在"＋"号处，绿色套管的导电片接在"－"号处，第三个导电片接地线。稳压器和检流计分别接 220V 电源。

2. 722 型光栅分光光度计的结构

722 型光栅分光光度计采用自准式色散系统和单光束结构，色散元件为衍射光栅，使用波长为 330～800nm，数字显示读数，还可以直接测定溶液的浓度。其外形如图 6-3 所示。

技术指标

波长范围：330～800nm

波长精度：±2nm

浓度直读范围：0～2000mol·L^{-1}

吸光度测量范围：0～1.999

透光率测量范围：0～100％

光谱带宽：6nm

噪声：0.5％（在 550nm 处）

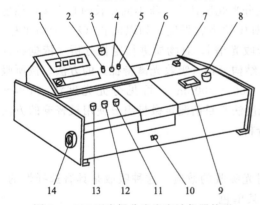

图 6-3 722 型光栅分光光度计仪器外形

1—数字显示器；2—吸光度调零旋钮；3—选择开关；
4—吸光度调斜率电位器；5—浓度旋钮；
6—光源室；7—电源开关；8—波长手轮；
9—波长刻度窗；10—试样架拉手；
11—100％T 旋钮；12—0％T 旋钮；
13—灵敏度调节旋钮；14—干燥器

3. TU-1900 型双光束紫外-可见分光光度计

目前市售的紫外-可见分光光度计类型很多，但可归纳为四种类型：单光束分光光度

计；双光束分光光度计；双波长分光光度计和多
道分光光度计。化学实验中常用的有 TU-1900 型
双光束紫外-可见分光光度计，现简要介绍如下。

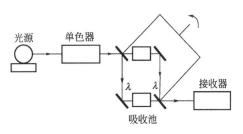

图 6-4 TU-1900 型双光束紫外-
可见分光光度计光路示意

TU-1900 型双光束紫外可见分光光度计由 4
个部分组成：①辐射源；②波长选择器；③吸收
池；④信号处理器和读出装置。如图 6-4 所示。

技术指标

波长范围：190～900nm

波长准确度：±0.3nm（开机自动校准）

波长重复性：0.1nm

光谱带宽：2nm

杂散光：0.015％T（220nm，NaI；340nm，NaNO$_2$）

光度方式：透过率、吸光度、反射率、能量

光度范围：−4.0～4.0Abs

光度准确度：±0.002Abs（0～0.5Abs）；±0.004Abs（0.5～1.0Abs）；±0.3％T
（0～100％T）

光度重复性：0.001Abs（0～0.5Abs）；0.002Abs（0.5～1.0Abs）

基线平直度：±0.001Abs

基线漂移：0.0004Abs/h（500nm，0Abs 预热 2h 后）

光度噪声：±0.0004Abs

三、仪器的使用

1. 72 型分光光度计的使用方法

（1）操作步骤

① 接通电源前，应先使稳压器、检流计和单色器的电源开关均处在"关"的位置。光
量调节器逆时针转至最小位置，单色器光闸门拨到黑点，然后把稳压器和检流计接上 220V
交流电源。

② 将检流计电源开关打开，分挡开关由"断"拨至"直接"或"×1"挡，指示光点出
现在标尺上，用零位调节器将光标线准确地调至透光度标尺的"0"点上。

③ 打开稳压器和单色器的电源开关，把光闸门拨到"红"点上，再沿顺时针方向旋转
光量调节器，使检流计的指示光标线到达标尺上透光度 100％处附近，预热 10min，待光标
稳定后再开始使用。

④ 把波长调节器调节到需要的波长处。

⑤ 将单色器的光闸门拨到"黑"点处，再一次核对检流计零位（即透光率为"0"处）。

⑥ 将盛空白溶液的比色皿放入比色皿架第一格中，其余三格放入待测溶液，盖上暗箱
盖，将空白溶液推入光路（拉杆推到底）。把光闸门拨到"红"点上，轻轻调节光量调节器，
把光标线准确地调至透光率"100"的读数上。

⑦ 把拉杆抽出一格，使待测有色溶液进入光路，光标线所指的 A 值就是该溶液的吸光
度。再依次测定其他溶液。

⑧ 测定完毕，取出比色皿，倒掉溶液，用蒸馏水冲洗干净，吸干，放回比色皿盒子内。
全部旋钮和开关恢复到使用前的状态，切断电源，把仪器罩好。

（2）注意事项

① 在接通电源之前，应检查各个调节旋钮是否均在起始位置，然后再打开电源开关。仪器停止工作时，必须把开关放在"关"上再切断电源。

② 只要空白溶液的透光度能调到"100"，单色光器的电源电压应用 5.5V，不用 10V。其目的主要是延长光源灯的寿命，降低单色光器的温度。

③ 检流计背面有两个电源插孔，分别标有"220V"和"6V"。若用 220V 交流电源，则导线插头应插入"220V"孔内；若用 6V 直流电源，则导线插头应插入"6V"孔内。不能插错，否则将把仪器烧坏。

④ 在仪器使用过程中，应注意保护光电池，避免长时间照射而疲劳。当取换溶液和记录读数后，应及时将光闸门拨到"黑"点，切断入射光。

⑤ 应注意保护比色皿的透光面的光洁。使用时只能用手拿毛玻璃面，勿拿透光面。擦拭壁外溶液时只能用镜头纸。

⑥ 比色皿盛放溶液不能超过其高度的 4/5，以免溶液溢入机件内部。

2. 722 型光栅分光光度计的使用方法

（1）操作步骤

① 在接通电源前，应对仪器的安全性进行检查，电源线接线应牢固，接地线通地要良好，各个调节旋钮的起始位置应该正确，然后再接通电源。

② 将灵敏度旋钮调至"1"挡（放大倍率最小），波长调节器调至所需波长。

③ 开启电源开关，指示灯亮。选择开关置于"T"，调节透光率"100％"旋钮，使数字显示"100.0"左右，预热 20min。

④ 打开吸收池暗室盖（光门自动关闭）。调节"0"旋钮，使数字显示为"0.00"。盖上吸收池盖，将参比溶液置于光路，使光电管受光。调节透光度"100％"旋钮，使数字显示为"100.0"。

⑤ 如果显示不到"100"，则可适当增加电流放大器灵敏度挡数，但应尽可能使用低挡数，这样仪器将有更高的稳定性。当改变灵敏度后必须按④重新校正"0"和"100"。

⑥ 按④连续几次调整"0.00"和"100"后，将选择开关置于"A"，调节吸光度调零旋钮，使数字显示为"0.00"。然后将待测溶液推入光路，显示值即为待测样品的吸光度值 A。

⑦ 浓度 c 的测量。选择开关由"A"旋至"C"，将标准溶液推入光路，调节浓度旋钮，使得数字显示值为已知标准溶液浓度数值。将待测样品溶液推入光路，即可读出待测样品的浓度值。

⑧ 如果大幅度改变测试波长时，在调整"0.00"和"100"后稍等片刻（因光能量变化急剧，光电管受光后响应缓慢，需一段光响应平衡时间），当稳定后，重新调整"0.00"和"100"，即可工作。

（2）注意事项

① 使用前，使用者应该首先了解本仪器的结构和原理，以及各个旋钮的功能。

② 仪器接地要良好，否则显示数字不稳定。

③ 仪器左侧下角有一只干燥剂筒，应保持其干燥，发现干燥剂变色应立即更新或烘干后再用。

④ 当仪器停止工作时，切断电源，仪器开关同时关闭，并罩好仪器。

3. TU-1900 型双光束紫外-可见分光光度计的使用

（1）开机　打开计算机，启动 Windows 后，打开光度计电源开关。

（2）仪器初始化　在计算机窗口上双击 TU-1900 图标，仪器进行自检，大约需要

4min。如果自检各项都"OK"，预热半小时后，便可进入以下操作。

（3）定量测量

① 参数设置：单击"定量扫描"；单击 ，设置具体参数：a. 测量模式（一般为单波长）；b. 输入测量波长；c. 单击"校正曲线"，在此对话框内选择曲线方程、方程次数、是否插入零点、样品浓度单位；点击"确定"退出参数设定。

② 校零：将两个样品池中都放入参比溶液，单击 ，校完后取出参比溶液。

③ 测量标准样品：选定"定量测定"对话框的"标准样品"，单击 ，倒掉取出的参比溶液，放入一号标准样品，单击"确定"，输入样品浓度，按 Enter 键进行测量。依此类推将所配标准样品测完。

④ 样品测定：选定"定量测定"对话框的"未知样品"，单击 ，放入样品液，单击"确定"，即可得出样品吸光度、浓度。

（4）光谱扫描

① 参数设置：单击"光谱扫描"；单击 ，设置具体参数。

② 校零：将两个样品池中都放入参比溶液，单击 ，校完后取出第一个参比溶液。

③ 样品扫描：单击 ，放入样品液，单击"确定"。

④ 导出数据：扫描完成后，选择"文件"中"导出数据"，弹出对话框。

（选择：选择"光谱数据"——>下一步）

导出类型：选择"ASCⅡ：简单文本"

导出文件：选择"文件"——>保存

（5）关机　先退出紫外操作系统后，依次关掉光度计、计算机、打印机电源。

实验 57　邻菲罗啉分光光度法测定铁

【实验目的】

1. 通过测定铁的条件实验，掌握分光光度法测定铁的条件及方案的拟订方法。

2. 通过铁含量及邻菲罗啉合铁配合物中邻菲罗啉与铁的物质的量比测定，学习分光光度法的应用。

3. 了解 722 型分光光度计的构造和使用方法。

【实验原理】

邻菲罗啉（又称邻二氮菲）是测定微量铁的一种较好试剂。pH 值在 $1.5 \sim 9.5$ 的条件下，Fe^{2+} 离子与邻菲罗啉生成极稳定的橘红色配合物，反应式如下：

此配合物的 $\lg K_{稳} = 21.3$，摩尔消光系数 $\varepsilon_{510} = 11000$。

在显色前，首先用盐酸羟胺把 Fe^{3+} 还原为 Fe^{2+}，其反应式如下：

$$4Fe^{3+} + 2NH_2OH \longrightarrow 4Fe^{2+} + N_2O + H_2O + 4H^+$$

测定时，控制溶液酸度 pH 值在 $3 \sim 9$ 较为适宜。酸度高时，反应进行较慢；酸度太低，则 Fe^{2+} 水解，影响显色。

Bi^{3+}、Cd^{2+}、Hg^{2+}、Ag^+、Zn^{2+}等离子与显色剂生成沉淀，Ca^{2+}、Cu^{2+}、Ni^{2+}等离子则形成有色配合物。因此，当这些离子共存时，应注意它们的干扰作用。

【仪器与试剂】

仪器：分光光度计；酸度计；50mL 容量瓶（7 只）；刻度移液管（5mL、10mL）等。

试剂：10％盐酸羟胺溶液（因其不稳定，需临用时配制），0.1％邻菲罗啉溶液（新近配制），0.02％（约为 0.001mol·L^{-1}）邻菲罗啉溶液（新近配制），1mol·L^{-1} NaAc 溶液，2mol·L^{-1} HCl 溶液，0.4mol·L^{-1} NaOH 溶液。

100μg·mL^{-1}铁标准溶液：准确称 0.8634g 分析纯 $NH_4Fe(SO_4)_2 \cdot 12H_2O$，置于一烧杯中，以 30mL 2mol·$L^{-1}$ HCl 溶液溶解后移入 1000mL 容量瓶中，以水稀释至刻度，摇匀。

10μg·mL^{-1}铁标准溶液：由 100μg·mL^{-1}铁标准溶液准确稀释 10 倍而成。

0.0001mol·L^{-1}铁标准溶液：准确称取 0.0482g $NH_4Fe(SO_4)_2 \cdot 12H_2O$ 于烧杯中，用 30mL 2mol·L^{-1} HCl 溶液溶解，然后转移至 1000mL 容量瓶中，用水稀释至刻度，摇匀（供测物质的量比用）。

【实验内容】

1. 条件实验

① 吸收曲线的绘制：准确移取 10μg·mL^{-1}铁标准溶液 5mL 于 50mL 容量瓶中，加入 10％盐酸羟胺溶液 1mL，摇匀，稍停，加入 1mol·L^{-1} NaAc 溶液 5mL 和 0.1％邻菲罗啉溶液 3mL，以水稀释至刻度。在 722 型分光光度计上，用 1cm 厚比色皿，以水为空白溶液，在不同的波长（430～570nm），每隔 10nm 测定一次吸光度 A。然后以波长为横坐标、吸光度为纵坐标绘制出吸收曲线，从吸收曲线上确定进行测定的适宜波长。

② 邻菲罗啉铁配合物的稳定性：用上面的溶液继续进行测定，其方法是，在最大吸收波长（510nm）处，每隔一定时间测定其吸光度，即在加入显色剂后立即测定一次吸光度，经 30min、60min、90min、120min、150min、180min 后各测一次吸光度，然后以时间（t）为横坐标、吸光度（A）为纵坐标绘制 A-t 曲线。此曲线即表示有色配合物的稳定性。

③ 显色剂浓度的实验：取 50mL 容量瓶 7 个，用 5mL 移液管准确移取 10μg·mL^{-1}铁标准溶液 5mL 于各容量瓶中，加入 1mL 10％盐酸羟胺溶液，经 2min 后，再加入 5mL 1mol·L^{-1} NaAc 溶液。然后依次加入 0.1％邻菲罗啉溶液 0.3mL、0.6mL、1.0mL、1.5mL、2.0mL、3.0mL 和 4.0mL，用水稀释至刻度，摇匀。在 722 型（或 721 型）分光光度计上，用适宜波长（例如 510nm），1cm 厚比色皿，以水为空白测上述各溶液的吸光度。然后以邻菲罗啉试剂加入浓度 c 为横坐标、吸光度为纵坐标绘制 A-c 曲线，从中找出显色剂的最适宜的加入量。

④ 溶液酸度对配合物的影响：取 100mL 容量瓶 1 只，准确移取 100μg·mL^{-1}铁标准溶液 5mL，加入 5mL 2mol·L^{-1} HCl 溶液和 10mL 10％盐酸羟胺溶液，经 2min 后加入 0.1％邻菲罗啉溶液 30mL。以水稀释至刻度，摇匀，备用。取 50mL 容量瓶 7 只，编号，用移液管分别准确移取上述溶液 10mL 于各容量瓶中。在滴定管中装 0.4mol·L^{-1} NaOH 溶液，然后依次在容量瓶中加入 0.4mol·L^{-1} NaOH 溶液 0.0mL、2.0mL、3.0mL、4.0mL、6.0mL、8.0mL 及 10.0mL❶，以水稀释至刻度，摇匀，使各溶液的 pH 值从≤2 开始逐步

---

❶ 如果按照本操作步骤准确加入铁标准溶液及盐酸，则此处加入的 0.4mol·L^{-1} NaOH 溶液的体积能使溶液的 pH 值达到要求；否则会略有出入。因此实验时，最好先加几毫升 NaOH（例如 3mL、6mL），以 pH 试纸确定该溶液的 pH 值，然后据此体积确定其他几只容量瓶应加 NaOH 溶液的体积。

增加至 12 以上。测定各容量瓶溶液的 pH：先用 pH 1～14 广泛 pH 试纸确定其粗略 pH 值，然后进一步用酸度计测定准确的 pH 值。同时在分光光度计上用适宜的波长（例如 510nm）、1cm 厚比色皿、蒸馏水为空白测定各溶液的吸光度。最后以 pH 值为横坐标、吸光度为纵坐标绘制 A-pH 曲线。从曲线上找出适宜的 pH 值范围。

⑤ 根据上面条件的实验结果，拟出邻菲罗啉分光光度法测定铁的分析步骤并讨论。

2. 铁含量的测定

① 标准曲线的绘制：取 50mL 容量瓶 6 只，分别准确吸取 10μg/mL 铁标准溶液 0.0mL、2.0mL、4.0mL、6.0mL、8.0mL 和 10.0mL 于各容量瓶中，各加 1mL 10% 盐酸羟胺溶液，摇匀，经 2min 后再各加 5mL 1mol·L⁻¹ NaAc 溶液及 3mL 0.1% 邻菲罗啉溶液，以水稀释至刻度，摇匀。在 722 型分光光度计上，用 1cm 厚比色皿，在最大吸收波长（510nm）处测定各溶液的吸光度。以铁含量为横坐标、吸光度为纵坐标绘制标准曲线。

② 吸取未知液 5mL 代替标准溶液，其他步骤均同上，测定其吸光度。根据未知液的吸光度，在标准曲线上查出 5mL 未知液中的铁含量，并以 Fe（μg·mL⁻¹）表示。

3. 邻菲罗啉与铁的物质的量比的测定

取 50mL 容量瓶 8 只，吸取 0.0001mol·L⁻¹ 铁标准溶液 10mL 于各容量瓶中，各加 1mL 10% 盐酸羟胺溶液、5mL 1mol·L⁻¹ NaAc 溶液。然后依次加 0.02% 邻菲罗啉溶液（约为 1×10^{-3} mol·L⁻¹）0.5mL、1.0mL、2.0mL、2.5mL、3.0mL、3.5mL、4.0mL、5.0mL，以水稀释至刻度，摇匀。然后在 510nm 的波长下，用 1cm 厚比色皿，以蒸馏水为空白液，测定各溶液的吸光度。最后以邻菲罗啉与铁的浓度比 c_R/c_{Fe} 为横坐标对吸光度作图，根据曲线上前后两部分延长线的交点位置确定 Fe^{2+} 与邻菲罗啉反应的配合比。

【实验记录及分析结果】（供参考）

1. 记录

分光光度计型号_____ 比色皿厚_____ 光源电压_____

（1）吸收曲线的绘制

波长/nm	430	450	470	490	510	530	550	570
吸光度 A								

（2）邻菲罗啉铁配合物的稳定性

放置时间/min	0	30	60	90
吸光度 A				

（3）显色剂浓度的试验

容量瓶号	1	2	3	4	5	6	7
显色剂量/mL	0.3	0.6	1.0	1.5	2.0	3.0	4.0
吸光度 A							

（4）酸度的影响

容量瓶号		1	2	3	4	5	6	7
NaOH 溶液加入量/mL								
pH 值								
吸光度 A								

（5）标准曲线的绘制与铁含量的测定

试液	标准溶液						未知液
吸取的体积数/mL	0.0	2.0	4.0	6.0	8.0	10.0	5
总含铁量/μg							
吸光度 A							

（6）邻菲罗啉与铁的物质的量比测定

容量瓶号	1	2	3	4	5	6	7	8
邻菲罗啉加入量/mL	0.5	1.0	2.0	2.5	3.0	3.5	4.0	5.0
物质的量比 c_R/c_{Fe}								
吸光度 A								

2. 绘制以下曲线

① 吸收曲线；②A-t 曲线；③A-c 曲线；④A-pH 曲线；⑤标准曲线；⑥A-c_R/c_{Fe}曲线。

3. 对各项测定结果进行分析并作出结论

例如吸收曲线的绘制：邻菲罗啉铁配合物在波长 510nm 处吸光度最大，因此测定铁时宜选用的波长为 510nm。

【总结讨论题】

1. Fe^{3+} 标准溶液在显色前加盐酸羟胺的目的是什么？如测定一般铁盐的总铁量，是否需要加盐酸羟胺？如用配制已久的盐酸羟胺溶液，对分析结果将带来什么影响？

2. 在溶液酸度对配合物影响的实验中，用 $100\mu g \cdot mL^{-1}$ 铁标准溶液稀释 10 倍后移取 10mL，与不稀释而直接取用 1mL 进行比较，各有什么优缺点？为什么在此实验中选择稀释后再取 10mL 的方法？

3. 在本实验的各项测定中，某种试剂加入量的容积要比较准确，而某种试剂则可不必，为什么？

4. 溶液的酸度对邻菲罗啉铁的吸光度影响如何？为什么？

5. 根据自己的实验数据，计算在最适宜波长下邻菲罗啉铁配合物的摩尔吸光系数。

6. 归纳总结分光光度法定量测定金属离子的一般过程。

实验 58　水中铁含量的测定

【实验目的】

1. 学习标准曲线的绘制和试样测定的方法。

2. 了解分光光度计的性能、结构及使用方法。

【实验原理】

水中含有大量人体需要的微量元素，其中铁是非常重要的一种。亚铁离子与邻菲罗啉生成稳定的红色配合物，应用此反应可用比色法测定铁。当铁以 Fe^{3+} 形式存在于溶液中时，可预先用还原剂盐酸羟胺将铁还原为 Fe^{2+}。

$$4Fe^{3+} + 2NH_2OH \longrightarrow 4Fe^{2+} + N_2O + 4H^+ + H_2O$$

显色时溶液的 pH 值应为 3~9，若 pH 值过低显色缓慢而色浅。显色后用分光光度计（波长为 510nm），以 1cm 厚的比色皿测定吸光度 A。

吸光度 A 与有色配合物浓度呈下述关系：

$$A = \varepsilon b c$$

Bi^{3+}、Cd^{2+}、Hg^{2+}、Ag^+、Zn^{2+} 等离子与显色剂生成沉淀，Ca^{2+}、Cu^{2+}、Ni^{2+} 等离子则形成有色配合物。因此，当这些离子共存时，应注意它们的干扰作用。

【仪器与试剂】

仪器：分光光度计，50mL 容量瓶，刻度移液管（5mL、10mL、25mL）移液管。

试剂：10％盐酸羟胺水溶液（临用时配置）。

铁标准溶液：准确称取 0.7021g 分析纯硫酸亚铁铵 $[FeSO_4 \cdot (NH_4)_2SO_4 \cdot 6H_2O]$，溶于 50mL 蒸馏水中，加入 20mL 98％浓硫酸，溶解后注入1000mL 容量瓶中，加入蒸馏水稀释至刻度。此溶液 1.00mL 含 Fe^{2+} 0.100μg。用移液管移取 10.00mL 至 100mL 容量瓶中，加蒸馏水稀释至刻度。此溶液 1.00mL 含 Fe^{2+} 0.010μg。

0.15％邻菲罗啉水溶液：称取 0.15g 邻菲罗啉（$C_{12}H_8N_2HCl$），溶于 100mL 蒸馏水中，加热至 80℃助溶。每 0.1μg Fe^{2+} 需此液 2mL。临用时配制。

缓冲溶液（pH＝4.6）：把 68g 乙酸钠（NaAc）溶于 500mL 蒸馏水中，加入冰醋酸（HAc）29mL，稀释至 1L。

【实验内容】

1. 吸收曲线的制作

准确移取 3.00mL 铁标准溶液于 50mL 容量瓶中，加入 10％盐酸羟胺溶液 1.00mL，摇匀，再依次加入 0.15％邻菲罗啉溶液 2.00mL、pH＝4.6 的缓冲溶液 5.00mL，用水稀释至刻度。放置 10min，在 722 型分光光度计上，用 1cm 比色皿，以蒸馏水为参比，在 440～560nm 间，每隔 10nm 测量一次吸光度（最大吸收附近，500～520nm 之间，每隔 2nm 测量一次吸光度）。以波长为横坐标、吸光度为纵坐标绘制吸收曲线，从而选择测定铁的最适宜波长。

2. 标准曲线的绘制

在 7 支 50mL 容量瓶中，分别加入 0.010μg·mL^{-1} 铁标准溶液 0.00mL、0.50mL、1.00mL、2.00mL、3.00mL、4.00mL、5.00mL，再分别加入 10％盐酸羟胺溶液 1.00mL、0.15％邻菲罗啉溶液 2.00mL 和 pH＝4.6 的缓冲溶液 5.00mL，用水稀释至刻度，摇匀。放置 10min。在选择的最大吸收处，用 1cm 比色皿，以蒸馏水为参比，测量吸光度。并以铁含量为横坐标、相对应的吸光度为纵坐标绘制标准曲线。

3. 总铁的测定

用移液管准确移取 25.00mL 水样❶，置于 50mL 容量瓶中，再分别依次加入 10％盐酸羟胺溶液 1.00mL、0.15％邻菲罗啉溶液 2.00mL 和缓冲溶液 5.00mL，用水稀释至刻度，摇匀。放置 10min，测定其吸光度。在标准曲线上查得相对应的铁的质量（μg），计算水样中 $[Fe]_t$ 的浓度（μg·L^{-1}）。

4. 低铁离子（Fe^{2+}）的测定

用移液管移取 25.00mL 水样，置于 50mL 容量瓶中，再分别加入 0.15％邻菲罗啉溶液 2.00mL 和缓冲溶液 5.00mL，用水稀释至刻度，摇匀。放置 10min，测定其吸光度。在标准曲线上查得相对应的铁的质量（μg），计算水样中 $[Fe^{2+}]_t$ 的浓度（μg·L^{-1}）。

有了总铁和 Fe^{2+} 的浓度，便可求出 Fe^{3+} 的浓度。

【总结讨论题】

1. 为什么要做邻菲罗啉合铁（Ⅱ）的吸收曲线？

2. 如果样品溶液测定的吸光度不在标准曲线范围之内怎么办？

---

❶ 如果水样中含铁量高而且浑浊时，用移液管吸取 25mL 水样于锥形瓶中，加入 3mol·L^{-1} HCl 溶液 15mL，煮沸 5min，冷却后移入 50mL 容量瓶中。以后的操作与总铁的测定相同。

3. 如果试液中含有某种干扰离子，它在测定波长下也有一定的吸光度，该如何处理？

实验 59　铬天青 S 分光光度法测定微量铝

（铝的二元与三元配合物比较）

【实验目的】

1. 通过三元配合物与二元配合物的比较，了解多元配合物研究在光度分析中的意义。

2. 进一步熟悉掌握分光光度法分析的操作方法。

【实验原理】

分光光度法测定铝常用的显色剂有铬天青 S、铬青 R、氯代磺酚 S、硝代磺酚 M、铝试剂等，其中以铬天青 S 为最佳。铬天青 S 分光光度法灵敏度高、重现性好，是测定微量铝常用的分光光度法之一。

铬天青 S（chromeazurol S），简写为 CAS，是一种酸性染料，为棕色粉末，易溶于水。最初作为金属指示剂，现在主要作为显色剂。在微酸性溶液中，铝与 CAS 生成红色的二元配合物，最大吸收波长为 545nm，$\varepsilon_{545} = 4.9 \times 10^4$。Fe(Ⅲ)、Ti(Ⅳ)、Cu(Ⅱ)、Cr(Ⅲ) 等离子干扰测定。干扰离子量较多时，可用铜铁试剂等沉淀分离。一般情况下，铁可加入抗坏血酸或盐酸羟胺掩蔽，钛可用甘露醇掩蔽，铜可用硫脲掩蔽。

在测定时，要注意加入试剂的顺序，最好是在 pH=3.0 左右的酸性溶液中加入 CAS，然后加入测定所需 pH 值的缓冲溶液，以避免铝的水解对测定的影响。

利用三元配合物进行分光光度法测定近年来得到了迅速发展。三元配合物是指由三种不同的组分组成的配合物，在三种不同组分中有一种或两种组分是金属离子，其余是配位体。

铝与 CAS 的二元配合物加入表面活性剂后，生成三元配合物。此时配合物的最大吸收峰一般是向长波方向移动，俗称"红移"，溶液的颜色也随之发生变化。由于生成三元胶束配合物，使测定的灵敏度显著提高。这些表面活性剂是某些长碳链季铵盐、长碳链烷基吡啶、动物胶或聚氧乙烯醚等。常见的如氯化十六烷基三甲基铵（CTMAC）、氯化十六烷基吡啶（CPC）、溴化十六烷基吡啶（CPB）等。三元配合物的摩尔吸光系数与溶液的酸度、缓冲剂的性质、表面活性剂的种类、显色剂的浓度与质量、分光光度计的灵敏度等多种因素有关，ε 一般可达 10^5。

本实验通过测定铝-铬天青二元及与表面活性剂组成的三元配合物的吸收曲线及标准曲线，从 λ_{max} 时的吸光值及相应被测物质的浓度求出二元及三元配合物的摩尔吸光系数 ε 值，从二元和三元配合物的最大吸收波长之差可求得"红移"的波长数值。

三元配合物比二元配合物的灵敏度高，萃取性能好，选择性及水溶性多数也有所改善。发展新的三元或多元配合物体系，提高分析的灵敏度与选择性是分析化学的发展方向之一。

【仪器与试剂】

仪器：722 型分光光度计。

试剂：0.1% 铬天青 S（CAS）水溶液，0.5% 酚酞溶液，5% 乙酸钠溶液，5% NaOH 溶液，0.25mol·L^{-1} 盐酸溶液。

铝标准储备液（0.1mg·mL^{-1}）

a. 称取纯铝 0.1000g 于塑料烧杯中，加 1.00g 氢氧化钠及 10mL 水，在沸水浴中加热，取下冷却，以 HCl（1+1）中和至沉淀溶解并过量 10mL，冷却后移入 1000mL 容量瓶中，以水稀释至刻度，摇匀。

b. 称取硫酸铝钾 [KAl(SO$_4$)$_2$·12H$_2$O]（相对分子量为 474.36）1.758g，溶于水中，

加 2mL HCl (1+1)，以水稀释至 1L。

铝标准操作液（$2\mu g \cdot mL^{-1}$）：取上述标准储备液 10.00mL 于 500mL 容量瓶中，以水稀释至刻度，摇匀。

增敏显色液

溶液甲：0.5g 溴化十六烷基三甲基铵（CTMAB）加水溶解，稀释至 100mL。

溶液乙：称取 0.4g 铬天青 S，加 5mL 乙醇溶解，用水稀释至 100mL。

增敏显色液：取溶液甲 10mL、溶液乙 50mL 混合，用水稀释至 100mL，摇匀即可。

总浓度为 $2mol \cdot L^{-1}$ 的 HAc-NH₄Ac 缓冲溶液，pH＝6.3。

【实验内容】

1. 铝二元配合物吸收曲线的制作

取 $2\mu g \cdot mL^{-1}$ Al 的稀盐酸溶液 1.00mL 于 25mL 容量瓶中，加 0.5％酚酞 1 滴，以 5％氢氧化钠溶液中和至红色，再以 $0.2mol \cdot L^{-1}$ 盐酸中和至红色消失并过量 0.5mL，用水稀释至 15mL，摇匀，加入 0.1％铬天青 S 液 1.0mL，摇匀，加入 5％乙酸钠溶液 5mL，以水稀释至刻度，摇匀。10min 后用 1cm 比色皿，以试剂为参比，从 500～650nm，每隔 10nm 测一次吸光度，绘制吸收曲线-1。

2. 铝三元配合物吸收曲线的制作

取 $2\mu g \cdot mL^{-1}$ Al 的稀盐酸溶液 1.00mL 于 25mL 容量瓶中，加入 0.5％酚酞 1 滴，以 5％氢氧化钠溶液中和至红色，再以 $0.25mol \cdot L^{-1}$ 盐酸中和至红色刚好消失并过量 0.5mL，加增敏显色液 8mL、$2mol \cdot L^{-1}$ 乙酸-乙酸铵缓冲溶液（pH＝6.3)5.0mL，静置 5min，用水稀释至刻度，摇匀。同前测量，绘制吸收曲线-2。

3. 铝二元配合物标准曲线制作

于 25mL 容量瓶中，分别加入 $1.0\mu g$、$2.0\mu g$、$3.0\mu g$、$4.0\mu g$、$5.0\mu g$ 铝，其余步骤同吸收曲线-1 制作，在最大吸收波长下分别测其吸光度，绘制标准曲线-1。

4. 铝三元配合物标准曲线制作

于 25mL 容量瓶中，分别加入 $0.0\mu g$、$0.5\mu g$、$1.0\mu g$、$2.0\mu g$、$3.0\mu g$、$4.0\mu g$ 铝，其余步骤同吸收曲线-2，在最大吸收波长下分别测定其吸光度，绘制标准曲线-2。

5. 测定数据

将二元及三元配合物的吸收曲线及标准曲线分别绘在同一坐标上，测定波长红移数（即 $\Delta\lambda_{max}$）及相应的摩尔吸光系数。

【总结讨论题】

1. 能否从吸收曲线上的任一点求出配合物的摩尔吸光系数？能否直接从制作标准曲线时所测的任一点的吸光度值求出配合物的摩尔吸光系数？

2. 从铝的二元及三元配合物的标准曲线，说明铝的浓度（分别用 $\mu g \cdot mL^{-1}$ 及物质的量浓度表示）在什么范围内符合朗伯-比耳定理。

3. 本实验是对传统分光光度法的发展，可以看出，提高显色效果和分析的灵敏度是仪器分析重要的创新领域，以此为案例总结分光光度法的应用。

实验 60　钼蓝比色法测磷

【实验目的】

1. 学习分光光度法测定试样中微量磷的方法。

2. 掌握分光光度计的使用。

3. 掌握分光光度法的数据处理方法。

【实验原理】

浓度低于 $1mg \cdot mL^{-1}$ 的微量磷的测定，一般采用钼蓝法。

磷酸与钼酸铵在一定酸度下相互反应，生成钼磷酸：

$$H_3PO_4 + 12H_2MoO_4 \longrightarrow H_3P(Mo_3O_{10})_4 + 12H_2O$$

然后加入适当的还原剂，钼磷酸中部分正六价钼被还原为低价钼蓝配合物。由生成物蓝色的深浅即可测定磷的含量。

使用还原剂和酸的种类、反应的酸度和试剂的浓度，都会影响钼蓝颜色的深浅及稳定性，同时也影响干扰离子对反应的干扰程度。

通常使用的还原剂是氯化亚锡。其优点是反应灵敏度高，显色快；缺点是生成物蓝色的稳定性较差，且对酸度和钼酸铵试剂的浓度要求严格，干扰离子也比较高。

因此，使用该法时，加入钼酸铵-硫酸混合试剂时应用滴定管加入，严格控制其用量。显色时间为 $10 \sim 12min$，不可放置时间过久，否则蓝色褪去，导致测定失败。

钼蓝的最大吸收波长为 690nm 左右。

【仪器与试剂】

仪器：容量瓶（50mL），烧杯（50mL、250mL），移液管（刻度 5mL，大肚 10mL），镜头纸，洗瓶，722 型分光光度计。

试剂：

钼酸铵-硫酸混合溶液：用台秤称 25.0g 钼酸铵于大烧杯中，加入 200mL 去离子水溶解。将 280mL 浓硫酸慢慢倒入 400mL 去离子水中，冷却。然后把上述配好的钼酸铵溶液加入此硫酸溶液中，并用去离子水稀释至 1L。

磷标准溶液（$50.00\mu g \cdot mL^{-1}$）：准确称取 0.2195g 分析纯 KH_2PO_4，溶于 400mL 去离子水中，加入 5.00mL 浓 H_2SO_4，然后转入 1L 容量瓶中定容，摇匀。临用时将此溶液稀释 10 倍，配制成 $5.00\mu g \cdot mL^{-1}$ 的标准溶液。

二氯化锡溶液（$0.1mol \cdot L^{-1}$ 的 $SnCl_2$ 盐酸溶液）：用台秤称取 6.8g $SnCl_2$ 于大烧杯中，加入 60mL 浓 HCl 溶液并加热，溶解后用去离子水稀释至 300mL。溶液中加入少量锡粒，以防 Sn^{2+} 被氧化。

【实验内容】

1. 工作曲线的绘制

在 6 个 50mL 容量瓶中，分别加入磷标准溶液 0.00mL、2.00mL、4.00mL、6.00mL、8.00mL、10.00mL，再分别加入去离子水 25mL 及钼酸铵-硫酸混合溶液 2.5mL，初步混匀，然后分别滴加 4 滴 $SnCl_2$ 溶液，用去离子水稀释至刻度，充分摇匀，放置 $10 \sim 12min$。

选择 690nm 波长，用 1cm 吸收池，以试剂空白溶液为参比溶液，测定各标准溶液的吸光度。

以磷的浓度为横坐标、吸光度为纵坐标，在坐标纸上绘制工作曲线。

2. 试液中磷含量的测定

吸取磷试液 5.00mL 两份于两个洁净的 50mL 容量瓶中，与标准溶液在同样条件下显色、定容，然后测其吸光度。

依据试液的吸光度值，从标准曲线上即可查出试液的浓度。最后计算出原试液中磷含量 $\rho(\mu g \cdot mL^{-1})$。

【总结讨论题】

与实验 57、实验 59 比较，讨论此实验过程中哪些因素会影响测定并应在实验过程中予以注意。

实验 61　钼蓝比色法测定二氧化硅

硅是地壳中分布最广的元素之一。地下水中一般含有溶解性硅酸盐，以分子分散状态的硅酸钠或以硅酸盐与重碳酸盐结合的形式存在。其含量大致在 $1\sim40\mu g \cdot L^{-1}$ 之间。但是，硅酸盐在水中的溶解度与温度关系很明显，通常随温度的升高而增大，所以在地下热水中可溶性硅酸盐的含量往往比较高，有的热泉水中偏硅酸盐含量可达 $100\mu g \cdot L^{-1}$ 以上，具有明显的医疗效果。

硅酸的测定通常采用钼酸盐比色法。硅钼黄配合物的生成与酸度、温度、时间均有密切的关系。在所定酸度下，当室温在 20℃ 以下时，加入钼酸铵后，需要 30min 硅钼黄配合物才能完全形成，此时方可加入亚硫酸钠溶液，使硅钼黄配合物还原成硅钼蓝。硅钼蓝很稳定，在 10h 内其颜色强度不变。

水样中若有大量铁，对本方法无干扰。

本实验为地下水中与钼酸铵起反应的可溶性硅酸含量测定的标准方法。测定结果以二氧化硅 (SiO_2) $(\mu g \cdot L^{-1})$ 表示。

【实验原理】

将水样的 pH 值调到 2.4～2.7，加入钼酸铵生成硅钼黄，再加入亚硫酸钠溶液，使硅钼黄还原成蓝色的硅钼蓝，与标准系列进行比色。

$$H_2SiO_3 + 12H_2MoO_4 \longrightarrow H_4[Si(Mo_3O_{10})_4] + 11H_2O$$
硅钼黄

$$H_4[Si(Mo_3O_{10})_4] + 28Na_2SO_3 \longrightarrow H_4[Si(Mo_2O_3)_4] + 28Na_2SO_4$$
硅钼蓝

【仪器与试剂】

仪器：比色管（50mL），比色管架，烧杯（50mL、250mL），移液管（刻度 1mL、2mL、5mL，大肚 10mL），镜头纸，洗瓶，722 型分光光度计。

试剂：10%钼酸铵，盐酸（1+1），17%亚硫酸钠。

二氧化硅标准溶液：准确称取 2.365g 硅酸钠（$Na_2SiO_3 \cdot 9H_2O$，A.R.），溶于新煮沸但已冷却的蒸馏水中，稀释至 500mL，储存于塑料瓶中，此液 $\rho(SiO_2)=1.00\mu g \cdot mL^{-1}$。再稀释至 10 倍才为标准使用液，$\rho(SiO_2)=0.1\mu g \cdot mL^{-1}$。

【实验内容】

① 取 $\rho(SiO_2)=0.1mg \cdot mL^{-1}$ 标准溶液 0.0mL、0.5mL、1.0mL、2.0mL、3.0mL、4.0mL、5.0mL 于 50mL 比色管中，先稀释至 25mL。

② 取 10mL 水样于 50mL 比色管中，先稀释至 25mL。

③ 向各管中加入 HCl（1+1）0.5mL，摇匀。

④ 再向各管中加入 10%钼酸铵溶液 1mL，摇匀，静置 5～10min，同时进行目视比色测定。

⑤ 加入 17% Na_2SO_3 溶液 10mL，用蒸馏水稀释至 50mL 刻度，摇匀，静置 5～10min，在分光光度计上于 680nm 处，以 1cm 比色皿测其吸光度。以二氧化硅浓度为横坐标、吸光度为纵坐标绘制标准曲线。

选择波长：取标准系列溶液，加 $\rho(SiO_2)=0.1mg \cdot mL^{-1}$ 标准液 3.0mL，从 650～750nm 处进行波长选择。

⑥ 从标准曲线求得水样中 SiO_2 含量，以 $mg \cdot L^{-1}$ 表示，与目视比色结果进行比较。

【总结讨论题】

1. 可溶性硅酸与钼酸铵反应生成硅钼黄的条件是什么？

2. 若被测水样中有大量铁存在，用本方法测定二氧化硅是否有影响？

3. 实验 60、实验 61 是对目视比色法的发展，提高了准确性和可比性。你能依据分光光度法的过程类比推出目视比色法的操作步骤和注意事项吗？

实验 62 紫外分光光度法测定水中的硝酸钾

【实验目的】

1. 学习分光光度法测定水中硝酸钾的方法。

2. 训练分光光度计的使用。

【实验原理】

水中含有微量的硝酸钾，而硝酸钾本身在紫外区有吸收，最大吸收波长为 300nm。依据朗伯-比尔定律，在一定浓度范围内吸光度与被测组分浓度呈线性关系，故可用标准曲线法，在合适波长下测定微量硝酸盐浓度。

【仪器与试剂】

仪器：容量瓶（50mL），烧杯（50mL、250mL），10mL 移液管，1000mL 容量瓶 1 只，镜头纸，洗瓶，TU-1900 型双光束紫外-可见光分光光度计。

试剂：

硝酸钾标准溶液（$50.00mg \cdot mL^{-1}$）的配制：称取已烘干的硝酸钾 50.00g，溶于水中，转移至 1000mL 容量瓶中，稀释至刻度，摇匀。

【实验内容】

1. 吸收曲线的绘制

准确移取硝酸钾标准溶液 4mL 于 50mL 容量瓶中，加水稀释至刻度，摇匀。在 TU-1900 型双光束紫外-可见分光光度计上，用 1cm 比色皿，以蒸馏水为空白溶液，从 $200 \sim 370$nm 波长范围内每隔 10nm 测定一次吸光度 A。

以波长为横坐标、吸光度为纵坐标绘制出 A-λ 吸收曲线，从吸收曲线上确定最大吸收波长。

2. 工作曲线的绘制

在 6 支 50mL 容量瓶中，分别加入硝酸钾标准溶液 0.00mL、2.00mL、4.00mL、6.00mL、8.00mL、10.00mL，用蒸馏水稀释至刻度，充分摇匀，在吸收曲线测定中所得的最大吸收波长处，以蒸馏水为参比溶液测定该组溶液的吸光度。绘制吸光度-浓度（A-c）工作曲线。

3. 未知样品的测定

在另一只 50mL 容量瓶中移取水样 5mL，稀释至刻度，摇匀，在相同条件下测定其吸光度。根据此吸光度，从工作曲线上查出相应的硝酸钾浓度，再计算出原始水样中硝酸钾的浓度。

【总结讨论题】

1. 为什么紫外分光光度法可用于水中微量硝酸钾的测定？

2. 在紫外分光光度法中吸收曲线和工作曲线有什么实际意义？

第二节 电势分析法

以测定工作电池电动势或电动势的变化为基础的分析方法，称为电势分析法。

电势分析法包括直接电势法和电势滴定法。直接电势法是通过测量电池电动势来确定待测离子活度的方法。电势滴定法是通过测量滴定过程中电池电动势的变化来确定滴定终点的滴定分析法。

电势分析法测定的依据是待测离子的活度与其电极电势之间的关系遵守能斯特方程：

$$\varphi = \varphi^{\ominus} + \frac{RT}{nF} \ln \frac{a_{Ox}}{a_{Red}}$$

式中，a_{Ox} 和 a_{Red} 分别为氧化态和还原态的活度。

如果溶液比较稀，活度可以近似地用浓度来代替，则

$$\varphi = \varphi^{\ominus} + \frac{RT}{nF} \ln \frac{[Ox]}{[Red]}$$

式中，$[Ox]$、$[Red]$ 分别为氧化态和还原态的浓度。

因此，通过测量电极电势，即可测出电极活性物质的活度（浓度）。一个电极的电势无法测定，测定时必须在被测溶液中同时插入两个电极，一个电极是电势在一定条件下恒定的参比电极，一个电极是电势 φ 随溶液中被测离子活度（浓度）的改变而变化的指示电极，组成一个工作电池。通过测定工作电池的电动势，就可以知道指示电极的电势，从而计算被测溶液中离子的活度（浓度）。

电势法需要的仪器简单，操作方便，易于现场测试和实现连续自动监测，其应用越来越广泛。直接电势法除早已用于 pH 值的测定外，随着离子选择电极的应用与发展，许多离子（如 F^-、K^+、Cl^-、CN^-、N_3^-、NH_4^+ 等）的电势法测定已列为标准分析法。电势滴定法在滴定分析中的应用非常广泛，除能用于各种类型的滴定分析外，还可作为一些化学常数测定，如酸（碱）的离解常数、电对的条件电极电势等的基本方法。

利用测量电动势来测量水溶液 pH 值的仪器，称为酸度计，也称 pH 计，它同时也可用于测定电极电势及其他用途。基础化学实验常用的酸度计有 pH-25 型（雷磁 25 型）、pHS-2 型、pHS-3E 型、pHS-3B 型等。

一、测定原理

酸度计测量 pH 值，是在待测溶液中插入一对工作电极（一支为电极电势已知、恒定的参比电极，另一支为电极电势随待测溶液离子浓度的变化而变化的指示电极）构成原电池，并接上精密电位计，即可测得该电池的电动势。由于待测溶液的 pH 值不同，所产生的电动势也不同，因此，用酸度计测量溶液的电动势，即可测得待测溶液的 pH 值。

为了省去将电动势换算为 pH 值的计算步骤，通常将测得电池的电动势在电表盘上直接用 pH 刻度值表示出来。同时仪器还安装了定位调节器，测量时先用 pH 标准缓冲溶液，通过定位调节器使仪器上指针恰好指在标准溶液的 pH 值处，这样在测定未知溶液时指针就直接指示待测溶液的 pH 值。通常把前一步骤称为校正，后一步骤称为测量。

pHS-3B 型仪器使用的 E-201-C9 型复合电极是由 pH 玻璃电极与银-氯化银电极组成，玻璃电极作为测量电极，银-氯化银电极作为参比电极，当被测溶液氢离子浓度发生变化时，玻璃电极和银-氯化银电极之间的电动势也随着引起变化，而电动势变化关系符合下列公式：

$$\Delta E = 59.16 \times \frac{T}{298} \times \Delta pH$$

式中，ΔE 为电动势的变化量，mV；ΔpH 为溶液 pH 值的变化量；T 为被测溶液的温度，K。

从上式可见，复合电极电动势的变化比例于被测溶液的 pH 值的变化，仪器经用标准缓冲溶液标定后，即可测量溶液的 pH 值。

二、仪器结构

酸度计的种类和型号很多，但是它们都是由参比电极（常用甘汞电极）、指示电极（常用玻璃电极）及精密电位计三部分组成。pHS-3B 型酸度计的面板图见图 6-5 和图 6-6。

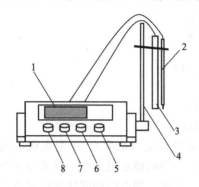

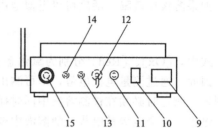

图 6-5　pHS-3B 型酸度计前面板

1—数字显示屏；2—T811 型温度传感器；
3—E-201-C9 型复合电极；4—电极支架；
5—定位调节旋钮；6—斜率补偿调节旋钮；
7—温度调节旋钮；8—选择开关（pH、mV）

图 6-6　pHS-3B 型酸度计后面板

9—电源插座；10—电源开关；
11—保险丝管座；12—温度补偿选择开关；
13—测温探头插孔；14—参比电极插孔；
15—测量（复合）电极插孔

三、操作步骤

1. 开机前准备

① 电极支架（4）❶ 旋入电极支架插座，调节电极夹到适当位置。

② 复合电极（3）和 T-811 型温度传感器（2）夹在电极夹上，拉下电极前端的电极套。

③ 用蒸馏水清洗电极。清洗后再用被测溶液清洗一次。

2. 开机

① 电源线插入电源插座。按下电源开关，电源接通后，预热 30min，接着进行标定。

② pH 值自动温度补偿和手动温度补偿的使用。

a. 只要将后面板转换开关（12）置于自动位置，该仪器就可进行 pH 值自动温度补偿状态，此时手动温度补偿不起作用。

b. 使用手动温度补偿的方法：将温度传感器拔去，后面板转换开关（12）置于手动位置。将仪器选择开关（8）置于"℃"，调节温度调节旋钮，使数字显示值与被测溶液中温度计显示值相同，仪器同样将该温度讯号送入 pH-t 混合电路进行运算，从而达到手动温度补偿的目的。

③ 溶液温度测量方法。将仪器选择开关（8）置于"℃"，数字显示值即为测温传感器所测量的温度值。

3. 标定

仪器使用前，先要标定。一般说来，仪器在连续使用时，每天要标定一次。

① 在测量电极插孔（15）处拔去短路插头；在测量电极插孔处插上复合电极（3）及 T-811 型温度传感器（2）。

② 如不用复合电极，则在测量电极插孔（15）处插上电极转换器的插头（16A，见图

---

❶　括号中数字对应图 6-5～图 6-7 中数字。

6-7）；玻璃电极插头插入转换器插座（16B）处；参比电极接入参比电极接口（14）处。

③ 把选择开关（8）调到 pH 挡。

④ 先测量溶液温度，将选择开关（8）置于"℃"，数字显示值为溶液温度值。

⑤ 把斜率补偿调节旋钮（6）顺时针旋到底（即调到 100％位置）。

⑥ 把清洗过的电极插入 pH＝6.86 的缓冲溶液中。

⑦ 调节定位调节旋钮（5），使仪器显示读数与该缓冲溶液当时温度下的 pH 值相一致（如用混合磷酸盐定位温度为 10℃时，pH＝6.92）。

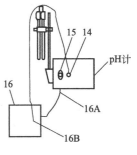

图 6-7 单电极使用简图
14—参比电极接口；
15—测量电极插孔；
16—电极转换器

⑧ 用蒸馏水清洗电极，再插入 pH＝4.00（或 pH＝9.18）的标准缓冲溶液中，调节斜率补偿调节旋钮（6）使仪器显示读数与该缓冲溶液测试温度下的 pH 值一致。

⑨ 重复⑥～⑧，直至不用再调节定位或斜率两旋钮为止。

⑩ 仪器完成标定。用手动温度补偿方式标定可参阅前文。

注意事项：

经标定后，定位调节旋钮及斜率补偿调节旋钮不应再有变动。

标定的缓冲溶液第一次应用 pH＝6.86 的溶液。第二次应接近被测溶液的值，如被测溶液为酸性时缓冲溶液应选 pH＝4.00，如被测溶液为碱性时则选 pH＝9.18 的缓冲溶液。一般情况下，在 24h 内仪器不需再标定。

4. 测量 pH 值

用蒸馏水清洗电极，再用被测溶液清洗电极，然后将电极插入被测溶液中，摇动烧杯，使溶液均匀后，读出溶液的 pH 值。

5. 测量电极电位（mV）值

① 将离子选择电极或金属电极和甘汞电极夹在电极架上。

② 用蒸馏水清洗电极头部，用被测溶液清洁一次。

③ 把电极转换器的插头（16A）插入仪器后部的测量电极插座内；把离子电极的插头插入转换器的插座（16B）内。

④ 把甘汞电极接入仪器后部的参比电极插口（14）上。

⑤ 把两种电极插在被测溶液内，将溶液搅拌均匀后，即可在显示屏上读出该离子的选择电极的电极电位（mV 值），还可自动显示"±"极性。

⑥ 如果被测信号超出仪器的测量范围，或测量端开路时，显示屏会不亮，并作超载报警。

四、仪器维护

pH 计具有很高的输入阻抗，使用环境经常接触化学药品，为保证仪器正常使用，所以更需要合理维护。

① 仪器的输入端［测量电极插座（15）］必须保持干燥清洁。仪器不用时，将短路插头插入插座，防止灰尘及水汽进入。在环境温度较高的场所使用时，应把电极插头用干净纱布擦干。

② 测量时，电极的引入导线应保持静止，否则会引起测量不稳定。

③ 仪器采用了 MOS 集成电路，因此，在检修时应保证电路有良好的接地。

④ 用缓冲溶液标定仪器时，要保证缓冲溶液的可靠性，不能配错缓冲溶液，否则将导致测量结果产生误差。

缓冲溶液用完后可按下列方法自行配制。

a. pH＝4.00 溶液：用邻苯二甲酸氢钾（G.R.）10.21g，溶解于 1000mL 的高纯去离子水中。

b. pH＝6.86 溶液：用磷酸二氢钾（G.R.）3.4g、G.R. 磷酸氢二钠 3.55g，溶解于 1000mL 的高纯去离子水中。

c. pH＝9.18 溶液：用硼砂（G.R.）3.18g，溶解于 1000mL 的高纯去离子水中。

⑤ 测温传感器采用 pt100 线行热敏电阻，使用寿命长，但切勿敲击或摔伤。如遇到温度传感器损坏，可再向厂方购买。在温度传感器损坏情况下，可使用手动温度补偿进行测量。

五、电极使用的维护

① 电极在测量前必须用已知 pH 值的标准缓冲溶液进行定位校准，其值愈接近被测值愈好。

② 取下电极套后，应避免电极的敏感玻璃泡与硬物接触，因为任何破损或擦毛都使电极失效。

③ 测量后，及时将电极保护套套上，套内应放少量补充液以保持电极球泡的湿润。切忌浸泡在蒸馏水中。

④ 复合电极的外参比补充溶液为 3mol·L^{-1} 氯化钾溶液，补充液可以从电极上端小孔加入。

⑤ 电极的引出端必须保持清洁干燥，绝对防止输出两端短路，否则将导致测量失准或失效。

⑥ 电极应与输入阻抗较高的酸度计（≥10^{12}Ω）配套，以使其保持良好的特性。

⑦ 电极应避免长期浸在蒸馏水、蛋白质溶液和酸性氟化物溶液中。

⑧ 电极应避免与有机硅油接触。

⑨ 电极经长期使用后，如发现斜率略有降低，则可把电极下端浸泡在 4% 氢氟酸中 3～5s，用蒸馏水洗净，然后在 0.1mol·L^{-1} 盐酸溶液中浸泡，使之复新。

⑩ 被测溶液中如含有易污染敏感球泡或堵塞液接界的物质而使电极钝化，会出现斜率降低现象，显示读数不准。如发生该现象，则应根据污染物质的性质用适当溶液清洗，使电极复新。

注：选用清洗剂时，不能用四氯化碳、三氯乙烯、四氢呋喃等能溶解聚碳酸树脂的清洗液，因为电极外壳是用聚碳酸树脂制成的，其溶解后极易污染敏感玻璃球泡，从而使电极失效。也不能用复合电极去测上述溶液。可参考表 6-1。

表 6-1 污染物质和清洗剂参考表

污染物	清洗剂	污染物	清洗剂
无机金属氧化物	低于 1mol·L^{-1} 稀酸稀洗涤剂（若碱性）	蛋白质血球沉淀物	酸性酶溶液（如食母生）
有机油脂类物质	乙醇、丙酮、乙醚	颜料类物质	稀漂白液、过氧化氢
树脂高分子物质	乙醇、丙酮、乙醚		

实验 63 水的 pH 值测定

（直接电势法）

【实验目的】

1. 了解 pH 酸度计的基本原理和结构。

2. 掌握 25 型或 pHS-3B 型酸度计的操作方法。

3. 了解电势法测定水的 pH 值的原理和方法。

4. 学习酸度计的使用方法。

【实验原理】

指示电极（玻璃电极）与参比电极（饱和甘汞电极）插入被测溶液组成原电池；

$$Ag \mid AgCl, HCl(0.1mol \cdot L^{-1}) \mid H^+(xmol \cdot L^{-1}) \parallel KCl(饱和), Hg_2Cl_2 \mid Hg$$

　玻璃电极　　　　　　　　　　被测液　　　　盐桥　　　甘汞电极

在一定条件下，测得电池的电动势 E 是 pH 的直线函数：

$$E = K' + 0.059pH(25℃)$$

由测得的电动势 E 就能计算出被测溶液的 pH 值。但因上式中的 K' 值是由内外参比电极电势及难以计算的不对称电势和液接电势决定的常数，实际不易求得。因此在实际工作中，用酸度计测定溶液的 pH 值（直接用 pH 刻度）时，首先必须用已知 pH 值的标准缓冲溶液来校正酸度计（也叫"定位"）。常用的标准缓冲溶液在前文已有叙述。校正时应选用与被测溶液的 pH 值接近的标准缓冲溶液，以减少在测量过程中可能由于液接电势、不对称电势及温度等变化而引起的系统误差。一支电极应该用两种不同 pH 值的缓冲溶液校正。在用一种 pH 值的缓冲溶液定位后，测第二种缓冲溶液的 pH 值时，误差应在 0.05 之内。

应用校正后的酸度计，可直接测量水或其他溶液的 pH 值。

【仪器与试剂】

仪器：25 型酸度计或 pHS-3B 型酸度计。221 型玻璃电极及 222 型饱和甘汞电极（或 231 型玻璃电极及 232 型饱和甘汞电极，或复合玻璃电极 1 支与 pHS-3B 型酸度计配合使用）。100mL 塑料烧杯 4 只。

试剂：

pH＝4.00 标准缓冲溶液（20℃）：称取在 (115±5)℃ 烘干 2～3min 的 G. R. 级邻苯二甲酸氢钾（$KHC_8H_4O_4$）10.12g，溶于不含 CO_2 的去离子水中，在容量瓶中稀释至 1000mL，混匀，储于塑料瓶中（也可用市售袋装标准缓冲溶液试剂，用水溶解，按规定稀释而成）。

pH＝6.88 标准缓冲溶液（20℃）：称取 G. R. 级磷酸二氢钾（KH_2PO_4）3.39g 和 G. R. 级磷酸氢二钠（Na_2HPO_4）3.53g，溶于不含 CO_2 的去离子水中，在容量瓶中稀释至 1000mL，混匀，储于塑料瓶中。

pH＝9.23 标准缓冲溶液（20℃）：称取 G. R. 级硼酸钠（$Na_2B_4O_7 \cdot 10H_2O$）3.80g，溶于不含 CO_2 的去离子水中，在容量瓶中稀释至 1000mL，储于塑料瓶中。

上述三种标准缓冲溶液通常能稳定两个月，其 pH 值随温度不同而稍有差异（参看前文）。

【实验内容】

1. 按照所使用的 pH 计说明书的操作方法进行操作。

2. 将电极和塑料烧杯用水冲洗干净后，用标准缓冲溶液淋洗 1～2 次（电极用滤纸吸干）。

3. 用标准缓冲溶液校正仪器。

4. 用水样将电极和塑料烧杯冲洗 6～8 次后，测量水样，由仪器刻度表上读出 pH 值。

5. 测定完毕后，将电极和塑料杯冲洗干净，妥善保存。

【总结讨论题】

1. 电势法测定水 pH 值的原理是什么？

2. pH 计为什么要用已知 pH 值标准缓冲溶液校正？校正时应注意哪些问题？

3. 标准缓冲溶液的 pH 值受哪些因素影响？如何保证其 pH 值恒定不变？

4. 测定溶液的 pH 值时，除饱和甘汞电极外，还有哪些电极可用作参比电极？除玻璃电极外，还有哪些电极可用作指示电极？

5. 玻璃电极在使用前应如何处理？为什么？

6. 安装电极时，应注意哪些问题？

实验 64 水中微量氟的测定

【实验目的】

1. 了解氟离子选择电极的构造及测定自来水中氟离子的方法和实验条件控制。

2. 掌握 pH 计测定电势的方法。

【实验原理】

电池的电动势为：

$$E = k' - 0.0592 \lg \alpha_{F^-}$$

即电池的电动势与试液中氟离子浓度的对数呈线性关系。因此，为了测定 F^- 的浓度，常在标准溶液与试样中同时加入相等的足够量的惰性电解质

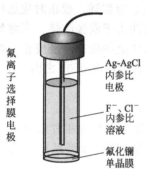

氟离子选择膜电极

Ag-AgCl
内参比
电极

F^-、Cl^-
内参比
溶液

氟化镧
单晶膜

图 6-8 氟离子选择性电极示意

作总离子强度调节缓冲溶液，使它们的总离子强度相同。氟离子选择电极一般在 $1 \sim 10^{-6}$ mol·L^{-1} 的 F^- 浓度范围符合能斯特方程式。如图 6-8 所示，氟离子选择性电极只对游离 F^- 有响应。在酸性溶液中，H^+ 与部分 F^- 形成 HF，会降低 F^- 的浓度。在碱性溶液中，LaF_3 薄膜与 OH^- 发生交换作用，使得溶液中 F^- 的浓度增加。因此溶液中的酸度对测定有影响，氟电极适宜测定的 pH 值范围为 $5 \sim 7$。

【仪器与试剂】

仪器：pH 酸度计/或电位差计，氟离子选择电极，饱和甘汞电极，电磁搅拌器，容量瓶（100mL 7 只），烧杯（100mL 2 个），10mL 移液管。

试剂：

F^- 标准溶液（100μg·mL^{-1}）：准确称取在 105℃烘干 2min 并冷却的 A. R. 级 NaF 0.2210g，溶于蒸馏水中，转入 1000mL 容量瓶中，稀释至刻度，摇匀，存储在塑料瓶中。

离子强度调节缓冲溶液（TISAB）：吸取 500mL 蒸馏水，加入 57g 冰醋酸，再加入 58g 氯化钠（NaCl）及 12g 柠檬酸钠，搅拌至溶解，待冷却后，加入 6mol·L^{-1} NaOH 溶液 125mL，调节 pH 值为 5.0$\sim$5.5，稀释至 1000mL。

F^- 标准溶液（10μg·mL^{-1}）：准确移取 F^- 标准溶液（100μg·mL^{-1}）10.00mL，转入 100mL 容量瓶中，用蒸馏水稀释至刻度，摇匀。

【实验内容】

1. 氟离子选择电极的准备

氟离子选择电极在使用前，应在含 10^{-4} mol·L^{-1} F^- 或更低浓度的 F^- 溶液中浸泡（活化）约 30min。

2. 标准曲线法

① 吸取（10μg·mL^{-1}）氟标准溶液 0.00mL、0.50mL、0.75mL、2.00mL、3.00mL、4.00mL、5.00mL，分别置于 50mL 容量瓶中，加 0.1％溴甲酚绿溶液 1 滴，加 2mol·L^{-1} NaOH 溶液至溶液由黄变蓝。再加 1mol·L^{-1} HNO_3 溶液至正好变为黄色，然后加入离子强度调节缓冲溶液 10mL，用蒸馏水稀释至刻度，摇匀，即得 F^- 溶液的标准系列。

② 将标准系列溶液由低浓度到高浓度依次转入塑料杯中，插入氟电极和参比电极，在电磁搅拌器搅拌 4min 后，停止搅拌 30s 后，开始读取平衡电势，然后每隔 30s 读一次数，

直至 3min 内不变为止。

③ 在半对数坐标纸上做 $E[mV]$-c_{F^-} 图，即得标准曲线。也可以在普通坐标纸上做 $E[mV]$-c_{F^-} 图。

④ 吸取含氟量 $<5\mu g\cdot L^{-1}$ 的水样 25mL（若含量较高，应稀释后再吸取）于 50mL 容量瓶中，加 0.1% 溴甲酚绿溶液 1 滴，加 $2mol\cdot L^{-1}$ NaOH 溶液至溶液由黄变蓝。再加 $1mol\cdot L^{-1}$ HNO₃ 溶液至正好变为黄色，然后加入离子强度调节缓冲溶液 10mL，用蒸馏水稀释至刻度，摇匀，再在与标准曲线相同的条件下测其电势，从标准曲线上查出 F^- 浓度，再计算水样含 F^- 离子的浓度。

3. 标准加入法

标准加入法是先测定试液的电势 E_1，然后将一定量的标准溶液加入此试液中，再测定其电势 E_2。最后根据下式计算含氟量：

$$c_x=\frac{\Delta c}{10^{\Delta E/S}-1}\qquad \Delta c=\frac{V_sc_s}{100}$$

式中，Δc 为增加的氟离子浓度；S 为电极响应斜率，即标准曲线的斜率，S 又叫做级差（浓度改变 10 倍所引起的电势 E 值变化）；ΔE 为电势的变化值 E_2-E_1。

在理论上，$S=2.303RT/nF$（25℃ $n=1$ 时，$S=59nV/pF$），这与实际测定值常有出入，因此最好进行测定，以免引入误差。测定的最简单方法是借稀释 1 倍的方法以测得实际响应斜率，即测出 E_2 和 E_1 后的溶液用空白溶液稀释 1 倍，然后再测其电位 E_3，则电极在试液中的实际响应斜率为：

$$S=\frac{E_2-E_3}{\lg 2}=\frac{E_2-E_3}{0.301}$$

① 准确吸取 25mL 水样于 50mL 容量瓶中，加入溴甲酚绿溶液 1 滴，用 $2mol\cdot L^{-1}$ NaOH 溶液和 $1mol\cdot L^{-1}$ HNO₃ 溶液调节至 pH 值为 5～6，加入总离子强度调节缓冲溶液 10mL，用蒸馏水稀释至刻度，摇匀，全部转入干塑料烧杯中，测定电势 E_1。

② 向被测试液中加入 1.0mL $\rho_{F^-}=10\mu g\cdot mL^{-1}$ 的氟标准溶液，混匀，继续测定其电势 E_2。

③ 将空白溶液加到上面测定过的 E_2 的试液中，摇匀，测定其电势 E_3。

【数据处理】

1. 绘制标准曲线。确定该氟离子选择电极的线性范围及实际能斯特响应斜率，并从标准曲线查出被测试液 F^- 浓度（c_x），计算出试样中氟含量。

$$c_{F^-}=2c_x=2\times 19\times 10^6\times c_x\ (mg\cdot L^{-1})$$

2. 由标准加入法测得的结果，计算出试样中氟含量。

【总结讨论题】

1. 用氟离子选择电极法测定自来水中氟离子含量时，加入的 TISAB 的组成和作用各是什么？

2. 标准曲线法、标准加入法各有何特点？比较本实验用这两种方法测得的结果是否相同。如果不相同，说明其原因。

实验 65 乙酸的电势滴定

【实验目的】

1. 掌握用酸碱电势滴定法测定乙酸的原理和方法，观察 pH 滴定突跃与酸碱指示剂变色的关系。

2. 学会电势滴定法数据处理计算乙酸含量及离解常数的原理和方法。

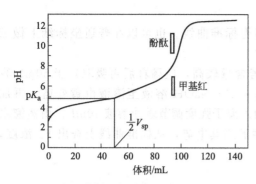

图 6-9 乙酸的电势滴定曲线

【实验原理】

在酸碱电势滴定过程中，随着滴定剂的不断加入，被测物与滴定剂发生反应，溶液的 pH 值即不断变化。由加入滴定剂的体积（mL）和测得的相应的 pH 值，可绘制 pH-V 或 ΔpH/ΔV-V 滴定曲线，由曲线确定滴定的终点，并由测得数据计算出被测酸（或碱）的含量和离解常数。

例如：用 NaOH 溶液滴定乙酸（HAc），可得如图 6-9 所示的滴定曲线。如图所示，滴定的终点位于曲线斜率最大处（pH-V 曲线的拐点），即滴定曲线陡峭部分的中点。根据终点对应的滴定剂 NaOH 溶液的体积计算被测物乙酸的含量。当滴定曲线在化学计量点附近很陡时，终点位置容易确定且比较准确；若不太陡，则用 ΔpH/ΔV 对 V 作图，所得曲线的最高点即滴定的终点。

乙酸在水溶液中离解为：

$$HAc = H^+ + Ac^-$$

其离解常数：

$$K_a = \frac{[H^+][Ac^-]}{[HAc]}$$

当乙酸被 NaOH 滴定了一半时，溶液中：

$$[Ac^-] = [HAc]$$

根据上式，此时 $[H^+] = K_a$ 或 pH = pK_a。

与图中 $\frac{1}{2}$ 终点对应的 pH 即 pK_a。由此可求得乙酸的解离常数 K_a。

多元酸的滴定：若其相邻的离解常数相差足够大（$K_{a1}/K_{a2} > 10^5$），则在滴定曲线上有 2 或 3 个滴定突跃，由此可找出各步滴定的终点及求出各级离解常数。

【仪器与试剂】

仪器：25 型或 pHS-3B 型酸度计 1 台。玻璃电极及饱和甘汞电极各 1 支。

试剂：0.1mol·L^{-1} NaOH 标准溶液，0.1mol·L^{-1} 乙酸（磷酸或顺丁烯二酸），酒石酸氢钾或邻苯二甲酸氢钾标准缓冲溶液。

【实验内容】

① 按照仪器使用说明安装电极，调节零点。用酒石酸氢钾或邻苯二甲酸氢钾标准缓冲溶液校正仪器，洗净电极。

② 准确吸取 0.1mol·L^{-1} HAc 溶液 20mL 于 150mL 烧杯中，用蒸馏水稀释至 100mL，加入酚酞 2 滴，放入电极及铁芯搅拌棒，开动电磁搅拌器，用 0.1mol·L^{-1} NaOH 标准溶液滴定，测量并记录相应的 pH 值，滴定至超过化学计量点。同时观察并记录指示剂的颜色变化和对应的 pH 值及 NaOH 标准溶液的体积。

重复上述滴定 2～3 次。

③ 根据所得数据绘出用 NaOH 溶液滴定乙酸的 pH-V 及 ΔpH/ΔV-V 曲线。由滴定曲线确定终点 V_{NaOH}，计算乙酸的含量，计算乙酸的 pK_a 并与文献值比较[1]。

---

[1] 本实验未考虑离子强度的影响，测得值是混合常数，对于离解常数大于 $10^{-3} \sim 10^{-2}$ 的酸，使用到等物质的量点一半时 pH = pK_a 式，会造成显著误差。对于这些较强酸，可用下式计算：pH = pK_a - lg $\frac{c - [H^+]}{c + [H^+]}$。式中，$c$ 是在等物质的量点一半时酸的其共轭碱的浓度。

【总结讨论题】

1. 缓冲溶液是共轭酸碱对的混合溶液，为什么酒石酸氢钾和邻苯二甲酸氢钾溶液也可用为缓冲溶液？

2. 测定酸的 K_a 值的准确度如何？与文献值有无差异？为什么？

3. 在滴定过程中，以酚酞为指示剂的终点与电势法终点是否一致？

4. 用 pH 电势滴定方法，能否分别滴定下列混合物中的各组分（假定各组分的浓度相等）？

(1) $HCl+HAc$；(2) H_2SO_4+HAc；(3) $H_2SO_4+H_3PO_4$；(4) $Na_2CO_3+NaHCO_3$

它们的 pH-V 曲线的特点如何？

实验 66　硼酸的电势滴定

（直线法）

【实验目的】

学习用直线法确定弱酸滴定终点的方法。

【实验原理】

酸碱滴定的 pH-V 曲线大部分是呈 S 形的，在化学计量点附近出现 pH 值突跃，由此确定滴定终点。但对极弱酸或极弱碱、解离常数相差较小的多元酸（碱）或混合酸（碱），化学计量点附近没有突跃，确定终点就很困难，甚至不可能。线性法可将滴定曲线改变成直线，这就可以使上述困难得以解决。且在化学计量点附近不必逐点进行滴定，在整个滴定过程中只要测定数点，能作出直线就行了，这些点可远离化学计量点。这是本方法的优点。但其缺点是计算比较复杂，若能应用计算机，就可使计算简化。

用强碱滴定极弱酸，例如硼酸（$K_a=5.9\times10^{-10}$，$K^H_{H_3BO_3}=\dfrac{1}{K_a}$，$\lg K^H_{H_3BO_3}=9.24$），根据离解平衡，物料平衡、电荷平衡和等物质的量规则，可以推导出下列公式（公式中略去电荷）：

$$V_e-V=K\{H\}V+\frac{V_0+V}{c_B}(K\{H\}+1)([H]-[OH]) \tag{1}$$

式中　V_e——化学计量点时所消耗滴定液的体积，mL；

$\quad\quad V_0$——滴定溶液的初始体积，mL；

$\quad\quad V$——加入滴定溶液的体积，mL；

$\quad\quad c_B$——滴定液的浓度，$mol \cdot L^{-1}$；

$\quad\quad K$——硼酸的稳定常数（即 $K^H_{H_3BO_3}=\dfrac{1}{K_a}$）；

$\quad\quad \{H\}$——氢离子活度。

在化学计量点后，[H] 很小，可忽略不计，式(1) 可简化为

$$V_e-V=\frac{V_0+V}{c_B}[OH] \tag{2}$$

根据滴定所得 pH 和 V 的数据，代入式(1) 和式(2) 中，计算出相应的 V_e-V 值。再用 V_e-V 为纵坐标、V 为横坐标绘出滴定曲线，两条直线与 V 轴的交点即为终点时滴定溶液的体积 V_e。

【仪器与试剂】

仪器：25 型或 pHS-3B 型酸度计，222 型甘汞电极和 221 型玻璃电极，磁力电动搅

拌器。

试剂：0.1mol·L⁻¹ NaOH 溶液（不含 CO_3^{2-}），0.1mol·L⁻¹ H_3BO_3 溶液，1.0mol·L⁻¹ KNO_3（或 KCl）溶液。

pH=9.18 硼砂标准缓冲溶液：称取硼砂 $Na_2B_4O_7·10H_2O$ 3.81g，溶于蒸馏水中，稀释至 1000mL。

【实验内容】

① 用 pH=9.18 硼砂标准缓冲溶液将酸度计定位。

② 准确吸取约 0.1mol·L⁻¹ H_3BO_3 溶液 5mL，置于干燥的 150mL 烧杯中，加入 1mol·L⁻¹ KNO_3 溶液 10mL，用滴定管加入蒸馏水至溶液总体积为 100mL❶。

③ 插入玻璃电极和甘汞电极。开动磁力搅拌器，读出初始 pH 值。然后定量加入 0.1mol·L⁻¹ NaOH 溶液，每次加入量以 0.5mL 为准。每加入一次，就要读出相应的 pH 值。

用测得的 V 和 pH 数据，按式(1) 和式(2) 计算出相应的 V_e-V 值，并列于下表。

V	pH	[H]	[OH]	$K[H]V$	$\frac{V_o+V}{c_B}$	[H]−[OH]	$1+[H]K$	V_e-V
0.00								
0.50								
1.00								
1.50								
2.00								
......								

在坐标纸上绘出 (V_e-V)-V 曲线，求出 V_e，然后计算硼酸溶液的准确浓度。

【总结讨论题】

1. 配制 0.1mol·L⁻¹ H_3BO_3 溶液所称固体硼酸的质量是否要准确至 0.0002g？为什么？

2. 玻璃电极及甘汞电极在使用前后应怎样处理？达到什么要求？

3. 在测定中所加入的试剂及蒸馏水是否要准确量取？为什么？

实验 67 用重铬酸钾电势滴定硫酸亚铁铵溶液

【实验目的】

1. 熟悉用 $K_2Cr_2O_7$ 滴定 Fe（Ⅱ）过程中溶液电势变化的规律；绘制 E-V 曲线，确定终点并计算 Fe（Ⅱ）溶液的浓度。

2. 观察电势突跃与氧化-还原指示剂变色的关系。

3. 了解氧化-还原电对的条件电极电势随介质不同而异，测定 $Cr_2O_7^{2-}/Cr^{3+}$ 及 Fe^{3+}/Fe^{2+} 电对在 1mol·L⁻¹ H_2SO_4、1mol·L⁻¹ HCl 或 1mol·L⁻¹ $HClO_4$ 溶液中的条件电极电势。

【实验原理】

用 $K_2Cr_2O_7$ 溶液滴定 Fe^{2+} 的反应为：

$$Cr_2O_7^{2-}+6Fe^{2+}+14H^+ = 2Cr^{3+}+6Fe^{3+}+7H_2O$$

---

❶ 由于计算时要使用溶液的初始体积，因此所用烧杯应预先干燥，所加入试剂和蒸馏水也应准确量取，此时所得溶液的离子强度为 0.1。

两个电对的氧化形和还原形都是离子，这类氧化还原滴定可用惰性金属铂电极作指示电极、饱和甘汞电极作参比电极组成工作电池。在滴定过程中，指示电极电势随滴定剂的加入而变化，在化学计量点附近产生电势突跃（0.86V→1.07V）。氧化-还原指示剂邻苯氨基苯甲酸（$\varphi^{\ominus}=1.08V$）和硫酸邻菲罗啉合铁（Ⅱ）（$\varphi^{\ominus}=1.06V$）都可用作指示剂。

【仪器与试剂】

仪器：25 型或 pHS-2 型酸度计，铂电极❶和饱和甘汞电极各 1 支。

试剂：$0.01000mol \cdot L^{-1} \frac{1}{6}K_2Cr_2O_7$ 标准溶液，$6mol \cdot L^{-1} \frac{1}{2}H_2SO_4$ 溶液，$6mol \cdot L^{-1}$ HCl 溶液，$6mol \cdot L^{-1}$ $HClO_4$ 溶液，0.2％邻苯氨基苯甲酸或 0.5％硫酸邻菲罗啉合铁（Ⅱ）溶液。

$0.01mol \cdot L^{-1}$ 硫酸亚铁铵溶液：准确称取约 $4g$ $FeSO_4 \cdot (NH_4)_2SO_4 \cdot 6H_2O$，加 $6mol \cdot L^{-1} \frac{1}{2}H_2SO_4$ 溶液 10mL 和少量水使之溶解，再用水稀释至 1L。

【实验内容】

用移液管准确吸取 10mL $0.01mol \cdot L^{-1}$ 硫酸亚铁铵溶液于 150mL 烧杯中，加 $6mol \cdot L^{-1}$ H_2SO_4 溶液 8～10mL，加水至约 50mL，加 1 滴硫酸邻菲罗啉合铁（Ⅱ）溶液（或邻苯氨基苯甲酸）指示剂。将饱和甘汞电极和铂电极插入溶液，放入铁芯搅拌棒，开动搅拌器，记录溶液的起始电势。然后用 $K_2Cr_2O_7$ 标准溶液滴定至电势发生较大变化时，观察指示剂的变色（由橙红色到淡紫色）。滴过突跃后，再测定几点，直至 $K_2Cr_2O_7$ 过量 100％。绘出 E-V 曲线，确定终点，计算硫酸亚铁铵溶液的准确浓度。

再准确吸取 10mL 硫酸亚铁铵溶液，重复上述实验，但不加 $6mol \cdot L^{-1} \frac{1}{2}H_2SO_4$ 溶液，改加 $6mol \cdot L^{-1}$ HCl 溶液❷。

根据不同介质中的 E-V 曲线，计算 Fe^{3+}/Fe^{2+} 和 $Cr_2O_7^{2-}/Cr^{3+}$ 电对的条件电极电势。

【总结讨论题】

1. 为什么氧化-还原滴定可以用铂电极作指示电极？滴定前为什么也能测得一定的电势？实测的 E-V 曲线与理论计算的是否一致？

2. 从 E-V 曲线上确定的化学计量点位置是否在突跃的中点？化学计量点电势与理论计算值有无差异？如果用 $Ce(SO_4)_2$ 溶液滴定 Fe^{2+} 离子，它的化学计量点位置应在哪里？

3. 指示剂的变色与滴定突跃的电势变化是否一致？

4. 从滴定曲线上 E 随 V 变化的关系，如何求得被滴定电对 Fe^{3+}/Fe^{2+} 和滴定剂电对 $Cr_2O_7^{2-}/Cr^{3+}$ 的条件电极电势？所测得的条件电极电势值与文献值是否符合？

实验68　溴、碘混合液中 Br^-、I^- 的连续测定

【实验目的】

1. 学习和掌握连续电势滴定的基本原理和实验操作。

2. 掌握连续电势滴定数据处理的方法。

【实验原理】

电势滴定法是一种用测量电池电动势的变化（而不是用指示剂）确定终点的滴定方法，因此特别适用于那些无法使用指示剂或较难使用指示剂的滴定体系。

---

❶　也可用碳电极做指示电极。

❷　然后再做在 $1mol \cdot L^{-1}$ $HClO_4$ 溶液中的滴定。

本实验中，用银电极为指示电极，饱和甘汞电极为参比电极。用 $AgNO_3$ 滴定 I^-、Br^- 混合液，其滴定反应为：

$$Ag^+ + I^- \Longrightarrow AgI \downarrow$$

在化学计量点前，Ag 电极的电势取决于 I^- 的浓度：

$$AgI + e \Longrightarrow Ag + I^- \ (\varphi_{AgI/Ag}^{\ominus} = 0.15V)$$

$$\varphi_{AgI/Ag} = \varphi_{AgI/Ag}^{\ominus} - 0.059 \lg[I^-]$$

在化学计量点时 $[Ag^+] = [I^-]$，由其溶度积常数（$K_{sp} = 8.3 \times 10^{-17}$）可求 $[Ag^+]$。由此计算出 Ag 电极的电势为

$$\varphi_{AgI/Ag} = \varphi_{Ag^+/Ag}^{\ominus} + 0.059 \lg[Ag^+] \ (\varphi_{Ag^+/Ag}^{\ominus} = 0.80V)$$

故化学计量点前后，Ag 电极的电势有明显的突跃。滴定 I^-、Br^- 混合物，首先生成 AgI 沉淀，再生成 AgBr 沉淀（$K_{sp} = 5.2 \times 10^{-13}$），所以会产生两次电势突跃。绘制滴定曲线，确定滴定终点，从而计算出被测物的浓度。

自动电势滴定省时省力，减少了工作人员单调、枯燥的手工操作。在同类样品的批量分析中尤为适用，首先进行手动滴定，然后绘制滴定曲线，求得化学计量点电势，然后即进行自动滴定。

【仪器与试剂】

仪器：自动电势滴定仪 ZD-2 型，银电极和饱和甘汞电极 1 支。

试剂：$6mol \cdot L^{-1}$ HNO_3，KNO_3（固体）。

$0.1mol \cdot L^{-1}$ $AgNO_3$ 标准溶液

配制：溶解 8.5g $AgNO_3$ 于 500mL 不含 Cl^- 的蒸馏水中，将溶液转入棕色试剂瓶中，置暗处保存，以防止见光分解。

标定：准确称取 1.4610g 基准 NaCl，置于小烧杯中，用蒸馏水溶解后转入 250mL 容量瓶中，加水稀释至刻度，摇匀。

准确移取 25.00mL NaCl 标准溶液，注入锥形瓶中，加 25mL 水、1mL 5‰ K_2CrO_4 溶液，在不断摇动下，用 $AgNO_3$ 溶液滴定至呈现砖红色即为终点，根据 NaCl 的标准溶液浓度和滴定中所消耗的 $AgNO_3$ 溶液体积计算 $AgNO_3$ 的浓度。

含 I^- 和 Br^- 均约为 $0.05mol \cdot L^{-1}$ 的未知液。

【实验内容】

1. 手动滴定

① 在 100mL 烧杯中用移液管准确加入未知液 25.00mL，加入 $6mol \cdot L^{-1}$ HNO_3 3 滴、KNO_3 固体 2g。加水 20mL，放入搅拌棒，把烧杯放在滴定装置上的塑料托座中央。

② 把银电极表面用擦镜纸擦一下，放入浓氨水中浸泡 5min，用蒸馏水冲洗干净，然后插入溶液中，接在指示电极的负（一）极上，将饱和甘汞电极接在正（＋）极上，按下读数开关。

③ 用 $AgNO_3$ 标准溶液进行滴定，先粗滴 1 次，观察电势突跃，记下所用 $AgNO_3$ 的体积，然后按照①、②步骤，量取一份未知液，正式滴定。开始时，每加 1mL $AgNO_3$ 溶液后记一个数据。在电势突跃前后 1mL 时，每加 0.1mL $AgNO_3$ 溶液后便记一个数据。过化学计量点后，再每加 0.5mL 或 1mL 记一个数据，如两次滴定结果相对误差在 1‰ 以内即可。结果记入下表：

$AgNO_3$ 溶液 V/mL	E（电势） /mV	ΔE	ΔV	$\Delta E/\Delta V$ /(mV·mL^{-1})	平均体积 $\overline{V}$/mL	$\Delta(\Delta E/Av)$	$\dfrac{\Delta E^2}{mv^2}$

④ 确定终点电势，按步骤③中所得数据处理，绘制 E-V 曲线、$\frac{\Delta E}{\Delta v}$-$\overline{V}$ 和 $\frac{\Delta E^2}{\Delta v^2}$-$\overline{V}$ 曲线，求出化学计量点并确定化学计量点电势。

⑤ 计算未知液中 I^-、Br^- 的浓度，以 $mol \cdot L^{-1}$ 表示。

2. 自动滴定

另取两份试液，在上述确定的化学计量点电势下进行自动电势滴定，计算 I^-、Br^- 的含量，与手动方法比较计算出相对偏差。

注意：每次滴定完毕后，都需用擦镜纸之类的柔软物品将银电极擦一下，再用浓氨水浸泡，用蒸馏水冲洗干净，才能保证重复滴定的数据重复。注意银盐溶液不得倒入下水道，应回收。

【总结讨论题】

1. 为什么 Ag 电极能作指示电极？Ag^+、I^-、Br^- 电极能否用作指示电极？

2. 试液在滴定前为什么需要用 HNO_3 酸化？为什么要加入 KNO_3？

第三节 气相色谱法

气相色谱法是采用气体作为流动相的一种色谱方法，是最近 50 年来发展起来的应用最广的分离技术之一，它提供了一次操作可以分离复杂混合物并能进行定性和定量分析的方法。

气相色谱法具有分离效能高、分析速度快、样品用量少及应用范围广的特点，因此广泛用于石油、石油化工、有机合成、医药卫生、环境保护等工业部门和科研单位。

气相色谱可分为气-固色谱和气-液色谱两种，前者是利用吸附原理达到分离的，后者是利用分配原理达到分离的。

国产的气相色谱仪有多种型号，现只介绍 SP-2305 型气相色谱仪。

一、仪器工作的原理

它是使气态样品在流动相和固定相之间通过不断地分配来分离各组分，分离后的组分依次进入检测器后给出一定的电信号，信号经放大被记录下来，得到色谱图。在相同的条件下，利用不同物质具有一定的保留时间（即从组分进入色谱柱时算起到出现谱峰和最高点时所用的时间），作为判断组分的定性指标。在有标准样品的情况下，利用谱图上的峰面积可以对物质的微量组分进行定量测定。

二、仪器结构

SP-2305 型气相谱仪主要由气路系统（气源、气体净化、气体流速控制和测量）、进样系统（进样器和气化室）、色谱柱、检测器和记录系统（放大器、记录仪及部分收集器）。有关气相色谱仪的详细构造这里不作详细介绍。

这里只对色谱柱和检测器这两个关键部位加以介绍。

1. 色谱柱

色谱柱是色谱仪的"心脏"，样品组分分离的效率主要取决于它的性能，因此选择合适的色谱柱是气相色谱分析中的重要一环，它分为填充式和毛细管式两类。SP-2305 型采用的是填充式色谱柱。填充式色谱柱由柱管（不锈钢制）和固定相组成，用于一般分析的管内径为 2～6mm，长 1～4m，将柱加工成螺旋形，在柱内填充一种惰性物质 6201 载体，用以支持固定相液体。载体颗粒要求具有无吸附能力、多孔性，有较大的比表面积，并且大小均匀

（粒度在 40～60 目、60～80 目、80～100 目、100～120 目）。载体要进行老化处理，如酸处理、碱处理及硅烷化处理。

载体（或叫担体）是为支持固定液体而设置的，即将固定液涂在载体表面上。选择固定液是色谱法中的关键，固定液要求蒸气压低、热稳定性好、不与样品起化学反应，并有足够的溶解能力和高的选择性。固定液一般分为非极性、半极性和极性三类，它们分别对应于非极性、半极性和极性类物质的分离和分析。

固定液的涂渍是一步重要的操作程序，它要求固定液能够完全和均匀地附着在载体上，用于分析的固定液与载体比例在 5～20 之间。

2. 热导检测器

检测器是用来检出和测量经色谱柱分离后的气态物质中的组分与含量的装置。检测器根据分离后各组分的物理特性和化学特性分别转换成易于测量的电信号（如电压和电流），此信号经放大器后由电子电位差计进行自动连续记录而获得色谱曲线图。

热导检测器与其他种类的检测器相比结构简单、灵敏度高、稳定性好、线性范围宽，对可挥发的无机物及有机物均有响应，因此应用广泛。

有关热导检测器的详细构造及检测原理等有关内容可参阅有关专著。

三、热导检测器的使用

（1）热导检测器的启动　启动前先检查气路、电路是否按照使用热导检测器的要求接好。

（2）通入载气　先开钢瓶阀，其次再开减压阀，控制压力在 $2～4kg \cdot cm^{-2}$，然后开稳压阀，使压力表指在 $1.5kg \cdot cm^{-2}$ 左右，调节针形阀，控制载气流速符合操作条件。

（3）恒温　开启电源开关，将柱温、气化室、检测器温度选择旋钮旋至要求温度的位置上。加热至一定时间后，用温度测量旋钮分别检查三处温度是否到达要求，若温度已达要求，再检查载气流速是否正常。

（4）加桥电流并调整"池平衡"　先将热导衰减放在最大挡（即 1/128），桥电流调节旋钮旋到电流最小位置（加桥电流应参考仪器说明书，一般不能超过 200mA）。开启记录仪，将"选择旋钮"转到热导调零位置。调节"调零粗细调"旋钮，将记录仪指针调到"零"处，再将"选择旋钮"转到记录调零位置，用"记录调零"调节指针到所需位置（即要求基线的位置）。再将"选择旋钮"转到测量位置。开始调"池平衡"，先将衰减放在 1/4 挡或 1/8 挡，将"池平衡"旋钮放在中间位置（先将旋钮右旋至极限位置，然后左旋 5 圈即是中间），调节"调零粗细调"，使记录指针回到原基线处。降低桥电流 20mA，此时记录仪指针偏离基线，调节"池平衡"，使记录仪指针回到基线。将桥电流恢复到原位，指针又偏离基线，调节"调零粗细调"旋钮使指针回到基线。如此调节，反复多次，达到桥电流改变 20mA 而指针只有 ±0.5mV 偏离。然后将衰减调到 1/1，再重复以上调节。达到桥电流改变 20mA，指针只有 ±0.1mV 偏离，即可认为调节已达到要求。将纸速选择放到适当位置，待基线走直后，即可进样分析。

（5）热导检测器的关闭　先将桥电流调节旋钮旋到最小位置，关闭热导电源，再关色谱电源，等温度下降后，再关断载气。

实验 69　醇系物的分析（气相色谱法）

【实验目的】

1. 了解制备填充色谱柱的基本过程和常用操作方法。

2. 掌握热导检测器的调试方法。

3. 掌握色谱分析基本操作和醇系物的分析。

4. 学习用峰高乘保留值的归一化法计算各组分的含量。

【实验原理】

醇系物是指甲醇、乙醇、正丙醇和正丁醇等，其中常含有水分。用 GDX-103 作固定相，用热导检测器，在适当条件下，各组分完全分离。所得的水分、甲醇、乙醇及正丙醇的色谱峰都是狭窄的，而正丁醇的色谱峰则稍宽。此种峰的宽窄相差较大，对小峰半峰宽的测量易引入较大误差，因而可采用峰高乘保留时间的归一化法来计算醇系物各组分的含量。

用热导检测器，氢作载气，因氢热导值高，灵敏度也较高，进样量少。用氮作载气，其热导值较小，桥电流也受到限制，灵敏度较低，必须增大进样量，因而分析周期也增长。

【仪器与试剂】

仪器：SP-2305 型气相色谱仪，氢气钢瓶或氮气钢瓶，秒表。

试剂：甲醇，乙醇，正丙醇，正丁醇，高分子多孔微球（GDX-103）吸附剂。

【实验内容】

1. 色谱柱的准备

① 色谱柱的装填：将内径 4mm、长 2m 的不锈钢色谱柱洗净烘干。装柱时先将柱的一端用玻璃棉堵住，包上纱布，接真空泵，柱的另一端接上漏斗。在不断抽气下，将 GDX-103 固定相通过漏斗装入色谱柱中，在装填同时不断轻轻敲振色谱柱管，使固定相均匀而又紧密地填入，直到固定相填满为止。填装完毕后，在柱子两端用玻璃棉塞好，准备老化。

② 色谱柱的老化：将已装填好的色谱柱的一端通入载气，另一端放空，在 180℃ 下通载气，老化几小时，然后将已老化的色谱柱接在检测器上，再仔细检漏后通载气，直至记录仪基线走直为止。

2. 测试条件

① 检测器：热导，桥电流 200mA（氢作载气）、130mA（氮作载气），衰减 1/1，温度 135℃。

② 柱温：125℃。

③ 气化室温度：120℃＋室温。

④ 载气流速：50～100mL・min^{-1}。

⑤ 进样量：0.5μL（氢作载气），2～3μL（氮作载气）。

⑥ 纸速：300mm・h^{-1}。

3. 测试步骤

参考使用热导检测器的操作步骤，当进样后按下秒表，记录每个组分的保留时间。

4. 实验结果及计算。

取下色谱图，量出每一组分的峰高，用峰高乘保留值的归一化法计算出各组分的含量。其计算公式为：

$$c_i = \frac{h_i t_i f_i}{\sum h_i t_i f_i} \times 100\%$$

热导检测器，以氢作载气，各组分的质量校正因子值列表如下：

f_i'	0.58	0.58	0.64	0.72	0.78
物质	水	甲醇	乙醇	正丙醇	正丁醇

【总结讨论题】

1. 含水的醇系物为什么用色谱分离较好？

2. 试述热导检测器的工作原理。

3. 有哪些因素影响热导检测器的灵敏度？

4. 为什么用氢作载气比用氮作载气时灵敏度高？为什么用氮作载气时桥电流要降低一些？试比较用两种载气的优缺点。

5. 如何定性、定量分析白酒的化学组成？请设计实验方案。

第七章　化合物的合成与制备

在工科基础化学实验中，化合物的合成与制备包含简单无机物（酸、碱、盐、氧化物、配位化合物等）和有机物（烃及其衍生物、高分子化合物等）两个方面的内容，系工科类学生化学实验基本技能的综合性训练，是"工科化学"理论课教学的拓展与深化。

化合物的合成与制备实验以典型的化学反应为主线，将反应、合成、分离、提纯、理化性质的测定及波谱分析等环节系统集成，构成完整体系。通过化合物的合成与制备实验的学习，强化学生对无机、有机化学反应基本知识和基本原理的理解和掌握，熟悉和掌握物质制备的技术与方法，培养学生的基本实验技能，发现问题、分析问题、解决问题及求证知识的能力。

第一节　化合物制备的一般步骤

化合物制备的一般程序是：首先根据目的物的结构和性能确定合理的制备路线，再根据反应特点选择制备方法和反应装置，根据产物及副产物的性质选择分离与纯化的方法，最后实施实验计划并完成目的物的制备与表征确证。

一、确定合理的制备路线

制备一种化合物可能有多种制备路线，从中选择一条合理的制备路线，需要综合考虑各方面的因素。比较理想的制备路线应满足下列基本要求：

① 科学合理。就是制备路线符合化学反应基本理论（热力学、动力学）。

② 技术可行。反应条件在当时、当地易于实现，设备简单，操作安全方便，符合自己的技术能力。

③ 效益显著。

合成的反应步骤越少越好：反应步骤少，操作过程短，路途损失小，总收率高。

每步反应的产率越高越好：反应选择性高，副反应少，产物易纯化，总收率高。

原料越便宜越好：原料资源丰富，便宜易得，生产成本低。

符合绿色化学的要求：反应符合原子经济性；反应条件温和，不产生公害，不污染环境，副产品可综合利用。此外，要减少制备过程中所需要的酸、碱、有机溶剂等辅助试剂的用量并确保回收利用，减少产品在分离纯化过程中的损失，提高产物产率。

二、选择适宜的制备方法和反应装置

作为基础化学实验教材，这里只介绍化合物常规经典制备方法和原理。通过相应的制备实验训练，加深对元素及其化合物性质的理解，熟悉并掌握有关的基本操作。在此基础上可以自行设计制备方案，以提高综合分析、实验设计和实验技术集成的能力。

常见的制备方法有：利用水溶液中的化学反应来制备，高温合成，由天然矿石制备无机化合物，电解合成，配位化合物及分子间化合物的制备，沉淀（共沉淀）合成，非水溶剂及低温合成化学，水热合成，固相合成，极端条件下的合成化学，软化学和绿色合成方法，特殊合成方法（如使用微波、超声波）等。

常见的合成装置将在后续相关章节或具体实验中详细叙述。选择合成装置的一般原

则是：有利于合成反应安全实现；有利于反应条件温和可控；有利于反应物转化率最大化、副反应最小化；有利于目标产物的分离、纯化；有利于操作者身体健康，有利于绿色环保。

三、选择产物的分离纯化方法

为了制备较纯净的化合物，需将通过合成得到的混合物体系分离与纯化。合成和分离是两个紧密相连的问题。在某种程度上，分离问题更加重要，它甚至决定着整个合成线路的成败。常见的化合物纯化方法有蒸馏-分馏-精馏、结晶-重结晶、升华、抽提-萃取、柱分离和膜分离等。

四、目的产物的表征确证

当一种化合物（已知的或新的）被合成出来后，需要对其结构与性能进行表征确证。常见的方法如下。

理化性能测试：熔点测定、沸点测定、折射率测定、比旋光度测定、溶解度测定等。

组成与结构测试：元素分析、X 射线衍射、紫外-可见光谱、红外光谱、质谱及核磁共振谱等。

这些分析手段可以从不同的侧面反映出化合物（或材料）的纯度、组成和结构信息，相互印证确证。

五、计算实验产率

完成化合物的制备后，要及时计算实验产率。实验产率是指产品的实际产量与理论产量的比值：

$$产率＝(实际产量/理论产量)×100\%$$

第二节　化合物的提纯方法与技术

一、固-液分离

溶液与沉淀的分离方法有三种：倾析法、过滤法、离心分离法。

1. 倾析法

图 7-1　倾析法

当沉淀的密度较大或结晶的颗粒较大，静止后能很快沉降至容器的底部时，常用倾析法（图 7-1）进行分离和洗涤。

这样，将沉淀上部的溶液倾入另一容器中而使沉淀与溶液分离。如需洗涤沉淀时，只需向盛沉淀的容器内加入少量洗涤液，将沉淀和洗涤液充分搅动均匀。待沉淀沉降到容器的底部后，再用倾析法，倾去溶液。如此反复操作两三遍，即能将沉淀洗净。

2. 过滤法

过滤是最常用的分离方法之一。过滤时，沉淀留在过滤器上，溶液通过过滤器而进入容器中，所得溶液称作滤液。

常用的过滤方法有常压过滤、减压过滤和热过滤三种。

(1) 常压过滤（具体内容参见第 5 章第 5 节重量分析技术）

(2) 减压过滤（抽滤）　为了获得比较干燥的结晶和沉淀，常用减压过滤法。其特点是过滤速度快。但不宜用于过滤胶状或颗粒很细的沉淀，因为此类沉淀可能透过滤纸或造成滤纸堵塞，使溶液不易透过。

减压过滤的装置由水泵（或真空泵）、安全瓶、吸滤瓶和布氏漏斗组成（图7-2）。连接仪器时注意布氏漏斗的斜口应对准吸滤瓶的支管，另外安全瓶的长玻璃管用来接水泵，短管用于接吸滤瓶。

抽气管管内有一尖嘴管，当水从尖嘴管流出时，由于截面积变小流速增大，压力减小，遂将周围空气带走，使得与之相连的吸滤瓶内形成负压，造成瓶内与布氏漏斗液面上的压力差，因而加快了过滤速度。

吸滤瓶用来承接滤液，其支管与抽气系统相连。布氏漏斗上面有很多小孔，漏斗颈插入单孔橡胶塞，与吸滤瓶相连。橡胶塞插入吸滤瓶内的部分不能超过塞子高度的2/3。漏斗颈下端的斜口要对准吸滤瓶的支管口。

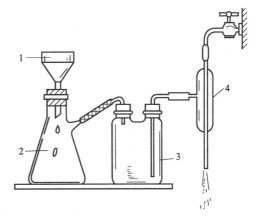

图 7-2　减压过滤装置
1—布氏漏斗；2—吸滤瓶；3—安全瓶；
4—玻璃抽气管

如要保留滤液，需在吸滤瓶和抽气管之间安装一个安全瓶，以防止关闭抽气管或水的流量突然变小时，由于吸滤瓶内压力低于外界大气压而使自来水反吸入吸滤瓶内，污染滤液。安装时注意安全瓶上长管和短管的连接顺序，不要连反。

减压过滤操作步骤及注意事项如下。

① 按图装好仪器后，把滤纸平放入布氏漏斗内，滤纸应略小于漏斗的内径，又能把全部瓷孔覆盖。用少量蒸馏水润湿滤纸后，慢慢拧开水龙头，抽气，使滤纸紧贴在漏斗瓷板上。

② 布氏漏斗端的斜口应该面对（不是背对）吸滤瓶的支管。用倾析法先转移溶液，溶液量不得超过漏斗容量的2/3。待溶液快流尽时再转移沉淀至滤纸的中间部分。洗涤沉淀时，应关小水龙头，使洗涤剂缓缓通过沉淀，这样容易洗净。

③ 抽滤完毕或中间需停止抽滤时，应特别注意需先拔掉连接吸滤瓶和抽气管的橡胶管，然后关闭水龙头，以防倒吸。

④ 用手指或玻璃棒轻轻揭起滤纸边缘，取出滤纸和沉淀。滤液从吸滤瓶上口倒出。瓶的支管口只作连接调压装置用，不可从中倒出溶液。

⑤ 浓的强酸、强碱或强氧化性的溶液，过滤时不能使用滤纸，因为它们会与滤纸发生化学反应而破坏滤纸，这时可用相应的滤布来代替滤纸。另外，浓的强酸溶液也可使用烧结漏斗（也叫砂芯漏斗）过滤，但烧结漏斗不适用于强碱性溶液的过滤，因为强碱会腐蚀玻璃。

（3）热过滤　如果溶液中的溶质在温度下降时容易析出大量结晶，而又不希望结晶在过滤过程中留在滤纸上，就要趁热进行过滤（图7-3）。过滤时可把玻璃漏斗放在铜质的热漏斗内，热漏斗内装有热水，以维持溶液的温度。

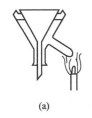

蒸汽→

(a)　　　　　(b)　　　　　(c)

图 7-3　热过滤

也可以在过滤前把普通漏斗放在水浴上用蒸汽加热，此法较简单易行。另外，热过滤时选用的漏斗颈部愈短愈好，以免过滤时溶液在漏斗颈内停留过久，因降温析出晶体而发生堵塞。

3. 离心分离法

被分离沉淀的量很少时，可以应用离心分离法分离沉淀。实验室常用的离心仪器为电动离心机。将盛有沉淀和溶液的离心试管放在离心机管套中，开动离心机，沉淀受到离心力的作用迅速聚集在离心试管的尖端而和溶液分开，用滴管将溶液吸出。如需洗涤，可往沉淀中加入少量的洗涤剂，充分搅拌后再离心分离，重复操作两三遍即可。

使用离心机时应注意以下事项：

① 为使离心机在旋转时保持平衡，离心试管要放在对称位置上。如果只处理 1 支离心试管，则在对称位置也要放 1 支装有等量水的离心试管。

② 开动离心机应从慢速开始，运转平稳后再转到快速。如运转时发出反常响声或震动太厉害时需停止使用。

③ 关机后任其自然停止转动，不能用手强制停止转动，在停止转动后才可以取出离心试管。

④ 转速和旋转时间视沉淀性状而定。一般晶体沉淀以 1000r·min^{-1} 离心 1～2min 即可；非晶体沉淀需以 2000r·min^{-1} 离心 3～4min。

二、固-固分离——结晶、重结晶与升华

结晶是提纯固态物质的重要方法之一。通常有下面两种方法。

一种是蒸发法，即通过蒸发或气化，使溶液达到饱和而析出晶体。此法主要用于溶解度随温度改变而变化不大的物质（如氯化钠）。为了使溶质从溶液中析出晶体，常采用加热的方法使水分不断蒸发，溶液不断浓缩而析出晶体。蒸发通常在蒸发皿中进行，因为它的表面积较大，有利于加速蒸发。注意加入蒸发皿中液体的量不得超过其容量的 2/3，以防液体溅出。如果液体量较多，蒸发皿一次盛不下，可随水分的不断蒸发而继续添加液体。注意不要使瓷蒸发皿骤冷，以免炸裂。根据物质对热的稳定性可以选用煤气灯直接加热或用水浴间接加热。若物质的溶解度随温度变化较小，应加热到溶液表面出现晶膜时停止加热。若物质的溶解度较小，或高温时溶解度虽大但室温时溶解度较小，降温后容易析出晶体，不必蒸至液面出现晶膜就可以冷却。

另一种是冷却法，即通过降低温度使溶液冷却达到饱和而析出晶体。这种方法主要用于溶解度随温度下降而明显减小的物质（如硝酸钾）。

有时需将两种方法结合使用。

晶体颗粒的大小与结晶条件有关。如果溶质的溶解度小，或溶液的浓度高，或溶剂的蒸发速度快，或溶液冷却得快，析出的晶粒就细小；反之，就可得到较大的晶体颗粒。实际操作中，常根据需要控制适宜的结晶条件，以得到大小合适的晶体颗粒。

当溶液发生过饱和现象时，可以振荡容器，用玻璃棒搅动或轻轻地摩擦器壁，或投入几粒晶体（晶种），促使晶体析出。

假如第一次得到的晶体纯度不合乎要求，可将所得晶体溶于少量溶剂中，然后进行蒸发（或冷却）、结晶、分离，如此反复地操作，称为重结晶。有些物质的纯化，需经过几次重结晶才能完成。由于每次滤液中都含有一定量的溶质，所以应集聚起来，加以适当处理，以提高产率。

（一）重结晶

1. 重结晶原理

重结晶是利用固体混合物中目标组分在某种溶剂中的溶解度随温度变化有明显差异，在较高温度下溶解度大，降低温度时溶解度小，从而实现分离提纯。

以一个含有目标物 A 和杂质 B 的混合物为例。设 A 和 B 在某溶剂中的溶解度 20℃时都是 1g・100mL^{-1}，100℃ 时都是 10g・100mL^{-1}。若一个混合物样品中含有 9g A 和 2g B，将这个样品用 100mL 溶剂在 100℃ 下溶解，A 和 B 可以完全溶解于溶剂中。将其冷却到 20℃，则有 8gA 和 1gB 从溶液中析出。过滤，剩余溶液（通常称为母液）中还溶有 1g A 和 1g B。将析出的 9g 结晶再依上溶解、冷却、过滤，又得到

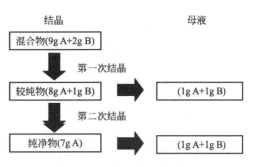

图 7-4　重结晶操作过程

7g 结晶，这已是纯的 A 物质了，母液又带走了 1gA 和 1gB。这样，在损失了 2gA 的前提下，通过两次结晶得到了纯净的 A。

框图说明分离过程（图 7-4）。

显然，如果：

① 杂质 B 在该溶剂中的溶解度比目标物 A 大，则结晶次数和损失都可能减少；

② 目标物 A 对该溶剂在较低温度下的溶解度更小，则结晶次数和损失也可能减少；

③ 杂质 B 在混合物中的含量更少，则结晶次数和损失也可能减少。

如果混合物中的 A 和 B 有相同的物质的量和相近的溶解度，就不能用重结晶方法分离。只要二者在溶解度上有明显的差别，分离就是可能的。

2. 溶剂的选择

在重结晶操作中，最重要的是选择合适的溶剂。按"相似相溶"的原理，对于已知化合物可先从手册中查出在各种不同溶剂中的溶解度，最后要通过实验来确定使用哪种溶剂。选择溶剂应符合下列条件：

① 不与被提纯物质发生化学反应；

② 对被提纯物的溶解度随温度的变化较大，即高温溶解度与低温溶解度相差越大越好；

③ 对杂质的溶解度非常大或非常小（前一种情况杂质将留在母液中不析出，后一种情况是使杂质在热过滤时被除去）；

④ 沸点不宜太高，也不宜太低，易挥发除去；

⑤ 对被提纯物质能生成较整齐的晶体；

⑥ 毒性小，价格便宜，易得。

经常采用实验方法选择合适的溶剂。

单一溶剂　取 0.1g 固体粉末于一小试管中，加入 1mL 溶剂，振荡，观察溶解情况，如冷时或温热时能全溶则不能用，溶解度太大。取 0.1g 固体粉末，加入 1mL 溶剂，如不溶，加热，还不溶，逐步加大溶剂量至 4mL，加热至沸，仍不溶，则不能用，溶解度太小。取 0.1g 固体粉末，能溶在 1~4mL 沸腾的溶剂中，冷却时结晶能自行析出或经摩擦或加入晶种能析出相当多的量，则此溶剂可以使用。

混合溶剂　如果难以选择一种适宜的溶剂，可考虑选用混合溶剂。混合溶剂一般由两种能互相溶解的溶剂组成，目标物质易溶于其中之一种溶剂，而难溶于另一种溶剂。使用混合溶剂时，先将被提纯的目标物质溶于易溶溶剂中，沸腾时趁热逐渐加入难溶的溶剂，至溶液变混浊，再加入少许前一种溶剂或稍加热，溶液又变澄清。放置，冷却，使结晶析出。在此操作中，应维持溶液微沸。

3. 重结晶操作

（1）固体物质的溶解　原则上为减少目标物遗留在母液中造成的损失，在溶剂的沸

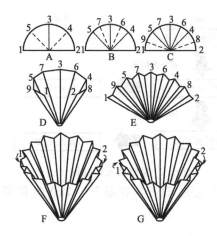

图 7-5　折叠滤纸操作过程

腾温度下溶解混合物，并使之饱和。为此将混合物置于烧瓶中，滴加溶剂，加热到沸腾。不断滴加溶剂并保持微沸，直到混合物恰好溶解。在此过程中要注意混合物中可能有不溶物，如为脱色加入的活性炭、纸纤维等，防止误加过多的溶剂。

溶剂应尽可能不过量，但这样在热过滤时会因冷却而在漏斗中出现结晶，引起很大的麻烦和损失。综合考虑，一般可比需要多加 20% 甚至更多量的溶剂。

水作溶剂：将待重结晶的固体放入锥形瓶或烧杯中，加入比需要量（根据查得的溶解度数据或溶解度实验方法所得结果估计得到）稍少的适量溶剂，热至沸腾，如未全溶，可逐滴加入溶剂至刚好完全溶解，记下所用溶剂的量，然后再多加 20%～30% 水。

有机溶剂：使用有机溶剂重结晶时，必须用锥形瓶或圆底烧瓶，上面加上冷凝管，安装成回流装置，使用沸点在 80℃ 以下的溶剂，加热时必须用水浴。把固体放入瓶内，加入适量溶剂，加热至沸，如有不溶，再从冷凝管上口逐渐加入溶剂至刚刚溶解，然后再补加 20%～30% 的溶剂。

(2) **脱色和热过滤**　热溶液中若还含有不溶物，应在热水漏斗中趁热过滤。过滤使用凹槽滤纸（亦称伞形滤纸，见图 7-5）。溶液若有不应出现的颜色，待溶液冷却后加入活性炭，沸煮 5min 左右脱色，然后趁热过滤。

(3) **结晶的析出**　将收集的热滤液静置，缓缓冷却（一般要几小时后才能完全）。不要急冷滤液，因为这样形成的结晶会很细、表面积大、吸附的杂质多。有时晶体不易析出，则可用玻璃棒摩擦器壁或加入少量该溶质的结晶，不得已时也可放置冰箱中，促使晶体较快地析出。

(4) **分离结晶**　用布氏漏斗减压过滤，尽量把母液抽干（要根据晶体多少来选择布氏漏斗的大小）。用冷溶剂洗涤晶体 2 次。洗时，应停止抽气，用镍勺轻轻把晶体翻松，滴上冷溶剂把晶体湿润，抽干，再重复一次。最后用镍勺把晶体压紧，抽到无液滴滴出为止，把晶体放在培养皿或表面皿中。

(5) **结晶的干燥**

① 自然晾干。需 1 周左右时间。

② 红外灯下烘干。注意不要使温度过高，以免烤化。

③ 用减压加热真空恒温干燥器干燥。此操作这一般用于易吸水样品的干燥或制备标准样品。

【总结讨论题】

① 为什么重结晶热溶解时，要比制成饱和溶液多加 20%～30% 的溶剂？

② 重结晶用活性炭脱色时为什么不能把活性炭加入到沸腾的溶液中？

(二) 升华

若易升华的物质中含有不挥发性杂质，或分离挥发性明显不同的固体混合物时，可以用升华进行纯化。升华可以在常压或减压下操作，也可以根据物质的性质在大气气氛或惰性气体流中操作。

严格来说，升华是指自固态不经过液态而直接转变成蒸气的现象。但在有机化学实验操作中，把物质从蒸气不经过液态而直接转变成固态的过程也称为升华。由升华所得的固体物质往往具有较高的纯度，所以升华常用来纯化固体有机化合物。升华要求固体物质在其熔点温度下具有高于 2665.6Pa（20mmHg）的蒸气压，这是升华提纯的必要条件。

升华点就是固体物质的蒸气压和外压相等时的温度。在这个温度时，晶体的气化甚至在其内部发生，使晶体裂开，有时还会污染升华物。因此升华操作时应注意控制温度，让升华在低于升华点的温度下进行。

1. 基本原理

升华法提纯固体物质需要两个条件：

① 被提纯物质在熔点温度以下有较大的蒸气压；

② 所含杂质蒸气压比被提纯物质蒸气压小很多。

物质有三态，固态晶体质点（分子或原子）在晶格点中不断进行振动，动能大的质点会脱离晶格表面，进入气相；在密闭的空间，这些进入气相的质点又有部分重新回到晶体表面。当由晶体表面进入气相与从气相重新回到晶体表面的质点数相同时，达到平衡。平衡时由气态质点产生的压力，叫该固体物质的饱和蒸气压，简称蒸气压。

将晶体加热，温度上升，蒸气压加大。以温度为横坐标，以蒸气压为纵坐标作图，可得图 7-6。

图 7-6 为晶体物质的三相图。相图由固-液平衡曲线 VT、固-气平衡曲线 TS、液-气平衡曲线 TL 组成。T 点称为三相点，即对应温度为 P 时，固相、液相、气相蒸气压相等。例如水的三相点为 0℃。等压线 CD 线表示一个标准压力（101.325kPa），M 点为固-液气压相等点，均为一个标准压力，M 点对应的温度 N 为固体熔点；B 点处于等压线 CD 线上，是液相、气相蒸气压相等点，均为一个标准压力，B 点对应的温度 Q 为沸点。

在曲线 TS 线上某点 A，该点对应温度 R 下，如果固相、气相蒸气压等于一个大气压，此时体系温度中并无液相存在（图 7-7），则在该温度下发生升华，称为常压升华。能常压升华的物质不多，要求在熔点时固体蒸气压大于一个标准压力。大多数晶体化合物熔点（与三相点只相差几十分之一摄氏度）时蒸气压小于一个标准压力，不能用常压升华方法进行提纯。但如果晶体在熔点下有较大蒸气压，可改变条件，在密闭容器中降低外界压力，使其低于晶体的蒸气压。例如图 7-8 所示，降低到等压线 EF 的程度，这时只要加热到 R 时，晶体蒸气压与外界压力相等，此时并无液相出现，只有固-气平衡晶体不经过液体直接变为气体，此即为减压升华。有些晶体，由于熔点时蒸气压太低，即使减压也不升华。

一个晶体能否用常压升华、减压升华来提纯，只要查看熔点时蒸气压高低（表 7-1），进行判断。

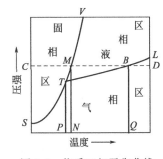

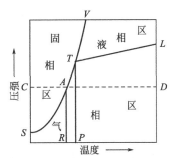

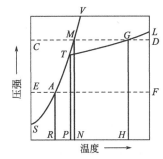

图 7-6　物质三相平衡曲线　　图 7-7　易常压升华化合物相图　　图 7-8　难常压升华化合物相图

表 7-1　若干种晶体熔点及熔点的蒸气压

晶体物质	熔点/℃	熔点时蒸气压/Pa	升华情况
二氧化碳	−57	576735(约 51 个标准压力)	易于常压升华
全氟环己烷	59	126656	
六氯乙烷	186	103991	
樟脑	179	49329	易于减压升华
碘	114	11999	
萘	80.22	933	可以减压升华
苯甲酸	122	800	
对硝基苯甲酸	106	1.2	不能升华

需要说明的是：像碘、萘这样的晶体物质，在温度为室温时也会慢慢地散发出蒸气，其蒸气遇到冷的表面时会在上面重新结成固体。这种现象严格地说仅仅是固体物质的蒸发，而不是升华，因为这时它的蒸气压并不等于外界压力。

2. 升华操作

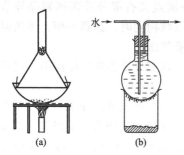

图 7-9　常压升华装置

（1）常压升华　一个简单的升华装置是由一个瓷蒸发皿和一个覆盖其上的漏斗组成，如图 7-9 所示。粗产物放置在蒸发皿中，上面覆盖一张穿有许多小孔的滤纸，用棉花疏松地塞住漏斗管，以减少蒸气逃逸。然后在石棉网上渐渐加热（最好能用砂浴或其他热浴），控制好温度，慢慢升华。蒸气通过滤纸小孔上升，冷却凝结在滤纸上或漏斗壁上。必要时漏斗外壁可用湿布冷却。

（2）减压升华　对于常压下不能升华或升华很慢的一些物质，常常在减压下进行升华。减压升华装置如图 7-10 所示，外面大套管可抽真空，固体物质放在大套管的底部。中间小管作为冷凝管可通水或空气，升华物质冷凝在小管的外面。减压升华一般在水浴或油浴中加热。

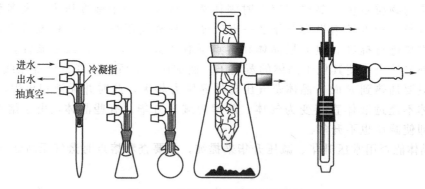

图 7-10　常见的几种减压升华装置

【总结讨论题】
① 升华法提纯固体分哪两类？常压法提纯固体需具备什么条件？
② 碘能否用常压法升华提纯？为什么？

三、液-液分离

（一）蒸馏

蒸馏是液体物质最重要的分离和纯化方法。液体在一定的温度下，具有一定的蒸气压。一般来说，液体的蒸气压随着温度的增加而增加，直至到达沸点，这时有大量气泡从液体中逸出，即液体沸腾。蒸馏就是利用液体的这一性质，将液体加热至沸腾使其变成蒸气，再使蒸气通过冷却装置冷凝并将冷凝液收集在另一容器中的过程。由于低沸点化合物易挥发，高沸点物难挥发，固体物更难挥发，甚至可粗略地认为大多数固体物不挥发，因此，通过蒸馏就能把沸点相差较大的两种或两种以上的液体混合物逐一分开，达到纯化的目的；也可以把易挥发物质和不挥发物质分开，达到纯化的目的。它是分离混合物的一种重要的操作技术，尤其是对于液体混合物的分离有重要的实用意义。

1. 常压蒸馏

（1）常压蒸馏原理　在一定压力下，纯净的液体有一定的沸点，且沸程很小，一般为1℃左右。而混合物则不同，没有固定的沸点，沸程比较长。常压蒸馏可把两种或两种以上沸点相差较大（一般30℃以上）的液体分开。在蒸馏过程中，蒸气中的高沸点组分遇冷易冷凝成液体流回蒸馏瓶中，而低沸点的组分遇冷较难冷凝而被大量蒸出。此时，温度在一段时间内变化不大，直到蒸馏瓶中低沸点组分极少时，温度才迅速上升，随后高沸点组分被大量蒸出，而不挥发性杂质始终残留在蒸馏瓶中。因此，收集某一稳定温度范围内的蒸馏液，就可初步将混合液分开，达到分离纯化的目的。

由于纯液态化合物在一定压力下具有固定的沸点，因此，常用蒸馏法测定物质的沸点来检验物质纯度。

（2）常压蒸馏装置　如图7-11所示。

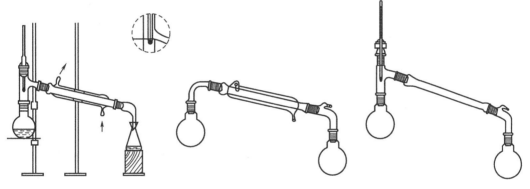

图 7-11　常压蒸馏装置

（3）常压蒸馏实验操作

① 仪器安装。依次安装好蒸馏装置，调整温度计高度，使水银球上缘与蒸馏头支管的下缘在同一水平线上。整个装置要求无论从正面或侧面观察，各仪器的轴线都要处在同一平面内。通入冷凝水，下端进水，上端出水。

② 加入样品。往蒸馏瓶中加入液体样品时，可采取直接加入法或间接加入法。

直接加入法：使蒸馏瓶倾斜，然后缓慢地往蒸馏瓶中倒入液体。

间接加入法：蒸馏装置安装好后，取下温度计，往蒸馏瓶上放一长颈玻璃漏斗，然后倒入液体。

③ 加热蒸馏。往蒸馏瓶中加入液体样品及1～2粒沸石后，先通冷凝水，再加热。刚开始加热速度可稍快，待液体沸腾后，调节加热速度，使馏出液的蒸出速度为每秒1～2滴为宜（此时温度计水银球上挂有液滴）。记录下当第一滴蒸馏出来的液体滴入接受器时的温度 t_1，待温度升至所需沸点范围并恒定不变时，再记录此温度 t_2，一直到蒸馏瓶中只剩下少量液体时，即停止蒸馏，并记录此温度 t_3。$t_1 \sim t_3$ 即为目的物的沸程。

蒸馏完毕，先移去热源，待体系稍冷后关闭冷凝水，然后自后向前拆卸装置，拆卸顺序与安装顺序恰好相反，洗净和收好仪器。并将蒸馏出的目的物倒入指定的回收瓶中。

【总结讨论题】

① 沸石的作用是什么？如果在蒸馏前未加沸石，怎么办？用过的沸石能否重复使用？

② 在安装蒸馏装置时，温度计水银球插在液面上或者使其在蒸馏支管的上面是否正确？为什么？

③ 在蒸馏过程中，火大小不变，为什么蒸了一段时间后，温度计的读数会突然下降？这意味着什么？

④ 蒸馏低沸点或易燃液体时，应如何防止着火？

2. 减压蒸馏

(1) 减压蒸馏原理 液体的沸腾温度指的是液体的蒸气压与外压相等时的温度。外压降低时，其沸腾温度随之降低（图 7-12）。

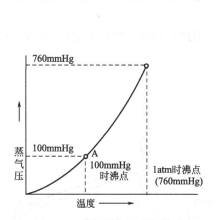

图 7-12 蒸气压与温度的关系

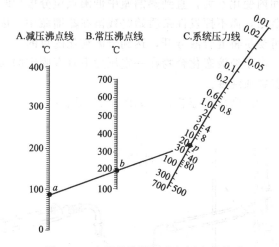

图 7-13 有机物沸腾温度与压力的关系

在蒸馏操作中，一些有机物加热到其正常沸点附近时，会由于温度过高而发生氧化、分解或聚合等反应，使其无法在常压下蒸馏。若将蒸馏装置连接在一套减压系统上，在蒸馏开始前先使整个系统压力降低到只有常压的十几分之一至几十分之一，那么这类有机物就可以在较其正常沸点低得多的温度下进行蒸馏。

有机物的沸腾温度与压力的关系可以近似地由图 7-13 表示。图中有三条线：线 A 表示减压下有机物的沸腾温度（左边），线 B 表示有机物的正常沸点（中间），线 C 表示系统的压力（右边）。

在已知一化合物的正常沸点和蒸馏系统的压力时，连接线 B 上的相应点 b（正常沸点）和线 C 上的相应点 p（系统压力）的直线与左边的线 A 相交，交点 a 指出系统压力下此有机物的沸腾温度。

反过来，若希望在一安全温度下蒸馏一有机物，根据此温度及该有机物的正常沸点，也可以连一条直线交于右边的线 C 上，交点指出此操作必须达到的系统压力。

(2) 减压蒸馏装置 减压蒸馏装置由两个系统构成：一个是蒸馏系统，包括蒸馏烧瓶、Y 形管、蒸馏头、直型冷凝管、真空接液管、接收瓶、温度计及套管、毛细管等；另一个是真空系统，包括抽气泵、真空表和安全瓶。两个系统间用耐压胶管（真空胶管）连接。有时接收烧瓶需用冷却装置强制冷却。

抽气泵有两种：循环水多用真空泵和油泵。

循环水多用真空泵是以循环水作为流体，利用射流产生负压的原理而设计的一种新型多用真空泵，广泛用于蒸发、蒸馏、结晶、过滤、减压、升华等操作中。由于水可以循环使用，节水效果显著。因此，是实验室理想的减压设备。水泵一般用于对真空度要求不高的减压体系中。图 7-14 为 SHB-Ⅲ 型循环水多用真空泵的外观示意图。

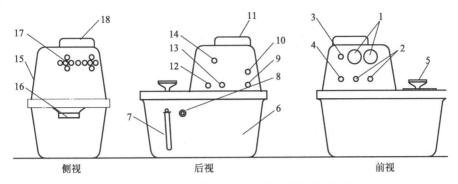

图 7-14　SHB-Ⅲ 型循环水多用真空泵的外观示意
1—真空表；2—抽气嘴；3—电源指示灯；4—电源开关；5—水箱上盖手柄；6—水箱；7—放水软管；
8—溢水嘴；9—电源仪进线孔；10—保险座；11—电机风罩；12—循环水出水嘴；13—循环水
进水嘴；14—循环水开关；15—上帽；16—水箱把手；17—散热孔；18—电机风罩

使用循环水多用真空泵时应注意如下几点。

① 真空泵抽气口最好接一个缓冲瓶，以免停泵时水被倒吸入反应瓶中，使反应失败。

② 开泵前，应检查是否与体系接好，然后打开缓冲瓶上的旋塞。开泵后，用旋塞调至所需要的真空度。关泵时，先打开缓冲瓶上的旋塞，拆掉与体系的接口，再关泵。切忌反向操作。

③ 应经常补充和更换水泵中的水，以保持水泵的
清洁和真空度。

油泵常在对真空度要求较高的场合下使用。油泵的效能取决于泵的结构及油品质量的好坏（油的蒸气压越低越好），性能较好的真空油泵真空度能达到10～100Pa。油泵的结构越精密，对工作条件要求越高。图7-15 为油泵及保护系统示意图。

在用油泵进行减压蒸馏时，溶剂、水和酸性气体会造成对油的污染，使油的蒸气压增加，降低真空度，同时这些气体亦可引起泵体的腐蚀。为了保护泵体和油，使用时应注意做到如下几点。

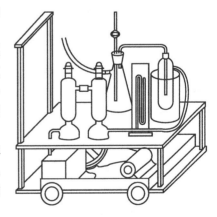

图 7-15　油泵及保护系统示意

① 定期检查，定期换油，防潮防腐蚀。

② 在泵的进口处放置保护材料，如石蜡片（吸收有机物）、硅胶（吸收微量的水）、氢氧化钠（吸收酸性气体）、氯化钙（吸收水汽）和冷阱（冷凝杂质）。

（3）减压蒸馏装置安装　如图 7-16 所示，从左向右依次安装蒸馏烧瓶、Y 形管、蒸馏头、直型冷凝管、真空接液管、接收瓶。真空接液管的支管连接一个安全瓶，安全瓶的支管连接在抽气泵上。启动抽气泵，旋紧安全瓶上旋塞和毛细管上螺旋夹，检查整个装置的气密性。待达到所需的真空度后，放开安全瓶上旋塞，恢复系统的常压状态。

气化中心设置：减压蒸馏时不能用碎瓷片、一端封口的断毛细管等形成气化中心，可以用一根上端粗、下端细的两端开口毛细管从蒸馏头直管上伸入蒸馏烧瓶液面下，上端用胶管连接并用螺旋夹控制。也可以用磁力搅拌器带动搅拌子形成气化中心。

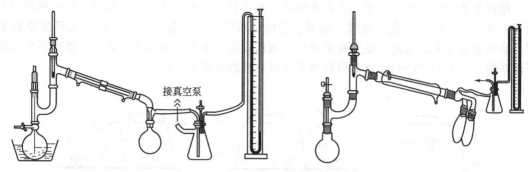

接真空泵

图 7-16 减压蒸馏装置

（4）减压蒸馏操作 在蒸馏烧瓶中加入待蒸馏液体，不能超过烧瓶容积的 1/2。开启抽气泵，旋紧安全瓶旋塞，待达到所需真空度后开始加热。观察毛细管下端逸出的气泡，不使中断。控制加热温度，勿使蒸馏过剧。观测出现第一滴馏出液时的温度，待达到所需蒸馏温度时再开始接受馏出液，此前收集的馏出液为前馏分，单独处理。蒸馏结束时，先停止加热，再放开安全瓶上的旋塞，收集馏出液，从右向左拆卸各组件。

【总结讨论题】

① 减压蒸馏为什么能在较低温度下实现蒸馏操作？其优点是什么？

② 减压蒸馏时有几种形成气化中心的方法？

③ 一套减压蒸馏装置中总有一个安全瓶，它起什么作用？

④ 减压蒸馏开始时，要先抽气达到所需真空度，后加热；结束时，要先停止加热，后停止抽气。为什么？

⑤ 在进行减压蒸馏时，为什么一定要用热浴加热？为什么须先抽气后加热？

⑥ 安装减压蒸馏装置时，应注意什么问题？

（二）分馏（分级蒸馏）

蒸馏和分馏的基本原理相同，都是利用有机物质的沸点不同，在蒸馏过程中低沸点的组分先蒸出，高沸点的组分后蒸出，从而达到分离提纯的目的。不同的是，分馏借助于分馏柱使一系列的蒸馏不需多次重复，得以一次完成（分馏即多次蒸馏）；应用范围也不同，蒸馏时混合液体中各组分的沸点要相差 30℃ 以上才可以进行分离，要彻底分离沸点要相差 110℃ 以上，而分馏可使沸点相近的互溶液体混合物（甚至沸点仅相差 1~2℃）得到分离和纯化。工业上的精馏塔就相当于分馏柱。

1. 理想溶液的分馏原理

由苯和甲苯的蒸馏曲线可以了解，两种易挥发物质组成的溶液在蒸馏中无论蒸馏温度间隔多么小，也得不到纯净的苯或甲苯。要想得到更好的蒸馏效果，可以将很小蒸馏温度间隔的馏出液再次蒸馏，即从图 7-17 上的 V 点得到相应的冷凝液 L_1，对其再蒸馏可得到的蒸气组成为 V_1，将其冷凝后得到苯的进一步富集（L_2）。进一步重复上面的操作，如此下去，直到获得近乎纯净的苯。这种过程称为分级蒸馏，是非常烦琐的操作过程，但有时可以在一种较为复杂的分馏柱中进行。

分馏过程分析：液体开始沸腾时，大量混合物蒸气上升。在充有填料的分馏柱中（或有向内突出的阻隔物），蒸气发生冷凝，冷凝液滴下落；下落过程中与继续上升的蒸气接触并发生热交换，并在较低的温度下再度气化，此蒸气中低沸点组分含量多于冷凝液滴中。在分馏柱中这样的气化-冷凝反复进行，如蒸馏曲线所示，最后得到单一的低沸点组分。在分馏柱中，每一次完整的气化-冷凝过程视为一个理论塔板。塔板数越多，分馏柱的分离效果越好。

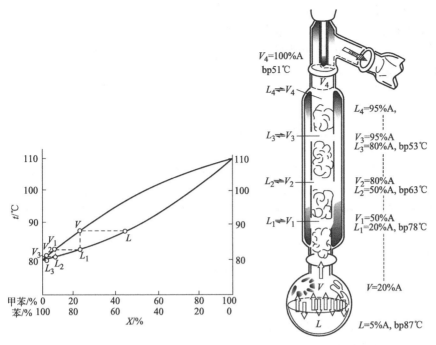

图 7-17 苯-甲苯体系的温度-组成曲线与分馏原理示意

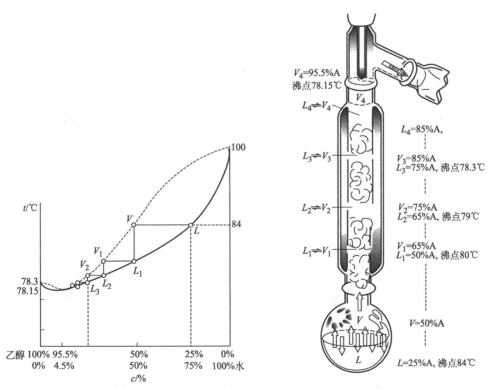

图 7-18 乙醇-水体系的温度-组成曲线与分馏原理示意

2. 两种挥发性物质组成的非理想溶液——共沸混合物的蒸馏原理

对于非理想溶液，由于分子间的作用强，其蒸馏行为偏离拉乌尔定律，有时出现恒沸现象。以乙醇-水溶液为例（图 7-18）。组成为 25％乙醇-75％水的溶液，在约 84℃时沸腾，蒸气组成

（在气相线上）约55％乙醇-45％水，而留在液体中的乙醇就减少了。对此液体继续蒸馏，沸点将升高，对应的气相和液相中乙醇的分数将降低。这样简单地进行蒸馏，得不到有效的分离。

若将蒸气冷凝，对收集到的馏出液再次蒸馏，乙醇进一步得到富集。这样进行多次蒸馏，蒸气组成沿上凸线向左移动，液体组成也沿下凹线向左移动，直至两条线交于一点，即达到一个恒定的温度。此时气相组成与液相组成相同，再蒸馏也不会改变，此后就无法进一步对乙醇富集，这就是恒沸现象。

再高效的分馏柱也不能对具有恒沸现象的物系实现完全分离，只能得到组成恒定、沸点一定的恒沸混合物。

实际上，大部分液体蒸馏体系都具有恒沸现象。乙醇-水溶液的恒沸点在 78.15℃（101.3kPa，恒沸组成为95.5％乙醇-4.5％水），低于纯乙醇的沸点78.3℃（101.3kPa）。恒沸点低于纯物质沸点的现象称为最低恒沸现象。也有些溶液具有最高恒沸点，如氯仿-丙酮溶液等。

可以通过类似的分析对具有最高恒沸点的共沸混合物的分馏过程进行分析。

共沸蒸馏又称恒沸蒸馏，主要用于共沸物的分离。共沸物是指在一定压力下混合液体具有相同的沸点的物质。该沸点比纯物质的沸点更低或更高。

（1）原理　在共沸混合物中加入第三组分，该组分与原共沸混合物中的一种或两种组分形成沸点比原来组分和原来共沸物沸点更低的、新的具有最低共沸点的共沸物，使组分间的相对挥发度增大，易于用蒸馏的方法分离。这种蒸馏方法称为共沸蒸馏，加入的第三组分称为恒沸剂或夹带剂。

工业上常用苯作为恒沸剂进行共沸精馏制取无水酒精。常用的夹带剂有苯、甲苯、二甲苯、三氯甲烷、四氯化碳等。

（2）共沸蒸馏装置　图 7-19 是实验室常用的共沸蒸馏装置。它是在蒸馏瓶与回流冷凝管之间增加了一个分水器。

常用分水器有几种，如图 7-20 所示。

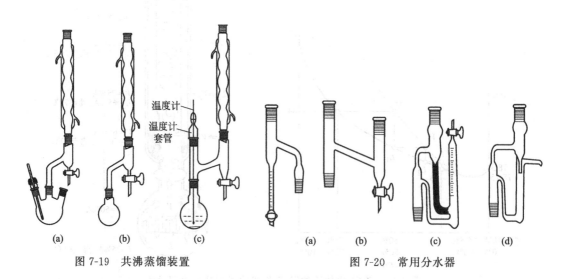

温度计

温度计套管

(a)　(b)　(c)　　　　　　(a)　(b)　(c)　(d)

图 7-19　共沸蒸馏装置　　　　　图 7-20　常用分水器

3. 简单分馏装置

实验室中常用的几种简单分馏柱如图 7-21 所示。其中（a）称为韦氏分馏柱（Vigreux column），它是一支带有数组向心刺的玻璃管，每组有三根刺，各组间呈螺旋状排列。优点是不需要填料，分馏过程中液体极少在柱内滞留，易装易洗。缺点是分离效率不高，一般为

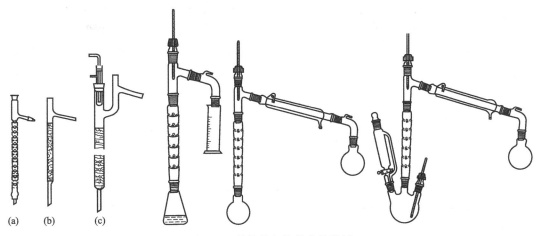

图 7-21　分馏柱与简单分馏装置

2～3 个理论塔板数，HETP（理论塔板当量高度）为 7～10cm。依柱的尺寸不同而不同。图中的（b）是装有填料的分馏柱，直径 1.5～3.5cm，管长根据需要而定。图中的（c）是（b）的一种改良，它由克氏蒸馏管附加一支指形冷凝管组成。调节指形冷凝管的位置和水流速度可以粗略地控制回流比，提高分离效率，但一定要控制加热速度，防止液泛。（b）、（c）两种分馏柱的填料可以是玻璃珠、$\phi6mm\times6mm$ 的玻璃管、玻璃环及金属丝绕成的小螺旋圈等。选择哪一种填料，视分馏的要求而定。

4. 简单分馏操作

简单分馏操作和简单蒸馏大致相同。将待分馏的混合物放入圆底烧瓶中，加入沸石，装上普通分馏柱，插上温度计。分馏柱的支管和冷凝管相连（如图 7-21 所示），必要时可用石棉绳包绕分馏柱保温。温度计的安装高度应使其水银球的上沿与分馏柱支管口下沿在同一水平线上。

选用合适的热浴加热，液体沸腾后要注意调节浴温，使蒸气慢慢升入分馏柱，约 10min 后蒸气到达柱顶。开始有液体馏出时，调节浴温使蒸出液体的速度控制在 2～3 秒 1 滴，这样可以得到比较好的分馏效果。观察柱顶温度的变化，收集不同的馏分。

【总结讨论题】

① 分馏和蒸馏的区别是什么？

② 分馏操作时如何实现将较低沸点的组分单独蒸出？

③ 非理想溶液与理想溶液的区别是什么？其蒸馏行为有什么特点？

④ 低共沸现象指的是什么？具有低共沸点的物质组成与具有恒定沸点的物质有什么不同？

⑤ 蒸馏或分馏操作时，温度计位置偏低或偏高对控制蒸馏温度有什么影响？

⑥ 蒸馏操作开始后才发现未加沸石，此时应该怎样做？

（三）水蒸气蒸馏

1. 水蒸气蒸馏原理

如果两种液体物质彼此互相溶解的程度很小以至可以忽略不计，就可以视为是不互溶混合物。在含有几种不互溶的挥发性物质混合物中，每一组分 B 在一定温度下的分压 p_B 等于在同一温度下该化合物单独存在时的蒸气压 p_B^*，而不是取决于混合物中各化合物的物质的量分数。这就是说该混合物的每一组分是独立地蒸发的。这一性质与互溶液体的混合物（即溶液）完全不同，互溶液体中每一组分的分压等于该化合物单独存在时的蒸气压与它在溶液

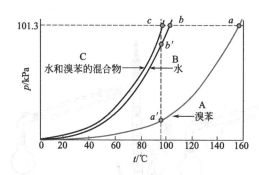

图 7-22　水-溴苯体系的压力-温度关系图

中的物质的量分数的乘积（拉乌尔定律）。

根据道尔顿定律，与一种不互溶混合物液体对应的气相总压力 $p_总$ 等于各组成气体分压的和，所以不互溶的挥发性物质的混合物总蒸气压如下式所示：

$$p_总 = p_1 + p_2 + \cdots + p_i$$

从上式可知任何温度下混合物的总蒸气压总是大于任一组分的蒸气压，因为它包括了混合物其他组分的蒸气压。由此可见，在相同外压下，不互溶物质混合物的沸点要比其中沸点最低组分的沸腾温度还要低。

图 7-22 表示水（沸点 100℃）和溴苯（沸点 156℃）这两个不互溶混合物的蒸气压对温度的关系曲线。混合物约在 95℃沸腾，即在该温度时总蒸气压等于大气压。正如理论上预见的，此温度低于这个混合物中沸点最低的组分——水的沸点。由于水蒸气蒸馏可以在 100℃或更低温度下进行蒸馏操作，对于那些热稳定性较差和高温下易分解的化合物的分离，是一种有效的方法。

水蒸气蒸馏中冷凝液的组成由所蒸馏化合物的分子量以及在此蒸馏温度时它们的相应蒸气压决定。两个不互溶组分 A、B 的混合物，假如把 A 和 B 的蒸气当作理想气体，就可应用理想气体定律，得到下列关系：

$$p_A V = n_A RT = \frac{m_A}{M_A} RT$$

$$p_B V = n_B RT = \frac{m_B}{M_B} RT$$

$$\frac{p_A}{p_B} = \frac{m_A M_B}{m_B M_A}$$

对于水和溴苯的混合物，在 95℃时溴苯和水的混合物蒸气压分别为 $p_{溴苯} = 16kPa$ 和 $p_水 = 85.3kPa$，相对分子质量分别为 $M_{溴苯} = 157$、$M_水 = 18$，其馏出液的组成可从下式计算获得：

$$m_{溴苯} : m_水 = 16 \times 157 \div (85.3 \times 18) = 1.635$$

由此，在馏出液中，溴苯的质量分数为

$$1.635 \div (1 + 1.635) \times 100\% = 62\%$$

因此，尽管在蒸馏温度时溴苯的蒸气压很小，但由于其分子量大，按质量计在水蒸气蒸馏液中溴苯要比水多。

鉴于通常有机化合物的分子量要比水大得多，所以一种化合物在接近 100℃时有一适当的蒸气压，即使只有 1kPa，用水蒸气蒸馏亦可获得良好效果（以质量对质量作比较）。甚至固体物质有时也可用水蒸气蒸馏实现提取。

2. 水蒸气蒸馏装置

一套较为系统的水蒸气蒸馏装置（图 7-23）包括如下几项。

(1) 水蒸气发生器　可以用一个大的短颈蒸馏烧瓶，配以长的安全管和弯成直角的水蒸气引出管；也有专用的铜制水蒸气发生器。

(2) 蒸馏系统　包括：蒸馏烧瓶，克氏蒸馏头（也可用 Y 形管配以普通蒸馏头代替，直管上安装水蒸气导入管），直型冷凝管、接液管和接液瓶。

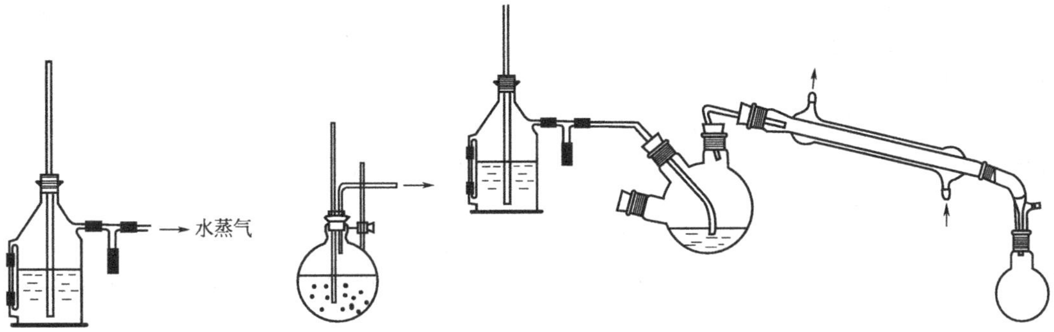

图 7-23　水蒸气发生器与水蒸气蒸馏装置

在水蒸气发生器和蒸馏系统之间用 T 形管和胶管将水蒸气发生器与蒸馏头连接起来，支管上接一根配有螺旋夹的胶管。

3. 水蒸气蒸馏操作

向水蒸气发生器中加入适量水，并加入沸石，塞好塞子。

向蒸馏烧瓶中加入待蒸馏的混合物，连接好导入管、冷凝管、接液管和接液瓶。松开 T 形管下的螺旋夹，开始加热水蒸气发生器至沸腾，再旋紧螺旋夹。检查水蒸气向蒸馏烧瓶中导入情况是否顺利、安全管水位是否正常，在蒸馏过程中随时注意观察。蒸馏直到馏出液清澈，再蒸出 5～10mL 后即可结束。结束时先松开螺旋夹，再停止加热。

4. 水蒸气蒸馏的适用对象和使用条件

水蒸气蒸馏适用于从焦油状混合物及树脂样混合物中提取较低沸点物质，也常用于从动植物组织中提取有机物，如植物精油的提取等。

使用水蒸气蒸馏必须满足三个条件：

① 被蒸馏物不与水发生化学反应；

② 在接近 100℃ 时被提取物有一定的蒸气压；

③ 被提取物在水中难溶。

在馏出液冷却后，不溶于水的提取物与水分层，借助分液漏斗可以将其从水中分出。

对一些在水中略有溶解的化合物或有形成乳浊液倾向的物系，为减少损失，可以辅以盐析或加入有机溶剂萃取等方法将其尽可能多地从水中离析出来。

【总结讨论题】

① 互不相溶的两种物质组成的液体，其蒸气压有什么特点？如何将这种特点用于混合物分离？

② 用水蒸气蒸馏分离混合物时，被分离混合物应具备什么条件？

③ 水蒸气蒸馏操作时，什么时候应该停止蒸馏？停止时首先应该做什么？

④ 水蒸气蒸馏操作时，发现安全管水位不正常升高，此时应该做什么？

（四）萃取

萃取是将存在于某一相的有机物用溶剂浸取、溶解或悬浮后，转入另一液相中的分离过程。萃取是利用物质在不同溶剂中溶解度的差异使其分离的，是利用有机物按一定的比例在两相中溶解分配的性质实现的。

萃取分为液-固萃取和液-液萃取。

液-固萃取是用一种适宜溶剂浸取固体混合物提取特定组分的方法，有时也称之为抽提。所选溶剂对特定组分有很大的溶解能力，特定组分在固-液两相间以一定的分配系数从固体转向溶剂中。

液-液萃取是用一种适宜溶剂从溶液中萃取有机物的方法。此时所选溶剂与溶液中的溶剂不相溶，有机物在这两相以一定的分配系数从溶液转向所选溶剂中。

1. 萃取基本原理

向含有溶质 B 和溶剂 1 的溶液中加入一种与溶剂 1 不相溶的溶剂 2，溶质 B 自动地在两种溶剂间分配，达到平衡。此时溶质 B 在两种溶剂中的浓度之比称为溶质 B 在两种溶剂间的分配系数 K：

$$K = c_2/c_1$$

式中，c_1 和 c_2 分别是溶质 B 在溶剂 1 和溶剂 2 中的浓度。

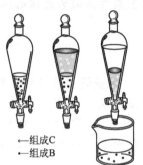
○—组成C
●—组成B

图 7-24　萃取示意

这就是分配定律。

只有当 B 在溶剂 2 中比在溶剂 1 中的溶解趋势大得多，即 K 值比 1 大得多时，溶剂 2 对于 B 的萃取才是有效的。对于含有溶质 B、溶质 C 和溶剂 1 的溶液，用溶剂 2 萃取。C 和 B 在两种溶剂中各有分配系数 K_C 和 K_B，二者的比值称为溶质 C、溶质 B 在一定萃取系统中的分离因数，用 β 表示（设 $K_C > K_B$）：

$$\beta = K_C/K_B$$

β 越大，对混合物一次萃取实现的 C 与 B 的分离程度越高（图 7-24）。

若 β 不够大，则 C、B 二者在两种溶剂间的分配差异不够大，一次萃取的效果就不会很好，只有多次萃取才能实现 C 和 B 的良好分离。

这种物质交换的过程只发生在两相界面上。为了加速建立平衡过程，应当尽可能增大两相之间的界面。因此，萃取过程中要充分振荡盛有液体的容器，固体物质要充分研细。

2. 液-固萃取操作

从固体混合物中萃取所需要的物质，最简单的方法是把固体混合物粉碎或研细，放在容器里，加入适当溶剂，加热提取（图 7-25）。

（1）一次提取　在回流装置中加入固体混合物和溶剂，加热至回流，一段时间后停止。过滤，收集滤液，完成一次提取。

（2）多次提取　多次提取常使用索氏提取器（Soxhlet extractor）。将滤纸做成与提取器大小相应的套袋，然后把固体混合物放入套袋，装入提取器内。在蒸馏烧瓶中加入提取溶剂和沸石，连接好蒸馏烧瓶、提取器、回流冷凝管，接通冷凝水，加热。沸腾后，溶剂的蒸气从烧瓶进到冷凝管中，冷凝后的溶剂回流到套袋中，浸取固体混合物。溶剂在提取器内到达一定的高度时，就携带所提取的物质一同从侧面的虹吸管流入烧瓶中。溶剂就这样在仪器内循环流动，把所要提取的物质集中到下面的烧瓶内。

3. 液-液萃取操作

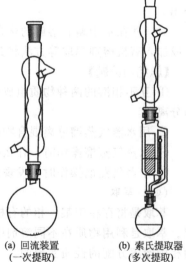

(a) 回流装置
（一次提取）

(b) 索氏提取器
（多次提取）

图 7-25　液-固萃取装置示意

液-液萃取在分液漏斗中进行（图 7-26）。先将溶液与萃取溶剂由分液漏斗的上口倒入，盖好盖子，把分液漏斗倾斜，漏斗的上口略朝下，右手捏住漏斗上口颈部，用食指压紧盖子，左手握住旋塞，振荡。

振荡后，保持漏斗倾斜，旋开旋塞，放出气体，使内外压力平衡（尤其是在漏斗内盛有易挥发溶剂如乙醚、苯等，或用碳酸钠溶液中和酸液时，振荡后更应注意及时旋开旋塞，放出气体）。

振荡数次后，将分液漏斗放在铁环上，静置，待混合液体分层。振荡有时会形成稳定的乳浊液，可加入食盐至溶液饱和，破坏乳浊液的稳定性。也可轻轻地旋转漏斗，使其加速分层。长时间静置分液漏斗，也可达到使乳浊液分层的目的。

当液体分成清晰的两层后，旋转上口盖子，使盖子上的凹缝对准漏斗上口的小孔，与大气相通。旋开旋塞，让下层的液体缓慢流下。当液面分界接近旋塞时，关闭旋塞，静置片刻，待下层液体汇集不再增多时，小心地全部放出。然后把上层液体从上口倒入另一个容器里。

在萃取过程中，将一定量的溶剂分做多次萃取，其效果要比一次萃取为好。

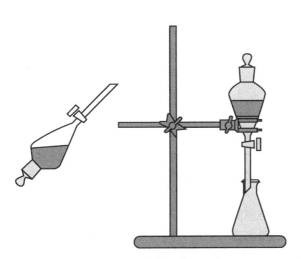

图 7-26 液-液萃取装置示意

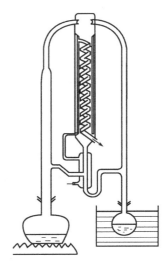

图 7-27 同时蒸馏萃取装置示意

4. 同时蒸馏萃取

同时蒸馏萃取（simultaneous distillation extraction，SDE）是通过同时加热样品液相与有机溶剂至沸腾来实现的。实验装置如图 7-27，它是把样品的浆液置于一圆底烧瓶中，连接于仪器右侧，以另一烧瓶盛装溶剂，连接于仪器左侧，两瓶分别水浴加热，水蒸气和溶剂蒸气同时在仪器中被冷凝下来，水和溶剂不相混溶，在仪器 U 形管中被分开来，分别流向两侧的烧瓶中，结果蒸馏和提取同时进行，只需要少量溶剂就可提取大量样品，使特定成分得到浓缩。

（五）色谱分离

色谱法又称层析法，是一种分离和分析方法，在分析化学、有机化学、生物化学等领域有着非常广泛的应用。1906 年俄国植物学家米哈伊尔·茨维特用碳酸钙填充竖立的玻璃管，以石油醚洗脱植物色素的提取液，经过一段时间洗脱之后，植物色素在碳酸钙柱中实现分离，由一条色带分散为数条平行的色带。由于这一实验将混合的植物色素分离为不同的色带，因此茨维特将这种方法命名为 Хроматография，这个单词最终被英语等拼音语言接受，成为色谱法的名称。汉语中的色谱也是对这个单词的意译。20 世纪 50 年代之后飞速发展，并发展出一个独立的三级学科——色谱学。历史上曾经先后有两位化学家因为在色谱领域的突出贡献而获得诺贝尔化学奖，此外色谱分析方法还在 12 项获得诺贝尔化学奖的研究工作中起到关键作用。

在色谱法中存在两相：一相是固定不动的，叫作固定相；另一相则不断流过固定相，叫作流动相。色谱分离（chromatographic resolution，CR）利用多组分混合物中各组分物理化学性质（如吸附力、分子极性、分子形状和大小、分子亲和力、分配系数等）的差别，使各组分以不同程度的选择性分配（分布）在固定相和流动相中。当多组分混合物随流动相流动时，由于各组分物理化学性质的差别而以不同的速率移动，使之分离，最终达到分离的效果。在色谱操作中，加入洗脱剂而使各组分分层的操作称为展开（development），洗脱时从柱中流出的溶液称为洗脱液（eluate），而展开后各组分的分布情况称为色谱（chromatography）。

色谱法的优点：

① 分离效率高，每米柱长可达几千至几十万的塔板数；

② 应用范围广，从极性到非极性、离子型到非离子型、小分子到大分子、无机到有机及生物活性物质，以及热稳定到热不稳定的化合物，尤其是对生物大分子样品的分离，是其他方法无法代替的；

③ 选择性强；

④ 可实现高灵敏度的连续在线检测；

⑤ 快速分离；

⑥ 过程自动化操作。

1. 色谱分类

（1）按色谱分离过程的机理分类

吸附色谱：利用各组分在吸附剂与洗脱剂之间的吸附和溶解（解吸）能力的差异而实现分离。

分配色谱：利用各组分在两种互不混溶溶剂间的溶解度差异来实现分离的方法。

离子交换色谱：利用不同组分对离子交换剂亲和力的不同而达到分离的一种色谱方法。

凝胶色谱（排阻色谱）：利用惰性多孔物，如凝胶，对不同组分分子的大小产生不同的滞留作用，以达到分离的色谱方法。

亲和色谱：利用生物大分子和固定相表面存在某种特异亲和力，进行选择性分离的一种方法。

（2）按固定相所处的状态分类

柱色谱：将固定相颗粒装填在金属或玻璃柱内进行色谱分离。柱色谱具有进样量大、回收容易等优点，但其分辨率不如纸色谱和薄层色谱高。

纸色谱：以滤纸为载体，是以滤纸纤维及其结合水作为固定相、以有机溶剂作为流动相的分配色谱分离。纸色谱分离具有设备简单、操作方便、分离效率高、所需样品量少等优点，缺点是分离量少、回收困难，分离速度慢等。

薄层色谱：将固定相（吸附剂）粉末在玻璃平板上铺成薄层而进行分离的一种分离技术。薄层色谱是柱色谱和纸色谱两者的结合。

2. 薄层色谱

薄层色谱法（thin layer chromatography，TLC）是纸色谱和柱色谱相结合而发展起来的一种微量分离技术。它的操作方式类似于纸色谱。但由于它的固定相多、分离效率高、检出灵敏度高以及分离过程快等优点，应用远比纸色谱广泛，如反应终点控制、工艺条件选择、产品质量检验和未知试样剖析等，它也成为一些国家药典上的标准方法。

薄层色谱法的特点：固定相一次性使用，不会被污染；样品处理简单；快速（展开时间几秒到几十分钟）；分离效率高，灵敏度高；可用浓硫酸或高温灼烧显色，不受单一显色器的限制；应用面广；试样量较大，载样量比较大，适用于制备；但斑点易拖尾，R_f 的重现性较差。

（1）薄层色谱原理　薄层色谱法是把吸附剂均匀地涂布于玻璃板或塑料板上使之形成薄层（固定相），试液滴于薄层板的起始线上，待溶剂挥发后，放入盛有一定展开剂的展开室。由于薄层的毛细管作用，展开剂沿着薄层板不断展开，样品中的各个组分就沿着薄层在固定相和流动相之间不断地发生溶解、吸附、再溶解、再吸附的色谱分配过程。经过一段时间的展开，不同组分就在薄层上分开。如果试样组分有颜色，就可以看到各个色斑。否则，应进一步显色，确定各个组分在薄层中的位置。

由于薄层色谱的吸附剂颗粒很细，颗粒间的狭窄通道类似于毛细管，因而和纸色谱一样，展开剂可以沿薄层板向上展开。与纸色谱法一样，薄层色谱的 R_f 值也是组分的特征值，同样受到许多实验因素的影响。在用薄层色谱进行分离鉴定时，应尽量保持操作条件一致。

（2）薄层色谱固定相　薄层色谱法中常用硅胶、氧化铝、硅藻土、纤维素和聚酰胺等吸附剂作固定相。

硅胶是一种微酸性物质，适合于酸性和中性物质的分离。常见的薄层硅胶商品有：硅胶G，加有黏合剂石膏的硅胶；硅胶 H，不含黏合剂石膏的硅胶；硅胶 HF，不含黏合剂而加荧光指示剂的硅胶；硅胶 GF，加有黏合剂石膏和荧光指示剂的硅胶；硅胶 CMC，加有黏合剂羧甲基纤维素的硅胶。

氧化铝是一种吸附能力强的吸附剂，适合于分离碱性、中性和极性弱的物质。

薄层色谱固定相是通过加入一定量的黏合剂或烧结方式使吸附剂牢固地吸在薄层板上而不脱落。常用的黏合剂有煅石膏、淀粉、羧甲基纤维素等。普通薄层板可以实验室涂布，但目前市场上提供各种规格的高效薄层色谱板商品。

（3）薄层色谱展开剂　薄层色谱所用的展开剂主要是低沸点的有机溶剂。采用吸附色谱，对极性较大的化合物进行分离应选用极性较大的展开剂，极性较小的化合物应选用极性较小的展开剂。

常用溶剂的极性强弱顺序：水>酸>吡啶>甲醇>乙醇>正丙醇>丙酮>乙酸乙酯>乙醚>氯仿>二氯甲烷>甲苯>苯>三氯乙烷>四氯化碳>环己烷>石油醚。

当单一溶剂作展开剂不能很好分离时，可考虑改变展开剂的极性或选用混合溶剂展开。如果 R_f 值都较小，靠近原点时，可考虑增大展开剂极性或加入适量的极性较大的溶剂。如果 R_f 值都较大，靠近溶剂前沿时，可考虑减小展开剂极性或加入适量的极性较小的溶剂。有时二元展开剂亦不能获得满意的分离，就需要加入第三、第四种溶剂，其目的是改变展开剂的极性、调整展开剂的酸碱性和增加溶质的溶解度。

被分离物质、吸附剂及展开剂的选择可以用 Stahl 简图（图 7-28）表示：极性物质—活度

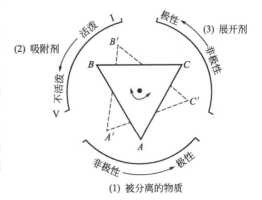

图 7-28　被分离物质、吸附剂和展开剂选择的 Stahl 简图

低（活性极大）的吸附剂—极性展开剂。

（4）薄层色谱实验技术

① 薄层板。根据薄层板的不同制法，薄层板大体分为普通薄层板（干法软板、湿法硬板）和特殊薄层板（烧结板、金属板、聚酯膜板及其他薄层板）。

普通薄层板的实验室制备方法如下。

薄层载板一般为 18cm×6cm，20cm×20cm 等规格的玻璃板。玻璃表面应光洁平整，涂布前应洗净烘干。

湿法涂布：称取一定量的含有黏合剂的薄层色谱吸附剂（250～300目），加入适量的水（或其他溶液、溶剂），调成糊状，然后涂布在洁净玻璃板上，涂层厚度通常为 0.2～0.3mm。

涂布好的薄层板应晾干，然后进行烘干（105～110℃）活化 45min，放入干燥器备用。

② 点样。一般样品浓度为 0.1%～1%。在 0.25mm 厚的薄层板上，一般点样 5～15μg 或 0.5～20μL。点样量一般不超过 10μL。用玻璃毛细管或微量注射器吸入试液，点样时管端或针尖靠近薄板，让液滴接触硅胶板，液滴被硅胶吸收而落下。晾干后，可以重复点样。

点样时不要损伤薄层板表面，宜分次点加，直径不要超过 4mm。点样基线距底边为 1.0～1.5cm，距两边不少于 1.0cm。两个样点距离可视斑点扩散以不影响检出为宜，一般为 1.5～2.0cm。点样基线与薄层板底边平行。

③ 展开。薄层色谱应在密闭的容器中展开。它的展开时间较短，展开 10～15cm，一般为 30min。

④ 检出（显色）。薄层色谱常用的显色方法如下。

a. 紫外光照射。把展开后的薄层板放在紫外灯下（常用 254nm 或 365nm 光线）观察样品斑点。含有共轭双键的有机物能吸收紫外光，呈现暗色斑；硅胶 GF 薄层板在紫外线照射下呈黄绿色荧光，斑点部分呈现暗色。荧光物质吸收紫外光呈现荧光斑点。

b. 碘蒸气熏色。多数有机化合物遇碘蒸气会显出黄到黄棕色斑点。可将薄层板置于放有固体碘的容器内显色。但有机物和碘反应的斑点是可逆的，取出薄层板后，应立即作好斑点记号。

c. 喷射显色剂。如同纸色谱。

d. 浓硫酸显色。有机物炭化，呈现黑色斑点。

e. 高温炭化显色。

（5）薄层色谱的定性　薄层色谱定性方法与纸色谱法一样，采用 R_f 值进行定性分析。

$$R_f = \frac{斑点中心移动距离}{溶剂前缘移动距离}$$

但由于薄层色谱所得到的 R_f 值受到更多实验因素的影响，重现性较差。利用文献上的 R_f 值定性，应严格控制实验条件一致。实际工作中通常采用参考物质对照定性，或将斑点洗脱后用其他方法定性。

（6）薄层色谱的定量

① 直接法。在相同的实验条件下，或在同一块板上，测量斑点面积的大小或颜色深浅进行定量。它又分为目视比较法、斑点面积测量法（点击）和薄层色谱扫描法。

② 间接法。是将斑点从硅胶上洗脱下来，再用其他方法定量。

3. 柱色谱

柱色谱（column chromatography）是最常见的色谱分离形式，茨维特的色谱实验是一个典型例子。它具有高效、简便和分离容量较大等特点，常用于复杂样品分离和精制化合物的纯化。

（1）柱色谱原理 柱色谱是基于吸附和溶解性质的分离技术。

当混合物溶液加在固定相上，固体表面借各种分子间力（包括范德华力和氢键）作用于混合物中各组分，各组分以不同的作用强度被吸附在固体表面。

由于吸附剂对各组分的吸附能力不同，当流动相流过固体表面时，混合物各组分在液-固两相间分配。吸附牢固的组分在流动相分配少，吸附弱的组分在流动相分配多。流动相流过时各组分会以不同的速率向下移动，吸附弱的组分以较快的速率向下移动。随着流动相的移动，在新接触的固定相表面上又依这种吸附-溶解过程进行新的分配，新鲜流动相流过已趋平衡的固定相表面时也重复这一过程，结果是吸附弱的组分随着流动相移动在前面，吸附强的组分移动在后面，吸附特别强的组分甚至会不随流动相移动，各种化合物在色谱柱中形成带状分布，实现混合物的分离。

（2）柱色谱分离条件

① 固定相选择。柱色谱使用的固定相材料又称吸附剂。吸附剂对有机物的吸附作用有多种形式。以氧化铝作为固定相时，非极性或弱极性有机物只有范德华力与固定相作用，吸附较弱；极性有机物同固定相之间可能有偶极力或氢键作用，有时还有成盐作用。这些作用的强度依次为：成盐作用＞配位作用＞氢键作用＞偶极作用＞范德华力作用。

常用吸附剂有氧化铝、硅胶、活性炭等。

色谱用的氧化铝可分酸性、中性和碱性三种。酸性氧化铝 pH 值为 4～4.5，用于分离羧酸、氨基酸等酸性物质；中性氧化铝 pH 值为 7.5，用于分离中性物质，应用最广；碱性氧化铝 pH 值为 9～10，用于分离生物碱、胺和其他碱性化合物等。吸附剂的活性与其含水量有关，含水量越低，活性越高。脱水的中性氧化铝称为活性氧化铝。

硅胶是中性的吸附剂，可用于分离各种有机物，是应用最为广泛的固定相材料之一。

活性炭常用于分离极性较弱或非极性有机物。

吸附剂的粒度越小，比表面积越大，分离效果越明显，但流动相流过越慢，有时会产生分离带的再重叠，适得其反。

② 流动相选择。色谱分离使用的流动相又称展开剂。展开剂对于选定了固定相的色谱分离有重要的影响。

在色谱分离过程中混合物中各组分在吸附剂和展开剂之间发生吸附-溶解分配，强极性展开剂对极性大的有机物溶解得多，弱极性或非极性展开剂对极性小的有机物溶解得多，随展开剂的流过不同极性的有机物以不同的次序形成分离带。

在氧化铝柱中，选择适当极性的展开剂能使各种有机物按先弱后强的极性顺序形成分离带，流出色谱柱。

当一种溶剂不能实现很好的分离时，选择使用不同极性的溶剂分级洗脱。如一种溶剂作为展开剂只洗脱了混合物中一种化合物，对其他组分不能展开洗脱，需换一种极性更大的溶剂进行第二次洗脱。这样分次用不同的展开剂可以将各组分分离。

（3）柱色谱分离操作

① 柱色谱装置。柱色谱装置包括色谱柱、滴液漏斗、接受瓶（图 7-29）。

色谱柱有玻璃制的和有机玻璃制的，后者只用于水做展开剂的场合。色谱柱下端配有旋塞，色谱柱的长径比应不小于（7～8）:1。

② 分离操作。

图 7-29 柱色谱装置

a. 装柱。色谱柱的装填有干装和湿装两种方法。

干装时，先在柱底塞上少许玻璃纤维，再加入一些细粒石英砂，然后将准备好的吸附剂用漏斗慢慢加入干燥的色谱柱中，边加入边敲击柱身，务必使吸附剂装填均匀，不能有空隙。吸附剂用量应是被分离混合物量的 $30\sim40$ 倍，必要时可多达 100 倍。加够以后，在吸附剂上覆盖少许石英砂。

湿装时，将准备好的吸附剂用适量展开剂调成可流动的糊，如干装时一样准备好色谱柱，将吸附剂糊小心地慢慢加入柱中，加入时不停敲击柱身，务必使吸附剂装填均匀，不能有气泡和裂隙，还必须使吸附剂始终被展开剂覆盖。

b. 洗柱。干柱在使用前要洗柱，目的是排除吸附剂间隙中的空气，使吸附剂填充密实。洗柱时从柱顶由滴液漏斗加入所选的展开剂，适当放开柱下端的旋塞。加入时先快加，再放慢滴加速度，使吸附剂始终被展开剂覆盖。洗柱时也要轻敲柱身，排出气泡。

c. 装样和洗脱。将待分离的混合物用最小量展开剂溶解，小心加入柱中。待混合物溶液液面接近吸附剂上的石英砂时，旋开滴液漏斗旋塞，滴加展开剂。滴加速度以每秒 $1\sim2$ 滴为适度。整个过程中，应使展开剂始终覆盖吸附剂。

第三节 无机物合成技术路线的选择与设计

合成是化学学科的永恒主题，其作用主要有两点：其一是合成人类在各个领域中需要的新物质；其二是为已知化合物寻找新的和更好的制备方法。正是由于新物质的发现及合成路线的完善，推动化学不断地发展。

一、选择合成技术路线的基本原则

寻找新物质和新工艺是合成化学的两个方面，都是要把普遍存在的物质转变为人类所要求的物质，在这种转化过程中应该考虑到以下几个方面。

1. 工艺的先进性

采用的工艺简单、原料易得、转化率高、质量好，同时对环境污染少、生产安全性好。如果这种转化达到了经济合理的程度，这一系列的化学反应就成为一种化学流程。

2. 从实际出发，因地制宜

有时因条件限制，不得不放弃较优化的方案，而采取实际所能提供原料和条件的方案。以合成氧化铜为例，由 Cu 合成氧化铜，一般有如下两种方法。

直接反应：$$2Cu+O_2 \xrightarrow{\triangle} 2CuO$$

间接反应：先将 Cu 氧化为 Cu(Ⅱ) 化合物，再转化为 CuO。

$$Cu \longrightarrow Cu(Ⅱ) \longrightarrow \begin{cases} Cu(OH)_2 \longrightarrow CuO \\ Cu_2(OH)_2CO_3 \longrightarrow CuO \end{cases}$$

工业铜杂质较多，一般不采用直接法。而采用后一方法时，由于有如下的化学反应：

$$Cu(NO_3)_2 \longrightarrow CuO+2NO_2+\frac{1}{2}O_2$$

考虑 NO_2 的污染问题，一般不采用此法。而 $Cu(OH)_2$ 显两性，溶于过量碱中：

$$Cu(OH)_2+2OH^- \longrightarrow Cu(OH)_4^{2-}$$

$Cu(OH)_2$ 为胶状沉淀，难以过滤，很少采用这种途径。所以 CuO 一般采用碱式碳酸铜热解法处理：

$$Cu_2(OH)_2CO_3 \longrightarrow 2CuO+CO_2+H_2O$$

而合成碱式碳酸铜，还要考虑原料选择：是用 $NaHCO_3$、Na_2CO_3、$(NH_4)_2CO_3$ 还是 NH_4HCO_3 与可溶性铜盐作用？如果产品对碱金属要求不严可用 $NaHCO_3$，反之就用 NH_4HCO_3。若生产 II 级试剂的 CuO，最好用 $CuAc_2$ 与 NH_4HCO_3 作用，这样不但避免了碱金属，也避免了 NO_3^- 氮化物等杂质，但多了一步 $CuAc_2$ 的生成，成本要高一些。另外，要考虑反应条件的选择。对于这种沉淀反应，中心问题是如何得到大颗粒及使包裹的杂质尽量减少。

二、合成路线设计基础

（一）无机化合物的一般合成方法

无机化合物可分为单质和化合物，化合物的主要类型有氧化物、卤化物、氢化物以及氢氧化物、含氧酸、含氧酸盐和配合物等。

虽然物质的合成方法各异，但同一类化合物还是有一些共同点。

1. 氧化物

除碱金属外，氧化物一般用盐类、氢氧化物和酸的热分解来制备。而最适合于此目的的是硝酸盐和碳酸盐，一般不采用其他酸的盐，因为它们在强热条件下也难分解。但草酸盐适用于制备低价氧化物。许多卤化物在大气氧的存在下加热虽然相当容易形成氧化物而放出卤素，但也往往变成较稳定的卤氧化物而使产品掺杂；使氢氧化物分解，也因它的脱水并非经常能进行到底，同时氢氧化物本身也难以提纯而受到限制。对于低价和中间价态氧化物，一般采用高温下以氢或 CO 还原氧化物或以相同金属还原金属氧化物，或在高温下以适当的氧化剂氧化单质或低价元素的氧化物来制取。

2. 卤化物

卤化物主要是用卤素与金属或非金属的相互作用来制备，如 $AlCl_3$ 和 PCl_3。也常用卤素与氧化物作用制备卤化物。但当氧化物相当稳定时，要在除氧剂（如碳）存在下才能进行，或用除提供卤素源外还具有强还原性的化合物如 CCl_4、$COCl_2$ 等。在水溶液中卤化物最简单的制备方法是金属或金属氧化物、氢氧化物、碳酸盐与氢卤酸作用，也可用盐的复分解反应来制备。应注意，只有那些与水分子亲和力较弱的离子，如碱金属离子的无水卤化物可直接加热相应的含水卤化物制备外，其他无水卤化物均需要采用干法或用强脱水剂脱水来制备。

3. 氢氧化物和含氧酸

氢氧化物和含氧酸主要采用可溶性盐与酸或碱作用制得，如：

$$Na_2CO_3+Ca(OH)_2 \longrightarrow 2NaOH+CaCO_3 \downarrow$$
$$CuSO_4+2NaOH \longrightarrow Cu(OH)_2 \downarrow +Na_2SO_4$$
$$Na_2WO_4+2HCl \longrightarrow H_2WO_4 \downarrow +2NaCl$$

也可用相应的氧化物与水反应制得。

4. 含氧酸盐

含氧酸盐可用下列方法制备。

① 酸与金属反应。除碱金属外的许多硝酸盐都用此法，对硝酸有钝化作用者可先溶于盐酸或王水中，然后多次加硝酸进行蒸发除去盐酸。用此法也可制备一些硫酸盐。

② 酸与金属氧化物或氢氧化物作用。该法用途最广，许多硝酸盐、硫酸盐、磷酸盐、碳酸盐、氯酸盐、高氯酸盐等都可用此法制备。

③ 酸与盐作用。主要采用碳酸盐，因碳酸盐易提纯，又易被酸分解，如：

$$CoCO_3+H_2SO_4 \longrightarrow CoSO_4+H_2O+CO_2 \uparrow$$

④ 盐在溶液中的相互作用。

⑤ 酸性氧化物与碱性氧化物（或碳酸盐）共热。此法对于易水解的弱酸或弱酸盐的制备特别有用，如：

$$TiO_2 + CaCO_3 \longrightarrow CaTiO_3 + CO_2 \uparrow$$

5. 配位化合物

① 简单加成。如：

$$CuCl + KCl \longrightarrow KCuCl_2$$

$$BF_3 + NH_3 \longrightarrow H_3N \cdot BF_3$$

配位数易改变的某些配离子也会发生简单的加成反应，如：

$$Cu(acac)_2 + Py \longrightarrow Cu(acac)_2Py$$

式中，acac 为乙酰丙酮，Py 为吡啶。

② 取代反应。多数配合物都是用此法制备的，如：

$$[Cu(H_2O)_4]^{2+} + 4NH_3(aq) \longrightarrow [Cu(NH_3)_4]^{2+} + 4H_2O$$

其反应方向可根据 HSAB 规则来判断。

③ 氧化-还原反应。如：

$$2CoCl_2 + 2NH_4Cl + 10NH_3 \longrightarrow 2[Co(NH_3)_6]Cl_2 \xrightarrow{[O]} [Co(NH_3)_6]Cl_3$$

另外还采用配体的反应（指将配体中的一些基团取代）及热分解反应等制备。

（二）化学原理在合成中的应用

对一个合成反应，先应解决反应是否可以发生（亦即热力学可能性问题）。一般是根据元素在周期表中的位置和性质进行定性判断，以及用 K_a、K_b、K_{sp}、K_f、$\varphi^{\ominus}$ 等数据来进行定量判断。

如强酸取代弱酸，如：

$$BaCO_3 + 2H^+ \longrightarrow Ba^{2+} + H_2CO_3$$

可作以下计算：

① $BaCO_3 \longrightarrow Ba^{2+} + CO_3^{2-}$ $K_{sp} = 7 \times 10^{-9}$

② $H^+ + CO_3^{2-} \longrightarrow HCO_3^-$ $K_1 = \dfrac{1}{K_{a_2}} = \dfrac{1}{5.6 \times 10^{-11}}$

③ $HCO_3^- + H^+ \longrightarrow H_2CO_3$ $K_2 = \dfrac{1}{K_{a_1}} = \dfrac{1}{4.3 \times 10^{-7}}$

④ $BaCO_3 + 2H^+ \longrightarrow Ba^{2+} + H_2CO_3$ $K = K_{sp}K_1K_2$

①+②+③=④

$$\begin{aligned} K &= K_{sp}K_1K_2 \\ &= (7 \times 10^{-9}) \times \frac{1}{5.6 \times 10^{-11}} \times \frac{1}{4.3 \times 10^{-7}} \\ &= 2.9 \times 10^6 \end{aligned}$$

结果一致，即 $BaCO_3$ 溶于酸的反应可通过 $BaCO_3$ 的溶度积常数和 H_2CO_3 的离解常数来表征。

另外，由于吉布斯函数变化与一些常数有下述关系：

$$\Delta G = -nFE = -RT\ln(K/Q) = \Delta H - T\Delta S$$

$$\Delta G^{\ominus} = -nFE^{\ominus} = \Delta H^{\ominus} - T\Delta S^{\ominus}$$

利用 ΔG 或 $\Delta G^{\ominus}$ 判断反应进行方向更有利。

又如 TiO_2 与 Cl_2 的反应，需在去氧剂存在下才能进行，为什么？

$$TiO_2(s) + 2Cl_2(g) \longrightarrow TiCl_2(l) + O_2(g) \qquad \Delta G^{\ominus} = 101.94 \text{kJ} \cdot \text{mol}^{-1}$$

$$C(s) + O_2 \longrightarrow CO_2(g) \qquad \Delta G^{\ominus} = -394.33 \text{kJ} \cdot \text{mol}^{-1}$$

两式相加：

$$C(s) + TiO_2(s) + 2Cl_2(g) \longrightarrow TiCl_2(l) + CO_2(g) \qquad \Delta G^{\ominus} = -232.44 kJ \cdot mol^{-1}$$

反应可进行。即一个不能自发进行的反应，通过一个 ΔG 负值很大的反应的耦合，可达到反应转化的要求。这种无机反应的耦合现象在实际工作中很有用。如 0℃时，空气中的氧不能将液态水氧化为 $H_2O_2(aq)$：

$$H_2O(l) + O_2(g) \longrightarrow H_2O_2(aq) \qquad \Delta G^{\ominus} = 105.3 kJ \cdot mol^{-1}$$

但在有 Zn 片存在条件下，却有 H_2O_2 的生成，因为：

$$Zn(s) + O_2(g) \longrightarrow ZnO(s) \qquad \Delta G^{\ominus} = -307.8 kJ \cdot mol^{-1}$$

$$Zn(s) + H_2O(l) + O_2(g) \longrightarrow ZnO(s) + H_2O_2(aq) \qquad \Delta G^{\ominus} = -202.5 kJ \cdot mol^{-1}$$

H_2O 转变为 H_2O_2。

（三）实验设计

（1）实验设计主要内容

① 确定研究目标及实验目的。

② 对方法的理论论证、确定要测量的主效应及物理量。

③ 确定采取的具体方案。

（2）具体方案的产生

① 查阅资料，了解前人对本问题的研究情况。知识是有继承性的，跑图书馆可以节省很多工作时间。

② 进行理论论证或计算，或与已有资料（事实）的类比，或从某一理论或事实进行嫁接，确定方案的理论基础。

③ 根据上述论证选择具体方法和仪器设备。如根据复分解反应进行合成时，往往利用离子交换树脂或电渗析很有效。一个氧化-还原反应也可以采用电化学方法来实现。

三、无机合成中的提纯

无机合成中的提纯问题涉及原料选择、合成路线设计与实现、产品纯化等方面因素。

物质一般分为单质及化合物，但杂质一般分为三种：单质、离子及分子。同一种杂质可能有不同的存在形式，如 Fe、Fe^{2+}、Fe^{3+}、FeO、FeF_6^{3-} 及 $FeO \cdot xH_2O$ 等，提纯时应考虑杂质的存在形式，以采取不同的提纯措施。

杂质的来源，包括原料（溶剂）、器材（反应器受腐蚀带入产品中）、环境（如空气污染）及反应本身（如活泼金属与硝酸作用生成硝酸盐时，也可能带入 NH_3），因此解决产品纯度问题，应该一开始就仔细考虑。下面介绍几种常用的提纯方法。

1. 沉淀法

包括将杂质转换为难溶物形式沉淀出来及产品转化为难溶物，然后滤去或洗去杂质等两种方法。问题的关键在于沉淀剂的选择。

如利用 NaCN 与 S 反应合成 NaSCN，其中含有 S^{2-}、SO_4^{2-} 等杂质，通常加入 Pb^{2+} 除去 S^{2-}，加入 Ba^{2+} 除去 SO_4^{2-}，可使杂质完全除去。而如需除去 NaCl 中的 Ca^{2+}、Mg^{2+}，则需加 NaOH 和 Na_2CO_3，因为加 NaOH 调 pH=11 时，Mg^{2+} 几乎已完全沉淀为 $Mg(OH)_2$，但此时对 Ca^{2+} 基本上无作用，故加入 Na_2CO_3，以使形成 $CaCO_3$ 而除去 Ca^{2+}。另外，在生成酒石酸钾钠时，用酒石酸与 K_2CO_3 作用，生成酒石酸氢钾沉淀，用洗涤法除去 Cl^-、SO_4^{2-}，再将酒石酸氢钾与 $NaHCO_3$ 或 NaOH 反应，得到产品。在利用 $Sr(OH)_2$ 与 CO_2 作用合成 $SrCO_3$ 时，适当控制 CO_2 的量，就可使杂质 FeO_2^- 保留在母液中，而得到纯的产品。

沉淀剂选择好以后，控制反应条件是关键的步骤。这里包括沉淀剂的加入方式（正加、反加、对加)，搅拌与否，搅拌的速度、时间，酸度的控制，如何防止胶体沉淀的产生，是否需要加热，沉淀时温度的高低，沉淀速度的快慢，过滤方法的选择等。如制备 AgCl 时，用稀 HCl 溶液加入 $AgNO_3$ 溶液中就较易且纯，因为 NO_3^- 比 Cl^- 易洗掉。除 Cu^{2+} 时利用草酸盐比用磷酸盐效果好，但必须在碱性条件下沉淀，碱性过小会形成 $HC_2O_4^-$ 而溶解。

2. 浸泡

就是利用一种溶剂 (如水) 进行浸泡而除去杂质的方法。如 Li_2CO_3 中的 Na^+、K^+ 及 $K_2Ti(C_2O_4)_3$ 中的 Cl^- 都可用此法除去，不过前者用热水最好，因 Li_2CO_3 溶解度随温度升高而降低，杂质 K^+、Na^+ 溶解度则随温度增加而增加，后者在冷水中溶解度小，用冷水泡洗 Cl^-，对产品损失少因此如何浸泡要根据物质及杂质的性质来决定。

3. 重结晶

重结晶的方法在第二节中已介绍过。但应指出，结晶温度不是一律越低越好，要视杂质的性质而定。如 $KHSO_4$、K_2SO_4 重结晶去 SiO_3^{2-} 时应采取热过滤，因后者的溶解度随温度升高而增加。另外，即使同一种杂质，其除去效果也因产品而异，如去氯化物中的 SO_4^{2-}，就比去硝酸盐中的 SO_4^{2-} 效果好得多。

4. 氧化-还原

有时，为了除去杂质也常用氧化-还原的方法。如利用水解法除去杂质铁时，由于 $Fe(OH)_2$ 的溶解度比 $Fe(OH)_3$ 大，所以总是先将 Fe^{2+} 氧化成 Fe^{3+}，然后再沉淀出来。在配制 $SnCl_2$ 溶液时，为了除去 $Sn(IV)$，总是在 $SnCl_2$ 溶液中放置 Sn 粒。

在金属盐的合成中，常利用活泼金属置换不活泼的金属离子，如 Zn^{2+} 盐溶液中加入 Zn 粉除去 Pb^{2+}，在铁盐中的 Cu^{2+} 加入铁粉而除去。但是要注意解吸现象发生，$Zn(NO_3)_2$ 制备时，加 Zn 片可使 Pb^{2+} 沉淀出来，但应马上过滤，否则 Pb^{2+} 可能溶解而进入产品中。另外置换效果与被提纯的盐的种类有关，如 Fe 适用于氧化物溶液的提纯，Mg 对氯化物、硝酸盐有效，而 Zn、Al 对氧化物和浓碱液的效果更好一些。

5. 蒸馏与升华

低沸点的产品常用蒸馏法提纯，蒸馏后的杂质"留底"而去掉，如去 H_2O 中的 NH_4^+、Cu^{2+}、Mg^{2+} 等，而 P_2O_5、I_2 中的杂质铁则可通过升华将杂质铁留下而除掉。

6. 其他

除了上述几种除去杂质的方法外，还可利用电渗析法、共沉淀法、配位萃取、活性炭吸附等方法将杂质分离除去。如工业 KOH 利用阳极膜进行电渗析而分离其中的 Cl^-、SiO_3^{2-}、FeO_2^- 和 AlO_2^- 等杂质。在 NaOH 溶液中通入适量的 CO_2，少量的 $Al(OH)_3$ 析出，并可将 FeO_2^- 杂质转化为 $Fe(OH)_3$ 与 $Al(OH)_3$ 共沉淀出来。在 $Cu(NO_3)_2$ 中加入 $Fe(NO_3)_3$ 后再调 pH 值使生成 $Fe(OH)_3$ 沉淀，可将杂质 SiO_3^{2-} 共沉淀出来。当 $Ca(NO_3)_2$ 与 NH_4HCO_3 合成 $CaCO_3$ 时，为了去掉其中的杂质 SO_4^{2-}，可在两种原料液中相互加入少许，形成少量 $CaCO_3$，将杂质 $CaSO_4$ 共沉淀出来，过滤后再正式合成。制备 ZnS 时，先在 $ZnSO_4$ 溶液中通入适量的 H_2S，形成少量的 ZnS，同时将重金属硫化物共沉淀出来而去掉。总之，例子很多，巧妙地利用共沉淀是一种有效的方法。利用配位反应也可将杂质去掉，如在钴盐中去镍是将钴盐加氨水、Co^{2+} 形成 $Co(OH)_2$ 沉淀出来，杂质 Ni^{2+} 形成 $Ni(NH_3)_6^{2+}$ 留在母液中去掉。又如在制备 $FeCl_3$ 时，可加入 $6mol \cdot L^{-1}$ HCl 溶液，使形成配离子 $[FeCl_6]^{3-}$，用甲基异丁基酮萃取 $[FeCl_6]^{3-}$，杂质留在水溶液中，萃取液可用水反萃取出 $FeCl_3$。具体例子很多。总之，上述方法只要使用得当就能将杂质去掉，至于选用哪一种方法，要根据具体的反应物、产物及杂质等因素，然后结合已有条件，选用比较经济、效果好的方法。

第四节　有机物合成技术路线的选择与设计

有机合成是指用化学方法将原料变成新的有机物的过程。做好有机合成的设计，必须熟悉有机物的各类官能团的性质及其在反应中结构变化的规律，并要掌握单元合成反应。另外，由于有机合成涉及知识面广，关系错综复杂，有时原料与产物之间跨度大，因此要善于找出两者的联系，并找出问题的突破口。

有机合成设计的主要思维方式有顺向、逆向（逆合成法）、多向等。

顺向思维是以条件为探索方向的。对初涉者，一般先从加强基础概念入手，在思维中将获得的有关化学知识先进行分类、归纳，再通过合成设计的顺推，使自己加深理解各类化学知识相互之间的关系，将知识网络化。特别应该注意，同一条件与中途点可以推出各种不同的中间产物，因此达到最终结果的途径往往不止一种。必须紧紧地联系结果进行思维推理，这样的思维才能避免在顺推中迷失方向，从而提高思维的效益。

有机合成路线的设计思维，是从事物所呈现的现象和结果开始，着力追根究源地去探索产生这些现象的根源和条件，认识问题的逻辑顺序往往是倒索的，整个思考形式是顺向思维、逆向推导。在设计合成路线的推导上，常常采取逆向，又称"逆合成法"。运用逆合成法，以产物作出发点往往比用原料更好，对产物的性质了解得越深，合成产物的方式和方法就越多。

多向思维是综合性的高级思维。要训练好多向思维，应当走好三步。首先，对反应类型与有机物种类进行比较。其次，熟悉各反应的条件、类别，并利用图示法或列表法归纳出各反应物之间的相互关系。最后，对合成问题分类。在已掌握各类单元合成反应的基础上，根据合成过程中针对分子结构的骨架和官能团这两部分的变或不变归纳出四种类型：①骨架与官能团不变而官能团的位置变化（如双键的转移）；②骨架不变而官能团变（此类多为芳香烃的化合物，如用甲苯合成间溴苯胺）；③骨架变而官能团不变（烃及烃衍生物相互间变化，增长碳链或缩短碳链的变化）；④骨架与官能团都变。最后，将反应类型对应各个官能团，将有机化学反应纵横串联起来。

一、有机合成路线的设计与选择

（一）有机合成选择性的利用

有机合成的选择性包括化学、区域和立体选择性三种类型。

化学选择性（chemoselectivity）是指不使用保护或者活化等策略，使分子中多个官能团之一发生某种所需反应的倾向性，或者一个官能团在同一个反应体系中可能生成不同产物的控制情况，也就是反应试剂对不同官能团或处于不同化学环境的相同官能团的选择性反应。

区域选择性（regioselectivity）是指试剂对底物分子中两个不同部位上的进攻，从而生成不同产物的选择情况，也就是使某个官能团化学环境中的某个特定位置起反应而其他位置不受影响的倾向性。

立体选择性（stereoselectivity）反应是指反应机理能够提供两条可供选择的、化学上等同的途径，以便能够选择最有利的途径（动力学控制）或生成最稳定的产物（热力学控制）的方式进行反应。如果两种控制产物的量相差无几，则表明立体选择性很差。在应用各种反应合成目标分子时，如何控制产物中两种异构体的量，如何控制产物的立体构型是设计合成路线考虑的重要问题。立体专一性（stereospecificity）反应是指凡是反应机理要求生成一种特定立体化学结构的反应，不管生成的这种产物是否稳定，立体专一性反应的产物一定要生成，而且不同立体异构的反应物分别给出不同的立体构型产物，它们可能是对映体或非对映体。

（二）有机合成中导向基的应用

在有机合成中，为了让某一个结构单元引入到原料分子的特定位置上，除了利用原料分子中不同官能团的活性差异进行选择反应外，对于一些无法直接选择的官能团，常常在反应前引入某种控制基团来促进选择性反应的进行，待反应结束后再将它除去。这种预先引入的控制基团叫导向基。它的作用是用来引导反应按照需要、有选择性地进行，它包括活化基、钝化基、阻断基及保护基等。一个好的导向基应该既容易接上去又容易除去，但是这种控制因素是不得已才使用的一种方法。

（三）潜在官能团的应用

为了避免应用导向基带来的"低效率"弊端，潜在官能团（latent functional group）的应用是一种完全不同的新策略。在这种方法中，目标官能团的生成是由底物分子本身所包含的一种低活性基团转变而来的。这种底物分子本身包含的反应活性较低的基团就称为潜在官能团或前体官能团（pre-function）。潜在官能团法由两步反应组成：第一步是在分子中的其他部位反应；第二步是将潜在官能团转化为目标官能团，称为展示（exposition）。利用潜在官能团策略可以使分子进行一些在目标官能团存在时通常无法进行的反应。

潜在官能团至少应该具备以下条件：

① 原料易得；

② 反应活性低，对尽可能多的试剂保持稳定；

③ 能够经选择性或者专一性反应展示出来，且反应条件要温和；

④ 可以作为一个以上目标官能团的潜在者（多重潜在官能团）。

常见的潜在官能团有烯烃双键、羰基及杂环化合物等。

（四）重排反应的利用

重排反应是一类重要的有机反应，也是有机合成不可或缺的一大类反应。应用重排反应能够合成其他反应难以合成的结构单元，而且许多重排反应还具有很好的立体选择性和区域选择性。常见的重排反应有频哪醇（pinacol，邻二叔醇）重排反应、Arndt-Eistert 重排反应、Hofmann 重排反应、Beckmann 重排反应、Claisen 重排反应及 Cope 重排反应。

（五）合成效率策略

为了达到较高的合成效率，首先要保证高收率。不仅必须保证较高的分步收率和尽可能短的合成路线，而且合成方式也是必须考虑的重要方面：直线式和汇聚式合成方式要有机结合，反应次序合理安排。

通常反应次序应该遵循以下几条原则：

① 产率低的反应尽可能安排在前面，这样对生产成本核算有利；

② 难度较大的反应要安排在合成路线的早期阶段，即先难后易的原则；

③ 将价格高的原料尽可能安排在后期阶段；

④ 安排反应次序时应该考虑前面的反应是否有利于后面反应的进行。

除此之外，设计和开发新反应或者对现有的反应作进一步的改良，往往会提高合成效率。

（六）原料易得策略

在反合成的所有技巧、策略和准则中，将目的物切断成为易得原料是合成过程中最基本的原则之一。尤其是对初学者而言，对易得原料的认识还不足，导致在分析设计合成路线时只局限于理论上的合理性，而一个合理的合成路线设计要付诸实践，必须考虑用市场上能够买得到、廉价的原料才有可操作性，否则只是纸上谈兵，毫无实用价值。在分析一个目的分子时，对于难以直接导入的取代基（如—OH、—NH$_2$、—COOH 等基团），试图使之包含在易得原料中被认为是好的策略。

（七）反应条件与实验操作

收率是衡量合成反应优劣的重要标准之一。但是，在工业上未必如此，相反，若中间试验的反应条件易于波动，则工业上难以接受。

在温和条件下进行合成反应是现代有机合成方法追求的目标之一。温和的反应条件应该是：温度最好是室温，介质最好是中性，压力最好是常压下。也就是希望合成反应尽可能地与生化过程相近。

金属有机化合物在有机合成上的应用大大改善了有机合成的条件，它们往往是条件温和的反应或者催化反应，在合成路线设计时应多加考虑。

另外，在水介质中进行合成也是改进反应条件的应该方向。

一个理想的合成路线，一方面要看合成条件是否温和易控或者工业上是否可行，另一方面要看后处理是否方便有效。此外，操作是否安全也是非常重要的。在合成药物等与人类健康有关的目标分子时，还要考虑反应中可能带入的微量杂质是否符合有关规定，对于可能产生毒、副产物的反应即使再好也只能弃之不用。

（八）计算机辅助有机合成设计

计算机具有逻辑推理功能，使得推理性很强的有机合成问题得以实现计算机化。强大的有机合成反应数据库的建立使得有机合成反应的设计更加容易。随着计算机功能的逐渐强大和科学家的不懈努力，计算机辅助合成设计将逐渐完善。

二、有机合成实验设计

（一）深刻理解实验的反应原理

应当熟悉每个有机合成实验的反应式，结合该反应的理论课讲授内容，仔细阅读实验的有关操作，以深入理解各个实验中每个操作步骤的深刻含义，理解其目的性，从而做到心中有数，不易出错。通过各实验的流程图，可以了解实验的全过程，掌握实验的全局。

（二）反应装置的选择与设计

有机合成反应主要是在实验的反应装置中实现的。同类型的有机合成反应有相似或相同的反应装置，不同的有机合成反应往往有不同特点的反应装置。要求能够掌握各个实验反应装置的设计方法、安装或者拆卸技巧，会操作与使用反应装置，并具有预防或者处置实验事故的能力。

1. 玻璃仪器

完成有机合成实验需要使用各种玻璃仪器。玻璃仪器一般是由软质或硬质玻璃制作而成的。软质玻璃耐热、耐腐蚀性较差，但是价格便宜，因此，一般用它制作的仪器均不耐热，如普通漏斗、量筒、吸滤瓶、干燥器等。硬质玻璃具有较好的耐热性和耐腐蚀性，制成的仪器可在温度变化较大的情况下使用，如烧瓶、烧杯、冷凝器等。

玻璃仪器一般分为普通和标准磨口两种。在实验室常用的普通玻璃仪器有非磨口锥形瓶、烧杯、布氏漏斗、吸滤瓶、普通漏斗、分液漏斗等，见图 7-30(a)。

常用的标准磨口仪器有圆底烧瓶、三口瓶、蒸馏头、冷凝器、接收（引）管等。具体形状见图 7-30(b)。

微型化学制备仪器形状见图 7-30(c)。

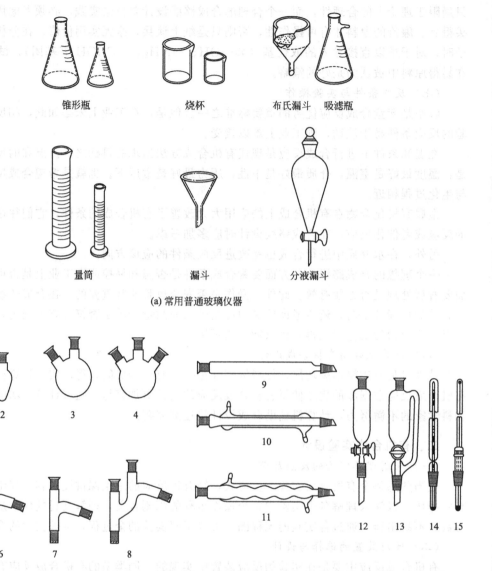

锥形瓶　　　　烧杯　　　　布氏漏斗　吸滤瓶

量筒　　　　漏斗　　　　分液漏斗

(a) 常用普通玻璃仪器

1—圆底烧瓶；2—梨形瓶；3—两口瓶；4—三口瓶；5—Y形管；6—弯头；7—蒸馏头；8—克氏蒸馏头；

9—空气冷凝管；10—冷凝器；11—球形冷凝管；12—分液漏斗；13—恒压滴液漏斗；14—温度计；

15—温度计；16—大小口接头；17—大小口接头；18—通气管；19—塞；20—干燥管；

21—吸滤管；22—吸滤漏斗；23—单股接收管；24—双股接收管

(b) 常用标准玻璃仪器

图 7-30

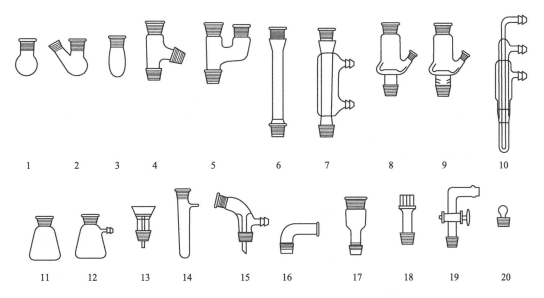

1—圆底烧瓶；2—二口烧瓶；3—离心试管(又称锥底反应瓶)；4—蒸馏头；5—克莱森接头；6—空气冷凝管；7—直型冷凝管；

8—微型蒸馏头；9—微型分馏头；10—真空直形冷凝管(真实冷阱)；11—锥形瓶；12—抽滤瓶；13—玻璃漏斗及玻璃钉；

14—具支试管；15—真空接收管；16—干燥管；17—大小口接头； 18—温度计套管(直通式)；

19—二通活塞、导气管；20—玻璃塞

(c) 国产微型化学制备仪器示意

图 7-30　有机合成实验常用玻璃仪器

　　标准磨口仪器根据磨口口径分为 10、14、19、24、29、34、40、50 等号。相同编号的子口与母口可以连接。当用不同编号的子口与母口连接时，中间可加一个大小口接头。当使用 14/30 这种编号时，表明仪器的口径为 14mm，磨口长度为 30mm。学生使用的常量仪器一般是 19 号磨口仪器，半微量实验中采用的是 14 号磨口仪器，微量实验中采用 10 号磨口仪器。玻璃仪器用途见表 7-2。

表 7-2　有机合成实验常用仪器的应用范围

仪器名称	应用范围	备注
圆底烧瓶	用于反应、回流加热及蒸馏	
三口圆底烧瓶	用于反应,三口分别安装电搅拌器、回流冷凝管及温度计等	
冷凝管	用于蒸馏和回流	
蒸馏头	与圆底烧瓶组装后用于蒸馏	
单股接收管	用于常压蒸馏	
双股接收管	用于减压蒸馏	
分馏柱	用于分馏多组分混合物	
恒压滴液漏斗	用于反应体系内有压力使液体顺利滴加	
分液漏斗	用于溶液的萃取及分离	也可用于滴加液体
锥形瓶	用于储存液体、混合溶液、加热小量溶液及用作接受器	不能用于减压蒸馏
烧杯	用于加热溶液、浓缩溶液及用于溶液混合和转移	
量筒	量取液体	切勿用直接火加热
吸滤瓶	用于减压过滤	不能直接火加热
布氏漏斗	用于减压过滤	瓷质
瓷板漏斗	用于减压过滤	瓷质,瓷质板为活动圆孔板
熔点管	用于测熔点	内装石蜡油、硅油或浓硫酸
干燥管	装干燥剂,用于无水反应装置	

使用玻璃仪器时应注意以下几点。

① 使用时，应轻拿轻放。

② 不能用明火直接加热玻璃仪器，加热时应垫石棉垫。

③ 不能用高温加热不耐热的玻璃仪器，如吸滤瓶、普通漏斗、量筒等。

④ 玻璃仪器使用完后，应及时清洗干净，特别是标准磨口仪器放置时间太久，容易黏结在一起，很难拆开。如果发生此情况，可用热水煮黏结处或用热风吹母口处，使其膨胀而脱落，还可用木槌轻轻敲打黏结处。玻璃仪器最好自然晾干。

⑤ 带旋塞或具塞的仪器清洗后，应在塞子和磨口接触处夹放纸片或涂抹凡士林，以防黏结。

⑥ 标准磨口仪器磨口处要干净，不能粘有固体物质。清洗时，应避免用去污粉擦洗磨口，否则，会使磨口连接不紧密，甚至会损坏磨口。

⑦ 安装仪器时，应做到横平竖直，磨口连接处不应受歪斜的应力，以免仪器破损。

⑧ 一般使用时，磨口处无需涂润滑剂，以免粘有反应物或产物。但是反应中使用强碱时，则要涂润滑剂，以免磨口连接处因碱腐蚀而黏结在一起，无法拆开。当减压蒸馏时，应在磨口连接处涂润滑剂，保证装置密封性好。

⑨ 使用温度计时，应注意不要用冷水冲洗热的温度计，以免炸裂，尤其是水银球部位，应冷却至室温后再冲洗。不能用温度计搅拌液体或固体物质，以免损坏。

2. 金属工具

在有机合成实验中常用的金属器具有铁架台、烧瓶夹、冷凝管夹（又称万能夹）、铁圈、S扣、镊子、剪刀、锉刀、打孔器、不锈钢小勺等。这些仪器应放在实验室规定的地方。要保持这些仪器的清洁、干燥，并经常在活动部位加上一些润滑剂，以保证工具活动灵活不生锈。

3. 常用反应装置

在有机合成实验中，正确地安装实验装置是做好实验的基本保证。反应装置一般根据实验要求组合。常用反应装置有回流反应装置、带有搅拌及回流的反应装置、带有气体吸收的装置、分水装置、水蒸气蒸馏装置等。图 7-31 为常见的常量反应装置图，图 7-32 为微量反应装置图。

以上介绍了部分反应装置，还有一些提纯装置将在有关章节中介绍。

4. 仪器的选择

有机合成实验的各种反应装置都是由一件件玻璃仪器组装而成的，实验中应根据要求选择合适的仪器。一般选择仪器的原则如下。

(1) 烧瓶的选择　根据液体的体积而定，一般液体的体积应占容器体积的 $1/3 \sim 1/2$，也就是说烧瓶容积的大小应是液体体积的 1.5 倍。进行水蒸气蒸馏和减压蒸馏时，液体体积不能超过烧瓶容积的 $1/3$。

(2) 冷凝管的选择　一般情况下回流用球形冷凝管，蒸馏用直形冷凝管。但是当蒸馏温度超过 $140℃$ 时应改用空气冷凝管，以防温差较大时由于仪器受热不均匀而造成冷凝管断裂。

(3) 温度计的选择　实验室一般备有 $150℃$ 和 $300℃$ 两种温度计，根据所测温度可选用不同的温度计。一般选用的温度计要高于被测温度 $10 \sim 20℃$。

5. 仪器的装配与拆卸

安装仪器时，应选好主要仪器的位置，要先下后上，先左后右，逐个将仪器边固定边组装。拆卸的顺序则与组装相反。拆卸前，应先停止加热，移走加热源，待稍微冷却后，切断电源，取下产物，然后再逐个拆卸。拆冷凝管时注意不要将水洒到电热设备上。

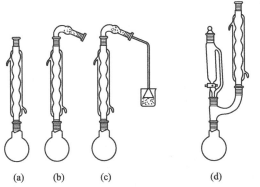

回流滴加装置

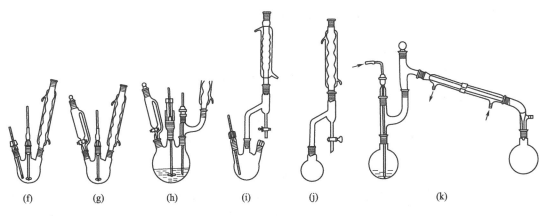

机械搅拌装置　　　　回流分水装置　　　　水蒸气蒸馏装置

图 7-31　常见的常量反应装置

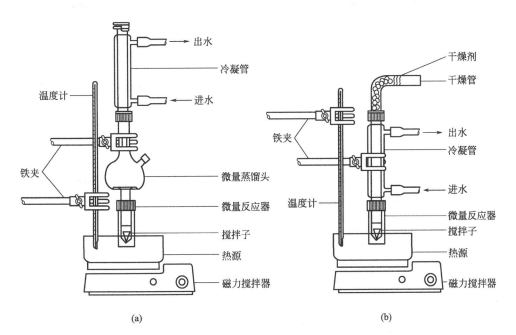

图 7-32　微量反应装置

（三）有机合成反应主要反应条件的设计方法

需要熟悉有机合成反应的主要反应条件。在实验流程图中，标注加料的品种（反应物、溶剂与催化剂）、加热或者冷却操作等。掌握反应物料的物质的量比、反应温度、反应时间、反应介质及催化剂等要素。

了解反应的投料量是等物质的量比还是某一个反应物过量，结合有机合成反应式可以进一步理解反应原理。同时实验中称量要准确无误，做好记录。

许多有机合成反应是吸热的。通过外界提供加热升温条件可以加速反应的进行，所以反应温度的设定与调控是十分重要的，应该避免温度的大起大落。实验中，应该定时记录反应温度的变化情况，作为实验的原始资料保存，并写入实验报告。这里的反应温度是指插入反应釜（瓶）中的温度计所记录的反应化合物的温度，并不是环境（加热浴或者冷却浴）的温度。

除了少数化学反应，一般的有机合成反应的时间都比较长，通常以小时计，甚至以天计。有时，反应时间与加热时间大致反映有机合成反应进行的完全化程度，所以，不要轻易缩短反应时间。

有机合成反应一般选用有机溶剂作为反应介质，也有用水作为反应介质，有的是以某一个过量的反应物作为反应介质。溶剂的极性是一个重要的考量。一般反应结束后的后处理过程中都要通过蒸馏、分馏或者减压过滤等分离手段除去或者回收反应介质。

对于有机合成反应而言，催化剂在促进反应进程中所起的作用十分重要。实验前要了解反应催化剂的性质、用量、加入时间以及后处理中如何分离回收。实验中要防止漏加或者加入量不准确等错误。

（四）后处理——分离与提纯的设计思路

反应后的目的物只有经过分离操作，才能够将其与未反应的原料、溶剂、催化剂及副产物相分离。在工业上，后处理的设备有时比合成反应器要多而杂。就操作而言，分离步骤要比反应部分复杂。不同的有机合成反应有不同的分离提纯的方法，如蒸馏、分馏、结晶、升华、酸碱中和、萃取和色谱分离等。有一些产品需要进一步的提纯才能够成为合格的产品。固体样品可以通过重结晶（升华）操作而提纯，液体样品可以通过蒸馏操作而提纯。

（五）反应的废水、废渣与废气监测

目前，有机合成实验、多步反应实验或者综合反应实验都有废水、废渣或者废气排放。实验流程图上应该标注三废的排放监测，计算三废的排放量及处理方法，树立从源头治理三废的理念。

（六）反应产物的结构确认

作为一个在文献上没有记载的全新化合物，其结构的测定和确证工作是比较复杂的。首先，要得到比较纯的合格样品，对其进行元素分析，确定各种元素的性质和含量，测定分子量、红外光谱、核磁共振谱及质谱等，以确证其化学结构。

如果所制备化合物的结构是已知的，只需通过测定它们的主要物理常数即可确证其结构。固体化合物测定熔点与红外光谱，液体化合物测定沸点、折射率与红外光谱。如果其红外光谱与相应的标准红外光谱图一致，即可确证。

（七）有机合成实验的安全性指导

强调有机合成实验中的安全性，就是强调以人为本，把师生的安全健康放在第一位。要了解有机合成实验的各个环节，消除各种安全隐患，加强自我保护意识，采用更主动、更全面、多方位及更具体的保护措施，保护师生的健康与安全。

第五节 化合物结构与物性表征

一、熔点、沸点的测定

1. 熔点的测定

【基本原理】

化合物的熔点是指在常压下该物质的固-液两相达到平衡时的温度。但通常把晶体物质受热后由固态转化为液态时的温度作为该化合物的熔点。纯净的固体有机化合物一般都有固定的熔点。加热纯有机化合物，当温度接近其熔点范围时，升温速度随时间变化约为恒定值，此时用加热时间对温度作图（图 7-33）。

化合物温度不到熔点时以固相存在，加热使温度上升，达到熔点，开始有少量液体出现，而后固-液相平衡，继续加热，温度不再变化，此时加热所提供的热量使固相不断转变为液相，两相间仍为平衡，最后的固体熔化后，继续加热则温度线性上升。因此在接近熔点时，加热速度一定要慢，每分钟温度升高不能超过 2℃，只有这样，才能使整个熔化过程尽可能接近于两相平衡条件，测得的熔点也越精确。

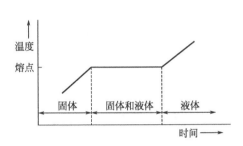

图 7-33 相随时间和温度的变化

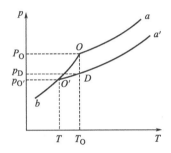

图 7-34 物质蒸气压随温度变化曲线

在一定的外压下，固-液两态之间的变化是非常敏锐的，自初熔至全熔（称为熔程）温度不超过 0.5～1℃。若混有杂质，则熔点有明确变化，不但熔程扩大，而且熔点也往往下降。当含杂质时（假定两者不形成固溶体），根据拉乌尔定律可知，在一定的压力和温度条件下，在溶剂中增加溶质，导致溶剂蒸气分压降低（图 7-34 中 $O'a'$），固-液两相交点 O' 即代表含有杂质化合物达到熔点时的固-液相平衡共存点，T 为含杂质时的熔点，显然，此时的熔点较纯粹者 T_O 低。因此，熔点是晶体化合物纯度的重要指标。有机化合物熔点一般不超过 350℃，较易测定，故可借测定熔点来鉴别未知有机物和判断有机物的纯度。

在鉴定某未知物时，如测得其熔点和某已知物的熔点相同或相近时，不能认为它们为同一物质。还需把它们混合（9:1、1:1、1:9），测该混合物的熔点，若熔点仍不变，才能认为它们为同一物质。若混合物熔点降低，熔程增大，则说明它们属于不同的物质。故混合熔点实验是检验两种熔点相同或相近的有机物是否为同一物质的最简便方法。

【操作步骤】

① 准备熔点管（图 7-35）。将毛细管截成 6～8cm 长，将一端用酒精灯外焰封口（与外焰成 40°角转动加热）。防止将毛细管烧弯、封出疙瘩。

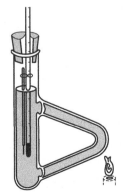

图 7-35 毛细管法
熔点测定装置

② 装填样品。取 0.1~0.2g 预先研细并烘干的样品，堆积于干净的表面皿上，将熔点管开口一端插入样品堆中，反复数次，就有少量样品进入熔点管中。然后将熔点管在垂直的约 40cm 的玻璃管中自由下落，使样品紧密堆积在熔点管的下端，反复多次，直到样品高 2~3cm 为止，每种样品装 2~3 根。

③ 仪器安装。将 b 形管固定于铁架台上，倒入液体石蜡做为浴液，其用量以略高于 b 形管的上侧管为宜。将装有样品的熔点管用橡皮圈固定于温度计的下端，使熔点管装样品的部分位于水银球的中部。然后将此带有熔点管的温度计通过有缺口的软木塞小心插入 b 形管中，使之与管同轴，并使温度计的水银球位于 b 形管两支管的中间。

④ 熔点测定。

粗测：慢慢加热 b 形管的支管连接处，使温度每分钟上升约 5℃。观察并记录样品开始熔化时的温度，此为样品的粗测熔点，作为精测的参考。

精测：待浴液温度下降到 30℃ 左右时，将温度计取出，换另一根熔点管，进行精测。开始升温可稍快，当温度升至离粗测熔点约 10℃ 时，控制火焰使每分钟升温不超过 1℃。当熔点管中的样品开始塌落，湿润，出现小液滴时，表明样品开始熔化，记录此时温度即样品的始熔温度。继续加热，至固体全部消失变为透明液体时再记录温度，此即样品的全熔温度。样品的熔点表示为：$t_{始熔}$~$t_{全熔}$。

实测：尿素（已知物，133~135℃）、桂皮酸（未知物，132~133℃），混合物（尿素：桂皮酸＝1:1，100℃ 左右）。实验过程中，粗测一次，精测两次。

【注意事项】

① 熔点管必须洁净。如含有灰尘等，能产生 4~10℃ 的误差。

② 熔点管底未封好会产生漏管。

③ 样品粉碎要细，填装要实，否则产生空隙，不易传热，造成熔程变大。

④ 样品不干燥或含有杂质，会使熔点偏低，熔程变大。

⑤ 样品量太少不便观察，而且熔点偏低；太多会造成熔程变大，熔点偏高。

⑥ 升温速度应慢，让热传导有充分的时间。升温速度过快，熔点偏高。

⑦ 熔点管壁太厚，热传导时间长，会产生熔点偏高。

2. 沸点的测定

【基本原理】

液体的分子由于分子运动有从表面逸出的倾向，这种倾向随着温度的升高而增大，进而在液面上部形成蒸气。当分子由液体逸出的速度与分子由蒸气中回到液体中的速度相等，液面上的蒸气达到饱和，称为饱和蒸气。它对液面所施加的压力称为饱和蒸气压。实验证明，液体的蒸气压只与温度有关，即液体在一定温度下具有一定的蒸气压。这压力是指液体与它的蒸气平衡时的压力，与体系中存在的液体和蒸气的绝对量无关（图 7-36）。

当液体的蒸气压增大到与外界施于液面的总压力（通常是大气压力）相等时，就有大量气泡从液体内部逸出，即液体沸腾。这时的温度称为液体的沸点。通常所说的沸点是指在 101.3kPa 下液体沸腾时的温度。在一定外压下，纯液体有机化合物都有一定的沸点，而且沸点距也很小（0.5~1℃）。所以测定沸点是鉴定有机化合物和判断物质纯度的依据之一。测定沸点常用的方法有常量法（蒸馏法）和微量法（沸点管法，如图 7-37 所示）两种。

【操作步骤】

① 沸点管的制备（图 7-37）。沸点管由外管和内管组成，外管用长 7~8cm、内径 0.2~0.3cm 的玻璃管将一端烧熔封口制得，内管用市购的毛细管截取 3~4cm 封其一端而成。测量时将内管开口向下插入外管中。

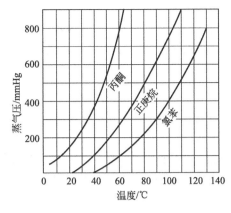

图 7-36　温度蒸气压的关系图

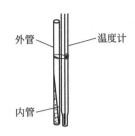

图 7-37　微量法测定沸点时装置

② 沸点的测定。取 1～2 滴待测样品滴入沸点管的外管中，将内管插入外管中，然后用小橡皮圈把沸点管附于温度计旁，再把该温度计的水银球置于 b 形管两支管中间，然后加热。加热时由于气体膨胀，内管中会有小气泡缓缓逸出，当温度升到比沸点稍高时，管内会有一连串的小气泡快速逸出。这时停止加热，使溶液自行冷却，气泡逸出的速度即渐渐减慢。在最后一气泡不再冒出并要缩回内管的瞬间记录温度，此时的温度即为该液体的沸点。待温度下降 15～20℃后，可重新加热再测 1 次（2 次所得数值不得相差 1℃）。

按上述方法进行如下测定：CCl_4 沸点（76℃）。

3. 温度计的校正

测熔点时，温度计上的熔点读数与真实熔点之间常有一定的偏差。这可能由于以下原因：首先，温度计的制作质量差，如毛细孔径不均匀，刻度不准确；其次，温度计有全浸式和半浸式两种，全浸式温度计的刻度是在温度计汞线全部均匀受热的情况下刻出来的，而测熔点时仅有部分汞线受热，因而露出的汞线温度较全部受热者低。为了校正温度计，可选用纯有机化合物的熔点作为标准或选用一标准温度计校正。

选择数种已知熔点的纯化合物（表 7-3）为标准，测定它们的熔点，以观察到的熔点作纵坐标、测得熔点与已知熔点差值作横坐标画成曲线，即可从曲线上读出任一温度的校正值。

表 7-3　常见的纯化合物的熔点

化合物	熔点/℃	化合物	熔点/℃
水-冰	0	尿素	132
α-苯胺	50	二苯乙二酮	95
二苯胺	53	苯甲酸苯酯	70
对二氯苯	53	二苯基羟基乙酸	150
α-苯酚	96	水杨酸	159
萘	80	间二硝基苯	90
乙酰苯胺	114	酚酞	215
苯甲酸	122	蒽醌	286

【总结讨论题】

① 如果毛细管没有密封，会出现什么情况？

② 为什么需要用干净的表面皿？

③ 如果样品管中样品没有压实会对测定结果有何影响？

④ 为什么可以用液体石蜡作为浴液？

⑤ 橡皮圈要位于什么位置？为什么？

⑥ 如何控制火焰温度？

⑦ 接近熔点时升温速度为何要控制得很慢？如升温太快，有什么影响？

⑧ 是否可以使用第一次测过熔点时已经熔化的有机化合物再作第二次测定？为什么？

⑨ 如果待测样品取得过多或过少，对测定结果有何影响？

二、折射率的测定

一般来说，光在两个不同介质中的传播速度是不相同的，所以光线从一个介质进入另一个介质，当它的传播方向与两个界质的界面不垂直时，则在界面处的传播方向发生改变，这种现象称为光的折射现象。折射率是有机化合物最重要的物理常数之一。作为液体物质纯度的标准，它比沸点更为可靠。利用折射率，可以鉴定未知化合物，也可用于确定液体混合物的组成。

物质的折射率不但与它的结构和光线有关，而且也受温度、压力等因素的影响。所以折射率的表示，须注明所用的光线和测定时的温度，常用 n_D^t 表示，式中 n 表示折射率，t 表示测定时的温度（摄氏度），D 表示波长为钠光（589.3nm）。

【仪器原理】

当光线以非垂直于界面的角度由一种透明介质射向另一种透明介质时，在界面上一部分光发生反射现象，另一部分光发生折射现象。

根据折射定律，入射角（α）与折射角（β）的正弦之比和这两个介质的折射率 N（介质 A）、n（介质 B）成反比，即：

$$\sin\alpha/\sin\beta = n/N$$

若介质 A 是真空，则确定其 $N=1$，于是 $n=\sin\alpha/\sin\beta$，所以一个介质的折射率就是光线从真空进入这个介质时的入射角和折射角的正弦之比。这种折射率称为该介质的绝对折射率。通常测定的折射率，都是以空气作为比较的标准。由于被测液体的折射率比棱镜的折射率小，故光线由被测液体射入棱镜时要发生折射，其入射角 α 必定大于折射角 β。入射角增大时，折射角也必然相应增大。当入射角 $\alpha=90°$时，$\sin\alpha=1$，这时折射角达到最大值，称为临界角，用 β_0 表示。根据折射定律可得：$n_A\sin\alpha = n_B\sin\beta$。当 $\alpha=\alpha_0=90°$时，$\beta=\beta_0$，则 $n_A=n_B\sin\beta_0$。介质不同，临界角也不同，介质的折射率也就不同。测定了临界角，可由公式计算出折射率。

为了测定临界角，阿贝折光仪采用了"半明半暗"的方法，就是让单色光由 0°～90°的所有角度从介质 A 射入介质 B，这时介质 B 中临界角以内的整个区域均有光线通过，因而是明亮的，而临界角以外的全部区域没有光线通过，因而是暗的，明暗两区域的界线十分清楚。

如果在介质 B 的上方用一目镜观测，就可以看见一个界线十分清晰的半明半暗的图像。若使明暗两区的界线与十字交叉线的交点重合，此时，在另一个目镜中就可以直接读出该物质的折射率（仪器本身已将临界角换算成了折射率）。图 7-38 为实验室常用的 WZS-1 型

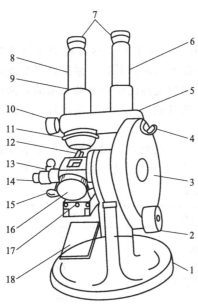

图 7-38　WZS-1 型阿贝折光仪外形

1—底座；2—棱镜转动手轮；3—圆盘组（内有刻度板）；4—小反光镜；5—支架；6—读数镜筒；7—目镜；8—望远镜筒；9—示值调节螺钉；10—阿米西棱镜手轮；11—色散值刻度圈；12—棱镜锁紧扳手；13—棱镜组；14—温度计座；15—恒温水浴连接头；16—保护罩；17—主轴；18—反光镜

阿贝折光仪的外形图。

【仪器使用方法】

① 阿贝折光仪的校正：阿贝折光仪的校正有两种方法。第一种方法是利用阿贝折光仪附件内的标准玻璃块，上面刻有固定的折射率。先将右面镜筒下面的直角棱镜完全打开使成水平，将少许溴代萘（$n=1.66$）置于棱镜的光滑面上，玻璃块就粘在上面，转动刻度盘，使所示刻度和玻璃块上的数值完全相同，然后调节到有清晰的分界线，分界线的两边并不像正式测定时所呈现的一明一暗现象，而是呈现玻璃状透明，分界线仍清晰可见，再用小起子调节右面镜筒下方的方形螺丝，使分界线对准叉线中心即可。第二种方法是用蒸馏水作标准样品，分别在 10℃、20℃、30℃ 和 40℃ 时测定其折射率，再与纯水的标准值比较，即可得该折光仪的校正值。校正值一般很小，若数值较大时，整个仪器必须重新校正。

② 将折光仪和恒温水浴相连，选择量程合适的温度计并将其安装在温度计座（14）上，调节至所需温度（通常为 20℃ 或 25℃）恒温。

③ 恒温后，旋松棱镜锁紧扳手（12），打开直角棱镜组（13）（两块直角棱镜，上面一块是光滑的，下面一块是磨砂的，待测液体夹在两棱镜之间形成一层均匀的液膜），用擦镜纸沾少量 95% 乙醇擦洗上下棱镜表面，风干后将 2～3 滴丁香油均匀地滴于下面的磨砂棱镜面上，旋紧棱镜锁紧扳手，转动反光镜（18）使光线射入。

④ 调节棱镜转动手轮（2），在右镜筒内找到明暗分界线或彩色光带，再转动右侧阿米西棱镜手轮（10），消除色散，便能看到清晰的明暗分界线（图 7-39）。

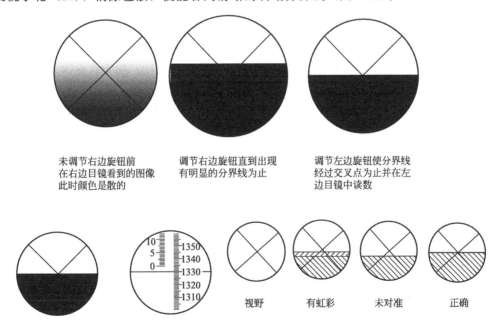

图 7-39　折光仪镜筒中视野图

⑤ 再次调节棱镜转动手轮（2），使右镜筒内的明暗分界线与十字线交点重合，打开读数用的小反光镜（4），在左镜筒内读出折射率。重复操作两次，取平均值。

⑥ 按③擦洗上下棱镜，用同样的方法测定蒸馏水及乙酸乙酯的折射率。

⑦ 实验完毕，用乙醇将上下棱镜擦洗干净，卸下温度计，脱离水浴，将仪器表面擦净，晾干后装箱。

【仪器维修与保养】

① 新仪器和长时间放置不用的仪器，使用前要进行校正。校正方法是：恒温后把仪器的棱镜用丙酮洗净，用蒸馏水或已知折射率的标准折光玻璃块进行校正。

② 如折光仪不与恒温水浴进行恒温，要进行温度校正：温度增加10℃，液体有机化合物的折射率减少约4×10^{-4}。

③ 擦洗棱镜时，要单向擦，不要来回擦，以免在镜面上造成痕迹。每次擦拭镜面时，只许用擦镜头纸轻擦，测试完毕也要用丙酮洗净镜面，待干燥后才能合拢棱镜。

④ 要特别注意保护棱镜镜面，滴加液体时防止滴管口划镜面。滴加液体时，滴管的末端切不可触及棱镜。若样品易挥发，则可在两棱镜接近闭合时从加液小槽中加入，然后闭合两棱镜。

⑤ 被测液体放得少或成膜分布不均，明暗分界线看不清楚。对于易挥发的液体，测定速度要快。

⑥ 阿贝折光仪有消色散的装置，故可直接使用日光，测定结果与使用钠光灯结果一样。

⑦ 不能测量带有酸性、碱性或腐蚀性的液体。

【总结讨论题】

① 折射率的测定原理是什么？折射率的测定有何意义？

② 使用折光仪应注意哪些事项？

③ 测定折射率时有哪些因素会影响结果？

三、比旋光度的测定

平面偏振光通过含有某些光学活性化合物的液体或溶液时，能引起旋光现象，使偏振光的平面向左或向右旋转。通过旋光仪可以测得每一种旋光性物质的旋光度大小及旋光方向。旋转的角度称为旋光度。若手性化合物能使偏振面右旋（顺时针）称为右旋体，用（＋）表示；而其对映体必使偏振面左旋（逆时针）相等角度，称为左旋体，用（－）表示。物质的旋光度与其分子结构、测定时的温度、偏振光的波长、盛液管的长度、溶剂的性质及溶液的浓度有关。因此旋光仪测定的旋光度α并非特征物理常数，同一化合物测得的旋光度就有不同的值。因此为了比较不同物质的旋光性能，通常用比旋光度来表示物质的旋光性，比旋光度是物质特有的物理常数。偏振光透过长1dm并每1mL中含有旋光性物质1g的溶液，在一定波长与温度下测得的旋光度称为比旋光度。一般用钠光谱的D线（589.3nm）测定旋光度。除另有规定外，测定管长度为1dm（如使用其他管长，应进行换算），测定温度为20℃。

【测定原理】

物质在浓度为c（kg·L^{-1}）、管长为l（dm）的条件下测得的旋光度α可以通过下列公式换算成比旋光度$[\alpha]_\lambda^t$：

$$[\alpha]_\lambda^t = a/(lc)$$

当入射光为钠光谱中的D线（589.3nm）时，上式写为：

$$[\alpha]_D^t = \alpha/(lc)$$

式中，$[\alpha]$为比旋度；D为钠光谱的D线；t为测定时的温度，℃；l为测定管长度，dm；α为测得的旋光度；c为溶液中含有被测物质的质量浓度（按干燥品或无水物计算），g·100mL^{-1}，当试样为纯液体时为液体20℃时的相对密度，g·mL^{-1}。

一般实验室使用的目测旋光仪的基本构造如图7-40所示。图7-41为WXG-4型旋光仪外形图。

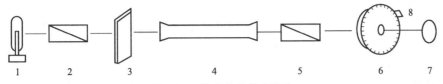

图 7-40　旋光仪的基本构造

1—钠光源；2—起偏镜；3—半阴片；4—盛液管；5—检偏镜；6—刻度盘；7—目镜；8—固定标

当单色光通过由方解石制成的尼科尔棱镜一起偏镜时，振动方向与棱镜晶轴平行的光线才能通过，这种光线称为偏振光，偏振光振动的平面叫作偏振面。如果在测量光路中不放入装有旋光性物质的盛液管和石英片（或称半阴片），当起偏镜和检偏镜的晶轴平行时，偏振光可直接通过检偏镜，在目镜中可以看到明亮的光线。此时转动检偏镜使其晶轴与起偏镜晶轴相互垂直，则偏振光不通过检偏镜，目镜中看不到光线，视野是全黑的。在测量中，由于人的眼睛对寻找最亮点和最暗（全黑）点并不灵敏，故在起偏镜后面加上一块半阴片以帮助进行比较。半阴片是由石英和玻璃构成的圆形透明片，当偏振光通过石英片时，由于石英有旋光性，把偏振光旋转了一个角度，如图 7-42（a）所示。因此，通过半阴片的

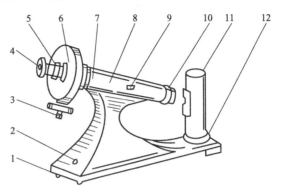

图 7-41　WXG-4 型旋光仪外形

1—底座；2—电源开关；3—度盘转动手轮；4—放大镜座；5—视度调节螺旋；6—度盘游表；7—镜筒；8—镜筒盖；9—镜盖手柄；10—镜盖连接筒；11—灯罩；12—灯座

偏振光就变成振动方向不同的两部分，这两部分偏振光到达检偏镜时，通过调节检偏镜的晶轴，可以使三分视场出现以下三种情况：图 7-42（b）表示视场左、右的偏振光不能通过，而中间可以透过；图 7-42（c）表示视场左、右的偏振光可以透过，而中间不能透过；很明显，调节检偏镜必然存在一种介于上述两种情况之间的位置，在三分视场中能够看到左、中、右明暗度相同而分界线消失，如图 7-42（d）所示。

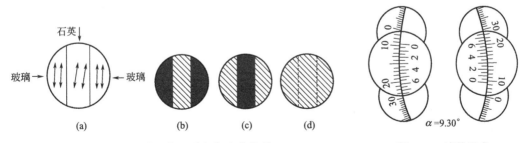

图 7-42　半阴片图与三分视场变化情况　　　　图 7-43　读数示意

因此，利用半阴片，通过比较中间与左、右明暗度相同作为调节的标准，将使测定的准确性提高。

在测定过程中，能使偏振光的偏振面向右旋转（顺时针方向转动检偏镜螺旋）的物质，称为右旋物质，以"＋"表示；反之，称为左旋物质，以"－"表示。

【操作方法】

① 校零。旋光仪接通电源，钠光灯发光稳定后（约 5min），将装满蒸馏水的测定管放

入旋光仪中，校正目镜的焦距，使视野清晰。旋转手轮，调整检偏镜刻度盘，使视场中三分视场的明暗程度一致［图7-42(d)］，读取刻度盘上所示的刻度值（图7-43）。反复操作两次，取其平均值作为零点（零点偏差值）。

② 测定。将测定管用供试液体或溶液（取固体供试品，按各药品项下的方法制成）冲洗数次，缓缓注入供试液体或溶液适量（注意勿使发生气泡），置于旋光计内检测读数，即得供试液的旋光度。使偏振光向右旋转者（顺时针方向）为右旋，以"＋"符号表示；使偏振光向左旋转者（反时针方向）为左旋，以"－"符号表示。用同法读取旋光度3次，取3次的平均数，即得供试品的旋光度。旋光计的检定可用标准石英旋光管进行，读数误差应符合规定。

③ 计算比旋光度。

【注意事项】

① 每次测定前应以溶剂作空白校正，测定后再校正1次，以确定在测定时零点有无变动。如第二次校正时发现零点有变动，则应重新测定旋光度。

② 配制溶液及测定时，均应调节温度至（20±0.5)℃（或各药品项下规定的温度）。

③ 供试的液体或固体物质的溶液应不显浑浊或含有混悬的小粒。如有上述情形时，应预先过滤，并弃去初滤液。

【注释】

① 读数方法：旋光仪读数法与游标卡尺读数方法完全一样。刻度盘分两个半圆，分别标出0°～180°。另有一固定的游标，分为20等份，等于刻度盘19等份。读数时，先看游标的0落在刻度盘上的位置，记下整数；小数部分的读法是：细观察游标尺刻度线与主盘刻度线，找出对得最准的一条即为小数部分。

主盘如果是反时针方向旋转，读数方法同上面相同，只要将主盘的0°看为180°即可。

② 旋转检偏镜观察视场亮度相同的范围时应注意，当检偏镜旋转180°时，有两个明暗亮度相同的范围，这两个范围的刻度不同。所观察的亮度相同的视场应该是稍转动检偏镜即改变很灵敏的那个范围，而不是亮度看起来一致但转动检偏镜很多而明暗度改变很小的范围。

【总结讨论题】

1. 测定旋光性物质的旋光度有何意义？

2. 比旋光度 $[\alpha]_D^t$ 与旋光度 α 有何不同？

3. 用一根长2dm盛液管，在 t℃下测得一未知浓度的蔗糖溶液的 $\alpha=+9.96°$，求该溶液的浓度（已知蔗糖的 $[\alpha]_D^t=+66.4°$）。

四、元素分析

1. 无机物元素分析

无机物元素分析可分为化学分析方法和仪器分析方法两大类。

（1）化学分析 化学分析是利用物质的化学反应为基础的分析方法。其基本内容和方法在第五章已详细论述。

（2）仪器分析 仪器分析是指采用比较复杂或特殊的仪器设备，通过测量物质的某些物理或物理化学性质的参数及其变化来获取物质的化学组成、成分含量及化学结构等信息的一类方法。这些方法一般都有独立的方法原理及理论基础。仪器分析是在化学分析的基础上发展起来的，不少仪器分析方法的原理涉及有关化学分析的基本理论，还必须与试样处理、分离及掩蔽等化学分析手段相结合，才能完成分析的全过程。

常见元素仪器的分析方法有原子吸收分光光度分析、发射光谱分析、等离子发射光谱分析、荧光 X 射线分析、等离子质谱分析、辉光放电质谱分析、离子色谱分析、分子吸收分光光度分析、粒子构成分析、微量全氮自动分析、高灵敏度氮碳分析等。

2. 有机物元素分析

有机物一般都是共价化合物，所以不能像许多无机盐那样通过检验离子来确定它们的组成。经过提纯的有机物要进行元素分析，以确定它是由哪些元素组成的及各组分元素的质量分数。

（1）元素定性分析　有机物所含元素的种类不多，除碳元素外，多数还含有氢和氧，有的含有卤素、氮、硫、磷等。检验的方法是先使有机物转变为简单的无机物，然后再按照无机分析的常规方法进行检验。

碳和氢可用燃烧分析法测定。将样品与过量干燥的氧化铜粉末混合均匀，加热至红热。这时，样品中的碳被氧化成二氧化碳，氢被氧化成水。水可在冷却后凝聚为小水珠，而二氧化碳通入石灰水后会出现浑浊。

其他元素用钠熔法检验。将样品与金属钠一起加热熔化，样品分解，所含卤素、氮、硫等与钠反应转变为水溶性的离子化合物。钠熔后经处理得到的水溶液，再做进一步的检验。

$$\begin{matrix} 有机物样品 \\ \begin{pmatrix} C、H、O、X \\ N、S、\cdots\cdots \end{pmatrix} \end{matrix} + Na \xrightarrow{熔融} \begin{matrix} NaCN \\ NaX \\ Na_2S \\ \cdots\cdots \end{matrix}$$

硫的检验可用硝酸铅溶液，如果有黑色沉淀出现，表示有硫存在。卤素的检验可用硝酸银溶液，如有白色或黄色沉淀出现，表示有卤素存在。氮的检验是通过检验 CN^- 离子的存在来确定的。

（2）元素定量分析

① 碳、氢、氮分析测定方法。主要有 4 种。

a. 示差热导法。又称自积分热导法。样品的燃烧部分采用有机元素定量分析的碳、氢、氮分析方法。在分解样品时通入一定量的氧气助燃，以氦气为载气将燃烧气体带过燃烧管和还原管，二管内分别装有氧化剂和还原铜，并填充银丝以除去干扰物（如卤素等），最后从还原管流出的气体（除氦气外只有二氧化碳、水和氮气）通入一定体积的容器中混匀后，再由载气带入装有高氯酸镁的吸收管中以除去水分。在吸收管前后各有一热导池检测器，由二者响应信号之差给出水含量。除去水分的气体再通入烧碱石棉吸收管中，由吸收管前后热导池信号之差求出二氧化碳含量。最后一组热导池测量纯氦气与含氮气的载气信号之差，求出氮的含量。

b. 反应气相色谱法。这种元素分析仪由燃烧部分与气相色谱仪组成，燃烧装置与上述相似，燃烧气体由氦气载入填充有聚苯乙烯型高分子小球的气相色谱柱，分离为氮、二氧化碳、水 3 个色谱峰，由积分仪求出各峰面积，从已知碳、氢、氮含量的标准样品中求出此 3 元素的换算因数，即可得出未知样品的各元素含量。

c. 电量法。又称库仑分析法。

d. 电导法。

后两种方法都只能同时测定碳、氢，其应用不如前两种方法广泛。

② 氧和硫分析测定方法。现代测碳、氢、氮的仪器在换用燃烧热解管后，即可用以测量氧和硫。将样品在高温管内热解，由氦气将热解产物带入活性炭（涂有镍或铂）的填充床，使氧完全氧化为一氧化碳，混合气体通过分子筛柱将各组分分离，用热导池检测一氧化

碳求得氧含量。或将热解气体通过氧化铜柱，将一氧化碳氧化为二氧化碳，然后用烧碱石棉吸收进行示差热导法测定。硫的测定是在热解管内填充氧化钨等氧化剂，并且通入氧气助氧化，使硫氧化为二氧化硫。此二氧化硫可使之通过分子筛柱，用气相色谱测量；或通过氧化银吸收管，用示差热导法测量。

③ 卤素分析测定方法。含卤素的样品燃烧分解后生成卤离子，常用库仑滴定法测量。也可用离子选择性电极测量；或以它为测量电极，直接读取电势值，由已知电势-浓度关系求得含量；或以它为指示电极，用硝酸银标准溶液滴定，滴定至预先调好的电势值即自动停止，由消耗的标准溶液体积计算卤素含量。

五、紫外-可见光谱

紫外-可见以及近红外光谱区域的详细划分如图 7-44 所示。

紫外-可见吸收光谱法的研究对象大多在 $200 \sim 380nm$ 的近紫外光区和/或 $380 \sim 780nm$ 的可见光区有吸收。物质分子的电子能级、振动能级都是量子化的，只有当辐射光子的能量恰好等于两能级间的能量差（两能级间的能量差与分子中价电子的结构有关）时，分子才能吸收能量。某一种分子的结构是确定的，所以一种分子只能吸收波长在一定范围内的光子。就可以通过测量分子对其所吸收的光子的波长范围，主要依靠化合物的光谱特征，如吸收峰数目、位置、形状与标准光谱相比较，来确定某些基团的存在，进而确定分子的结构。

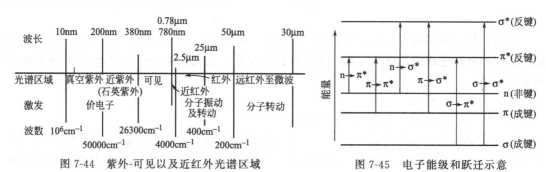

图 7-44 紫外-可见以及近红外光谱区域   图 7-45 电子能级和跃迁示意

（一）有机物的紫外-可见光谱

1. 电子跃迁的类型

在有机化合物中与电子吸收光谱（紫外光谱）有关的电子，有三种类型，即 σ 电子、π 电子和未成键的 n 电子。

电子跃迁的类型与能量关系见图 7-45。

有机物的紫外光谱吸收带的划分见表 7-4。

表 7-4 紫外光谱吸收带的划分

跃迁类型	吸收带	特征	ε_{max}
$\sigma \rightarrow \sigma *$	远紫外区	远紫外区测定	
$n \rightarrow \sigma *$	末端吸收	紫外区短波长末端至远紫外区的强吸收	
$\pi \rightarrow \pi *$	E1(烯)	芳香环的双键吸收	＞200
	K(共轭)或 E2	共轭多烯、—C=C—C=O—等的吸收	＞10000
	B(苯环)	芳香环、芳香杂环化合物的芳香环吸收。有的具有精细结构	＞100
$n \rightarrow \pi *$	R(基团)	含 CO、NO_2 等 n 电子基团的吸收	＜100

2. 生色基团和助色基团的紫外吸收峰

（1）常见的光谱术语

生色团（chromophore）：分子中产生紫外吸收带的主要官能团。

助色团（auxochrome）：本身在紫外区和可见区不显示吸收的原子或基团，当连接一个生色团后，则使生色团的吸收带红移并使吸收强度增加。一般为带有 π 电子的原子或原子团，如—OH、—NH₂、—SH 等。

红移（bathochromic shift 或 red shift）：向长波移动。

蓝移（hypsochromic shif 或 blue shift）：向短波移动。

增色效应（hyperchromic effect）：使吸收带的吸收强度增加的效应。

减色效应（hypochromic effect）：使吸收带的吸收强度降低的效应。

（2）常见生色基团与助色基团及紫外吸收见表 7-5。

表 7-5 常见生色基团与助色基团及紫外吸收

生 色 团	化合物例	λ_{max}/nm	ε_{max}	跃迁类型	溶 剂
R—CH＝CH—R′(烯)	乙烯	165	15000	π→π *	气体
		193	10000	π→π *	气体
R—C≡C—R′(炔)	2-辛炔	195	21000	π→π *	庚烷
		223	160		庚烷
R—CO—R′(酮)	丙酮	189	900	n→σ *	正己烷
		279	15	n→π *	正己烷
R—CHO(醛)	乙醛	180	10000	n→σ *	气体
		290	17	n→π *	正己烷
R—COOH(羧酸)	乙酸	208	32	n→π *	95%乙醇
R—CONH₂(酰胺)	乙酰胺	220	63	n→π *	水
R—NO₂(硝基化合物)	硝基甲烷	201	5000		甲醇
R—CN(腈)	乙腈	338	126	n→π *	四氯乙烷
R—ONO₂(硝酸酯)	硝酸乙酯	270	12	n→π *	二噁烷
R—ONO(亚硝酸酯)	亚硝酸戊酯	218.5	1120	π→π *	石油醚
R—NO(亚硝基化合物)	亚硝基丁烷	300	100		乙醇
R—N＝N—R′(重氮化合物)	重氮甲烷	338	4	π→π *	95%乙醇
R—SO—R′(亚砜)	环己基甲基亚砜	210	1500		乙醇
R—SO₂—R′(砜)	二甲基砜	<180			

（3）Woodward-Fieser（伍德瓦尔德－费塞尔）规则　物质的紫外-可见光谱显示的是分子中生色基团和助色基团的特性，吸收峰的波长与分子中基团种类、数目及其相互位置有关。在有机物中产生紫外吸收的结构除了芳环外，主要是含有碳碳双键的共轭体系及碳氧双键的共轭体系（α,β-不饱和醛酮类化合物）。Woodward 和 Fieser 在大量实验数据的基础上提出了计算共轭烯烃波长的经验规则：以 1,3-丁二烯为基本母体，确定其吸收波长为 217nm，然后根据取代基情况进行修正，用于计算共轭烯烃的 K 带的 λ_{max} 值（表 7-6、表 7-7）。

表 7-6 溶剂波长修正值 Woodward-Fieser 规则

溶 剂	水	氯仿	乙醚	环己烷	二噁烷	己烷	甲(乙)醇
波长修正值	+8	−1	−7	−11	−5	−11	0

表 7-7　Woodward-Fieser 规则

二烯或多烯烃	λ/nm	$\overset{\delta}{C}=\overset{\gamma}{C}-\overset{\beta}{C}=\overset{\alpha}{C}-C=O$ 其中 X 位于 α 位 α,β-不饱和羰基化合物		λ/nm
母体是异环的二烯烃或无环多烯类型	基数 214	母体(无环、六元环或更大的环酮)		基数 215
		α,β-键在五元环内		—13
		醛		—6
母体是同环二烯或类似结构	基数 253	当 X 为 HO 或 RO 时		22
		每增加一个共轭双键		30
		同环二烯化合物		39
	增值			增值
一个共轭双键	30	环外双键		5
烷基取代基	5	每个取代烷基	α	10
			β	12
—OAc	0		γ 或更高	18
—O—R	6	—OH	α	35
			β	30
—S—R	30		γ 或更高	50
—Cl,—Br	5	—OAc		6
—NR₂	60	—OR	α	35
			β	30
			γ	17
			δ(或更高)	31
		—SR	β	85
		—NR₂	β	95
		—Cl	α	15
			β	12
		—Br	α	25
			β	30

参照 Woodward-Fieser 规则，对于已知结构的有机化合物可以计算出其最大吸收波长，或通过最大吸收波长测量进行定性分析。

最大吸收波长计算示例：

母体同环二烯	253nm	母体异环二烯	214nm	母体环已酮	215nm
4个烷基取代基	4×5=20nm	3个烷基取代基	3×5=15nm	增加两个共轭双键	2×30=60nm
2个环外双键	2×5=10nm	1个环外双键	5nm	2个环外双键	10nm
合计	283nm	合计	234nm	同环二烯	39nm
实测	282nm	实测	234nm	1个β 烷基	12nm
				1个δ +1烷基	18nm
				2个δ +2烷基	2×18=36nm
				合计	390nm
				实测	388nm

通过紫外-可见吸收光谱可以了解有机物的共轭程度、空间效应、氢键等，可对饱和与不饱和化合物、异构体及构象进行判别。

紫外-可见吸收光谱中有机物发色体系信息分析的一般规律如下。

① 若在 200～750nm 波长范围内无吸收峰，则可能是直链烷烃、环烷烃、饱和脂肪族化合物或仅含 1 个双键的烯烃等。

② 若在 270～350nm 波长范围内有低强度吸收峰（$\varepsilon = 10 \sim 100 \text{L} \cdot \text{mol}^{-1} \cdot \text{cm}^{-1}$，$n \rightarrow \pi$ 跃迁），则可能含有一个简单非共轭且含有 n 电子的生色团，如羰基。

③ 若在 250～300nm 波长范围内有中等强度的吸收峰，则可能含苯环。

④ 若在 210～250nm 波长范围内有强吸收峰，则可能含有 2 个共轭双键；若在 260～300nm 波长范围内有强吸收峰，则说明该有机物含有 3 个或 3 个以上共轭双键。

⑤ 若该有机物的吸收峰延伸至可见光区，则该有机物可能是长链共轭或稠环化合物。

（二）金属配合物的紫外-可见吸收光谱

金属离子与配位体反应生成配合物的颜色一般不同于水合金属离子和配位体本身的颜色。金属配合物的生色机理主要有三种类型。

1. 配位场跃迁

配位场跃迁包括 d-d 跃迁和 f-f 跃迁。元素周期表中第四、五周期的过渡金属元素分别含有 3d 和 4d 轨道，镧系和锕系元素分别含有 4f 和 5f 轨道。在配体的存在下，过渡元素 5 个能量相等的 d 轨道和镧系元素 7 个能量相等的 f 轨道分别分裂成几组能量不等的 d 轨道和 f 轨道。

当它们的离子吸收光能后，低能态的 d 电子或 f 电子可以分别跃迁至高能态的 d 或 f 轨道，这两类跃迁分别称为 d-d 跃迁和 f-f 跃迁。由于这两类跃迁必须在配体的配位场作用下才可能发生，因此又称为配位场跃迁。

例如 Cu^{2+} 以水为配位体，吸收峰在 794nm 处；而以氨为配位体，吸收峰在 663nm 处。此类光谱吸收强度弱，较少用于定量分析。

2. 金属离子微扰的配位体内电子跃迁

金属离子的微扰，将引起配位体吸收波长和强度的变化。变化与成键性质有关。若静电引力结合，变化一般很小。若共价键和配位键结合，则变化非常明显。

3. 电荷转移吸收光谱

当吸收可见-紫外辐射后，分子中原定域在金属 M 轨道上的电荷转移到配位体 L 的轨道，或按相反方向转移，这种跃迁称为电荷转移跃迁，所产生的吸收光谱称为荷移光谱。

电荷转移跃迁本质上属于分子内氧化-还原反应，因此呈现荷移光谱的必要条件是构成分子的二组分，一个为电子给予体，另一个应为电子接受体。

电荷转移跃迁在跃迁选律上属于跃迁允许，其摩尔吸光系数一般都较大（10^4 左右），适宜于微量金属的检出和测定。

不少过渡金属离子与含生色团的试剂反应所生成的配合物以及许多水合无机离子，均可产生电荷迁移跃迁。此外，一些具有 d^{10} 电子结构的过渡元素形成的卤化物及硫化物，如 $AgBr$、HgS 等，也是由于这类跃迁而产生颜色。

荷移光谱出现的波长位置，取决于电子给予体和电子接受体相应电子轨道的能量差。例如 Fe^{3+} 与 SCN^- 形成血红色配合物，在 490nm 处有强吸收峰。其实质是发生了如下反应：

$$Fe^{3+} + SCN^- + h\nu = [FeSCN]^{2+}$$

分子在可见-紫外区的吸收与其电子结构紧密相关。紫外光谱的研究对象大多是具有共

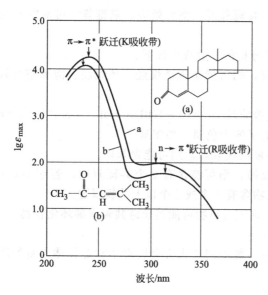

图 7-46　胆甾酮（a）与异亚丙基丙酮（b）的紫外吸收

轭双键结构的分子。如图 7-46，胆甾酮（a）与异亚丙基丙酮（b）分子结构差异很大，但两者具有相似的紫外吸收峰。两分子中相同的 O＝C—C＝C 共轭结构是产生紫外吸收的关键基团。

紫外-可见吸收测定的灵敏度取决于产生光吸收分子的摩尔吸光系数。尽管紫外可见分光光度法是一种比较常用的方法，但是，在一些情况下它不能单独用来确定一个未知化合物，还要与其他方法联用，才能实现准确分析。

六、红外光谱

红外光谱可以研究分子的结构和化学键，如力常数的测定和分子对称性研究等（测定分子的键长和键角，推断分子的立体构型）。根据所得的力常数可推知化学键的强弱，由简振频率计算热力学函数等。

分子中的某些基团或化学键在不同化合物中所对应的谱带波数基本上是固定的或只在小波段范围内变化，因此许多有机官能团如甲基、亚甲基、羰基、氰基、羟基、氨基等在红外光谱中都有特征吸收，通过红外光谱测定就可以判定未知样品中存在哪些有机官能团，这为最终确定未知物的化学结构奠定了基础。

（一）红外吸收光谱的基本原理

1. 分子的振动与红外吸收

分子中的原子与化学键都处于不断运动中。它们的运动，除了原子外层价电子跃迁以外，还有分子中原子的振动和分子本身的转动。这些运动形式都可能吸收外界能量而引起能级的跃迁，每一个振动能级常包含有很多转动分能级，因此在分子发生振动能级跃迁时不可避免地发生转动能级的跃迁，因此无法测得纯振动光谱，故通常所测得的光谱实际上是振动-转动光谱，简称振转光谱。

多原子分子的振动类型可分为两类：伸缩振动和弯曲振动。伸缩振动（用 v 表示）是指原子沿着键轴方向伸缩，使键长发生周期性变化的振动。伸缩振动的力常数比弯曲振动大，因而同一基团的伸缩振动常在高频区出现吸收。周围环境的改变对频率的变化影响较小。弯曲振动（用 δ 表示）又叫变形振动或变角振动，一般是指基团键角发生周期性变化的振动或分子中原子团对其余部分作相对运动。弯曲振动的力常数比伸缩振动小，因此同一基团的弯曲振动在低频区出现，另外弯曲振动随环境结构的改变可以在较广的波段范围内出现，所以一般不把它作为基团频率处理。

双原子分子只有一种振动方式（伸缩振动），所以可以产生一个基本振动吸收峰。而多原子分子随着原子数目的增加，振动方式也越复杂，因而它可以出现一个以上的吸收峰，并且这些峰的数目与分子的振动自由度有关。

在研究多原子分子时，常把多原子的复杂振动分解为许多简单的基本振动（又称简正振动），这些基本振动数目称为分子的振动自由度，简称分子自由度。分子自由度与该分子中各原子在空间坐标中运动状态的总和密切相关。经典振动理论表明，含 N 个原子的线型分

子其振动自由度为 $3N-5$，非线型分子其振动自由度为 $3N-6$。每种振动形式都有它特定的振动频率，也即有相对应的红外吸收峰，因此分子振动自由度越大，则在红外吸收光谱中出现的峰数也就越多。

亚甲基的基本振动形式及红外吸收：

2. 红外吸收光谱产生条件

分子在发生振动能级跃迁时需要一定的能量，这个能量通常由辐射体系的红外光来供给。由于振动能级是量子化的，因此分子振动将只能吸收一定的能量，即吸收与分子振动能级间隔 $\Delta E_{振}$ 能量相应波长的光线。如果光量子的能量为 $E_{L}=h\nu_{L}$（ν_{L} 是红外辐射频率），当发生振动能级跃迁时，满足 $\Delta E_{振}=E_{L}$ 的分子必须在振动过程中有瞬间偶极矩的改变，才能在红外光谱中出现相对应的吸收峰，这种振动称为具有红外活性的振动。例如 CO_2 有 4 种振动形式，但只有 $2349 cm^{-1}$、$667 cm^{-1}$ 两个吸收峰。也就是满足以下两个条件才会产生红外吸收光谱。

① 能量相等条件：振动或转动能级跃迁的能量与红外辐射光子能量相等。

② 能量传递条件：偶合作用，即有偶极矩的变化。

3. 红外吸收峰的强度

分子振动时偶极矩的变化不仅决定了该分子能否吸收红外光产生红外光谱，而且还关系到吸收峰的强度。根据量子理论，红外吸收峰的强度与分子振动时偶极矩变化的平方成正比。因此，振动时偶极矩变化越大，吸收强度越强。而偶极矩变化大小主要取决于下列四种因素。

① 构成化学键的原子，电负性相差越大（极性越大），瞬间偶极矩的变化也越大，在伸缩振动时引起的红外吸收峰也越强（有费米共振等因素时除外）。

② 振动形式不同，对分子的电荷分布影响不同，故吸收峰强度也不同。通常不对称伸缩振动比对称伸缩振动影响大，而伸缩振动又比弯曲振动影响大。

③ 结构对称的分子，如果在振动过程中整个分子偶极矩始终为零，则没有吸收峰出现。

④ 其他，诸如费米共振、形成氢键及与偶极矩大的基团共轭等因素，也会使吸收峰强度改变。

红外光谱中吸收峰的强度可以用吸光度（A）或透过率（$T\%$）表示。峰的强度遵守朗伯-比耳定律。

4. 红外吸收光谱中常用的几个术语

(1) 基频峰与泛频峰　当分子吸收一定频率的红外线后，振动能级从基态（v_0）跃迁到第一激发态（v_1）时所产生的吸收峰，称为基频峰。

如果振动能级从基态（v_0）跃迁到第二激发态（v_2）、第三激发态（v_3）……所产生的吸收峰称为倍频峰。通常基频峰强度比倍频峰大。由于分子的非谐振性质，倍频峰并非是基频峰的两倍，而是略小一些（HCl 分子基频峰是 $2885.9 cm^{-1}$，强度很大，其倍频峰是 $5668 cm^{-1}$，是一个很弱的峰）。还有组频峰，它包括合频峰及差频峰，它们的强度更弱，一般不易辨认。倍频峰、差频峰及合频峰总称为泛频峰。

（2）特征峰与相关峰　红外光谱的最大特点是具有特征性。复杂分子中存在许多原子基团，各个原子团在分子被激发后都会发生特征的振动。分子的振动实质上是化学键的振动。研究发现，同一类型的化学键的振动频率非常接近，总是在某个范围内。例如 CH_3NH_2 中 —NH_2 基具有一定的吸收频率，而很多含有—NH_2 基的化合物在这个频率附近（3500～3100cm^{-1}）也出现吸收峰。因此凡是能用于鉴定原子团存在的并有较高强度的吸收峰，称为特征峰，对应的频率称为特征频率。一个基团除有特征峰外，还有很多其他振动形式的吸收峰，习惯上称为相关峰。

5. 红外吸收峰减少的原因

① 高度对称的分子，由于有些振动不引起偶极矩的变化，故没有红外吸收峰。

② 不在同一平面内的具有相同频率的两个基频振动可发生简并，在红外光谱中只出现一个吸收峰。

③ 仪器的分辨率低，使有的强度很弱的吸收峰不能检出，或吸收峰相距太近分不开而简并。

④ 有些基团的振动频率出现在低频区（长波区），超出仪器的测试范围。

6. 红外吸收峰增加的原因

① 倍频吸收。

② 组合频的产生。一种频率的光同时被两个振动吸收，其能量对应两种振动能级的能量变化之和，其对应的吸收峰称为组合峰，也是一个弱峰，一般出现在两个或多个基频之和（或差）的附近（基频为 ν_1、ν_2 的两个吸收峰，它们的组频峰在 $\nu_1+\nu_2$ 或 $\nu_1-\nu_2$ 附近）。

③ 振动偶合。相同的两个基团在分子中靠得很近时，其相应的特征峰常会发生分裂，形成两个峰，这种现象称为振动偶合（异丙基中的两个甲基相互振动偶合，引起甲基的对称弯曲振动 1380cm^{-1} 处的峰裂分为强度差不多的两个峰，分别出现在 1385～1380cm^{-1} 及 1375～1365cm^{-1}）。

④ 费米共振。倍频峰或组频峰位于某强的基频峰附近时，弱的倍频峰或组频峰的强度会被大大强化，这种倍频峰或组频峰与基频峰之间的偶合称为费米共振，往往裂分为两个峰（醛基的 C—H 伸缩振动 2830～2965cm^{-1} 和其 C—H 弯曲振动 1390cm^{-1} 的倍频峰发生费米共振，裂分为两个峰，在 2840cm^{-1} 和 2760cm^{-1} 附近出现两个中等强度的吸收峰，这成为醛基的特征峰）。

（二）红外图谱解析

由于分子内和分子间相互作用，有机官能团的特征频率会由于官能团所处的化学环境不同而发生微细变化，这为研究表征分子内、分子间相互作用创造了条件。

分子在低波数区的许多简正振动往往涉及分子中全部原子，不同的分子的振动方式彼此不同，这使得红外光谱具有像指纹一样高度的特征性，称为指纹区。利用这一特点，人们采集了成千上万种已知化合物的红外光谱，并把它们存入计算机中，编成红外光谱标准谱图库。人们只需把测得未知物的红外光谱与标准库中的光谱进行比对，就可以迅速判定未知化合物的成分。

1. 红外光谱的分区

红外光谱的最大特点是有特征性，这种特征性与化合物的化学键即基团结构有关，吸收峰的位置、强度取决于分子中各基团的振动形式和所处的化学环境（分子在其余部分）。因此，只要掌握了各种基团的振动频率及其位移规律，就可以应用红外光谱来检定化合物中存在的基团及其在分子中的相对位置。

常见化学基团在 4000～600cm^{-1} 范围内有特征基团频率。为便于光谱解析，常将其分为如下几个区域。

（1）X—H 伸缩振动区（氢键区）：4000～2500cm^{-1}　X＝O、S、N、C 等，即 O—H、N—H、S—H、C—H 的伸缩振动引起的。

① 醇、酚的 O—H 伸缩振动：3650～3500cm^{-1}。峰形尖，吸收强。浓度大时红移至 3500～3200cm^{-1}，峰变宽。羧酸的 O—H 伸缩振动为 3200～2500cm^{-1}，峰形较宽。

② 胺、酰胺的 N—H 伸缩振动：3500～3100cm^{-1}。峰较宽，中等强度。伯胺、伯酰胺是双峰；仲胺、仲酰胺是单峰；叔胺、叔酰胺无此峰。

③ C—H 的伸缩振动。

饱和 C—H：2700～3000cm^{-1}。其中醛基上的 C—H 在 2800cm^{-1}，其余 C—H：2800～3000cm^{-1}。

不饱和 C—H：3000～3100cm^{-1}。但炔基上的 C—H 在 3300cm^{-1}。

（2）叁键和累积双键的伸缩振动区（官能团区）：2500～1900cm^{-1} 主要有—C≡C—（中强、宽，2100～2260cm^{-1}）、—C≡N（中强、宽，2240～2260cm^{-1}），—C＝C＝C—、—C＝C＝O、—N＝C＝O（中强、窄）。

（3）双键的伸缩振动区（官能团区）：1900～1200cm^{-1}

① C＝O 的伸缩振动：1600～1850cm^{-1}。所有羰基化合物在此波长段均有强吸收，非常特征。

② C＝C、C＝N 的伸缩振动：1680～1620cm^{-1}。强度较弱，或观测不到。

③ 芳环的伸缩振动：1620～1450cm^{-1}。共有四个吸收峰，1500～1480cm^{-1} 最强，1620～1590cm^{-1} 其次，1580cm^{-1} 较弱，450cm^{-1} 常观测不到。

（4）X—Y 的伸缩振动、X—H 的变形振动区（指纹区）：1200～910cm^{-1}

① X＝Y 的伸缩振动。包括 C—O、C—X 的伸缩振动及 C—C 的骨架振动。

② X—H 的变形振动。主要有 C—H、N—H 的变形振动。

（5）苯环面外弯曲振动、环弯曲振动：910～600cm^{-1}　苯环面外弯曲振动、环弯曲振动出现在此区域。如果在此区间内无强吸收峰，一般表示无芳香族化合物。此区域的吸收峰常常与苯环的取代位置有关。

典型的红外光谱的横坐标为波数（cm^{-1}，最常见）或波长（μm），纵坐标为透光率或吸光度（图 7-47）。

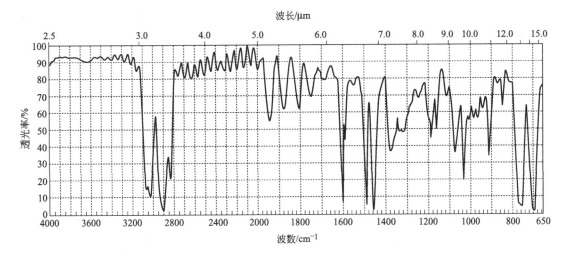

图 7-47　典型的红外光谱图

2. 红外吸收特征频率及其吸收峰的强度（图 7-48）

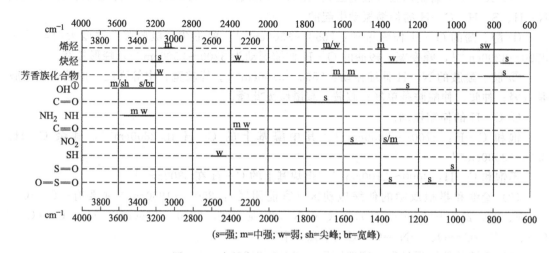

图 7-48 常见官能团红外吸收的特征频率
①游离羟基吸收强度中等，尖峰；缔合羟基为宽而强的吸收

3. 影响基团频率位移的因素

分子中化学键的振动不是孤立的，会受到分子中其他部分的影响，此外还会受到溶剂、测定条件等外部因素的影响，这些因素影响的结果使得红外光谱的基团特征频率发生位移，吸收强度发生变化。

羰基的伸缩振动的研究比较成熟，以此为例探讨影响基团频率位移的因素。

（1）外部因素

① 物理状态。同种物质的相同能级吸收波数：s<l<g。

② 溶剂。溶剂的极性增大，伸缩振动向低波数方向移动，变形振动向高波数方向移动。

（2）内部因素

① 电效应：分子内部各基团之间的相互作用，造成化学键的电子云分布发生变化，从而造成基团频率发生位移。电效应包括诱导效应、共轭效应和场效应三种。

诱导效应（I）：由于取代基的电负性不同，通过诱导作用引起分子中电子分布的变化，导致力常数变化，从而改变基团特征频率的效应称为诱导效应，可沿化学键传递。

取代基电负性越大，—C＝O 的伸缩振动波数越高。例如：

$$\underset{1715\text{cm}^{-1}}{\text{R}-\overset{\displaystyle O}{\overset{\|}{\text{C}}}-\text{R}} < \underset{1800\text{cm}^{-1}}{\text{R}-\overset{\displaystyle O}{\overset{\|}{\text{C}}}-\text{Cl}} < \underset{1828\text{cm}^{-1}}{\text{Cl}-\overset{\displaystyle O}{\overset{\|}{\text{C}}}-\text{Cl}} < \underset{1928\text{cm}^{-1}}{\text{F}-\overset{\displaystyle O}{\overset{\|}{\text{C}}}-\text{F}}$$

共轭效应（M）：不饱和键若处在共轭位置时，形成离域大 π 键，电子密度下降，力常数减小，基团频率下降，超过一个化学键无效。即向低波数方向移动。

场效应（F）：使 C＝O 电子密度增大，力常数增加，基团频率增大。即向高波数方向移动。

② 氢键：—C＝O 和—OH 或—NH₂ 形成氢键，使—C＝O 电子密度下降，力常数减小，—C＝O 振动频率下降。

③ 振动偶合：相邻基团振动频率相同，振动相互影响，使吸收峰分裂。

④ 费米共振：一个振动的频率和另一个振动泛频接近时，发生偶合作用，使吸收峰发

生分裂、变强。

⑤ 立体障碍：共轭效应只能发生在同一个平面，若由于立体障碍引起—C ＝O 和共轭不饱和键的共轭效应受到影响，使—C＝O 振动频率上升。

⑥ 环张力：环张力增大，则—C＝O 振动频率上升。

4. 红外图谱的解析步骤

解析红外光谱，要同时关注吸收峰的位置、强度和峰形三要素。红外光谱图的解析方法有如下三种：a. 直接法，就是样品的红外光谱图与已知化合物的标准谱图进行比较；b. 否定法，就是根据红外吸收与结构的关系，谱图中不出现某吸收峰时，就可以否定对应基团的存在；c. 肯定法，就是借助红外光谱图中的特征吸收峰确定某特征基团的存在。

图谱解析的步骤如下。

① 首先根据化合物的分子量、熔点、沸点以及合成条件等信息估计该化合物的类型。

② 根据元素分析的结果求出经验式，结合分子量求出化学式，由化学式求出分子的不饱和度：

$$\Delta＝四价元素数－(一价元素数/2)＋(三价元素数/2)＋1$$

根据不饱和度确定分子的大致类型。

③ 根据红外光谱排除一部分结构，提出最可能的结构。

④ 然后与标准图谱对比，或者结合其他分析手段得出结论。

解析红外图谱时要注意以下几点。

① 从高频开始解析，然后用指纹区吸收带进一步确证。

② 不要期望解析图谱中的每一个吸收带，仅有 20％的吸收峰能够确定其归属。

③ 更多地信赖否定证据，因为任何一个吸收带都可能有几种起源。

④ 怀疑试样有杂质时（图谱中有许多中等强度的吸收带或者具有肩峰的强带），应用适当的方法纯化，以得到恒定不变的图谱。

⑤ 扣除样品介质（溶剂）或溴化钾压片吸潮产生的干扰吸收带。

（三）红外光谱技术的发展

当代红外光谱技术的发展已使红外光谱的意义远远超越了对样品进行简单的常规测试并从而推断化合物的组成的阶段。红外光谱仪与其他多种测试手段联用衍生出许多新的分子光谱领域：色谱技术与红外光谱仪联合为深化认识复杂的混合物体系中各种组分的化学结构创造了机会；把红外光谱仪与显微镜方法结合起来，形成红外成像技术，用于研究非均相体系的形态结构，由于红外光谱能利用其特征谱带有效地区分不同化合物，这使得该方法具有其他方法难以匹敌的化学反差；随着电子技术的日益进步，半导体检测器已实现集成化，焦平面阵列式检测器已商品化，它有效地推动了红外成像技术的发展，也为未来发展非傅里叶变换红外光谱仪创造了契机；随着同步辐射技术的发展和广泛应用，现已出现用同步辐射光作为光源的红外光谱仪，由于同步辐射光的强度比常规光源高五个数量级，这能有效地提高光谱的信噪比和分辨率；特别值得指出的是，近年来自由电子激光技术为人们提供了一种单色性好、亮度高、波长连续可调的新型红外光源，使之与近场技术相结合，可使红外成像技术无论是在分辨率和化学反差两方面皆得到有效提高。

实验 70　玻璃管与玻璃棒的加工和塞子打孔

【实验目的】

1. 了解酒精灯和酒精喷灯的构造和原理，掌握正确的使用方法。

2. 练习玻璃管（棒）的截断、弯曲、拉制和熔光等基本操作。

3. 练习塞子钻孔的基本操作。

4. 完成玻璃棒、滴管的制作和洗瓶的装配。

【实验内容】

玻璃硬而脆，没有固定的熔点，加热到一定温度开始发红变软。玻璃的热导率小，冷却速度慢，因而便于加工。

在化学实验中经常自制一些滴管、搅拌棒、弯管等，要进行玻璃管的截断、拉细、弯曲和熔光操作。所以，学会玻璃管的简单加工和塞子打孔等基本操作是非常必要的。

1. 灯的使用

酒精灯和酒精喷灯是实验室常用的加热器具。酒精灯的温度一般可达 400～500℃；酒精喷灯可达 700～1000℃。它们的构造及使用方法在第二章已有详细论述。

2. 玻璃加工

(1) 玻璃管（棒）的截断 将玻璃管（棒）平放在桌面上，依需要的长度左手按住要切割的部位，右手用锉刀的棱边（或薄片小砂轮）在要切割的部位按一个方向（不要来回锯）用力锉出一道凹痕（见图 7-49）。锉出的凹痕应与玻璃管（棒）垂直，这样才能保证截断后的玻璃管（棒）截面是平整的。然后双手持玻璃管（棒），两拇指齐放在凹痕背面 [见图 7-50 (a)]，并轻轻地由凹痕背面向外推折，同时两食指和拇指将玻璃管（棒）向两边拉 [见图 7-50(b)]，如此将玻璃管（棒）截断。确保截面平整。

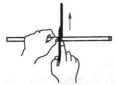

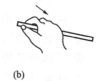

(a)　　　　(b)

图 7-49　玻璃管的锉痕　　　　图 7-50　玻璃管的截断

(2) 熔光　切割的玻璃管（棒），其截断面的边缘很锋利，容易割破皮肤、橡皮管或塞子，所以必须放在火焰中熔烧，使之平滑，这个操作称为熔光（或圆口）。将刚切割的玻璃管（棒）的一头插入火焰中熔烧，熔烧时角度一般为 45°，并不断来回转动玻璃管（棒）（见图 7-51），直至管口变成红热平滑为止。

熔烧时，加热时间过长或过短都不好，过短则管（棒）口不平滑，过长则管径会变小。转动不匀，会使管口不圆。灼热的玻璃管（棒），应放在石棉网上冷却，切不可直接放在实验台上，以免烧焦台面，也不要用手去摸，以免烫伤。

图 7-51　玻璃管的熔光

(3) 弯曲　第一步，烧管。先将玻璃管用小火预热一下，然后双手持玻璃管，把要弯曲的部位斜插入喷灯（或煤气灯）火焰中，以增大玻璃管的受热面积（也可在灯管上罩以鱼尾灯头扩展火焰，来增大玻璃管的受热面积），若灯焰较宽，也可将玻璃管平放于火焰中，同时缓慢而均匀地不断转动玻璃管，使之受热均匀（见图 7-52）。两手用力均等，转速缓慢一致，以免玻璃管在火焰中扭曲。加热至玻璃管发黄变软时，即可自焰中取出，进行弯管。

第二步，弯管。将变软的玻璃管取离火焰后稍等一两秒钟，使各部温度均匀，用 V 字形手法（两手在上方，玻璃管的弯曲部分在两手中间的正下方）[见图 7-53(a)] 缓慢地将其弯成所需的角度。弯好后，待其冷却变硬才可撒手，将其放在石棉网上继续冷却。冷却后，应检查其角度是否准确，整个玻璃管是否处于同一平面上。此为不吹气法，另有吹气法如图 7-53(b) 所示。

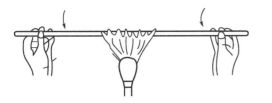

图 7-52 烧管方法

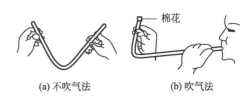

(a) 不吹气法   (b) 吹气法

图 7-53 弯管方法

120°以上的角度可一次弯成。但弯制较小角度的玻璃管，或灯焰较窄、玻璃管受热面积较小时，需分几次弯制（切不可一次完成，否则弯曲部分的玻璃管就会变形）。首先弯成一个较大的角度，然后在第一次受热弯曲部位稍偏左或稍偏右处进行第二次加热弯曲，如此第三次、第四次加热弯曲，直至变成所需的角度为止。弯管好坏的比较见图 7-54。

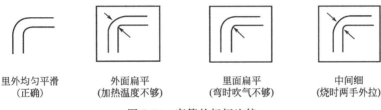

里外均匀平滑　　　外面扁平　　　　里面扁平　　　　中间细
（正确）　　　（加热温度不够）　　（弯时吹气不够）　　（烧时两手外拉）

图 7-54 弯管的好坏比较

（4）制备毛细管和滴管 第一步，烧管。拉细玻璃管时，加热玻璃管的方法与弯玻璃管时基本一样，不过烧的时间要长一些，玻璃管软化程度更大一些，烧至红黄色。

第二步，拉管。待玻璃管烧成红黄色软化以后，从火焰中取出，两手顺着水平方向边拉边旋转玻璃管（见图 7-55），拉到所需要的细度时，一手持玻璃管向下垂一会儿。冷却后，按需要长短截断，形成两个尖嘴管。如果要求细管部分具有一定的厚度，应在加热过程中当玻璃管变软后将其轻缓地向中间挤压，减短它的长度，使管壁增厚，然后按上述方法拉细。

良好　　　　　　　　　　　　　不好
　　　　　　　　　　　　（烧管时旋转不够，受热不均）

图 7-55 拉管

第三步，制滴管的扩口。将未拉细的另一端玻璃管口以 40°角斜插入火焰中加热，并不断转动。待管口灼烧至红热后，用金属锉刀柄斜放入管口内迅速而均匀地旋转（图 7-56），将其管口扩开。另一扩口的方法是待管口烧至稍软后，将玻璃管口垂直放在石棉网上，轻轻向下按一下，将其管口扩开。冷却后，安上胶头即成滴管。

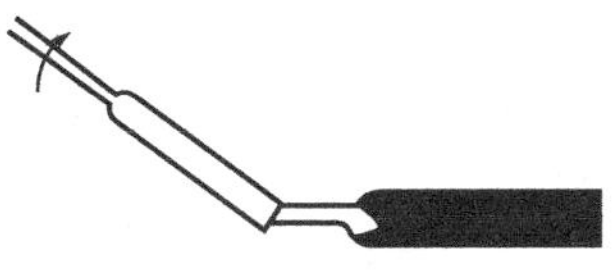

图 7-56 玻璃管扩口

3. 塞子与塞子钻孔

容器上常用的塞子有软木塞、橡皮塞和玻璃磨口塞。软木塞易被酸或碱腐蚀，但与有机物的作用较小。橡皮塞可以把容器塞得很严密，但对装有机溶剂和强酸的容器并不适用；相反，盛碱性物质的容器常用橡皮塞。玻璃磨口塞能把容器塞得紧密，可作为盛装除氢氟酸和碱性物质以外的液体或固体容器的塞子。

为了能在塞子上装置玻璃管、温度计等，塞子需预先钻孔。如果是软木塞，可先经压塞机（图 7-57）压紧，或用木板在桌子上碾压（图 7-58），以防钻孔时塞子开裂。常用的钻孔器是一组直径不同的金属管（图 7-59）。它的一端有柄，另一端很锋利，可用来钻孔。另外还有一根带柄的铁条在钻孔器金属管的最内层管中，称为捅条，用来捅出钻孔时嵌入钻孔器中的橡皮或软木。

图 7-57　压塞机　　　　　　图 7-58　软木塞的碾压　　　　　图 7-59　钻孔器

（1）塞子大小的选择　塞子的大小应与仪器的口径相适合，塞子塞进瓶口或仪器口的部分不能少于塞子本身高度的 1/2，也不能多于 2/3，如图 7-60 所示。

（2）钻孔器大小的选择　要选择一个比插入橡皮塞的玻璃管口径略粗一点儿的钻孔器，因为橡皮塞有弹性，孔道钻成后由于收缩而使孔径变小。

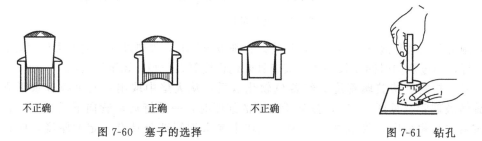

不正确　　　　　　正确　　　　　　不正确

图 7-60　塞子的选择　　　　　　　　图 7-61　钻孔

（3）钻孔的方法　如图 7-61 所示，将塞子小头朝上平放在实验台上的一块垫板上（避免钻坏台面），左手用力按住塞子，不得移动，右手握住钻孔器的手柄，并在钻孔器前端涂点甘油或水。将钻孔器按在选定的位置上，沿一个方向一面旋转一面用力向下钻动。钻孔器要垂直于塞子的平面，不能左右摆动，更不能倾斜，以免把孔钻斜。钻至深度约达塞子高度一半时，反方向旋转并拔出钻孔器，用带柄捅条捅出嵌入钻孔器中的橡皮或软木。然后调换塞子大头，对准原孔的方位，按同样的方法钻孔，直到两端的圆孔贯穿为止；也可以不调换塞子的方位，仍按原孔直接钻通到垫板上为止。拔出钻孔器，再捅出钻孔器内嵌入的橡皮或软木。

孔钻好以后，检查孔道是否合适。如果选用的玻璃管可以毫不费力地插入塞孔里，说明塞孔太大，塞孔和玻璃管之间不够严密，塞子不能使用。若塞孔略小或不光滑，可用圆锉适当修整。

（4）玻璃导管与塞子的连接　将选定的玻璃导管插入并穿过已钻孔的塞子，一定要使所插入导管与塞孔严密套接。

先用右手拿住导管靠近管口的部位，并用少许甘油或水将管口润湿［见图 7-62(a)］，然后左手拿住塞子，将导管口略插入塞子，再用柔力慢慢地将导管转动着逐渐旋转进入塞子［见图 7-62(b)］，并穿过塞孔至所需的长度为止。也可以用布包住导管，将导管旋入塞孔［见图 7-62(c)］。如果用力过猛或手持玻璃导管离塞子太远，都有可能将玻璃导管折断，刺伤手掌。

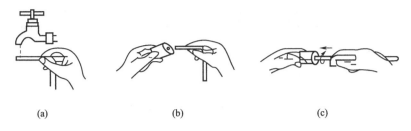

(a)　　　　　　　　　　(b)　　　　　　　　　　(c)

图 7-62　导管与塞子的连接

　　温度计插入塞孔的操作方法与上述一样，但开始插入时要特别小心，以防温度计的水银球破裂。

　　4. 实验用具的制作

　　(1) 小玻璃棒　切取 18cm 长的小玻璃棒，将中部置火焰上加热，拉细到直径约为 1.5mm 为止。冷却后用三角锉刀在细处切断，并将断处熔成小球，将玻璃棒另一端熔光，冷却，洗净后便可使用（见图 7-63）。

图 7-63　小玻璃棒　　　　　　　　　　　　　　　图 7-64　滴管

　　(2) 乳头滴管　切取 26cm 长（内径约 5mm）的玻璃管，将中部置火焰上加热，拉细玻璃管。要求玻璃管细部的内径为 1.5mm，毛细管长约 7cm，切断并将断口熔光。把尖嘴管的另一端加热至发软，然后在石棉网上压一下，使管口外卷，冷却后，套上橡胶乳头即制成乳头滴管（见图 7-64）。

　　(3) 洗瓶　准备 500mL 聚氯乙烯塑料瓶 1 个，适合塑料瓶瓶口大小的橡皮塞 1 个，33cm 长玻璃管 1 根（两端熔光）。

　　① 按前面介绍的塞子钻孔的操作方法，将橡皮塞钻孔。

　　② 按图 7-65 的形状，依次将 33cm 长的玻璃管一端 5cm 处在酒精喷灯上加热后拉一尖嘴，弯成 60°角，插入橡皮塞塞孔后，再将另一端弯成 120°角（注意两个弯角的方向），即配制成一个洗瓶。

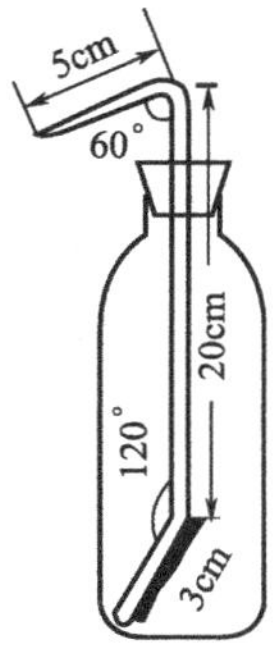

图 7-65　洗瓶

　　【注意事项】

　　1. 切割玻璃管、玻璃棒时要防止划破手。

　　2. 使用酒精喷灯前，必须先准备一块湿抹布备用。

　　3. 灼热的玻璃管、玻璃棒，要按先后顺序放在石棉网上冷却，切不可直接放在实验台上，防止烧焦台面；未冷却之前，也不要用手去摸，防止烫伤手。

　　4. 装配洗瓶时，拉好玻璃管尖嘴，弯好 60°角后，先装橡皮塞，再弯 120°角，并且注意 60°角与 120°角在同一方向同一平面上。

　　【总结讨论题】

　　1. 酒精灯和酒精喷灯的使用过程中，应注意哪些安全问题？

　　2. 在加工玻璃管时，应注意哪些安全问题？

　　3. 切割玻璃管（棒）时，应怎样正确操作？

　　4. 塞子钻孔时，应如何选择钻孔器的大小？

实验 71　硫酸铜的制备与提纯

【实验目的】

1. 了解由不活泼金属与酸作用制备盐的方法。
2. 学会由重结晶法提纯物质。
3. 练习和掌握台式天平、量筒、坩埚钳、表面皿和蒸发皿的使用。
4. 练习和掌握固体试剂和液体试剂的取用。
5. 练习和掌握固体的灼烧、直接加热、水浴加热、溶解和结晶操作。
6. 练习和掌握溶液的蒸发、浓缩，以及倾泻法、减压过滤。

【预习内容】

1. 常用玻璃（瓷质）仪器——烧杯、量筒、蒸发皿、坩埚钳等的使用方法。
2. 实验室用的纯水。
3. 加热与冷却；固、液分离。
4. 查物质的溶解度数据表；溶剂对溶解度的影响。
5. 硝酸的性质；铜、硫酸铜的性质。

【实验原理】

铜是不活泼金属，不能直接和稀硫酸发生反应制备硫酸铜。利用废铜粉灼烧氧化法制备 $CuSO_4 \cdot 5H_2O$ 是先将铜粉在空气中灼烧氧化成黑色的氧化铜，然后将其溶于硫酸而制得：

$$2Cu + O_2 =\!=\!= 2CuO$$
$$CuO + H_2SO_4 =\!=\!= CuSO_4 + H_2O$$

由于废铜粉不纯，所得 $CuSO_4$ 溶液中常含有不溶性杂质和可溶性杂质 $FeSO_4$、$Fe_2(SO_4)_3$ 及其他重金属盐等。Fe^{2+} 需用氧化剂 H_2O_2 溶液氧化为 Fe^{3+}，然后调节溶液 $pH \approx 4.0$，并加热煮沸，使 Fe^{3+} 水解为 $Fe(OH)_3$ 沉淀滤去。其反应式为：

$$2Fe^{2+} + 2H^+ + H_2O_2 =\!=\!= 2Fe^{3+} + 2H_2O$$
$$Fe^{3+} + 3H_2O =\!=\!= Fe(OH)_3 \downarrow + 3H^+$$

$CuSO_4 \cdot 5H_2O$ 在水中的溶解度随温度的升高而明显增大，因此对于粗硫酸铜中的其他杂质，可通过重结晶法使杂质留在母液中，从而得到较纯的蓝色水合硫酸铜晶体。水合硫酸铜在不同的温度下可以逐步脱水，其反应式为：

$$CuSO_4 \cdot 5H_2O =\!=\!= CuSO_4 \cdot 3H_2O + 2H_2O$$
$$CuSO_4 \cdot 3H_2O =\!=\!= CuSO_4 \cdot H_2O + 2H_2O$$
$$CuSO_4 \cdot H_2O =\!=\!= CuSO_4 + H_2O$$

【仪器与试剂】

仪器：托盘天平，瓷坩埚，泥三角，酒精灯，烧杯（50mL），电炉，布氏漏斗，吸滤瓶，精密 pH 试纸，蒸发皿，表面皿，水浴锅，量筒（10mL）。

试剂：废铜粉，H_2SO_4（2mol·L^{-1}），H_2O_2（3%），$K_3[Fe(CN)_6]$（0.1mol·L^{-1}），$NaOH$（2mol·L^{-1}），无水乙醇。

【实验内容】

1. $CuSO_4 \cdot 5H_2O$ 的制备

① 废铜粉氧化。称取 2.4g 废铜粉，放入干燥洁净的瓷坩埚中，将坩埚置于泥三角上，用酒精灯灼烧，并不断搅拌，至铜粉转化为黑色的 CuO（约 30min），停止加热，

冷却，备用。

② 粗硫酸铜溶液的制备。将①中制的 CuO 转入 50mL 小烧杯中，加入 17mL 2mol·L^{-1} H_2SO_4（按 CuO 转化率 80% 估算），微热使之溶解（注意保持液面一定高度）。如 10min 后 CuO 未完全溶解（烧杯底部有黑色粉末），表明 CuO 转化率高，可补加适量 H_2SO_4 继续溶解。如果 CuO 很快溶解，剩余大量红色铜粉，表明转化率低，剩余酸量过多。

③ 粗硫酸铜的提纯。在粗 $CuSO_4$ 溶液中滴加 3% H_2O_2 溶液 25 滴，加热搅拌，并检验溶液中有无 Fe^{2+}（用什么方法检查？）。待 Fe^{2+} 完全氧化后，用 2mol·L^{-1} NaOH 溶液调节溶液的 pH≈4.0（精密 pH 试纸）。加热至沸数分钟后，趁热减压过滤，将滤液转入蒸发皿中，滴加 2mol·L^{-1} H_2SO_4 调节溶液的 pH≈2，然后水浴加热，蒸发浓缩至液面出现晶膜为止。让其自然冷却至室温有晶体析出（如无晶体，再继续蒸发浓缩），减压过滤，用 3mL 无水乙醇淋洗，抽干。产品转至表面皿上，用滤纸吸干后称重。计算产率，母液回收。

2. 硫酸铜结晶水的测定

① 在台秤上称取 1.2～1.5g 磨细的 $CuSO_4·5H_2O$，置于一干净并灼烧至恒重的坩埚（精确至 1mg）中，然后在分析天平上称量此坩埚与样品的质量，由此计算出坩埚中样品的准确质量 m_1（精确至 1mg）。

② 将装有 $CuSO_4·5H_2O$ 的坩埚放置在马弗炉里，在 543～573℃ 下灼烧 40min，取出后放在干燥器内冷却至室温，在天平上称量装有硫酸铜的坩埚的质量。

③ 将称过质量的上述坩埚再次放入马弗炉中灼烧（温度与②相同）15min，取出后放入干燥器内冷却至室温，然后在分析天平上称其质量。反复加热，称其质量，直到两次称量结果之差不大于 5mg 为止。并计算出无水硫酸铜的质量 m_2 及水合硫酸铜所含结晶水的质量，从而计算出硫酸铜结晶水的数目。

【注意事项】

1. 在粗硫酸铜的提纯中，浓缩液要自然冷却至室温析出晶体，否则其他盐类如 Na_2SO_4 也会析出。

2. 已灼烧至恒重的坩埚，在马弗炉中灼烧及称量过程中，避免粘上灰尘。

【深入讨论】

1. 由铜制备硫酸铜的其他方法

由铜制备硫酸铜时铜的氧化态升高了，因此各种制备方法的共同点是找一个氧化剂。氧化剂不同，制备上有差异，因此，每一种制备方法均有优缺点，请根据此思路考虑其他制备方法。

同样由铜制备氯化铜、乙酸铜的关键也是找氧化剂，只是酸根不同而已。

2. 蒸发浓缩溶液可以用直接加热，也可以用水浴加热的方法，如何进行选择？

首先由溶剂、溶质的性质决定。如加热由易燃、沸点在 353K 以下的有机溶剂组成的溶液时，用水浴加热方便安全。

溶质的热稳定性、氧化-还原稳定性也决定了加热的方式。如五水硫酸铜受热时分解（热稳定性）。

实验者对蒸发速度的要求是其次的考虑，若希望溶液平稳地蒸发，也用水浴加热，沸腾后溶液不会溅出，当然，蒸发速度相对要慢一些。

3. 是否所有的物质都可以用重结晶方法提纯？

不是，适用于重结晶法提纯的物质应具备随温度变化溶解度变化较大的性质，如硝酸钾、五水硫酸铜等，这样提纯后的产率较大。

还有一种重结晶法是提纯物质在不同温度下的溶解度差别不是很大时采用，可以稍多加一些水，加热溶解，趁热过滤后，再加热蒸发至表面出现晶体（刚达到饱和），随即冷却结晶。

对在不同温度下溶解度差别不大的物质如氯化钠，则不能用重结晶法提纯，否则提纯产率太低。

【总结讨论题】

1. 除去 $CuSO_4$ 溶液中的 Fe^{2+} 杂质时，为什么须先加 H_2O_2 氧化，并且调节溶液的 pH≈4.0？ pH 值太大或太小有何影响？

2. 如果粗硫酸铜中含有铅等盐，它们会在哪一步中被除去？可能的存在形式是什么？

3. 如何检查 Fe^{2+} 的存在？

实验 72 粗盐的提纯

【实验目的】

1. 学习提纯食盐的原理和方法及有关离子的鉴定。

2. 掌握溶解、过滤、蒸发、浓缩、结晶、干燥等基本操作。

【实验原理】

粗食盐中的不溶性杂质（如泥沙等）可通过溶解和过滤的方法除去。粗食盐中的可溶性杂质主要是 Ca^{2+}、Mg^{2+}、K^+ 和 SO_4^{2-} 等，选择适当的试剂使它们生成难溶化合物的沉淀而被除去。

① 在粗盐溶液中加入过量的 $BaCl_2$ 溶液，除去 SO_4^{2-}：

$$Ba^{2+} + SO_4^{2-} \longrightarrow BaSO_4 \downarrow$$

过滤，除去难溶化合物和 $BaSO_4$ 沉淀。

② 在滤液中加入 NaOH 和 Na_2CO_3 溶液，除去 Mg^{2+}、Ca^{2+} 和沉淀 $BaSO_4$ 时加入的过量 Ba^{2+}：

$$Mg^{2+} + 2OH^- \longrightarrow Mg(OH)_2 \downarrow$$

$$Ca^{2+} + CO_3^{2-} \longrightarrow CaCO_3 \downarrow$$

$$Ba^{2+} + CO_3^{2-} \longrightarrow BaCO_3 \downarrow$$

过滤除去沉淀。

③ 溶液中过量的 NaOH 和 Na_2CO_3 可以用盐酸中和除去。

④ 粗盐中的 K^+ 和上述的沉淀剂都不起作用。由于 KCl 的溶解度大于 NaCl 的溶解度，且含量较少，因此在蒸发和浓缩过程中 NaCl 先结晶出来，而 KCl 则留在溶液中。

【仪器与试剂】

仪器：台秤，烧杯，量筒，普通漏斗，漏斗架，布氏漏斗，吸滤瓶，蒸发皿，石棉网，酒精灯，药匙。

试剂：粗食盐，HCl（$6mol \cdot L^{-1}$），HAc（$6mol \cdot L^{-1}$），NaOH（$6mol \cdot L^{-1}$），$BaCl_2$（$6mol \cdot L^{-1}$），Na_2CO_3（饱和），$(NH_4)_2C_2O_4$（饱和），镁试剂，滤纸，pH 试纸。

【实验内容】

1. 粗食盐的提纯

① 在台秤上称取 8.0g 粗食盐，放在 100mL 烧杯中，加入 30mL 水，搅拌并加热使其

溶解。溶液沸腾时，在搅拌下逐滴加入 $1mol \cdot L^{-1}$ $BaCl_2$ 溶液至沉淀完全（约 2mL）。继续加热 5min，使 $BaSO_4$ 的颗粒长大而易于沉淀和过滤。为了检验沉淀是否完全，可将烧杯从石棉网上取下，待沉淀下降后，取少量上层清液于试管中，滴加几滴 $6mol \cdot L^{-1}$ HCl 溶液，再加几滴 $1mol \cdot L^{-1}$ $BaCl_2$ 溶液检验。用普通漏斗过滤。

② 在滤液中加入 1mL $6mol \cdot L^{-1}$ NaOH 溶液和 2mL 饱和 Na_2CO_3 溶液，加热至沸，待沉淀下降后，取少量上层清液放在试管中，滴加 Na_2CO_3 溶液，检查有无沉淀生成。如不再产生沉淀，用普通漏斗过滤。

③ 在滤液中逐滴加入 $6mol \cdot L^{-1}$ HCl 溶液，直至溶液呈微酸性为止（pH 值约为 6）。

④ 将滤液倒入蒸发皿中，用小火加热蒸发，浓缩至稀粥状的稠液为止，切不可将溶液蒸干。

⑤ 冷却后，用布氏漏斗过滤，尽量将结晶抽干。将结晶放回蒸发皿中，小火加热干燥，直至不冒水蒸气为止。

⑥ 将精食盐冷至室温，称重。最后把精盐放入指定容器中。计算产率。

2. 产品纯度的检验

取粗盐和精盐各 1g，分别溶于 5mL 蒸馏水中，将粗盐溶液过滤（图 7-66）。两种澄清溶液分别盛于 3 支小试管中，组成 3 组，对照检验它们的纯度。

图 7-66 普通过滤

① SO_4^{2-} 的检验：在第一组溶液中分别加入 2 滴 $6mol \cdot L^{-1}$ HCl 溶液，使溶液呈酸性，再加入 3~5 滴 $1mol \cdot L^{-1}$ $BaCl_2$ 溶液，如有白色沉淀，证明 SO_4^{2-} 存在。记录结果，进行比较。

② Ca^{2+} 的检验：在第二组溶液中分别加入 2 滴 $6mol \cdot L^{-1}$ HAc 溶液，使溶液呈酸性，再加入 3~5 滴饱和 $(NH_4)_2C_2O_4$ 溶液。如有白色沉淀生成，证明 Ca^{2+} 存在。记录结果，进行比较。

③ Mg^{2+} 的检验：在第三组溶液中分别加入 3~5 滴 $6mol \cdot L^{-1}$ NaOH 溶液，使溶液呈碱性，再加入 1 滴"镁试剂"。若有天蓝色沉淀生成，证明 Mg^{2+} 存在。记录结果，进行比较。

镁试剂是一种有机染料，在碱性溶液中呈红色或紫色，但被 $Mg(OH)_2$ 沉淀吸附后则呈天蓝色。

【注意事项】

1. 粗食盐颗粒要研细。

2. 食盐溶液浓缩时切不可蒸干。

3. 普通过滤与减压过滤的正确使用与区别。

【总结讨论题】

1. 加入 30mL 水溶解 8g 食盐的依据是什么？加水过多或过少有什么影响？

2. 怎样除去实验过程中所加的过量沉淀剂 $BaCl_2$、NaOH 和 Na_2CO_3？

3. 提纯后的食盐溶液浓缩时为什么不能蒸干？

4. 在检验 SO_4^{2-} 时，为什么要加入盐酸溶液？

5. 在粗盐的提纯中，①、②两步，能否合并过滤？

实验 73 碳酸钠的制备与质量评价

【实验目的】

1. 学习复分解反应进行无机制备的原理、条件选择和质量分析与控制方法。

2. 训练无机物制备的基本操作技能：蒸发、结晶、提纯。

3. 学习和训练酸碱滴定法测定碳酸钠产品的基本组成和含量。

4. 学习和了解化工产品质量评价的一般方法。

【实验原理】

1. 碳酸钠的制备

制备碳酸钠的基本原理是复分解反应和热分解反应。即

(1) $NH_3HCO_3 + NaCl \xrightarrow{\quad} NH_4Cl + NaHCO_3 \downarrow$

(2) $NaHCO_3 \xrightarrow{\triangle} Na_2CO_3 + H_2O \uparrow + CO_2 \uparrow$

制备的技术关键是：由反应物和生成物的溶解度（表 7-8）选择反应温度和投料浓度。

表 7-8　各物质的溶解度　　　　　　　　　　　单位：g·100g^{-1}水

温度/℃	0	10	20	30	40	60
NaCl	35.5	35.8	35.9	36.1	36.4	37.1
NH$_4$HCO$_3$	11.9	16.1	21.7	28.4	分解	分解
NaHCO$_3$	7.0	8.1	9.6	11.1	12.7	16.0
NH$_4$Cl	29.4	33.2	37.2	41.4	45.8	55.3

分解温度：NH_4HCO_3 固体，107.5℃；溶液中，40℃。

$\qquad\qquad\quad$ $NaHCO_3$ 固体，270℃；溶液中，不分解。

$\qquad\qquad\quad$ NH_4Cl 固体，340℃升华。

反应（1）应控制在 30～35℃比较合适，在 10℃以下使碳酸氢钠结晶；反应（2）应控制在 300℃以上。

制备的工艺流程是：

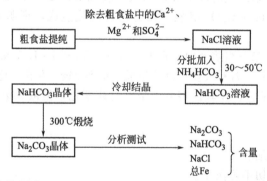

2. 碳酸钠产品组成的测定

（1）应用双指示剂酸碱滴定法确定碳酸钠产品的组成　以盐酸为标准溶液，分别以酚酞（变色范围 pH 8.0～10.0）和甲基橙（变色范围 pH 3.1～4.4）为指示剂，进行酸碱滴定，分别确定酚酞变色和甲基橙变色所消耗的盐酸标准溶液的体积 V_1 和 V_2，分别计算 Na_2CO_3 和 $NaHCO_3$ 的含量。滴定反应分别为：

$$CO_3^{2-} + H^+ \longrightarrow HCO_3^- \qquad 化学计量点\ pH = 8.3$$

$$HCO_3^- + H^+ \longrightarrow H_2O + CO_2 \qquad 化学计量点\ pH = 4.3$$

若 $V_1 = V_2$，则产品不含 $NaHCO_3$；若 $V_1 < V_2$，样品中含有 $NaHCO_3$，说明 $NaHCO_3$ 分解不完全。

（2）应用 $AgNO_3$ 沉淀滴定法测定或目视比浊法确定 Cl^- 含量是否合格　应先用 $AgNO_3$ 溶液对 Cl^- 进行定性检测，初步判断 Cl^- 含量，然后确定是用滴定分析还是用比浊测定。

（3）应用邻菲啰啉目视比色法确定总铁含量是否合格。

（4）应用重量分析法确定 300℃干燥失重是否合格。

3. 碳酸钠的质量评价：

对照国家标准 GB/T 639—2008，分析评价碳酸钠产品的质量可否达到试剂级的标准。

【实验步骤】

1. 实验的准备

根据上述实验内容、原理提示和下述实验步骤，提出本实验所需原料与化学试剂及实验器材清单，凭清单在实验老师处领取。

2. 碳酸钠的制备

（1）粗食盐的提纯

市售的粗食盐常含有 $MgCl_2$、$CaCl_2$、$MgSO_4$ 等杂质，直接影响 Na_2CO_3 的质量，所以，必须进行提纯。实施步骤如下：首先称取粗食盐 16g，溶于 50mL 纯水中，加热煮沸，在搅拌下逐滴加入 $1mol \cdot L^{-1}$ $BaCl_2$ 溶液（约 4mL），用 $NaOH+Na_2CO_3$ 的混合溶液调食盐水溶液的 pH 值为 11，使沉淀完全；然后趁热滤除沉淀，并用热水洗涤沉淀三次，用盐酸溶液调整滤液的 pH 值为 7。

（2）$NaHCO_3$ 的结晶　将上述所得 NaCl 溶液的烧杯放入 30～35℃的水浴中，在不断搅拌下，分次加入 21g 碾细的 NH_4HCO_3 晶体，加料完成后，保温搅拌 30min，使反应进行完全。静置冷却，使 $NaHCO_3$ 充分结晶，抽滤，用纯冰水洗涤，得 $NaHCO_3$ 晶体。计算 $NaHCO_3$ 的产率，分析物料损失原因。

（3）Na_2CO_3 的制取　将抽干的晶体放入蒸发皿中，在电炉上煅烧至恒重，约 2h，得 Na_2CO_3 产品。计算 Na_2CO_3 的收率，分析物料损失原因。

3. 碳酸钠产品组成的测定

（1）Na_2CO_3 含量的测定　准确称取所制碳酸钠产品 2g（准确至 0.0002g），溶于 50mL 纯水中，然后用容量瓶定容至 250mL；用移液管准确移取前述碳酸钠溶液 25.00mL 于锥形瓶中，加酚酞 2～3 滴，用 $0.1mol \cdot L^{-1}$（准确至 0.0001）的 HCl 溶液滴定至酚酞的红色刚好消失，记录 V_1；滴加甲基橙指示剂 2～3 滴，继续滴定至甲基橙由黄色变为橙红色，记录 V_2。平行测定三次，计算碳酸钠和碳酸氢钠的含量。

（2）干燥失重　称取 5g 样品，置于恒重的瓷坩埚中，准确至 0.0002g，逐渐升温，于 300℃干燥至恒重。由减轻之重量计算干燥失重。

（3）杂质测定

① 氯化物　称取 1g 样品，溶于 10mL 水中，滴加 $5mol \cdot L^{-1}$ 的 HNO_3 中和，稀释至 25mL。加 $5mol \cdot L^{-1}$ 的 HNO_3 和 1mL $0.1mol \cdot L^{-1}$ 的 $AgNO_3$，摇匀，放置 10min，用目视比浊法与标准系列比较，确定氯化物含量范围，判断是否达到试剂要求。

② 全铁　称取 2g 样品，溶于水，用 25％的 HCl 调整溶液的 pH＝5～6，过量 0.5mL，煮沸，冷却，用氨水调 pH＝2（精确试纸测定），稀释至 30mL。加 0.5mL 10％抗坏血酸溶液、10mL pH＝4.5 的醋酸-醋酸钠缓冲溶液及 3mL 0.2％邻菲啰啉溶液，稀释至 50mL，混匀，放置 15min。用目视比色法与标准系列比较，确定全铁含量范围，判断是否达到试剂要求。

4. 碳酸钠的质量评价

对照国家标准 GB 639-86，分析评价碳酸钠产品的质量可否达到试剂级的标准。要全面评价还应测试那些指标。

分析影响产品质量的各种因素，确定碳酸钠制备的关键步骤，提出质量保证措施。

【讨论题】

1. 兼顾质量与成本，比较原料提纯与产品提纯在本实验中何者更优越？

2. 结合本实验，论述复分解反应制备无机物原料和条件选择的一般原则。

3. 分析双指示剂酸碱滴定法测试碳酸钠含量的误差范围，该方法有何优点和不足？可否作为碳酸钠生产质量控制测试的标准方法？可否作为技术监督部门对碳酸钠产品进行质量监督的标准测试方法？为什么？

实验 74 硝酸钾的制备

【实验目的】

1. 学习水溶液中利用离子相互反应来制备无机化合物的一般原理和步骤。

2. 学习实践结晶和重结晶的一般原理和操作方法。

3. 掌握固体溶解、加热蒸发的基本操作。

4. 掌握减压过滤（包括热过滤）的基本操作。

【预习内容】

1. 产品的主要杂质是什么？

2. 若采用重结晶除杂，蒸发温度应控制在什么范围内？

3. 可否将除去氯化钠后的滤液直接冷却制取硝酸钾？

【实验原理】

在 $NaNO_3$ 和 KCl 的混合溶液中，同时存在 Na^+、K^+、Cl^- 和 NO_3^- 四种离子。由它们组成的四种盐在不同温度下的溶解度（$g \cdot 100g^{-1}$）如表 7-9 所示。

表 7-9 四种盐在不同温度下的溶解度/($g \cdot 100g^{-1}$)

盐	10℃	20℃	30℃	40℃	50℃	60℃	70℃	80℃	90℃
KCl	31.0	34.0	37.0	40.0	42.6	45.5	48.3	51.1	54.0
KNO₃	20.9	31.6	45.8	63.9	85.5	110.0	138	169	202
NaCl	35.8	36.0	36.3	36.6	37.0	37.3	37.8	38.4	39.0
NaNO₃	80	88	96	104	114	124	—	148	—

由上述数据可看出，在 20℃时，除硝酸钠以外，其他三种盐的溶解度都差不多，因此不能使硝酸钾晶体析出。但是随着温度的升高，氯化钠的溶解度几乎没有多大改变，而硝酸钾的溶解度却增大得很快。因此只要把硝酸钠和氯化钾的混合溶液加热，在高温时氯化钠的溶解度小，趁热把它滤去，然后冷却滤液，则硝酸钾因溶解度急剧下降而析出。

在初次结晶中一般混有一些可溶性杂质，为了进一步除去这些杂质，可采用重结晶方法进行提纯。（这里需要指出的是，表 7-8 中溶解度都是单组分体系的数据，混合体系中各物质的溶解度数据是会有差异的，但不影响为理解原理而进行的有关计算和讨论。）

【实验内容】

1. 硝酸钾的制备

在 50mL 烧杯中加入 8.5g $NaNO_3$ 和 7.5g KCl，再加入 15mL 蒸馏水。将烧杯放在石棉网上，用小火加热、搅拌，使其溶解，继续加热蒸发至原体积的三分之二，这时烧杯内开始有较多晶体析出（什么晶体？）。趁热减压过滤，滤液中很快出现晶体（这又是什么晶体？）。

另取 8mL 蒸馏水加入吸滤瓶中，使结晶重新溶解，并将溶液转移至烧杯中缓缓加热，蒸发至原有体积的三分之二，静置、冷却（可用冷水浴冷却），待结晶重新析出，再进行减压过滤。用饱和 KNO_3 溶液滴洗两遍，将晶体抽干、称量，计算实际产率。

将粗产品保留少许（0.5g）供纯度检验用，其余的产品进行下面的重结晶。实验流程如下：

溶解：
11.3g NaNO₃
10g KCl
20mL 水
$\longrightarrow$
蒸发：
小火加热
至有较多
晶体析出
$\longrightarrow$
热过滤：
趁热过滤，
得 KNO₃ 饱和溶液
（回收 NaCl 晶体）
$\longrightarrow$

结晶：
KNO₃ 溶液冷却，
有 KNO₃ 晶体
析出
$\longrightarrow$
抽滤：
得 KNO₃ 晶体，
用少量饱和 KNO₃
溶液淋洗晶体
$\longrightarrow$
称量：
称量产品，粗 KNO₃
质量____g

2. 硝酸钾的提纯

按质量比 KNO₃：H₂O＝2：1 的比例，将粗产品溶于所需蒸馏水中，加热并搅拌，使溶液刚刚沸腾即停止加热（此时，若晶体尚未溶解完，可加适量蒸馏水使其刚好溶解完）。冷却到室温后抽滤，并用饱和 KNO₃ 溶液 4～6mL 用滴管逐滴加于晶体的各部位洗涤，抽干，称量。

3. 产品纯度的检验

取少许粗产品和重结晶后所得 KNO₃ 晶体分别置于两支试管，用蒸馏水配成溶液，然后各滴 2 滴 $0.1mol \cdot L^{-1}$ AgNO₃ 溶液，观察现象，并作出结论。

【总结讨论题】

1. 何谓重结晶？本实验都涉及哪些基本操作？应注意什么？

2. 制备硝酸钾晶体时，为什么要把溶液进行加热和热过滤？

3. 设计从母液中提取较高纯度硝酸钾晶体的实验方案。

实验 75 由沸腾炉渣制取氯化铝

【实验目的】

1. 了解从沸腾炉渣提取氯化铝晶体的方法。

2. 练习称量、浸取、回流冷凝、减压过滤、蒸发和结晶等操作方法。

【实验原理】

将某些含氧化铝达 35％以上的高铝煤矸石用沸腾炉在（700±50）℃焙烧 0.5～1h，得到含有 γ-Al₂O₃ 的沸腾炉渣。此炉渣中还含有 50％左右的 SiO₂，以及不同含量的铁、钙、镁等金属氧化物。用盐酸处理此炉渣，则 γ-Al₂O₃ 转变为可溶性的 AlCl₃，铁、钙、镁等金属氧化物转变为可溶性的 FeCl₃、CaCl₂、MgCl₂ 等，从而和不溶性的 SiO₂ 等杂质分离。

$$Al_2O_3 + 6HCl \longrightarrow 2AlCl_3 + 3H_2O$$

沸腾炉渣经过磨碎、酸浸、抽滤、蒸发和结晶等操作，可制得含结晶水的 AlCl₃·6H₂O 粗晶体，俗称结晶氯化铝。此晶体中因含有一定量的 FeCl₃ 等杂质而呈黄色，并易潮解。

【仪器与试剂】

仪器：圆底烧瓶（250mL），球形冷凝管，烧杯，蒸发皿，电炉，石棉网，玻璃棒，试管，铁架台，台秤，真空泵，过滤瓶，滤纸。

试剂：盐酸（20％），氢氧化钠（$1mol \cdot L^{-1}$），沸腾炉渣。

【实验内容】

1. AlCl₃ 晶体的制备

称称取粒径为 0.15mm 的沸腾炉渣 20g，加入圆底烧瓶中，加入 50mL20％盐酸，按图 7-67 组装好回流实验装置。接通冷凝水，使水缓慢流过。加热至酸液沸腾，保持轻度沸腾 0.5～1h 对沸腾炉渣进行酸浸（注意调节火力保持微沸即可）。

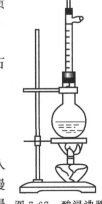

图 7-67 酸浸沸腾
炉渣实验装置

酸浸完毕后，将瓶中的溶液和残渣倒入烧杯中，静置数分钟。同时，安装好减压过滤装置。

减压过滤烧杯中的上清液，烧杯中的残渣用 10mL 蒸馏水搅拌洗涤，静置分层后减压过滤，弃去固体残渣。合并滤液，将其分批倒入蒸发皿中蒸发浓缩。待清液浓缩到接近黏稠状时，用玻璃棒随时搅拌，以防溶液溅出。待溶液浓缩成黏稠状时（注意不要让溶液过于黏稠，否则会缩合成粉末状的碱式氯化铝），停止加热，并使其逐渐冷却。

冷却后，有较多的晶体从母液中析出。减压过滤，并尽量抽干晶体表面的水分。称重，计算 $AlCl_3$ 晶体产率。

2. 性质实验

用药匙取少量的 $AlCl_3$ 晶体加入试管中，并用 2mL 去离子水溶解，用玻璃棒蘸取此溶液滴在 pH 试纸上，检验其酸碱性。

向制得的 $AlCl_3$ 溶液中逐滴加入 $1mol \cdot L^{-1}$ NaOH 溶液，观察现象。继续滴加，又有何现象发生？写出反应方程式。

【总结讨论题】

1. 说明由沸腾炉渣提取 $AlCl_3$ 晶体的主要流程。

2. 怎样进行沸腾炉渣的酸浸？酸浸过程中应该注意什么事项？

3. 怎样进行减压过滤？并说明注意事项。

4. $AlCl_3$ 晶体为什么常常呈现黄色？$AlCl_3$ 溶液的酸碱性如何？怎样检验 $AlCl_3$ 溶液中的 Al^{3+}？

表 7-10　几种物质的溶解度

名称	$AlCl_3$	$FeCl_3$	$CaCl_2$	$MgCl_2$
溶解度/(g·100mL^{-1})	69.9(18℃)	74.4(0℃)	74.5(20℃)	128.6(℃)

实验 76　三氯化六氨合钴（Ⅲ）的制备

最早的配合物研究是在 1798 年法国科学家塔索尔特（Tassaert）观察到亚钴盐在氯化铵和氨水溶液中转变为 $CoCl_3 \cdot 6NH_3$ 的实验。1893 年，瑞士苏黎世大学的维尔纳（Werner）总结了前人的大量工作，提出了配位键、配位数和配位化合物结构的基本概念，并用立体化学的观点成功地阐明了配合物的空间构型。维尔纳的理论结束了当时无机化学中有关配合物的混乱状态，奠定了配位化学的基础。1910～1940 年间许多现代方法，如红外、紫外、X 射线衍射、电子衍射与磁学测量等应用到配合物研究中。1930 年鲍林用 X 射线衍射测定了配合物的结构，在此基础上提出了价键理论，为以后配位化学的迅速发展打下了雄厚的基础。20 世纪 40 年代以后，原子能及火箭工业的发展，要求提供大量的核燃料、稀有元素和高纯度的化合物。这一要求促进了分离技术和分析方法的研究。而溶液中任何分离方法如萃取法、离子交换法、沉淀法，以及许多分析方法如分光光度法、配位滴定法等，都同配合物形成及其稳定性有密切关系。配合物的形成扩大了元素性质之间的差异，也就是使每种金属离子的性质有更显著的不同，故为金属离子的分析和分离创造了有利条件。20 世纪 60 年代以来，大量的过渡金属有机化合物的合成和研究推动配位化学进入了一个新的阶段，其中有代表性的工作是二茂铁的合成，为这一类新型配合物的研究开拓了道路。从 20 世纪 70 年代到现在，分子生物学是最活跃的学科之一，因而生物无机化学也随之发展起来。它的主要对象是研究生物体内的配合物，因为许多金属离子在体内大都以配合物形式存在。生物体内存在一些重要的配合物，它们参加生物体的化学反应，使生命过程能够进行下去。为了阐明金属酶的作用机制，人们又开辟了酶模型或酶模拟的研究。在酶的作用机制的启发下，配体反应性及小分子活化的研究也很活跃，并取得了进展。由此可见，配位化学是无机化学的重要组成部分，但它又远远超出了纯粹无机化学的范畴，而渗透到其他领域，逐渐形成一门新兴的化学分支。它的研究不仅具有重要的理论意义，更具有重大的实际意义。配合物的合成和组成测定是研究配合物的基础。本实验的完成有助于加深对配合物的认识，增强研究配合物的兴趣，了解科学研究的一般方法和规律。

【实验目的】

1. 通过合成三氯化六氨合钴（Ⅲ）并测定其组成，进一步理解配合物的形成对金属离子稳定性的影响。

2. 了解测定配合物组成的一般方法。

【实验原理】

在水溶液中，电极反应 $\varphi^{\ominus}$（Co^{3+}/Co^{2+}）$=1.84V$，所以在一般情况下，Co（Ⅱ）在酸性水溶液中是稳定的，不易被氧化为Co(Ⅲ)，相反，Co(Ⅲ)很不稳定，容易氧化水放出氧气 $[\varphi^{\ominus}$（Co^{3+}/Co^{2+}）$=1.84V > \varphi^{\ominus}$（$O_2/H_2O$）$=1.229V]$。但在有配合剂氨水存在时，由于形成相应的配合物 $[Co(NH_3)_6]^{2+}$，电极电势 $\varphi^{\ominus}[Co(NH_3)_6^{3+}/Co(NH_3)_6^{2+}]=0.1V$，因此 Co(Ⅱ) 很容易被氧化为 Co(Ⅲ)，得到较稳定的 Co(Ⅲ) 配合物。常采用空气或过氧化氢氧化钴（Ⅱ）配合物来制备钴（Ⅲ）配合物。

实验中采用 H_2O_2 作氧化剂，在大量氨和氯化铵存在下，选择活性炭作为催化剂将 Co(Ⅱ) 氧化为 Co(Ⅲ)，来制备三氯化六氨合钴（Ⅲ）配合物，反应式为：

$$2[Co(H_2O)_6]Cl_2（粉红色）+10NH_3+2NH_4Cl+H_2O_2 \xrightarrow{\text{活性炭}}$$
$$2[Co(NH_3)_6]Cl_3（橙黄色）+14H_2O$$

将产物溶解在酸性溶液中以除去其中混有的催化剂，抽滤除去活性炭，然后在浓盐酸存在下使产物结晶析出。

三氯化六氨合钴（Ⅲ）：橙黄色单斜晶体。

钴（Ⅱ）与氯化铵和氨水作用，经氧化后一般可生成内界差异的三种产物：紫红色的二氯化一氯五氨合钴 $[Co(NH_3)_5Cl]Cl_2$ 晶体、砖红色的三氯化五氨一水合钴 $[Co(NH_3)_5H_2O]Cl_3$ 晶体和橙黄色的三氯化六氨合钴 $[Co(NH_3)_6]Cl_3$ 晶体。控制不同的条件可得不同的产物，如在有活性炭为催化剂时主要生成 $[Co(NH_3)_6]Cl_3$，而无活性炭存在时又主要生成 $[Co(NH_3)_5Cl]Cl_2$。本实验温度控制不好，很可能有紫红色或砖红色产物出现。293K 时，$[Co(NH_3)_6]Cl_3$ 在水中的溶解度为 $0.26mol \cdot L^{-1}$，$K_{不稳}=2.2\times10^{-34}$，在过量强碱存在且煮沸的条件下会按下式分解：

$$2[Co(NH_3)_6]Cl_3+6NaOH \xrightarrow{\text{煮沸}} 2Co(OH)_3+12NH_3\uparrow+6NaCl$$

本实验是在有活性炭存在下，将氯化钴（Ⅱ）与浓氨水混合，用 H_2O_2 将二价钴配合物氧化成三价钴氨配合物，并根据其溶解度及平衡移动原理使其在浓盐酸中结晶析出，而制得 $[Co(NH_3)_6]Cl_3$ 晶体。主要反应式如下：

$$2[Co(NH_3)_6]^{2+}+H_2O_2 \Longrightarrow 2[Co(NH_3)_6]^{3+}+2OH^-$$
$$[Co(NH_3)_6]Cl_3 \Longrightarrow [Co(NH_3)_6]^{3+}+3Cl^-$$

通过测定配合物的电导率可确定其电离类型及外界 Cl^- 的个数，即可确定配合物组成。三氯化六氨合钴（Ⅲ）为橙红色单斜晶体，20℃时在水中的溶解度为 $0.26mol \cdot L^{-1}$。在 $[Co(NH_3)_6]^{3+}$ 溶液中存在如下的平衡：

$$[Co(NH_3)_6]^{3+} \Longrightarrow Co^{3+}+6NH_3 \quad K_{不稳}=2.2\times10^{-34}$$
$$[Co(NH_3)_6]^{3+}+H_2O \Longrightarrow [Co(NH_3)_5H_2O]^{3+}+NH_3$$
$$[Co(NH_3)_5H_2O]^{3+} \Longrightarrow [Co(NH_3)_5OH]^{2+}+H^+$$

从 $K_{\text{不稳}}$ 值可以看出，$[Co(NH_3)_6]^{3+}$ 是很稳定的，因此在强酸的条件下（冷却）或强酸的作用下基本上不被分解，只有加入强碱并在沸腾的条件下才分解。

在 215℃ 时，$[Co(NH_3)_6]Cl_3$ 转化为 $[Co(NH_3)_5Cl]Cl_2$。若进一步加热，高于 250℃ 则被还原为 $CoCl_2$。

三氯化六氨合钴（Ⅲ）煮沸时可被强碱分解，放出氨。逸出的氨用过量的 HCl 标准溶液吸收，剩余的酸用 NaOH 标准溶液回滴，便可测定出氨的含量。Co^{3+} 和 Cl^- 的含量分别用间接碘量法和沉淀滴定法测定。

【仪器与试剂】

仪器：托盘天平，电子天平，锥形瓶（250mL、100mL），抽滤瓶，布氏漏斗，量筒（100mL、10mL），烧杯（400mL、100mL），试管，酸式滴定管（50mL），普通漏斗，玻璃管，胶塞。

试剂：$CoCl_2 \cdot 6H_2O$（固），NH_4Cl（固），KI（固），活性炭，HCl（6mol·L^{-1}）；HCl 标准溶液（0.5mol·L^{-1}），H_2O_2（6%），浓氨水，NaOH（10%），NaOH 标准溶液（0.5mol·L^{-1}），$Na_2S_2O_3$ 标准溶液（0.1mol·L^{-1}），$AgNO_3$ 标准溶液（0.1mol·L^{-1}），K_2CrO_4（5%），冰。

【实验内容】

1. 三氯化六氨合钴（Ⅲ）的合成

在 100mL 锥形瓶内加入 6g 研细的氯化亚钴（$CoCl_2 \cdot 6H_2O$）、4g 氯化铵和 7mL 水，加热溶解后，稍冷，加入 0.4g 活性炭。冷却，加 14mL 浓氨水，进一步冷却至 10℃ 以下，缓慢加入 14mL 6% 过氧化氢溶液。在水浴上加热至 60℃ 左右，并维持此温度约 20min（适当摇动锥形瓶），用自来水冷却后，再用冰水冷却至有大量晶体析出。转移至布式漏斗中抽滤，用滤液冲洗锥形瓶，将瓶中沉淀全部转移至布氏漏斗中，抽干得粗产品。将粗产品溶于含有 2mL 浓盐酸的 50mL 沸水中，趁热过滤。慢慢加入 7mL 浓盐酸于滤液中，以冰水冷却，即有晶体析出。抽滤，用少量乙醇洗涤，抽干。将固体置于真空干燥器中干燥或在 105℃ 烘干。称重，计算产率。

2. 三氯化六氨合钴（Ⅲ）$[Co(NH_3)_6]Cl_3$ 的组成测定

（1）氨的测定　准确称取 0.2g 左右的三氯化六氨合钴（Ⅲ）晶体，放入 250mL 锥形瓶中，加 80mL 水溶解。然后加入 10mL 10% NaOH 溶液。在另一锥形瓶中准确加入 30～50mL 0.5mol·L^{-1} HCl 标准溶液，锥形瓶浸在冰水浴中。按图 7-68 安装仪器，安全漏斗下端固定于一小试管中，试管内注入 3～5mL 10% NaOH 溶液，使漏斗柄插入小试管内液面下 2～3cm，整个操作过程中漏斗下端的出口不能露在液面之上。小试管口的胶塞要切去一个缺口，使试管内与锥形瓶相通。加热样品溶液，开始时大火加热，溶液开始沸腾时改用小火，始终保持微沸状态。蒸出的氨通过导管被 HCl 标准溶液吸收。约 1h 可将氨全部蒸出。取出并拔掉插入 HCl 溶液中的导管，用少量蒸馏水将导管内外可能沾附的溶液冲洗入锥形瓶内。以甲基红（1%）为指示剂，用 0.5mol·L^{-1} NaOH 标准溶液滴定剩余的盐酸。计算被蒸出的氨的量，从而计算出样品中氨的含量。

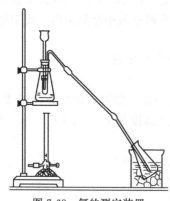

图 7-68　氨的测定装置

（2）钴的测定　待上面蒸出氨后的样品溶液冷却后，取下漏斗（连胶塞）及小试管，用少量蒸馏水将试管外沾附的溶液冲洗回锥形瓶内。加入 1g 固体 KI，摇荡使其溶解，再加入 12mL 左右的 6mol·L^{-1} HCl 溶液酸化，于暗处放置约

10min，此时便发生反应 $2Co^{3+}+2I^-\!=\!=\!2Co^{2+}+I_2$。加入 $60\sim70mL$ 蒸馏水，用 $0.1mol\cdot L^{-1}$ $Na_2S_2O_3$ 标准溶液滴定析出的 I_2，从反应式的物质的量关系便可计算出钴的量以及它在样品中的含量。

（3）氯的测定　准确称取样品 $0.2g$ 于锥形瓶内，用适量水溶解，以 5% K_2CrO_4 溶液为指示剂，用 $0.1mol\cdot L^{-1}$ $AgNO_3$ 标准溶液滴定其中的 Cl^- 含量，从而计算出样品中氯的百分含量。

根据上述分析结果，求出产品的实验式。

【注意事项】

严格控制每一步的反应温度，因为温度不同，会生成不同的产物。

【总结讨论题】

1. 制备过程中，在水浴上加热 20min 的目的是什么？能否加热至沸腾？

2. 制备过程中为什么要加入 7mL 浓盐酸？

3. 要使 $[Co(NH_3)_6]Cl_3$ 合成产率高，你认为哪些步骤是比较关键的？为什么？

4. 加入 H_2O_2 和浓盐酸时都要求慢慢加入，为什么？它们在制备三氯化六氨合钴（Ⅲ）过程中各起什么作用？

5. 在测定氨的装置中小试管口的胶塞没有切掉一个缺口，或漏斗口没有插入试管内碱液中，将各有何影响？

实验 77　硫酸废渣制备 $FeSO_4\cdot7H_2O$

【实验目的】

1. 了解从硫酸废渣提取硫酸亚铁晶体的方法。

2. 练习称量、浸取、减压过滤、蒸发和结晶等操作方法。

【实验原理】

制硫酸的废渣又称硫铁矿烧渣，系高温煅烧产生，组织结构致密，化学活性低，含铁量达 50% 左右，主要以 Fe_2O_3 和 Fe_3O_4 的形式存在，其余主要为硅、钙的氧化物及少量其他金属。硫铁矿烧渣中铁的提取方法有直接酸溶、加压酸溶和还原焙烧酸溶等方法。直接酸溶一般难以得到高的铁提取率；高温还原焙烧后酸溶提取率高，提取液易净化。

（1）高温还原焙烧-酸溶法　即烧渣在用硫酸酸浸之前先经还原剂将烧渣中的 Fe^{3+} 转化为 Fe^{2+}，还原后的烧渣用硫酸溶液浸取，其主要化学反应式如下：

$$3C+2O_2=\!=\!=2CO+CO_2$$
$$Fe_2O_3+CO=\!=\!=2FeO+CO_2$$
$$Fe_3O_4+CO=\!=\!=3FeO+CO_2$$
$$FeO+H_2SO_4=\!=\!=FeSO_4+H_2O$$

在有碳存在时，氧化铁在高于 570℃（843K）时被 CO 还原的过程是逐步进行的，还原顺序是：$Fe_2O_3\rightarrow Fe_3O_4\rightarrow FeO\rightarrow Fe$。570℃以上 Fe_2O_3 转化为 Fe_3O_4 的反应具有很大的平衡常数，实践证明该反应可看成不可逆的；温度高于 710℃可得到 FeO；800℃以上平衡时只有铁是稳定相，但扩散阻力的存在使 FeO 转化为 Fe 的反应要求温度达 900℃左右才能有可测的速度。

烧渣经高温还原后不仅可以大大提高铁的浸取率，而且烧渣的活性好，与低浓度硫酸即可反应，从而避免渣中其他无机盐杂质带入母液中，可以得到纯度较高的硫酸亚铁溶液。

（2）直接酸溶-铁屑还原法　由于硫铁矿烧渣难溶于硫酸，所以可用 H_2SO_4-HCl 混酸溶解，铁屑还原转化为 $FeCl_2$、$FeSO_4$ 溶液，沉降、过滤、分离，然后冷却结晶转化为 $FeSO_4 \cdot 7H_2O$（$FeCl_2$ 溶解度远大于 $FeSO_4$）。

酸渣与酸反应生成氯化物：

$$Fe_2O_3 + 6HCl \Longrightarrow 2FeCl_3 + 3H_2O$$

$$Fe_3O_4 + 8HCl \Longrightarrow FeCl_2 + 2FeCl_3 + 4H_2O$$

还原转化：$2FeCl_3 + 2Fe \Longrightarrow 3FeCl_2$

结晶转化：$FeCl_2 + H_2SO_4 \Longrightarrow FeSO_4 \cdot 7H_2O + 2HCl$（循环使用）

【仪器与试剂】

仪器：马弗炉，坩埚，水浴恒温槽，减压抽滤装置，烧杯。

试剂：稀硫酸（2.5mol·L^{-1}），炭粉（或者褐煤），废铁屑，盐酸。

【实验内容】

（1）高温还原焙烧-酸溶法

称取 10g 硫铁矿渣与 4~6g 炭粉装入瓷坩埚后混匀，预留小部分炭粉在表面盖一薄层，将坩埚置于马弗炉内，于 800~820℃ 还原 20min。

取出坩埚，冷却至室温，定量转入烧杯，加入 10mL 稀硫酸（2.5mol·L^{-1}）搅拌溶解，于 80℃ 水浴保温 30min，提取液静置过滤，所得滤液即为硫铁矿烧渣酸浸液。

烧渣酸浸液再经 -10~20℃ 冷却结晶、减压过滤、甩干，于 40~50℃ 烘干，得到七水硫酸亚铁（$FeSO_4 \cdot 7H_2O$），即绿矾。

计算产率。

（2）直接酸溶-铁屑还原法　称取硫铁矿烧渣 10g，加入经过计量的 H_2SO_4-HCl(6mol/L H$^+$，过量 20%)，水浴 60℃ 反应 45min，加入计量的铁屑继续反应 30min，趁热抽滤，将滤液倒入蒸发皿，冷（-10~10℃）结晶，即得 $FeSO_4 \cdot 7H_2O$ 粗品，重结晶提纯，真空干燥，即得 $FeSO_4 \cdot 7H_2O$ 纯品。计算产率。

【注意事项】

硫酸亚铁氧化，注意保持溶液的酸性，pH 值在 3~5。

【总结讨论题】

1. 如何防止 Fe^{2+} 被氧化？

2. 比较硫酸烧渣制备绿矾的两种方法，各有什么优点？可以继续改进吗？

3. 应用本实验所得绿矾，如何制备硫酸亚铁铵复盐?

实验 78　硫酸亚铁铵的制备及纯度检验

【实验目的】

1. 了解复盐的一般特性。

2. 学习复盐（NH_4）$_2SO_4 \cdot FeSO_4 \cdot 6H_2O$ 的制备方法。

3. 熟练掌握水浴加热、过滤、蒸发、结晶等基本无机制备操作。

4. 学习产品纯度的检验方法。

5. 了解用目测比色法检验产品的质量等级。

【预习内容】

1. 常用玻璃（瓷质）仪器——烧杯、三角瓶、蒸发皿、布氏漏斗等的使用方法。

2. 实验室用的纯水、检验用的无氧水。

3. 预习无机制备的一些基本操作——水浴加热、蒸发、浓缩、结晶、减压过滤等。

4. 查物质的溶解度数据表；温度对溶解度的影响。

5. 复盐的性质，$(NH_4)_2SO_4 \cdot FeSO_4 \cdot 6H_2O$ 的制备方法。

6. $(NH_4)_2SO_4 \cdot FeSO_4 \cdot 6H_2O$ 纯度检验的方法。

7. 目测比色法检验产品质量等级的方法。

【实验原理】

硫酸亚铁铵 $[(NH_4)_2SO_4 \cdot FeSO_4 \cdot 6H_2O]$，商品名为莫尔盐，为浅蓝绿色单斜晶体。一般亚铁盐在空气中易被氧化，而硫酸亚铁铵在空气中比一般亚铁盐要稳定，不易被氧化，并且价格低，制造工艺简单，容易得到较纯净的晶体，因此应用广泛。在定量分析中常用来配制亚铁离子的标准溶液。

和其他复盐一样，$(NH_4)_2SO_4 \cdot FeSO_4 \cdot 6H_2O$ 在水中的溶解度比组成它的每一组分 $FeSO_4$ 或 $(NH_4)_2SO_4$ 的溶解度都要小。利用这一特点，可通过蒸发浓缩 $FeSO_4$ 与 $(NH_4)_2SO_4$ 溶于水所制得的浓混合溶液制取硫酸亚铁铵晶体。三种盐的溶解度数据列于表 7-11。

表 7-11　三种盐的溶解度/$(g \cdot 100g^{-1})$

温度/℃	$FeSO_4$	$(NH_4)_2SO_4$	$(NH_4)_2SO_4 \cdot FeSO_4 \cdot 6H_2O$
10	20.0	73	17.2
20	26.5	75.4	21.6
30	32.9	78	28.1

本实验先将铁屑溶于稀硫酸，生成硫酸亚铁溶液：

$$Fe + H_2SO_4 \xrightarrow{\quad\quad} FeSO_4 + H_2 \uparrow$$

再往硫酸亚铁溶液中加入硫酸铵并使其全部溶解，加热浓缩制得的混合溶液，再冷却即可得到溶解度较小的硫酸亚铁铵晶体。

$$FeSO_4 + (NH_4)_2SO_4 + 6H_2O \xrightarrow{\quad\quad} (NH_4)_2SO_4 \cdot FeSO_4 \cdot 6H_2O$$

用目视比色法可估计产品中所含杂质 Fe^{3+} 的量。Fe^{3+} 与 SCN^- 能生成红色物质 $[Fe(SCN)]^{2+}$，红色深浅与 Fe^{3+} 相关。将所制备的硫酸亚铁铵晶体与 KSCN 溶液在比色管中配制成待测溶液，将它所呈现的红色与含一定量 Fe^{3+} 所配制成的标准 $[Fe(SCN)]^{2+}$ 溶液的红色进行比较，确定待测溶液中杂质 Fe^{3+} 的含量范围，确定产品等级。

【实验内容】

1. Fe 屑的净化

用台式天平称取 2.0g 铁屑，放入锥形瓶中，加入 15mL 10% Na_2CO_3 溶液，小火加热煮沸约 10min 以除去铁屑上的油污，倾去 Na_2CO_3 碱液，用自来水冲洗后，再用去离子水冲洗铁屑。

2. $FeSO_4$ 的制备

往盛有铁屑的锥形瓶中加入 15mL 3mol·L^{-1} H_2SO_4 溶液，水浴加热至不再有气泡放出，趁热减压过滤，用少量热水洗涤锥形瓶及漏斗上的残渣，抽干。将滤液转移至洁净的蒸发皿中，将留在锥形瓶内和滤纸上的残渣收集在一起用，滤纸片吸干后称重，由已作用的 Fe 屑质量算出溶液中生成的 $FeSO_4$ 的量。

3. $(NH_4)_2SO_4 \cdot FeSO_4 \cdot 6H_2O$ 的制备

根据溶液中 $FeSO_4$ 的量，按反应方程式计算并称取所需 $(NH_4)_2SO_4$ 固体的质量，加入上述制得的 $FeSO_4$ 溶液中。水浴加热，搅拌使 $(NH_4)_2SO_4$ 全部溶解，并用 3mol·L^{-1} H_2SO_4 溶液调节至 pH 值为 1~2，继续在水浴上蒸发、浓缩至表面出现结晶薄膜为止（蒸发过程不宜搅动溶液）。静置，使之缓慢冷却，$(NH_4)_2SO_4 \cdot FeSO_4 \cdot 6H_2O$ 晶体析出。减压过滤除去母液，并用少量 95% 乙醇洗涤晶体，抽干。将晶体取出，摊在两张吸水纸之间，轻压吸干。

观察晶体的颜色和形状。称重，计算产率。

4. 产品检验 [Fe(Ⅲ)的限量分析]

(1) Fe(Ⅲ)标准溶液的配制。称取 0.8634g $NH_4Fe(SO_4)_2 \cdot 12H_2O$，溶于少量水中，加 2.5mL 浓 H_2SO_4，移入 1000mL 容量瓶中，用水稀释至刻度。此溶液为 $0.1000g \cdot L^{-1}Fe^{3+}$。

(2) 标准色阶的配制 取 0.50mL Fe(Ⅲ) 标准溶液于 25mL 比色管中，加 2mL $3mol \cdot L^{-1}$ HCl 溶液和 1mL 25%KSCN 溶液，用蒸馏水稀释至刻度，摇匀，配制成 Fe 标准液（含 Fe^{3+} 为 $0.05mg \cdot g^{-1}$）。

同样，分别取 0.05mL Fe(Ⅲ) 和 2.00mL Fe(Ⅲ) 标准溶液，配制成 Fe 标准液（含 Fe^{3+} 分别为 $0.10mg \cdot g^{-1}$、$0.20mg \cdot g^{-1}$）。

(3) 产品级别的确定 称取 1.0g 产品于 25mL 比色管中，用 15mL 去离子水溶解，再加入 2mL 3mol·L HCl 和 1mL 25% KSCN 溶液，加水稀释至 25mL，摇匀。与标准色阶进行目视比色，确定产品级别。

此产品分析方法是将成品配制成溶液与各标准溶液进行比色，以确定杂质含量范围。如果成品溶液的颜色不深于标准溶液，则认为杂质含量低于某一规定限度，所以这种分析方法称为限量分析。

5. $(NH_4)_2SO_4 \cdot FeSO_4 \cdot 6H_2O$ 含量的测定

① $(NH_4)_2SO_4 \cdot FeSO_4 \cdot 6H_2O$ 的干燥。将步骤 3 中所制得的晶体在 100℃左右干燥 2~3h，脱去结晶水。冷却至室温后，将晶体装在干燥的称量瓶中。

② $K_2Cr_2O_7$ 标准溶液的配制。在分析天平上用差减法准确称取约 1.2g（精确至 0.1mg）$K_2Cr_2O_7$，放入 100mL 烧杯中，加少量蒸馏水溶解，定量转移至 250mL 容量瓶中，用蒸馏水稀释至刻度，计算 $K_2Cr_2O_7$ 的准确浓度。

$$c(K_2Cr_2O_7) = \frac{\dfrac{m(K_2Cr_2O_7)}{M(K_2Cr_2O_7)}}{250.0 \times 10^{-3}}$$

$$M(K_2Cr_2O_7) = 294.18g \cdot mol^{-1}$$

③ 测定含量。用差减法准确称取 0.6~0.8g（精确至 0.1mg）所制得的 $(NH_4)_2SO_4 \cdot FeSO_4 \cdot 6H_2O$ 两份，分别放入 250mL 锥形瓶中，各加 100mL H_2O 及 20mL $3mol \cdot L^{-1}$ H_2SO_4 溶液，加 5mL 85% H_3PO_4 溶液，滴加 6~8 滴二苯胺磺酸钠指示剂，用 $K_2Cr_2O_7$ 标准溶液滴定至溶液由深绿色变为紫色或蓝紫色即为终点。

$$w(Fe) = \frac{6 \times c(K_2Cr_2O_7) \times V(K_2Cr_2O_7) \times \dfrac{M(Fe)}{1000}}{m(样)}$$

【注意事项】

1. 不必将所有铁屑溶解完，实验时溶解大部分铁屑即可。

2. 酸溶时要注意分次补充少量水，以防止 $FeSO_4$ 析出。

3. 注意计算 $(NH_4)_2SO_4$ 的用量。

4. 硫酸亚铁铵的制备：硫酸铵加入后，应搅拌使其溶解后再往下进行。在水浴上加热，以防止失去结晶水。

5. 蒸发浓缩初期要不停搅拌，但要注意观察晶膜，一旦发现晶膜出现即停止搅拌。

6. 最后一次抽滤时，注意将滤饼压实，不能用蒸馏水或母液洗晶体。

【总结讨论题】

1. 为什么硫酸亚铁铵在定量分析中可以用来配制 Fe^{2+} 的标准溶液？

2. 本实验利用什么原理来制备硫酸亚铁铵？

3. 如何利用目视法来判断产品中所含杂质 Fe^{3+} 的量？

4. Fe 屑中加入 H_2SO_4 水浴加热至不再有气泡放出时，为什么要趁热减压过滤？

5. $FeSO_4$ 溶液中加入 $(NH_4)_2SO_4$ 全部溶解后，为什么要调节至 pH 值为 $1\sim2$？

6. 蒸发浓缩至表面出现结晶薄膜后，为什么要缓慢冷却后再减压抽滤？

7. 洗涤晶体时为什么用 95％乙醇而不用水？

实验 79　硫代硫酸钠的制备（及纯度测定）

【实验目的】

1. 学习亚硫酸钠法制备硫代硫酸钠的原理和方法。

2. 学习硫代硫酸钠的检验方法。

【预习内容】

1. 常用玻璃（瓷质）仪器——烧杯、量筒、蒸发皿等的使用方法。

2. 减压过滤中布氏漏斗和抽滤瓶的使用方法。

3. 亚硫酸钠、硫代硫酸钠的性质。

4. 结晶操作中需注意的问题。

【实验原理】

硫代硫酸钠是最重要的硫代硫酸盐，俗称海波，又名大苏打，是无色透明单斜晶体。易溶于水，不溶乙醇，具有较强的还原性和配位能力，是冲洗照相底片的定影剂、棉织物漂白后的脱氯剂、定量分析中的还原剂。有关反应如下：

$$AgBr+2Na_2S_2O_3 = [Ag(S_2O_3)_2]^{3-}+Br^-+4Na^+$$

$$2Ag^++S_2O_3^{2-} = Ag_2S_2O_3$$

$$Ag_2S_2O_3+H_2O = Ag_2S\downarrow+H_2SO_4(此反应用作 S_2O_3^{2-} 的定性鉴定)$$

$$2S_2O_3^{2-}+I_2 = S_4O_6^{2-}+2I^-$$

$Na_2S_2O_3 \cdot 5H_2O$ 的制备方法有多种，其中亚硫酸钠法是工业和实验室中的主要方法：

$$Na_2SO_3+S+5H_2O = Na_2S_2O_3 \cdot 5H_2O$$

反应液经脱色、过滤、浓缩结晶、过滤、干燥即得产品。$Na_2S_2O_3 \cdot 5H_2O$ 于 $40\sim45℃$ 熔化，$48℃$ 分解，因此，在浓缩过程中要注意不能蒸发过度。

【仪器与试剂】

仪器：烧杯（100mL），搅拌棒，石棉网，酒精灯，三脚架，泥三角，蒸发皿，减压过滤系统（布氏漏斗、抽滤瓶、缓冲瓶、真空水泵等），热过滤系统，试管，点滴板，滴定管，锥形瓶，滴管等。

试剂：硫黄、亚硫酸钠（C.P.）、乙醇（C.P.）、硝酸银（A.R.）溶液（$0.1mol \cdot L^{-1}$）、碘（A.R.）标准溶液（$0.1000mol \cdot L^{-1}\frac{1}{2}I_2$）、溴化钾（A.R.）；酚酞指示剂、淀粉指示剂等。

【实验内容】

① 取 $5.0g\ Na_2SO_3$（0.04mol）于 100mL 烧杯中，加 50mL 去离子水搅拌溶解。

② 取 1.5g 硫黄粉于 100mL 烧杯中，加 3mL 乙醇充分搅拌均匀，再加入 Na_2SO_3 溶液，隔石棉网小火加热煮沸，不断搅拌至硫黄粉几乎全部反应。

③ 停止加热，待溶液稍冷却后加 1g 活性炭，加热煮沸 2min。

④ 趁热过滤至蒸发皿中，于泥三角上小火蒸发浓缩至溶液呈微黄色浑浊。

⑤ 冷却、结晶。

⑥ 减压过滤，滤液回收。

⑦ 晶体用乙醇洗涤，用滤纸吸干后，称重，计算产率。

⑧ 取一粒硫代硫酸钠晶体于点滴板的一个孔穴中，加入几滴去离子水使之溶解，再加两滴 $0.1mol \cdot L^{-1} AgNO_3$ 溶液，观察现象，写出反应方程式。

⑨ 取一粒硫代硫酸钠晶体于试管中，加 1mL 去离子水使之溶解，再分成两份，滴加碘水，观察现象，写出反应方程式。

⑩ 取 10 滴 $0.1mol \cdot L^{-1} AgNO_3$ 溶液于试管中，加 10 滴 $0.1mol \cdot L^{-1} KBr$ 溶液，静置沉淀，弃去上清液。另取少量硫代硫酸钠晶体于试管中，加 1mL 去离子水使之溶解。将硫代硫酸钠溶液迅速倒入 AgBr 沉淀中，观察现象，写出反应方程式。

⑪ $Na_2S_2O_3 \cdot 5H_2O$ 含量的测定：称取 0.5000g 样品，用少量水溶解，滴入 1 滴酚酞，加入 10mL 乙酸-乙酸钠缓冲溶液，用 $0.1000mol \cdot L^{-1} \frac{1}{2}I_2$ 标准溶液滴至淀粉溶液（加入 1~2mL）变蓝为终点（1min 不变即可），计算 $Na_2S_2O_3 \cdot 5H_2O$ 的含量。

【注意事项】

1. 蒸发浓缩时，速度太快，产品易于结块；速度太慢，产品不易形成结晶。

2. 反应中的硫黄用量已经是过量的，不需再多加。

3. 实验过程中，浓缩液终点不易观察，有晶体出现即可。

【总结讨论题】

1. 实验中所加硫黄粉稍有过量，为什么？

2. 为什么加入乙醇？目的何在？

3. 为什么要加入活性炭？

4. 蒸发浓缩时，为什么不可将溶液蒸干？

5. 如果没有晶体析出，该如何处理？

6. 减压过滤时，漏斗下端应如何放置？

7. 减压过滤时，滤纸大小如何？

8. 减压过滤完成，应如何操作？

9. 减压过滤后晶体要用乙醇来洗涤，为什么？

实验 80　乙醇的制备（发酵法）

【实验目的】

1. 学习用酶发酵法制备乙醇。

2. 理解蒸馏、分馏原理，学会分馏装置的安装和分馏操作。

3. 学会用酒度计测量乙醇的含量。

【实验原理】

$$C_{12}H_{22}O_{11} + H_2O \longrightarrow C_6H_{12}O_6 + C_6H_{12}O_6 \longrightarrow 4C_2H_5OH + 4CO_2$$

蔗糖　　　　　　葡萄糖　果糖

发酵液含 8%~10% 乙醇，通过分馏可提高乙醇含量，最高可得 95.6% 的乙醇。

【仪器与试剂】

仪器：发酵罐，恒温箱，蒸馏装置，分馏装置，酒度计，加热套，酒精灯，100℃ 或

150℃温度计，锥形瓶2个，长颈玻璃漏斗，量筒（100mL、20mL），沸石，φ1mm和φ（3～4）mm毛细管，橡胶圈，铁圈。

试剂：蔗糖，蒸馏水，酒曲（干酵母菌种），浓硫酸，巴斯德盐。

【实验内容】

1. 稀糖液接种发酵

① 稀糖液加巴斯德盐和3～4滴浓硫酸，煮沸3～5min。

② 冷至45℃，加入少量干酵母菌种，在28～35℃放置发酵4～7天，得发酵液（乙醇水溶液）。

2. 蒸馏或分馏

（1）蒸馏装置安装　常压蒸馏最常用的装置由蒸馏瓶、温度计、冷凝管、接液管和接受瓶等组成。如需使用分馏方法，只需在蒸馏瓶与冷凝管之间加接一个分馏柱即可。

安装仪器前，首先选择规格合适的仪器。安装的顺序是先从热源（煤气灯、酒精灯或电炉）开始，按"由下而上，由左到右（或由右到左）"的顺序，依次安放铁架台、石棉网、水浴锅和蒸馏瓶等。蒸馏瓶用铁夹垂直夹好。安装冷凝管时，应先调整好位置，使其与蒸馏瓶支管同轴，然后松开冷凝管铁夹，使冷凝管沿此轴转动和蒸馏瓶相连，这样才不致折断蒸馏瓶支管。铁夹不应夹得太紧或太松，以夹住后稍用力尚能转动为宜。铁夹内要垫有橡皮等软物质，以免夹破仪器。整个装置要求准确端正，无论从正面或侧面观察，全套装置中各仪器的轴线都要在同一平面内。所有的铁夹和铁架都应尽可能整齐地放在仪器的背后。

（2）蒸馏-分馏

① 加料。仪器装好后，取下温度计，通过玻璃漏斗或直接沿着面对支管口的瓶壁将发酵液倒入蒸馏瓶中（注意不能使液体从支管流出）。加入几粒沸石，塞好温度计，检查仪器的各部分连接是否紧密和妥善。

② 加热。接通冷凝水，用水浴加热。注意观察蒸馏瓶里的现象和温度上升的情况。加热一段时间后，液体沸腾，蒸气逐渐上升。上升到温度计水银球时，温度计水银柱急剧上升。此时应控制火焰，使蒸气不要立即冲出蒸馏瓶的支管中，而是冷凝回流。待温度稳定后，再稍加大火焰，进行蒸馏。调节加热速度，控制馏出液滴以每秒1～2滴为宜。整个蒸馏过程中，水银球上应始终保持有液滴。

③ 沸点观察及馏出液收集。蒸馏前准备两个锥形瓶作为接受器。温度稳定前的馏分，常为沸点较低的液体。待温度趋稳定后，蒸出的物质就是较纯的物质。此时更换另一洁净干燥的接受器，记下此时温度计的读数。待系统温度突变时，停止蒸馏，记下此时温度计的读数。前后两次读数即为所收集产品的近似沸点范围。

④ 将蒸馏装置改装成分馏装置，重复①～③操作，得乙醇产品。称量质量，计算产率。

⑤ 仪器拆除。蒸馏完毕，先停止加热，稍冷后停止通水，拆除仪器。仪器拆除的顺序和装配时相反，先拆除接受器，然后依次拆下接受管、冷凝管和蒸馏瓶等。

3. 产品表征

① 用酒度计测量酒精的含量（体积分数）。

② 测试样品的液相或气相色谱图，分析可能组分，用归一化法计算乙醇含量。

③ 测试样品的折射率、密度、沸点等参数。

【注意事项】

1. 纯粹的液体有机物在一定压力下具有一定沸点，且沸程极小（1～2℃）。但具有固定沸点的液体不一定是纯粹的化合物，因为某些有机化合物常和其他组分形成二元或三元等共沸混合物，它们也有一定的沸点。因此，沸点测定不能作为液体有机物纯度的唯一标准。

2. 沸石必须在加热前加入。如加热前忘记加入，补加时必须先停止加热，待被蒸物冷至沸点以下方可加入。若在液体达到沸点时投入沸石，会引起猛烈的暴沸，部分液体可能冲出瓶外引起烫伤或火灾。如果沸腾中途停止过，在重新加热前应加入新的沸石。

3. 蒸馏时的速度不能太快，否则易在蒸馏瓶的颈部造成过热现象或冷凝不完全，使由温度计读得的沸点偏高；同时蒸馏也不能进行得太慢，否则由于温度计的水银球不能为蒸出液蒸气充分浸润而使温度计上所读得的沸点偏低或不规则。

【总结讨论题】

1. 蒸馏时为什么要使温度计水银球的上限和蒸馏瓶支管的下限在同一水平线上？蒸馏前为什么要加入沸石？

2. 如何通过常量法测定液体的沸点判断一物质的纯度？如果液体物质具有恒定的沸点，能否认为一定是纯物质？为什么？

3. 微量法测沸点时，如遇到以下情况，结果将如何？

① 沸点管内空气未排除干净。

② 沸点管下端未封好。

③ 加热速度太快。

实验 81 正丁醚的制备

【实验目的】

1. 掌握醇分子间脱水制备醚的反应原理和实验方法。

2. 学习使用分水器的实验操作。

【实验原理】

主反应：

$$2CH_3(CH_2)_3\text{—OH} \xrightarrow{H_2SO_4,135℃} CH_3(CH_2)_3\text{—O—}(CH_2)_3CH_3 + H_2O$$

副反应：

$$CH_3CH_2CH_2CH_2\text{—OH} \xrightarrow{H_2SO_4} CH_3CH_2CH=CH_2 + H_2O$$

【仪器与试剂】

仪器：100mL 三口烧瓶，球形冷凝管，分水器，温度计，分液漏斗，25mL 蒸馏瓶。

试剂：25g（31mL，0.034mol）正丁醇，浓硫酸，无水氯化钙，5%氢氧化钠溶液，饱和氯化钙溶液。

【实验内容】

在 100mL 三口烧瓶中，加入 31mL 正丁醇、4.5mL 浓硫酸和几粒沸石，摇匀后按图 7-69 装置仪器，三口烧瓶一侧口装上温度计，温度计水银球应插入液面以下，中间口装上分水器，分水器的上端接一回流冷凝管。先在分水器内放置 3.5mL 水，另一口用塞子塞紧。然后将三口瓶放在石棉网上小火加热，保持反应物微沸，回流分水。随着反应进行，回流液经冷凝后收集在分水器内，分液后水层沉于下层，上层

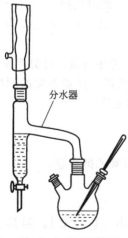

分水器

图 7-69　分水装置

有机相积至分水器支管时，即可返回烧瓶。大约经 1.5h 后，三口瓶中反应液温度可达 134~136℃。当分水器全部被水充满时停止反应。若继续加热，则反应液变黑，并有较多副产物烯生成。

将反应液冷却到室温后，倒入盛有 50mL 水的分液漏斗中，充分振摇，静置分层后弃去下层液体，上层粗产物依次用 25mL 水、15mL 5%氢氧化钠溶液、15mL 水和 15mL 饱和氯化钙溶液洗涤，然后用 1~2g 无水氯化钙干燥。干燥后的产物滤入 25mL 蒸馏瓶中，蒸馏收集 140~144℃ 馏分。称量产量，计算产率。

测定样品的折射率、密度、沸点等性能参数。纯正丁醚的沸点 142.4℃，$n_D^{20}=1.3992$。

【注意事项】

1. 本实验根据理论计算失水体积为 1.5mL，故分水器放满水后先放掉约 1.7mL 水。

2. 制备正丁醚的较宜温度是 130~140℃，但开始回流时这个温度很难达到，因为正丁醚可与水形成共沸物（沸点 94.1℃，含水 33.4%），另外正丁醚与水及正丁醇形成三元共沸物（沸点 90.6℃，含水 29.9%、正丁醇 34.6%），正丁醇也可与水形成共沸物（沸点 93℃，含水 44.5%），故应在 100~115℃ 之间反应 30min 之后可达到 130℃ 以上。

3. 在碱洗过程中，不要太剧烈地摇动分液漏斗，否则生成乳浊液，分离困难。上层粗产物的洗涤也可采用下法进行，先每次用冷的 25mL 50%硫酸洗两次，再每次用 25mL 水洗两次。因 50%硫酸可洗去粗产物中的正丁醇，但正丁醚也能微溶，所以产率略有降低。

4. 正丁醇溶在饱和氯化钙溶液中，而正丁醚微溶。

【总结讨论题】

1. 如何得知反应已经比较完全？

2. 反应物冷却后为什么要倒入 25mL 水中？各步的洗涤目的何在？

3. 能否用本实验方法由乙醇和 2-丁醇制备乙基仲丁基醚？你认为用什么方法比较好？

实验 82　正溴丁烷的制备

【实验目的】

1. 掌握由醇制备正溴丁烷的原理和方法。

2. 掌握回流及气体吸收装置和分液漏斗的使用方法。

【实验原理】

主反应：

$$NaBr + H_2SO_4 \longrightarrow HBr + NaHSO_4$$

$$n\text{-}C_4H_9OH + HBr \xrightarrow{H_2SO_4} n\text{-}C_4H_9Br + H_2O$$

副反应：

$$CH_3CH_2CH_2CH_2OH \xrightarrow{H_2SO_4} CH_3CH_2CH = CH_2 + H_2O$$

$$2n\text{-}C_4H_9OH \xrightarrow{H_2SO_4} (n\text{-}C_4H_9)_2O + H_2O$$

$$2NaBr + 2H_2SO_4 \longrightarrow Br_2 + SO_2 \uparrow + Na_2SO_4 + 2H_2O$$

【仪器与试剂】

仪器：磁力搅拌器，回馏装置，气体吸收装置，蒸馏装置等。

试剂：正丁醇 7.4g（9.2mL，0.10mol），无水溴化钠 13g（约 0.13mol），浓硫酸，饱和碳酸氢钠溶液，无水氯化钙。

【实验内容】

在 100mL 圆底烧瓶上安装回流冷凝管，冷凝管的上口接一气体吸收装置，用 5% 氢氧化钠溶液作吸收剂。

在圆底烧瓶中加入 10mL 水，并小心地加入 14mL 浓硫酸，混合均匀后冷至室温。再依次加入 9.2mL 正丁醇和 13g 溴化钠（如用含结晶水的溴化钠 $NaBr \cdot 2H_2O$，可按物质的量换算，并酌减水量），充分振摇后加入几粒沸石，连上气体吸收装置（见图 7-70）。将烧瓶置于磁力搅拌器上，开动搅拌，启动加热至沸，调节电压或电流使反应物保持沸腾而又平稳地回流。由于无机盐水溶液有较大的密度，不久会分出上层液体，即是正溴丁烷。回流需 30～40min（反应周期延长 1h 仅增加 1%～2% 的产量）。待反应液冷却后，移去冷凝管，加上蒸馏弯头，改为蒸馏装置，蒸出粗产物正溴丁烷。

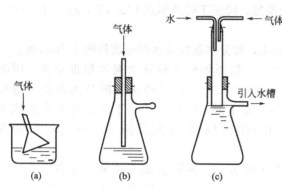

图 7-70　气体吸收装置

将馏出液移至分液漏斗中，加入等体积的水洗涤（产物在上层还是下层？）。产物转入另一干燥的分液漏斗中，用等体积的浓硫酸洗涤。尽量分去硫酸层（哪一层？）。有机相依次用等体积的水、饱和碳酸氢钠溶液和水洗涤后转入干燥的锥形瓶中。用 1～2g 粒状无水氯化钙干燥，间歇摇动锥形瓶，直至液体清亮为止。

将干燥好的产物过滤到蒸馏瓶中，在石棉网上加热蒸馏，收集 99～103℃ 的馏分，称量产量（7～8g），计算产率。

测定样品的折射率、沸点等性能参数。纯正溴丁烷的沸点为 101.6℃，折射率 $n_D^{20} = 1.4399$。

【注意事项】

1. 掌握气体吸收装置的正确安装和使用。

2. 浓硫酸要分批加入，混合均匀。

3. 反应过程中磁力搅拌反应，促使反应完全。

4. 正溴丁烷是否蒸完，可从下列几方面判断：①蒸出液是否由浑浊变为澄清；②蒸馏瓶中的上层油状物是否消失；③取一试管收集几滴馏出液，加水摇动观察有无油珠出现，如无表示馏出液中已无有机物、蒸馏完成，蒸馏不溶于水的有机物时常可用此法检验。

5. 洗后产物呈红色，可用少量的饱和亚硫酸氢钠水溶液洗涤以除去由于浓硫酸的氧化作用生成的游离溴。

6. 浓硫酸能溶解存在于粗产物中的少量未反应的正丁醇及副产物正丁醚等杂质。因为在以后的蒸馏中，由于正丁醇和正溴丁烷可形成共沸物（沸点 98.6℃，含正丁醇 13%）而难以除去。

【总结讨论题】

1. 反应后的粗产物中含有哪些杂质？各步洗涤的目的何在？

2. 用分液漏斗时，正溴丁烷时而在上层，时而在下层，如不知道产物的密度时，可用什么简便的方法加以判别？

3. 为什么用饱和碳酸氢钠溶液洗涤前先要用水洗一次？

实验 83 乙酸乙酯的制备

【实验目的】

1. 了解由醇和羧酸制备羧酸酯的原理和方法。

2. 掌握酯的合成法（可逆反应）及反应条件的控制。

3. 掌握产物的分离提纯原理和方法。

4. 训练液体有机物的蒸馏、洗涤和干燥等基本操作。

【预习内容】

1. 滴液漏斗和分液漏斗的使用。

2. 蒸馏操作。

3. 萃取与洗涤。

4. 了解浓硫酸的性质与使用方法。

5. 乙酸乙酯、乙酸、乙醇和水的密度、熔点和沸点等参数。

【实验原理】

乙酸乙酯由乙酸和乙醇在少量浓硫酸催化下制得。

主反应：$CH_3COOH + CH_3CH_2OH \longrightarrow CH_3COOCH_2CH_3 + H_2O$

副反应：$CH_3CH_2OH + CH_3CH_2OH \longrightarrow CH_3CH_2OCH_2CH_3 + H_2O$

反应中，浓硫酸除了起催化作用外，还吸收反应生成的水，有利于酯的生成。若反应温度过高，则促使副反应发生，生成乙醚。

为提高产率，本实验中采用增加醇的用量、不断将产物酯和水蒸出、加大浓硫酸用量的措施，使平衡向右移动。

本反应的特点：①反应温度较高，达到平衡时间短；②操作简单；③转化率较高。

【实验内容】

在干燥的 100mL 三颈烧瓶中加入 8mL 95％乙醇，在冷水冷却下边摇边慢慢加入 8mL 浓硫酸，加入沸石。在滴液漏斗中加入 8mL 95％乙醇和 8mL 乙酸，摇匀。按图 7-71 组装仪器。滴液漏斗末端和温度计的水银球必须浸到液面以下距瓶底0.5～1cm处。

用电热套加热烧瓶（电压 70～80V），当温度计示数升到 110℃，从滴液漏斗中慢慢滴加乙醇和乙酸混合液（速度为每分钟 30 滴为宜），并始终维持反应温度在 120℃左右。滴加完毕，继续加热，直到反应液温度升到 130℃，不再有馏出液为止。

向馏出液中慢慢加入 7mL 饱和碳酸钠溶液，轻轻摇动锥形瓶，直到无 CO_2 气体放出，并用蓝色石蕊试纸检验酯层不显酸性为止。将混合液移入分液漏斗中，充分振摇（注意放气），静置分层。弃去下层水溶液，酯层用 7mL 饱和食盐水洗涤，分净后，再用 14mL 饱和 $CaCl_2$ 溶液分两次洗涤酯层，弃去下层废液。从分液漏斗上口将乙酸乙酯倒入干燥的 50mL 锥形瓶中，加入 2～3g 无水硫酸镁，放置 30min。在此期间要间歇振荡锥形瓶。

将干燥好的乙酸乙酯滤入干燥的 50mL 圆底烧瓶中，加入沸石，蒸馏，收集 76～78℃馏分，称重，计算产率。

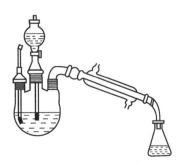

图 7-71 乙酸乙酯的制备装置

测定样品的折射率、沸点等性能参数。纯乙酸乙酯为无色而有香味的液体，沸点为 $77.06℃$，n_D^{20} 为 1.3723。沸点与组成的关系见表 7-12。

表 7-12　沸点与组成的关系

沸点/℃	组成/%		
	乙酸乙酯	乙醇	水
70.2	82.6	8.4	9.0
70.4	91.9		8.1
71.8	69.0	31.0	

【注意事项】

1. 反应温度不宜过高，否则会发生副反应，产生过多的副产物——乙醚。

2. 进行反应时，应保持滴加速度和蒸出速度大体一致，否则收率也较低。

3. 使用浓硫酸要注意安全。

4. 蒸馏-滴加反应装置要按次序正确安装。

【总结讨论题】

1. 浓硫酸的作用是什么？

2. 加入浓硫酸的量是多少？

3. 为什么要加入沸石？加入多少？

4. 为什么要使用过量的醇？能否使用过量的酸？

5. 为什么温度计水银球必须浸入液面以下？

6. 为什么调节滴加的速率在每分钟 30 滴左右？

7. 为什么维持反应液温度在 $120℃$ 左右？

8. 实验中，饱和 Na_2CO_3 溶液的作用是什么？

9. 实验中，怎样检验酯层不显酸性？

10. 酯层用饱和 Na_2CO_3 溶液洗涤过后，为什么紧跟着用饱和 NaCl 溶液洗涤，而不用 $CaCl_2$ 溶液直接洗涤？

11. 为什么使用 $CaCl_2$ 溶液洗涤酯层？

12. 使用分液漏斗，怎么区别有机层和水层？

13. 本实验乙酸乙酯是否可以使用无水 $CaCl_2$ 干燥？

14. 本实验乙酸乙酯为什么必须彻底干燥？

实验 84　环己烯的制备

【实验目的】

1. 学习、掌握由环己醇制备环己烯的原理及方法。

2. 了解分馏的原理及实验操作。

3. 练习并掌握蒸馏、分液、干燥等实验操作方法。

【实验原理】

在强酸如浓硫酸、浓磷酸的催化作用下可使醇进行分子内脱水而制备烯烃。本实验用浓磷酸作催化剂，由环己醇脱水制备环己烯。

主反应：

$$\text{环己醇} \xrightarrow{85\% \ H_3PO_4} \text{环己烯} + H_2O$$

副反应：

$$2 \ \text{环己醇} \xrightarrow{85\% \ H_3PO_4} \text{二环己醚} + H_2O$$

主反应为可逆反应，本实验采用的措施是：边反应边蒸出反应生成的环己烯和水形成的二元共沸物（沸点 70.8℃，含水 10%）。但是原料环己醇也能和水形成二元共沸物（沸点 97.8℃，含水 80%）。为了使产物以共沸物的形式蒸出反应体系，而又不夹带原料环己醇，本实验采用分馏装置，并控制柱顶温度不超过 90℃。

反应采用 85%磷酸为催化剂，而不用浓硫酸作催化剂，是因为磷酸氧化能力较硫酸弱得多，减少了氧化副反应。

分馏的原理就是让上升的蒸气和下降的冷凝液在分馏柱中进行多次热交换，相当于在分馏柱中进行多次蒸馏，从而使低沸点的物质不断上升、被蒸出，高沸点的物质不断地被冷凝、下降、流回加热容器中，结果将沸点不同的物质分离。

【仪器与试剂】

试剂：见表 7-13。

表 7-13 实验试剂及物理常数

试剂名称	摩尔质量/g·mol^{-1}	用量	熔点/℃	沸点/℃	相对密度(d_4^{20})	水溶解度
环己醇	100.16	10mL(0.096mol)	25.2	161	0.9624	稍溶于水
环己烯	82.14			83.19	0.8098	不溶于水
85%磷酸	98	5mL(0.08mol)	42.35		1.834	易溶于水

注：另有其他试剂为饱和食盐水和无水氯化钙。

【实验内容】

在 50mL 干燥的圆底（或茄形）烧瓶中，放入 10mL 环己醇（9.6g，0.096mol）、5mL 85%磷酸，充分振摇、混合均匀。投入几粒沸石，按图 7-72(a) 安装反应装置，用锥形瓶作接受器。

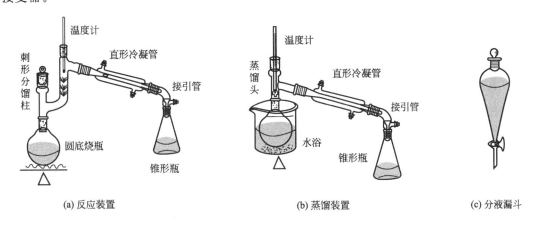

(a) 反应装置   (b) 蒸馏装置   (c) 分液漏斗

图 7-72 实验装置

将烧瓶在石棉网上用小火慢慢加热，控制加热速度使分馏柱上端的温度不要超过 85℃，馏出液为带水的混合物。当烧瓶中只剩下很少量的残液并出现阵阵白雾时，即可停止蒸馏。全部蒸馏时间约需 40min。

将蒸馏液分去水层，加入等体积的饱和食盐水，充分振摇后静止分层，分去水层（洗涤微量的酸，产品在哪一层？）[图 7-72(c)]。将下层水溶液自漏斗下端活塞放出，上层的粗产物自漏斗的上口倒入干燥的小锥形瓶中，加入 1~2g 无水氯化钙干燥。

将干燥后的产物滤入干燥的梨形蒸馏瓶中，加入几粒沸石，用水浴加热蒸馏 [图 7-72(b)]。收集80~85℃的馏分于一已称重的干燥小锥形瓶中。称量产量（4~5g）。

【注意事项】

1. 环己醇在常温下是黏稠状液体，因而若用量筒量取时应注意转移中的损失。所以，取样时，最好先取环己醇，后取磷酸。

2. 环己醇与磷酸应充分混合，否则在加热过程中可能会局部炭化，使溶液变黑。

3. 安装仪器的顺序是从下到上，从左到右。十字头应口向上。

4. 由于反应中环己烯与水形成共沸物（沸点 70.8℃，含水 10％），环己醇也能与水形成共沸物（沸点 97.8℃，含水 80％），因此在加热时温度不可过高，蒸馏速度不宜太快，以减少未作用的环己醇蒸出。文献要求柱顶控制在 73℃左右，但反应速度太慢。本实验为了加快蒸出的速度，可控制在 85℃以下。

5. 反应终点的判断可参考以下几个参数：①反应进行 40min 左右；②分馏出的环己烯和水的共沸物达到理论计算量；③反应烧瓶中出现白雾；④柱顶温度下降后又升到 85℃以上。

6. 洗涤分水时，水层应尽可能分离完全，否则将增加无水氯化钙的用量，使产物更多地被干燥剂吸附而导致损失。这里用无水氯化钙干燥较适合，因为它还可除去少量环己醇。无水氯化钙的用量视粗产品中的含水量而定，一般干燥时间应在 30min 以上，最好干燥过夜。但由于时间关系，可能干燥时间不够，这样在最后蒸馏时，可能会有较多的前馏分（环己烯和水的共沸物）蒸出。

7. 在蒸馏已干燥的产物时，蒸馏所用仪器都应充分干燥。接收产品的三角瓶应事先称重。

8. 一般蒸馏都要加沸石。

9. 进实验室前，一定要事先查好原料、产品及副产品的物理常数，做到心中有数。

【总结讨论题】

1. 在纯化环己烯时，用等体积的饱和食盐水洗涤，而不用水洗涤，目的何在？

2. 本实验提高产率的措施是什么？

3. 实验中，为什么要控制柱顶温度不超过 85℃？

4. 本实验用磷酸作催化剂比用硫酸作催化剂好在哪里？

5. 蒸馏时，加入沸石的目的是什么？

6. 使用分液漏斗有哪些注意事项？

7. 用无水氯化钙干燥有哪些注意事项？

8. 查药品物理常数的途径有哪些？

实验85 环己酮的制备

【实验目的】

1. 学习由醇氧化制备酮的基本原理。

2. 掌握由环己醇氧化制备环己酮的实验操作。

3. 进一步熟悉萃取、分离及干燥等实验操作和空气冷凝管的应用。

【实验原理】

工业上环己酮常采用环己烷空气催化氧化和环己醇催化脱氢的方法来制备。例如：

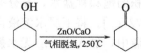

在实验室中，多用氧化剂氧化环己醇，其中酸性重铬酸钾（钠）是最常用的氧化剂之一。例如：

$$Na_2Cr_2O_7 + H_2SO_4 \longrightarrow 2CrO_3 + Na_2SO_4 + H_2O$$

$$3\,\underset{}{\text{OH}}\underset{\text{环己醇}}{} + 2CrO_3 \longrightarrow 3\,\underset{}{\text{O}}\underset{}{} + Cr_2O_3 + 3H_2O$$

总反应式为：

$$\underset{}{\text{OH}} \xrightarrow[\text{H}_2\text{SO}_4]{\text{Na}_2\text{Cr}_2\text{O}_7} \underset{}{\text{O}}$$

【仪器与试剂】

仪器：100mL 三口圆底烧瓶，温度计，烧杯，冷凝管，分液漏斗等。

试剂：环己醇，重铬酸钠，浓硫酸，氯化钠，无水碳酸钾，乙醚。

【实验内容】

在 100mL 圆底烧瓶中放入 10mL 冰水，慢慢加入浓硫酸。等充分混合后，在搅拌下缓慢加入环己醇 1.92g（2mL，19.24mmol），控制温度在 30℃ 以下。

将重铬酸钠 3.5g（11.6mmol）溶于盛有 2mL 水的烧杯中。将此溶液用滴管分批加入圆底烧瓶中，并不断地摇晃。该反应开始后有热量放出，同时橙红色的铬酸盐变为墨绿色的低价铬盐。控制温度不超过 60℃。重铬酸盐加完后继续摇晃，直至温度有下降的趋势为止。最后加入 0.15g 草酸，使反应液完全变为墨绿色。

向反应瓶中加入 12mL 水，将环己酮和水一起蒸馏出来（二者的共沸点为 95℃），直至馏出液澄清。将馏出液用适量的精盐饱和，用分液漏斗分出有机层，水层用 6mL 乙醚萃取两次。合并有机相，并用无水碳酸钾干燥。蒸出乙醚，烧瓶中剩余物即为产品。称重，计算产率。

测定样品的折射率、密度、沸点等性能参数（表 7-14）。

表 7-14　主要试剂及产品的物理常数

名称	相对分子质量	性状	折射率	相对密度	熔点/℃	沸点/℃	溶解度/(g·100mL^{-1}溶剂)		
							水	醇	醚
环己醇	100.16	无色液体	1.4648	0.9493	25.5	161.1	3.621	S(互溶)	S(互溶)
环己酮	98.14	无色液体	1.4507	0.9478	−31.2	155.65	微溶	S(互溶)	S(互溶)

【注意事项】

1. 浓 H_2SO_4 的滴加要缓慢并分批滴加。

2. 重铬酸钠酸性条件下氧化醇是一个放热反应，实验中必须严格控制反应温度，以防反应过于剧烈。反应中控制好温度，温度过低反应困难，过高则副反应增多（环己酮开环生成己二酸）。

【总结讨论题】

1. 本实验的氧化剂能否改用硝酸或高锰酸钾？为什么？

2. 氧化反应结束时，为何加入草酸？

实验 86　己二酸的制备

【实验目的】

1. 学习用环己醇制备己二酸的原理和方法。

2. 掌握浓缩、过滤、重结晶等操作技能。

【实验原理】

己二酸是合成尼龙66的主要原料之一，还可以用于增塑剂和食品添加剂的生产，是一种重要的化工原料，它可以用硝酸或高锰酸钾氧化环己醇制得。

$$\bigcirc\text{—OH} \xrightarrow{[O]} \bigcirc\text{=O} \xrightarrow{[O]} HOOC(CH_2)_4COOH$$

本实验使用高锰酸钾作为氧化剂。

【仪器与试剂】

仪器：烧杯（250mL），水浴装置，滴管，电动搅拌器，布氏漏斗，抽滤瓶，温度计，熔点测定仪。

试剂：高锰酸钾（A.R.），环己醇（A.R.），无水碳酸钠（A.R.），浓硫酸（A.R.），亚硫酸氢钠（A.R.），酚酞指示剂，氢氧化钠（A.R.）。

【实验内容】

在安装有电动搅拌器的250mL烧杯中加入65mL水、7.5g无水碳酸钠、22.5g研成粉末状的高锰酸钾，不断搅拌使高锰酸钾完全溶解。然后把该烧杯放在45℃的热水中水浴预热，在搅拌下用滴管慢慢加入5.2mL环己醇。当反应液的温度开始上升时，把热水浴改为冷水浴冷却，并且控制环己醇的滴加速度，维持反应温度在45℃左右，防止暴沸。环己醇滴加完毕后，继续搅拌。当反应温度开始下降时，把反应混合物置于沸水浴中加热30min，使氧化反应进行完全，并使二氧化锰沉淀凝结。用玻璃棒蘸取1滴反应物于滤纸上检验终点。如有高锰酸盐存在，则在二氧化锰斑点的周围出现紫色的环，可向反应物中加入少量的亚硫酸氢钠固体至点滴试验无紫色环出现为止。趁热抽滤反应混合物，滤渣二氧化锰用30mL热水分3次洗涤。合并滤液与洗涤液于一个烧杯中，搅拌下慢慢滴加浓硫酸酸化，使溶液呈强酸性（pH值为2左右）。然后在石棉网上加热蒸发，使溶液体积减少至20mL左右，冷却，己二酸沉淀析出，抽滤，烘干后称重。

粗制的己二酸在水中重结晶。

测定样品的密度、熔点等性能参数。纯己二酸为无色单斜棱状晶体，熔点为153℃。

【注意事项】

1. 本实验为强烈放热反应，所以滴加环己醇的速度不宜过快，以免反应过于剧烈，引起爆炸。一般可在环己醇中加1mL水，一是减少环己醇因黏稠带来的损失，二是避免反应过剧。

2. 严格控制温度在43～49℃。

实验87　环己内酯的制备

【实验目的】

1. 学习用环己酮制备环己内酯（ε-caprolactone，ε-CL）的原理（Baeyer-Villiger氧化反应）和方法。

2. 掌握浓缩、减压蒸馏、脱水等操作技能。

【实验原理】

ε-己内酯（CL）是一种重要的有机合成中间体，是新型聚酯单体，主要用于合成橡胶、合成纤维和合成树脂方面的生产，也用于制造己内酰胺、己二酸、黏合剂、涂料、环氧树脂稀释剂和溶剂，还可与各种树脂掺合改善其光泽、透明性和防粘性。

目前合成ε-CL的方法主要有Baeyer-Villiger氧化法、1,6-己二醇（HDO）液相催化脱氢法、6-羟基己酸分子内缩合法等。Baeyer-Villiger氧化反应是将酮或环酮转化成酯或内酯的一类重要反应。其主要优点是：①当分子中有其他官能团时，这些官能团可不受影响；

②可根据与羰基相连基团的电子特性预测产物的构型；③如果发生迁移的碳原子具有手性，迁移后其构型保持不变。环己酮的 Baeyer-Villiger 反应即环己酮的过氧化氢/过氧酸氧化是制备己内酯的最直接方法。

本实验使用无水硫酸镁脱水剂脱去 30％双氧水溶液中的水分，再用此过氧化氢溶液氧化环己酮得到 ε-己内酯。反应方程式如下：

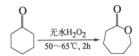

【仪器与试剂】

仪器：250mL 三口烧瓶，搅拌器，电热套，滴液漏斗，球形冷凝管，温度计，减压蒸馏装置，分液漏斗，滴定管。

试剂：环己酮，30％双氧水，无水硫酸镁，丙酸，氢氧化钠标准溶液，盐酸标准溶液，酚酞指示剂。

【实验内容】

1.ε-己内酯的制备

称取无水硫酸镁 50g 和环己酮 20g 于带电动搅拌器、温度计和滴液漏斗的 250mL 三口烧瓶中（图 7-73），在电加热套中加热至（60±2）℃，将 25g 30％ H_2O_2 溶液在 30min 内均匀滴加到反应烧瓶中，搅拌反应 2.5～3h 后，停止反应。

图 7-73 ε-己内酯的制备装置

将反应液体进行减压蒸馏（图 7-74），弃去馏头（水、丙酸），收集 96～98℃/1.90kPa 的馏分，得到 ε-己内酯产品，称重，计算产率。

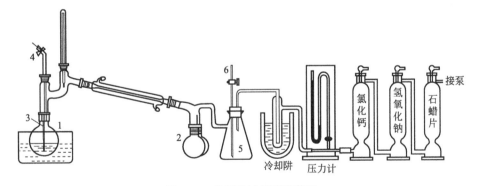

图 7-74 常用的减压蒸馏装置

1—加热浴；2—接收瓶；3—毛细管；4—弹簧夹；5—安全瓶；6—通气调节阀

测定样品的折射率、密度、沸点等性能参数。纯品 $n_D^{20}=1.4612$。

2.ε-己内酯含量的分析

先用氢氧化钠标准溶液对反应产物样品进行酸碱滴定至终点，然后加入过量氢氧化钠溶液进行皂化，再用盐酸标准溶液进行反滴定，从而确定样品中 ε-己内酯的含量。

【注意事项】

1. 滴加双氧水时速度不宜过快。

2. 注意收集 96～98℃/1.90kPa 的馏分。

【总结讨论题】

1. 用过氧乙酸或过氧硼酸钠代替双氧水能否制备 ε-己内酯产品？

2. 能否用萃取方法分离提纯 ε-己内酯？需要在萃取过程中将丙酸转变为丙酸盐吗？

实验 88　硝基苯的制备

【实验目的】

1. 通过硝基苯（nitrobenzene）的制备加深对芳烃亲电取代反应的理解。

2. 进一步掌握液体干燥、简单蒸馏的实验操作。

【实验原理】

硝化反应是制备芳香硝基化合物的主要方法，也是重要的亲电取代反应之一。在浓硫酸存在下与浓硝酸作用，烃的氢原子被硝基取代，生成相应的硝基化合物。例如：

$$\text{C}_6\text{H}_6 + HNO_3(\text{浓}) \xrightarrow[50\sim55℃]{H_2SO_4(\text{浓})} \text{C}_6\text{H}_5{-}NO_2 + H_2O$$

反应机理如下：

$$HNO_3 + 2H_2SO_4 \Longleftrightarrow NO_2^+ + H_3O^+ + 2HSO_4^-$$

$$\text{C}_6\text{H}_6 + O{=}\overset{\oplus}{N}{=}O \longrightarrow \underset{H}{\text{C}_6\text{H}_6}{-}NO_2 \longrightarrow \text{C}_6\text{H}_5{-}NO_2 + H^+$$

硫酸的作用是提供强酸性的介质，有利于硝酰阳离子（NO_2^+）的生成，它是真正的亲电试剂。硝化反应通常在较低的温度下进行，在较高的温度下由于硝酸的氧化作用往往导致原料的损失。

【仪器与试剂】

仪器：锥形瓶（100mL，干燥），圆底三口烧瓶（250mL），玻璃管，橡皮管，100℃温度计，磁力搅拌器，磁力搅拌子，量筒（20mL，干燥），滴液漏斗（50mL，干燥），圆底烧瓶（50mL，干燥），300℃温度计，分液漏斗（100mL），空气冷凝蒸馏装置，大烧杯，铁架台，铁架圈，加热装置，石棉网。

试剂：苯，浓硝酸，浓硫酸，5％氢氧化钠溶液，无水氯化钙。

【实验内容】

1. 硝基苯制备

在100mL锥形瓶中，加入18mL浓硝酸，在冷却和摇荡下慢慢加入20mL浓硫酸，制成混合酸备用。

在250mL圆底三口烧瓶内放置18mL苯及一磁力搅拌子，三口分别装置温度计（水银球伸入液面下）、滴液漏斗及冷凝管，冷凝管上端连一橡皮管并通入水槽。开动磁力搅拌器搅拌，自滴液漏斗滴入上述制好的冷的混合酸。控制滴加速度使反应温度维持在50～55℃之间，勿超过60℃，必要时可用冷水冷却。此滴加过程约需1h。滴加完毕后，继续搅拌15min。

2. 硝基苯的分离与提纯

在冷水浴中冷却反应混合物，然后将其移入100mL分液漏斗。放出下层（混合酸），并在通风橱中小心地将它倒入排水管并立即用大量水冲。有机层依次用等体积（约20mL）的水、5％氢氧化钠溶液、水洗涤后，将硝基苯移入内含2g无水氯化钙的50mL锥形瓶中，旋摇至浑浊消失。

将干燥好的硝基苯滤入50mL干燥圆底烧瓶中，接空气冷凝管，在石棉网上加热蒸馏，收集205～210℃馏分，产量约18g。

测定样品的折射率、密度、沸点等性能参数。

纯硝基苯为淡黄色的透明液体，沸点210.8℃，$n_D^{20}=1.5562$。

【注意事项】

1. 硝基化合物对人体的毒性较大，所以处理硝基化合物时要特别小心，如不慎触及皮肤，应立即用少量乙醇洗，再用肥皂和温水洗涤。

2. 洗涤硝基苯时，特别是 NaOH 溶液，不可过分用力振荡，否则使产品乳化，难以分层。遇此情况，可加入固体 NaOH 或 NaCl 饱和，或滴加数滴酒精，静置片刻，即可分层。

3. 因残留在烧瓶中的硝基苯在高温时易发生剧烈分解，故蒸产品时不可蒸干或使温度超过 214℃。

4. 硝化反应是一个放热反应，温度不可超过 65℃。

【总结讨论题】

1. 本实验为什么要控制反应温度在 50～55℃ 之间？温度过高会有什么不好？

2. 粗产物依次用水、碱液、水洗涤的目的何在？

实验 89　苯胺的制备

【实验目的】

1. 掌握由硝基苯还原为苯胺的方法和原理。

2. 巩固水蒸气蒸馏的操作。

【实验原理】

反应式：

$$4C_6H_5NO_2 + 9Fe + 4H_2O \xrightarrow{H^+} 4C_6H_5NH_2 + 3Fe_3O_4$$

水蒸气蒸馏提纯的原理：当混合蒸气压等于外界大气压时，应用蒸汽蒸馏的混合物在低于 100℃ 的情况下与水一起蒸馏出来。

【仪器与试剂】

仪器：回流反应装置，水蒸气蒸馏装置，分液漏斗等。

试剂：硝基苯（自制）18.5g（15.5mL，0.15mol），还原铁粉（40～100 目）27g（0.48mol），冰醋酸，乙醚，食盐，氢氧化钠。

【实验内容】

在 500mL 圆底烧瓶中，放置 27g 还原铁粉、50mL 水及 3mL 冰醋酸，振荡使充分混合。装上回流冷凝管，用小火在石棉网上加热煮沸约 10min。稍冷后，从冷凝管顶端分批加入 15.5mL 硝基苯，每次加完后要用力摇振，使反应物充分混合。由于反应放热，当每次加入硝基苯时，均有一阵猛烈的反应发生。加完后，将反应物加热回流 0.5h，不时加以摇动，使还原反应完全，此时冷凝管回流液应不再呈现硝基苯的黄色。

将反应瓶改为水蒸气蒸馏装置（图 7-75），进行水蒸气蒸馏，至馏出液变清，再多收集 20mL 馏出液，共约需收集 150mL。将馏出液转入分液漏斗，分出有机层，水层用食盐饱和（需 35～40g 食盐）后，每次用 20mL 乙醚萃取 3 次。合并苯胺层和醚萃取液，用粒状氢氧化钠干燥。

将干燥后的苯胺醚溶液用分液漏斗分批加入 25mL 干燥的蒸馏瓶中，先在水浴上蒸去乙醚，残留物用空气冷凝管蒸馏，收集 180～185℃ 馏分，称重（产量 9～10g）。

测定样品的折射率、密度、沸点等性能参数。

纯粹苯胺的沸点为 184.4℃，折射率 $n_D^{20} = 1.5863$。

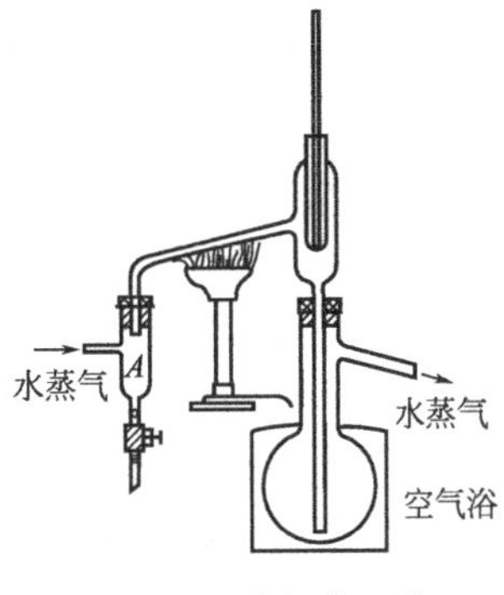

【注意事项】

1. 苯胺有毒，操作时应避免与皮肤接触或吸入其蒸气。若不慎触及皮肤时，先用水冲洗，再用肥皂和温水洗涤。

2. 铁粉活化，缩短反应时间。铁-乙酸作为还原剂时，铁

图 7-75　水蒸气蒸馏装置

首先与乙酸作用，产生乙酸亚铁，它实际是主要的还原剂，在反应中进一步被氧化生成碱式乙酸铁。

$$Fe+2HOAc \longrightarrow Fe(OAc)_2+H_2 \uparrow$$
$$2Fe(OAc)_2+[O]+H_2O \longrightarrow 2Fe(OH)(OAc)_2$$

碱式乙酸铁与铁及水作用后，生成乙酸亚铁和乙酸，可以再起上述反应。

$$6Fe(OH)(OAc)_2+Fe+2H_2O \longrightarrow 2Fe_3O_4+Fe(OAc)_2+10HOAc$$

所以总体来说，反应中主要是水作为供质子剂提供质子，铁提供电子完成还原反应。

3. 硝基苯为黄色油状物，如果回流液中黄色油状物消失而转变成乳白色油珠（由于游离苯胺引起），表示反应已经完成。还原作用必须完全，否则残留在反应物中的硝基苯在以下提纯过程中很难分离，因而影响产品纯度。反应完后，圆底烧瓶壁上粘附的黑褐色物质，可用盐酸溶液（1+1）温热除去。

4. 在 20℃时，每 100mL 水可溶解 3.4g 苯胺。为了减少苯胺损失，根据盐析原理，加入食盐使馏出液饱和，原来溶于水中的绝大部分苯胺就成油状物析出。

纯苯胺为无色液体，但在空气中由于氧化而呈淡黄色，加入少许锌粉重新蒸馏，可去掉颜色。

【总结讨论题】

1. 如果以盐酸代替冰醋酸，则反应后要加入饱和碳酸钠至溶液呈碱性后，才进行水蒸气蒸馏，这是为什么？本实验为何不进行中和？

2. 有机物质必须具备什么性质，才能采用水蒸气蒸馏提纯？本实验为何选择水蒸气蒸馏法把苯胺从反应混合物中分离出来？

3. 在水蒸气蒸馏完毕时，先灭火焰，再打开 T 形管下端弹簧夹，这样做行吗？为什么？

4. 如果最后制得的苯胺中含有硝基苯，应如何加以分离提纯？

实验 90　乙酰苯胺的制备

【实验目的】

1. 学习制备乙酰苯胺的原理、方法和作用。

2. 学习分馏操作的原理和技术。

3. 熟悉重结晶的操作技术。

4. 掌握产物的分离提纯原理和方法。

5. 练习产品熔点的测定方法。

6. 熟悉减压抽滤、洗涤等基本操作。

【实验原理】

胺的酰化在有机合成中有着重要的作用。作为一种保护措施，一级和二级芳胺在合成中通常被转化为它们的乙酰基衍生物以降低胺对氧化降解的敏感性，使其不被反应试剂破坏；同时氨基酰化后降低了氨基在亲电取代反应（特别是卤化）中的活化能力，使其由很强的第 I 类定位基变为中等强度的第 I 类定位基，使反应由多元取代变为有用的一元取代。由于乙酰基的空间位阻，往往选择性地生成对位取代物。

用冰醋酸为酰化剂制备乙酰苯胺：

$$\text{⟨⟩}-NH_2+CH_3COOH \underset{}{\overset{加热}{\rightleftharpoons}} \text{⟨⟩}-NH-\overset{\overset{\displaystyle O}{\|}}{C}CH_3+H_2O$$

芳胺可用酰氯、酸酐或与冰醋酸加热来进行酰化。使用冰醋酸试剂易得，价格便宜，但需要较长的反应时间，适合于规模较大的制备。酸酐一般来说是比酰氯更好的酰化试剂。用游离胺与纯乙酐进行酰化时，常伴有二乙酰胺［$ArN(COCH_3)_2$］副产物的生成。但如果在乙酸-乙酸钠的缓冲溶液中进行酰化，由于酸酐的水解速度比酰化速度慢得多，可以得到高纯度的产物。但这一方法不适合碱性很弱的芳胺的酰化。乙酰苯胺物理参数及其在水中溶解度见表7-15、表7-16。

表7-15　乙酰苯胺物理参数

化合物	相对分子质量	性状	相对密度	熔点/℃	沸点/℃	折射率	溶解度(在水中)		
							25℃	80℃	100℃
乙酰苯胺	93.13	无色液体	1.022	−6	184	1.5860	0.563	3.5	5.2

表7-16　乙酰苯胺在水中的溶解度

t/℃	20	25	50	80	100
溶解度/(g·100mL^{-1})	0.46	0.56	0.84	3.45	5.5

【仪器与试剂】

仪器：50mL圆底烧瓶，50mL锥形瓶，空气冷凝管，分馏柱，热水漏斗，150℃温度计，抽滤装置。

试剂：苯胺，冰醋酸，锌粉，活性炭。

【实验内容】

1. 乙酰苯胺的制备

在50mL圆底烧瓶中加入5mL新蒸馏的$C_6H_5NH_2$（0.05mol）、7.5mL CH_3COOH（0.1mol）及少许锌粉（约0.1g）。依次安装分馏柱、蒸馏头、温度计、接液管，接液管伸入10mL小量筒内，收集蒸出的水和乙酸（图7-76）。

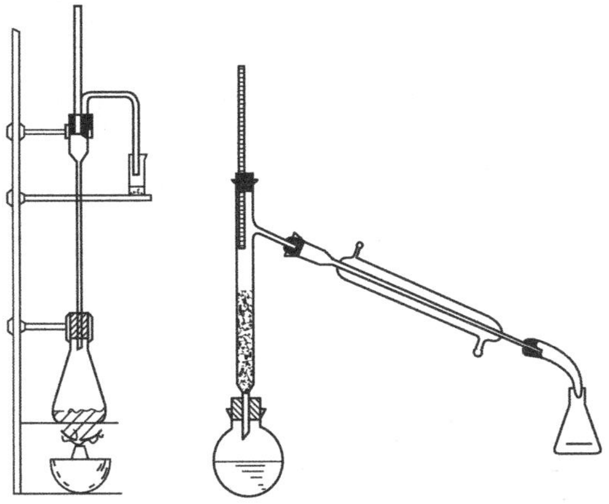

(1)　(2)

图7-76　合成乙酰苯胺的两种反应装置

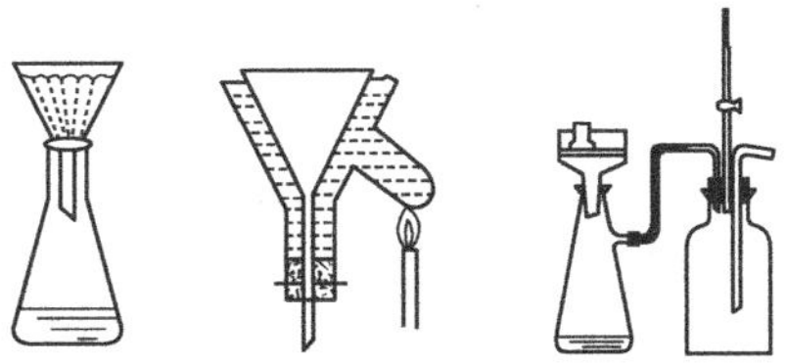

(1)　(2)　(3)

图7-77　热滤及减压过滤装置

用电热套将溶液缓慢加热，使反应物保持微沸约15min。然后逐渐升高温度，保持温度计读数在105℃左右，约经过45min，反应生成的水及部分乙酸可蒸出（约4mL）。当温度计的读数下降时，反应即达终点，停止加热。

在不断搅拌下，将反应物趁热慢慢倒入盛有100mL冷水的烧杯中，继续搅拌，充分冷却，使粗乙酰苯胺成细粒状完全析出。抽滤，用5～10mL冷水洗涤粗产品。

将粗产品转移到盛有150mL热水的烧杯中，加热至沸。如果仍有未溶解的油珠，需补加热水，直到油珠溶解完全，再多加20%的热水。稍冷，加入0.2g活性炭，煮沸几分钟，趁热用热水漏斗过滤（图7-77）。冷却滤液，待析出晶体后，抽滤，将产品转移至一个预先称重的表面皿中，晾干或置于烘箱中在100℃以下烘干。称重，计算产率。

2. 乙酰苯胺重结晶

取2g粗乙酰苯胺，放于150mL锥形瓶中，加入70mL水。在石棉网上加热至沸，并用玻璃棒不断搅动，使固体溶解，这时若有尚未完全溶解的固体，可继续加入少量热水，至完全溶解后，再多加2～3mL水（总量约90mL）。移去火源，稍冷后加入少许活性炭，稍加搅拌，继续加热微沸5～10min。

事先在烘箱中烘热无颈漏斗，过滤时趁热从烘箱中取出，把漏斗安置在铁圈上，于漏斗中放一预先叠好的折叠滤纸，并用少量热水润湿，使上述热溶液通过折叠滤纸，迅速地滤入150mL烧杯中。每次倒入漏斗中的液体不要太满；也不要等溶液全部滤完后再加。在过滤过程中，应保持溶液的温度。为此将未过滤的部分继续用小火加热，以防冷却。待所有的溶液过滤完毕后，用少量热水洗涤锥形瓶和滤纸。

滤毕，用表面皿将盛滤液的烧杯盖好，放置一旁，稍冷后，用冷水冷却以使结晶完全。如要获得较大颗粒的结晶，可在滤完后将滤液中析出的结晶重新加热使溶，于室温下放置，让其慢慢冷却。

结晶完成后，用布氏漏斗抽滤（滤纸先用少量冷水润湿，抽气吸紧），使结晶与母液分离，并用玻璃塞挤压，使母液尽量除去。拔下抽滤瓶上的橡皮管（或打开安全瓶上的活塞），停止抽气。加少量冷水至布氏漏斗中，使晶体润湿（可用刮刀使结晶松动），然后重新抽干，如此重复1～2次，最后用刮刀将结晶移至表面皿上，摊开成薄层，置空气中晾干或在干燥器中干燥。测定干燥后精制产物的熔点，并与粗产物熔点作比较。称重并计算收率。

测定样品的密度、熔点等性能参数。纯品熔点114℃。

【注意事项】

1. 因属小量制备，最好用微量分馏管代替刺形分馏柱。分馏管支管用一段橡皮管与一玻璃弯管相连，玻璃管下端伸入试管中，试管外部用冷水浴冷却。

2. 活性炭脱色。其用量要根据反应液颜色而定，不必准确称量，通常加半牛角勺即可。特别注意不要在溶液沸腾时加入，以防暴沸。

3. 热过滤时，玻璃漏斗必须预先在热水中充分预热，尽量减少产物在滤纸上结晶析出。

4. 扇形滤纸的折叠。扇形滤纸的作用是增大母液与滤纸的接触面积，加快过滤速度，在折叠扇形滤纸时注意不要将滤纸的顶部折破。

5. 分馏时，应检查分馏柱保温状况，反应温度保持在105℃左右。

6. 调节温度控制馏出速度。

7. 当温度计读数上下波动（或反应器中出现白雾）时，反应达到终点。

8. 应以细流形式趁热倒出反应液，同时剧烈搅拌，使粗乙酰苯胺分散析出。

9. 结晶时，要估计所得的粗乙酰苯胺量，根据其溶解度数据加水。

10. 滤液要慢慢冷却，这样得到的结晶晶形好，纯度高。如果没有晶体析出，可用玻璃棒摩擦烧杯壁产生静电，加强分子间引力，同时使分子相互碰撞吸力增大，使晶体加速析出。此外，蒸发溶剂、深度冷冻或加晶种都可使晶体加速析出。

11. 苯胺有毒，冰醋酸有刺激性，不要接触皮肤，及时盖紧试剂瓶。

12. 干燥乙酰苯胺时须在100℃以下。

13. 熔点测定应先粗测，再精测。

14. 停止抽滤前，应先将吸滤瓶上的橡皮管拔去，以防水泵的水发生倒吸。

15. 洗涤时，应先拔开吸滤瓶上的橡皮管，加少量溶剂在滤饼上，溶剂用量以使晶体刚好湿润为宜，再接上橡皮管，将溶剂抽干。

【总结讨论题】

1. 为什么使用新蒸馏的苯胺？

2. 实验中加入锌粉的目的是什么？

3. 为什么保持温度在 105℃ 左右？

4. 为什么将反应物趁热慢慢倒入冷水中？

5. 如果仍有未溶解的油珠，该油珠是什么？

6. 是否可以直接向热的溶液中加入活性炭？

7. 抽滤过程怎么洗涤晶体？

实验 91 乙酰乙酸乙酯的制备与互变异构

【实验目的】

1. 了解乙酰乙酸乙酯的制备原理和方法。

2. 熟悉在酯缩合反应中金属钠的应用和操作。

3. 初步掌握减压蒸馏的操作技术。

【实验原理】

含 α-活泼氢的酯在强碱性试剂（如 Na、$NaNH_2$、NaH、三苯甲基钠或格氏试剂）存在下，能与另一分子酯发生 Claisen 酯缩合反应，生成 β-羰基酸酯。

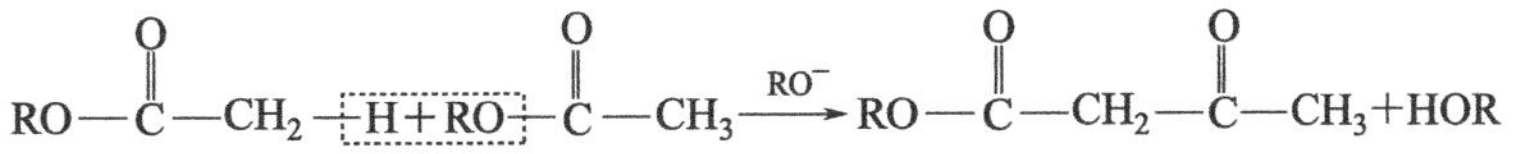

乙酰乙酸乙酯就是通过这一反应制备的。虽然反应中使用金属钠作缩合试剂，但真正的催化剂是钠与乙酸乙酯中残留的少量乙醇作用产生的乙醇钠：

$$2CH_3COOC_2H_5 \xrightarrow{C_2H_5ONa} Na^+[CH_3COCHCOOC_2H_5]^-$$
$$\xrightarrow{HOAc} CH_3COCH_2COOC_2H_5 + NaOAc$$

乙酰乙酸乙酯是互变异构现象的一个典型例子，它是酮式和烯醇式平衡的混合物，在室温时含 92% 的酮式和 8% 的烯醇式。单个异构体具有不同的性质并能分离为纯态，但在微量酸碱催化下迅速转化为二者的平衡混合物：

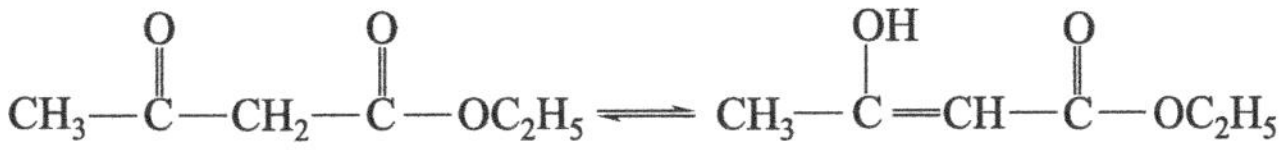

若尔（L. Knorr）把乙酰乙酸乙酯冷到 −78℃ 得到一种结晶形的化合物，熔点为 −39℃，不和溴发生加成反应，不和三氯化铁发生颜色反应，但有酮的加成反应，这个化合物是酮式。将乙酰乙酸乙酯与钠生成的化合物在 −78℃ 用稍不足量的盐酸分解，得到另一种结晶化合物，它不和羰基试剂反应，使溴水褪色，这个化合物是烯醇式。Knorr 证明了酮式或烯醇式在低温时互变的速度很慢。因此在低温时，纯的酮式或烯醇式可以保留一段时间。

另外，乙酰丙酮由于氢原子的转移，也存在着酮式和烯醇式的互变。

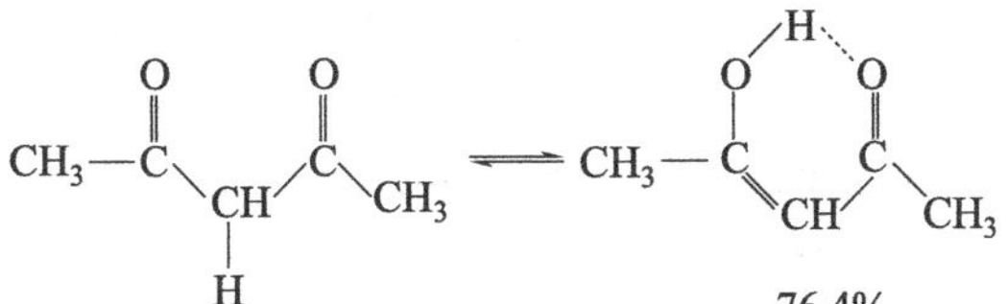

它们之所以能形成稳定的烯醇型结构,一方面是由于两个羰基使亚甲基的氢特别活化,容易转移。另一方面是由于烯醇型可以通过分子内氢键形成较稳定的六元环,使体系能量降低。

事实上酮类也有这样的互变异构的倾向,但烯醇型不稳定,平衡强烈地偏于酮的一方。丙酮中仅含 $2.5 \times 10^{-4}\%$ 的烯醇型。

乙酰乙酸乙酯的互变异构现象的实验事实如下。

① 乙酰乙酸乙酯与羰基试剂(苯胺、羟胺等)反应,说明含有羰基。

② 可与金属钠反应放出氢气,生成钠盐,说明分子中含有活泼氢。

③ 可使溴的四氯化碳溶液褪色,说明分子中含有不饱和键。

④ 与三氯化铁呈紫色反应,说明分子中具有烯醇式结构(—C=C—OH)

【仪器与试剂】

仪器:25mL 磨口圆底烧瓶;球形冷凝管;干燥管;分液漏斗。

试剂:乙酸乙酯 25g(27.5mL,0.38mol);Na 2.5g(0.11mol);二甲苯 12.5mL;HOAc 50% 15mL;饱和 NaCl 溶液;无水 Na_2SO_4。物理常数见表 7-17。

表 7-17 主要试剂的物理常数

试　剂	相对分子质量	熔点/℃	沸点/℃	密度/(g·cm^{-3})
金属钠	23	97.5	—	0.97
乙酸乙酯	88.12	—	77.06	0.9003
二甲苯	138	—	140	0.8678
乙酰乙酸乙酯	130.15	—	180.4	1.0282

【实验内容】

1. 熔钠和摇钠

在干燥的 25mL 磨口圆底烧瓶中加入 0.5g 金属钠和 2.5mL 二甲苯,装上冷凝管,加热使钠熔融(图 7-78)。拆去冷凝管,用磨口玻璃塞塞紧圆底烧瓶,用力振摇得细粒状钠珠。

2. 缩合和酸化

稍经放置,钠珠沉于瓶底,将二甲苯倾倒到二甲苯回收瓶中(切勿倒入水槽或废物缸,以免着火)。迅速向瓶中加入 5.5mL 乙酸乙酯,重新装上冷凝管,并在其顶端装一氯化钙干燥管。反应随即开始,并有氢气泡逸出。如反应很慢时,可稍加温热。待激烈的反应过后,置反应瓶于石棉网上,小火加热,保持微沸状态,直至所有金属钠全部作用完为止。反应约需 0.5h。此时生成的乙酰乙酸乙酯钠盐是橘红色透明溶液(有时析出黄白色沉淀)。待反应物稍冷后,在摇荡下加入 50% 乙酸溶液,直到反应液呈弱酸性(约需 3mL)。此时,所有的固体物质均已溶解。

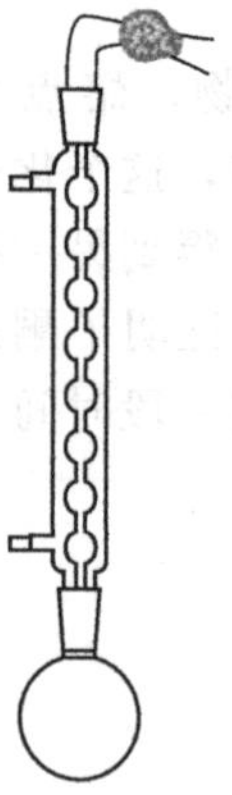

3. 盐析和干燥

将溶液转移到分液漏斗中,加入等体积的饱和氯化钠溶液,用力振摇片刻。静置后,乙酰乙酸乙酯分层析出。分出上层粗产物,用无水硫酸钠干燥后滤入蒸馏瓶,并用少量乙酸乙酯洗涤干燥剂,一并转入蒸馏瓶中。

4. 蒸馏和减压蒸馏

先在沸水浴上蒸去未作用的乙酸乙酯,然后将剩余液移入 5mL 圆底烧瓶中,用减压蒸馏装置进行减压蒸馏。减压蒸馏时须缓慢加热,待残留的低沸点物质蒸出后,再升高温度,收集乙酰乙酸乙酯。称重,计算产率。

测定样品的折射率、密度、沸点等性能参数。

乙酰乙酸乙酯的沸点为 180.4℃,折射率 $n_D^{20}=1.4199$。

图 7-78 熔钠装置

【注意事项】

1. 所用试剂及仪器必须干燥。

2. 钠遇水即燃烧、爆炸，使用时应十分小心。

3. 钠珠的制作过程中间一定不能停，且要来回振摇，使瓶内温度下降，不至于使钠珠结块。

4. 用乙酸中和时，若有少量固体未溶，可加少许水溶解，避免加入过多的酸。

5. 减压蒸馏时，先粗略查出在系统压力下乙酰乙酸乙酯的沸点（表 7-18）。

表 7-18　乙酰乙酸乙酯沸点与压力的关系

压力/mmHg[①]	760	80	60	40	30	20	18	14	12	10	5	1.0	0.1
沸点/℃	181	100	97	92	88	82	78	74	71	67.3	54	28.5	5

① 1mmHg＝1Torr＝133.322Pa。

6. 体系压力（mmHg）＝外界标准压力（mmHg）－水银柱高度差（mmHg，开口式压力计）。

7. 蒸馏完毕时，撤去电热套，慢慢旋开二通活塞，平衡体系内外压力，关闭油泵。

8. 产率以钠的量计算：

$$产率＝\frac{实际}{理论}×100\%$$

【总结讨论题】

1. 什么是 Claisen 酯缩合反应中的催化剂？本实验为何用金属钠代替？为什么产率以钠为基准计算？

2. 本实验加入 50%乙酸和饱和氯化钠溶液有何作用？

3. 怎样证明常温下合成的"三乙"（乙酰乙酸乙酯）是两种互变异构体的平衡混合物？

实验 92　苯乙酮的制备

【实验目的】

1. 掌握搅拌器的使用方法。

2. 进一步熟练蒸馏、液体的干燥、萃取等操作。

3. 通过制备苯乙酮学习傅-克反应。

【实验原理】

反应式：

具体反应过程：

【实验内容】

在 50mL 三颈瓶中，分别装置冷凝管和滴液漏斗，冷凝管上端装一氯化钙干燥管，干燥管再与氯化氢气体吸收装置相连（图 7-79）。

迅速称取 20g 经研细的无水三氯化铝，加入三颈瓶中，再加入 30mL 无水苯，塞住另一瓶口。自滴液漏斗慢慢滴加 7mL 乙酸酐，控制滴加速度勿使反应过于激烈，以三颈瓶稍热为宜。边滴加边搅拌，10～15min 滴加完毕。加完后，在沸水浴上回流 15～20min，直至不再有氯化氢气体逸出为止。

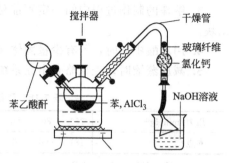

图 7-79　苯乙酮制备装置

将反应物冷至室温，在搅拌下倒入盛有 50mL 浓盐酸和 50g 碎冰的烧杯中进行分解（在通风橱中进行）。当固体完全溶解后，将混合物转入分液漏斗，分出有机层，水层每次用 10mL 苯萃取两次。合并有机层和苯萃取液，依次用等体积的 5％氢氧化钠溶液和水洗涤一次，用无水硫酸镁干燥。

将干燥后的粗产物先在水浴上蒸去苯，再在石棉网上蒸去残留的苯，当温度上升至 140℃ 左右时停止加热，稍冷却后改换为空气冷凝装置，收集 198～202℃ 馏分，称重（产量为 5～6g），计算产率。

测定样品的折射率、密度、沸点等性能参数。

纯苯乙酮的沸点为 202.0℃，熔点为 20.5℃，折射率 $n_D^{20}=1.5372$。

测试红外光谱，对特征吸收峰给出归属，并与标准图谱对比。

【注意事项】

1. 本实验所用仪器和试剂均需充分干燥，否则影响反应顺利进行，装置中凡是和空气相通的部位应装置干燥管。

2. 无水三氯化铝的质量是实验成败的关键之一，研细、称量及投料均需迅速，避免长时间暴露在空气中（可在带塞的锥形瓶中称量）。

3. 由于最终产物不多，宜选用较小的蒸馏瓶，苯溶液可用分液漏斗分批加入蒸馏瓶中。

4. 为了减少产品损失，可用一根 2.5cm 长、外径与支管相仿的玻璃管代替空气冷凝管，玻璃管与支管可借医用橡皮管连接。

5. 也可用减压蒸馏（表 7-19）。

表 7-19　苯乙酮在不同压力下的沸点

压力/mmHg	4	5	6	7	8	9	10	25
沸点/℃	60	64	68	71	73	76	78	98
压力/mmHg	30	40	50	60	100	150	200	
沸点/℃	102	109.4	115.5	120	133.6	146	155	

6. 经老师检查后，方能开动搅拌装置。

7. 加入稀 HCl 溶液时，开始慢滴，后渐快；HCl(1+1) 用量约为 140mL。

8. 吸收装置：约 20％氢氧化钠溶液，自配，200mL。特别注意防止倒吸。

【总结讨论题】

1. 水和潮气对本实验有何影响？在仪器装置和操作中应注意哪些事项？为何要迅速称取无水三氯铝？

2. 反应完成后为什么要加入浓盐酸和冰水的混合物？

3. 在烷基化和酰基化反应中，三氯化铝的用量有何不同？为什么？

4. 下列试剂在无水三氯化铝存在下相互作用，应得到什么产物？

① 过量苯＋$ClCH_2CH_2Cl$；　　　　②氯苯和丙酸酐；

③ 甲苯和邻苯二甲酸酐；　　　　　④溴苯和乙酸酐。

5. 本实验为什么要用过量的苯和 $AlCl_3$？

6. 反应完毕，已无 HCl 气体生成，但固体可能尚未溶完，原因何在？对实验结果会有何影响？

附　录

一、标准电极电势表

将不同氧化-还原电对的标准电极电势（standard electrode potentials）数值按照由小到大的顺序排列，得到电极反应的标准电极电势表。使用标准电极电势表中的数据时，要注意下列几点：

（1）表中所列的标准电极电势（25.0℃，101.325kPa）是相对于标准氢电极电势的值。标准氢电极电势被规定为零伏特（0.0V）。

（2）表中电对按氧化态-还原态顺序书写，电极反应按还原反应书写，如：

$$氧化态 + ne^- \longrightarrow 还原态$$

因此，这种电势就称为标准还原电势（$\varphi^{\ominus}$）。表中自上而下，氧化态物质得电子能力增强，而还原态物质失电子能力减弱。

（3）按规定，标准电极电势是平衡电势，每个电对 $\varphi^{\ominus}$ 值的正负号不随电极反应进行的方向而改变，无论电极反应向什么方向进行，$\varphi^{\ominus}$ 的正负符号总不变。但同一物质在作氧化剂或作还原剂时，其标准电极电势的值是不同的。例如，Fe^{2+} 作氧化剂时，其电对为 $Fe^{2+} \mid Fe$，$\varphi^{\ominus} = -0.4402V$；作还原剂时，其相应的电对为 $Fe^{3+} \mid Fe^{2+}$，$\varphi^{\ominus} = +0.771V$。

（4）在电对和电极反应中，左端物质全可作氧化剂，右端物质全是还原剂。$\varphi^{\ominus}$ 值的大小可用以判断在标准状态下电对中氧化型物质的氧化能力和还原型物质的还原能力的相对强弱，而与参与电极反应物质的数量无关。标准电极电势的数值由物质本性决定，不因物质数量的多少而改变，故不具有加和性。例如：

$$Ag^+ + e^- \longrightarrow Ag \text{ 和 } 2Ag^+ + 2e^- \longrightarrow 2Ag \quad 其 \varphi^{\ominus}(Ag^+/Ag) 都是 +0.799V;$$

$$I_2 + 2e^- \longrightarrow 2I^- \text{ 和 } \frac{1}{2}I_2 + e^- \longrightarrow I^- \quad 其 \varphi^{\ominus}(I_2/I^-) 都是 +0.5355V。$$

（5）$\varphi^{\ominus}$ 值仅适合于标准态时的水溶液中的电极反应。对于非水、高温、固相反应，则不适合。

（6）表中如 Li、Na、F_2 等易与水作用的活泼元素的电极电势，是理论计算值。

1. 在酸性溶液中（298K）

电　　对	半反应方程式	$\varphi^{\ominus}/V$
Li(Ⅰ)-(0)	$Li^+ + e^- \rightleftharpoons Li$	-3.0401
Cs(Ⅰ)-(0)	$Cs^+ + e^- \rightleftharpoons Cs$	-3.026
Rb(Ⅰ)-(0)	$Rb^+ + e^- \rightleftharpoons Rb$	-2.98
K(Ⅰ)-(0)	$K^+ + e^- \rightleftharpoons K$	-2.931
Ba(Ⅱ)-(0)	$Ba^{2+} + 2e^- \rightleftharpoons Ba$	-2.912
Sr(Ⅱ)-(0)	$Sr^{2+} + 2e^- \rightleftharpoons Sr$	-2.89
Ca(Ⅱ)-(0)	$Ca^{2+} + 2e^- \rightleftharpoons Ca$	-2.868
Na(Ⅰ)-(0)	$Na^+ + e^- \rightleftharpoons Na$	-2.71
La(Ⅲ)-(0)	$La^{3+} + 3e^- \rightleftharpoons La$	-2.379
Mg(Ⅱ)-(0)	$Mg^{2+} + 2e^- \rightleftharpoons Mg$	-2.372
Ce(Ⅲ)-(0)	$Ce^{3+} + 3e^- \rightleftharpoons Ce$	-2.336
H(0)-(-Ⅰ)	$H_2(g) + 2e^- \rightleftharpoons 2H^-$	-2.23
Al(Ⅲ)-(0)	$AlF_6^{3-} + 3e^- \rightleftharpoons Al + 6F^-$	-2.069
Th(Ⅳ)-(0)	$Th^{4+} + 4e^- \rightleftharpoons Th$	-1.899

电　对	半反应方程式	$\varphi^{\ominus}$/V
Be(Ⅱ)—(0)	$Be^{2+}+2e^-\Longrightarrow Be$	-1.847
U(Ⅲ)—(0)	$U^{3+}+3e^-\Longrightarrow U$	-1.798
Hf(Ⅳ)—(0)	$HfO^{2+}+2H^++4e^-\Longrightarrow Hf+H_2O$	-1.724
Al(Ⅲ)—(0)	$Al^{3+}+3e^-\Longrightarrow Al$	-1.662
Ti(Ⅱ)—(0)	$Ti^{2+}+2e^-\Longrightarrow Ti$	-1.630
Zr(Ⅳ)—(0)	$ZrO_2+4H^++4e^-\Longrightarrow Zr+2H_2O$	-1.553
Si(Ⅳ)—(0)	$[SiF_6]^{2-}+4e^-\Longrightarrow Si+6F^-$	-1.24
Mn(Ⅱ)—(0)	$Mn^{2+}+2e^-\Longrightarrow Mn$	-1.185
Cr(Ⅱ)—(0)	$Cr^{2+}+2e^-\Longrightarrow Cr$	-0.913
Ti(Ⅲ)—(Ⅱ)	$Ti^{3+}+e^-\Longrightarrow Ti^{2+}$	-0.9
B(Ⅲ)—(0)	$H_3BO_3+3H^++3e^-\Longrightarrow B+3H_2O$	-0.8698
①Ti(Ⅳ)—(0)	$TiO_2+4H^++4e^-\Longrightarrow Ti+2H_2O$	-0.86
Te(0)—(-Ⅱ)	$Te+2H^++2e^-\Longrightarrow H_2Te$	-0.793
Zn(Ⅱ)—(0)	$Zn^{2+}+2e^-\Longrightarrow Zn$	-0.7618
Ta(Ⅴ)—(0)	$Ta_2O_5+10H^++10e^-\Longrightarrow 2Ta+5H_2O$	-0.750
Cr(Ⅲ)—(0)	$Cr^{3+}+3e^-\Longrightarrow Cr$	-0.744
Nb(Ⅴ)—(0)	$Nb_2O_5+10H^++10e^-\Longrightarrow 2Nb+5H_2O$	-0.644
As(0)—(-Ⅲ)	$As+3H^++3e^-\Longrightarrow AsH_3$	-0.608
U(Ⅳ)—(Ⅲ)	$U^{4+}+e^-\Longrightarrow U^{3+}$	-0.607
Ga(Ⅲ)—(0)	$Ga^{3+}+3e^-\Longrightarrow Ga$	-0.549
P(Ⅰ)—(0)	$H_3PO_2+H^++e^-\Longrightarrow P+2H_2O$	-0.508
P(Ⅲ)—(Ⅰ)	$H_3PO_3+2H^++2e^-\Longrightarrow H_3PO_2+H_2O$	-0.499
①C(Ⅳ)—(Ⅲ)	$2CO_2+2H^++2e^-\Longrightarrow H_2C_2O_4$	-0.49
Fe(Ⅱ)—(0)	$Fe^{2+}+2e^-\Longrightarrow Fe$	-0.447
Cr(Ⅲ)—(Ⅱ)	$Cr^{3+}+e^-\Longrightarrow Cr^{2+}$	-0.407
Cd(Ⅱ)—(0)	$Cd^{2+}+2e^-\Longrightarrow Cd$	-0.4030
Se(0)—(-Ⅱ)	$Se+2H^++2e^-\Longrightarrow H_2Se(aq)$	-0.399
Pb(Ⅱ)—(0)	$PbI_2+2e^-\Longrightarrow Pb+2I^-$	-0.365
Eu(Ⅲ)—(Ⅱ)	$Eu^{3+}+e^-\Longrightarrow Eu^{2+}$	-0.36
Pb(Ⅱ)—(0)	$PbSO_4+2e^-\Longrightarrow Pb+SO_4^{2-}$	-0.3588
In(Ⅲ)—(0)	$In^{3+}+3e^-\Longrightarrow In$	-0.3382
Tl(Ⅰ)—(0)	$Tl^++e^-\Longrightarrow Tl$	-0.336
Co(Ⅱ)—(0)	$Co^{2+}+2e^-\Longrightarrow Co$	-0.28
P(Ⅴ)—(Ⅲ)	$H_3PO_4+2H^++2e^-\Longrightarrow H_3PO_3+H_2O$	-0.276
Pb(Ⅱ)—(0)	$PbCl_2+2e^-\Longrightarrow Pb+2Cl^-$	-0.2675
Ni(Ⅱ)—(0)	$Ni^{2+}+2e^-\Longrightarrow Ni$	-0.257
V(Ⅲ)—(Ⅱ)	$V^{3+}+e^-\Longrightarrow V^{2+}$	-0.255
Ge(Ⅳ)—(0)	$H_2GeO_3+4H^++4e^-\Longrightarrow Ge+3H_2O$	-0.182
Ag(Ⅰ)—(0)	$AgI+e^-\Longrightarrow Ag+I^-$	-0.15224
Sn(Ⅱ)—(0)	$Sn^{2+}+2e^-\Longrightarrow Sn$	-0.1375
Pb(Ⅱ)—(0)	$Pb^{2+}+2e^-\Longrightarrow Pb$	-0.1262
①C(Ⅳ)—(Ⅱ)	$CO_2(g)+2H^++2e^-\Longrightarrow CO+H_2O$	-0.12
P(0)—(-Ⅲ)	$P(白色)+3H^++3e^-\Longrightarrow PH_3(g)$	-0.063
Hg(Ⅰ)—(0)	$Hg_2I_2+2e^-\Longrightarrow 2Hg+2I^-$	-0.0405
Fe(Ⅲ)—(0)	$Fe^{3+}+3e^-\Longrightarrow Fe$	-0.037
H(Ⅰ)—(0)	$2H^++2e^-\Longrightarrow H_2$	0.0000
Ag(Ⅰ)—(0)	$AgBr+e^-\Longrightarrow Ag+Br^-$	0.07133
S(Ⅱ.Ⅴ)—(Ⅱ)	$S_4O_6^{2-}+2e^-\Longrightarrow 2S_2O_3^{2-}$	0.08
①Ti(Ⅳ)—(Ⅲ)	$TiO^{2+}+2H^++e^-\Longrightarrow Ti^{3+}+H_2O$	0.1
S(0)—(-Ⅱ)	$S+2H^++2e^-\Longrightarrow H_2S(aq)$	0.142
Sn(Ⅳ)—(Ⅱ)	$Sn^{4+}+2e^-\Longrightarrow Sn^{2+}$	0.151

续表

电　对	半反应方程式	$\varphi^{\ominus}/V$
Sb(Ⅲ)－(0)	$Sb_2O_3 + 6H^+ + 6e^- \Longrightarrow 2Sb + 3H_2O$	0.152
Cu(Ⅱ)－(Ⅰ)	$Cu^{2+} + e^- \Longrightarrow Cu^+$	0.153
Bi(Ⅲ)－(0)	$BiOCl + 2H^+ + 3e^- \Longrightarrow Bi + Cl^- + H_2O$	0.1583
S(Ⅵ)－(Ⅳ)	$SO_4^{2-} + 4H^+ + 2e^- \Longrightarrow H_2SO_3 + H_2O$	0.172
Sb(Ⅲ)－(0)	$SbO^+ + 2H^+ + 3e^- \Longrightarrow Sb + H_2O$	0.212
Ag(Ⅰ)－(0)	$AgCl + e^- \Longrightarrow Ag + Cl^-$	0.22233
As(Ⅲ)－(0)	$HAsO_2 + 3H^+ + 3e^- \Longrightarrow As + 2H_2O$	0.248
Hg(Ⅰ)－(0)	$Hg_2Cl_2 + 2e^- \Longrightarrow 2Hg + 2Cl^-$（饱和 KCl）	0.26808
Bi(Ⅲ)－(0)	$BiO^+ + 2H^+ + 3e^- \Longrightarrow Bi + H_2O$	0.320
U(Ⅵ)－(Ⅳ)	$UO_2^{2+} + 4H^+ + 2e^- \Longrightarrow U^{4+} + 2H_2O$	0.327
C(Ⅳ)－(Ⅲ)	$2HCNO + 2H^+ + 2e^- \Longrightarrow (CN)_2 + 2H_2O$	0.330
V(Ⅳ)－(Ⅲ)	$VO^{2+} + 2H^+ + e^- \Longrightarrow V^{3+} + H_2O$	0.337
Cu(Ⅱ)－(0)	$Cu^{2+} + 2e^- \Longrightarrow Cu$	0.3419
Re(Ⅶ)－(0)	$ReO_4^- + 8H^+ + 7e^- \Longrightarrow Re + 4H_2O$	0.368
Ag(Ⅰ)－(0)	$Ag_2CrO_4 + 2e^- \Longrightarrow 2Ag + CrO_4^{2-}$	0.4470
S(Ⅳ)－(0)	$H_2SO_3 + 4H^+ + 4e^- \Longrightarrow S + 3H_2O$	0.449
Cu(Ⅰ)－(0)	$Cu^+ + e^- \Longrightarrow Cu$	0.521
I(0)－(－Ⅰ)	$I_2 + 2e^- \Longrightarrow 2I^-$	0.5355
I(0)－(－Ⅰ)	$I_3^- + 2e^- \Longrightarrow 3I^-$	0.536
As(Ⅴ)－(Ⅲ)	$H_3AsO_4 + 2H^+ + 2e^- \Longrightarrow HAsO_2 + 2H_2O$	0.560
Sb(Ⅴ)－(Ⅲ)	$Sb_2O_5 + 6H^+ + 4e^- \Longrightarrow 2SbO^+ + 3H_2O$	0.581
Te(Ⅳ)－(0)	$TeO_2 + 4H^+ + 4e^- \Longrightarrow Te + 2H_2O$	0.593
U(Ⅴ)－(Ⅳ)	$UO_2^+ + 4H^+ + e^- \Longrightarrow U^{4+} + 2H_2O$	0.612
②Hg(Ⅱ)－(Ⅰ)	$2HgCl_2 + 2e^- \Longrightarrow Hg_2Cl_2 + 2Cl^-$	0.63
Pt(Ⅳ)－(Ⅱ)	$[PtCl_6]^{2-} + 2e^- \Longrightarrow [PtCl_4]^{2-} + 2Cl^-$	0.68
O(0)－(－Ⅰ)	$O_2 + 2H^+ + 2e^- \Longrightarrow H_2O_2$	0.695
Pt(Ⅱ)－(0)	$[PtCl_4]^{2-} + 2e^- \Longrightarrow Pt + 4Cl^-$	0.755
①Se(Ⅳ)－(0)	$H_2SeO_3 + 4H^+ + 4e^- \Longrightarrow Se + 3H_2O$	0.74
Fe(Ⅲ)－(Ⅱ)	$Fe^{3+} + e^- \Longrightarrow Fe^{2+}$	0.771
Hg(Ⅰ)－(0)	$Hg_2^{2+} + 2e^- \Longrightarrow 2Hg$	0.7973
Ag(Ⅰ)－(0)	$Ag^+ + e^- \Longrightarrow Ag$	0.7996
Os(Ⅷ)－(0)	$OsO_4 + 8H^+ + 8e^- \Longrightarrow Os + 4H_2O$	0.8
N(Ⅴ)－(Ⅳ)	$2NO_3^- + 4H^+ + 2e^- \Longrightarrow N_2O_4 + 2H_2O$	0.803
Hg(Ⅱ)－(0)	$Hg^{2+} + 2e^- \Longrightarrow Hg$	0.851
Si(Ⅳ)－(0)	(quartz)$SiO_2 + 4H^+ + 4e^- \Longrightarrow Si + 2H_2O$	0.857
Cu(Ⅱ)－(Ⅰ)	$Cu^{2+} + I^- + e^- \Longrightarrow CuI$	0.86
N(Ⅲ)－(Ⅰ)	$2HNO_2 + 4H^+ + 4e^- \Longrightarrow H_2N_2O_2 + 2H_2O$	0.86
Hg(Ⅱ)－(Ⅰ)	$2Hg^{2+} + 2e^- \Longrightarrow Hg_2^{2+}$	0.920
N(Ⅴ)－(Ⅲ)	$NO_3^- + 3H^+ + 2e^- \Longrightarrow HNO_2 + H_2O$	0.934
Pd(Ⅱ)－(0)	$Pd^{2+} + 2e^- \Longrightarrow Pd$	0.951
N(Ⅴ)－(Ⅱ)	$NO_3^- + 4H^+ + 3e^- \Longrightarrow NO + 2H_2O$	0.957
N(Ⅲ)－(Ⅱ)	$HNO_2 + H^+ + e^- \Longrightarrow NO + H_2O$	0.983
I(Ⅰ)－(－Ⅰ)	$HIO + H^+ + 2e^- \Longrightarrow I^- + H_2O$	0.987
V(Ⅴ)－(Ⅳ)	$VO_2^+ + 2H^+ + e^- \Longrightarrow VO^{2+} + H_2O$	0.991
V(Ⅴ)－(Ⅳ)	$V(OH)_4^+ + 2H^+ + e^- \Longrightarrow VO^{2+} + 3H_2O$	1.00
Au(Ⅲ)－(0)	$[AuCl_4]^- + 3e^- \Longrightarrow Au + 4Cl^-$	1.002
Te(Ⅵ)－(Ⅳ)	$H_6TeO_6 + 2H^+ + 2e^- \Longrightarrow TeO_2 + 4H_2O$	1.02
N(Ⅳ)－(Ⅱ)	$N_2O_4 + 4H^+ + 4e^- \Longrightarrow 2NO + 2H_2O$	1.035
N(Ⅳ)－(Ⅲ)	$N_2O_4 + 2H^+ + 2e^- \Longrightarrow 2HNO_2$	1.065
I(Ⅴ)－(－Ⅰ)	$IO_3^- + 6H^+ + 6e^- \Longrightarrow I^- + 3H_2O$	1.085

续表

电　对	半反应方程式	$\varphi^{\ominus}/V$
Br(0)$-$($-$I)	$Br_2(aq)+2e^- \rightleftharpoons 2Br^-$	1.0873
Se(Ⅵ)$-$(Ⅳ)	$SeO_4^{2-}+4H^++2e^- \rightleftharpoons H_2SeO_3+H_2O$	1.151
Cl(Ⅴ)$-$(Ⅳ)	$ClO_3^-+2H^++e^- \rightleftharpoons ClO_2+H_2O$	1.152
Pt(Ⅱ)$-$(0)	$Pt^{2+}+2e^- \rightleftharpoons Pt$	1.18
Cl(Ⅶ)$-$(Ⅴ)	$ClO_4^-+2H^++2e^- \rightleftharpoons ClO_3^-+H_2O$	1.189
I(Ⅴ)$-$(0)	$2IO_3^-+12H^++10e^- \rightleftharpoons I_2+6H_2O$	1.195
Cl(Ⅴ)$-$(Ⅲ)	$ClO_3^-+3H^++2e^- \rightleftharpoons HClO_2+H_2O$	1.214
Mn(Ⅳ)$-$(Ⅱ)	$MnO_2+4H^++2e^- \rightleftharpoons Mn^{2+}+2H_2O$	1.224
O(0)$-$($-$Ⅱ)	$O_2+4H^++4e^- \rightleftharpoons 2H_2O$	1.229
Tl(Ⅲ)$-$(Ⅰ)	$Tl^{3+}+2e^- \rightleftharpoons Tl^+$	1.252
Cl(Ⅳ)$-$(Ⅲ)	$ClO_2+H^++e^- \rightleftharpoons HClO_2$	1.277
N(Ⅲ)$-$(Ⅰ)	$2HNO_2+4H^++4e^- \rightleftharpoons N_2O+3H_2O$	1.297
②Cr(Ⅵ)$-$(Ⅲ)	$Cr_2O_7^{2-}+14H^++6e^- \rightleftharpoons 2Cr^{3+}+7H_2O$	1.33
Br(Ⅰ)$-$($-$Ⅰ)	$HBrO+H^++2e^- \rightleftharpoons Br^-+H_2O$	1.331
Cr(Ⅵ)$-$(Ⅲ)	$HCrO_4^-+7H^++3e^- \rightleftharpoons Cr^{3+}+4H_2O$	1.350
Cl(0)$-$($-$Ⅰ)	$Cl_2(g)+2e^- \rightleftharpoons 2Cl^-$	1.35827
Cl(Ⅶ)$-$($-$Ⅰ)	$ClO_4^-+8H^++8e^- \rightleftharpoons Cl^-+4H_2O$	1.389
Cl(Ⅶ)$-$(0)	$ClO_4^-+8H^++7e^- \rightleftharpoons 1/2Cl_2+4H_2O$	1.39
Au(Ⅲ)$-$(Ⅰ)	$Au^{3+}+2e^- \rightleftharpoons Au^+$	1.401
Br(Ⅴ)$-$($-$Ⅰ)	$BrO_3^-+6H^++6e^- \rightleftharpoons Br^-+3H_2O$	1.423
I(Ⅰ)$-$(0)	$2HIO+2H^++2e^- \rightleftharpoons I_2+2H_2O$	1.439
Cl(Ⅴ)$-$($-$Ⅰ)	$ClO_3^-+6H^++6e^- \rightleftharpoons Cl^-+3H_2O$	1.451
Pb(Ⅳ)$-$(Ⅱ)	$PbO_2+4H^++2e^- \rightleftharpoons Pb^{2+}+2H_2O$	1.455
Cl(Ⅴ)$-$(0)	$ClO_3^-+6H^++5e^- \rightleftharpoons 1/2Cl_2+3H_2O$	1.47
Cl(Ⅰ)$-$($-$Ⅰ)	$HClO+H^++2e^- \rightleftharpoons Cl^-+H_2O$	1.482
Br(Ⅴ)$-$(0)	$BrO_3^-+6H^++5e^- \rightleftharpoons 1/2Br_2+3H_2O$	1.482
Au(Ⅲ)$-$(0)	$Au^{3+}+3e^- \rightleftharpoons Au$	1.498
Mn(Ⅶ)$-$(Ⅱ)	$MnO_4^-+8H^++5e^- \rightleftharpoons Mn^{2+}+4H_2O$	1.507
Mn(Ⅲ)$-$(Ⅱ)	$Mn^{3+}+e^- \rightleftharpoons Mn^{2+}$	1.5415
Cl(Ⅲ)$-$($-$Ⅰ)	$HClO_2+3H^++4e^- \rightleftharpoons Cl^-+2H_2O$	1.570
Br(Ⅰ)$-$(0)	$HBrO+H^++e^- \rightleftharpoons 1/2Br_2(aq)+H_2O$	1.574
N(Ⅱ)$-$(Ⅰ)	$2NO+2H^++2e^- \rightleftharpoons N_2O+H_2O$	1.591
I(Ⅶ)$-$(Ⅴ)	$H_5IO_6+H^++2e^- \rightleftharpoons IO_3^-+3H_2O$	1.601
Cl(Ⅰ)$-$(0)	$HClO+H^++e^- \rightleftharpoons 1/2Cl_2+H_2O$	1.611
Cl(Ⅲ)$-$(Ⅰ)	$HClO_2+2H^++2e^- \rightleftharpoons HClO+H_2O$	1.645
Ni(Ⅳ)$-$(Ⅱ)	$NiO_2+4H^++2e^- \rightleftharpoons Ni^{2+}+2H_2O$	1.678
Mn(Ⅶ)$-$(Ⅳ)	$MnO_4^-+4H^++3e^- \rightleftharpoons MnO_2+2H_2O$	1.679
Pb(Ⅳ)$-$(Ⅱ)	$PbO_2+SO_4^{2-}+4H^++2e^- \rightleftharpoons PbSO_4+2H_2O$	1.6913
Au(Ⅰ)$-$(0)	$Au^++e^- \rightleftharpoons Au$	1.692
Ce(Ⅳ)$-$(Ⅲ)	$Ce^{4+}+e^- \rightleftharpoons Ce^{3+}$	1.72
N(Ⅰ)$-$(0)	$N_2O+2H^++2e^- \rightleftharpoons N_2+H_2O$	1.766
O($-$Ⅰ)$-$($-$Ⅱ)	$H_2O_2+2H^++2e^- \rightleftharpoons 2H_2O$	1.776
Co(Ⅲ)$-$(Ⅱ)	$Co^{3+}+e^- \rightleftharpoons Co^{2+}(2mol \cdot L^{-1}H_2SO_4)$	1.83
Ag(Ⅱ)$-$(Ⅰ)	$Ag^{2+}+e^- \rightleftharpoons Ag^+$	1.980
S(Ⅶ)$-$(Ⅵ)	$S_2O_8^{2-}+2e^- \rightleftharpoons 2SO_4^{2-}$	2.010
O(0)$-$($-$Ⅱ)	$O_3+2H^++2e^- \rightleftharpoons O_2+H_2O$	2.076
O(Ⅱ)$-$($-$Ⅱ)	$F_2O+2H^++4e^- \rightleftharpoons H_2O+2F^-$	2.153
Fe(Ⅵ)$-$(Ⅲ)	$FeO_4^{2-}+8H^++3e^- \rightleftharpoons Fe^{3+}+4H_2O$	2.20
O(0)$-$($-$Ⅱ)	$O(g)+2H^++2e^- \rightleftharpoons H_2O$	2.421
F(0)$-$($-$Ⅰ)	$F_2+2e^- \rightleftharpoons 2F^-$	2.866
	$F_2+2H^++2e^- \rightleftharpoons 2HF$	3.053

2. 在碱性溶液中（298K）

电　　对	半反应方程式	$\varphi^{\ominus}/V$
Ca(II)－(0)	$Ca(OH)_2+2e^-\rightleftharpoons Ca+2OH^-$	-3.02
Ba(II)－(0)	$Ba(OH)_2+2e^-\rightleftharpoons Ba+2OH^-$	-2.99
La(III)－(0)	$La(OH)_3+3e^-\rightleftharpoons La+3OH^-$	-2.90
Sr(II)－(0)	$Sr(OH)_2\cdot 8H_2O+2e^-\rightleftharpoons Sr+2OH^-+8H_2O$	-2.88
Mg(II)－(0)	$Mg(OH)_2+2e^-\rightleftharpoons Mg+2OH^-$	-2.690
Be(II)－(0)	$Be_2O_3^{2-}+3H_2O+4e^-\rightleftharpoons 2Be+6OH^-$	-2.63
Hf(IV)－(0)	$HfO(OH)_2+H_2O+4e^-\rightleftharpoons Hf+4OH^-$	-2.50
Zr(IV)－(0)	$H_2ZrO_3+H_2O+4e^-\rightleftharpoons Zr+4OH^-$	-2.36
Al(III)－(0)	$H_2AlO_3^-+H_2O+3e^-\rightleftharpoons Al+OH^-$	-2.33
P(I)－(0)	$H_2PO_2^-+e^-\rightleftharpoons P+2OH^-$	-1.82
B(III)－(0)	$H_2BO_3^-+H_2O+3e^-\rightleftharpoons B+4OH^-$	-1.79
P(III)－(0)	$HPO_3^{2-}+2H_2O+3e^-\rightleftharpoons P+5OH^-$	-1.71
Si(IV)－(0)	$SiO_3^{2-}+3H_2O+4e^-\rightleftharpoons Si+6OH^-$	-1.697
P(III)－(I)	$HPO_3^{2-}+2H_2O+2e^-\rightleftharpoons H_2PO_2^-+3OH^-$	-1.65
Mn(II)－(0)	$Mn(OH)_2+2e^-\rightleftharpoons Mn+2OH^-$	-1.56
Cr(III)－(0)	$Cr(OH)_3+3e^-\rightleftharpoons Cr+3OH^-$	-1.48
①Zn(II)－(0)	$[Zn(CN)_4]^{2-}+2e^-\rightleftharpoons Zn+4CN^-$	-1.26
Zn(II)－(0)	$Zn(OH)_2+2e^-\rightleftharpoons Zn+2OH^-$	-1.249
Ga(III)－(0)	$H_2GaO_3^-+H_2O+2e^-\rightleftharpoons Ga+4OH^-$	-1.219
Zn(II)－(0)	$ZnO_2^{2-}+2H_2O+2e^-\rightleftharpoons Zn+4OH^-$	-1.215
Cr(III)－(0)	$CrO_2^-+2H_2O+3e^-\rightleftharpoons Cr+4OH^-$	-1.2
Te(0)－(-I)	$Te+2e^-\rightleftharpoons Te^{2-}$	-1.143
P(V)－(III)	$PO_4^{3-}+2H_2O+2e^-\rightleftharpoons HPO_3^{2-}+3OH^-$	-1.05
①Zn(II)－(0)	$[Zn(NH_3)_4]^{2+}+2e^-\rightleftharpoons Zn+4NH_3$	-1.04
①W(VI)－(0)	$WO_4^{2-}+4H_2O+6e^-\rightleftharpoons W+8OH^-$	-1.01
①Ge(IV)－(0)	$HGeO_3^-+2H_2O+4e^-\rightleftharpoons Ge+5OH^-$	-1.0
Sn(IV)－(II)	$[Sn(OH)_6]^{2-}+2e^-\rightleftharpoons HSnO_2^-+H_2O+3OH^-$	-0.93
S(VI)－(IV)	$SO_4^{2-}+H_2O+2e^-\rightleftharpoons SO_3^{2-}+2OH^-$	-0.93
Se(0)－(-II)	$Se+2e^-\rightleftharpoons Se^{2-}$	-0.924
Sn(II)－(0)	$HSnO_2^-+H_2O+2e^-\rightleftharpoons Sn+3OH^-$	-0.909
P(0)－(-III)	$P+3H_2O+3e^-\rightleftharpoons PH_3(g)+3OH^-$	-0.87
N(V)－(IV)	$2NO_3^-+2H_2O+2e^-\rightleftharpoons N_2O_4+4OH^-$	-0.85
H(I)－(0)	$2H_2O+2e^-\rightleftharpoons H_2+2OH^-$	-0.8277
Cd(II)－(0)	$Cd(OH)_2+2e^-\rightleftharpoons Cd(Hg)+2OH^-$	-0.809
Co(II)－(0)	$Co(OH)_2+2e^-\rightleftharpoons Co+2OH^-$	-0.73
Ni(II)－(0)	$Ni(OH)_2+2e^-\rightleftharpoons Ni+2OH^-$	-0.72
As(V)－(III)	$AsO_4^{3-}+2H_2O+2e^-\rightleftharpoons AsO_2^-+4OH^-$	-0.71
Ag(I)－(0)	$Ag_2S+2e^-\rightleftharpoons 2Ag+S^{2-}$	-0.691
As(III)－(0)	$AsO_2^-+2H_2O+3e^-\rightleftharpoons As+4OH^-$	-0.68
Sb(III)－(0)	$SbO_2^-+2H_2O+3e^-\rightleftharpoons Sb+4OH^-$	-0.66
①Re(VII)－(IV)	$ReO_4^-+2H_2O+3e^-\rightleftharpoons ReO_2+4OH^-$	-0.59
①Sb(V)－(III)	$SbO_3^-+H_2O+2e^-\rightleftharpoons SbO_2^-+2OH^-$	-0.59
Re(VII)－(0)	$ReO_4^-+4H_2O+7e^-\rightleftharpoons Re+8OH^-$	-0.584
①S(IV)－(II)	$2SO_3^{2-}+3H_2O+4e^-\rightleftharpoons S_2O_3^{2-}+6OH^-$	-0.58
Te(IV)－(0)	$TeO_3^{2-}+3H_2O+4e^-\rightleftharpoons Te+6OH^-$	-0.57
Fe(III)－(II)	$Fe(OH)_3+e^-\rightleftharpoons Fe(OH)_2+OH^-$	-0.56
S(0)－(-II)	$S+2e^-\rightleftharpoons S^{2-}$	-0.47627
Bi(III)－(0)	$Bi_2O_3+3H_2O+6e^-\rightleftharpoons 2Bi+6OH^-$	-0.46
N(III)－(II)	$NO_2^-+H_2O+e^-\rightleftharpoons NO+2OH^-$	-0.46
①Co(II)－C(0)	$[Co(NH_3)_6]^{2+}+2e^-\rightleftharpoons Co+6NH_3$	-0.422
Se(IV)－(0)	$SeO_3^{2-}+3H_2O+4e^-\rightleftharpoons Se+6OH^-$	-0.366
Cu(I)－(0)	$Cu_2O+H_2O+2e^-\rightleftharpoons 2Cu+2OH^-$	-0.360

电　　对	半反应方程式	$\varphi^{\ominus}/V$
Tl（Ⅰ）-（0）	$Tl(OH)+e^- \Longleftrightarrow Tl+OH^-$	-0.34
① Ag（Ⅰ）-（0）	$[Ag(CN)_2]^-+e^- \Longleftrightarrow Ag+2CN^-$	-0.31
Cu（Ⅱ）-（0）	$Cu(OH)_2+2e^- \Longleftrightarrow Cu+2OH^-$	-0.222
Cr（Ⅵ）-（Ⅲ）	$CrO_4^{2-}+4H_2O+3e^- \Longleftrightarrow Cr(OH)_3+5OH^-$	-0.13
① Cu（Ⅰ）-（0）	$[Cu(NH_3)_2]^++e^- \Longleftrightarrow Cu+2NH_3$	-0.12
O（0）-（-Ⅰ）	$O_2+H_2O+2e^- \Longleftrightarrow HO_2^-+OH^-$	-0.076
Ag（Ⅰ）-（0）	$AgCN+e^- \Longleftrightarrow Ag+CN^-$	-0.017
N（Ⅴ）-（Ⅲ）	$NO_3^-+H_2O+2e^- \Longleftrightarrow NO_2^-+2OH^-$	0.01
Se（Ⅵ）-（Ⅳ）	$SeO_4^{2-}+H_2O+2e^- \Longleftrightarrow SeO_3^{2-}+2OH^-$	0.05
Pd（Ⅱ）-（0）	$Pd(OH)_2+2e^- \Longleftrightarrow Pd+2OH^-$	0.07
S（Ⅱ,Ⅴ）-（Ⅱ）	$S_4O_6^{2-}+2e^- \Longleftrightarrow 2S_2O_3^{2-}$	0.08
Hg（Ⅱ）-（0）	$HgO+H_2O+2e^- \Longleftrightarrow Hg+2OH^-$	0.0977
Co（Ⅲ）-（Ⅱ）	$[Co(NH_3)_6]^{3+}+e^- \Longleftrightarrow [Co(NH_3)_6]^{2+}$	0.108
Pt（Ⅱ）-（0）	$Pt(OH)_2+2e^- \Longleftrightarrow Pt+2OH^-$	0.14
Co（Ⅲ）-（Ⅱ）	$Co(OH)_3+e^- \Longleftrightarrow Co(OH)_2+OH^-$	0.17
Pb（Ⅳ）-（Ⅱ）	$PbO_2+H_2O+2e^- \Longleftrightarrow PbO+2OH^-$	0.247
I（Ⅴ）-（-Ⅰ）	$IO_3^-+3H_2O+6e^- \Longleftrightarrow I^-+6OH^-$	0.26
Cl（Ⅴ）-（Ⅲ）	$ClO_3^-+H_2O+2e^- \Longleftrightarrow ClO_2^-+2OH^-$	0.33
Ag（Ⅰ）-（0）	$Ag_2O+H_2O+2e^- \Longleftrightarrow 2Ag+2OH^-$	0.342
Fe（Ⅲ）-（Ⅱ）	$[Fe(CN)_6]^{3-}+e^- \Longleftrightarrow [Fe(CN)_6]^{4-}$	0.358
Cl（Ⅶ）-（Ⅴ）	$ClO_4^-+H_2O+2e^- \Longleftrightarrow ClO_3^-+2OH^-$	0.36
① Ag（Ⅰ）-（0）	$[Ag(NH_3)_2]^++e^- \Longleftrightarrow Ag+2NH_3$	0.373
O（0）-（-Ⅱ）	$O_2+2H_2O+4e^- \Longleftrightarrow 4OH^-$	0.401
I（Ⅰ）-（-Ⅰ）	$IO^-+H_2O+2e^- \Longleftrightarrow I^-+2OH^-$	0.485
② Ni（Ⅳ）-（Ⅱ）	$NiO_2+2H_2O+2e^- \Longleftrightarrow Ni(OH)_2+2OH^-$	0.490
Mn（Ⅶ）-（Ⅵ）	$MnO_4^-+e^- \Longleftrightarrow MnO_4^{2-}$	0.558
Mn（Ⅶ）-（Ⅳ）	$MnO_4^-+2H_2O+3e^- \Longleftrightarrow MnO_2+4OH^-$	0.595
Mn（Ⅵ）-（Ⅳ）	$MnO_4^{2-}+2H_2O+2e^- \Longleftrightarrow MnO_2+4OH^-$	0.60
Ag（Ⅱ）-（Ⅰ）	$2AgO+H_2O+2e^- \Longleftrightarrow Ag_2O+2OH^-$	0.607
Br（Ⅴ）-（-Ⅰ）	$BrO_3^-+3H_2O+6e^- \Longleftrightarrow Br^-+6OH^-$	0.61
Cl（Ⅴ）-（-Ⅰ）	$ClO_3^-+3H_2O+6e^- \Longleftrightarrow Cl^-+6OH^-$	0.62
Cl（Ⅲ）-（Ⅰ）	$ClO_2^-+H_2O+2e^- \Longleftrightarrow ClO^-+2OH^-$	0.66
I（Ⅶ）-（Ⅴ）	$H_3IO_6^{2-}+2e^- \Longleftrightarrow IO_3^-+3OH^-$	0.7
Cl（Ⅲ）-（-Ⅰ）	$ClO_2^-+2H_2O+4e^- \Longleftrightarrow Cl^-+4OH^-$	0.76
Br（Ⅰ）-（-Ⅰ）	$BrO^-+H_2O+2e^- \Longleftrightarrow Br^-+2OH^-$	0.761
Cl（Ⅰ）-（-Ⅰ）	$ClO^-+H_2O+2e^- \Longleftrightarrow Cl^-+2OH^-$	0.841
② Cl（Ⅳ）-（Ⅲ）	$ClO_2(g)+e^- \Longleftrightarrow ClO_2^-$	0.95
O（0）-（-Ⅱ）	$O_3+H_2O+2e^- \Longleftrightarrow O_2+2OH^-$	1.24

① 摘自 J. A. Dean Ed，Lange's Handbook of Chemistry，13thed.，1985。

② 摘自其他参考书。

③ 其他摘自 David R. Lide，Handbook of Chemistry and Physics，78thed.，1997。

二、弱电解质的解离常数（近似浓度 $0.01 \sim 0.003 mol \cdot L^{-1}$，温度 298K）

名　　称	化　学　式	解离常数（K）	pK
乙酸	HAc	1.76×10^{-5}	4.75
碳酸	H_2CO_3	$K_1=4.30 \times 10^{-7}$	6.37
		$K_2=5.61 \times 10^{-11}$	10.25
草酸	$H_2C_2O_4$	$K_1=5.90 \times 10^{-2}$	1.23
		$K_2=6.40 \times 10^{-5}$	4.19

名　称	化　学　式	解离常数（K）	pK
亚硝酸	HNO_2	4.6×10^{-4}（285.5K）	3.37
磷酸	H_3PO_4	$K_1 = 7.52 \times 10^{-3}$	2.12
		$K_2 = 6.23 \times 10^{-8}$	7.21
		$K_3 = 2.2 \times 10^{-13}$（291K）	12.67
亚硫酸	H_2SO_3	$K_1 = 1.54 \times 10^{-2}$（291K）	1.81
		$K_2 = 1.02 \times 10^{-7}$	6.91
硫酸	H_2SO_4	$K_2 = 1.20 \times 10^{-2}$	1.92
硫化氢	H_2S	$K_1 = 9.1 \times 10^{-8}$（291K）	7.04
		$K_2 = 1.1 \times 10^{-12}$	11.96
氢氰酸	HCN	4.93×10^{-10}	9.31
铬酸	H_2CrO_4	$K_1 = 1.8 \times 10^{-1}$	0.74
		$K_2 = 3.20 \times 10^{-7}$	6.49
硼酸①	H_3BO_3	5.8×10^{-10}	9.24
氢氟酸	HF	3.53×10^{-4}	3.45
过氧化氢	H_2O_2	2.4×10^{-12}	11.62
次氯酸	$HClO$	2.95×10^{-5}（291K）	4.53
次溴酸	$HBrO$	2.06×10^{-9}	8.69
次碘酸	HIO	2.3×10^{-11}	10.64
碘酸	HIO_3	1.69×10^{-1}	0.77
砷酸	H_3AsO_4	$K_1 = 5.62 \times 10^{-3}$（291K）	2.25
		$K_2 = 1.70 \times 10^{-7}$	6.77
		$K_3 = 3.95 \times 10^{-12}$	11.40
亚砷酸	$HAsO_2$	6×10^{-10}	9.22
铵离子	NH_4^+	5.56×10^{-10}	9.25
氨水	$NH_3 \cdot H_2O$	1.79×10^{-5}	4.75
联氨	N_2H_4	8.91×10^{-7}	6.05
羟胺	NH_2OH	9.12×10^{-9}	8.04
氢氧化铅	$Pb(OH)_2$	9.6×10^{-4}	3.02
氢氧化锂	$LiOH$	6.31×10^{-1}	0.2
氢氧化铍	$Be(OH)_2$	1.78×10^{-6}	5.75
	$BeOH^+$	2.51×10^{-9}	8.6
氢氧化铝	$Al(OH)_3$	5.01×10^{-9}	8.3
	$Al(OH)_2^+$	1.99×10^{-10}	9.7
氢氧化锌	$Zn(OH)_2$	7.94×10^{-7}	6.1
氢氧化镉	$Cd(OH)_2$	5.01×10^{-11}	10.3
乙二胺①	$H_2NC_2H_4NH_2$	$K_1 = 8.5 \times 10^{-5}$	4.07
		$K_2 = 7.1 \times 10^{-8}$	7.15

续表

名　称	化　学　式	解离常数(K)	pK
六亚甲基四胺[1]	$(CH_2)_6N_4$	$1.35×10^{-9}$	8.87
尿素[1]	$CO(NH_2)_2$	$1.3×10^{-14}$	13.89
质子化六亚甲基四胺[1]	$(CH_2)_6N_4H^+$	$7.1×10^{-6}$	5.15
甲酸	HCOOH	$1.77×10^{-4}(293K)$	3.75
氯乙酸	$ClCH_2COOH$	$1.40×10^{-3}$	2.85
氨基乙酸	NH_2CH_2COOH	$1.67×10^{-10}$	9.78
邻苯二甲酸[1]	$C_6H_4(COOH)_2$	$K_1=1.12×10^{-3}$	2.95
		$K_2=3.91×10^{-6}$	5.41
柠檬酸	$(HOOCCH_2)_2C(OH)COOH$	$K_1=7.1×10^{-4}$	3.14
		$K_2=1.68×10^{-5}(293K)$	4.77
		$K_3=4.1×10^{-7}$	6.39
酒石酸	$[CH(OH)COOH]_2$	$K_1=1.04×10^{-3}$	2.98
		$K_2=4.55×10^{-5}$	4.34
8-羟基喹啉[1]	C_9H_6NOH	$K_1=8×10^{-6}$	5.1
		$K_2=1×10^{-9}$	9.0
苯酚	C_6H_5OH	$1.28×10^{-10}(293K)$	9.89
对氨基苯磺酸[1]	$H_2NC_6H_4SO_3H$	$K_1=2.6×10^{-1}$	0.58
		$K_2=7.6×10^{-4}$	3.12
乙二胺四乙酸(EDTA)[1]	$[(CH_2COOH)_2NH^+CH_2]_2$	$K_5=5.4×10^{-7}$	6.27
		$K_6=1.12×10^{-11}$	10.95

[1] 摘自其他参考书。

注：摘自 R. C. Weast, Handbook of Chemistry and Physics D-165，70th. edition，1989-1990。

三、配位离子不稳定常数的负对数值
($pK_{不稳}^{\ominus} = -lgK_{不稳}^{\ominus}$)

配体 中心	CN^-	CNS^-	Cl^-	Br^-	I^-	NH_3	en[1]	Y[1]
Fe^{3+}	42(6)	3.36(2)	1.48(1)	−0.30(1)				24.23(1)
Fe^{2+}	35(6)		0.36(1)				9.70(3)	14.33(1)
Co^{3+}						35.2(6)	48.69(3)	36(1)
Co^{2+}		3.00(4)				5.11(6)	13.94(3)	16.31(1)
Ni^{2+}	31.3(4)	1.81(3)				8.74(6)	18.33(3)	18.56(1)
Ag^+	21.1(2)	7.57(2)	5.04(2)	7.33(2)	11.74(2)	7.05(2)	7.70(2)	7.32(1)
Cu^+	24.0(2)	5.18(2)	5.5(2)	5.89(2)	8.85(2)	10.86(2)	10.8(2)	
Cu^{2+}			0.1(1)	0.30(1)		13.32(4)	20.00(2)	18.7(1)
Zn^{2+}	16.7(4)	1.62(1)	0.61(2)		9.46(4)	10.83(2)	16.4(1)	
Cd^{2+}	18.78(4)	3.6(4)	2.80(4)	3.7(4)	5.41(4)	7.12(4)	10.09(2)	16.4(1)
Hg^{2+}		21.23(4)	15.07(4)	21.00(4)	29.83(4)	9.46(4)	23.3(2)	21.80(1)
Sn^{2+}			2.24(2)	1.81(2)				22.1(1)
Pb^{2+}			2.44(2)	1.9(2)	4.47(4)			18.3(1)
Al^{3+}								16.11(1)
Na^+								1.66(1)
Ca^{2+}								11.0(1)
Mg^{2+}								8.64(1)

[1] en 为乙二胺；Y 为乙二胺四乙酸二钠盐，简称 EDTA。

注：括号内的数字为配位体的数目，温度在室温附近，浓度单位为 $mol·L^{-1}$。

四、化合物的溶度积常数 $K_{sp}^{\ominus}$ （298.15K）表

阳＼阴	OH^-	S^{2-}	Cl^-	Br^-	I^-	SO_4^{2-}	CO_3^{2-}	$C_2O_4^{2-}$	PO_4^{3-}	CrO_4^{2-}	$[Fe(CN)_6]^{4-}$
Cr^{3+}	6.7×10^{-31} (灰绿色)	完全水解	—	—			完全水解	(绿色)	2.4×10^{-23}		—
Mn^{2+}	1.9×10^{-13} (白色)	2.5×10^{-10} (无定形)	—			(白色)	1.8×10^{-11} (白色)	1.1×10^{-15} (白色)	—		8.0×10^{-13}
Fe^{3+}	4×10^{-38} (棕色)	1×10^{-88} (黑色)	—	—	—		部分水解	(浅黄色)	1.3×10^{-22} (蓝色)		3.3×10^{-41}
Fe^{2+}	8.0×10^{-16} (白色)	6.3×10^{-18} (黑色)	—	—	—	(白色)	2.11×10^{-11} (白色)	3.2×10^{-7}			
Co^{2+}	1.6×10^{-15} (粉红色)	4.0×10^{-21} (α,黑色)				(粉红色)	1.4×10^{-13}	(紫色)	2×10^{-35}	(绿色)	1.8×10^{-15}
Ni^{2+}	2.0×10^{-15} (浅绿色)	3.2×10^{-21} (α,黑色)				(浅绿色)	6.6×10^{-9}	4×10^{-10} (浅绿色)	5×10^{-31} (浅绿色)	(浅绿色)	1.3×10^{-15}
Ag^+	2.0×10^{-8} (Ag_2O，棕色)	6.3×10^{-50} (黑色)	1.8×10^{-10} (白色)	5.0×10^{-13} (浅黄色)	8.3×10^{-17} (黄色)	1.4×10^{-5} (白色)	8.1×10^{-12} (白色)	3.4×10^{-11} (白色)	1.4×10^{-16} (黄色)	1.1×10^{-12} (砖红色)	1.6×10^{-41} (白色)
Cu^+	1.0×10^{-14} (浅蓝色)	2.5×10^{-48} (黑色)	1.2×10^{-6}	5.3×10^{-9}	1.1×10^{-12}	(绿蓝色)	—	(浅蓝色)		(红棕色)	
Zn^{2+}	1.2×10^{-17} (白色)	1.6×10^{-24} (α,白色)				(白色)	1.4×10^{-11} (白色)	2.7×10^{-8}			4.0×10^{-16} (白色)
Cd^{2+}	2.5×10^{-14} (白色)	8.0×10^{-27} (黄色)					5.2×10^{-12} (白色)	9.1×10^{-8} (白色)	2.5×10^{-33} (白色)		3.2×10^{-17} (白色)
Hg^{2+}	3×10^{-26} (HgO，红色)	1.6×10^{-52} (黑色)	—	—	—		部分水解	—			
Hg_2^{2+}	2.0×10^{-24} (Hg_2O，黑色)	1.0×10^{-47} (黑色)	1.0×10^{-18} (白色)	5.6×10^{-23}	4.5×10^{-29} (绿色)	7.4×10^{-7} (白色)	8.9×10^{-17} (浅黄色)	2.0×10^{-13}	4.0×10^{-13} (Hg_2HPO_4，白色)	2.0×10^{-9} (棕红色)	8.5×10^{-21} (灰白色)
Pb^{2+}	1.2×10^{-15} (白色)	8.0×10^{-28} (棕黑色)	1.6×10^{-5} (白色)	4.0×10^{-5} (白色)	7.1×10^{-9} (黄色)	1.6×10^{-8} (白色)	7.4×10^{-14} (白色)	4.8×10^{-10} (白色)	8.0×10^{-43} (白色)	2.8×10^{-13} (黄色)	3.5×10^{-15} (白色)
Mg^{2+}	1.8×10^{-11} (白色)	—	—	—	—	—	3.5×10^{-8} (白色)		$10^{-23}\sim10^{-27}$ (白色)		
Ca^{2+}	5.5×10^{-6} (白色)	—	—	—	—	9.1×10^{-6} (白色)	2.8×10^{-9} (白色)	4×10^{-9} (白色)	2.0×10^{-29} (白色)	7.1×10^{-4} (黄色)	—
Ba^{2+}	—	—	—	—	—	1.1×10^{-10} (白色)	5.1×10^{-9} (白色)	1.6×10^{-7} (白色)	3.4×10^{-23} (白色)	1.2×10^{-10} (黄色)	—
Al^{3+}	1.3×10^{-33}	2×10^{-7}	—	—	—	—	—	—	—	—	—
Sn^{2+}	1.4×10^{-28}	1.0×10^{-25}									

五、部分酸、碱、盐的溶解性表（20℃）

阳离子 \ 阴离子	OH⁻	NO₃⁻	Cl⁻	SO₄²⁻	CO₃²⁻
H^+	—	溶、挥	溶、挥	溶	溶、挥
NH_4^+	溶、挥	溶	溶	溶	溶
K^+	溶	溶	溶	溶	溶
Na^+	溶	溶	溶	溶	溶
Ba^{2+}	溶	溶	溶	不	不
Ca^{2+}	微	溶	溶	微	不
Mg^{2+}	不	溶	溶	溶	微
Al^{3+}	不	溶	溶	溶	—
Mn^{2+}	不	溶	溶	溶	不
Zn^{2+}	不	溶	溶	溶	不
Fe^{2+}	不	溶	溶	溶	不
Fe^{3+}	不	溶	溶	溶	—
Cu^{2+}	不	溶	溶	溶	不
Ag^+	—	溶	不	微	不

注：1. "溶"表示那种物质溶于水。

2. "不"表示那种物质难溶于水。在溶液中是沉淀。例如 $Mg(OH)_2$、$BaSO_4$ 写的是"不"，表明 $Mg(OH)_2$、$BaSO_4$ 难溶于水。

3. "微"表示那种物质微溶于水。

4. "挥"表示那种物质具有挥发性。

5. "—"表示那种物质遇水分解或不存在。

由表得出来的结论如下。

① 钾、钠、铵盐都溶解。

② 硝酸盐类也全溶。

③ 氯化物中除了银（指 AgCl）不溶于水，其余全溶。

④ 氢氧化镁往后的碱都不溶［包括 $Mg(OH)_2$］。

⑤ 硫酸盐除钙、银、钡（$BaSO_4$ 不溶于水，$CaSO_4$、Ag_2SO_4 微溶于水），其余全溶。

⑥ 碳酸盐大多不溶。只有铵盐、钠盐、钾盐可溶。

六、不同温度下常见化合物的溶解度

序号	化学式	273K	283K	293K	303K	313K	323K	333K	343K	353K	363K	373K
1①	AgBr	—	—	8.4×10^{-6}	—	—	—	—	—	—	—	3.7×10^{-4}
2	$AgC_2H_3O_2$	0.73	0.89	1.05	1.23	1.43	1.64	1.93	2.18	2.59	—	
3①	AgCl	—	8.9×10^{-5}	1.5×10^{-4}	—	—	5×10^{-4}	—	—	—	—	2.1×10^{-3}
4①	AgCN	—	—	2.2×10^{-5}	—	—	—	—	—	—	—	
5①	Ag_2CO_3	—	—	3.2×10^{-3}	—	—	—	—	—	—	—	5×10^{-2}
6①	Ag_2CrO_4	1.4×10^{-3}	—	—	3.6×10^{-3}	—	5.3×10^{-3}	—	8×10^{-3}	—	—	1.1×10^{-2}
7②	AgI	—	—	—	3×10^{-7}	—	—	3×10^{-6}	—	—	—	
8	$AgIO_3$	—	3×10^{-3}	4×10^{-3}	—	—	—	1.8×10^{-2}	—	—	—	
9	$AgNO_2$	0.16	0.22	0.34	0.51	0.73	0.995	1.39	—	—	—	
10	$AgNO_3$	122	167	216	265	311	—	440	—	585	652	733
11	Ag_2SO_4	0.57	0.70	0.80	0.89	0.98	1.08	1.15	1.22	1.30	1.36	1.41

序号	化学式	273K	283K	293K	303K	313K	323K	333K	343K	353K	363K	373K
12	$AlCl_3$	43.9	44.9	45.8	46.6	47.3	—	48.1	—	48.6	—	49.0
13	AlF_3	0.56	0.56	0.67	0.78	0.91	—	1.1	—	1.32	—	1.72
14	$Al(NO_3)_3$	60.0	66.7	73.9	81.8	88.7	—	106	—	132	153	160
15	$Al_2(SO_4)_3$	31.2	33.5	36.4	40.4	45.8	52.2	59.2	66.1	73.0	80.8	89.0
16	As_2O_5	59.5	62.1	65.8	69.8	71.2	—	73.0	—	75.1	—	76.7
17[1]	As_2S_5	—	—	5.17×10^{-5} (291)	—	—	—	—	—	—	—	—
18[2]	B_2O_3	1.1	1.5	2.2	—	4.0	—	6.2	—	9.5	—	15.7
19	$BaCl_2 \cdot 2H_2O$	31.2	33.5	35.8	38.1	40.8	43.6	46.2	49.4	52.5	55.8	59.4
20[2]	$BaCO_3$	—	1.6×10^{-3} (281)	2.2×10^{-3} (291)	2.4×10^{-3} (297.2)	—	—	—	—	—	—	6.5×10^{-3}
21[1]	BaC_2O_4	—	—	9.3×10^{-3} (291)	—	—	—	—	—	—	—	2.28×10^{-2}
22[2]	$BaCrO_4$	2.0×10^{-4}	2.8×10^{-4}	3.7×10^{-4}	4.6×10^{-4}							
23	$Ba(NO_3)_2$	4.95	6.67	9.02	11.48	14.1	17.1	20.4	—	27.2	—	34.4
24	$Ba(OH)_2$	1.67	2.48	3.89	5.59	8.22	13.12	20.94	—	101.4	—	—
25[2]	$BaSO_4$	1.15×10^{-4}	2.0×10^{-4}	2.4×10^{-4}	2.85×10^{-4}	—	3.36×10^{-4}	—	—	—	—	4.13×10^{-4}
26	$BeSO_4$	37.0	37.6	39.1	41.4	45.8	—	53.1	—	67.2	—	82.8
27[2]	Br_2	4.22	3.4	3.20	3.13							
28[2]	Bi_2S_3	—	—	1.8×10^{-5} (291)	—	—	—	—	—	—	—	—
29	$CaBr_2 \cdot 6H_2O$	125	132	143	185 (307)	213	—	278	—	295	—	312 (378)
30	$Ca(C_2H_3O_2)_2 \cdot 2H_2O$	37.4	36.0	34.7	33.8	33.2	—	32.7	—	33.5	—	
31	$CaCl_2 \cdot 6H_2O$	59.5	64.7	74.5	100	128	—	137	—	147	154	159
32[2]	CaC_2O_4	—	6.7×10^{-4} (286)	6.8×10^{-4} (298)	—	—	9.5×10^{-4}	—	—	—	14×10^{-4} (368)	—
33[1]	CaF_2	1.3×10^{-3}	—	1.6×10^{-3} (298)	1.7×10^{-3} (299)	—	—	—	—	—	—	—
34	$Ca(HCO_3)_2$	16.15	—	16.60	—	17.05	—	17.50	—	17.95	—	18.40
35	CaI_2	64.6	66.0	67.6	69.0	70.8	—	74	—	78	—	81
36	$Ca(IO_3)_2 \cdot 6H_2O$	0.090	0.17	0.24	0.38	0.52	—	0.65	—	0.66	0.67	—
37	$Ca(NO_2)_2 \cdot 4H_2O$	63.9	—	84.5 (291)	104	—	—	134	—	151	166	178
38	$Ca(NO_3)_2 \cdot 4H_2O$	102.0	115	129	152	191	—	—	—	358	—	363
39	$Ca(OH)_2$	0.189	0.182	0.173	0.160	0.141	0.128	0.121	0.106	0.094	0.086	0.076
40	$CaSO_4 \cdot 0.5H_2O$	—	—	0.32	0.29 (298)	0.26 (308)	0.21 (318)	0.145 (338)	0.12 (348)	—	—	0.071
41	$CdCl_2 \cdot 2.5H_2O$	90	100	113	132	—	—	—	—	—	—	—
42	$CdCl_2 \cdot H_2O$	—	135	135	135	135	—	136	—	140	—	147
43[2]	Cl_2[1]	1.46	0.980	0.716	0.562	0.451	0.386	0.324	0.274	0.219	0.125	0
44[2]	CO[1]	0.0044	0.0035	0.0028	0.0024	0.0021	0.0018	0.0015	0.0013	0.0010	0.0006	0
45[2]	CO_2[1]	0.3346	0.2318	0.1688	0.1257	0.0973	0.0761	0.0576	—	—	—	0
46	$CoCl_2$	43.5	47.7	52.9	59.7	69.5	—	93.8	—	97.6	101	106
47	$Co(NO_3)_2$	84.0	89.6	97.4	111	125	—	174	—	204	300	—
48	$SoCO_4$	25.50	30.50	36.1	42.0	48.80	—	55.0	—	53.8	45.3	38.9
49	$CoSO_4 \cdot 7H_2O$	44.8	56.3	65.4	73.0	88.1	—	101	—	—	—	—
50	CrO_3	164.9	—	167.2	—	172.5	183.9	—	—	191.6	217.5	206.8

续表

序号	化学式	273K	283K	293K	303K	313K	323K	333K	343K	353K	363K	373K
51	$CsCl$	161.0	175	187	197	208.0	218.5	230	239.5	250.0	260.0	271
52[①]	$CsOH$	—	—	395.5 (288)	—	—	—	—	—	—	—	—
53	$CuCl_2$	68.6	70.9	73.0	77.3	87.6	—	96.5	—	104	108	120
54[②]	CuI_2	—	—	1.107	—	—	—	—	—	—	—	—
55	$Cu(NO_3)_2$	83.5	100	125	156	163	—	182	—	208	222	247
56	$CuSO_4 \cdot 5H_2O$	23.1	27.5	32.0	37.8	44.6	—	61.8	—	83.8	—	114
57	$FeCl_2$	49.7	59.0	62.5	66.7	70.0	—	78.3	—	88.7	92.3	94.9
58	$FeCl_3 \cdot 6H_2O$	74.4	81.9	91.8	106.8	—	315.1	—	—	525.8	—	535.7
59	$Fe(NO_3)_2 \cdot 6H_2O$	113	134	—	—	—	—	266	—	—	—	—
60	$FeSO_4 \cdot 7H_2O$	28.8	40.0	48.0	60.0	73.3	—	100.7	—	79.9	68.3	57.8
61	H_3BO_3	2.67	3.72	5.04	6.72	8.72	11.54	14.81	18.62	23.62	30.38	40.25
62	HBr[①]	221.2	210.3	204 (288)	—	—	171.5	—	—	150.5 (348)	—	130
63	HCl[①]	82.3	77.2	72.6	67.3	63.3	59.6	56.1	—	—	—	—
64	$H_2C_2O_4$	3.54	6.08	9.52	14.23	21.52	—	44.32	—	84.5	125	—
65[①]	$HgBr$	—	—	4×10^{-6} (299)	—	—	—	—	—	—	—	—
66	$HgBr_2$	0.30	0.40	0.56	0.66	0.91	—	1.68	—	2.77	—	4.9
67[②]	Hg_2Cl_2	0.00014	—	0.0002	—	0.0007	—	—	—	—	—	—
68	$HgCl_2$	3.63	4.82	6.57	8.34	10.2	—	16.3	—	30.0	—	61.3
69	I_2	0.014	0.020	0.029	0.039	0.052	0.078	0.100	—	0.225	0.315	0.445
70	KBr	53.5	59.5	65.3	70.7	75.4	80.2	85.5	90.0	95.0	99.2	104.0
71	$KBrO_3$	3.09	4.72	6.91	9.64	13.1	17.5	22.7	—	34.1	—	49.9
72	$KC_2H_3O_2$	216	233	256	283	324	—	350	—	381	398	—
73	$K_2C_2O_4$	25.5	31.9	36.4	39.9	43.8	—	53.2	—	63.6	69.2	75.3
74	KCl	28.0	31.2	34.2	37.2	40.1	42.6	45.8	48.3	51.3	54.0	56.3
75	$KClO_3$	3.3	5.2	7.3	10.1	13.9	19.3	23.8	—	37.6	46	56.3
76	$KClO_4$	0.76	1.06	1.68	2.56	3.73	6.5	7.3	11.8	13.4	17.7	22.3
77	$KSCN$	177.0	198	224	255	289	—	372	—	492	571	675
78	K_2CO_3	105	108	111	114	117	121.2	127	133.1	140	148	156
79	K_2CrO_4	56.3	60.0	63.7	66.7	67.8	—	70.1	70.4	72.1	74.5	75.6
80	$K_2Cr_2O_7$	4.7	7.0	12.3	18.1	26.3	34	45.6	52	73	—	80
81	$K_3Fe(CN)_6$	30.2	38	46	53	59.3	—	70	—	—	—	91
82	$K_4Fe(CN)_6$	14.3	21.1	28.2	35.1	41.4	—	54.8	—	66.9	71.5	74.2
83	$KHC_4H_4O_6$	0.231	0.358	0.523	0.762	—	—	—	—	—	—	—
84	$KHCO_3$	22.5	27.4	33.7	39.9	47.5	—	65.6	—	—	—	—
85	$KHSO_4$	36.2	—	48.6	54.3	61.0	—	76.4	—	96.1	—	122
86	KI	128	136	144	153	162	168	176	184	192	198	208
87	KIO_3	4.60	6.27	8.08	10.03	12.6	—	18.3	—	24.8	—	32.3
88	$KMnO_4$	2.83	4.31	6.34	9.03	12.6	16.98	22.1	—	—	—	—
89	KNO_2	279	292	306	320	329	—	348	—	376	390	410
90	KNO_3	13.9	21.2	31.6	45.3	61.3	85.5	106	138	167	203	245
91	KOH	95.7	103	112	126	134	140	154	—	—	—	178
92	K_2PtCl_6	0.48	0.60	0.78	1.00	1.36	2.17	2.45	3.19	3.71	4.45	5.03
93	K_2SO_4	7.4	9.3	11.10	13.0	14.8	16.50	18.2	19.75	21.4	22.9	24.1
94	$K_2S_2O_8$	1.65	2.67	4.70	7.75	11.0	—	—	—	—	—	—
95	$K_2SO_4 \cdot Al_2(SO_4)_3$	3.00	3.99	5.90	8.39	11.70	17.00	24.80	40.0	71.0	109.0	—
96	$LiCl$	69.2	74.5	83.5	86.2	89.8	97	98.4	—	112	121	128
97	Li_2CO_3	1.54	1.43	1.33	1.26	1.17	1.08	1.01	—	0.85	—	0.72
98[①]	LiF	—	—	0.27 (291)	—	—	—	—	—	—	—	—
99	$LiOH$	11.91	12.11	12.35	12.70	13.22	13.3	14.63	—	16.56	—	19.12
100[①]	Li_3PO_4	—	—	0.039 (291)	—	—	—	—	—	—	—	—

序号	化学式	273K	283K	293K	303K	313K	323K	333K	343K	353K	363K	373K
101	$MgBr_2$	98	99	101	104	106	—	112	—	113.7	—	125.0
102	$MgCl_2$	52.9	53.6	54.6	55.8	57.5	—	61.0	—	66.1	69.5	73.3
103	MgI_2	120	—	140	—	173	—	—	—	186	—	—
104	$Mg(NO_3)_2$	62.1	66.0	69.5	73.6	78.9	—	78.9	—	91.6	106	—
105①	$Mg(OH)_2$	—	—	0.0009(291)	—	—	—	—	—	—	—	0.004
106	$MgSO_4$	22.0	28.2	33.7	38.9	44.5	—	54.6	—	55.8	52.9	50.4
107	$MnCl_2$	63.4	68.1	73.9	80.8	88.5	98.15	109	—	113	114	115
108	$Mn(NO_3)_2$	102	118.0	139	206	—	—	—	—	—	—	—
109	MnC_2O_4	0.020	0.024	0.028	0.033	—	—	—	—	—	—	—
110	$MnSO_4$	52.9	59.7	62.9	62.9	60.0	—	53.6	—	45.6	40.9	35.3
111	NH_4Br	60.5	68.1	76.4	83.2	91.2	99.2	108	116.8	125	135	145
112	NH_4SCN	120	144	170	208	234	—	346	—	—	—	—
113	$(NH_4)_2C_2O_4$	2.2	3.21	4.45	6.09	8.18	10.3	14.0	—	22.4	27.9	34.7
114	NH_4Cl	29.4	33.3	37.2	41.4	45.8	50.4	55.3	60.2	65.6	71.2	77.3
115	NH_4ClO_4	12.0	16.4	21.7	27.7	34.6	—	49.9	—	68.9	—	—
116	$(NH_4)_2Co(SO_4)_2$	6.0	9.5	13.0	17.0	22.0	27.0	33.5	40.0	49.0	58.0	75.1
117	$(NH_4)_2CrO_4$	25.0	29.2	34.0	39.3	45.3	—	59.0	—	76.1	—	—
118	$(NH_4)_2Cr_2O_7$	18.2	25.5	35.6	46.5	58.5	—	86	—	115	—	156
119	$(NH_4)_2Cr_2(SO_4)_4$	3.95	—	10.78(298)	18.8	32.6	—	—	—	—	—	—
120②	$(NH_4)_2Fe(SO_4)_2$	12.5	17.2	—	—	33	40	—	52	—	—	—
121①	$(NH_4)_2Fe_2(SO_4)_4$	—	—	—	44.15(298)	—	—	—	—	—	—	—
122①	NH_4HCO_3	11.9	16.1	21.7	28.4	36.6	—	59.2	—	109	170	354
123	$NH_4H_2PO_4$	22.7	29.5	37.4	46.4	56.7	—	82.5	—	118	—	173
124	$(NH_4)_2HPO_4$	42.9	62.9	68.9	75.1	81.8	—	97.2	—	—	—	—
125	NH_4I	155	163	172	182	191	199.6	209	218.7	229	—	250
126②	NH_4MgPO_4	0.0231	—	0.052	—	0.036	0.03	0.040	0.016	0.019	—	0.0195
127①	$NH_4MnPO_4 \cdot H_2O$	—	0.0031(冷水)	—	—	—	—	—	0.05(热水)	—	—	—
128	NH_4NO_3	118.3	—	192	241.8	297.0	344.0	421.0	499.0	580.0	740.0	871.0
129	$(NH_4)_2PtCl_6$	0.289	0.374	0.499	0.637	0.815	—	1.44	—	2.16	2.61	3.36
130	$(NH_4)_2SO_4$	70.6	73.0	75.4	78.0	81.0	—	88.0	—	95	—	103
131	$(NH_4)_2SO_4 \cdot Al_2(SO_4)_3$	2.1	5.0	7.74	10.9	14.9	20.10	26.70	—	—	—	109.7(368)
132①	$(NH_4)_2S_2O_8$	58.2	—	—	—	—	—	—	—	—	—	—
133	$(NH_4)_3SbS_4$	71.2	—	91.2	120	—	—	—	—	—	—	—
134①	$(NH_4)_2SeO_4$	—	117(280)	—	—	—	—	—	—	—	—	197
135	NH_4VO_3	—	—	0.48	0.84	1.32	1.78	2.42	3.05	—	—	—
136	$NaBr$	80.2	85.2	90.8	98.4	107	116.0	118	—	120	121	121
137	$Na_2B_4O_7$	1.11	1.6	2.56	3.86	6.67	10.5	19.0	24.4	31.4	41.0	52.5
138	$NaBrO_3$	24.2	30.3	36.4	42.6	48.8	—	62.6	—	75.7	—	90.8
139	$NaC_2H_3O_2$	36.2	40.8	46.4	54.6	65.6	83	139	146	153	161	170
140	$Na_2C_2O_4$	2.69	3.05	3.41	3.81	4.18	—	4.93	—	5.71	—	6.50
141	$NaCl$	35.7	35.8	35.9	36.1	36.4	37.0	37.1	37.8	38.0	38.5	39.2
142	$NaClO_3$	79.6	87.6	95.9	105	115	—	137	—	167	184	204
143	Na_2CO_3	7.0	12.5	21.5	39.7	49.0	—	46.0	—	43.9	43.9	—
144	Na_2CrO_4	31.70	50.10	84.0	88.0	96.0	104	115	123	125	—	126
145	$Na_2Cr_2O_7$	163.0	172	183	198	215	244.8	269	316.7	376	405	415

续表

序号	化学式	273K	283K	293K	303K	313K	323K	333K	343K	353K	363K	373K
146	$Na_4Fe(CN)_6$	11.2	14.8	18.8	23.8	29.9	—	43.7	—	62.1	—	—
147	$NaHCO_3$	7.0	8.1	9.6	11.1	12.7	14.45	16.0				
148	NaH_2PO_4	56.5	69.8	86.9	107	133	157	172	190.3	211	234	—
149	Na_2HPO_4	1.68	3.53	7.83	22.0	55.3	80.2	82.8	88.1	92.3	102	104
150	NaI	159	167	178	191	205	227.8	257	294	295	—	302
151	$NaIO_3$	2.48	2.59	8.08	10.7	13.3	—	19.8	—	26.6	29.5	33.0
152	$NaNO_3$	73.0	80.8	87.6	94.9	102	104.1	122	—	148	—	180
153	$NaNO_2$	71.2	75.1	80.8	87.6	94.9	—	111	—	133	—	160
154	$NaOH$	—	98	109	119	129	—	174	—	—	—	—
155	Na_3PO_4	4.5	8.2	12.1	16.3	20.2	—	29.9	—	60.0	68.1	77.0
156②	$Na_4P_2O_7$	3.16	3.95	6.23	9.95	13.50	17.45	21.83	—	30.04	—	40.26
157	Na_2S	9.6	12.10	15.7	20.5	26.6	36.4	39.1	43.31	55.0	65.3	—
158①	$NaSb(OH)_6$	—	0.03 (285.2)	—	—	—	—	—	—	—	—	0.3
159	Na_2SO_3	14.4	19.5	26.3	35.5	37.2	—	32.6	—	29.4	27.9	
160	Na_2SO_4	4.9	9.1	19.5	40.8	48.8	46.7	45.3	—	43.7	42.7	42.5
161	$Na_2SO_4 \cdot 7H_2O$	19.5	30.0	44.1	—	—						
162	$Na_2S_2O_3 \cdot 5H_2O$	50.2	59.7	70.1	83.2	104						
163	$NaVO_3$	—	—	19.3	22.5	26.3	—	33.0	—	40.8	—	
164	Na_2WO_4	71.5	—	73.0	—	77.6	—	—	—	90.8	—	
165①	$NiCO_3$	—	—	0.0093 (298)	—	—	—	—	—	—	—	—
166	$NiCl_2$	53.4	56.3	60.8	70.6	73.2	78.3	81.2	85.2	86.6	—	87.6
167	$Ni(NO_3)_2$	79.2	—	94.2	105	119	—	158	—	187	188	—
168	$NiSO_4 \cdot 7H_2O$	26.2	32.4	37.7	43.4	50.4	—	—	—	—	—	—
169	$Pb(C_2H_3O_2)_2$	19.8	29.5	44.3	69.8	116	—	—	—	—	—	—
170	$PbCl_2$	0.67	0.82	1.00	1.20	1.42	1.70	1.94	—	2.54	2.88	3.20
171	PbI_2	0.044	0.056	0.069	0.090	0.124	0.164	0.193	—	0.294	—	0.42
172	$Pb(NO_2)_2$	37.5	46.2	54.3	63.4	72.1	85	91.6	—	111	—	133
173②	$PbSO_4$	0.0028	0.0035	0.0041	0.0049	0.0056						
174	$SbCl_3$	602	—	910	1087	1368	—	—	345K 以后完全混溶			
175①	Sb_2S_3	—	—	0.000175 (291)	—	—	—	—	—	—	—	—
176①	$SnCl_2$	83.9	—	259.8 (288)	—	—	—	—	—	—	—	—
177①	$SnSO_4$	—	—	33 (298)	—	—	—	—	—	—	—	18
178	$Sr(C_2H_3O_2)_2$	37.0	42.9	41.1	39.5	38.3	37.4	36.8	36.2	36.1	39.2	36.4
179②	SrC_2O_4	0.0033	0.0044	0.0046	0.0057	—	—	—	—	—	—	—
180	$SrCl_2$	43.5	47.7	52.9	58.7	65.3	72.4	81.8	85.9	90.5	—	101
181	$Sr(NO_2)_2$	52.7	—	65.0	72	79	83.8	97	—	130	134	139
182	$Sr(NO_3)_2$	39.5	52.9	69.5	88.7	89.4	—	93.4	—	96.9	98.4	—
183	$SrSO_4$	0.0113	0.0129	0.0132	0.0138	0.0141	—	0.0131	—	0.0116	0.0115	
184	$SrCrO_4$	—	0.0851	0.090	—	—	—	—	—	0.058	—	
185	$Zn(NO_3)_2$	98	—	118.3	138	211	—	—	—	—	—	—
186	$ZnSO_4$	41.6	47.2	53.8	61.3	70.5	—	75.4	—	71.1	—	60.5

① 摘自 R. C. Weast，Handbook of chemistry and physics，70th. edition，1989-1990。

② 摘自顾庆超等编. 化学用表. 江苏省科学技术出版社，1979。

注：摘自 J. A. dean Ed，Lange's Handbook of Chemistry，13th. edition，1985；表中括号内数据指温度（K）；① 表示在压力 1.01325×10^5 Pa 下。

七、常用酸碱的浓度、密度和质量分数

名　称	分子式	相对分子质量	密度(20℃)/(g·mL^{-1})	百分浓度/%（质量分数）	当量浓度	配制方法（稀释）
浓盐酸	HCl	36.46	1.19	38.00%	12N	
稀盐酸	HCl	36.46		20.00%	6N	496→1000
稀盐酸	HCl	36.46			3N	250→1000
稀盐酸	HCl	36.46			2N	167→1000
浓硝酸	HNO$_3$	63.02	1.41	69.50%	16N	
稀硝酸	HNO$_3$	63.02			6N	375→1000
浓硫酸	H$_2$SO$_4$	98.08	1.84	98.00%	36N	
稀硫酸	H$_2$SO$_4$	98.08			6N	167→1000
稀硫酸	H$_2$SO$_4$	98.08			2N	56→1000
冰醋酸	CH$_3$COOH	60.03	1.05	99.50%	17N	
稀醋酸	CH$_4$COOH	60.03			6N	353→1000
稀醋酸	CH$_5$COOH	60.03			2N	118→1000
浓磷酸	H$_3$PO$_4$	98.04	1.70	85.00%		
高氯酸	HClO$_4$	100.50	1.68	70.00%	12N	
浓氨水	NH$_3$	35.04	0.90	28.00%	15N	
稀氨水	NH$_3$	35.04			6N	400→1000
稀氨水	NH$_3$	35.04			1N	67→1000
氢氧化钠	NaOH	40.00		19.70%	6N	250→1000
氢氧化钠	NaOH	40.00			2N	80→1000
氢氧化钠	NaOH	40.00			1N	40→1000

八、常见化合物的摩尔质量

化合物	M/(g·mol^{-1})	化合物	M/(g·mol^{-1})	化合物	M/(g·mol^{-1})
Ag$_3$AsO$_4$	462.52	Ba(OH)$_2$	171.34	CoSO$_4$·7H$_2$O	281.10
AgBr	187.77	BaSO$_4$	233.39	CO(NH$_2$)$_2$(尿素)	60.06
AgCl	143.32	BiCl$_3$	315.34	CS(NH$_2$)$_2$(硫脲)	76.116
AgCN	133.89	BiOCl	260.43	C$_6$H$_5$OH	94.113
AgSCN	165.95	CO$_2$	44.01	CH$_2$O	30.03
AlCl$_3$	133.34	CaO	56.08	C$_{14}$H$_{14}$N$_3$O$_3$SNa(甲基橙)	327.33
Ag$_2$CrO$_4$	331.73	CaCO$_3$	100.09	C$_6$H$_5$NO$_3$(硝基酚)	139.11
AgI	234.77	CaC$_2$O$_4$	128.10	C$_4$H$_8$N$_2$O$_2$(丁二酮肟)	116.12
AgNO$_3$	169.87	CaCl$_2$	110.99	(CH$_2$)$_6$N$_4$(六亚甲基四胺)	140.19
AlCl$_3$·6H$_2$O	241.43	CaCl$_2$·6H$_2$O	219.08	C$_7$H$_6$O$_6$S·2H$_2$O(磺基水杨酸)	254.22
Al(NO$_3$)$_3$	213.00	Ca(NO$_3$)$_2$·4H$_2$O	236.15	C$_9$H$_6$NOH(8-羟基喹啉)	145.16
Al(NO$_3$)$_3$·9H$_2$O	375.13	Ca(OH)$_2$	74.09	C$_{12}$H$_8$N$_2$·H$_2$O(邻菲罗啉)	198.22
Al$_2$O$_3$	101.96	Ca$_3$(PO$_4$)$_2$	310.18	C$_2$H$_5$NO$_2$(氨基乙酸,甘氨酸)	75.07
Al(OH)$_3$	78.00	CaSO$_4$	136.14	C$_6$H$_{12}$N$_2$O$_4$S$_2$(L-胱氨酸)	240.30
Al$_2$(SO$_4$)$_3$	342.14	CdCO$_3$	172.42	CrCl$_3$	158.36
Al$_2$(SO$_4$)$_3$·18H$_2$O	666.41	CdCl$_2$	183.82	CrCl$_3$·6H$_2$O	266.45
As$_2$O$_3$	197.84	CdS	144.47	Cr(NO$_3$)$_3$	238.01
As$_2$O$_5$	229.84	Ce(SO$_4$)$_2$	332.24	Cr$_2$O$_3$	151.99
As$_2$S$_3$	246.03	Ce(SO$_4$)$_2$·4H$_2$O	404.30	CuCl	99.00
BaCO$_3$	197.34	CoCl$_2$	129.84	CuCl$_2$	134.45
BaC$_2$O$_4$	225.35	CoCl$_2$·6H$_2$O	237.93	CuCl$_2$·2H$_2$O	170.48
BaCl$_2$	208.24	Co(NO$_3$)$_2$	182.94	CuSCN	121.62
BaCl$_2$·2H$_2$O	244.27	Co(NO$_3$)$_2$·6H$_2$O	291.03	CuI	190.45
BaCrO$_4$	253.32	CoS	90.99	Cu(NO$_3$)$_2$	187.56
BaO	153.33	CoSO$_4$	154.99	Cu(NO$_3$)$_2$·3H$_2$O	241.60

续表

化 合 物	M/(g·mol^{-1})	化 合 物	M/(g·mol^{-1})	化 合 物	M/(g·mol^{-1})
CuO	79.54	$Hg_2(NO_3)_2$	525.19	$MnSO_4$	151.00
Cu_2O	143.09	$Hg_2(NO_3)_2 \cdot 2H_2O$	561.22	$MnSO_4 \cdot 4H_2O$	223.06
CuS	95.61	$Hg(NO_3)_2$	324.60	NO	30.01
$CuSO_4$	159.06	HgO	216.59	NO_2	46.01
$CuSO_4 \cdot 5H_2O$	249.68	HgS	232.65	NH_3	17.03
$FeCl_2$	126.75	$HgSO_4$	296.65	CH_3COONH_4	77.08
$FeCl_2 \cdot 4H_2O$	198.81	Hg_2SO_4	497.24	$NH_2OH \cdot HCl$(盐酸羟胺)	69.49
$FeCl_3$	162.21	$KAl(SO_4)_2 \cdot 12H_2O$	474.38	NH_4Cl	53.49
$FeCl_3 \cdot 6H_2O$	270.30	KBr	119.00	$(NH_4)_2CO_3$	96.09
$FeNH_4(SO_4)_2 \cdot 12H_2O$	482.18	$KBrO_3$	167.00	$(NH_4)_2C_2O_4$	124.10
$Fe(NO_3)_3$	241.86	KCl	74.55	$(NH_4)_2C_2O_4 \cdot H_2O$	142.11
$Fe(NO_3)_3 \cdot 9H_2O$	404.00	$KClO_3$	122.55	NH_4SCN	76.12
FeO	71.85	$KClO_4$	138.55	NH_4HCO_3	79.06
Fe_2O_3	159.69	KCN	65.12	$(NH_4)_2MoO_4$	196.01
Fe_3O_4	231.54	KSCN	97.18	NH_4NO_3	80.04
$Fe(OH)_3$	106.87	K_2CO_3	138.21	$(NH_4)_2HPO_4$	132.06
FeS	87.91	K_2CrO_4	194.19	$(NH_4)_2S$	68.14
Fe_2S_3	207.87	$K_2Cr_2O_7$	294.18	$(NH_4)_2SO_4$	132.13
$FeSO_4$	151.91	$K_3Fe(CN)_6$	329.25	NH_4VO_3	116.98
$FeSO_4 \cdot 7H_2O$	278.01	$K_4Fe(CN)_6$	368.35	Na_3AsO_3	191.89
$Fe(NH_4)_2(SO_4)_2 \cdot 6H_2O$	392.13	$KFe(SO_4)_2 \cdot 12H_2O$	503.24	$Na_2B_4O_7$	201.22
H_3AsO_3	125.94	$KHC_2O_4 \cdot H_2O$	146.14	$Na_2B_4O_7 \cdot 10H_2O$	381.37
H_3AsO_4	141.94	$KHC_2O_4 \cdot H_2C_2O_4 \cdot H_2O$	254.19	$NaBiO_3$	279.97
H_3BO_3	61.83	$KHC_4H_4O_6$(酒石酸氢钾)	188.18	NaCN	49.01
HBr	80.91	$KHC_8H_4O_4$(邻苯二甲酸氢钾)	204.22	NaSCN	81.07
HCN	27.03	$KHSO_4$	136.16	Na_2CO_3	105.99
HCOOH	46.03	KI	166.00	$Na_2CO_3 \cdot 10H_2O$	286.14
CH_3COOH	60.05	KIO_3	214.00	$Na_2C_2O_4$	134.00
H_2CO_3	62.02	$KIO_3 \cdot HIO_3$	389.91	CH_3COONa	82.03
$H_2C_2O_4$	90.04	$KMnO_4$	158.03	$CH_3COONa \cdot 3H_2O$	136.08
$H_2C_2O_4 \cdot 2H_2O$	126.07	$KNaC_4H_4O_6 \cdot 4H_2O$	282.22	$Na_3C_6H_5O_7$(柠檬酸钠)	258.07
$H_2C_4H_4O_4$(丁二酸)	118.09	KNO_3	101.10	$NaC_5H_8NO_4 \cdot H_2O$(L-谷氨酸钠)	187.13
$H_2C_4H_4O_6$(酒石酸)	150.09	KNO_2	85.10	NaCl	58.44
$H_3C_6H_5O_7 \cdot H_2O$(柠檬酸)	210.14	K_2O	94.20	NaClO	74.44
$H_2C_4H_4O_5$(DL-苹果酸)	134.09	KOH	56.11	$NaHCO_3$	84.01
$HC_3H_5NO_2$(DL-α-丙氨酸)	89.10	K_2SO_4	174.25	$Na_2HPO_4 \cdot 12H_2O$	358.14
HCl	36.46	$MgCO_3$	84.31	$Na_2H_2C_{10}H_{12}O_8N_2$(EDTA 二钠盐)	336.21
HF	20.01	$MgCl_2$	95.21	$Na_2H_2C_{10}H_{12}O_8N_2 \cdot 2H_2O$	372.24
HI	127.91	$MgCl_2 \cdot 6H_2O$	203.30	$NaNO_2$	69.00
HIO_3	175.91	MgC_2O_4	112.33	$NaNO_3$	85.00
HNO_2	47.01	$Mg(NO_3)_2 \cdot 6H_2O$	256.41	Na_2O	61.98
HNO_3	63.01	$MgNH_4PO_4$	137.32	Na_2O_2	77.98
H_2O	18.015	MgO	40.30	NaOH	40.00
H_2O_2	34.02	$Mg(OH)_2$	58.32	Na_3PO_4	163.94
H_3PO_4	98.00	$Mg_2P_2O_7$	222.55	Na_2S	78.04
H_2S	34.08	$MgSO_4 \cdot 7H_2O$	246.47	$Na_2S \cdot 9H_2O$	240.18
H_2SO_3	82.07	$MnCO_3$	114.95	Na_2SO_3	126.04
H_2SO_4	98.07	$MnCl_2 \cdot 4H_2O$	197.91	Na_2SO_4	142.04
$Hg(CN)_2$	252.63	$Mn(NO_3)_2 \cdot 6H_2O$	287.04	$Na_2S_2O_3$	158.10
$HgCl_2$	271.50	MnO	70.94	$Na_2S_2O_3 \cdot 5H_2O$	248.17
Hg_2Cl_2	472.09	MnO_2	86.94	$NiCl_2 \cdot 6H_2O$	237.70
HgI_2	454.40	MnS	87.00	NiO	74.70

续表

化合物	$M/(g \cdot mol^{-1})$	化合物	$M/(g \cdot mol^{-1})$	化合物	$M/(g \cdot mol^{-1})$
$Ni(NO_3)_2 \cdot 6H_2O$	290.80	$PbSO_4$	303.30	$SrCrO_4$	203.61
NiS	90.76	SO_2	64.06	$Sr(NO_3)_2$	211.63
$NiSO_4 \cdot 7H_2O$	280.86	SO_3	80.06	$Sr(NO_3)_2 \cdot 4H_2O$	283.69
$Ni(C_4H_7N_2O_2)_2$(丁二酮肟合镍)	288.91	$SbCl_3$	228.11	$SrSO_4$	183.69
P_2O_5	141.95	$SbCl_5$	299.02	$ZnCO_3$	125.39
$PbCO_3$	267.21	Sb_2O_3	291.50	$UO_2(CH_3COO)_2 \cdot 2H_2O$	424.15
PbC_2O_4	295.22	Sb_2S_3	339.68	ZnC_2O_4	153.40
$PbCl_2$	278.10	SiF_4	104.08	$ZnCl_2$	136.29
$PbCrO_4$	323.19	SiO_2	60.08	$Zn(CH_3COO)_2$	183.47
$Pb(CH_3COO)_2$	325.29	$SnCl_2$	189.60	$Zn(CH_3COO)_2 \cdot 2H_2O$	219.50
$Pb(CH_3COO)_2 \cdot 3H_2O$	379.30	$SnCl_2 \cdot 2H_2O$	225.63	$Zn(NO_3)_2$	189.39
PbI_2	461.01	$SnCl_4$	260.50	$Zn(NO_3)_2 \cdot 6H_2O$	297.48
$Pb(NO_3)_2$	331.21	$SnCl_4 \cdot 5H_2O$	350.58	ZnO	81.38
PbO	223.20	SnO_2	150.69	ZnS	97.44
PbO_2	239.20	SnS_2	150.75	$ZnSO_4$	161.54
$Pb_3(PO_4)_2$	811.54	$SrCO_3$	147.63	$ZnSO_4 \cdot 7H_2O$	287.55
PbS	239.30	SrC_2O_4	175.64		

九、纯水的饱和蒸气压

温度/℃	蒸汽压/Pa	温度/℃	蒸汽压/Pa	温度/℃	蒸汽压/Pa	温度/℃	蒸汽压/Pa
−15.0	191.5	45.0	9583.2	105.0	120790	165	700290
−10.0	286.5	50.0	12334	110	143240	170	791470
−5.0	421.7	55.0	15737	115	169020	175	891800
0.0	610.5	60.0	19916	120	198480	180	1001900
5.0	872.3	65.0	25003	125	232010	185	1122500
10.0	1227.8	70.0	31157	130	270020	190	1254200
15.0	1704.9	75.0	38544	135	312930	195	1397600
20.0	2337.8	80.0	47343	140	361190	200	1553600
25.0	3167.2	85.0	57808	145	415290	205	1722900
30.0	4242.8	90.0	70095	150	475720	210	1906200
35.0	5489.5	95.0	84513	155	542990	215	2104200
40.0	7375.9	100.00	101325	160	617660		

十、常用指示剂

1. 常用酸碱指示剂

名 称	变色(pH值)范围	颜色变化	配 制 方 法
0.1%百里酚蓝	1.2~2.8	红→黄	0.1g百里酚蓝溶于20mL乙醇中,加水至100mL
0.1%甲基橙	3.1~4.4	红→黄	0.1g甲基橙溶于100mL热水中
0.1%溴酚蓝	3.0~3.6	黄→紫蓝	0.1g溴酚蓝溶于20mL乙醇中,加水至100mL
0.1%溴甲酚绿	4.0~5.4	黄→蓝	0.1g溴甲酚绿溶于20mL乙醇中,加水至100mL
0.1%甲基红	4.8~6.2	红→黄	0.1g甲基红溶于60mL乙醇中,加水至100mL
0.1%溴百里酚蓝	6.0~7.6	黄→蓝	0.1g溴百里酚蓝溶于20mL乙醇中,加水至100mL
0.1%中性红	6.8~8.0	红→黄橙	0.1g中性红溶于60mL乙醇中,加水至100mL
0.2%酚酞	8.0~9.6	无→红	0.2g酚酞溶于90mL乙醇中,加水至100mL
0.1%百里酚蓝	8.0~9.6	黄→蓝	0.1g百里酚蓝溶于20mL乙醇中,加水至100mL
0.1%百里酚酞	9.4~10.6	无→蓝	0.1g百里酚酞溶于90mL乙醇中,加水至100mL
0.1%茜素黄	10.1~12.1	黄→紫	0.1g茜素黄溶于100mL水中

2. 酸碱混合指示剂

指示剂溶液的组成	变色时 pH 值	颜色		备　　注
		酸色	碱色	
一份 0.1%甲基黄乙醇溶液 一份 0.1%亚甲基蓝乙醇溶液	3.25	蓝紫	绿	pH＝3.2 蓝紫色 pH＝3.4 紫色
一份 0.1%甲基橙水溶液 一份 0.25%靛蓝二磺酸水溶液	4.1	紫	黄绿	
一份 0.1%溴甲酚绿钠盐水溶液 一份 0.2%甲基橙水溶液	4.3	橙	蓝绿	pH＝3.5 黄色,pH＝4.05 绿色 pH＝4.3 浅绿色
三份 0.1%溴甲酚绿乙醇溶液 一份 0.2%甲基红乙醇溶液	5.1	酒红	绿	
一份 0.1%溴甲酚绿钠盐水溶液 一份 0.1%氯酚红钠盐水溶液	6.1	黄绿	蓝紫	pH＝5.4 蓝绿色,pH＝5.8 蓝色 pH＝6.0 蓝带紫,pH＝6.2 蓝紫色
一份 0.1%中性红乙醇溶液 一份 0.1%亚甲基蓝乙醇溶液	7.0	蓝紫	绿	pH＝7.0 紫蓝
一份 0.1%甲酚红钠盐水溶液 三份 0.1%百里酚蓝钠盐水溶液	8.3	黄	紫	pH＝8.2 玫瑰红 pH＝8.4 清晰的紫色
一份 0.1%百里酚蓝 50%乙醇溶液 一份 0.1%酚酞 50%乙醇溶液	9.0	黄	紫	从黄到绿,再到紫
一份 0.1%酚酞乙醇溶液 一份 0.1%百里酚酞乙醇溶液	9.9	无	紫	pH＝9.6 玫瑰红 pH＝10 紫红
二份 0.1%百里酚酞乙醇溶液 一份 0.1%茜素黄乙醇溶液	10.2	黄	紫	

3. 沉淀及金属指示剂

名　　称	颜色		配　制　方　法
	游离	化合物	
铬酸钾	黄	砖红	5%水溶液
硫酸铁铵(40%)	无色	血红	$NH_4Fe(SO_4)_2 \cdot 12H_2O$ 饱和水溶液,加数滴浓 H_2SO_4
荧光黄(0.5%)	绿色荧光	玫瑰红	0.50g 荧光黄溶于乙醇,并用乙醇稀释至 100mL
铬黑 T	蓝	酒红	①0.2g 铬黑 T 溶于 15mL 三乙醇胺及 5mL 甲醇中 ②1g 铬黑 T 与 100gNaCl 研细、混匀(1∶100)
钙指示剂	蓝	红	0.5g 钙指示剂与 100gNaCl 研细、混匀
二甲酚橙(0.5%)	黄	红	0.5g 二甲酚橙溶于 100mL 去离子水中
K-B 指示剂	蓝	红	0.5g 酸性铬蓝 K 加 1.25g 萘酚绿 B,再加 25g K_2SO_4 研细、混匀
磺基水杨酸	无	红	10%水溶液
PAN 指示剂(0.2%)	黄	红	0.2gPAN 溶于 100mL 乙醇中
邻苯二酚紫(0.1%)	紫	黄	0.1g 邻苯二酚紫溶于 100mL 去离子水中

4. 氧化-还原法指示剂

名　　称	变色电势 φ/V	颜色		配　制　方　法
		游离	化合物	
二苯胺(1%)	0.76	紫	无色	1g 二苯胺在搅拌下溶于 100mL 浓硫酸和 100mL 浓磷酸,储于棕色瓶中
二苯胺磺酸钠(0.5%)	0.85	紫	无色	0.5g 二苯胺磺酸钠溶于 100mL 水中,必要时过滤
邻菲罗啉硫酸亚铁(0.5%)	1.06	淡蓝	红	0.5g $FeSO_4 \cdot 7H_2O$ 溶于 100mL 水中,加 2 滴硫酸,加 0.5g 邻菲罗啉
邻苯氨基苯甲酸(0.2%)	1.08	红	无色	0.2g 邻苯氨基苯甲酸加热溶解在 100mL 0.2% Na_2CO_3 溶液中,必要时过滤
淀粉(0.2%)				2g 可溶性淀粉,加少许水调成浆状,在搅拌下注入 1000mL 沸水中,微沸 2min,放置,取上层溶液使用(若要保持稳定,可在研磨淀粉时加入 10mg HgI_2)

十一、洗涤液的配制及使用

1. 含 $KMnO_4$ 的 NaOH 水溶液。将 10g $KMnO_4$ 溶于少量水中，向该溶液中注入 100mL 10％ NaOH 溶液即成。该溶液适用于洗涤油污及有机物，洗后在玻璃器皿上留下的 MnO_2 沉淀，可用浓 HCl 或 Na_2SO_3 溶液将其洗掉。

2. $0.1mol \cdot L^{-1}$ KOH 的乙醇溶液。称取 7g KOH，加 500mL 无水乙醇加热溶解，再加乙醇稀释至 1000mL。用于非水酸碱滴定等。

3. 酒精与浓硝酸的混合液。此溶液适合于洗涤滴定管。使用时，先在滴定管中加入 3mL 酒精，沿壁再加入 4mL 浓 HNO_3，盖上滴定管管口，利用反应所产生的氧化氮洗涤滴定管。

4. 盐酸与酒精（1：2）洗涤液。适用于洗涤被有机试剂染色的吸收池，吸收池应避免使用毛刷和铬酸洗液。

参 考 文 献

[1] 李侃社，李自立，梁耀东. 无机与分析化学实验. 西安：西北工业大学出版社，2001.
[2] 邵水源，黄婕，刘向荣. 物理化学实验. 西安：陕西科技出版社，2005.
[3] 蔡会武，曲建林编. 有机化学实验. 西安：西北工业大学出版社，2007.
[4] 贺拥军，赵世永. 普通化学实验. 西安：西北工业大学出版社，2007.
[5] 江棂，张晓梅，张群正，刘向荣，李侃社. 工科化学. 第2版. 北京：化学工业出版社，2006.
[6] 刘玉林，李侃社. 工科化学学习指学. 北京：化学工业出版社，2007.
[7] 倪惠琼，蔡会武. 工科化学实验. 北京：化学工业出版社，2006.
[8] 钟国清，朱云云，杨定明，黄婕，李侃社. 无机与分析化学. 北京：科学出版社，2006.
[9] 南京大学大学化学实验教学组. 大学化学实验. 北京：高等教育出版社，1999.
[10] 史启祯. 无机化学与化学分析. 第2版. 北京：高等教育出版社，2005.
[11] 武汉大学分析化学教研室. 分析化学. 北京：高等教育出版社，1982.
[12] 徐保筠. 化学通报，1958，(1)：5.
[13] Basolo F et al. Coordination Chemistry（英汉对照）. 北京：北京大学出版社，1982.
[14] 刘祖武. 现代无机合成. 北京：化学工业出版社，1999.
[15] 煤质分析国家标准.
[16] 水质分析国家标准.
[17] 矿物分析国家标准.
[18] 李侃社. 工程素质教育与课程体系构建. 西安科技大学新闻网教育论坛.
[19] 李侃社等. 用先进教育理念创建一流化学实验教学中心. 西安科技大学新闻网教育论坛.
[20] 李侃社，刘向荣，贺拥军，黄婕. 高等工程教育化学课程教学内容体系的优化整合. 大学化学化工课程报告论坛——2007论文集. 北京：高等教育出版社，2007.
[21] 西安科技大学 工科化学教学团队 李侃社，贺拥军，刘向荣，蔡会武，李天良，黄婕等. 工科化学实验教学内容体系的优化整合. 大学化学化工课程报告论坛——2008论文集. 北京：高等教育出版社，2008.

元素周期表

IUPAC 2013

氧化态(单质的氧化态为0, 未列入; 常见的为红色)

以 $^{12}C=12$ 为基准的原子质量 (注▲的是半衰期最长同位素的原子质量)

图例:
- 95 — 原子序数
- Am — 元素符号(红色的为放射性元素)
- 镅▲ — 元素名称(注▲的为人造元素)
- $5f^77s^2$ — 价层电子构型
- 243.06138(2)▲ — 元素的原子质量

分区: s区元素 | p区元素 | ds区元素 | 稀有气体 | d区元素 | f区元素

周期	原子序数	符号	名称	价层电子构型	原子量	电子层
1	1	H	氢	$1s^1$	1.008	K
1	2	He	氦	$1s^2$	4.00260(2)	K
2	3	Li	锂	$2s^1$	6.94	L K
2	4	Be	铍	$2s^2$	9.0121831(5)	L K
2	5	B	硼	$2s^22p^1$	10.81	L K
2	6	C	碳	$2s^22p^2$	12.011	L K
2	7	N	氮	$2s^22p^3$	14.007	L K
2	8	O	氧	$2s^22p^4$	15.999	L K
2	9	F	氟	$2s^22p^5$	18.998403163(6)	L K
2	10	Ne	氖	$2s^22p^6$	20.1797(6)	L K
3	11	Na	钠	$3s^1$	22.98976928(2)	M L K
3	12	Mg	镁	$3s^2$	24.305	M L K
3	13	Al	铝	$3s^23p^1$	26.9815385(7)	M L K
3	14	Si	硅	$3s^23p^2$	28.085	M L K
3	15	P	磷	$3s^23p^3$	30.973761998(5)	M L K
3	16	S	硫	$3s^23p^4$	32.06	M L K
3	17	Cl	氯	$3s^23p^5$	35.45	M L K
3	18	Ar	氩	$3s^23p^6$	39.948(1)	M L K
4	19	K	钾	$4s^1$	39.0983(1)	N M L K
4	20	Ca	钙	$4s^2$	40.078(4)	N M L K
4	21	Sc	钪	$3d^14s^2$	44.955908(5)	N M L K
4	22	Ti	钛	$3d^24s^2$	47.867(1)	N M L K
4	23	V	钒	$3d^34s^2$	50.9415(1)	N M L K
4	24	Cr	铬	$3d^54s^1$	51.9961(6)	N M L K
4	25	Mn	锰	$3d^54s^2$	54.938044(3)	N M L K
4	26	Fe	铁	$3d^64s^2$	55.845(2)	N M L K
4	27	Co	钴	$3d^74s^2$	58.933194(4)	N M L K
4	28	Ni	镍	$3d^84s^2$	58.6934(4)	N M L K
4	29	Cu	铜	$3d^{10}4s^1$	63.546(3)	N M L K
4	30	Zn	锌	$3d^{10}4s^2$	65.38(2)	N M L K
4	31	Ga	镓	$4s^24p^1$	69.723(1)	N M L K
4	32	Ge	锗	$4s^24p^2$	72.630(8)	N M L K
4	33	As	砷	$4s^24p^3$	74.921595(6)	N M L K
4	34	Se	硒	$4s^24p^4$	78.971(8)	N M L K
4	35	Br	溴	$4s^24p^5$	79.904	N M L K
4	36	Kr	氪	$4s^24p^6$	83.798(2)	N M L K
5	37	Rb	铷	$5s^1$	85.4678(3)	O N M L K
5	38	Sr	锶	$5s^2$	87.62(1)	O N M L K
5	39	Y	钇	$4d^15s^2$	88.90584(2)	O N M L K
5	40	Zr	锆	$4d^25s^2$	91.224(2)	O N M L K
5	41	Nb	铌	$4d^45s^1$	92.90637(2)	O N M L K
5	42	Mo	钼	$4d^55s^1$	95.95(1)	O N M L K
5	43	Tc	锝▲	$4d^55s^2$	97.90721(3)▲	O N M L K
5	44	Ru	钌	$4d^75s^1$	101.07(2)	O N M L K
5	45	Rh	铑	$4d^85s^1$	102.90550(2)	O N M L K
5	46	Pd	钯	$4d^{10}$	106.42(1)	O N M L K
5	47	Ag	银	$4d^{10}5s^1$	107.8682(2)	O N M L K
5	48	Cd	镉	$4d^{10}5s^2$	112.414(4)	O N M L K
5	49	In	铟	$5s^25p^1$	114.818(1)	O N M L K
5	50	Sn	锡	$5s^25p^2$	118.710(7)	O N M L K
5	51	Sb	锑	$5s^25p^3$	121.760(1)	O N M L K
5	52	Te	碲	$5s^25p^4$	127.60(3)	O N M L K
5	53	I	碘	$5s^25p^5$	126.90447(3)	O N M L K
5	54	Xe	氙	$5s^25p^6$	131.293(6)	O N M L K
6	55	Cs	铯	$6s^1$	132.90545196(6)	P O N M L K
6	56	Ba	钡	$6s^2$	137.327(7)	P O N M L K
6	57~71	La~Lu	镧系			
6	72	Hf	铪	$5d^26s^2$	178.49(2)	P O N M L K
6	73	Ta	钽	$5d^36s^2$	180.94788(2)	P O N M L K
6	74	W	钨	$5d^46s^2$	183.84(1)	P O N M L K
6	75	Re	铼	$5d^56s^2$	186.207(1)	P O N M L K
6	76	Os	锇	$5d^66s^2$	190.23(3)	P O N M L K
6	77	Ir	铱	$5d^76s^2$	192.217(3)	P O N M L K
6	78	Pt	铂	$5d^96s^1$	195.084(9)	P O N M L K
6	79	Au	金	$5d^{10}6s^1$	196.966569(5)	P O N M L K
6	80	Hg	汞	$5d^{10}6s^2$	200.592(3)	P O N M L K
6	81	Tl	铊	$6s^26p^1$	204.38	P O N M L K
6	82	Pb	铅	$6s^26p^2$	207.2(1)	P O N M L K
6	83	Bi	铋	$6s^26p^3$	208.98040(1)	P O N M L K
6	84	Po	钋	$6s^26p^4$	208.98243(2)▲	P O N M L K
6	85	At	砹	$6s^26p^5$	209.98715(5)▲	P O N M L K
6	86	Rn	氡	$6s^26p^6$	222.01758(2)▲	P O N M L K
7	87	Fr	钫	$7s^1$	223.01974(2)▲	Q P O N M L K
7	88	Ra	镭	$7s^2$	226.02541(2)▲	Q P O N M L K
7	89~103	Ac~Lr	锕系			
7	104	Rf	𬬻▲	$6d^27s^2$	267.122(4)▲	
7	105	Db	𬭊▲	$6d^37s^2$	270.131(4)▲	
7	106	Sg	𬭳▲	$6d^47s^2$	269.129(3)▲	
7	107	Bh	𬭛▲	$6d^57s^2$	270.133(2)▲	
7	108	Hs	𬭶▲	$6d^67s^2$	270.134(2)▲	
7	109	Mt	鿏▲	$6d^77s^2$	278.156(5)▲	
7	110	Ds	𫟼▲		281.165(4)▲	
7	111	Rg	𬬭▲		281.166(6)▲	
7	112	Cn	鿔▲		285.177(4)▲	
7	113	Nh	鿭▲		286.182(5)▲	
7	114	Fl	𫓧▲		289.190(4)▲	
7	115	Mc	镆▲		289.194(6)▲	
7	116	Lv	𫟷▲		293.204(4)▲	
7	117	Ts	鿬▲		293.208(6)▲	
7	118	Og	鿫▲		294.214(5)▲	

★ 镧系

原子序数	符号	名称	价层电子构型	原子量
57	La	镧	$5d^16s^2$	138.90547(7)
58	Ce	铈	$4f^15d^16s^2$	140.116(1)
59	Pr	镨	$4f^36s^2$	140.90766(2)
60	Nd	钕	$4f^46s^2$	144.242(3)
61	Pm	钷▲	$4f^56s^2$	144.91276(2)▲
62	Sm	钐	$4f^66s^2$	150.36(2)
63	Eu	铕	$4f^76s^2$	151.964(1)
64	Gd	钆	$4f^75d^16s^2$	157.25(3)
65	Tb	铽	$4f^96s^2$	158.92535(2)
66	Dy	镝	$4f^{10}6s^2$	162.500(1)
67	Ho	钬	$4f^{11}6s^2$	164.93033(2)
68	Er	铒	$4f^{12}6s^2$	167.259(3)
69	Tm	铥	$4f^{13}6s^2$	168.93422(2)
70	Yb	镱	$4f^{14}6s^2$	173.045(10)
71	Lu	镥	$4f^{14}5d^16s^2$	174.9668(1)

★ 锕系

原子序数	符号	名称	价层电子构型	原子量
89	Ac	锕▲	$6d^17s^2$	227.02775(2)▲
90	Th	钍	$6d^27s^2$	232.0377(4)
91	Pa	镤	$5f^26d^17s^2$	231.03588(2)
92	U	铀	$5f^36d^17s^2$	238.02891(3)
93	Np	镎▲	$5f^46d^17s^2$	237.04817(2)▲
94	Pu	钚▲	$5f^67s^2$	244.06421(4)▲
95	Am	镅▲	$5f^77s^2$	243.06138(2)▲
96	Cm	锔▲	$5f^76d^17s^2$	247.07035(3)▲
97	Bk	锫▲	$5f^97s^2$	247.07031(4)▲
98	Cf	锎▲	$5f^{10}7s^2$	251.07959(3)▲
99	Es	锿▲	$5f^{11}7s^2$	252.0830(3)▲
100	Fm	镄▲	$5f^{12}7s^2$	257.09511(5)▲
101	Md	钔▲	$5f^{13}7s^2$	258.09843(3)▲
102	No	锘▲	$5f^{14}7s^2$	259.10100(7)▲
103	Lr	铹▲	$5f^{14}6d^17s^2$	262.110(2)▲

族: 1 IA, 2 IIA, 3 IIIB, 4 IVB, 5 VB, 6 VIB, 7 VIIB, 8·9·10 VIIIB(VIII), 11 IB, 12 IIB, 13 IIIA, 14 IVA, 15 VA, 16 VIA, 17 VIIA, 18 VIIIA(0)